全国职业教育规划教材·土建物管系列

建筑施工技术

主　编　李源清　周著芹
副主编　赖惠玲　张宝景　刘小丽
参　编　钟　月　余雪芹

内 容 简 介

本书以建筑行业职业标准和房屋建筑工程的施工工艺流程为主线，选取典型工程为对象，重新构建课程内容和知识体系，系统地介绍常用的建筑施工机械、脚手架工程施工、土方工程施工、地基处理与加固工程施工、现浇多层砌体结构工程施工、钢筋混凝土框架结构工程施工、高层建筑施工、装配式钢筋混凝土结构工程施工、钢结构工程施工、防水工程施工、建筑装饰装修工程施工等内容。

本书可作为高职高专建筑工程技术专业和建筑工程管理类各专业的教学用书，也可作为相关人员的岗位培训用书或土建工程技术人员的参考用书。

图书在版编目（CIP）数据

建筑施工技术/李源清，周著芹主编. ——北京：北京大学出版社，2014.8
（全国职业教育规划教材·土建物管系列）
ISBN 978-7-301-24691-7

Ⅰ.①建… Ⅱ.①李… ②周… Ⅲ.①建筑工程—工程施工—高等职业教育—教材 Ⅳ.①TU74

中国版本图书馆 CIP 数据核字（2014）第 191409 号

书　　　　名	建筑施工技术
著作责任者	李源清　周著芹　主编
策 划 编 辑	桂　春
责 任 编 辑	桂　春
标 准 书 号	ISBN 978-7-301-24691-7/TU·0428
出 版 发 行	北京大学出版社
地　　　　址	北京市海淀区成府路 205 号　100871
网　　　　址	http://www.pup.cn　新浪官方微博：@北京大学出版社
电 子 信 箱	zyjy@pup.cn
电　　　　话	邮购部 62752015　发行部 62750672　编辑部 62765126　出版部 62754962
印 刷 者	三河市博文印刷有限公司
经 销 者	新华书店
	787 毫米×1092 毫米　16 开本　27.75 印张　675 千字
	2014 年 9 月第 1 版　2014 年 9 月第 1 次印刷
定　　　　价	60.00 元

未经许可，不得以任何方式复制或抄袭本书之部分或全部内容。

版权所有，侵权必究

举报电话：010-62752024　电子信箱：fd@pup.pku.edu.cn

前　言

本书内容根据《建筑与市政工程施工现场专业人员职业标准》中员级职业岗位要求和高职高专建筑工程技术专业课程标准，结合编者几十年的工程实践经验和多年的教学经验，以建筑工程《混凝土工程施工质量验收规范》（2012 版）和最新颁发的《混凝土结构工程施工规范》《钢结构工程施工规范》为依据，在校本教材的基础上，参照《建筑施工手册》（第 5 版）编写而成。

本书在编写过程中，坚持少理论、多应用、多结论的原则，力求语言简练通俗、案例典型易懂。本书打破了传统教材按理论体系、章节编写的模式，设计了典型工程，以工作过程为导向，构建并重组了课程内容和知识体系，深入浅出地讲解了各主要工种的施工工艺和施工方法、质量标准、安全要求。

通过本书的学习，学生能够掌握建筑工程的施工程序，掌握建筑施工各分部工程的施工工艺、施工方法、施工特点、施工机械、质量标准和安全要求，了解国内外建筑工程施工新技术、新工艺、新材料、新设备，具备编写施工方案、指导现场施工、进行质量控制等职业能力，为从事建筑工程管理打下良好的基础。

本书由广州南洋理工职业学院组织编写，李源清、周著芹任主编；赖惠玲、张宝景、刘小丽任副主编。具体分工如下：单元一、三由赖惠玲编写；单元二、六由李源清编写；单元四由张宝景编写；单元五由钟月编写；单元七由李源清、张宝景编写；单元八、九由周著芹编写；单元十、十一由刘小丽编写。此外，余雪芹参与了本书相关章节的编写和校对。全书由周著芹统稿，由李源清修改并定稿。

本书内容按建筑工程技术专业 112 学时设计。工程管理类专业和其他相关专业，可根据总学时和专业学习的课程标准选择学习内容。

受编者水平所限，书中不妥之处在所难免，恳请广大读者批评指正。

编　者
2014 年 8 月

目 录

单元一 常用的建筑施工机械 ·· 1
    课题一 垂直运输设施 ··· 2
    课题二 钢筋工程施工机械 ··· 8
    课题三 混凝土工程施工机械 ·· 12
    课题四 砌筑工程施工机械 ··· 20
    课题五 起重设备 ·· 21
    课题六 桩基工程施工机械 ··· 23

单元二 脚手架工程施工 ··· 31
    课题一 脚手架工程基本知识 ·· 31
    课题二 扣件式钢管脚手架 ··· 33
    课题三 钢梁悬挑脚手架 ··· 41
    课题四 碗扣式钢管脚手架 ··· 44
    课题五 门式脚手架 ··· 46
    课题六 里脚手架 ·· 48
    课题七 其他脚手架 ··· 49

单元三 土方工程施工 ·· 52
    课题一 认识岩土的施工性质 ·· 52
    课题二 土方机械化施工 ··· 57
    课题三 土方边坡及基坑工程量的计算 ··· 61
    课题四 基坑降排水施工 ··· 63
    课题五 基坑（槽）土方开挖施工 ··· 71
    课题六 基坑（槽）验收 ··· 76
    课题七 土方填筑施工 ·· 78

单元四 地基处理与加固工程施工 ··· 87
    课题一 局部地基处理工程施工 ··· 87
    课题二 地基加固处理工程施工 ··· 90

单元五 多层砌体结构施工 ·· 101
    课题一 多层砌体结构房屋的构造组成 ··· 102
    课题二 砖砌体施工 ··· 104
    课题三 小型砌块结构工程施工 ··· 121
    课题四 框架填充墙施工 ··· 128

单元六 现浇钢筋混凝土框架结构工程施工 ·· 135
    课题一 框架结构的基本知识 ·· 136
    课题二 基础工程施工 ·· 137

课题三　模板工程施工 …………………………………………………………… 151
  课题四　钢筋工程施工 …………………………………………………………… 171
  课题五　混凝土工程施工 ………………………………………………………… 193
单元七　高层建筑工程施工 …………………………………………………………… 219
  课题一　高层建筑及其施工特点 ………………………………………………… 220
  课题二　高层建筑垂直运输设施 ………………………………………………… 222
  课题三　高层建筑施工测量 ……………………………………………………… 228
  课题四　混凝土灌注桩施工 ……………………………………………………… 231
  课题五　大体积混凝土结构的施工 ……………………………………………… 241
  课题六　高层建筑模板工程施工 ………………………………………………… 245
  课题七　高层建筑钢筋工程施工 ………………………………………………… 252
  课题八　高层建筑泵送混凝土施工 ……………………………………………… 255
  课题九　高层建筑剪力墙施工 …………………………………………………… 261
单元八　装配式钢筋混凝土结构工程施工 …………………………………………… 265
  课题一　单层钢筋混凝土工业厂房的基本知识 ………………………………… 266
  课题二　钢筋混凝土杯口基础工程施工 ………………………………………… 266
  课题三　钢筋混凝土预制构件施工 ……………………………………………… 269
  课题四　预应力混凝土工程施工 ………………………………………………… 274
  课题五　钢筋混凝土结构安装工程 ……………………………………………… 299
单元九　钢结构工程施工 ……………………………………………………………… 329
  课题一　钢结构构件的加工制作 ………………………………………………… 330
  课题二　钢结构连接施工 ………………………………………………………… 334
  课题三　钢结构安装施工 ………………………………………………………… 341
  课题四　钢结构涂装施工 ………………………………………………………… 353
单元十　防水工程施工 ………………………………………………………………… 358
  课题一　屋面防水工程施工 ……………………………………………………… 359
  课题二　室内防水工程施工 ……………………………………………………… 374
  课题三　地下防水工程施工 ……………………………………………………… 377
单元十一　建筑装饰装修工程施工 …………………………………………………… 391
  课题一　抹灰工程施工 …………………………………………………………… 392
  课题二　饰面工程施工 …………………………………………………………… 400
  课题三　门窗工程施工 …………………………………………………………… 410
  课题四　楼地面工程施工 ………………………………………………………… 413
  课题五　吊顶工程施工 …………………………………………………………… 422
  课题六　隔墙工程施工 …………………………………………………………… 429
  课题七　涂饰工程施工 …………………………………………………………… 431
参考文献 ………………………………………………………………………………… 437

单元一

常用的建筑施工机械

教学目标

能力目标	知识要点	相关知识
具备正确选择常用建筑施工机械的能力	常用建筑施工机械的特点、构造、工作原理和适用范围	1. 垂直运输机械的构造、特点和适用范围 2. 钢筋工程施工机械的类型、构造、工作原理和使用要求 3. 混凝土工程施工机械的类型、构造、工作原理和使用要求 4. 砌筑工程施工机械的类型 5. 起重设备的类型、构造、工作原理和使用要求 6. 桩基工程施工机械的类型、适用范围

问题引入

"万丈高楼平地起",一座座高楼大厦是工人师傅们用一块块砖、砌块、混凝土等建筑材料建造起来的,那么,这些建筑材料又是如何运上去的呢?需要使用哪些工具和设备呢?下面就来学习建筑工程施工中常用的施工机械设备。

知识课堂

建筑施工机械与设备是指用于工程建设和城镇建设的机械与设备的总称。
建筑施工机械按其用途不同可分为以下几类。
(1) 施工准备机械,如松土机、平地机、卷扬机等。
(2) 土方工程施工机械,如推土机、挖土机、铲运机、装载机等。
(3) 压实机械,如压路机、蛙式打夯机等。
(4) 桩工机械,如液压打桩锤、螺旋钻孔机等。
(5) 工程起重机械,如塔式起重机、汽车式起重机等。
(6) 钢筋加工机械,如对焊机、钢筋切断机等。

（7）混凝土施工机械，如自落式搅拌机、混凝土浇筑泵等。

（8）路面施工机械，如沥青混凝土摊铺机、光面压路机等。

（9）装饰机械，如水磨石机、抹光机等。

上述机械除土方工程施工机械、压实机械和装饰机械在相关单元中介绍外，其余机械将在本单元中逐一介绍。

课题一　垂直运输设施

垂直运输设施是指担负垂直输送材料和施工人员上下的机械设备和设施。工程中常用的垂直运输设施有塔式起重机、井架、龙门架、建筑施工电梯等。

一、塔式起重机

塔式起重机（简称塔吊）是一种塔身直立、起重臂回转的起重机械。它具有提升、回转、水平输送（通过滑轮车移动和臂杆仰俯）等功能，不仅是重要的吊装设备，而且也是重要的垂直运输设备。它广泛应用于多、高层建筑的施工。塔式起重机的分类见表1-1-1。

表1-1-1　塔式起重机的分类

分类方式	类　别
按固定方式划分	固定式，附着式，轨道式，爬升式；其外形示意图见图1-1-1
按架设方式划分	自升，分段架设，整体架设，快速拆装
按塔身构造划分	非伸缩式，伸缩式
按臂构造划分	整体式，伸缩式，折叠式
按回转方式划分	上回转式，下回转式
按变幅方式划分	小车移动，臂杆仰俯，臂杆伸缩
按控速方式划分	分级变速，无级变速
按操作控制方式划分	手动操作，电脑自动监控
按起重能力划分	轻型（≤80 t·m）；中型（≥80 t·m，≤250 t·m）重型（≥250 t·m，≤1000 t·m）；超重型（≥1000 t·m）

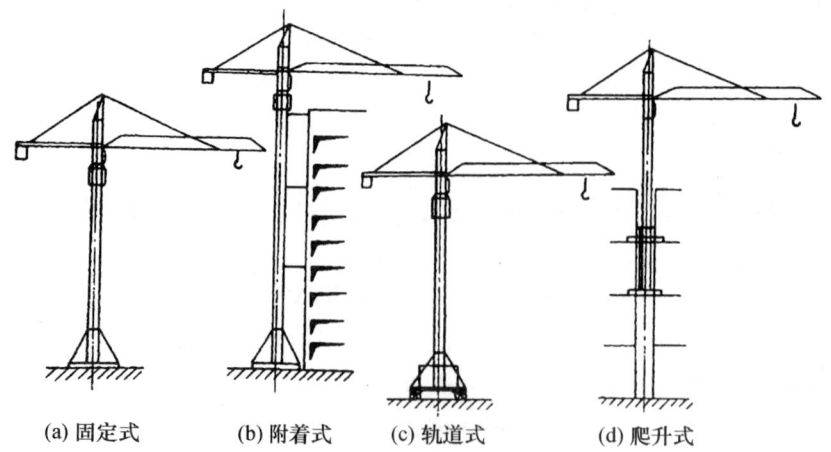

(a) 固定式　　(b) 附着式　　(c) 轨道式　　(d) 爬升式

图1-1-1　塔式起重机外形示意图

1. 固定式塔式起重机

固定式塔式起重机是通过连接件将塔身基架固定在地基基础或结构物上，进行起重作业的塔式起重机，如图 1-1-2 所示。

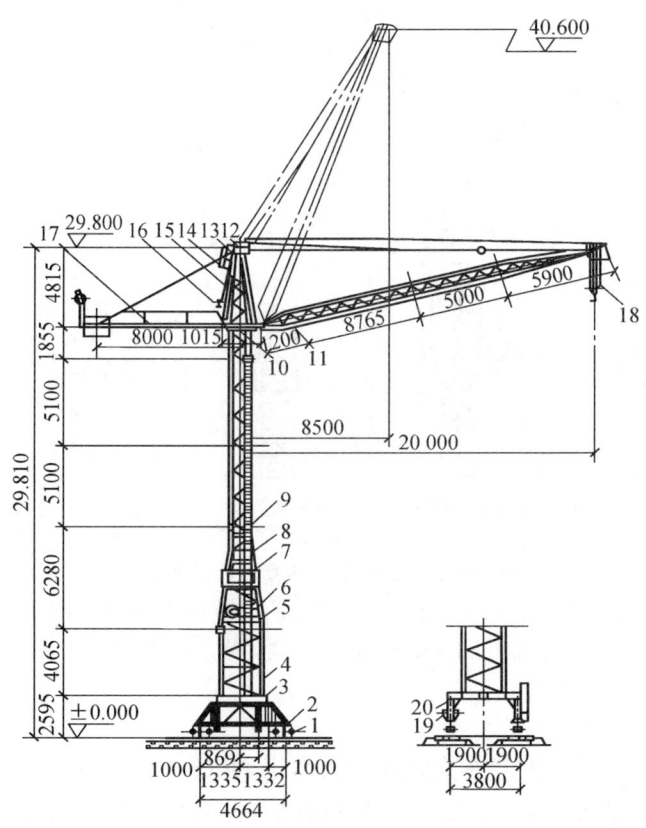

图 1-1-2　QT1-6 型塔式起重机外形与构造示意图

1—被动台车；2—活动侧架；3—平台；4—第一节架；5—第二节架；6—卷扬机构；7—操纵配电系统；
8—司机室；9—互换节架；10—回转机构；11—起重臂；12—中央集环；13—超负荷保险装置；
14—塔顶；15—塔帽；16—手摇变幅机构；17—平衡臂；18—吊钩；
19—主动台车；20—固定侧架

2. 附着式塔式起重机

附着式塔式起重机是固定在建筑物近旁混凝土基础上的起重机械，它可以借助顶升系统随着建筑施工进度而自行向上接高。为了减少塔身的计算高度，规定每隔 20 m 左右将塔身与建筑物用锚固装置联结起来。塔式起重机适用于高层建筑的施工。

（1）附着式塔式起重机的构造

附着式塔式起重机主要由金属结构、工作机构和控制系统三大部分组成。

（2）附着式塔式起重机主参数

附着式塔式起重机主参数为起重量、起重半径、起重高度和起重力矩。而起重力矩系指起重臂为基本臂长时最大幅度与相应起重量的乘积。

【温馨提示】

起重量一般不包括吊钩、滑轮组的重量；

起重半径 R 是指起重机回转中心至吊钩的水平距离；

起重高度 H 是指起重吊钩中心至停机面的距离。

(3) 附着式塔式起重机的安装过程

塔吊基础施工→吊塔身基础节、安装塔顶→安装平衡臂和起重臂→吊配重、安装吊索→安装标准节→顶升接高控制节到需要高度。

附着式塔机顶升接高是借助于液压千斤顶和顶升套架来实现的，需要接高时，利用塔顶的液压千斤顶，将塔顶上部结构（起重臂等）顶高，用定位销固定，千斤顶回油，推入标准节，用螺栓与下面的塔身联成体，其顶升接高过程如图 1-1-3 所示。

(a) 准备状态　(b) 顶升塔顶　(c) 推入塔身标准节　(d) 安装塔身标准节　(e) 塔顶与塔身连成整体

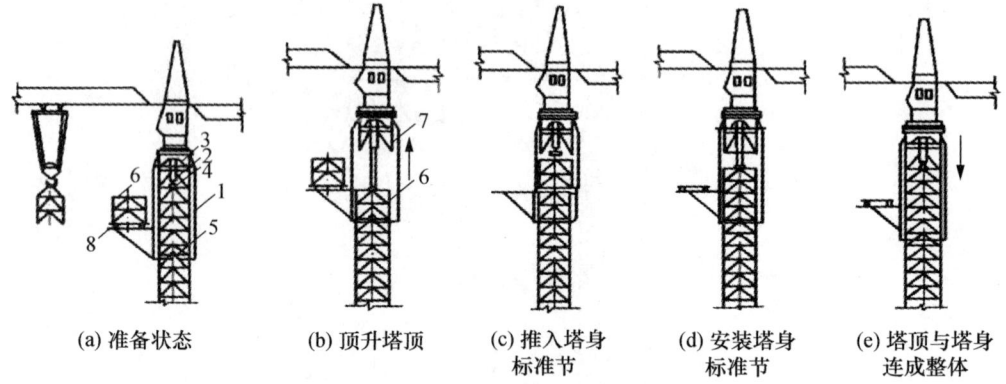

图 1-1-3　自升塔机接高过程示意图

1—顶升套架；2—液压千斤顶；3—承座；4—顶升横梁；
5—定位销；6—标准节；7—过渡节；8—摆渡小车

3. 轨道式塔式起重机

轨道式塔式起重机是一种能在直线和曲线轨道上行走的起重机，可负荷行走，同时完成垂直和水平运输，生产效率高，是多层房屋施工中广泛应用的一种起重机。但是需铺设轨道，占用施工场地面积大，拆装、转移费工费时，台班费用较高。

4. 爬升式塔式起重机

爬升式塔式起重机安装在建筑物内部，借助套架托梁和爬升系统自行爬升，一般每隔 1～2 层楼便爬升一次。机身体型小、重量轻，安装拆卸方便，不占用场地，尤其适用于现场狭窄的高层建筑施工。但塔基作用于楼层，建筑结构需要相应地加固，拆卸时需在屋面架设辅助起重设备。

爬升式塔式起重机的爬升过程如图 1-1-4 所示。

(a) 准备状态　(b) 提升套架　(c) 提升起重机

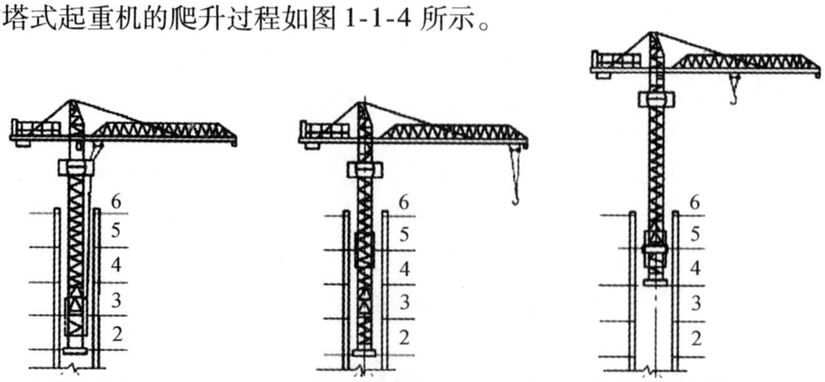

图 1-1-4　爬升式塔式起重机的爬升过程

二、井架

井架是以地面卷扬机为动力，由型钢或钢管加工的井字架体、吊盘（吊篮）在井孔内或架体外侧沿轨道作垂直运动的提升机。

井架多为单孔井架，也可构成两孔或多孔井架并联在一起使用。井架通常带一个起重臂和吊盘。除用型钢或钢管加工的定型井架外，所有多立杆式脚手架的杆件和框式脚手架的框架，都可用以搭设不同形式和不同井孔尺寸的单孔或多孔井架，如图1-1-5所示。井架用于10层以下时，多采用缆风固定；用于超过10层的高层建筑施工时，必须采取附墙方式固定，成为无缆风高层井架，并可在顶部设液压顶升构造实现井架标准节的自升接高。

井架稳定性好，运输量大，可以搭设较大高度。因此井架是建筑工程垂直运输的常用设备之一。

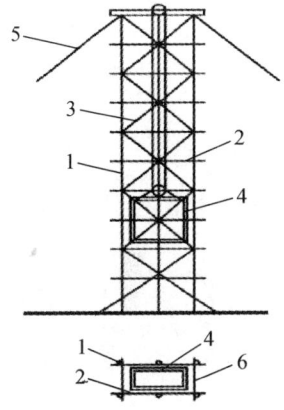

图1-1-5　扣件式钢管井架

1—立杆；2—大横杆；3—剪刀撑；
4—吊盘；5—缆风绳；6—小横杆

1. 普通型钢井架

型钢井架由立柱、平撑、斜撑等杆件组成。在房屋建筑中一般都采用单孔四柱角钢井架，有两种构造方法：一种是用单根角钢由螺栓连接而成，通常是把连接板焊在立柱上，仅平撑、斜撑和立柱的连接以及立柱的接高用螺栓连接。在杆件重、井架大的情况下多采用这种方法；另一种方法是在工厂组焊成一定长度的节段，然后运至工地安装，一般轻型小井架多采用这种方法。普通型钢井架和自升式外吊盘小井架的构造分别如图1-1-6和图1-1-7所示。井架起重臂的起重能力为5～20 kN；吊盘起重量为10～15 kN，搭设高度可达40 m。

2. 无缆风高层井架

无缆风高层井架，井架截面为 2 m×2 m，其主肢选用 ∟75×8 角钢，交叉和水平缀板采用 ∟50×5 角钢，水平缀板间距为 1.5 m。井架内装有自翻提料斗，配置 3 t 快速卷扬机提升，升速达 40 m/min，斗容量为 0.5 m³，每台班可运输 40～60 m³。井架的主肢上装有 9 m 长吊杆，一个台班可提升 60 次，用于吊运钢筋和模板。井架基础采用现浇钢筋混凝土箱形结构，箱体内有 1.6 m×1.5 m×1.5 m 空间，以适应料斗装料的需要。井架附墙，逐步接高，架设高度可达 100 m，上部的自由高度限定 12 m。施工实践表明，采用无缆风高层井架加悬臂吊杆进行 60 m 以下现浇结构工程是比较经济的。

高层井架的提升速度也在提高，目前采用自升技术、架设高、升速快和能力强的液压自升式高速井架亦已面世。几种高速井架的主要技术参数列于表1-1-2中。

表1-1-2　高速井架的主要技术参数

机　型	型　号	高　度/m	额定牵引力/kN	最大升速/(m/min)
单笼	JGWB-1.5	150	15	75
单笼	JGWB-2	150	20	61
双、三笼	JGWB-1.5	120/200	15	75
双、三笼	JGWB-2	120/200	20	61

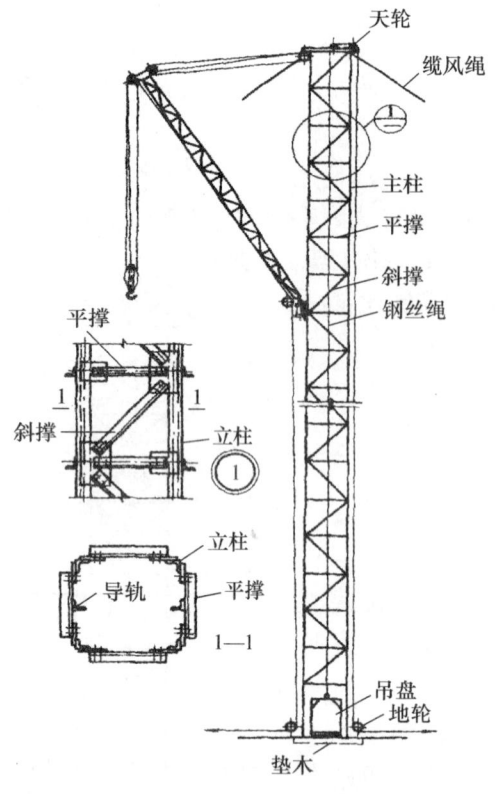

图 1-1-6　普通型钢井架

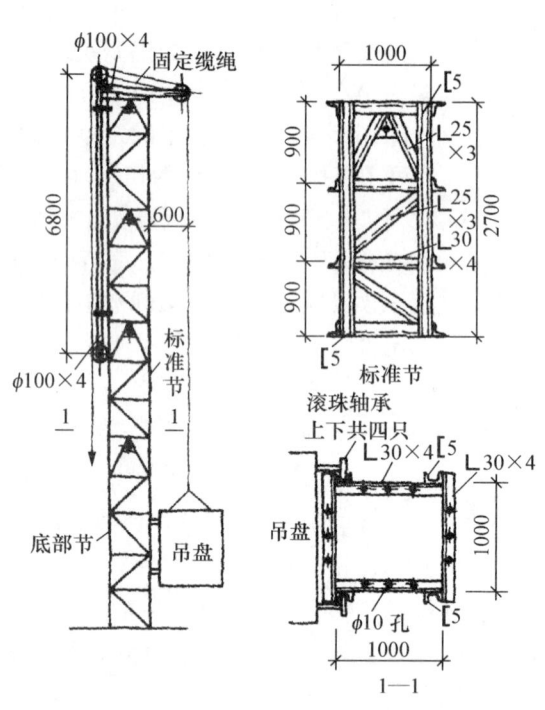

图 1-1-7　自升式外吊盘小井架

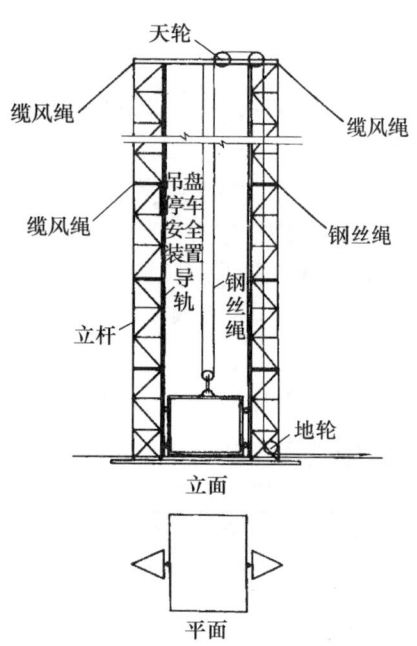

图 1-1-8　龙门架的基本构造形式

其井架体由立柱、横杆和斜杆组成，套架上装有导向轮，以立柱内角面为导向轨。套架上有天滑轮总成、把杆；下有液压顶升系统。安装标准节时，液压活塞向上顶起，用把杆将地面拼装好的标准节吊至建筑物顶面，再用把杆进行安装。安装至限定高度后固定与内套架相连的封顶槽钢。结构合理、整体稳定性好。

三、龙门架

龙门架是以地面卷扬机为动力，由两根立柱与天梁和地梁构成门式架体的提升机，吊篮（吊笼）在两立柱中间沿轨道作垂直运动。龙门架上装设有滑轮（天轮及地轮）、导轨、吊盘（上料平台）、安全装置以及起重索、缆风绳等。普通龙门架的基本构造形式如图1-1-8所示。

近年来为适应高层建筑施工的需要，采用附着方式的龙门架技术得到较快发展。

四、建筑施工电梯

建筑施工电梯（亦称施工升降机、外用电梯）是一种使用工作笼（吊笼）沿导轨架作垂直（或倾斜）运动用来运送人员和物料的机械，如图1-1-9所示。它附着在外墙或其他结构部位上，随建筑物升高，架设高度可达200 m以上（国外施工升降机的最高提升高度已达645 m）。它是现代高层建筑施工中主要的垂直运输设备。

施工电梯按驱动方式可分为齿轮驱动（SC型）、绳轮驱动（卷扬机钢丝绳驱动）（SS型）和混合驱动（SH型）三种，如表1-1-3所示。按导轨架的结构可分为单柱和双柱两种。它主要由金属结构、驱动机构、安全保护装置和电气控制等部分组成。

目前，我国各施工升降机厂家以生产SC系列居多，SS系列和SH系列较少。但多数产品的架设高度均在150 m以内。

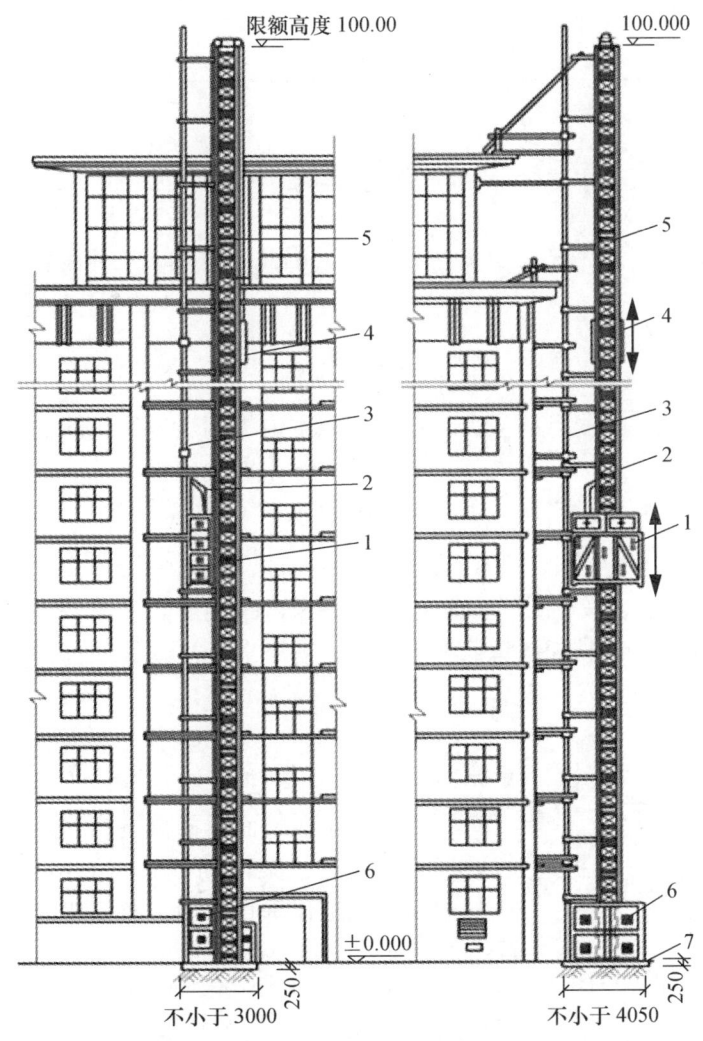

图1-1-9　建筑施工电梯
1—吊笼；2—小吊杆；3—架设安装杆；4—平衡安装杆；
5—导航架；6—底笼；7—混凝土基础

表 1-1-3　三类电梯的一般特点比较

项　目	SC 系列	SS 系列	SH 系列
传动形式	齿轮齿条式	钢丝绳牵引式	混合式
驱动方式	双电机驱动或三电机驱动	卷扬驱动	梯笼电机驱动，货笼卷扬机驱动
安全装置	锥鼓限速器，过载、短路、断绳保护，限位和急停开关等	主安全装置（杠杆增力摩擦制动式安全钳）和辅助安全装置（电磁卡块、手动卡块）	梯笼安全装置与 SC 系列相同；货笼设断绳保护和安全门等
提升速度	一般 40 m/min 以内，最高可达 90 m/min	一般 40 m/min 内	
架设高度	一般 200 m 内，先进者可达 300 m 以上	一般 100 m 内	

课题二　钢筋工程施工机械

钢筋在形成骨架（或网架）前要进行加工，因此，按加工工序都需要相应的钢筋施工机械。

一、冷拉机械

冷拉是指利用超过屈服点的应力，在一定限度内将钢筋拉伸，从而使钢筋的屈服点提高20%～25%。

钢筋冷拉机主要有卷扬机式、阻力轮式和液压式等。

1. 卷扬机式钢筋冷拉机

卷扬机式钢筋冷拉机是利用卷扬机产生拉力来冷拉钢筋。它主要由卷扬机、定动滑轮组、导向滑轮、地锚、夹具和测量装置等组成，如图 1-2-1 所示。

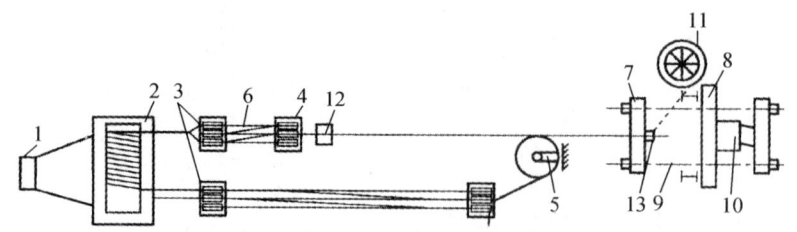

图 1-2-1　卷扬机式钢筋冷拉机

1—地锚；2—卷扬机；3—定滑轮组；4—动滑轮组；5—导向滑轮；6—钢丝绳；
7—活动横架；8—固定横架；9—传力杆；10—测力器；11—放盘架；12—前夹具；13—后夹具

2. 阻力轮式钢筋冷拉机

阻力轮式钢筋冷拉机是将电动机动力减速后，通过阻力轮使钢筋拉长的冷拉方式，适用于冷拉直径为 6～8 mm 的圆盘钢筋，其冷拉率为 6%～8%，如图 1-2-2 所示。

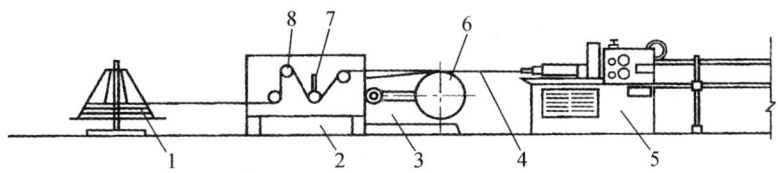

图 1-2-2　阻力轮式钢筋冷拉机

1—钢筋放盘架；2—阻力轮冷拉机；3—减速器；4—钢筋；5—调直机；
6—钢筋铰轮；7—调节槽；8—阻力轮

3. 液压式钢筋冷拉机

液压式钢筋冷拉机是由液压泵的压力油通过液压缸拉伸钢筋，因而结构紧凑、工作平稳，自动化程度高，是有发展前途的冷拉机，如图 1-2-3 所示。

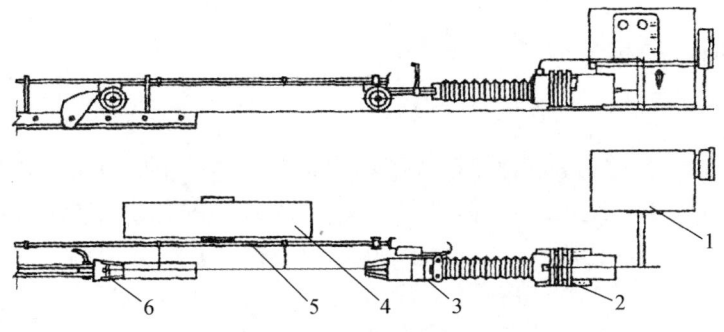

图 1-2-3　液压式钢筋冷拉机

1—泵阀控制器；2—液压张拉缸；3—前端夹具；
4—装料小车；5—翻料架；6—后端夹具

二、冷拔机械

冷拔机械分为立式和卧式两种类型（分别如图 1-2-4、图 1-2-5 所示）。可使直径 6～10 mm 的 I 级钢筋强制通过直径小于 0.5～1 mm 的硬质合金或炭化钨拔丝模进行冷拔。冷拔时，钢筋同时经受张拉和挤压而发生塑性变形，拔出的钢筋截面积减小，产生冷作硬化，抗拉强度可提高 40%～90%。

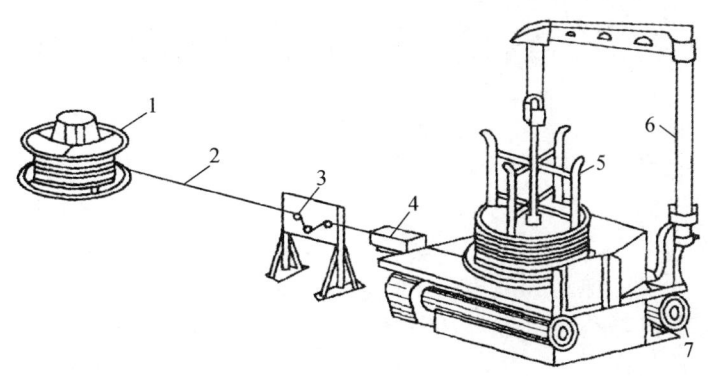

图 1-2-4　立式冷拔机构造示意图

1—盘料架；2—钢筋；3—阻力轮；4—拔丝模；5—卷筒；6—支架；7—电动机

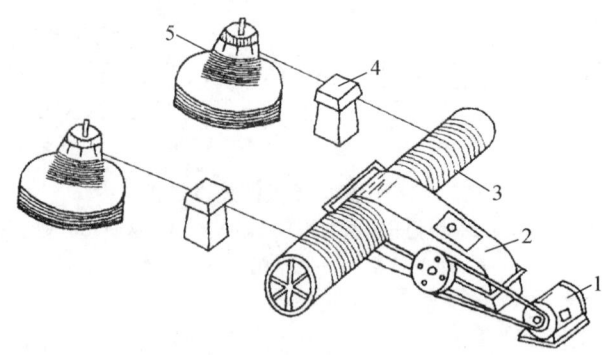

图 1-2-5　卧式冷拔机的构造示意图
1—电动机；2—减速机；3—卷筒；4—拔丝模盒；5—承料架

三、钢筋加工机械

1. 调直切断机

用于调直和切断直径 10 mm 以下的钢筋，并进行除锈。由调直筒，牵行机构，切断机构，钢筋定长架、机架和驱动装置等组成。其工作原理如图 1-2-6 所示，由电动机通过皮带传动增速，使调直筒高速旋转，穿过调直筒的钢筋被调直，并由调直模清除钢筋表面的锈皮；由电动机通过另一对减速皮带传动和齿轮减速箱，一方面驱动两个传送压辊，牵引钢筋向前运动，另一方面带动曲柄轮，使锤头上下运动。当钢筋调直到预定长度，锤头锤击上刀架，将钢筋切断，切断的钢筋落入受料架时，由于弹簧作用，刀台又回到原位，完成一个循环。

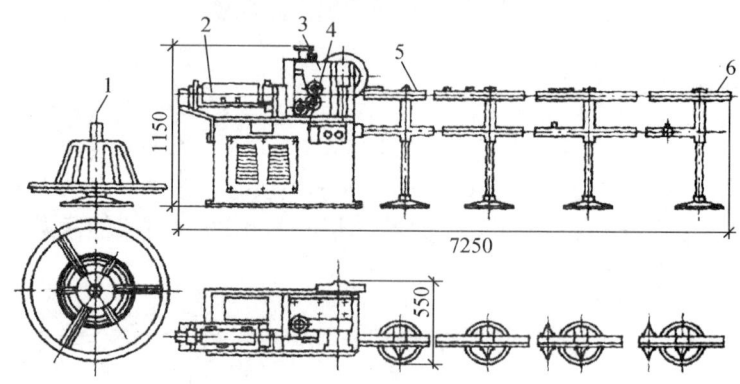

图 1-2-6　钢筋调直切断机构造图
1—放盘架；2—调直筒；3—传动箱；4—机座；5—承受架；6—定尺板

2. 钢筋切断机

钢筋切断机有手动、电动和液压等多种形式，如图 1-2-7 和图 1-2-8 所示。最大切断直径为 40 mm。切断机都是利用活动刀片和相对固定刀片作往复运动而把钢筋切断。

3. 钢筋弯曲机

钢筋弯曲机的工作机构是一个在垂直轴上旋转的水平工作圆盘，如图 1-2-9 所示，把钢筋置于图中虚线位置，支承销轴固定在机床上，中心销轴和压弯销轴装在工作圆盘上，圆盘回转时便将钢筋弯曲。为了弯曲各种直径的钢筋，在工作盘上有几个孔，用以插压入弯销轴，也可相应地更换不同直径的中心销轴。

下面以钢筋弯曲180°为例说明工作过程。

(1) 将被弯钢筋平放在工作盘的心轴和成型轴之间及挡铁轴的内侧，如图1-2-10(a)所示。

(2) 扭动开关，工作盘被蜗轮轴带动而旋转，心轴和成型轴随工作盘一起转动，由于心轴与工作盘同心，而成型轴与工作盘心轴不同心，因此，工作盘转动时，成型轴围绕心轴作弧线运动，钢筋被带动，同时受到挡铁轴的阻止，钢筋被成型轴推弯，绕着心轴弯曲，如图1-2-10(b)所示。

(3) 钢筋被弯达到要求形状后，及时将倒顺开关手柄扭到停止的位置，如图1-2-10(c)所示。

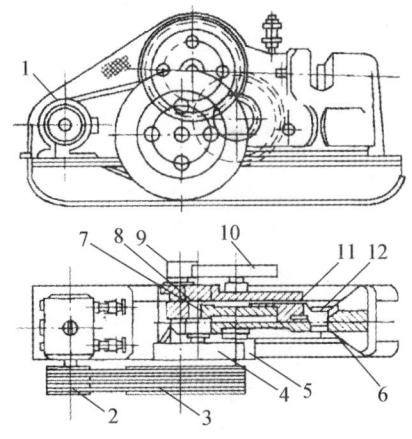

图 1-2-7　电动钢筋切断机构造图

1—电动机；2、3—V带轮；
4、5、9、10—减速齿轮；
6—固定刀片；7—连杆；8—曲柄轴；
11—滑块；12—活动刀片

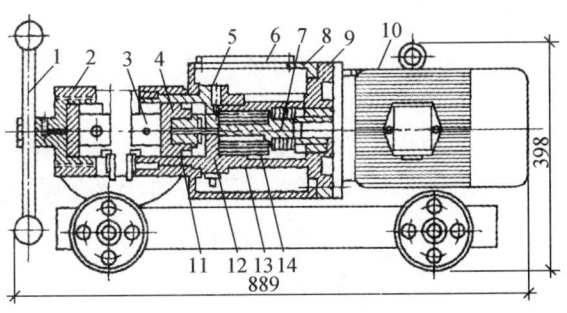

图 1-2-8　液压钢筋切断机构造图

1—手柄；2—支座；3—主刀片；4—活塞；5—放油阀；
6—观察玻璃；7—偏心轴；8—油箱；9—连接架；
10—电动机；11—皮碗；12—液压缸体；
13—液压泵缸；14—柱塞

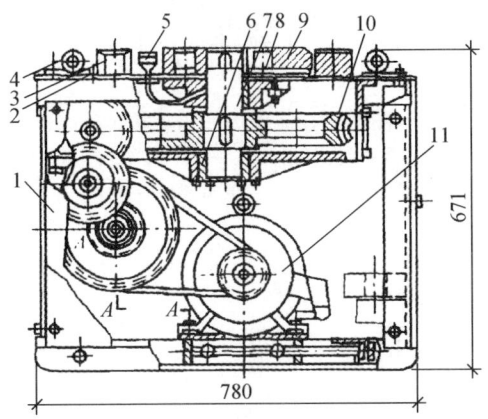

图 1-2-9　钢筋弯曲机构造图

1—机架；2—工作台；3—插座；4—滚轴；5—油杯；
6—蜗轮箱；7—工作主轴；8—立轴承；9—工作盘；
10—蜗轮；11—电动机

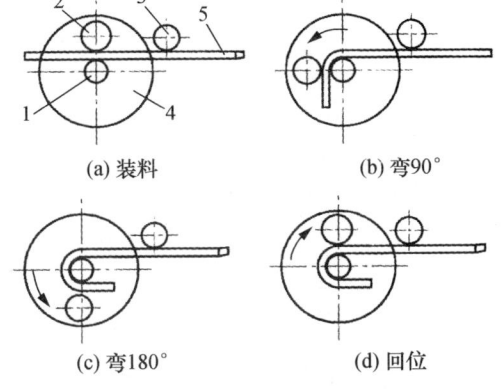

(a) 装料　　(b) 弯90°

(c) 弯180°　　(d) 回位

图 1-2-10　钢筋弯曲原理图

1—心轴；2—成型轴；3—挡铁轴；
4—工作盘；5—钢筋

（4）将手柄扭到反转位置，工作盘反转到原来位置时，再将手柄扭到停止的位置，即可取出弯好的钢筋，如图 1-2-10（d）所示。

四、钢筋焊接机械

1. 闪光对焊机

闪光对焊机是将两根被焊钢筋相对地置于对焊机夹具内并保持端部接触，当焊接电流使接触端头加热熔化时，对钢筋两端持续或断续地施加挤压力，将钢筋焊牢。

对焊机主要由焊接变压器、左电极、右电极、交流接触器、送料机构和控制元件等组成。其工作原理如图 1-2-11 所示，对焊机的电极分别装在固定平板和滑动平板上，滑动平板可沿机身上的导轨移动，电流通过变压器次级线圈传到电极上。当推动压力机构使两根钢筋端头接触在一起后，造成短路，电阻产生热量，加热钢筋端头；当加热到高塑性后，再加力挤压，使两端头达到牢固的对接。

2. 电渣压力焊机

它主要适合现浇钢筋混凝土结构中竖向或斜向钢筋的连接，一般可焊接直径为 12～40 mm 的钢筋。

它的工作原理是利用电源提供的电流，通过上下两根钢筋和端面间引燃的电弧，使电能转化为热能，将电弧周围的焊剂不断熔化，形成渣池，然后将上钢筋端部潜入渣池中，利用电阻热能使钢筋端面熔化并形成有利于保证焊接质量的端面形状。最后，在断电的同时，迅速进行挤压，排除全部熔渣和熔化金属，形成焊接接头，如图 1-2-12 所示。

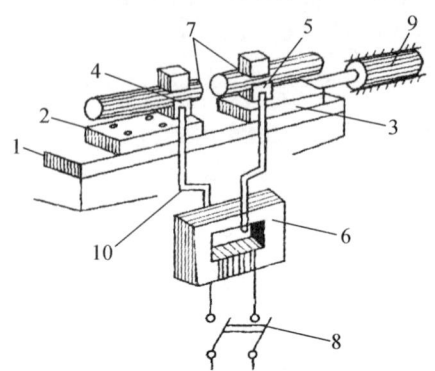

图 1-2-11 闪光对焊机工作原理

1—机身；2—固定平板；3—滑动平板；
4—固定电极；5—活动电极；6—变压器；
7—钢筋；8—开关；9—压力机构；
10—变压器次级线圈

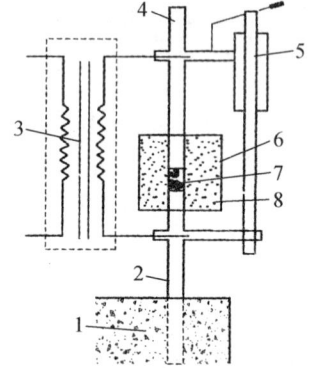

图 1-2-12 电渣压力焊机工作原理

1—混凝土；2、4—钢筋；3—电源；
5—夹具；6—焊剂盒；7—铁丝球；
8—焊剂

课题三　混凝土工程施工机械

一、混凝土搅拌机

1. 搅拌机分类

混凝土搅拌机按其搅拌原理主要分为自落式搅拌机和强制式搅拌机两类。

（1）自落式搅拌机

自落式搅拌机的搅拌鼓筒是垂直放置的。随着鼓筒的转动，混凝土拌和料在鼓筒内做自由落体式翻转搅拌，从而达到搅拌的目的。自落式搅拌机多用以搅拌塑性混凝土和低流动性混凝土。筒体和叶片磨损较小，易于清理，但动力消耗大，效率低。搅拌时间一般为 90～120 s/盘，其构造见图 1-3-1 和图 1-3-2。

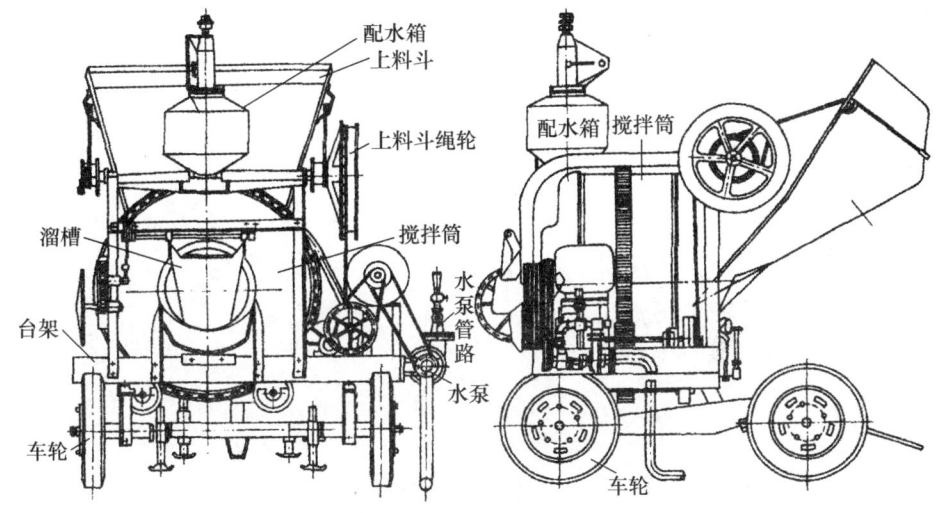

图 1-3-1　自落式搅拌机

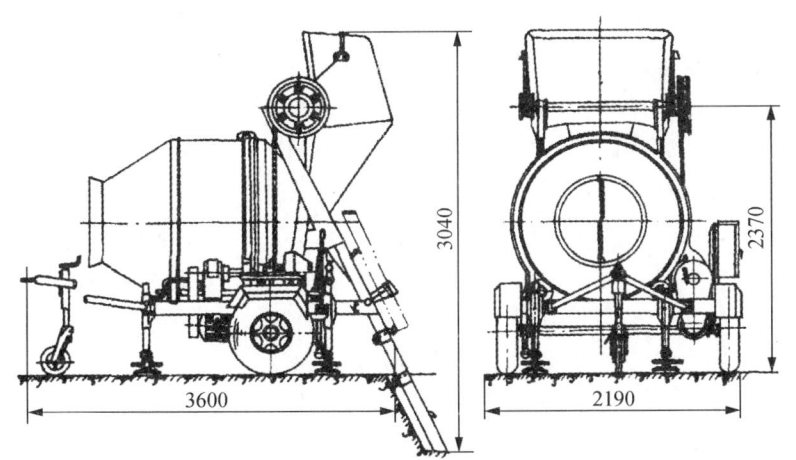

图 1-3-2　自落式锥形反转出料搅拌机

（2）强制式搅拌机

强制式搅拌机的鼓筒筒内有若干组叶片，搅拌时叶片绕竖轴或卧轴旋转，将材料强行搅拌，直至搅拌均匀。强制式搅拌机又分为立轴式和卧轴式两种。卧轴式有单轴、双轴之分，而立轴式又分为涡浆式和行星式。这种搅拌机的搅拌作用强烈，适宜于搅拌干硬性混凝土和轻骨料混凝土，也可搅拌流动性混凝土，具有搅拌质量好、搅拌速度快、生产效率高、操作简便及安全等优点。但机件磨损严重，一般需用高强合金钢或其他耐磨材料做内衬，多用于集中搅拌站。外形参见图 1-3-3，构造和形式见图 1-3-4 和图 1-3-5。

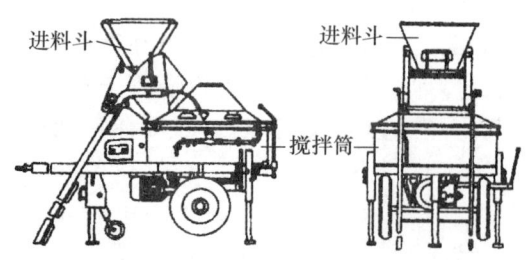
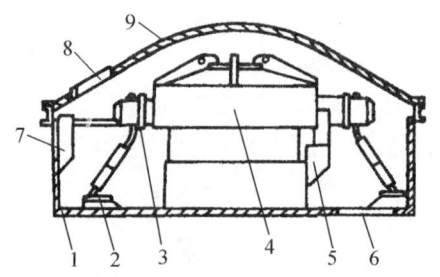

图 1-3-3　立轴强制式混凝土搅拌机　　　　图 1-3-4　强制搅拌机构造图

1—搅拌盘；2—搅拌叶片；3—搅拌臂；4—转子；
5—内壁铲刮叶片；6—出料口；7—外壁铲刮叶片；
8—进料口；9—盖板

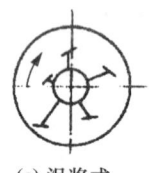  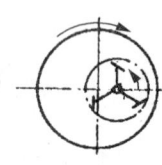 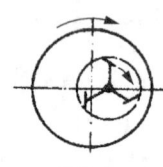 

(a) 涡浆式　　(b) 搅拌盘固定　　(c) 搅拌盘反向　　(d) 搅拌盘同向　　(e) 单卧轴式
　　　　　　　的行星式　　　　旋转的行星式　　　旋转的行星式

图 1-3-5　强制式混凝土搅拌机的几种形式

2. 进料容量和出料容量

搅拌机的容量分为进料容量、出料容量和几何容量三种。

（1）进料容量（又称干料容量）：搅拌前搅拌筒可能装的各种松散材料的累积体积。

（2）出料容量：搅拌机每次可拌出的最大混凝土量。

（3）几何容量：搅拌机搅拌筒内的几何容积。

为了保证混凝土得到充分拌和，进料容量应为搅拌机的几何容量的22%～40%；出料容量约为进料容量的60%～70%，通常，出料容量＝进料容量×出料系数（0.625）。如任意超载（超载10%），就会使材料在搅拌筒内无充分的空间进行拌和，影响混凝土的和易性。反之，装料过少，又不能充分发挥搅拌机的效能。

混凝土搅拌机以其出料容量（m^3）×1000标定规格。

混凝土搅拌机的系列为50 L、150 L、250 L、350 L、500 L、750 L、1000 L、1500 L、3000 L等。

选择混凝土搅拌机型号，要根据工程量大小、混凝土的坍落度和骨料尺寸等确定。既要满足技术上的要求，也要考虑经济效果和节约能源。

二、混凝土运输设备

1. 水平运输设备

（1）手推车

手推车是施工工地上普遍使用的水平运输工具，手推车具有小巧、轻便等特点，不但适用于一般的地面水平运输，还能在脚手架、施工栈道上使用；也可与塔吊、井架等配合使用，解决垂直运输。

（2）机动翻斗车

机动翻斗车是用柴油机装配有翻斗而成的翻斗车。具有轻便灵活、结构简单、转弯半径小、速度快、能自动卸料、操作维护简便等特点。适用于短距离水平运输混凝土以及沙、石等散装材料，见图1-3-6。

图1-3-6　机动翻斗车

图1-3-7　混凝土搅拌输送车

（3）混凝土搅拌输送车

混凝土搅拌输送车是一种用于长距离输送混凝土的高效能机械（见图1-3-7），它是将运送混凝土的搅拌筒安装在汽车底盘上，而以混凝土搅拌站生产的混凝土拌和物灌装入搅拌筒内，直接运至施工现场，供浇筑作业需要。在运输途中，混凝土搅拌筒始终在不停地慢速转动，从而使筒内的混凝土拌和物可连续得到搅动，以保证混凝土通过长途运输后，仍不致产生离析现象。在运输距离很长时，也可将混凝土干料装入筒内，在运输途中加水搅拌，这样能减少由于长途运输而引起的混凝土坍落度损失。

2. 泵送设备及管道

（1）泵送设备构造原理及类型

① 混凝土泵构造原理。

混凝土泵有活塞泵、气压泵和挤压泵等几种不同的构造和输送形式，目前应用较多的是活塞泵。活塞泵按其构造原理的不同，又可以分为机械式和液压式两种。

a. 机械式混凝土泵的工作原理，见图1-3-8，进入料斗的混凝土，经拌和器搅拌可避免分层。喂料器可帮助混凝土拌和料由料斗迅速通过吸入阀进入工作室。吸入时，活塞左移，吸入阀开，压出阀闭，混凝土吸入工作室；压出时，活塞右移，吸入阀闭，压出阀开，工作室内的混凝土拌和料受活塞挤出，进入导管。

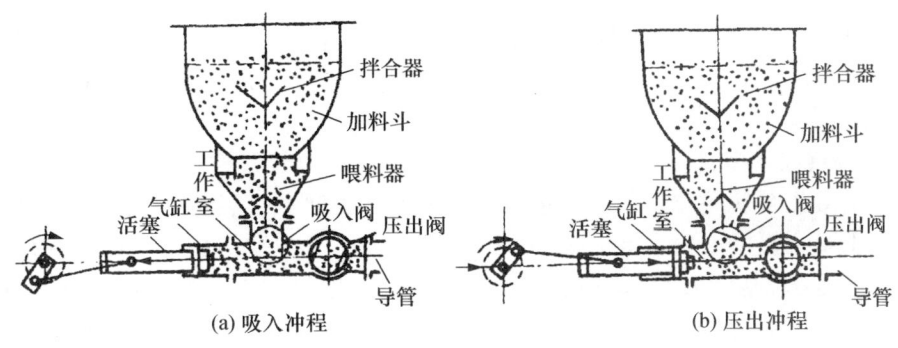

图1-3-8　机械式混凝土泵工作原理

b. 液压活塞式混凝土泵，这是一种较为先进的混凝土泵。其工作原理见图1-3-9。当混凝土泵工作时，搅拌好的混凝土拌和料装入料斗，吸入端片阀移开，排出端片阀关闭，活塞在液压作用下，带动活塞左移，混凝土混合料在自重及真空吸力作用下，进入混凝土缸内。然后，液压系统中压力油的进出方向相反，活塞右移，同时吸入端片阀关闭，压出端片阀移开，混凝土被压入管道，输送到浇筑地点。由于混凝土泵的出料是一种脉冲式的，所以一般混凝土泵都有两套缸体左右并列，交替出料，通过Y形导管，送入同一管道，使出料稳定。

② 泵送设备类型。

a. 混凝土汽车泵（移动泵车）。

将液压活塞式混凝土泵固定安装在汽车底盘上，使用时开至需要施工的地点，进行混凝土泵送作业，称为混凝土汽车泵（移动泵车）。一般情况下，此种泵车都附带装有全回转三段折叠臂架式的布料杆。整个泵车主要由混凝土推送机构、分配闸阀机构、料斗搅拌装置、悬臂布料装置、操作系统、清洗系统、传动系统、汽车底盘等部分组成，见图1-3-10。这种泵车使用方便，适用范围广，它既可以利用在工地配置装接的管道输送到较远、较高的混凝土浇筑部位，也可以发挥随车附带的布料杆的

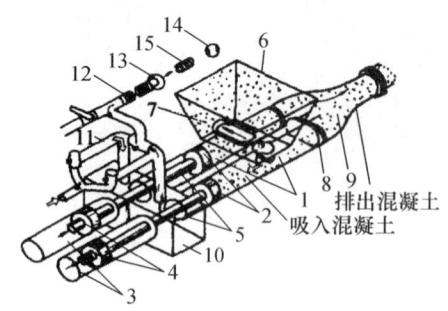

图1-3-9 液压活塞式混凝土泵工作原理

1—混凝土缸；2—推压混凝土的活塞；3—液压缸；
4—液压活塞；5—活塞杆；6—料斗；7—吸入阀门；
8—排出阀门；9—Y形管；10—水箱；
11—水洗装置换向阀；12—水洗用高压软管；
13—水洗用法兰；14—海绵块；15—清洗活塞

作用，把混凝土直接输送到需要浇筑的地点。

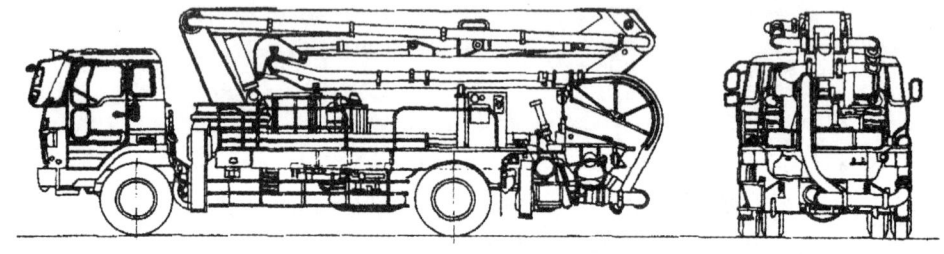

图1-3-10 混凝土汽车泵

施工时，现场规划要合理布置混凝土泵车的安放位置。一般混凝土泵应尽量靠近浇筑地点，并要满足两台混凝土搅拌输送车能同时就位，使混凝土泵能不间断地得到混凝土供应，进行连续压送，以充分发挥混凝土泵的有效能力。

混凝土泵车的输送能力一般为 80 m³/h；在水平输送距离为 520 m 和垂直输送高度为 110 m 时，输送能力为 30 m³/h。

b. 固定式混凝土泵。

固定式混凝土泵使用时，需用汽车将它拖带至施工地点，然后进行混凝土输送。这种形式的混凝土泵主要由混凝土推送机构、分配闸机构、料斗搅拌装置、操作系统、清洗系统等组成。它具有输送能力大、输送高度高等特点，一般最大水平输送距离为 250~600 m，最大垂直输送高度为150 m，输送能力为60 m³/h左右，适用于高层建筑的混凝土输送，见图1-3-11。

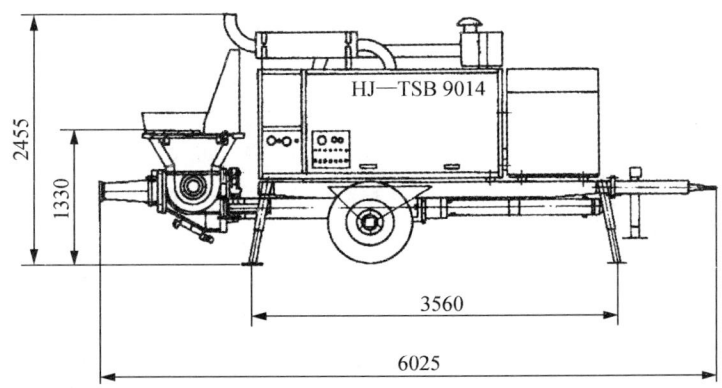

图 1-3-11　固定式混凝土泵

（2）混凝土泵的选用

混凝土泵的选用，应根据混凝土工程的特点、要求的最大输送距离、最大输出量和混凝土浇筑计划确定，并应进行经济技术方案对比。

根据施工经验，多层建筑、高层建筑基础工程以及 5～7 层以下的主体结构工程（包括裙楼），以采用汽车式混凝土泵进行混凝土浇筑为宜；在垂直输送高度超过 80～100 m 情况下，可以采用两台固定式中压混凝土泵进行接力输送，在财力、设备条件允许时，亦可采用一台固定式高压混凝土泵输送。

（3）混凝土输送管道

混凝土输送管道包括直管、弯管、锥形管、软管、管接头和截止阀。对输送管道的要求是阻力小、耐磨损、自重轻、易装拆。

① 直管：常用的管径有 100 mm、125 mm 和 150 mm 三种。管段长度有 0.5 m、1.0 m、2.0 m、3.0 m 和 4.0 m 五种，壁厚一般为 1.6～2.0 mm，由焊接钢管和无缝钢管制成。

② 弯管：弯管的弯曲角度有 15°、30°、45°、60° 和 90°，其曲率半径有 1.0 m、0.5 m 和 0.3 m 三种，以及与直管相应的口径。

③ 锥形管：主要是用于不同管径的变换处，常用的有 $\phi175$～$\phi150$、$\phi150$～$\phi125$、$\phi125$～$\phi100$ mm。常用的长度为 1 m。

④ 软管：软管的作用主要是装在输送管末端直接布料，其长度有 5～8 m，对它的要求是柔软、轻便和耐用，便于人工搬动。

⑤ 管接头：主要是用于管子之间的连接，以便快速装拆和及时处理堵管部位。

⑥ 截止阀：常用的截止阀有针形阀和制动阀。逆止阀是在垂直向上泵送混凝土过程中使用，如混凝土泵送暂时中断，垂直管道内的混凝土因自重会对混凝土泵产生逆向压力，逆止阀可防止这种逆向压力对泵的破坏，使混凝土泵得到保护和启动方便。

（4）混凝土布料设备

① 混凝土泵车布料杆。混凝土泵车布料杆是在混凝土泵车上附装的既可伸缩也可曲折的混凝土布料装置，如图 1-3-12 所示。混凝土输送管道就设在布料杆内，末端是一段软管，用于混凝土浇筑时的布料工作。图 1-3-13 是一种三叠式布料杆混凝土浇筑范围示意图。这种装置的布料范围广，在一般情况下不需再行配管。

② 独立式混凝土布料器。独立式混凝土布料器是与混凝土泵配套工作的独立布料设备,如图1-3-14所示。在操作半径内,能比较灵活自如地浇筑混凝土。其工作半径一般为10 m左右,最大的可达40 m。由于其自身较为轻便,能在施工楼层上灵活移动,所以,实际的浇筑范围较广,适用于高层建筑的楼层混凝土布料。

③ 固定式布料杆。固定式布料杆又称塔式布料杆,可分为两种:附着式布料杆和内爬式布料杆。这两种布料杆除布料臂架外,其他部件如转台、回转支撑、回转机构、操作平台、爬梯、底架均采用批量生产的相应的塔吊部件,其顶升接高系统、楼层爬升系统亦取自相应的附着式自升塔吊和内爬式塔吊。附着式布料杆和内爬式布料杆的塔架有两种不同结构,一种是钢管立柱塔架,另一种是格桁结构方形断面构架。布料臂架大多采用低合金高强钢组焊薄壁箱形断面结构,一般由三节组成。薄壁泵送管则附装在箱

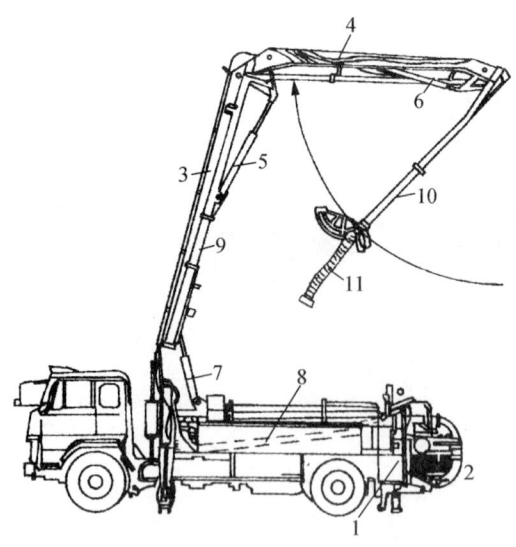

图1-3-12 混凝土泵车布料杆

1—泵车座;2—泵体;3—第一节臂架;
4—第二节臂架;5、6—伸缩液压缸;
7—变幅液压缸;8、9—输送管;10—第三节臂架

形断面梁上,两节泵管之间用90°弯管相连通。这种布料臂架的俯、仰、曲、伸由液压系统操纵。为了减小布料臂架负荷对塔架的压弯作用,布料杆多装有平衡臂并配有平衡重。

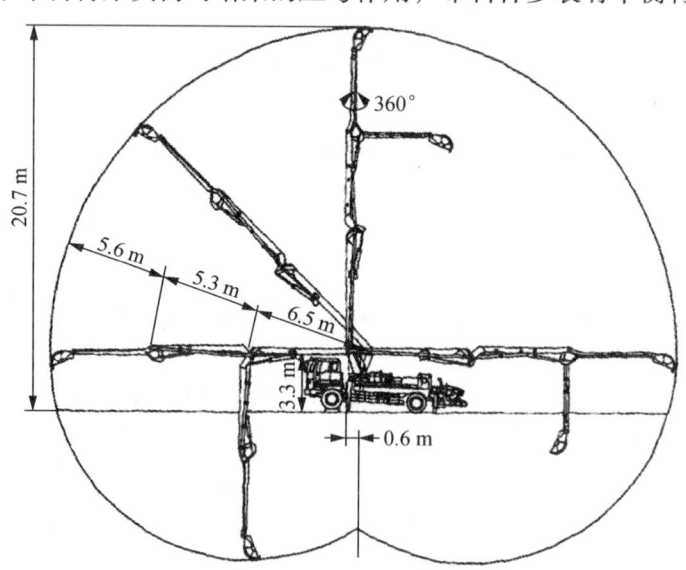

图1-3-13 三折叠式布料杆浇筑范围

目前有些内爬式布料杆如HG17~HG25型,装用另一种布料臂架,臂架为轻量型钢格桁结构,由两节组成,泵管附装于此臂架上,采用绳轮变幅系统进行臂架的折叠和俯仰变幅。这种布料臂的最大工作幅度为17~28 m,最小工作幅度为1~2 m。

固定式布料杆装用的泵管有三种规格:φ100、φ112、φ125,管壁厚一般为6 mm。布料臂架上的末端泵管的管端还都套装有4 m长的橡胶软管,以有利于布料。

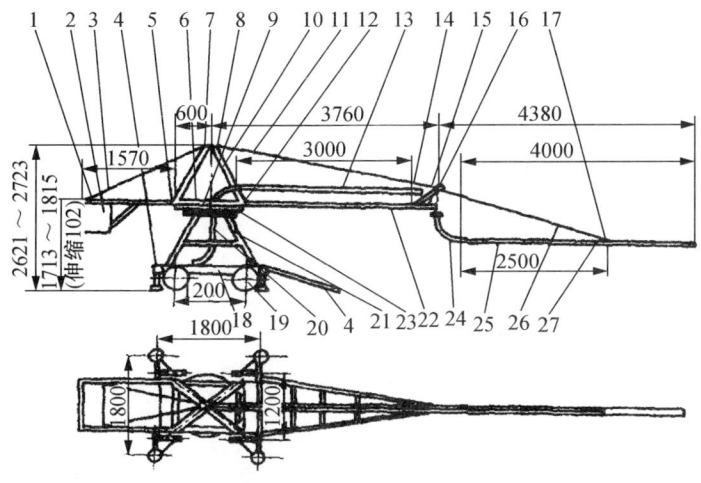

图 1-3-14 独立式混凝土布料器

1、7、8、15、16、27—卸甲轧头；2—平衡臂；3、11、6—钢丝绳；4—撑脚；5、12—螺栓、螺母、垫圈；
6—上转盘；9—中转盘；10—上角撑；13、25—输送管；14—输送管轧头；17—夹子；18—底架；
19—前后轮；20—高压管；21—下角撑；22—前臂；23—下转盘；24—弯管

④ 起重布料两用机。该机亦称起重布料两用塔吊，多以重型塔吊为基础改制而成，主要用于造型复杂、混凝土浇筑量大的工程。布料系统可附装在特制的爬升套架上，亦可安装在塔顶部经过加固改装的转台上。所谓特制爬升套架，是带有悬挑支座的特制转台与普通爬升套架的集合体。布料系统及顶部塔身装设于此特制转台上。近年来我国自行设计制造一种布料系统装设在塔帽转台上的塔式起重布料两用机，其小车变幅水平臂架最大幅度 56 m 时，起重量为 1.3 t，布料杆为三节式，液压曲、伸、俯、仰泵管臂架，其最大作业半径为 38 m。

三、混凝土振动设备

振动设备分类见表 1-3-1 和图 1-3-15。

表 1-3-1　振动设备分类

分　类	说　明
内部振动器 （插入式振动器）	形式有硬管的、软管的。振动部分有锤式、棒式等。振动频率有高有低。主要适用于大体积混凝土、基础、柱、梁、墙、厚度较大的板，以及预制构件的捣实工作。当钢筋十分稠密或结构厚度很薄时，其使用就会受到一定的限制
表面振动器 （平板式振动器）	其工作部分是一钢制或木制平板，板上装一个带偏心块的电动振动器。振动力通过平板传递给混凝土，由于其振动作用深度较小，仅使用于表面积大而平整的结构物，如平板、地面、屋面等构件
外部振动器 （附着式振动器）	这种振动器通常是利用螺栓或钳形夹具固定在模板外侧，不与混凝土直接接触，借助模板或其他物体将振动力传递到混凝土。由于振动作用不能深远，仅适用于振捣钢筋较密、厚度较小以及不宜使用插入式振动器的结构构件
振动台	由上部框架和下部支架、支承弹簧、电动机、齿轮同步器、振动子等组成。上部框架是振动台的台面，上面可固定放置模板，通过螺旋弹簧支承在下部的支架上，振动台只能做上下方向的定向振动，适用于混凝土预制构件的振捣

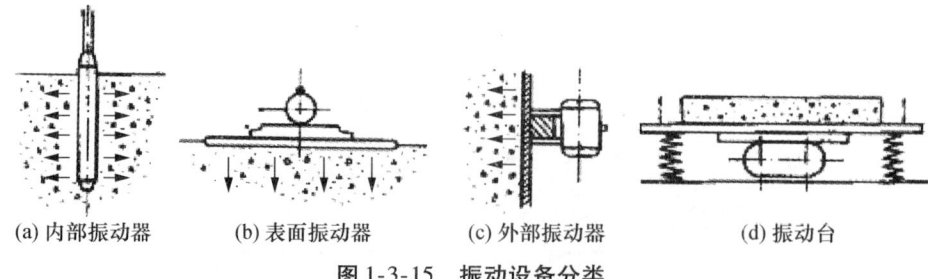

(a) 内部振动器　　(b) 表面振动器　　(c) 外部振动器　　(d) 振动台

图 1-3-15　振动设备分类

常用的振动器的外形示意图见图 1-3-16～图 1-3-19。

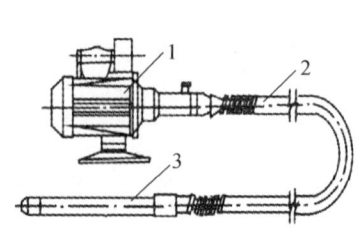 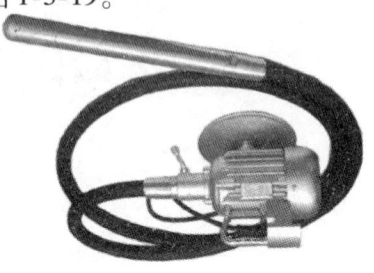

图 1-3-16　插入式内部振动器

1—电动机；2—软轴；3—振动棒

 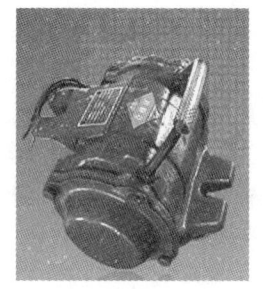 

图 1-3-17　平板式振动器　　　　图 1-3-18　附着式振动器　　　　图 1-3-19　振动台

课题四　砌筑工程施工机械

砌筑工程需用沙浆，如沙浆用量较小时，一般采用人工拌制或用沙浆搅拌机拌制；当沙浆用量较大时，工地常常采用混凝土搅拌机拌制沙浆。

按搅拌方式沙浆搅拌机分为单卧轴式和立轴式两种（与混凝土搅拌机类似），见图 1-4-1。

图 1-4-1　沙浆搅拌机

课题五　起重设备

一、电动卷扬机

电动卷扬机按其速度可分为快速、中速、慢速等。快速卷扬机又分单筒和双筒,其钢丝绳牵引速度为 25～50 m/min,单头牵引力为 4.0～80 kN,如配以井架、龙门架、滑车等可作垂直和水平运输等用。慢速卷扬机多为单筒式,钢丝绳牵引速度为 6.5～22 m/min,单头牵引力为 5～100 kN,如配以拔杆、人字架、滑车组等可作大型构件安装等用。电动卷扬机外形如图 1-5-1 所示。

图 1-5-1　电动卷扬机

二、起重运输机械

1. 履带式起重机

履带式起重机是一种 360°全回转的起重机,它操作灵活,行走方便,能负载行驶。缺点是稳定性较差。行走时对路面破坏较大,行走速度慢,在城市中和长距离转移时,需用拖车进行运输。目前它是结构吊装工程中常用的机械之一。

(1) 履带式起重机构造

履带式起重机是一种具有履带行走装置的全回转起重机,它利用两条面积较大的履带着地行走,主要由动力装置、传动机构、行走机构(履带)、工作机构(起重杆、滑轮组、卷扬机)以及平衡重等组成,如图 1-5-2 所示。

(2) 常用履带式起重机型号

履带式起重机的主要技术性能包括三个主要参数:起重量 Q、起重半径 R、起重高度 H。

履带式起重机超载吊装时或由于施工需要而接长起重臂时,为保证起重机的稳定性,保证在吊装中不发生倾覆事故,需进行

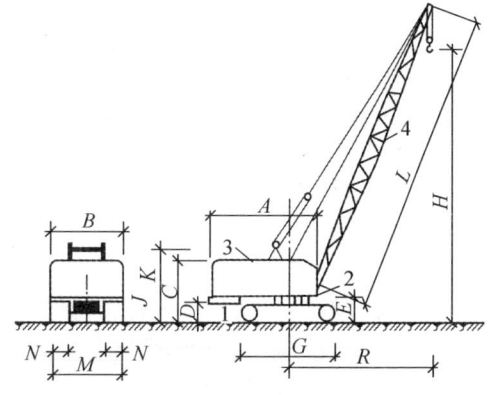

图 1-5-2　履带式起重机的构造
1—行走机构;2—传动机构;3—机身;4—起重臂;
A、B、C—外形尺寸;L—起重臂长;
H—起重高度;R—起重半径

整个机身在作业时的稳定性验算。验算后，若不能满足要求，则应采用增加配重等措施。

2. 汽车式起重机

汽车式起重机是把起重机构安装在普通载重汽车或专用汽车底盘上的一种自行式起重机。起重臂的构造形式有桁架臂和伸缩臂两种，其行驶的驾驶室与起重操纵室是分开的，见图1-5-3。汽车式起重机的优点是行驶速度快，转移迅速，对路面破坏性小。因此，特别适用于流动性大，经常变换地点的作业。其缺点是吊重物时必须支腿，因而不能负荷行驶，也不适于在松软或泥泞的场地上工作。由于机身长，行驶时的转弯半径较大。汽车式起重机常用于构件运输、装卸和结构吊装。

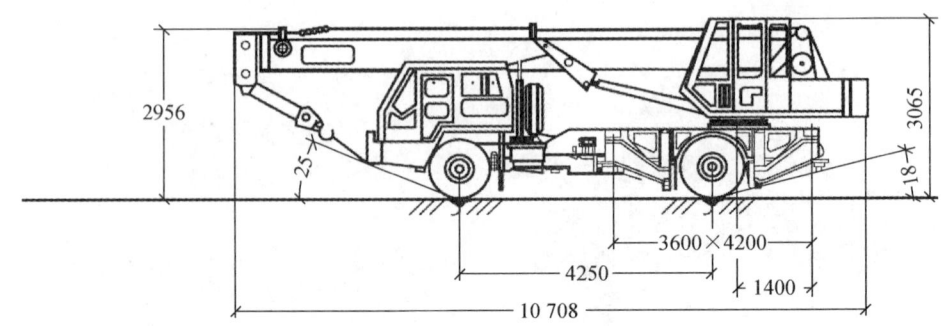

图1-5-3　汽车式起重机

3. 轮胎式起重机

轮胎式起重机是一种装在专用轮胎式行走底盘上的起重机，其横向尺寸较大，故横向稳定性好，能全回转作业，并能在允许载荷下负荷行驶，见图1-5-4。

轮胎式起重机在构造上与履带式起重机基本相似，是将起重机构安装在加重型轮胎和轮轴组成的特制底盘上的全回转起重机。随着起重量的大小不同，底盘上装有若干根轮轴，配有4～10个或更多个轮胎，并有可伸缩的支腿。吊装时一般用四个支腿支撑以保证机身的稳定性。

轮胎式起重机与汽车起重机有很多相同之处，与汽车式起重机相比其优点有轮距较宽、稳定性好、车身短、转弯半径小，可在360°范围内工作。但其行驶时对路面要求较高，行驶速度较汽车式慢，故不宜作长距离行驶，适宜于作业地点相对固定而作业量较大的场合，同时，也不适于在松软泥泞的地面上工作。

轮胎式起重机按传动方式分为机械式（QL）、电动式（QLD）和液压式（QLY）。液压式发展快，已逐渐替代了机械式和电动式。

常用轮胎起重机有QLY16和QLY25型两种。

4. 桅杆式起重机

桅杆式起重机是在独脚拔杆下端装上一根可以回转和起伏的吊杆而成的（图1-5-5）。起重量在5t以下的桅杆式起重机，大多用圆木做成，用于吊装小构件；起重量在10t左右的桅杆式起重机，大多用无缝钢管做成，桅杆高度可达25 m；大型桅杆式起重机，起重量可达60t，桅杆高度可达80 m，桅杆和吊杆都是用角钢组成的格构式截面。

桅杆式起重机的缆风至少6根，根据缆风最大的拉力选择钢丝绳和地锚，地锚必须安全可靠。

图 1-5-4　轮胎式起重机

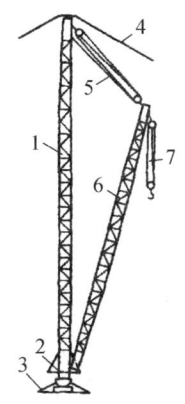

图 1-5-5　桅杆式起重机

1—桅杆；2—转盘；3—底座；4—缆风绳；
5—起伏吊杆滑车组；6—吊杆；7—起重滑车组

大型桅杆式起重机下部设有专门行走装置，在钢轨上移动，中小型桅杆式起重机在下面设滚筒。移动桅杆，多用卷扬机加滑车组牵动桅杆底脚。移动时，将吊杆收拢，并随时调整缆风。移动完毕后，必须使底脚完全垫实固定牢靠后才能进行吊装作业。

5．运输车辆

结构吊装工程中的构件运输和履带式起重机的中距离转移，均需用运输车辆来完成。

起重机转移，一般需使用平板拖车；构件运输则根据构件重量和外形尺寸选用载重汽车、平板拖车和拖拉机等。对于重量较轻、外形尺寸不大的构件（如 1.5 m×6 m 屋面板、6 m 长吊车梁等），一般选用载重汽车运输，因为载重汽车和平板拖车相比较，具有运输效率高、对道路的转弯半径要求较小等优点；而运输重而长的构件（如柱子、屋架等），则常使用平板拖车；在较偏僻地区，有时使用拖拉机作为牵引车进行运输。

平板拖车由牵引车（拖车头）和平板（拖板）两部分组成，有半拖式和全拖式两种，如图 1-5-6 所示。

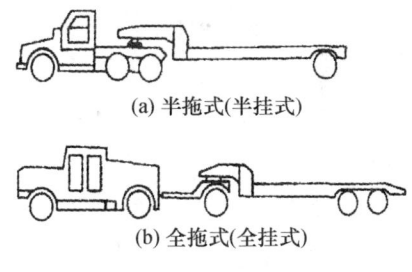

(a) 半拖式(半挂式)

(b) 全拖式(全挂式)

图 1-5-6　平板拖车

课题六　桩基工程施工机械

一、压桩机具设备

静力压桩机分机械式和液压式两种。机械式静力压桩机系用桩架、卷扬机、加压钢丝绳、滑轮组和活动压梁等部件组成，施压部分在桩顶端面，施加静压力为 600～2000 kN，这种桩机设备高大笨重，行走移动不便，压桩速度较慢，但装配费用较低，只少数还有这种设备的地区还在应用；液压式静力压桩机由压桩装置、行走机构及起吊装置等组成，采用液压操作，自动化程度高，结构紧凑，行走方便快速，它是当前国内较广泛采用的一种新型压桩机械。

液压式静力压桩机有箍压式、顶压式和前压式三种类型。

1. 箍压式压桩机

箍压式静力压桩机（见图1-6-1）由全液压操纵，行走机构为新型的液压步履机，前后左右可自由行走，还可做任何角度的回转，以电动液压油泵为动力，最大压桩力可达7000 kN。

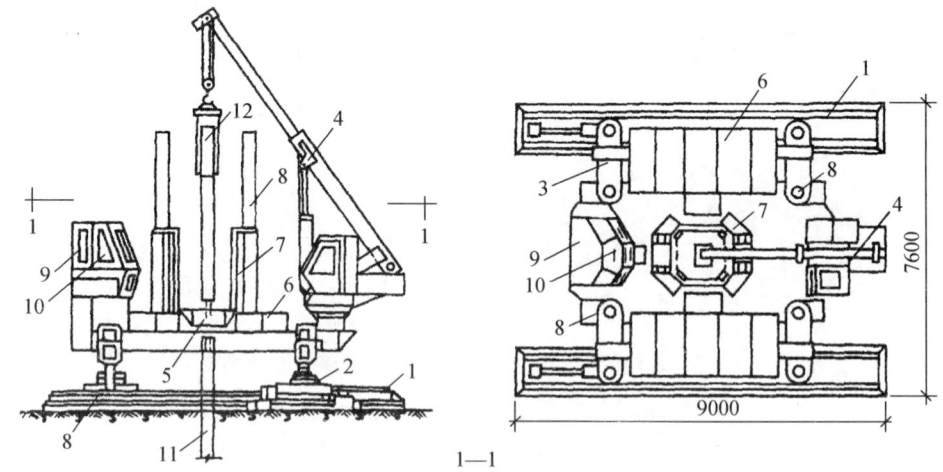

图1-6-1　箍压式压桩机压桩
1—长船行走机构；2—短船行走及回转机构；3—支腿式底盘结构；4—液压起重机；
5—夹持与压桩装置；6—配重铁块；7—导向架；8—液压系统；9—电控系统；
10—操纵室；11—已压入下节桩；12—吊入上节桩

箍压式压桩机由提升机构、夹持机构、压桩机构、行走机构和配重铁等部分组成，配有起重装置，可自行完成桩的起吊、就位、压桩和配重装卸。

箍压式压桩机工作原理是利用液压夹持装置抱夹桩身，再垂直压入土中。

箍压式压桩机可不受压柱高度的限制；但由于受桩架底盘尺寸的限制，靠近已有建筑物压桩时，需选用配有边桩机的静力压桩机进行施工，否则，应保持足够的施工距离（无边桩机构时要求边桩至外缘的最小间距为3.80 m以上；有边桩机构时最小间距可以为0.8 m）。

国内常用的有YZY系列和ZYJ系列液压静力压桩机。

2. 顶压式压桩机

顶压式静力压桩机的工作原理是利用压桩架的自重和配重，通过卷扬牵引，由钢丝绳、滑轮和压梁，将整个桩机的重力（800～1500 kN）反压桩顶上，以克服桩身下沉时与土的摩擦力，迫使预制桩下沉。其行走机构为步履式，最大压桩力达1500 kN。可自行插桩就位，施工简单，但桩长受压柱高度的限制。由于受桩架底盘尺寸的限制，靠近已有建筑物压桩时，需保持足够的施工距离，见图1-6-2。

顶压式静力压桩机桩架高度10～40 m，压入桩长度已达37 m，桩断面为400 mm×400 mm～500 mm×500 mm。

近年来引进WYJ-200型和WYJ-400型压桩机，是液压操纵的先进设备。静压力有2000 kN和4000 kN两种，单根制桩长度可达20 m。

3. 前压式压桩机

前压式静力压桩机是最新的压桩机型，其行走机构有步履式和履带式。最大压桩力可达1500 kN。可自行插桩就位，可作360°旋转。压桩高度可达20 m，有利于减少接桩工序。由于不受桩架底盘的限制，适宜在靠近已有建筑物处压桩。

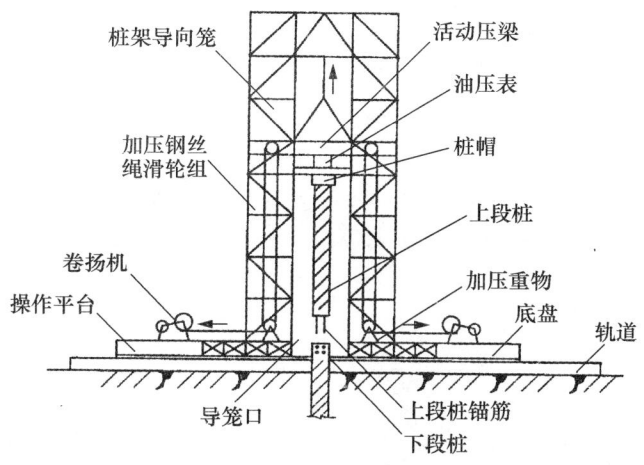

图 1-6-2 顶压式静力压桩机

二、打桩施工机械设备

1. 桩锤的选用

桩锤有落锤、汽锤、柴油桩锤、振动桩锤等，其使用条件和适用范围可参考表 1-6-1。桩锤目前多采用柴油锤，锤重可根据工程地质条件、桩的类型、结构、密集程度及现场施工条件选用。

表 1-6-1 桩锤适用范围参考表

桩锤种类	优缺点	适用范围
落锤（用人力或卷扬机拉起桩锤，然后自由下落，利用锤重夯击桩顶使桩入土）	构造简单，使用方便，冲击力大，能随意调整落距，但锤击速度慢（每分钟为6~20次），效率较低	1. 适于打细长尺寸的混凝土桩 2. 在一般土层及黏土、含有砾石的土层中均可使用
单动汽锤（利用蒸汽或压缩空气的压力将锤头上举，然后自由下落冲击桩顶）	结构简单，落距小，对设备和桩头不易损坏，打桩速度及冲击力较落锤大，效率较高	1. 适于打各种桩 2. 最适于套管法打就地灌筑混凝土桩
双动汽锤（利用蒸汽或压缩空气的压力将锤头上举及下冲，增加夯击能量）	冲击次数多，冲击力大，工作效率高，但设备笨重，移动较困难	1. 适于打各种桩，并可用于打斜桩 2. 使用压缩空气时，可用于水下打桩 3. 可用于拔桩、吊锤打桩
柴油桩锤（利用燃油爆炸，推动活塞，引起锤头跳动夯击桩顶）	附有桩架、动力等设备，不需要外部能源，机架轻，移动便利，打桩快，燃料消耗少；但桩架高度低，遇硬土或软土不宜使用	1. 最适合打钢板桩、木桩 2. 在软弱地基打 12 m 以下的混凝土桩
振动桩锤（利用偏心轮引起激振，通过刚性联结的桩帽传到桩上）	沉桩速度快，适用性强，施工操作简易安全，能打各种桩，并能帮助卷扬机拔桩；但不适于打斜桩	1. 适于打钢板桩、钢管桩、长度在 15 m 以内的打入式灌筑桩 2. 适于粉质黏土、松散沙土、黄土和软土，不宜用于岩石、砾石和密实的黏性土地基

2. 桩架的选用

桩架为打桩的专用起重和导向设备，其作用主要是起吊桩锤和桩或料斗、插桩，给桩导向，控制和调整沉桩位置及倾斜度，以及行走和回转方式移动桩位。按行走方式的不同，桩架可分为滚动式、轨道式、履带式、步履式、悬挂式等（图1-6-3、图1-6-4和图1-6-5）。桩架主要根据所选定的桩锤的形式、质量和尺寸选用，桩的材料、材质、截面形式与尺寸，桩长和桩的连接方式，桩的种类、桩数、桩的布置方式，作业空间、打入位置，以及打桩的连续程度与工期要求等因素选用。

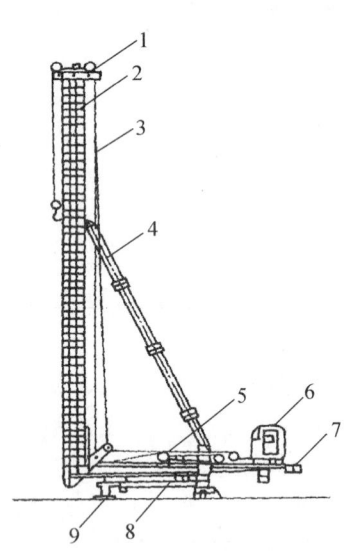 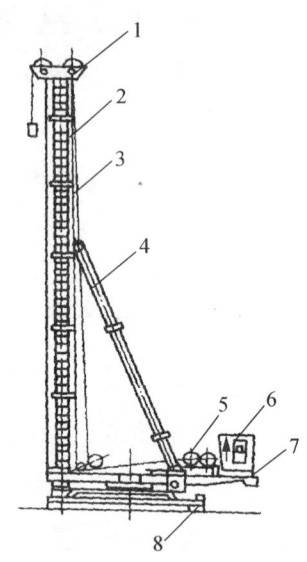 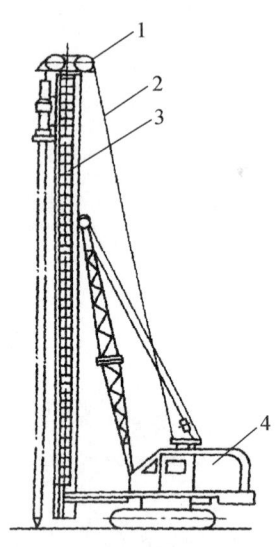

图1-6-3 轨道式打桩架
1—顶部滑轮组；2—立柱；3—锤和桩起吊用钢丝绳；4—斜撑；5—吊锤和桩用卷扬机；6—操作室；7—配重；8—底盘；9—轨道

图1-6-4 步履式打桩架
1—顶部滑轮组；2—立柱；3—锤和桩起吊用钢丝绳；4—斜撑；5—吊锤和桩用卷扬机；6—操作室；7—配重；8—步履式底盘

图1-6-5 悬挂式履带打桩架
1—顶部滑轮组；2—锤和桩起吊用钢丝绳；3—立柱；4—履带式起重机

桩架主要由底盘、导杆、斜杆、滑轮组和动力设备等组成。桩架的高度一般等于桩长+滑轮组高+桩锤长度+桩帽高度+起锤移位高度（取1~2m），可按桩长需要分节组装，每节长3~4m。

桩架的种类很多，应用较广的为万能桩架、履带式桩架和步履桩架。

三、灌注桩成孔机械

灌注桩成孔机械按成孔方法不同分为冲击式钻孔机、冲抓锥成孔机、螺旋钻孔机、转盘式（回转式）钻孔机、潜水钻孔机等。

1. 冲击式钻孔机

冲击式钻孔机通过机架、卷扬机把带刃的重钻头（冲击锤）提高到一定高度，靠自由下落的冲击力切削破碎岩层或冲击土层成孔。部分碎渣和泥浆挤压进孔壁，大部分碎渣用掏渣筒掏出。此法设备简单，操作方便，对于有孤石的沙卵石岩、坚质岩、岩层均可成孔。

主要设备为 CZ-22、CZ-30 型冲击式钻孔机（见图 1-6-6）。所用钻具按形状分，有"十"字形、"工"字形、"人"字形等，一般常用有十字钻头和三翼钻头两种（见图 1-6-7）；前者专用于砾石层和岩层，后者适用于土层。钻头和钻机用钢丝绳连接，钻头重 1.0～1.6 t，钻头直径 60～150 cm。在钻头锥顶与提升钢丝绳间设有自动转向装置，冲击锤每冲击一次转动一个角度，从而保证桩孔冲成圆孔。

转向装置是一个活动的吊环，它与主轴钢绳的吊环连接提升冲锤。掏渣筒用于掏取泥浆及孔底沉渣，一般用钢板制成（图 1-6-8）。

2. 回转式钻孔机（回转钻）

回转钻可以用于各种地质条件，钻机孔径范围为 300～2000 mm、深度范围为 40～100 m，护壁效果好，成孔质量可靠；施工无噪声、无振动、无挤压；机具设备简单，操作方便，费用较低。但成孔速度慢，效率低，用水量大，泥浆排放量大，污染环境，扩孔率较难控制。适用于高层建筑中，地下水位较高的软、硬土层，如淤泥、黏性土、沙土、软质岩等土层。

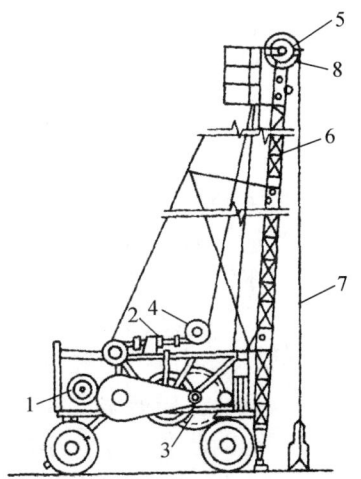

图 1-6-6 CZ-22 型冲击式钻孔机

1—电动机；2—冲击机构；3—主轴；
4—压轮；5—钻具滑轮；6—桅杆；
7—钢丝绳；8—掏渣筒滑轮

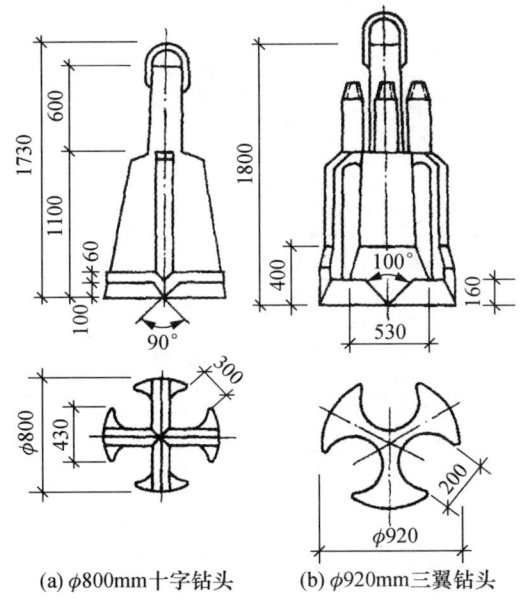

(a) φ800mm 十字钻头　(b) φ920mm 三翼钻头

图 1-6-7 冲击钻钻头形式

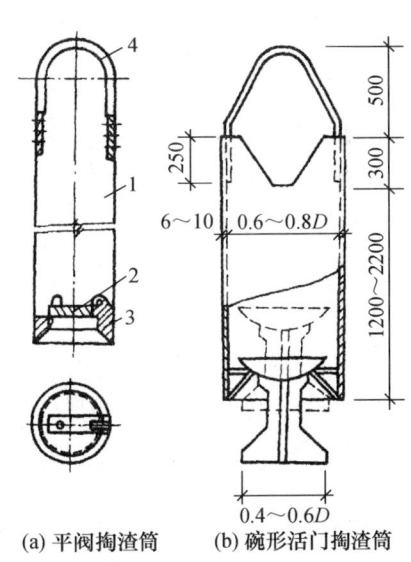

(a) 平阀掏渣筒　(b) 碗形活门掏渣筒

图 1-6-8 掏渣筒

1—筒体；2—平阀；3—切削管袖；4—提环

（1）机具设备

回转式钻孔机的主要机具设备有回转钻机、钻架、钻头。回转钻机多采用转盘式，钻架多用龙门式（高 6～9 m），钻头常用三翼或四翼式钻头、牙轮合金钻头或钢粒钻头；配套机具有钻杆、卷扬机、泥浆泵（或离心式水泵）、空气压缩机（6～9 m^3/h）、测量仪器，以及混凝土配制、钢筋加工系统设备等。

（2）回转钻机钻孔方式

回转钻机钻孔方式根据泥浆循环方式的不同，分为正循环回转钻机成孔和反循环回转钻机成孔。

3. 潜水钻孔机

潜水钻孔机是一种将动力、变速机构、钻头连在一起加以密封，潜入水中工作的一种体积小而轻的钻机。

潜水钻孔机由潜水电机、齿轮减速器、钻头、钻杆、密封装置绝缘橡皮电缆，加上配套机具设备，如机架、卷扬机、泥浆制配系统设备、沙浆泵等组成。这种钻机的钻头有多种形式，以适应不同桩径和不同土层的需要。钻孔直径由 450～1500 mm，如将 GZQ-1500 型钻头改装，慢速钻进可钻成 2000～2500 mm 的大直径桩孔。钻孔深 20～30 m，最深可达 50 m。钻头可带有合金刀齿，靠电机带动刀齿旋转切削土层或岩层。钻头靠桩架悬吊吊杆定位，钻孔时钻杆不旋转，仅钻头部分放置切削下来的泥渣通过泥浆循环排出孔外。钻机桩架轻便，移动灵活，钻进速度快，噪声小，钻孔直径为 450～1500 mm，钻孔深度可达 50 m，甚至更深。图 1-6-9 和图 1-6-10 所示分别为 GZQ-800 型潜水钻孔机构造图和 GZQ-1250 型潜水钻孔机构造成孔示意图。

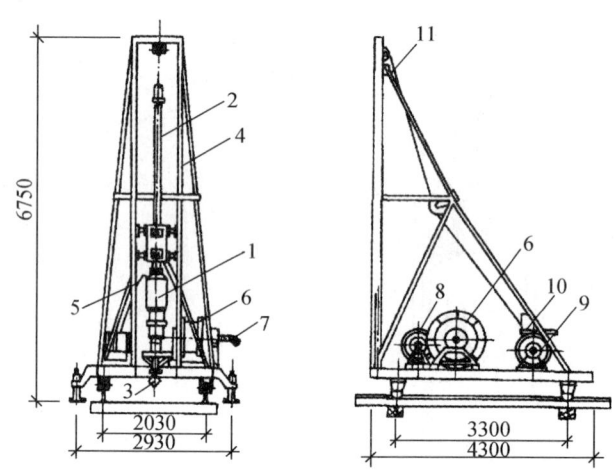

图 1-6-9　GZQ-800 型潜水钻孔机构造

1—潜水电钻；2—钻杆；3—钻头；4—钻孔台车；5—电缆；6—水管卷筒；
7—接泥浆泵；8—电缆卷筒；9—卷扬机；10—配电箱；11—钢丝绳

潜水钻机成孔适用于黏性土、淤泥、淤泥质土、沙土等钻进，也可钻入岩层，尤其适用于地下水位较高的土层中成孔。当钻一般黏性土、淤泥、淤泥质土及沙土时，宜用笼式钻头；穿过不厚的沙夹卵石层或在强风化岩上钻进时，可镶焊硬质合金刀头的笼式钻头；遇孤石或旧基础时，应用带硬质合金齿的筒式钻头。

4. 螺旋钻孔机

螺旋钻孔机由动力箱（内设电动机）、滑轮组、螺旋钻杆、龙门导架、钻头等组成。常用钻头类型有平底钻头、耙式钻头、筒式钻头和锥底钻头四种。

螺旋钻孔机工作原理是，动力箱带动螺旋钻杆旋转，钻头向下切削土层，切下的土块自动沿螺旋钻杆上的螺旋叶片上升，土块涌出孔外成孔。

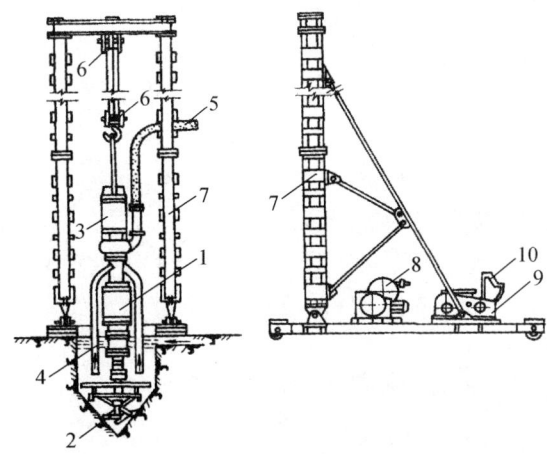

图 1-6-10　GZQ-1250 型潜水钻孔机构造成孔示意图

1—潜水电钻；2—钻头；3—潜水沙石泵；4—吸泥管；5—排泥胶管；6—三轮滑车；
7—钻机架；8—副卷扬机；9—慢速主卷扬机；10—配电箱

单元小结

本单元主要介绍了常用的建筑施工机械，其中有：垂直运输机械（塔吊、电梯、井架、龙门架）；钢筋工程施工机械（钢筋冷拉机、钢筋切断机、钢筋弯曲机、对焊机、电渣压力焊机）；混凝土工程施工机械（混凝土搅拌机、混凝土泵、泵车、混凝土搅拌运输车、平板振动器、插入式振动器等）；起重机械（吊车、拖车等）；桩工机械（静力压桩机、打桩机、螺旋钻孔机等）。

通过本章学习，学生应该掌握上述机械的使用要求，能在施工中合理选择施工机械。

推荐阅读资料

1. 《龙门架及井架物料提升机安全技术规程》（JGJ 88—2010）
2. 《建筑机械使用安全技术规程》（JGJ 33—2012）
3. 《建筑施工手册》（第 5 版）．北京：中国建筑工业出版社，2012

学习鉴定

一、选择题

1. 既可以进行垂直运输，又能完成一定水平运输的机械是（　　）。
   A. 塔式起重机　　　B. 井架　　　　　C. 龙门架　　　　　D. 施工电梯
2. 固定井架用的缆风绳与地面的夹角应为（　　）。
   A. 30°　　　　　　B. 45°　　　　　　C. 60°　　　　　　　D. 75°
3. 混凝土振捣器的振捣在使用时，插入深度不能过深，一般为（　　）mm，不准将软轴插入混凝土中以防沙浆侵蚀软管及水渗入软管中后锈蚀机件。
   A. 150～300　　　B. 450～500　　　C. 350～400　　　D. 250～400

4. 混凝土搅拌机按构造组成的分类有（　　）。
  A. 锥形反转出料混凝土搅拌机　　 B. 锥形倾翻出料搅拌机
  C. 立轴强制式混凝土搅拌机　　 D. 卧轴式强制式搅拌机
5. 钢筋成型机械主要有（　　）。
  A. 切断机　　 B. 调直机　　 C. 弯曲机　　 D. 平直机
6. 常用钢筋弯曲机的主要技术性能指标有（　　）。
  A. 弯曲钢筋直径　　 B. 工作盘直径　　 C. 工作盘转速　　 D. 总质量
7. 搅拌机搅拌筒固定不动，筒内物料由转轴上的拌铲和刮铲强制挤压，翻转和抛掷，使物料拌和，这种搅拌机叫（　　）。
  A. 自落式　　 B. 强制式　　 C. 卧式　　 D. 行星式

二、问答题

1. 垂直运输设施的种类及性能、特点各是什么？
2. 塔式起重机有哪几种类型？
3. 塔式起重机是如何接高的？
4. 钢筋焊接机械有哪些？
5. 以钢筋弯曲180°为例说明钢筋弯曲机的工作过程。
6. 混凝土搅拌机有哪几种？它们各有什么用途？
7. 在建筑工程中常用的起重机有哪些？
8. 桩基工程的施工机械有哪些？

单元二

脚手架工程施工

教学目标

能力目标	知识要点	相关知识
具备设计钢管脚手架搭设、拆除施工工艺和检查验收的能力	1. 扣件式钢管脚手架的搭设、拆除 2. 悬挑式钢管脚手架的构造要求、搭设施工、拆除 3. 门式钢管脚手架的搭设、拆除	1. 脚手架的作用、脚手架的分类、脚手架必须满足的基本要求 2. 扣件式钢管脚手架的材料、配件；扣件式钢管脚手架的构造要求、搭设施工、拆除 3. 悬挑式钢管脚手架的构造要求、搭设施工、拆除 4. 碗扣式钢管脚手架和门式钢管脚手架的材料、配件；碗扣式钢管脚手架的构造要求、搭设施工、拆除 5. 里脚手架、吊篮、附着式升降脚手架的材料、配件、构造要求

问题引入

脚手架又称架子、排栅，是为建筑施工而搭设的上料、堆料与施工作业用的临时结构架，也是建筑施工作业中，不可缺少的工具和手段，在工程建造中占有相当重要的地位，一般由专业公司设计计算与施工。下面就来学习脚手架工程的有关知识。

知识课堂

课题一 脚手架工程基本知识

一、脚手架的作用

脚手架的主要作用如下。
（1）用作操作平台，方便操作。
（2）提供临时堆放施工用材料和机具的平台。

(3) 能起到安全防护作用。
(4) 短距离运输通道。
(5) 为保证工程质量和提高工作效率创造有利条件。

二、脚手架的分类

1. 按照与建筑物的位置关系划分

(1) 外脚手架：搭设在建筑物外围的脚手架统称为外脚手架。既可用于主体结构，也可用于外装饰的施工。目前工程中使用最多的是多立杆式钢管脚手架。

(2) 里脚手架：凡搭设在建筑物内部的脚手架统称为里脚手架。可用于主体结构内部构件和室内装饰施工。其结构形式有折叠式、支柱式和门架式等多种。

2. 按用途划分

(1) 结构脚手架：用于砌筑和结构工程施工作业的脚手架。
(2) 装修脚手架：用于装修工程施工作业的脚手架。
(3) 防护架：用于安全防护的结构架。
(4) 支撑架：用于承重、支撑的结构架，常见的如混凝土的模板支架、卸料台等。

3. 按脚手架外侧的遮挡情况划分

(1) 敞开式脚手架：仅设作业层栏杆和挡脚板，在外侧立面挂大孔安全网，再无其他遮挡设施的脚手架。
(2) 局部封闭脚手架：遮挡面积小于30%的脚手架。
(3) 半封闭脚手架：遮挡面积占30%～70%的脚手架。
(4) 全封闭脚手架：沿脚手架外侧全长和全高封闭的脚手架。

4. 按照支承部位和支承方式划分

(1) 落地式：直接搭设在地面、楼面、屋面或其他平台结构之上的脚手架。
(2) 悬挑式：采用悬挑方式支固的脚手架。
(3) 悬吊脚手架：悬吊于悬挑梁或工程结构之下的脚手架。
(4) 附着升降脚手架（简称"爬架"）：附着于工程结构，依靠自身提升设备进行升降的悬空脚手架。

5. 按其所用材料划分

按其所用材料划分脚手架可分为木脚手架、竹脚手架和钢脚手架。

6. 按其结构形式划分

按其结构形式划分脚手架可分为多立杆式、碗扣式、门式、框式、桥式、挑式、附着式升降脚手架及悬吊式脚手架等。

三、脚手架必须满足的基本要求

(1) 满足使用要求。脚手架应有足够的工作面，能满足工人操作、材料堆放及运输的要求。考虑运输要求时，脚手架的宽度一般为1.5～2.0m。

【温馨提示】
① 广东地区外墙脚手架多用作装修施工和安全防护用，并不考虑手推车的运输要求，

因此，脚手架的宽度一般为 0.8～1.2 m。

② 广东地区通常高层建筑裙楼和多层建筑脚手架的宽度为 1.05 m；高层建筑塔楼悬挑架的宽度为 0.85 m。

(2) 有足够的强度、刚度及稳定性。施工期间，在允许的荷载和气候条件下，保证脚手架不变形、不摇晃、不倾斜。

(3) 搭拆简单，搬运方便，能多次周转使用。

(4) 因地制宜，就地取材，尽量节约用料。

课题二　扣件式钢管脚手架

扣件式钢管脚手架是多立杆式外脚手架中的一种，也是目前运用最普遍的形式。其特点是：杆配件数量少，装拆方便，搭设灵活，能适应建筑物平立面的变化，能搭设的高度较大，强度高，坚固耐用。

扣件式钢管脚手架的搭设与拆除，应遵循《建筑施工扣件式钢管脚手架安全技术规范》JGJ 130—2011 的规定。

一、扣件式钢管脚手架的构配件

扣件式钢管脚手架主要由钢管杆件、扣件、脚手板、防护构件、连墙件等组成，如图 2-2-1 所示。

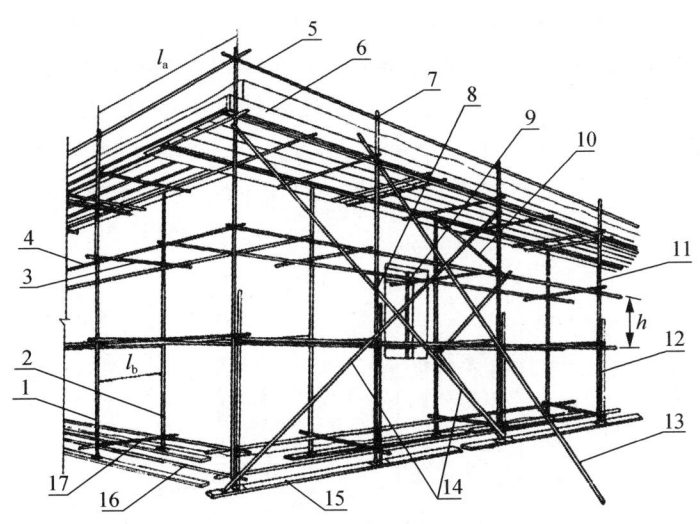

图 2-2-1　扣件式钢管脚手架
1—外立杆；2—内立杆；3—横向水平杆；4—纵向水平杆；5—栏杆；6—挡脚板；7—直角扣件；8—旋转扣件；
9—连接件；10—横向斜撑；11—主立杆；12—副立杆；13—抛撑；14—剪刀撑；15—垫板；
16—纵向扫地杆；17—横向扫地杆

1. 钢管杆件

杆件应采用 $\phi 48 \times 3.5$ 或 $\phi 51 \times 3.0$ 的焊接钢管，但在同一工程中，严禁将不同直径的钢管混用。钢管应为 3 号普通钢管，材质应符合现行国家标准中 Q235-A 级钢的规定。钢管长度一般为 4～6 m，每根最大质量不大于 25 kg，便于搭设操作。钢管表面应平直光滑，严禁打孔，且不应有裂缝、结疤、分层、错位、硬弯、毛刺、压痕和深的划道。钢管其他要求必须符合规范的规定。

2. 脚手板

脚手板铺设在脚手架杆件上用于直接承受施工荷载。一般由钢、木、竹材料制作而成。脚手板的材质应符合规定，且不得有超过允许的变形和缺陷。每块脚手板重量不宜大于30 kg，且表面应有防滑、防积水构造。

3. 扣件

扣件是采用螺栓紧固的扣接连接件。有可锻铸铁铸造扣件和钢板压制扣件两种。螺栓用A3钢制成，并作镀锌防锈处理。每个扣件重量1.3～1.8 kg，靠拧紧螺栓固定，在螺栓拧紧扭力矩达到65 N·m时，不得发生破坏。

扣件的基本形式有三种，如图2-2-2所示。

（1）旋转扣件：用于平行或斜交杆件间连接的扣件。

（2）直角扣件：用于垂直交叉杆件间连接的扣件。

（3）对接扣件：用于杆件对接连接的扣件。

4. 底座

底座是立杆底部的垫座，用于承受脚手架立柱传递下来的荷载。

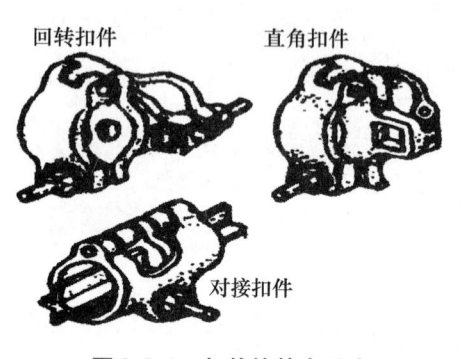

图2-2-2 扣件的基本形式

底座有两种形式：一种是采用厚8 mm，边长150～200 mm的钢板作底板，上焊150 mm高的钢管，底座形式有内插式和外套式两种，内插式的外径 D_1 比立杆内径小2 mm，外套式的内径 D_2 比立杆外径大2 mm，如图2-2-3所示；另一种用可锻铸铁铸成。

目前，施工中底座常采用铺设槽钢或厚度大于50 mm的通长木板（长度不小于2 跨）代替。

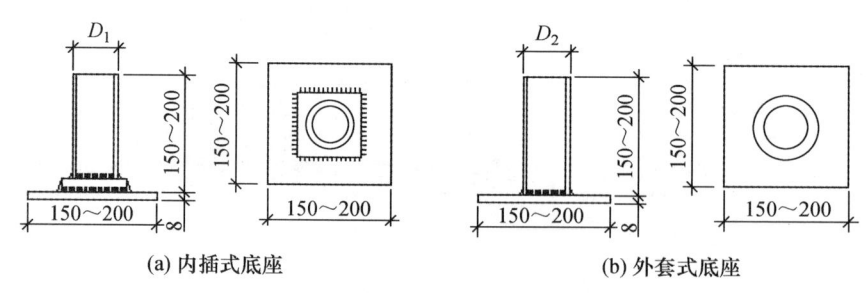

(a) 内插式底座　　(b) 外套式底座

图2-2-3 扣件钢管架底座

5. 安全网

安全网是用来防止人、物坠落或用来避免、减轻坠落及物击伤害的网具。

安全网应符合国家标准《安全网》（GB 5725）与《密目式安全网》（GB 16909）的规定。

根据其功能，安全网分为平网和立网两类。

(1) 平网。用直径 9 mm 的麻绳、棕绳或尼龙绳编织而成。网眼 5 cm 左右,每块支好的安全网应能承受不小于 1600 N 的冲击荷载。

(2) 立网。常用的立网是由化纤丝制成的密目式安全网,网眼密度不小于 2000 目/100 cm^2。

二、扣件式钢管脚手架的构造形式

扣件式钢管脚手架分为双排和单排两种,如图 2-2-4 所示。

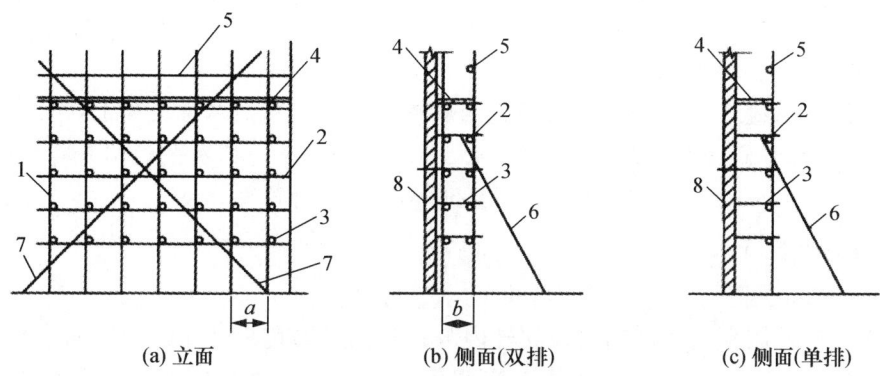

(a) 立面　　　　(b) 侧面(双排)　　　　(c) 侧面(单排)

图 2-2-4　双排脚手架与单排脚手架

1—立杆;2—大横杆;3—小横杆;4—脚手板;5—栏杆;6—抛撑;7—剪刀撑;8—墙体

双排式脚手架沿外墙侧设两排立杆,小横杆两端支承在内外两排立杆上。多、高层建筑均可采用双排式;当建筑高度超过 50 m 时,需专门设计。

单排式脚手架沿墙外侧仅设一排立杆,其小横杆一端与大横杆连接,另一端支承在墙上。仅适用于荷载较小,高度较低(<25 m),墙体有一定强度的多层房屋。

三、钢管落地式脚手架的构造要求

脚手架主要杆件有立杆、大横杆、小横杆、脚手板、抛撑等。

主要杆件的构造参数见表 2-2-1。

表 2-2-1　常用双排 $\phi 48 \times 3.5$ 钢管脚手架构造参数表（连墙固定件按三步三跨布置）

排 距 L_s	步 距 h	下列施工荷载/(kN/m^2) 时的立杆间距/m			脚手架最大搭设高度 H_{max}/m
		1	2	3	
		L			
1.05	1.35	1.8	1.5	1.2	80
	1.8	2.0	1.5	1.2	55
	2.0	2.0	1.5	1.2	45
1.55	1.35	1.8	1.5	1.2	75
	1.8	1.8	1.5	1.2	50
	2.0	1.8	1.5	1.2	40

1. 立杆

立杆是脚手架中垂直于水平面的竖向杆件。根据立杆在脚手架中设置的位置以及使用用途不同,分为外立杆、内立杆、角立杆、双管立杆(主立杆、副立杆)。

立杆是竖向往下传递荷载的杆件,每根立杆底部应设置底座或垫板。立杆应竖向通长设置,钢管长度不足时应接长。接长除顶层顶步可采用搭接外,其余各层各步接头必须采用对接扣件连接。连接应符合下列规定:立杆上的对接扣件应交错布置;两根相邻立杆的接头不应设置在同步内,同步内隔一根立杆的两个相隔接头在高度方向错开的距离不宜小于500 mm;各接头中心至主节点的距离不宜大于步距的1/3;搭接连接长度不应小于1 m,应采用不少于2个旋转扣件固定。

【温馨提示】 通常,不作为运输通道的脚手架,立杆横距不宜大于1.05 m;纵距不宜大于1.5 m。内立杆离墙面的距离为0.2~0.5 m(墙面为普通抹灰或贴饰面砖约0.2 m,安装玻璃幕墙为0.4~0.5 m)。搭设高度大于50 m时,另行计算。

2. 纵向水平杆(大横杆)

纵向水平杆是脚手架中平行于建筑物的水平杆件。

纵向水平杆应用直角扣件固定在立杆内侧,其长度不宜小于3跨。纵向水平杆件应保证水平;在封闭型脚手架的同一步中,应四周交圈。纵向水平杆接长宜采用对接扣件连接,也可采用搭接。对接、搭接的连接要求与立杆类似。搭接连接长度不应小于1 m,等间距设置3个旋转扣件固定。当使用钢脚手板、木脚手板和竹串片脚手板时,纵向水平杆应作为横向水平杆的支座,固定在立杆上(北方做法),如图2-2-5(a)所示;但使用竹笆脚手板时,纵向水平杆应等间距布置固定在横向水平杆上(南方做法),间距不应大于400 mm,如图2-2-5(b)所示。

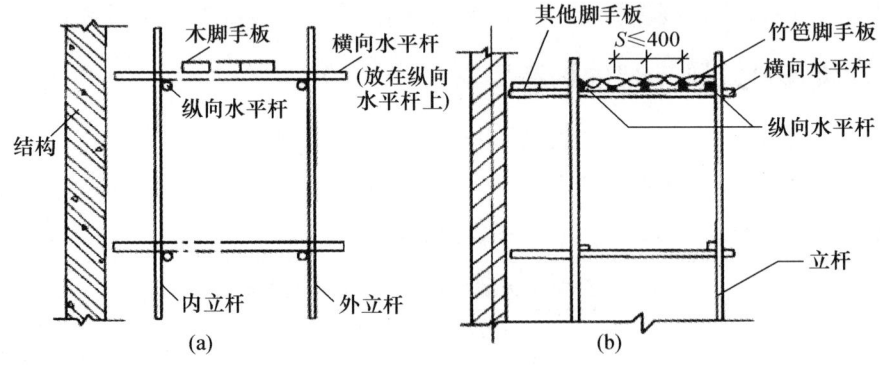

图2-2-5 纵向水平杆与横向水平杆构造

脚手架要设置纵、横向扫地杆,纵向扫地杆应采用直角扣件固定在距底座上不大于200 mm处的立杆上,横向扫地杆亦应采用直角扣件固定在紧靠纵向扫地杆下方的立杆上。当立杆基础不在同一高度时,可按图2-2-6构造搭设。

【温馨提示】 通常,立杆步距不宜大于1.8 m,应根据安全网的宽度、楼层高度和架体总高度综合考虑,取1.5 m或1.8 m;搭设高度大于50 m时,另行计算。

3. 横向水平杆(小横杆)

横向水平杆是脚手架中垂直于建筑物的水平杆件。主节点处必须设置一根横向水平杆，用直角扣件固定在纵向水平杆上且严禁拆除。主节点处两个直角扣件的中心距不应大于 150 mm。在双排脚手架中，靠墙一端的外伸长度 a（见图 2-2-7）不应大于 $0.4l_a$，且不应大于 500 mm。

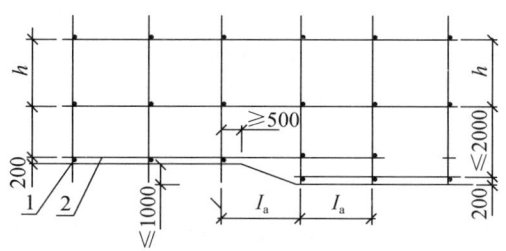 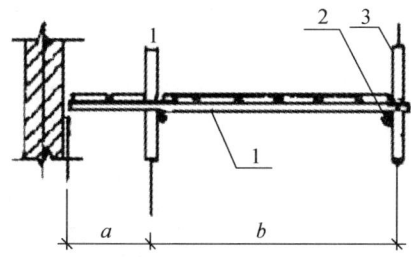

图 2-2-6　纵、横向扫地杆构造　　　　　　　图 2-2-7　横向水平杆构造
1—横向扫地杆；2—纵向扫地杆　　　　　　　1—大横杆；2—纵向水平杆；
　　　　　　　　　　　　　　　　　　　　　3—立杆；a—外伸长度

作业层上非主节点处的横向水平杆，可根据支撑脚手板的需要等间距设置，最大间距不应大于纵距的 1/2。

单排脚手架的横向水平杆插入墙内一端的长度不应小于 180 mm。

【温馨提示】　通常，操作层横向水平杆间距不宜大于 1.0 m。使用竹笆脚手板时，双排脚手架的横向水平杆应固定在立杆上。

4. 脚手板

作业层上应满铺脚手板。自顶层作业层的脚手板往下计，宜每隔 12 m 满铺一层脚手板。铺设要求有：脚手板离开墙面 120～150 mm；钢、木、竹串片脚手板应设置在三根横向水平杆上；当脚手板长度小于 2 m 时，可采用两根横向水平杆支承，但应将脚手板两端与其可靠固定，严防倾翻。

脚手板的铺设有对接平铺和搭接铺设两种形式，如图 2-2-8 所示。

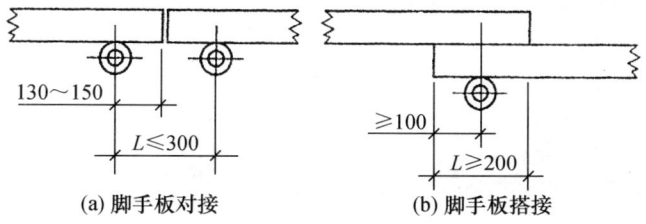

图 2-2-8　脚手板对接、搭接构造

【温馨提示】　竹笆脚手板应对接平铺，主竹筋应垂直于纵向水平杆方向。四个角用 $\phi 1.2$ 的镀锌钢钢丝固定在纵向水平杆上。

5. 抛撑、连墙件

脚手架的结构是一个高跨比相差很悬殊的单跨结构。结构本身很难保持整体稳定并防止倾覆和抵抗风力。因此需要设置抛撑和连墙件加强整体稳定性。

抛撑是指与脚手架外侧面斜交的杆件。对高度低于三步的脚手架，或搭设脚手架时可采用加设抛撑来防止其倾覆。抛撑应采用通长杆件与脚手架可靠连接，与地面的倾角应在

45°～60°之间；连接点中心至主节点的距离不应大于300 mm。

连墙件是连接脚手架与建筑物的构件。对高度超过三步的脚手架防止倾斜和倒塌的主要措施是：将脚手架用连墙杆件依附在整体刚度很大的主体结构上。连墙件一端设置在立杆与大横杆相交的主节点附近，一端与主体结构拉结。连墙件应从底层第一步纵向水平杆处开始设置，宜优先采用菱形水平布置，也可采用方形、矩形，其设置应符合表2-2-2的规定；同时，连墙件偏离主节点的距离不应大于300 mm。连墙杆布置示意图，如图2-2-9所示。

表2-2-2 连墙件布置最大间距表

搭设方法	高 度	竖向间距（h）	水平间距（I_a）	每根连墙件覆盖面积/m²
双排落地	≤50 m	$3h$	$3I_a$	≤40
双排悬挑	>50 m	$2h$	$3I_a$	≤27
单排	≤24 m	$3h$	$3I_a$	≤40

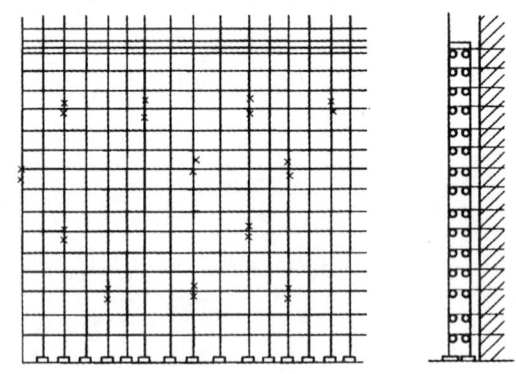

图2-2-9 连墙杆布置示意图（间距4～6 m）

脚手架高度在24 m以下，采用刚性连墙件与建筑物可靠连接，亦可采用拉筋和顶撑配合使用的附墙连接方式；高度24 m以上，必须采用刚性连墙件与建筑物可靠连接，如图2-2-10与图2-2-11所示。

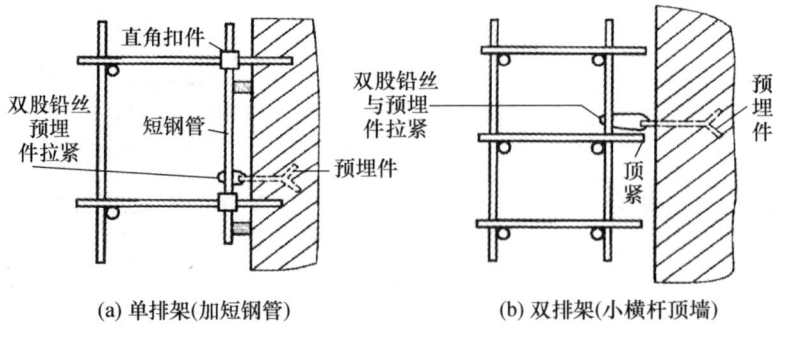

(a) 单排架(加短钢管)　　(b) 双排架(小横杆顶墙)

图2-2-10 连墙杆柔性连接

【温馨提示】 一字形、开口形脚手架的两端必须设置连墙件，连墙件的垂直间距不应大于建筑物的层高，并不应大于4 m（2步）。

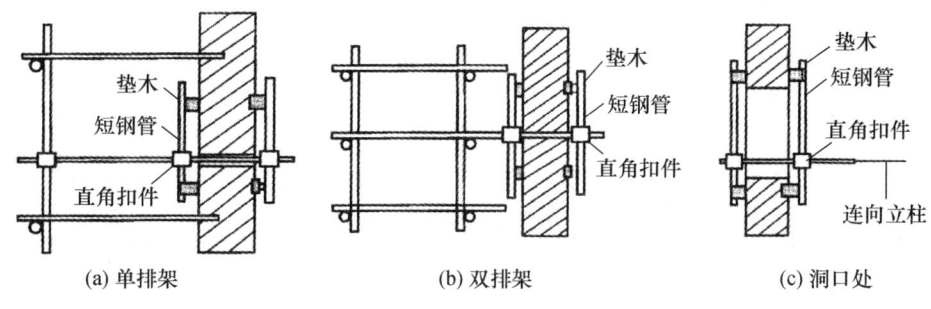

(a) 单排架　　　　　　　(b) 双排架　　　　　　　(c) 洞口处

图 2-2-11　连墙杆刚性连接

6. 栏杆和挡脚板

操作层必须在外立杆的内侧设置防护栏杆和挡脚板。

7. 支撑体系

（1）纵向支撑（剪刀撑）

纵向支撑是沿脚手架纵向外侧隔一定距离由下而上连续设置的剪刀撑。每道剪刀撑宽度宜取 3～5 倍立杆纵距且不应小于 6 m；斜杆与地面的倾角宜在 45°～60°之间；斜杆应用旋转扣件固定在与之相交的横向水平杆的伸出端或立杆上，旋转扣件中心线至主节点的距离不宜大于 150 mm。斜杆的接长宜按立杆要求搭接。

高度在 24 m 以下的单、双排脚手架，均必须在外侧立面的两端各设置一道剪刀撑，并应由底至顶连续设置；中间各道剪刀撑之间的净距不应大于 15 m，如图 2-2-12（a）所示。

高度在 24 m 以上的双排脚手架应在外侧立面整个长度和高度上连续设置剪刀撑，如图 2-2-12（b）所示。

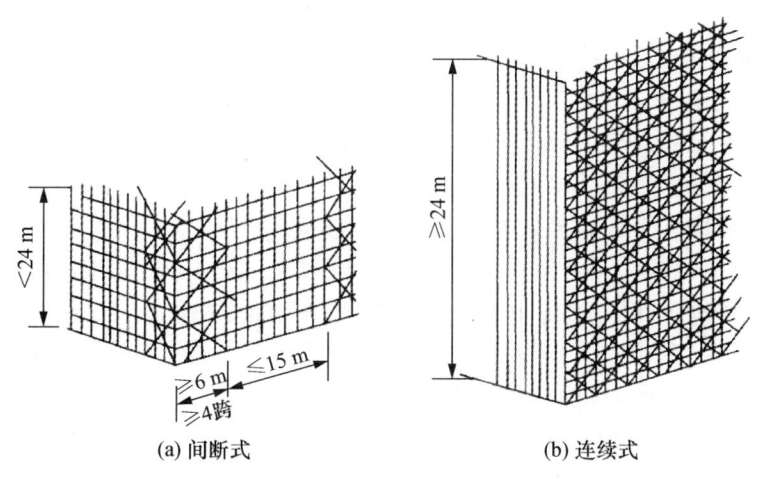

(a) 间断式　　　　　　(b) 连续式

图 2-2-12　剪刀撑

（2）横向支撑

横向支撑是在横向构架内从底到顶沿全高呈之字形设置的连续斜撑。

横向支撑斜腹杆宜采用旋转扣件固定在与之相交的横向水平杆的伸出端上，旋转扣件中心线至主节点的距离不宜大于 150 mm。

一字形、开口形脚手架的两端均必须设置横向斜撑，中间宜每隔6跨设置一道；高度在24 m以下的封闭型双排脚手架可不设横向斜撑，高度在24 m以上，除拐角应设置横向斜撑外，中间应每隔6跨设置一道。

（3）水平支撑

水平支撑是在设置连墙拉结杆件的所在水平面内连续设置的水平斜杆。可根据需要设置，如承力较大的结构脚手架或承受偏心荷载较大的部位设置，加强水平刚度。

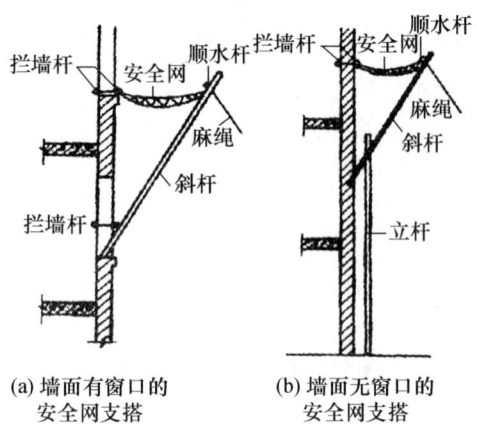

图2-2-13 安全网的设置

8. 安全网的设置

安全网悬挂方式，有垂直与水平设置两种。

架设平网时，从二层楼面起架设，以上每隔3～4层设一道。安全网的伸出宽度，首层网为3～4 m（脚手架高度小于或等于24 m时）或5～6 m（脚手架高度大于24 m时）。以上各层平网，若无要求，至少应不小于2 m，外口高于里口500 mm，网的搭接应当牢固。施工过程中要经常对安全网进行检查和维护，禁止向网内抛掷杂物，以保障安全性，如图2-2-13所示。

高层建筑的外脚手架外侧应自下而上满挂密目式安全立网。立网应与脚手架的立杆、横杆绑扎牢固。安全网的架设要随着楼层施工的增高而逐步上升。

四、钢管落地式脚手架的搭设与拆除

1. 钢管落地式脚手架的搭设

脚手架地基部位应夯实，采用混凝土进行硬化，强度等级不低于C15，厚度不小于10 cm。同时，铺设通长木垫板。

脚手架杆件应按施工方案搭设，并符合构造规定。搭设底部立杆时，采用不同长度的钢管间隔布置，使钢管立杆的对接接头交错布置，以保证脚手架的整体性。开始搭设立杆时，要先树里排立杆，后树外排立杆；先树两端立杆，后树中间各根立杆；同时，应及时搭设第一、二步纵向水平杆和横向水平杆，以及每隔6跨设置一根抛撑，以防架子倒塌。沿着木垫板通长铺设纵向扫地杆，固定在立杆内侧脚点上，离底座20 cm左右。横向扫地杆应采用直角扣件固定在紧靠纵向扫地杆下方的立杆上。纵向水平杆设置在立杆内侧，其长度不宜小于3跨，两端外伸150 mm；纵向水平杆沿高度方向的间距1.5 m或1.8 m，以便立网挂设。纵向水平杆的对接扣件应交错布置。外墙脚手架主节点处必须设置一根横向水平杆，用直角扣件扣接且严禁拆除。作业层上非主节点处的横向水平杆，宜根据支承脚手板的需要等间距设置，最大间距不应大于纵距的1/2。

脚手架外侧立面的两端各设置一道剪刀撑，并应由底至顶连续设置；中间各道剪刀撑之间的净距离不应大于15 m。剪刀撑斜杆的接长宜采用搭接，搭接长度不小于1 m，应采用不少于2个旋转扣件固定。剪刀撑斜杆应用旋转扣件固定在与之相交的横向水平杆的伸出端或立杆上，旋转扣件中心线离主节点的距离不宜大于150 mm。

当搭至有连墙件的构造点时，在搭设完该处的立杆、纵向水平杆、横向水平杆后，应立即设置连墙件。连墙件、剪刀撑、横向斜撑应随脚手架进度同步搭设。

脚手架外侧必须设置1.2 m高的防护栏杆和高度大于18 cm的踢脚板。脚手板的铺设可采用对接平铺，亦可采用搭接铺设。脚手架外立杆里侧使用绿色密目式安全网封闭；在首层顶绑扎一道兜网。

2. 钢管落地式脚手架的拆除

拆除脚手架时应划出工作区，并做出明显警戒标志。拆除工作应有统一指挥，设专人监护，以防止构件坠落或伤及人员。拆除顺序为由上而下逐层进行，严禁上下同时作业；连墙件必须随脚手架逐层拆除，严禁先将连墙件整层或数层拆除后再拆脚手架；分段拆除高差不应大于2步，如高差大于2步，应增设连墙件加固。卸下材料按品种、规格码堆存放，严禁抛掷。

五、钢管脚手架的安全防护措施

为了能使脚手架起到应有的安全防护功能，脚手架应正确地悬挂安全网和做好避雷防电的措施。

1. 安全网的设置

当外墙砌筑高度超过4 m；多层、高层建筑的外脚手架或立体交叉作业时；或者在采用里脚手架砌筑外墙时，均要架设安全网。安全网悬挂方式，有垂直与水平设置两种。

架设平网时，从二层楼面起架设，以上每隔3~4层设一道。安全网的伸出宽度，首层网为3~4 m（脚手架高度小于或等于24 m时）或5~6 m（脚手架高度大于24 m时）。以上各层平网，若无要求，至少应不小于2 m，外口高于里口500 mm，网的搭接应当牢固。施工过程中要经常对安全网进行检查和维护，禁止向网内抛掷杂物，以保障安全性。

高层建筑的外脚手架外侧应自下而上满挂密目式安全立网。立网应与脚手架的立杆、横杆绑扎牢固。安全网的架设要随着楼层施工的增高而逐步上升。

2. 避雷防电

脚手架外边缘、顶面与外电架空线路的边线之间必须保持最小安全操作距离。一般要求钢脚手架不得搭设在距离35 kV以上的高压线路4.5 m以内的范围和距离1~10 kV高压线2 m以内的地区。脚手架如果必须穿过380 V以内的电力线路而距离又在2 m以内时，在搭设和使用期间应当切断或拆除电源，如果不能拆除，必须采取可靠的绝缘措施。

通过脚手架的电力线路要严格检查并采取保护措施。夜间施工等操作的照明线通过脚手架时，应尽可能使用低于120 V的低压电源。

对于高层施工作业的或在旷野、山坡上施工用的钢脚手架，在雷雨季节或雷击区域时，应做好避雷防护措施。

课题三 钢梁悬挑脚手架

一、钢梁悬挑脚手架构造

悬挑脚手架是指通过水平构件将架体所受竖向荷载传递到主体结构上的施工用外脚手架。

悬挑脚手架适用于下列三种情况。

（1）±0.000以下结构工程不能及时回填土，而主体结构必须进行的工程，否则影响工期。

（2）高层建筑主体结构四周有裙房，脚手架不能直接支承在地面上。

（3）超高层建筑施工时，脚手架搭设高度超过了架子的允许搭设高度，因此，将整个脚手架按允许搭设高度分成若干段，每段脚手架支承在建筑结构向外悬挑的结构上。

1. 构配件

（1）悬挑梁。悬挑脚手架的悬挑梁（工字钢、槽钢），应符合现行国家标准《碳素结构钢》（GD/T 700）中Q235-A级的有关规定。

（2）钢管、扣件。悬挑脚手架所用的各种钢管、扣件、脚手板、安全网等构配件，同"落地式钢管脚手架"的要求。

2. 构造要求

钢梁悬挑脚手架主要由悬挑梁（工字钢、槽钢）和钢管扣件式脚手架组成。

（1）悬挑梁。钢悬挑梁宜优先选用工字钢，是由于工字钢具有截面对称性、受力稳定性好等优点。悬挑梁工字钢型号可根据悬挑跨度和架体搭设高度，按表2-3-1选用。悬挑钢梁构造尺寸示意图，如图2-3-1所示。

表2-3-1 悬挑梁工字钢型号、长度

架体高度/(H/m) 悬挑长度/(L_1/m)	工字钢梁选用型号		悬挑钢梁长度/(L/m)	锚固端中心位置/(L_2/m)
	<10 m	10~24 m		
1.50	14#	16#	4.1	2.3
1.75	16#	18#	4.7	2.6
2.00	18#	20a#	5.3	3.0
2.25	18#	22a#	6.0	3.4
2.50	20a#	22b#	6.6	3.8
2.75	20a#	25a#	7.3	4.2
3.00	22a#	28a#	7.8	4.5

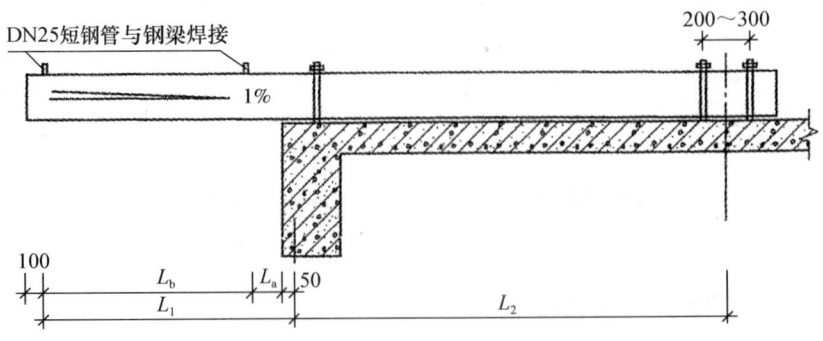

图2-3-1 悬挑钢梁构造尺寸示意图

(2) 悬挑脚手架架体构造，可按表 2-3-2 采用。

表 2-3-2　悬挑脚手架架体构造

架体位于地面上高度 Z/m	立杆步距 h/m	立杆横距/m	立杆纵距/m
≤60	≤1.8	≤1.05	≤1.5
60~80	≤1.7		
81~90	≤1.6		
91~100	≤1.5		

(3) 悬挑脚手架构造要求，可按表 2-3-3 采用。

表 2-3-3　悬挑脚手架构造要求

项　目	要　求	说　明
支承悬挑梁的主体结构	混凝土梁板结构	板厚≥120 mm
悬挑梁	工字钢，U 形螺栓固定	
架体高度	≤24 m	超过时应分段搭设，架体所处高度≤100 m
作业层活荷载标准值	≤2 kN/m²	装修用
	2~3 kN/m²	结构用
作业层数量	≤3 层	装修用
	≤3 层	结构用
脚手板层数	≤3 层	作业层垂直高度大于 12 m 时，应铺设隔层脚手板或隔层安全网

注：当架体高度 >100 m 时，脚手板限搭二层，作业层限设二层。

二、钢梁悬挑脚手架搭设工艺

1. 搭设工艺流程

钢梁悬挑脚手架搭设工艺流程：预埋 U 形螺栓→水平悬挑梁→纵向扫地杆→立杆→横向扫地杆→小横杆→大横杆→剪刀撑→连墙件→铺脚手板→扎防护栏杆→扎安全网。

2. 搭设操作要求

(1) 预埋 U 形螺栓。

① 预埋 U 形螺栓的直径为 20 mm，宽度为 160 mm，高度经计算确定；螺栓丝扣应采用机床加工并冷弯成型，不得使用板牙套丝或挤压滚丝，长度不小于 120 mm；U 形螺栓宜采用冷弯成型。

② 悬挑梁末端应由不少于两道的预埋 U 形螺栓固定，锚固位置设置在楼板上时，楼板的厚度不得小于 120 mm；楼板上应预先配置用于承受悬挑梁锚固端作用引起负弯矩的受力钢筋；平面转角处悬挑梁末端锚固位置应相互错开。

(2) 安装水平悬挑梁。

① 悬挑梁应按架体立杆位置对应设置，每一纵距设置一根。

② 悬挑梁的长度应取悬挑长度的2.5倍，悬挑支承点应设置在结构梁上，不得设置在外伸阳台上或悬挑板上；悬挑端应按梁长度起拱0.5%～1%。

(3) 悬挑架体搭设。

① 悬挑式脚手架架体的底部与悬挑构件应固定牢靠，不得滑动，如图2-3-2所示。

② 悬挑架体立杆、水平杆、扫地杆、扣件及横向斜撑的搭设，按前述"落地式钢管脚手架"执行。

③ 悬挑架的外立面剪刀撑应自下而上连续设置。

④ 连墙件必须采用刚性构件与主体结构可靠连接，其设置间距为：水平间距≤$3l_a$；竖向间距≤$2h$。

(4) 固定钢丝绳。悬挑架宜采取钢丝绳保险体系，按悬挑脚手架设计间距要求固定钢丝绳。如图2-3-3所示。

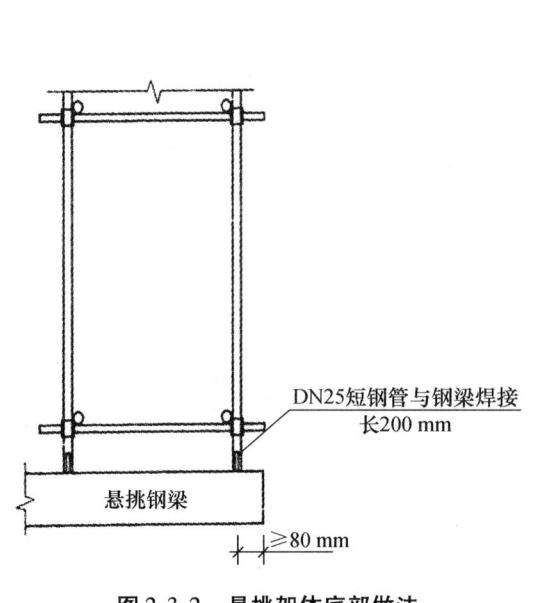

图2-3-2 悬挑架体底部做法

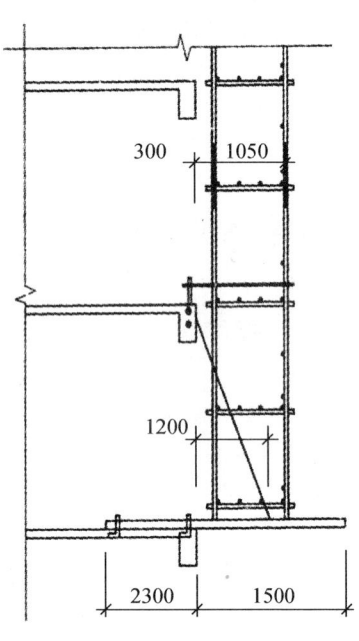

图2-3-3 钢丝绳保险体系

课题四 碗扣式钢管脚手架

碗扣式钢管脚手架是一种多功能脚手架，目前广泛使用的WDJ型碗扣钢管脚手架的特点有：独创了带齿的碗扣式接头，结构合理，解决了偏心距问题，力学性能明显优于扣件式和其他类型接头；装卸方便，安全可靠，劳动效率高，功能多；不易丢失零散扣件等。

一、碗扣式钢管脚手架的构造特点

碗扣式钢管脚手架采用每隔0.6m设一套碗扣接头的定型立杆和两端焊有接头的定型横杆，并实现杆件的系列标准化。主要构件是直径48mm，壁厚3.5mm，Q235A级焊接钢管，其核心部件是连接各杆的带齿的碗扣接头，它由上碗扣、下碗扣、横杆接头、斜杆接头和上碗限位销等组成，其构造如图 2-4-1 所示。

立杆上每隔 0.6 m 安装一套碗扣接头，并在其顶端焊接立杆连接管。下碗扣和限位销焊在立杆上，上碗扣对应地套在钢管上，其销槽对准限位销后即能上、下滑动。横杆是在钢管的两端各焊接一个横杆接头而成。

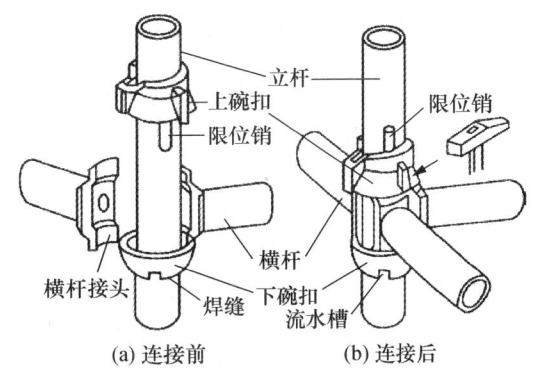

图 2-4-1　碗扣接头

连接原理：连接时，只需将横杆接头插入立杆上的下碗扣圆槽内，再将上碗扣沿限位销扣下，并顺时针旋转，靠上碗扣螺旋而使之与限位销顶紧（可使用锤子敲击几下即可达到扣紧要求），从而将横杆与立杆牢固地连在一起，形成框架结构。碗扣式接头的拼装完全避免了螺栓作业，碗扣接头可同时连接四根横杆，并且横杆可以互相垂直，也可以倾斜一定的角度。斜杆是在杆的两端铆接斜杆接头而成。同横杆接头一样可装在下碗扣内，形成斜杆节点，斜杆可绕接头转动。

二、碗扣式脚手架的搭设要求

（1）脚手架搭设前，要先编制脚手架施工组织设计。明确使用荷载，确定脚手架平面、立面布置，列出构件用量表，制订构件供应和周转计划等。

（2）所有构件，必须经检验合格后方能投入使用。

（3）立杆基础施工应满足要求，清除组架范围内的杂物，平整场地，做好排水处理。

碗扣式钢管脚手架立柱横距为 1.2 m，纵距根据脚手架荷载可为 1.2 m、1.5 m、1.8 m、2.4 m，步距为 1.8 m、2.4 m。搭设时立杆的接长缝应错开，第一层立杆应用长 1.8 m 和 3.0 m 的立杆错开布置，往上均用 3.0 m 长杆，至顶层再用 1.8 m 和 3.0 m 两种长度找平。高 30 m 以下脚手架垂直度应在 1/200 以内，高 30 m 以上脚手架垂直度应控制在 1/400～1/600，总高垂直度偏差应不大于 100 mm。

（4）接头搭设。

① 接头是立杆同横杆、斜杆的连接装置，应确保接头锁紧。搭设时，先将上碗扣搁置在限位销上，将横杆、斜杆等接头插入下碗扣，使接头弧面与立杆密贴，待全部接头插入后，将上碗扣套下，并用榔头顺时针沿切线敲击上碗扣凸头，直至上碗扣被限位销卡紧不再转动为止。

② 如发现上碗扣扣不紧，或限位销不能进入上碗扣螺旋面，应检查立杆与横杆是否垂直，相邻的两个碗扣是否在同一水平面上（即横杆水平度是否符合要求）；下碗扣与立杆的同轴度是否符合要求；下碗扣的水平面同立杆轴线的垂直度是否符合要求；横杆接头与横杆是否变形；横杆接头的弧面中心线同横杆轴线是否垂直；下碗扣内有无沙浆等杂物充填等；如是装配原因，则应调整后锁紧；如是杆件本身原因，则应拆除，并送去整修。

三、杆件搭设顺序

在已处理好的地基或基垫上按设计位置安放立杆垫座或可调座，其上交错安装 3.0 m

和 1.8 m 长立杆,调整立杆可调座,使同一层立杆接头处于同一水平面内,以便装横杆。搭设顺序是:立杆底座→立杆→横杆→斜杆→接头锁紧→脚手板→上层立杆→立杆连接销→横杆。

脚手架搭设以 3~4 人为一小组为宜,其中 1~2 人递料,另外两人共同配合搭设,每人负责一端。搭设时,要求至多两层向同一方向,或中间向两边推进,不得从两边向中间合拢组装,否则中间杆件会因两侧架子刚度太大而难以安装。

四、搭设注意事项

(1) 所有构件都应按设计及脚手架有关规定设置。

(2) 在搭设过程中,应注意调整整架的垂直度,一般通过调整连墙撑的长度来实现,要求整架垂直度小于 $1/500L$,但最大允许偏差为 100 mm。

(3) 连墙撑应随着脚手架的搭设而随时在设计位置设置,并尽量与脚手架和建筑物外表面垂直。

(4) 在搭设、拆除或改变作业程序时,禁止人员进入危险区域。

(5) 脚手架应随建筑物升高而随时设置,一般不应超出建筑物二步架。

(6) 单排横杆插入墙体后,应将夹板用榔头击紧,不得浮放。

课题五　门式脚手架

门式脚手架又称多功能门式脚手架,是一种工厂生产、现场搭设的脚手架,是目前国际上应用最普遍的脚手架之一。

一、构造要求

(1) 门式脚手架由门式框架、剪刀撑和水平梁架或脚手板构成基本单元,如图 2-5-1(a) 所示。

(2) 将基本单元连接起来即构成整片脚手架,如图 2-5-1(b) 所示。

(3) 门式脚手架的主要部件如图 2-5-2 所示。

(4) 门式脚手架的主要部件之间的连接形式有制动片式。

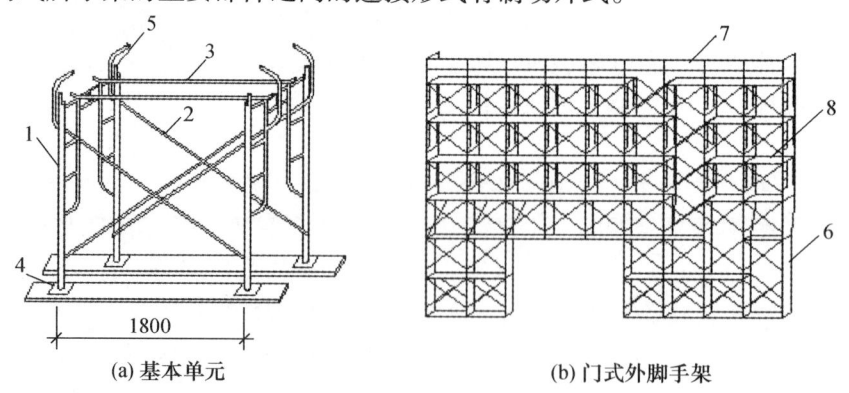

图 2-5-1　门式钢管脚手架

1—门式框架;2—剪刀撑;3—水平梁架;4—螺旋基脚;5—连接器;6—梯子;7—栏杆;8—脚手板

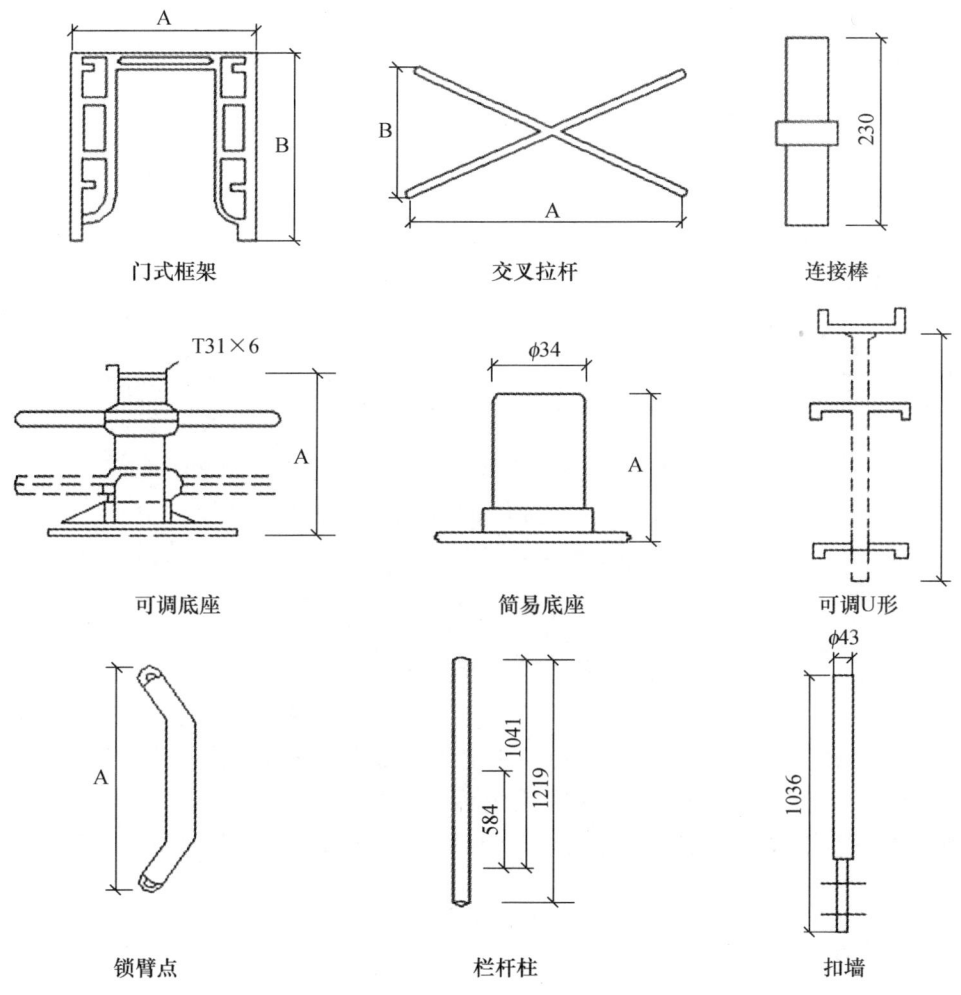

图 2-5-2 门式脚手架的主要部件

二、门式脚手架的搭设与拆除

门式脚手架一般按以下程序搭设：铺放垫木（板）→拉线、放底座→自一端起立门架并随即装剪刀撑→装水平梁架（或脚手板）→装梯子→需要时，装设通常的纵向水平杆→装设连墙杆→照上述步骤，逐层向上安装→装加强整体刚度的长剪刀撑→装设顶部栏杆。

（1）搭设门式脚手架时，基底必须先平整夯实。

（2）外墙脚手架必须通过扣墙管与墙体拉结，并用扣件把钢管和处于相交方向的门架连接起来。

（3）整片脚手架必须适量放置水平加固杆（纵向水平杆），前三层要每层设置，三层以上则每隔三层设一道。

（4）在架子外侧面设置长剪刀撑。使用连墙管或连墙器将脚手架与建筑物连接。高层脚手架应增加连墙点布设密度。

（5）拆除架子时应自上而下进行，部件拆除顺序与安装顺序相反。

（6）门式脚手架架设超过10层，应加设辅助支撑，一般在高8~11层门式框架之间，宽在5个门式框架之间，加设一组，使部分荷载由墙体承受（见图2-5-3）。

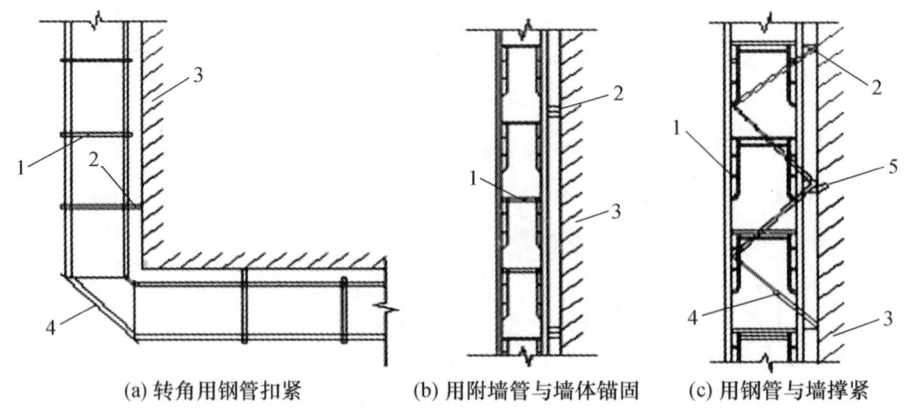

(a) 转角用钢管扣紧　　(b) 用附墙管与墙体锚固　　(c) 用钢管与墙撑紧

图2-5-3　门式钢管脚手架的加固处理
1—门式脚手架；2—附墙管；3—墙体；4—钢管；5—混凝土板

课题六　里脚手架

里脚手架搭设于建筑物内部，每砌完一层墙后，即将其转移到上一层楼面，进行新的一层墙体砌筑。里脚手架也用于外墙砌筑和室内装饰施工。

里脚手架用料少，装拆较频繁，要求轻便灵活，装拆方便。其结构形式有折叠式、支柱式和门架式。

一、折叠式里脚手架

折叠式里脚手架适用于民用建筑的内墙砌筑和内粉刷，如图2-6-1所示。根据材料不同，分为角钢、钢管和钢筋折叠式里脚手架。

角钢折叠式里脚手架的架设间距，砌墙时不超过2m，粉刷时不超过2.5m。根据施工层高，沿高度可以搭设两步脚手架，第一步高约1m，第二步高约1.65m。

钢管和钢筋折叠式里脚手架的架设间距，砌墙时不超过1.8m，粉刷时不超过2.2m。

二、支柱式里脚手架

支柱式里脚手架由若干支柱和横杆组成，适用于砌墙和内粉刷。其搭设间距，砌墙时不超过2m，粉刷时不超过2.5m。支柱式里脚手架的支柱有套管式和承插式两种形式。套管式支柱（见图2-6-2）是将插管插入立管中，以销孔间距调节高度，在插管顶端的凹形支托内搁置方木横杆，横杆上铺设脚手架。其架设高度为1.5~2.1m。

三、门架式里脚手架

门架式里脚手架由两片A形支架与门架组成（见图2-6-3），适用于砌墙和粉刷。支架间距，砌墙时不超过2.2m，粉刷时不超过2.5m，其架设高度为1.5~2.4m。

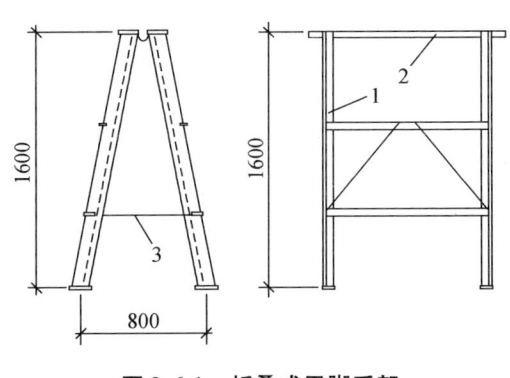

图 2-6-1　折叠式里脚手架
1—立柱；2—横楞；3—挂钩

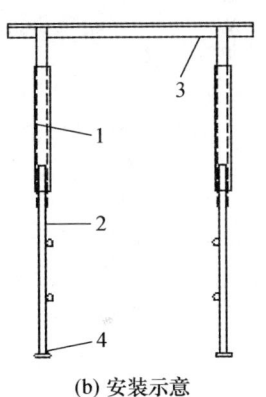

图 2-6-2　套管式支柱
1—支脚；2—立管；3—插管；4—销孔

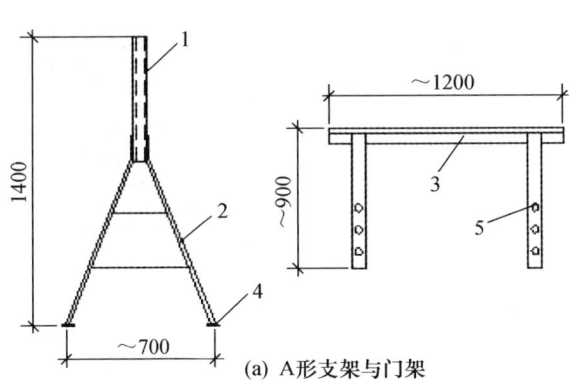

(a) A形支架与门架　　　　(b) 安装示意

图 2-6-3　门架式里脚手架
1—立管；2—支脚；3—门架；4—垫板；5—销孔

课题七　其他脚手架

悬吊式脚手架也称吊篮，主要用于建筑外墙施工和装修。它是将架子（吊篮）的悬挂点固定在建筑物顶部悬挑出来的结构上，通过设在每个架子上的简易提升机械和钢丝绳，使吊篮升降，以满足施工要求。具有节约大量钢管材料、节省劳力、缩短工期、操作方便灵活、技术经济效益好等优点。吊篮可分为两大类，一类是手动吊篮，利用手板葫芦进行升降；一类是电动吊篮，利用电动卷扬机进行升降。目前我国多采用手动吊篮。

一、手动吊篮的基本构造

手动吊篮由支承设施（建筑物顶部悬挑梁或桁架）、吊篮绳（钢丝绳或钢筋链杆）、安全绳、手扳葫芦（或倒链）和吊架组成，如图2-7-1所示。

吊篮（吊架）的宽度为0.8～1.0 m，高度不宜超过两层，长度不宜大于8 m。吊篮外侧端部防护栏杆高1.5 m，每边栏杆间距不大于0.5 m，挡脚板不低于0.18 m；吊篮内侧必

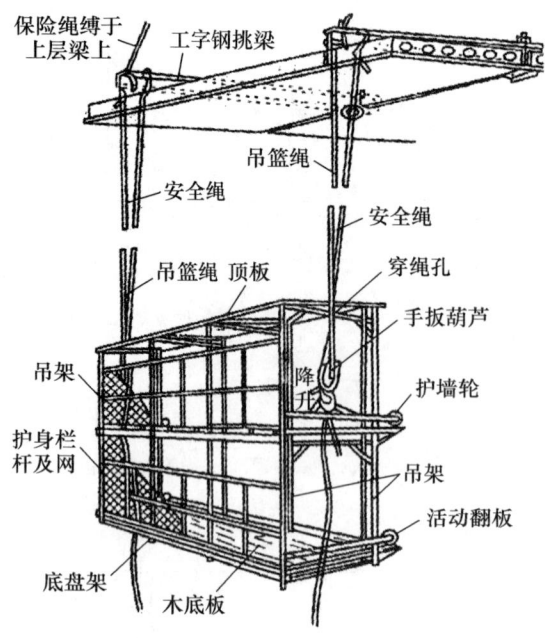

图 2-7-1 双层作业的手动提升式吊篮示意图

须在 0.6 m 和 1.2 m 处各设防护栏杆一道。吊篮顶部必须设防护棚，外侧面与两端面用密目网封严。吊篮的立杆（或单元片）纵向间距不得大于 2 m。通常支承脚手板的横向水平杆间距不宜大于 1 m，脚手板必须与横向水平杆绑牢或卡牢，不允许有松动或探头板。吊篮架体的外侧面和两端面应加设剪刀撑或斜撑杆卡牢。

二、支设要求

（1）吊篮内侧与建筑物的间隙为 0.1～0.2 m，两吊篮之间的间隙不得大于 0.2 m。

（2）吊篮内侧两端应装有可伸缩的护墙轮等装置，使吊篮在工作时能靠紧建筑物，以减少架体晃动。同时，超过一层架高的吊篮架要设爬梯，每层架的上下人孔要有盖板。

（3）悬挂吊篮的挑梁，必须按设计规定与建筑结构固定牢靠，挑梁挑出长度应保证悬挂吊篮的钢丝绳（或钢筋链杆）垂直地面。挑梁之间应用纵向水平杆连接成整体，以保证挑梁结构的稳定。挑梁与吊篮吊绳连接端应有防止滑脱的保护装置。

（4）吊篮绳若用钢筋链杆，其直径不小于 16 mm，每节链杆长 800 mm，每 5～10 根链杆应相互连成一组，使用时用卡环将各组连接至需要的长度。安全绳均采用直径不小于 13 mm 的钢丝绳通长到底布置。

三、操作程序及使用方法

先在地面上用倒链组装好吊篮架体，并在屋顶挑梁上挂好承重钢丝绳和安全绳，然后将承重钢丝绳穿过手扳葫芦的导绳孔向吊钩方向穿入、压紧，往复扳动前进手柄，即可使吊篮提升，往复扳动倒退手柄即可下落；但不可同时扳动上下手柄。如果采用钢筋链杆作承重吊杆，则先把安全绳与钢筋链杆挂在已固定好的屋顶挑梁上，然后把倒链挂在钢筋链杆的链环上，下部吊住吊篮，利用倒链升降。因为倒链行程有限，因此在升降过程中，要多次倒替倒链，人工将倒链升降，如此接力升降。

单元小结

砌筑施工时，墙体超过可砌高度，必须搭设脚手架。常用的外脚手架主要有扣件式钢管脚手架、碗扣式钢管脚手架、门式钢管脚手架，首先了解其基本的构造组成，重点掌握保证其强度、刚度和稳定性方面的具体搭设与拆除方面的要求。常用的里脚手架主要有折叠式、支柱式和门架式，了解其基本构造并会应用。

推荐阅读资料

1. 《建筑施工扣件式钢管脚架安全技术规范》（JGJ 130—2011）
2. 《建筑施工手册》（第5版）. 北京：中国建筑工业出版社，2012

学习鉴定

一、填空题

1. 砌筑用脚手架的步距，应符合墙体_____的要求，一般为_____m。
2. 扣件式钢管脚手架主要由_____、_____、_____和脚手板等构配件组成。
3. 脚手架按搭设位置分，有_____脚手架和_____脚手架。
4. 碗扣式脚手架的立杆与水平横杆是依靠特制的_____来连接的。

二、选择题

1. 为了防止整片脚手架在风荷载作用下外倾，脚手架还需设置（　　），将脚手架与建筑物主体结构相连。
    A. 连墙杆　　　　B. 小横杆　　　　C. 大横杆　　　　D. 剪刀撑
2. 多立杆式脚手架，根据连接方式的不同，可以分为（　　）。
    A. 折叠式脚手架　　　　　　　B. 钢管扣件式脚手架
    C. 支柱式脚手架　　　　　　　D. 门框式脚手架
    E. 钢管碗扣式脚手架
3. 下列部件中属于扣件式钢管脚手架的是（　　）。
    A. 钢管　　　B. 吊环　　　C. 扣件
    D. 底座　　　E. 脚手板

三、问答题

1. 脚手架的作用和基本要求是什么？
2. 扣件式钢管脚手架的构配件是由哪些组成的？
3. 试述砌筑用脚手架的类型。
4. 脚手架搭设、拆除、安全防护各有哪些规定？
5. 里脚手架有哪几个种类？

单元三

土方工程施工

教学目标

能力目标	知识要点	相关知识
具备土方工程施工工艺和检查验收能力	1. 土的工程分类及土的工程性质 2. 土方工程量的计算 3. 施工降排水 4. 基坑（槽）土方开挖 5. 基坑（槽）土方回填	1. 土的工程分类及土的工程性质 2. 常用的土方施工机械、特点和作业方式 3. 土方边坡和基坑（槽）支护 4. 施工降排水 5. 土方开挖工艺、开挖施工要点 6. 基槽土方回填工艺、施工要点、压实方法及质量检验

问题引入

"万丈高楼平地起"，任何建筑物都要建在土石基础上，因此，土方工程是建筑物及其他工程中不可缺少的施工工程。那么，土方工程包括哪些主要施工内容？需选择什么施工机械？怎样组织土方工程施工？下面就一起来学习有关土方工程施工的知识。

知识课堂

课题一 认识岩土的施工性质

一、土方工程施工内容及其施工特点

1. 土方工程主要施工内容及其分类

土方工程主要施工内容包括土方的开挖、运输、填筑和压实等过程以及排水、降水和土壁支撑等准备和辅助工程。

在建筑工程中，常见的土方工程有场地平整、基坑（槽）土方开挖、土方回填。

【建筑字典】

平整场地是指厚度小于或等于300 mm的挖方、填方和找平工作。

挖基坑是指挖土底面积在150 m² 以内，且底长小于或等于底宽3倍者。

挖基槽是指挖土宽度小于或等于7 m，挖土长度大于宽度3倍以上者。

挖土方是指超出上述范围以外者。

2. 土方工程的施工特点

（1）工程量大，劳动强度高

大型建设项目的场地平整，土石方施工面积可达数平方公里；大型深基坑开挖中，土方工程量可达几万甚至几百万立方米以上；施工工期长，劳动强度高。组织施工时，应尽可能采用机械化施工。

（2）施工条件复杂

土方工程多为露天作业，在施工中直接受到地区交通、气候、水文、地质及邻近建（构）筑物等条件影响；且土、石成分复杂，难以确定的因素较多，有时施工条件极为复杂。

（3）受场地影响

基坑（槽）的开挖、土方的留置和存放都受到施工场地的影响，特别是城市内施工，场地狭窄，往往由于施工方案不妥，导致周围建筑设施出现安全稳定问题。

鉴于土方工程上述施工特点，因此，在组织土方工程施工前，应根据现场条件，制订出技术可行、经济合理的施工方案。

二、土的工程分类与鉴别方法

在土方工程施工中，按土的开挖难易程度分为八类，一至四类为土，五至八类为岩石。

土石的工程分类与现场鉴别方法见表3-1-1。

表3-1-1 土石的工程分类

土的分类	土的名称	坚实系数 f	密度/(t/m³)	现场鉴别方法
一类土（松软土）	沙土，粉土，冲积沙土层，松软的种植土，淤泥（泥炭）	0.5~0.6	0.6~1.5	用锹、锄头开挖，少许用脚蹬
二类土（普通土）	粉质黏土，潮湿的黄土，夹有碎石、卵石的沙，粉土混卵（碎）石，种植土、填土	0.6~0.8	1.1~1.6	用锹、锄头开挖，少许用镐翻松
三类土（坚土）	软及中等密实黏土，重粉质黏土、砾石土，干黄土、粉质黏土，压实的填土	0.8~1.0	1.75~1.9	主要用镐，少许用锹、锄头挖掘，部分用撬棍
四类土（沙砾坚土）	坚硬密实的黏性土或黄土，含碎石、卵石的中等密实的黏性土或黄土，粗卵石，天然级配沙石，软泥灰岩	1.0~1.5	1.9	整个先用镐、撬棍，然后用锹挖掘，部分使用风镐

续表

土的分类	土的名称	坚实系数 f	密度/(t/m^3)	现场鉴别方法
五类土（软石）	硬质黏土；中密的页岩、泥灰岩、白垩土；胶结不紧的砾岩；软石灰岩及贝壳石灰岩	1.5~4.0	1.10~2.7	用镐或撬棍、大锤挖掘，部分使用爆破方法
六类土（次坚石）	泥岩，沙岩，砾岩；坚硬的页岩，泥灰岩，密实的石灰岩，风化花岗岩、片麻岩及正常岩	4.0~10.0	2.2~2.9	用爆破方法开挖，部分用风镐
七类土（坚石）	大理岩；辉绿岩；玢岩；粗、中粒花岗岩；坚实的白云岩、沙岩、砾岩、片麻岩、石灰岩；微风化的安山岩；玄武岩	10~18.0	2.5~3.1	用爆破方法开挖
八类土（特坚石）	安山岩；玄武岩；花岗片麻岩；坚实的细粒花岗岩、闪长岩、石英岩、辉长岩、辉绿岩、玢岩、角闪岩	18.0~25.0以上	2.7~3.3	用爆破方法开挖

【温馨提示】

（1）正确区分和鉴别土的种类，可以合理地选择施工方法和准确地套用定额计算土方工程费用。

（2）岩石的类别以勘察报告鉴定为准，《建筑施工手册》上有关的表格可供参考。

（3）在选择土方施工机械和套用建筑安装工程劳动定额时要依据土的工程类别。

三、土的工程性质

1. 土的组成

大自然的土是岩石经过长期地质和自然力作用演变的产物。土一般由固相（土颗粒）、液相（水）和气相（空气）三部分组成，如图3-1-1所示。土中颗粒的大小、成分及三相之间的比例关系，反映出土的干湿、松密、软硬等不同的物理、力学性质。

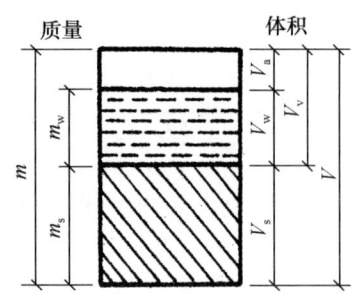

图中符号说明：

m——土的总质量（$m=m_s+m_w$）(kg)；

m_s——土中固体颗粒的质量 (kg)；

m_w——土中水的质量 (kg)；

V——土的总体积（$V=V_a+V_w+V_s$）(m^3)；

V_a——土中空气的体积 (m^3)；

V_w——土中水所占的体积 (m^3)；

V_s——土中固体颗粒的体积 (m^3)；

V_v——土中孔隙体积（$V_v=V_a+V_w$）(m^3)。

图3-1-1 土的三相组成示意图

2. 土的物理性质

（1）土的含水量

土的含水量：土中水的质量与固体颗粒质量之比的百分率，即

$$W = \frac{m_{湿} - m_{干}}{m_{干}} \times 100\% = \frac{m_w}{m_s} \times 100\% \tag{3-1}$$

式中　$m_{湿}$——含水状态土的质量（kg）；

　　　$m_{干}$——烘干后土的质量（kg）；

　　　m_w——土中水的质量（kg）；

　　　m_s——固体颗粒的质量（kg）。

含水量表示土体的干湿程度。含水量5%以下称干土，含水量在5%～30%之间称潮湿土，大于30%称湿土。土的含水量随气候条件、雨雪和地下水的影响而变化，对土方边坡的稳定性和填方密实程度有直接的影响。

（2）土的天然密度和干密度

土的天然密度：在天然状态下，单位体积土的质量。它与土的密实程度和含水量有关。土的天然密度用 ρ 表示，土的天然密度按下式计算

$$\rho = \frac{m}{V} \tag{3-2}$$

式中　ρ——土的天然密度（kg/m³）；

　　　m——土的总质量（kg）；

　　　V——土的体积（m³）。

土的干密度：土的固体颗粒质量与总体积的比值，用下式表示

$$\rho_d = \frac{m_s}{V} \tag{3-3}$$

式中　ρ_d——土的干密度（kg/m³）；

　　　m_s——土的固体颗粒质量（kg）；

　　　V——土的体积（m³）。

在一定程度上，土的干密度反映了土的颗粒排列紧密程度。土的干密度愈大，表示土愈密实。在土方填筑时，常以土的干密度来控制土的夯实标准。

（3）土的可松性

自然状态下的土经开挖后，其体积因松散而增大，以后虽经回填压实，仍不能压缩至其原来的体积，土的这种性质称为土的可松性。土的可松性程度用可松性系数表示，即

$$K_S = \frac{V_{松散}}{V_{原状}} \tag{3-4}$$

$$K'_S = \frac{V_{压实}}{V_{原状}} \tag{3-5}$$

式中　K_S——土的最初可松性系数；

　　　K'_S——土的最终可松性系数；

　　　$V_{原状}$——土在天然状态下的体积（m³）；

　　　$V_{松散}$——土挖出后在松散状态下的体积（m³）；

　　　$V_{压实}$——土经回填压（夯）实后的体积（m³）。

各类土的可松性系数见表3-1-2。它是挖填土方时，计算土方机械生产率、回填土方量、运输机具数量、进行场地平整规划竖向设计、土方平衡调配的重要参数。

表3-1-2 各种土的可松性参考数值

土的类别	体积增加百分比/(%)		可松性系数	
	最初	最终	K_S	K'_S
一类土（种植土除外）	8～17	1～2.5	1.08～1.17	1.01～1.03
一类土（植物性土、泥炭）	20～30	3～4	1.20～1.30	1.03～1.04
二类土	14～28	1.5～5	1.14～1.28	1.02～1.05
三类土	24～30	4～7	1.24～1.30	1.04～1.07
四类土（泥灰岩、蛋白石除外）	26～32	6～9	1.26～1.32	1.06～1.09
四类土（泥灰岩、蛋白石）	33～37	11～15	1.33～1.37	1.11～1.15
五～七类土	30～45	10～20	1.30～1.45	1.10～1.20
八类土	45～50	20～30	1.45～1.50	1.20～1.30

【温馨提示】

① 土体积有3种状态：原状土（自然状态土）的体积，挖方工程量按此状态计算；开挖后的松土体积，用于计算汽车的运载量；经过运输回填再压实后的体积（夯实土），用于计算回填工程量。

② K_S、K'_S的数值可以在现场取样后在实验室测定，显然K_S大于K'_S，且K_S、K'_S都大于1。

（4）土的渗透性

土的渗透性也称透水性，是指水流通过土中孔隙的难易程度。水在单位时间内穿透土层的能力称为渗透系数，用K表示，单位为m/d。水的渗透性大小，取决于不同的土质，地下水的流动以及在土中的渗透速度都与土的透水性有关。

土的渗透系数K值的大小反映土体透水性的强弱，对土方施工中施工降水与排水的影响较大，应予以注意。K值一般应通过室内渗透实验或现场抽水或压水实验确定。表3-1-3所示的渗透系数K值仅供参考，有时与实际出入较大。

表3-1-3 土的渗透系数

土的类别	渗透系数K/(m/d)
黏土	小于0.005
粉质黏土	0.005～0.1
粉土	0.1～0.5
黄土	0.25～0.5
粉沙	0.5～1.0
细沙	1.0～5.0
中沙	5.0～20.0
均质中沙	35～50
粗沙	20～50
砾石	50～100
卵石	100～500

课题二 土方机械化施工

土方工程的施工过程主要包括土方开挖、运输、填筑与压实等。施工时应按照现场条件选择正确的施工方法,尽量采用机械化施工,以加快施工进度。

一、推土机施工

推土机按行走的方式,可分为履带式推土机和轮胎式推土机。履带式推土机附着力强,爬坡性能好,适应性强。轮胎式推土机行驶速度快,灵活性好。

1. 推土机的特点和适用范围

推土机操纵灵活,运转方便,所需工作面较小、行驶速度快、易于转移,履带式推土机能爬30°左右的缓坡,因此应用广泛。

推土机适用于场地清理和平整,开挖深度1.5 m以内的基坑、填平沟坑,也可配合铲运机和挖土机工作。推土机可推挖一~三类土,经济运距100 m以内,效率最高为40~60 m。

2. 推土机的作业方式

推土机开挖的基本作业是铲土、运土和卸土三个工作行程和空载回驶行程。

(1) 下坡推土法。在斜坡上,推土机顺下坡方向切土与推运(见图3-2-1),可提高生产率。但坡度不宜超过15°,避免后退时爬坡困难。

(2) 槽形推土法。推土机重复多次在一条作业线上切土和推土,使地面逐渐形成一条浅槽(见图3-2-2),再反复在沟槽中进行推土,以减少土从铲刀两侧漏散,可增加10%~30%的推土量。

图3-2-1 下坡推土法

图3-2-2 槽形推土法

(3) 并列推土法。用2~3台推土机并列作业(见图3-2-3),以减少土体漏失量。铲刀相距15~30 cm,一般采用两机并列推土,可增大推土量15%~30%。

(4) 分堆集中,一次推送法。在硬质土中,切土深度不大,将土先积聚在一个或数个中间点,然后再整批推送到卸土区,使铲刀前保持满载(见图3-2-4)。

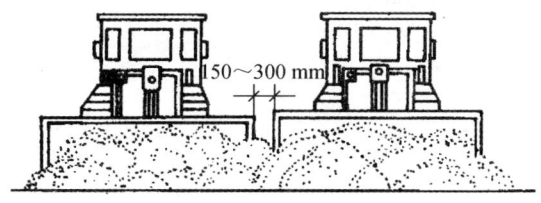

图3-2-3 并列推土法

图3-2-4 分堆集中,一次推送法

二、铲运机施工

铲运机按行走机构可分为拖式铲运机和自行式铲运机两种。

1. 铲运机的特点和适用范围

铲运机是一种能够独立完成铲土、运土、卸土、填筑、整平的土方机械。对行驶道路要求较低，操纵灵活、运转方便，生产效率高，可在一～三类土中直接挖、运土。

铲运机常用于坡度在 20°以内的大面积土方挖、填、平整和压实，大型基坑、沟槽的开挖，路基和堤坝的填筑，不适于砾石层、冻土地带及沼泽地区使用。坚硬土开挖时要用推土机助铲或用松土机配合。适用运距为 600～1500 m，当运距为 200～350 m 时效率最高。

2. 铲运机的作业方式

铲运机的基本作业是铲土、运土、卸土三个工作行程和一个空载回驶行程。

（1）下坡铲土法

铲运机顺地势（坡度一般 3°～9°）下坡铲土（见图 3-2-5），借机械往下运行重量产生的附加牵引力来增加切土深度和充盈数量，可提高生产效率。

图 3-2-5　下坡铲土

（2）跨铲法

跨铲法是指在较坚硬的地段挖土时，采取预留土埂间隔铲土（见图 3-2-6）。土埂两边沟槽深度以不大于 0.3 m、宽度在 1.6 m 以内为宜。

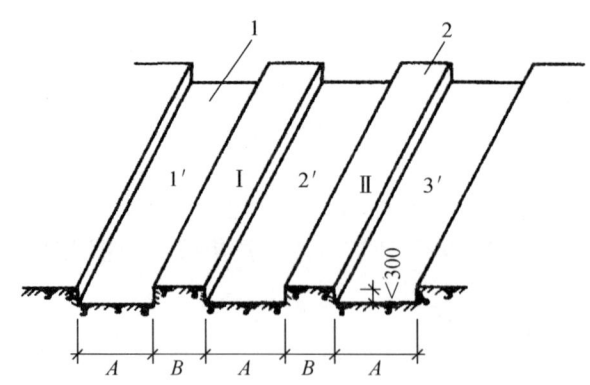

图 3-2-6　跨铲法
1—沟槽；2—土埂；
A—铲斗宽；B—不大于拖拉机履带净距

（3）助铲法

助铲法是指在坚硬的土体中，使用自行铲运机，另配一台推土机在铲运机的后拖杆上进行顶推，协助铲土（见图3-2-7），一般一台推土机可配合3~4台铲运机助铲。

图 3-2-7　助铲法

1—铲运机铲土；2—推土机助铲

3. 铲运机的开行路线

铲运机的开行路线可采用环形路线和"8"字形路线，对于地形起伏不大，施工地段较短和填方不高的场地平整工程，宜采用环形路线；对于施工地段较长或地形起伏较大的场地平整工程，多采用"8"字形开行路线，如图3-2-8所示。

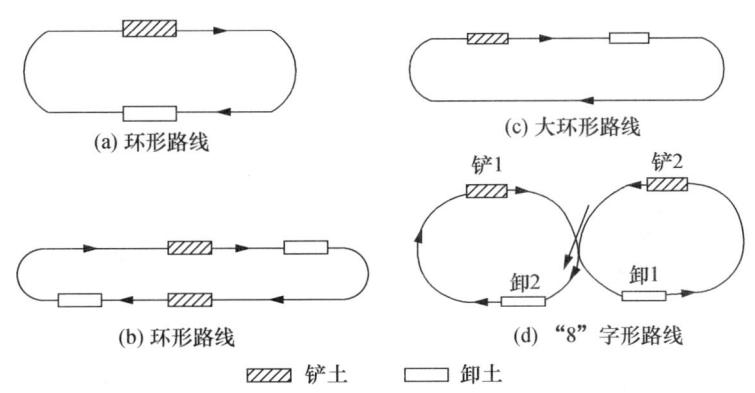

图 3-2-8　铲运机开行路线

三、单斗挖土机施工

单斗挖土机是基坑（槽）土方开挖常用的一种机械。依其工作装置的不同，分为正铲、反铲、拉铲和抓铲4种，如图3-2-9所示。

1. 正铲挖土机施工

（1）特点和适用范围

正铲挖土机的挖土特点是"前进向上，强制切土"。其挖掘能力大，生产效率高。适用于开挖停机面以上的一~三类土，且需与运土汽车配合完成整个挖运任务。开挖大型基坑时需设坡道，挖土机在坑内作业，适宜在土质较好、无地下水的地区工作；当地下水位较高时，应采取降低地下水位的措施，把基坑水疏干。

（2）正铲挖土机的开挖方式

根据开挖路线与运输汽车相对位置的不同，一般有以下两种开挖方式。

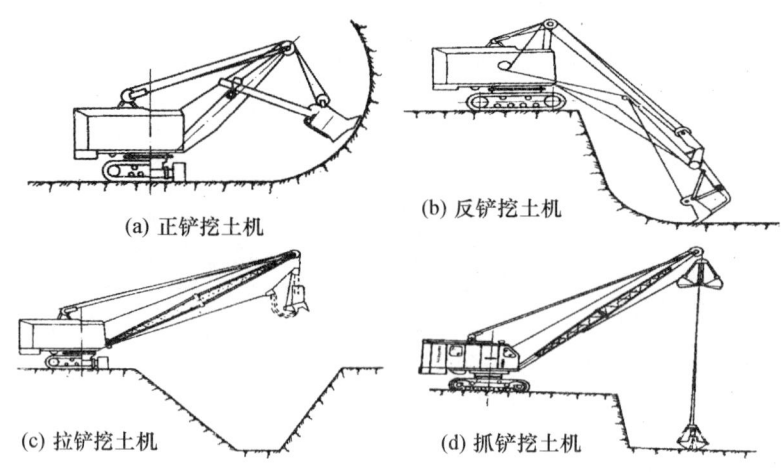

图 3-2-9 单斗挖土机的类型

① 正向开挖，侧向装土法。正铲向前进方向挖土，汽车位于正铲的侧向装车，如图 3-2-10(a)所示。本法铲臂卸土回转角度最小（<90°）。装车方便，循环时间短，生产效率高。

② 正向开挖，后方装土法。正铲向前进方向挖土，汽车停在正铲的后面，如图 3-2-10(b)所示。本法开挖工作面较大，但铲臂卸土回转角度较大（在 180°左右），且汽车要侧向行车，增加工作循环时间，生产效率降低。

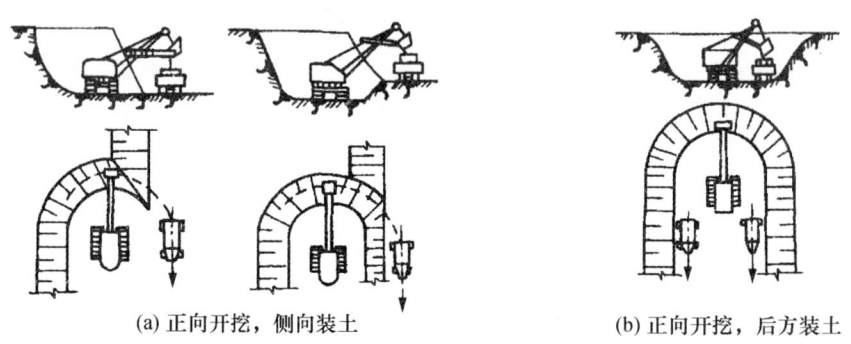

图 3-2-10 正铲挖掘机开挖方式

2. 反铲挖土机

（1）特点和适用范围

反铲挖土机的挖土特点是"后退向下，强制切土"。其挖掘力比正铲小，能开挖停机面以下的一～三类土（机械传动反铲只宜挖一～二类土）。

反铲挖土机适用于一次开挖深度在 4 m 左右的基坑、基槽、管沟，亦可用于地下水位较高的土方开挖。

（2）反铲挖土机的开挖方式

根据挖土机的开挖路线与运输汽车的相对位置不同，反铲挖土机的开挖方式一般有以下两种。

① 沟端开挖法。反铲停于沟端，后退挖土，同时往沟一侧弃土或装汽车运走，如图

3-2-11(a)所示。挖掘宽度可不受机械最大挖掘半径的限制,臂杆回转半径仅 $45°\sim 90°$,同时可挖到最大深度。对较宽的基坑可采用图 3-2-11(b) 所示的方法,其最大一次挖掘宽度为反铲有效挖掘半径的两倍,但汽车须停在机身后面装土,生产效率降低。

② 沟侧开挖法。反铲停于沟侧沿沟边开挖,汽车停在机旁装土或往沟一侧卸土,如图 3-2-11(c) 所示。本法铲臂回转角度小,能将土弃于距沟边较远的地方,但挖土宽度比挖掘半径小,边坡不好控制,同时机身靠沟边停放,稳定性较差。

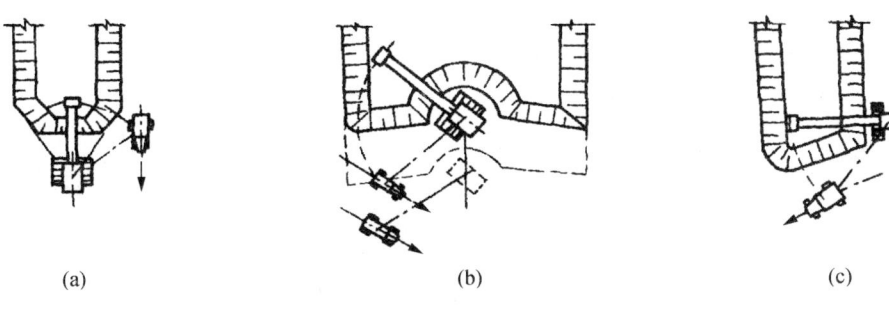

图 3-2-11　反铲沟端及沟侧开挖法

3. 拉铲挖土机施工

拉铲挖土机的挖土特点是"后退向下,自重切土";其挖土深度和挖土半径均较大,能开挖停机面以下的一~二类土,但不如反铲动作灵活准确。适用于开挖较深、较大的基坑(槽)、沟渠,挖取水中泥土以及填筑路基、修筑堤坝等。

4. 抓铲挖土机施工

抓铲挖土机的挖土特点是"直上直下,自重切土"。其挖掘力较小,只能开挖停机面以下的一~二类土。适用于开挖软土地基基坑,特别是窄而深的基坑、深槽、深井等;抓铲还可用于疏通旧有渠道以及挖取水中淤泥等,或用于装卸碎石、矿碴等松散材料。

四、轮胎装载机施工

工作程序:铲装→收斗提升→卸料→空车返回。

适用范围:近距离的运输,大面积的平整,配合自卸汽车的使用,适用于松散材料的运送,如松软岩石、硬土等。

课题三　土方边坡及基坑工程量的计算

一、土方边坡及其稳定

1. 土方边坡坡度

在开挖基坑、沟槽或填筑路堤时,为防止塌方,保证施工安全及边坡稳定,其边缘应考虑放坡,如图 3-3-1(a) 所示。土方边坡坡度以其高度 H 与底宽 B 之比表示,即

$$土方边坡坡度 = \frac{H}{B} = \frac{1}{\frac{B}{H}} = 1:m \qquad (3-6)$$

式中：$m = B/H$，称为坡度系数。

2. 土方边坡形式

土方放坡开挖的边坡可做成直线形、折线形或踏步形，如图 3-3-1 所示。

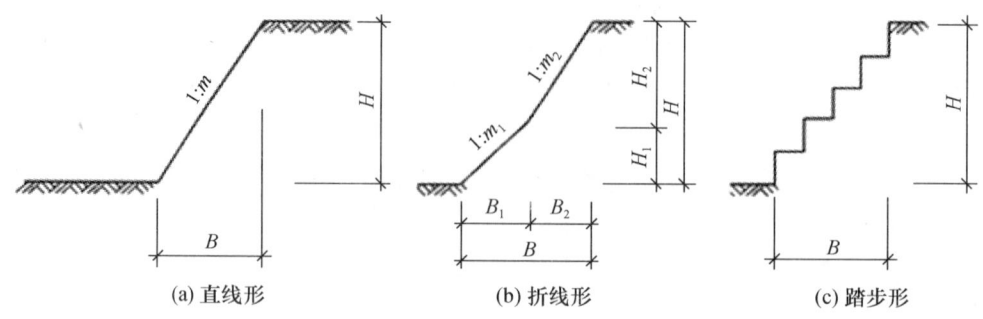

(a) 直线形　　(b) 折线形　　(c) 踏步形

图 3-3-1　土方边坡形式

3. 允许做直坡的条件

当土质为天然湿度、构造均匀、水文地质条件良好（即不会发生坍滑、移动、松散或不均匀下沉），且无地下水时，开挖基坑亦可不必放坡，采取直立开挖不加支护，但挖方深度应按表 3-3-1 的规定，基坑长度应稍大于基础长度。如超过表 3-3-1 规定的深度，应根据土质和施工具体情况进行放坡，以保证不坍方。

表 3-3-1　基坑（槽）和管沟不加支撑时的容许深度

项次	土的种类	容许深度/m
1	密实、中密的沙子和碎石类土（充填物为沙土）	1.00
2	硬塑、可塑的粉质黏土及粉土	1.25
3	硬塑、可塑的黏土和碎石类土（充填物为黏性土）	1.50
4	坚硬的黏土	2.00

4. 深度在 5 m 以内的边坡坡度（不加支撑）

当地质条件良好，土质均匀且地下水位低于基坑（槽）或管沟底面标高时，挖方深度在 5 m 以内且不加支撑的边坡的最陡坡度应符合表 3-3-2 的规定。

表 3-3-2　深度在 5 m 内的基坑（槽）、管沟边坡的最陡坡度（不加支撑）

土的类别	边坡坡度（高：宽）		
	坡顶无荷载	坡顶有静载	坡顶有动载
中密的沙土	1:1.00	1:1.25	1:1.50
中密的碎石类土（充填物为沙土）	1:0.75	1:1.00	1:1.25
硬塑的粉土	1:0.67	1:0.75	1:1.00
中密的碎石类土（充填物为黏性土）	1:0.50	1:0.67	1:0.75
硬塑的粉质黏土、黏土	1:0.33	1:0.50	1:0.67
老黄土	1:0.10	1:0.25	1:0.33
软土（经井点降水后）	1:1.00	—	—

二、基坑（槽）土方量计算

1. 基坑土方量计算

基坑形状一般为不规则的多边形，其边坡也常有一定坡度，基坑土方量可按立体几何中棱柱体（由两个平行的平面作底的一种多面体）体积公式计算（见图3-3-2）。即

$$V = \frac{H}{6}(A_1 + 4A_0 + A_2) \tag{3-7}$$

式中 V——基坑土方工程量（m³）；
H——基坑的深度（m）；
A_1、A_2——基坑上、下底的面积（m²）；
A_0——基坑中截面的面积（m²）。

2. 基槽土方量计算

基槽可根据其形状划分成若干计算段，分段计算土方量，然后再累加求得总的土方工程量（见图3-3-3）。

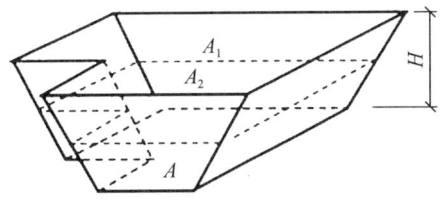

图3-3-2　基坑土方量计算

$$V_i = \frac{L_i}{6}(F_{1i} + 4F_{0i} + F_{2i}) \tag{3-8}$$

$$V = \sum_{i=1}^{n} V_i \tag{3-9}$$

式中 V——基槽总土方量（m³）；
V_i——第i段基槽（路堤）的土方量（m³）；
L_i——第i段基槽（路堤）的长度（m）；
F_{1i}、F_{2i}——分别为第i段基槽（路堤）两端的面积（m²）；
F_{0i}——第i段基槽的中截面面积（m²）。

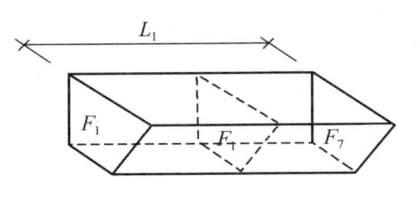

图3-3-3　基槽土方量计算

课题四　基坑降排水施工

由于基坑经水浸泡后会导致地基承载能力的下降，引起坍塌和滑坡事故的发生，所以当设计基础底面低于地下水位时，要提前采取降水措施，使基坑在开挖中坑底始终保持干燥，以确保工程质量和施工安全。

建筑工程基坑（槽）降低地下水位常用方法有集水井排水法和井点降水法。

一、集水井排水法

当基坑（槽）挖至接近地下水位时，在坑底两侧或四周设置具有一定坡度的排水明沟，在基坑四角或每30~40 m处设置集水井，使水由排水沟流入集水井内，然后用水泵抽出坑外，如图3-4-1所示。

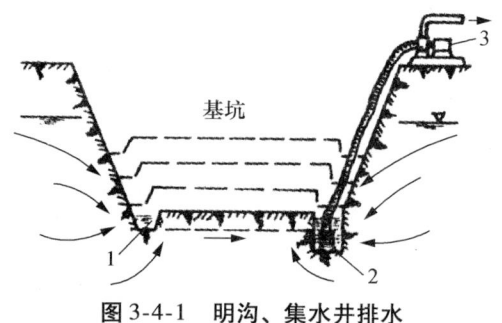

图 3-4-1　明沟、集水井排水
1—排水沟；2—集水坑；3—水泵

1. 集水井及明沟的设置

基坑四周的排水沟及集水井一般应设置在距基工程0.4m以外，地下水流的上游。沟边缘离开边坡坡脚不应小于0.3m；明沟排水沟沟底宽不宜小于0.3m，沟底面比挖土面低0.3～0.4m，排水纵坡控制在1‰～2‰以内。集水井的直径或宽度，一般为0.6～0.8m；其深度随着挖土的加深而加深，要始终低于挖土面0.8～1.0m，井壁可用竹、木等材料简易加固。当基坑挖至设计标高后，井底应低于坑底1～2m，并铺设0.3m碎石滤水层，以免在抽水时将泥沙抽出，并防止井底的土被搅动。坑壁必要时可用竹、木等材料加固。

2. 水泵的选用

明沟排水是用水泵从集水井中抽水，常用的水泵有潜水泵、离心泵和泥浆泵。选用水泵的抽水量为基坑涌水量的1.5～2倍。

3. 适用范围

明沟排水法适用于水流较大的粗粒土层的排水、降水，也可用于渗水量较小的黏性土层降水，但不适宜于细沙土和粉沙土层，因为地下水渗出会带走细粒而发生流沙现象。

二、井点降水法

井点降水法就是在基坑（槽）开挖前，预先在基坑（槽）的四周或两侧埋设一定数量的滤水管（井），利用抽水设备从中抽水，使地下水位降至基底以下，直至基础工程施工结束为止。这样，使基坑（槽）开挖始终保持干燥状态，改善了施工条件，从根本上防止了流沙产生；同时，土层中水分排除后，增加了土层的有效应力，提高了土的强度或密实度，也提高了地基土的承载能力。但在降水过程中，基坑（槽）附近的地基土层会有一定的沉降，对邻近建筑物会有一定的影响，施工时应加以注意。

井点降水法的类型有轻型井点、喷射井点、电渗井点、深井井点及管井井点等。施工时可根据土的渗透系数、降水深度、设备条件及经济技术比较等因素，参照表3-4-1选用。

表3-4-1　各类井点的适用范围

井点类型	渗透系数/(m/d)	可能降低的水位深度/m
单层轻型井点	0.1～50	3～6
多层轻型井点	0.1～50（由井点层数而定）	6～12
喷射井点	0.005～20	<20
电渗井点	<0.1	根据选用的井点确定
深井井点	10～250	>15
管井井点	0.1～200	不限

在实际工程中，一般轻型井点应用最为广泛，下面主要介绍这类井点。

（一）轻型井点

1. 轻型井点设备

轻型井点设备由管路系统和抽水设备组成，见图 3-4-2。

（1）管路系统。包括滤管、井点管、弯联管和集水总管等。

① 滤管（见图 3-4-3）。滤管通常采用直径 38 mm 或 51 mm、长度 1.0～1.5 m 的无缝钢管，管壁上钻有直径为 12～19 mm 的滤孔，滤管下端为一铸铁头。管壁外面采用孔径不同的黄铜丝布或塑料布包两层滤网，内层为细滤网（30～50 孔/cm²），外层为粗滤网（8～10 孔/cm²），滤网外面再绕一层粗钢丝保护网。为使流水畅通，在管壁与滤网之间缠绕塑料管或梯形钢丝隔开。滤管上端与井点管采用螺丝套头连接。

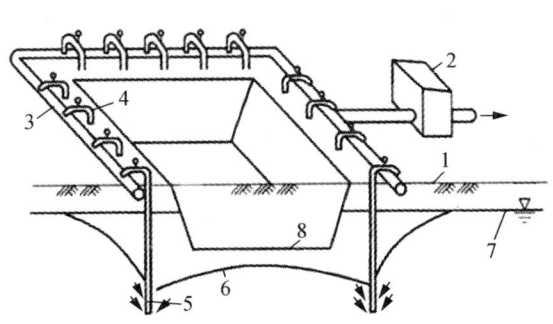

图 3-4-2　轻型井点法降低地下水位图
1—地面；2—水泵房；3—集水总管；4—弯联管；
5—滤管；6—降低后地下水位线；
7—原地下水位线；8—基坑

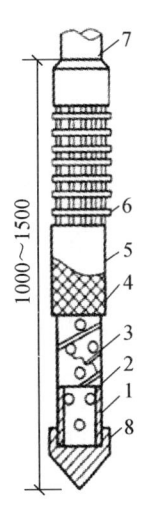

图 3-4-3　滤管构造
1—钢管；2—管壁上的小孔；3—缠绕的塑料管；
4—细滤网；5—粗滤网；6—粗钢丝保护网；
7—井点管；8—铸铁头

② 井点管与弯联管。井点管常采用直径 38 mm 或 51 mm、长度 5～7 m 的钢管。井点管上部用弯联管与集水总管相连。弯联管常采用橡胶管或塑料管。

③ 集水总管。集水总管采用直径为 100～127 mm 的无缝钢管，每段长 4 m，其上装有与井点管连接的短接头，间距为 0.8 m 或 1.2 m。

（2）抽水设备。根据水泵及动力设备不同，抽水设备有干式真空泵、射水泵及隔膜泵等。在实际工程中，常采用 W5、W6 型干式真空泵，其最大负荷长度（即集水总管长度）分别为 100 m 和 120 m，真空度为 67～80 kPa，抽水深度为 5～7 m。

干式真空泵主要由真空泵、离心泵和集水箱（又叫水气分离器）等组成，其工作原理如图 3-4-4 所示。抽水时先启动真空泵，将集水箱内部抽成一定程度的真空，使土中水分和空气受真空吸力作用而被吸出，经管路系统进入集水箱。当集水箱内的水达到一定高度时，启动离心泵将水经离心泵排出，空气由真空泵排出。

2. 轻型井点的布置

轻型井点的布置应根据基坑（槽）的大小与深度、土质、地下水位的高低与流向、降水深度要求及设备条件等因素确定。

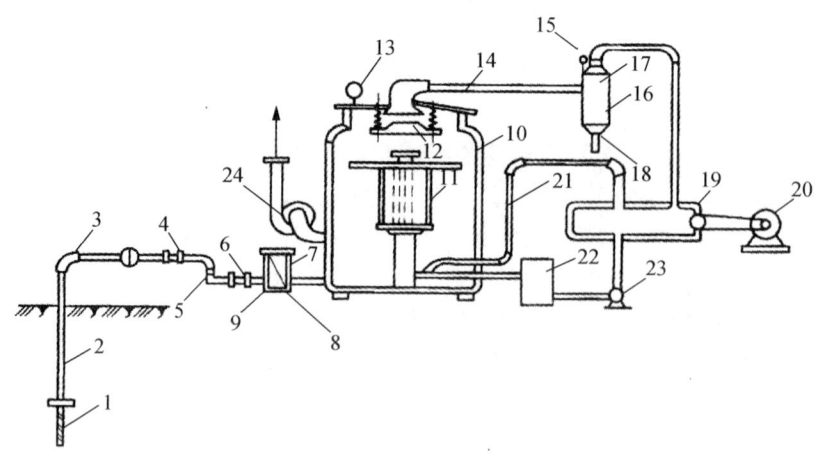

图 3-4-4 轻型井点抽水设备（真空泵）工作简图

1—滤管；2—井点管；3—弯联管；4—阀门；5—总管；6—闸门；7—滤网；8—过滤箱；
9—淘沙孔；10—水气分离器；11—浮筒；12—阀门；13、15—真空表；14—进水管；
16—副集水箱；17—挡水板；18—放水口；19—真空泵；20—电动机；
21—冷却水管；22—冷却水箱；23—循环水泵；24—离心泵

（1）平面布置。根据基坑（槽）的形状，轻型井点可采用单排布置、双排布置和环状布置。当土方施工机械需进出基坑时，也可采用 U 形布置。

① 单排布置。适用于基坑（槽）不大于 6 m，且降水深度不大于 5 m 的情况。井点管应布置在地下水的上游一侧，两端延伸长度不小于坑（槽）的宽度，见图 3-4-5(a)。

② 双排布置。适用于基坑宽度大于 6 m 或土质不良，渗透系数较大的情况，见图 3-4-5(b)。

③ 环状布置。适用于面积较大的基坑降水，见图 3-4-5(c)。

如采用 U 形布置，井点管不封闭的一段应布置在地下水的下游位置。

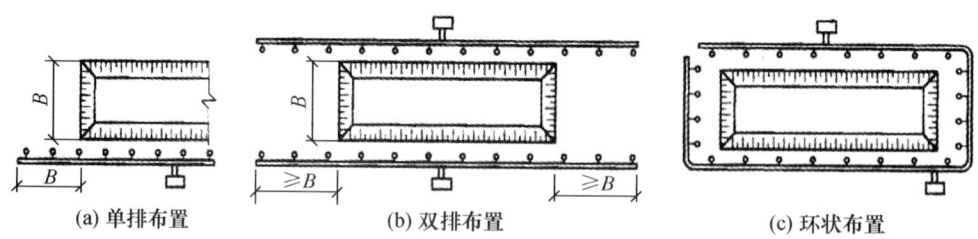

(a) 单排布置　　　(b) 双排布置　　　(c) 环状布置

图 3-4-5 轻型井点的平面布置

无论采用哪种布置方案，井点管距离基坑（槽）壁一般不宜小于 0.7~1.0 m，以防漏气。井点管间距一般为 0.8~1.6 m，或由计算和经验确定。

一套抽水设备的负荷长度一般为 100~120 m。若采用多套抽水设备时，井点系统要分段，各段长度应大致相等（分段处设置阀门或断开总管），分段的位置宜选择在基坑转弯处，以减少集水总管弯头数量，提高水泵抽吸能力。水泵宜设置在各段总管的中部，使泵两端水流平衡。

（2）高程布置。高程布置是确定井点管的埋设深度 $H_{埋}$（不包括滤管长度），即滤管上口至总管埋设面的距离,可按下式计算(见图3-4-6)。

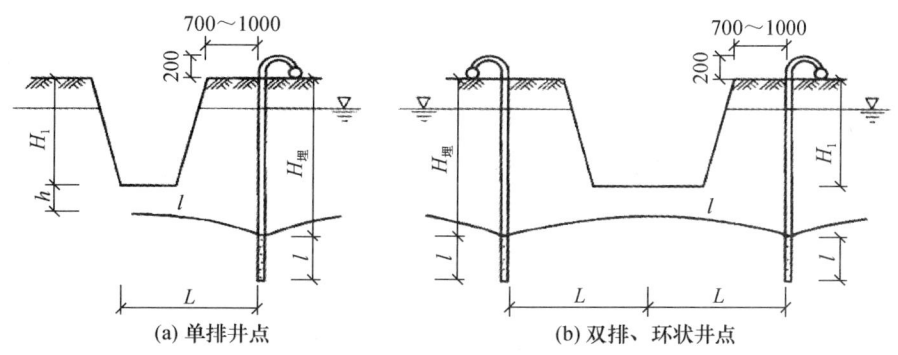

图 3-4-6　轻型井点的高程布置(单位:mm)

$$H_{埋} \geq H_1 + h + IL \tag{3-10}$$

式中　H_1——井点管的埋设面至基底的距离,m;

　　　h——基底至降低后地下水位的距离(一般为 0.5~1.0 m),m;

　　　I——水力坡度,单排井点为 1/4~1/5,双排井点为 1/7,环状井点为 1/10;

　　　L——井点管至基坑中心的水平距离(单排井点布置时,为井点管至基坑另一侧坡脚的水平距离),当基坑井点管为环状布置时,L 取短边方向的长度,m。

单层轻型井点的降水深度,在考虑抽水设备和管路系统的水头损失后,一般不超过 6 m。此外,在确定井点管埋深时,还要考虑到井点管一般要露出地面 0.2~0.3 m,在任何情况下,滤管必须埋设在透水层内。

当按式(3-10)计算出的 $H_{埋}$ 值大于井点管长度(标准长度一般为 6 m)时,可采用降低井点管埋设面(不得低于地下水位),以满足降水深度的要求。当一级轻型井点达不到降水深度要求时,可采用二级井点或其他方法降水。

3. 轻型井点的施工

轻型井点的施工一般包括准备工作、井点系统的安装、轻型井点的使用及拆除。

(1)准备工作。主要包括材料、井点设备和水、电设施的准备,排水沟的开挖,附近建筑物的标高观测以及防止沉降措施的实施。

(2)井点系统的安装。轻型井点的安装程序:排放总管→埋设井点管→用弯联管连接井点管与总管→安装抽水设备。

井点管的埋设是井点系统安装的关键工作。其埋设方法有射水法、套管法、钻孔法和冲孔法等,一般采用冲孔法。冲孔法埋设井点管可分为冲孔和埋管两个过程,见图 3-4-7。

① 冲孔。利用起重设备将冲管吊起并插在井点的位置上,启动高压水泵,将土冲松,冲管则边冲边下沉。冲孔直径一般为 300 mm,冲孔深度宜比滤管底深 0.5 m 左右。

② 埋管。井孔冲成后,立即拔出冲管,插入井点管于冲孔中心位置,并在井点管与孔壁之间迅速填灌沙滤层,以防孔壁塌土。沙滤层宜选用干净粗沙,填灌均匀,高度至少达到滤管顶以上 1.0~1.5 m,以保证水流畅通。填灌沙滤层后,在地面下 0.5~1.0 m 的高度要用黏土填实封口,以防漏气。

(3)轻型井点的使用。井点系统安装完毕后,应进行试抽水,以检查设备运转是否正

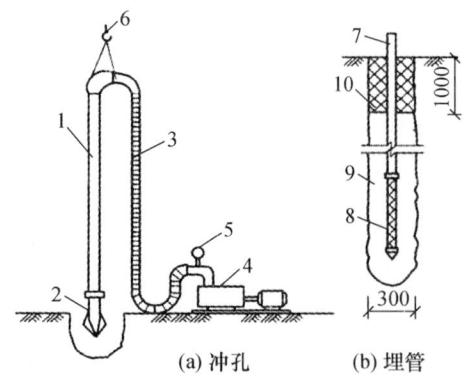

图 3-4-7 井点管的埋设（冲孔法）
1—冲管；2—冲嘴；3—胶皮管；4—高压水泵；
5—压力表；6—起重机吊钩；7—井点管；
8—滤管；9—填沙；10—黏土封口

常，有无漏气、堵塞等现象。如有异常情况，应检修好后方可使用。

轻型井点使用时，应保证连续抽水。若时抽时停，易造成滤网堵塞，出水浑浊，甚至引起附近建筑物由于土粒流失而沉降、开裂；同时也可能使地下水回升，造成边坡塌方等事故。在抽水过程中，应调整离心泵出水阀以控制出水量，使抽吸排水均匀，细水长流。

抽水过程中，要做好检查工作。要经常检查真空泵的真空度，若真空度小于 55.3 kPa，说明漏气严重，应及时检查并采取措施。同时，还应检查有无堵塞的"死井"，可采用"一看二摸"的方法。一般正常的出水规律是"先大后小，先浑后清"，工作正常的井管，手摸弯联管应无振动且井管有冬暖夏凉的感觉。若死井过多，影响降水效果时，应逐根用高压水反向冲洗或拔出重埋。

井点降水会引起附近地面沉降，甚至使土层产生不均匀沉降，可能造成附近建筑物的倾斜或开裂。所以，在采用轻型井点降水时，应对附近建筑物进行沉降观测，必要时可在降水区与建筑物之间设置止水帷幕或采用回灌井点等防护措施。

（4）井点系统的拆除。在地下结构工程完工，且基坑回填土后，井点系统方可拆除。井点管可采用倒链或起重机拔出，所留孔洞必须用沙或黏土填实。当地基有防渗要求时，地面下 2 m 范围内必须用黏土填实。

（二）喷射井点

当基坑（槽）开挖较深，降水深度超过 6 m 时，采用一级轻型井点不能满足要求，若采用多级轻型井点，则需要增加设备数量，基坑（槽）开挖面积和土方量也会增大，工期拖长，不够经济。此时宜采用喷射井点降水，特别是在渗透系数为 0.1～2.0 m/d 的淤泥质土、粉沙土层中比较合适。喷射井点的降水深度可达 20 m。

喷射井点根据工作时所用喷射材料不同，可分为喷水井点和喷气井点两种。一般采用喷水井点，其设备主要由喷射井管、高压水泵和管路系统组成（见图 3-4-8(a)）。喷射井管由内管和外管组成，在内管下端有喷射扬水器与滤管相连（见图 3-4-8(b)）。工作时，启动高压水泵，高压水（0.7～0.8 MPa）经内外管之间的环形空间，经扬水器侧孔流入喷嘴喷出，由于喷嘴处截面突然缩小，压力水以极高的流速（30～60 m/s）喷入混合室，造成负压，形成一定真空。此时，地下水经滤管被吸入混合室与压力水混合，然后进入扩散管，由于截面扩大，水流速度变小，压力增大，将地下水连同压力水一起沿内管上升经总管排出。

喷射井点的平面布置有单排布置（基坑宽度不大于 10m）、双排布置（基坑宽度大于 10 m）及环状布置（基坑面积较大时）三种，通常采用环状布置（见图 3-4-8(c)）。每套喷射井点系统井管数不宜超过 30 根，井管间距一般采用 2～3 m。总管直径宜为 150 mm，井管外管直径宜为 73～108 mm、内管直径宜为 50～73 mm，滤管直径宜为 89～127 mm。

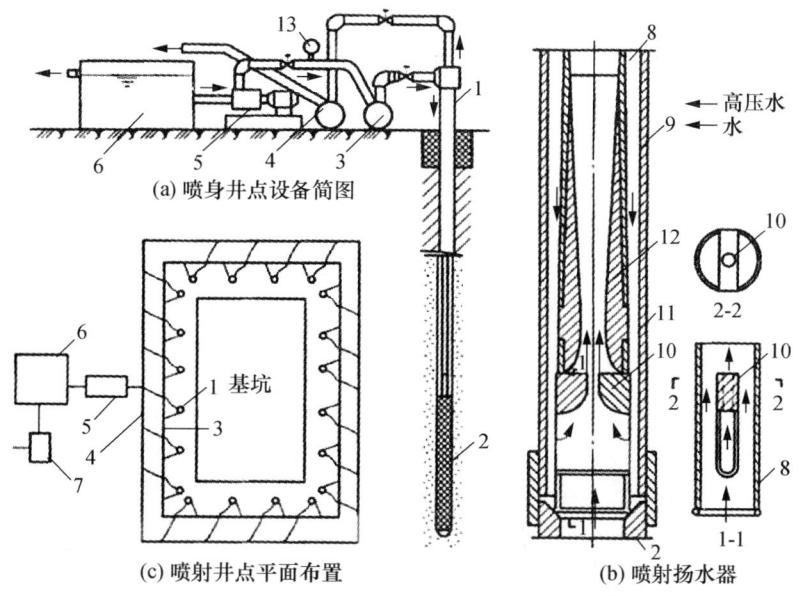

图 3-4-8　喷射井点设备及平面布置简图
1—喷射井点；2—滤管；3—进水总管；4—排水总管；5—高压水泵；6—集水池；7—水泵；
8—内管；9—外管；10—喷嘴；11—混合室；12—扩散管；13—压力表

（三）深井井点

深井井点是在深基坑的周围埋设深入基底的井管，通过设置在井管内的潜水泵将地下水抽出，使地下水位低于坑底，属非真空抽水。该方法设备简单，降水深度可达 50 m，对平面布置干扰小，不受土层控制；但一次性投资大，成孔质量要求严格。适用于渗透系数较大（$K=10\sim250$ m/d），地下水丰富的沙类土层以及降水深、面积大、时间长等情况。

深井井点系统主要由井管和水泵组成。井管由滤水管、吸水管和沉沙管三部分组成。井管可用钢管、塑料管或混凝土管制成，管径一般为 300 mm，内径宜大于潜水泵外径 50 mm；水泵多采用深井泵或深水潜水泵，每个井点设置一台。井管的埋设通常采用钻孔或水冲成孔，孔径应比井管直径大 300 mm，成孔后立即安装井管。井管宜深入透水层 6～9 m，一般比设计降水深度深 6～8 m，间距相当于埋深，多为 15～30 m 埋设一个深井井点。

（四）管井井点

当渗透系数大（如 $K=20\sim200$ m/d），地下水丰富的土层，轻型井点不易解决时，可采用管井井点的方法进行降水。

管井井点是沿基坑每隔一定距离设置一个管井，每个管井单独用一台水泵不断地抽水，以降低地下水位。

管井井点的设备主要由管井、吸水管及水泵组成（见图 3-4-9）。管井可采用钢管管井和混凝土管管井等。钢管管井的管身采用直径为 150～250 mm 的钢管，其过滤部分采用钢筋焊接骨架外缠镀锌铁丝并包滤网（孔眼为1～2 mm），长度为2～3 m。混凝土管管井的内径为400 mm，分实管与过滤管两种，过滤管的孔隙率为20%～25%，吸水管可采用直径为50～100 mm 的钢管或胶管，其下端应沉入管井抽吸时的最低水位以下，为了启动水泵和防止在水泵运转中突然停泵时发生水倒灌，在吸水管底应装逆止阀。水泵可采用2～4英寸（5.08～10.16 cm）潜水泵或单级离心泵。

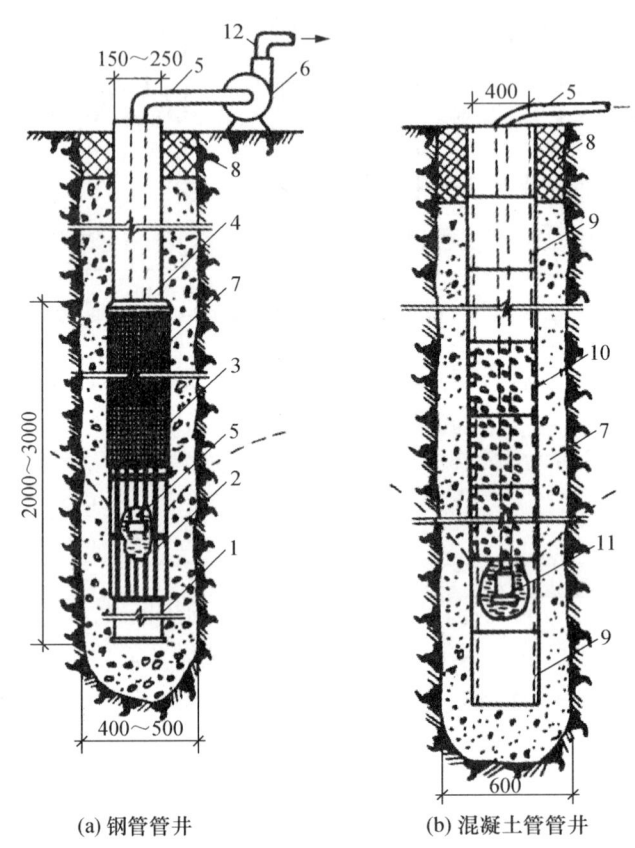

(a) 钢管管井　　(b) 混凝土管管井

图3-4-9　管井井点
1—沉沙管；2—钢筋焊接骨架；3—滤网；4—管身；5—吸水管；6—离心泵；7—小砾石过滤层
8—黏土封口；9—混凝土实管；10—混凝土过滤管；11—潜水泵；12—出水管

　　管井的间距，一般为20～50 m，管井的深度为8～15 m。井内水位降低值可达6～10 m，两井中间则为3～5 m。管井井点计算，可参照轻型井点进行。

　　滤水井管的埋设，可采用泥浆护壁套管的钻孔法成孔，孔径应比井管直径大200 mm以上。井管下沉前要进行清孔，并保持滤网的畅通。井管与土壁之间用粗沙或3～15 mm小砾石填灌做为过滤层。地面以下0.5 m 内用黏土填充夯实。

　　此外，如降水深度要求较大，在管井井点内采用一般的离心泵和潜水泵已不能满足要求时，可改用深井泵，即深井井点降水法来解决。此法是依靠水泵的扬程把深处的地下水抽到地面上来。它适用于沙类土的渗透系数为10～80 m/d、降水深度为15～50 m 的情况。

课题五 基坑（槽）土方开挖施工

一、房屋定位与放线

1. 房屋基础放线

根据场地上民用建筑主轴线控制点或其他控制点，首先将房屋外墙轴线的交点用木桩测定于地上，并在桩顶钉上小钉作为标志。房屋外墙轴线测定以后，再根据建筑物平面图，将内部开间所有轴线都一一测出。然后检查房屋轴线的距离，其误差不得超过轴线长度的 1/2000。最后根据中心轴线，用石灰在地面上撒出基槽开挖边线，以便开挖。

如同一建筑区各建筑物的纵横边线在同一直线上，在相邻建筑物定位时，必须进行校核调整，使纵向或横向边线的相对偏差在 5 cm 以内。

2. 龙门板的设置

为了方便施工，在一般民用建筑中，常在基槽外一定距离处钉设龙门板（见图 3-5-1）。钉设龙门板的步骤和要求如下。

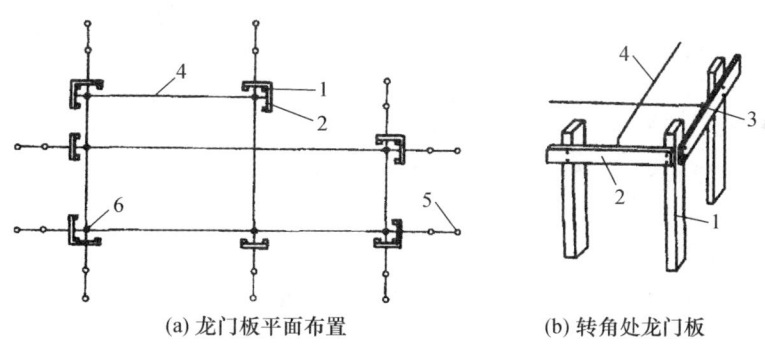

(a) 龙门板平面布置　　(b) 转角处龙门板

图 3-5-1　龙门板设置

1—龙门桩；2—龙门板；3—轴线钉；4—线绳；5—引桩；6—轴线桩

（1）在建筑物四角与内纵、横墙两端基槽开挖边线以外 1~1.5 m（根据土质情况和挖槽深度确定）处钉设龙门桩，龙门桩要钉得竖直、牢固，木桩侧面与基槽平行。

（2）根据建筑场地水准点，在每个龙门桩上测设 ±0 标高线。若遇现场条件不允许时，也可测设比 ±0 高或低一定数值的线。

（3）沿龙门桩上测设的标高线钉设龙门板，这样龙门板顶面的标高就在一个水平面上了。龙门板标高的测定允许偏差为 ±5 mm。

（4）根据轴线桩，用经纬仪将墙、柱的轴线投到龙门板顶面上，并钉小钉标明，称为轴线钉。投点允许偏差为 ±5 mm。

（5）用钢尺沿龙门板顶面检查轴线钉的间距，其相对误差不应超过 1/2000。经检核合格后，以轴线钉为准，将墙宽、基槽宽标在龙门板上，最后根据基槽上口宽度拉线撒出基槽开挖灰线。

3. 引桩（轴线控制桩）的测设

为了防止龙门板被碰动，应测设引桩。在多层楼房施工中，引桩是向上层投测轴线的依据。

引桩一般钉在基槽开挖边线 2～4 m 的地方，在多层建筑施工中，为便于向上投点，应在较远的地方测定，如附近有固定建筑物，最好把轴线投测在建筑物上。

二、基坑（槽）土方开挖

基坑（槽）土方开挖有人工开挖和机械开挖两种方式。只有在工程量较小时，才选择人工开挖。

1. 土方开挖方式与机械选择

（1）基坑开挖

单个基坑和中小型基础基坑，多采用抓铲挖土机和反铲挖土机开挖。抓铲挖土机适用于一、二类土质和较深的基坑。反铲挖土机适用于四类以下土质，深度在 4 m 以内的基坑。

（2）基槽、管沟开挖

在地面上开挖具有一定截面、长度的基槽或沟槽，挖大型厂房的柱列基础和管沟时，宜采用反铲挖土机挖土。如果水中取土或开挖土质为淤泥，且坑底较深，则可选择抓铲挖土机挖土。如果土质干燥，槽底开挖不深，基槽长 30 m 以上，可采用推土机或铲运机施工。

（3）整片开挖

基坑较浅，开挖面积大，且基坑土干燥时，可采用正铲挖土机挖土。若基坑土潮湿，含水量较大，则采用拉铲或反铲挖土机作业。

（4）柱基础基坑、条形基础基槽开挖

对于独立柱基础的基坑及小截面条形基础基槽，可采用小型液压轮胎式反铲挖土机配以自卸汽车来完成浅基坑（槽）的挖掘和运土。

2. 机械开挖顺序

（1）采用推土机开挖大型基坑（槽）时，一般应从两端或顶端开始（纵向）推土，把土推向中部或顶端，暂时堆积，然后再横向将土推离基坑（槽）的两侧。

（2）采用铲运机开挖大型基坑（槽）时，应纵向分行、分层按照坡度线向下铲挖，但每层的中心线地段应比两边稍高一些，以防积水。

（3）采用反铲、拉铲挖土机开挖基坑（槽）或管沟时，其施工方法有两种：一是挖土机从基坑（槽）或管沟的端头以倒退行驶的方法进行开挖；二是挖土机沿着基坑（槽）或管沟的一侧移动。

（4）挖土机沿挖方边缘移动时，距离边坡上缘的宽度不得小于基坑（槽）或管沟深度的 1/2。如挖土深度超过 5 m 时，应按专业性施工方案来确定。

3. 基坑开挖工艺流程和施工要点

（1）基坑开挖的工艺流程

测量放线→切线分层开挖→降排水→修边和清底。

（2）施工要点

① 无支护结构基坑的放坡开挖。施工方法如下：

采用放坡开挖时，一般基坑深度较浅，挖土机可以一次开挖至设计标高，所以在地下水位高的地区，软土基坑采用反铲挖土机配合运土汽车在地面作业。

如果地下水位较低，坑底坚硬，也可以让运土汽车下坑，配合正铲挖土机在坑底作业。这时必须对挖土机作业时的开行路线和工作面进行设计，确定出开行次序和次数，称为开行通道。当基坑开挖深度较小时，可布置一层开行通道。基坑开挖时，挖土机开行三次，第一次采用正向挖土，后方卸土的作业方式；第二次、第三次开行时采用侧方卸土的作业方式。挖土机进入基坑时要挖坡道，坡道的坡度一般为 1:8。

当开挖基坑深度超过 4 m 时，若土质较好，地下水位较低，场地允许，有条件放坡时，边坡宜设置阶梯平台，分阶段、分层开挖，每级平台宽度不宜小于 1.5 m。

在采用放坡开挖时，要求基坑边坡在施工期间保持稳定。

放坡开挖基坑内作业面大，方便挖土机械作业，施工程序简单，经济效益好。但在城市密集地区施工，条件往往不允许采用这种开挖方式。

② 有支护结构的浅基坑（$H<5$ m）开挖。施工方法如下：

开挖前，应根据工程结构形式、基坑深度、地质条件、周围环境、施工方法、施工工期和地面荷载等资料，确定基坑开挖方案和地下水控制施工方案。

挖土应遵循"开槽支撑，先撑后挖，分层开挖，严禁超挖"和"分层、分段、对称、限时"的原则，自上而下水平分段分层进行，每层人工开挖 0.3 m 左右，机械开挖 0.5～1 m。边挖边检查坑底宽度及坡度，不够时及时修整，每 3 m 左右修一次坡，至设计标高，再统一进行一次修坡清底，检查坑底宽和标高，要求坑底凹凸不超过 2.0 cm。

③ 有支护结构的深基坑开挖。施工原则和开挖方法如下：

深基坑土方开挖应遵循"开槽支撑、先撑后挖、分层开挖、严禁超挖"的原则。

深基坑土方开挖方法主要有分层挖土、分段挖土、盆式挖土、中心岛式挖土等几种。

深基坑土方开挖方法应根据基坑面积大小、开挖深度、支护结构形式、环境条件等因素选用。

a. 分层挖土。分层挖土是将基坑按深度分为多层进行逐层开挖（见图 3-5-2）。

分层厚度，软土地基应控制在 2 m 以内；硬质土地基可控制在 5 m 以内。

开挖顺序可从基坑的某一边向另一边平行开挖，或从基坑两头对称开挖，或从基坑中间向两边平行对称开挖，也可交替分层开挖，可根据工作面和土质情况决定。

运土可采取设坡道或不设坡道两种方式。设坡道土的坡度视土质、挖土深度和运输设备情况而定，一般为 1:8～1:10，坡道两侧要采取挡土或加固措施。不设坡道一般设钢平台或栈桥作为运输土方通道。

b. 分段挖土。分段挖土是将基坑分成几段或几块分别进行开挖。分段与分块的大小、位置和开挖顺序，根据开挖场地、工作面条件、地下室平面与深浅和施工工期而定。

分块开挖，即开挖一块浇筑一块混凝土垫层或基

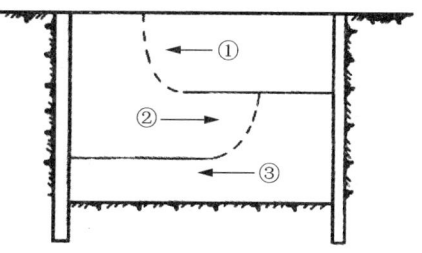

图 3-5-2　分层挖土示意图

础，必要时可在已封底的坑底与围护结构之间加设斜撑，以增强支护的稳定性。

c. 盆式挖土。盆式挖土是先分层开挖基坑中间部分的土方，基坑周边一定范围内的土暂不开挖(见图3-5-3)，可视土质情况按1∶1～1∶1.25放坡，使之形成对四周围护结构的被动土反压力区，以增强围护结构的稳定性，待中间部分的混凝土垫层、基础或地下室结构施工完成之后，再用水平支撑或斜撑对四周围护结构进行支撑，并突击开挖周边支护结构内部被动土区的土，每挖一层支一层水平横顶撑（见图3-5-4），直至坑底，最后浇筑该部分结构混凝土。

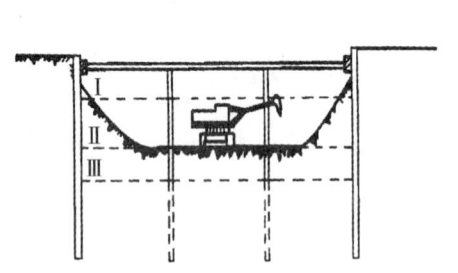

图3-5-3 盆式挖土示意图

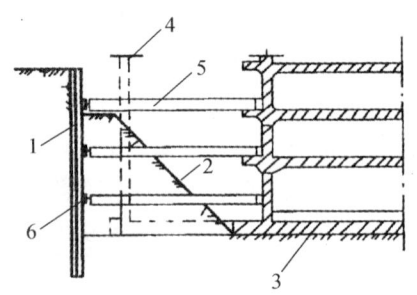

图3-5-4 盆式挖土内支撑示意图

1—钢板桩或灌注桩；2—后挖土方；3—先施工地下结构；
4—后施工地下结构；5—钢水平支撑；6—钢横撑

本法优点是对于支护挡墙受力有利，时间效应小，但大量土方不能直接外运，需集中提升后装车外运。

d. 中心岛式挖土。中心岛式挖土是先开挖基坑周边土方，在中间留土墩作为支点搭设栈桥，挖土机可利用栈桥下到基坑挖土，运土的汽车亦可利用栈桥进入基坑运土，可有效加快挖土和运土的速度（见图3-5-5）。

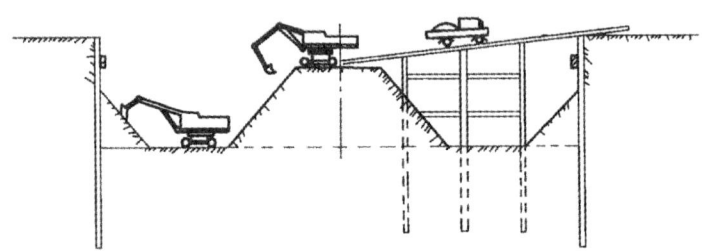

图3-5-5 深基坑开挖示意图

土墩留土高度、边坡的坡度、挖土分层与高差应经仔细研究确定。挖土也分层开挖，一般先全面挖去一层，然后中间部分留置土墩，周圈部分分层开挖。挖土机械多用反铲挖土机，如基坑深度很大，则采用向上逐级传递方式进行土方装车外运。整个土方开挖顺序应遵循"开槽支撑，先撑后挖，分层开挖，防止超挖"的原则进行。

4. 基坑土方开挖注意事项

（1）基坑开挖应尽量防止对地基土的扰动。当用人工挖土，基坑挖好后不能立即进行下道工序时，应预留15～30 cm一层土不挖，待下道工序开始再挖至设计标高。采用机械开挖基坑时，为避免破坏基底土，应在基底标高以上预留一层由人工挖掘修整。使用铲运机、推土机时，保留土层厚度为 15～20 cm；使用正铲、反铲或拉铲挖土时，保留土层厚度为 20～30 cm。

（2）基坑开挖过程中，应对平面控制桩、水准点、基坑平面位置、水平标高、边坡坡度等随时复测检查。

（3）开挖基坑的土方，在场地有条件堆放时，一定留足回填需用的好土；多余的土方，应一次运走，避免二次搬运。在基坑边缘堆置土方和建筑材料，或沿挖方边缘移动运输工具和机械，一般应距坑槽上部边缘不少于 2 m，堆置高度不应超过 1.5 m。在垂直的坑壁边，此安全距离还应适当加大。软土地区不宜在基坑边缘堆置弃土。

（4）在地下水位以下挖土时，应在基坑四侧或两侧挖好临时排水沟和集水井，或采用井点降水，将水位降低至坑、槽底以下 500 mm，以利挖方进行。降水工作应持续到基础（包括地下水位下回填土）施工完成。

（5）雨季施工时，基坑应分段开挖，挖好一段浇筑一段垫层，并在基坑两侧围以土堤或挖排水沟，以防地面雨水流入基坑，同时应经常检查边坡和支撑情况，以防止坑壁受水浸泡造成塌方。

（6）修帮和清底。在距坑底设计标高 50 cm 坑帮处，抄出水平线，钉上小木橛，然后用人工将保留土层挖走。同时由两端轴线（中心线）引桩拉通线（用小线或铅丝），检查距坑边尺寸，确定坑宽标准，以此修整槽边。最后清除坑底土方。

（7）基坑开挖完成后，应及时清底、验槽，减少暴露时间，防止暴晒和雨水浸刷破坏地基土的原状结构。

5. 基坑开挖安全技术

（1）基坑开挖时，两人操作间距应大于 2.5 m；多台机械开挖时，挖土机间距应大于 10 m。挖土应由上而下，逐层进行，严禁采用先挖底脚（挖神仙土）的施工方法。

（2）基坑开挖应严格按要求放坡。操作时应随时注意土壁变动情况，如发现有裂纹或部分坍塌现象，应及时进行支撑或放坡，并注意支撑的稳固和土壁的变化。

（3）基坑（槽）挖土深度超过 3 m 以上，使用吊装设备吊土时，起吊后，坑内操作人员应立即离开吊点的垂直下方，起吊设备距坑边一般不得少于 1.5 m，坑内人员应戴安全帽。

（4）用手推车运土时，应先平整好道路。卸土回填时，不得放手让车自动翻转。用翻斗汽车运土，运输道路的坡度、转弯半径应符合有关安全规定。

（5）深基坑上下应先挖好阶梯或设置靠梯，或开斜坡道，采取防滑措施，禁止踩踏支撑上下。坑四周应设安全栏杆或悬挂危险标志。

（6）基坑设置的支撑应经常检查是否有松动变形等不安全迹象，特别是雨后更应加强检查。

【应用案例】　　深基坑土方开挖施工实例

图 3-5-5 为某深基坑开挖施工实例，可将分层开挖和盆式开挖结合起来。在基坑正式开挖之前，先将第一层地表土挖运出去，浇筑锁口圈梁，进行场地平整和基坑降水等准备工作，安设第一道支撑（角撑），并施加预顶轴力，然后开挖第二层土到 －4.50 m。再安设第二道支撑，待双向支撑全面形成并施加轴力后，挖土机和运土车下坑，在第二道支撑上部（铺路基箱）开始挖第三层土，并采用台阶式接力方式挖土，一直挖到坑底。第三道支撑应随挖随撑，逐步形成。最后用抓斗式挖土机在坑外挖两侧土坡的第四层土。

课题六 基坑（槽）验收

一、验槽内容和方法

基坑开挖完毕应由施工单位、设计单位、监理单位或建设单位、质量监督部门等有关人员共同到现场进行检查、鉴定验槽。

1. 验槽内容

在基槽开挖完毕后，应核对地质资料，检查地基土与工程地质勘察报告、设计图纸要求是否相符合，有无破坏原状土结构或发生较大的扰动现象，是否需要对地基进行加固处理。

验槽内容主要有土质（层）及变化情况、坑（槽）底标高、上下口尺寸、边坡及轴线等。

2. 验槽重点部位

柱基、转角、承重墙下，或其他受力大的部位。

3. 验槽方法

一般用表面检查验槽法，必要时采用钎探检查或洛阳铲探检查，经检查合格，填写基坑槽验收记录、隐蔽工程记录，及时办理交接手续。

（1）表面检查验槽法

根据槽壁土层分布情况和走向，初步判明全部基底是否挖到设计要求的土层。检查槽底是否挖到老土层，土的颜色、软硬是否均匀一样，有无过干过湿，配合夯探是否有震颤现象和空穴声音等异常情况，如发现此类问题采用钎探检验并会同设计等有关单位制定处理方案。具体表面检查验槽观察内容如表3-6-1所示。

表3-6-1 表面检查验槽观察内容

观察目标		观察内容
槽壁土层		土层分布情况及走向
重点部位		柱基、墙角、承重墙下及其他受力较大部位
整个槽底	槽底土质	是否挖到老土层上（地基持力层）
	土的颜色	是否均匀一致，有无异常过干过湿
	土的软硬	是否软硬一致
	土的虚实	有无震颤现象，有无空穴声音

（2）钎探检查验槽法

将一定长度的钢钎打入槽底以下的土层内，根据每打入一定深度的锤击次数，间接地判断地基土质的情况。此法主要适用于沙土和一般黏性土。

① 钢钎的规格和重量。

人工打钎时，钢钎用直径为22～25 mm的圆钢制成，钎长为1.8～2.0 m，用重3.6～4.5 kg的大锤，举锤高度为500～700 mm，将钢钎垂直打入土中，并记录每打入土层 30 cm 的锤击数。用打钎机打钎时，其锤重约 10 kg，锤的落距为 500 mm，钢钎直径为 25 mm，钎长为 1.8 m。

② 钎孔布置和钎探深度。

钎孔布置和钎探深度应根据基槽形状和宽度以及土质情况决定。对于土质情况不太复杂的天然地基，钎孔布置可参考表 3-6-2 决定；对于较软弱的新近沉积黏性土和人工杂填土的地基，钎孔间距应不大于 1.5 m。

表 3-6-2　钎孔布置和钎探深度

槽 宽/cm	排列方式及图示	间 距/m	钎探深度/m
小于 80	中心一排 ⋯⋯	1～2	1.2
80～200	两排错开 ⋮⋮⋮	1～2	1.5
大于 200	梅花形 ⋰⋰	1～2	2.0
柱基	梅花形	1～2	大于或等于 1.5 m，并不浅于短边宽度

③ 钎探记录和结果分析。

先绘制基槽（坑）平面图，在图上根据要求确定钎探点的平面位置，并编号制成钎探平面图。钎探时按钎探平面图标定的钎探点顺序进行，最后整理成钎探记录表，如表 3-6-3 所示。

表 3-6-3　钎探记录表

探孔号	打入长度/m	每 30 cm 锤击数								总锤击数	备 注
		1	2	3	4	5	6	7	8		
打钎者		施工员								质量检查员	

打钎时，每打入 300 mm，记录锤击数一次，并填入规定的表格中。全部钎探探完后，逐层分析研究钎探记录，然后逐点进行比较，将锤击数过多或过少的钎孔在钎探平面图上做标记，然后再在该部位进行重点检查，如有异常情况，要认真进行处理。必要时，经验槽人员同意可有针对性地进行补勘工作。钎探后的孔要用沙灌实。

④ 禁用钎探的情况。

当持力层为不厚的黏性土，而下面是含承压水的沙土层或基坑下面有电缆或水管等情况禁用钎探。

二、基坑（槽）开挖工程施工质量检验标准

基坑（槽）开挖工程施工质量的验收应符合表 3-6-4 的规定。

表 3-6-4　土方开挖工程施工质量检验标准　　　　　　　　　　（单位：mm）

项目	序	项　目	允许偏差或允许值					检验方法
			柱基、基坑、基槽	挖方场地平整		管沟	地（路）面基层	
				人工	机械			
主控项目	1	标高	−50	±30	±50	−50	−50	水准仪
	2	长度、宽度（由设计中心线向两边量）	+200 −50	+300 −100	+500 −100	+100	—	经纬仪、用钢尺测量
	3	边坡	设计要求					观察或用坡度尺检查
一般项目	1	表面平整度	20	20	50	20	20	用2m靠尺和楔形塞尺检查
	2	基底土性	设计要求					观察或土样分析

注：地（路）面基层的偏差只适用于直接开挖、填方做地（路）面的基层。

课题七　土方填筑施工

建筑工程的土方回填，主要有地基的填土，基坑（槽）、管沟和室内地坪的填土，室外场地的回填压实等。

一、土料选择和填土的压实方法

为了保证填土工程的质量，满足强度、变形和稳定性方面的要求，既要正确选择填土的土料，又要合理选择填筑和压实方法。

（一）土料选择

选择填方土料应符合设计要求。如设计无要求时，应符合下列规定。

碎石类土、沙土（使用细、粉沙时应取得设计单位同意）和爆破石碴，可用做表层以下的填料；含水量符合压实要求的黏性土，可用做各层填料；碎块草皮和有机质含量大于8%的土，仅用于无压实要求的填方；淤泥和淤泥质土一般不能用做填料，但在软土或沼泽地区，经过处理含水量符合压实要求后，可用于填方中的次要部位；含盐量符合规定的盐渍土，一般可以使用，但填料中不得含有盐晶、盐块或含盐植物的根茎。

对碎石类土或爆破石碴用做填料时，其最大粒径不得超过每层铺填厚度的2/3（当使用振动辗时，不得超过每层铺填厚度的3/4）。铺填时，大块料不应集中，且不得填在分段接头处或填方与山坡连接处。

【温馨提示】　填方土料应符合设计要求。级配沙石和爆破石碴是良好的填料，但造价高，无特殊要求一般不采用；含水量符合压实要求的黏性土，可用作各层填料；建筑垃圾、碎块草皮和有机质含量大于8%的土，仅用于无压实要求的填方。

（二）填土的压实方法

填土的压实方法一般有碾压、夯实、振动压实以及利用运土工具压实。

1. 碾压法

碾压法是利用机械滚轮的压力压实土壤，使之达到所需的密实度。碾压机械有平碾（压路机）、羊足碾和气胎碾，如图 3-7-1 所示。平碾适用于压实沙类土和黏性土，羊足碾只能用来压实黏性土，气胎碾对土壤碾压较为均匀。

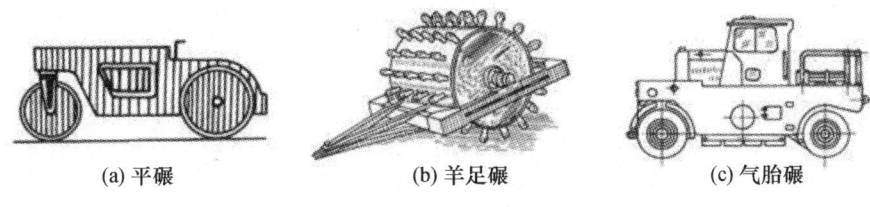

(a) 平碾　　　　　　(b) 羊足碾　　　　　　(c) 气胎碾

图 3-7-1　碾压机械

用碾压法压实填土时，铺土应均匀一致，碾压遍数要一样，碾压方向应从填土区的两边逐渐压向中心，每次碾压应有 15～20 cm 的重叠；碾压机械开行速度不宜过快，一般平碾不应超过 2 km/h，羊足碾控制在 3 km/h 之内，否则会影响压实效果。

2. 夯实法

夯实法是利用夯锤自由下落的冲击力来夯实土壤，主要用于小面积的回填土或作业面受到限制的环境下的土壤压实。

夯实法分为人工夯实和机械夯实两种。人工夯实所用的工具有木夯、石夯等；常用的夯实机械有夯锤、内燃夯土机、蛙式打夯机（见图 3-7-2）和利用挖土机或起重机装上夯板后的夯土机等。

重型夯土机（1 t 以上的重锤），其夯实厚度可达 1～1.5 m，但木夯、石夯、蛙式打夯机等夯实工具，其夯实厚度则较小，一般在 0.2 m 以内。

3. 振动压实法

振动压实法是将振动压实机械来压实土壤，用这种方法振实非黏性土效果较好。

振动平碾、振动凸块碾是将碾压和振动法结合起来的新型压实机械。振动平碾适用于填料为爆破碎石碴、碎石类土、杂填土或轻亚黏土的大型填方；振动凸块碾则适用于亚黏土或黏土的大型填方。

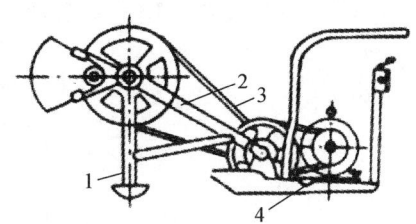

图 3-7-2　蛙式打夯机
1—夯头；2—夯架；3—三角胶带；4—底盘

二、影响填土压实质量的因素

填土压实质量与许多因素有关，其中主要影响因素为：压实功、土的含水量以及每层铺土厚度。

1. 压实功的影响

填土压实后的密度与压实机械在其上所施加的功有一定的关系。土的密度与所耗的功的关系见图 3-7-3。当土的含水量一定，在开始压实时，土的密度急剧增加，待到接近土的最大密度时，压实功虽然增加许多，而土的密度则变化甚小。实际施工中，对于沙土只需碾压或夯击 2～3 遍，对亚沙土只需 3～4 遍，对亚黏土或黏土只需 5～6 遍。

2. 含水量的影响

在同一压实功的作用上，填土的含水量对压实质量有直接影响。较为干燥的土，由于土颗粒之间的摩阻力较大，因而不易压实。当土具有适当含水量时，水起了润滑作用，土颗粒之间的摩阻力减小，从而易压实。土在最佳含水量的条件下，使用同样的压实功进行压实，所得到的密度最大（见图 3-7-4）。各种土的最佳含水量和最大干密度可参考表 3-7-1。

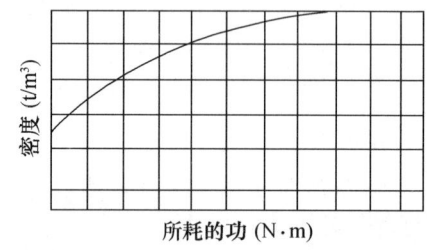

图 3-7-3 土的密度与压实功的关系示意图

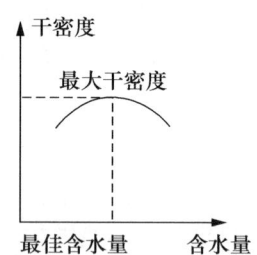

图 3-7-4 土的干密度与含水量的关系

表 3-7-1 土的最佳含水量和最大干密度参考表

土的种类	变动范围		土的种类	变动范围	
	最佳含水量/(%)（质量比）	最大干密度/(g/cm³)		最佳含水量/(%)（质量比）	最大干密度/(g/cm³)
沙土	8～12	1.80～1.88	粉质黏土	12～15	1.85～1.95
黏土	19～23	1.58～1.70	粉土	16～22	1.61～1.81

注：1. 表中土的最大干密度应根据现场实际达到的数字为准。
    2. 一般性的回填可不做此项测定。

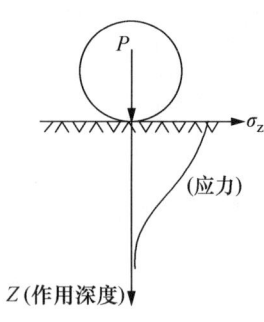

图 3-7-5 压实作用沿深度的变化

为了保证填土在压实过程中处于最佳含水量状态，当土过湿时，应予翻松晾干，也可掺入同类干土或吸水性土料；当土过干时，则应预先洒水润湿。

3. 铺土厚度的影响

土在压实功的作用下，其应力随深度增加而逐渐减小（见图 3-7-5），其影响深度与压实机械、土的性质和含水量等有关。铺得过厚，要压很多遍才能达到规定的密实度。铺得过薄，则也要增加机械的总压实遍数。最优的铺土厚度应能使土方压实而机械功耗费最少，可按照表 3-7-2 选用。

表 3-7-2　填方每层的铺土厚度和压实遍数

压实机具	每层铺土厚度/mm	每层压实遍数/遍
平碾	200～300	6～8
羊足碾	200～350	8～16
蛙式打夯机	200～250	3～4
推土机	200～300	6～8
拖拉机	200～300	8～16
人工打夯	不大于 200	3～4

注：人工打夯时，土块粒径不应大于 50 mm。

三、回填土施工

(一) 施工要求

填方前，应根据工程特点、填料种类、设计压实系数、施工条件等合理选择压实机具，并确定填料含水量控制范围、铺土厚度和压实遍数等参数。对于重要的填方工程或采用新型压实机具时，上述参数应通过填土压实试验确定。

(二) 回填土施工准备

(1) 确定填土施工参数。

① 根据工程情况，选择填方土料。

② 确定填方土料含水量。填土的含水量对压实质量有直接影响，土在最佳含水量条件下，用同样的夯实机具，可使回填土达到最大的密实度。根据表 3-7-1 土的最佳含水量和最大干密度参考表选定填方土料含水量。填土料含水量的控制范围为最优含水量的 ±2%。

③ 选择压实机械并确定铺土厚度和压实遍数。根据工程情况，选择压实机械。铺土厚度和压实遍数可根据所填土料性质，压实的密实度要求和选用的压实机械的性能确定或按表 3-7-2 选用。

(2) 填土前应对填方基底和已完工程进行检查和中间验收，合格后要做好隐蔽检查和验收手续。

(3) 施工前，应做好水平高程标志布置。如大型基坑或沟边上每隔 1 m 钉上水平桩橛或在邻近的固定建筑物上抄上标准高程点。大面积场地上或地坪每隔一定距离钉上水平桩。

(4) 确定好土方机械、车辆的行走路线，应事先经过检查，必要时要进行加固加宽等准备工作。

(5) 编好施工方案并进行技术交底和安全交底。

(三) 土方回填的施工工艺及施工要点

1. 土方回填施工工艺流程

基坑（槽）底地坪清理→检验土质→分层铺土、耙平→夯打密实→检验密实度→修整找平验收。

2. 施工要点

（1）基底处理。

① 填土前应将基坑（槽）底或地坪上的垃圾等杂物清理干净；肥槽回填前，必须清理到基础底面标高，将回落的松散垃圾、沙浆、石子等杂物清除干净。

② 当填方基底为松土时，应先夯实；

③ 当填方区段有积水、淤泥或位于水田、池塘等应排水或做换填处理。

④ 当填方区段场地陡于 1/5 时，应将斜坡挖成阶梯形，阶高 0.2～0.3 m，阶宽大于 1 m，分层填土。

（2）检验回填土的质量有无杂物，粒径是否符合规定，以及回填土的含水量是否在控制的范围内。如含水量偏高，可采用翻松、晾晒或均匀掺入干土等措施；如遇回填土的含水量偏低，可采用预先洒水润湿等措施。

（3）回填土应分层铺摊。每层铺土厚度应根据土质、密实度要求和机具性能确定。

① 人工填土施工。

a. 从场地最低部分开始，由一端向另一端自下而上分层铺填。每层虚铺厚度，一般蛙式打夯机每层铺土厚度为 200～250 mm；人工打夯不大于 200 mm。采取分段填筑，交接处应填成阶梯形。

b. 墙基及管道回填在两侧用细土同时均匀回填、夯实，防止墙基及管道中心线位移。

c. 用打夯机夯实时，两机平行时间距不小于 3 m，在同一路线上，前后间距不小于 10 m。填土厚度不宜大于 250 mm，均匀分布，不留间隙。

d. 人力打夯前，每层铺摊后，随之耙平。回填土每层至少夯打三遍。打夯时，应按一定方向进行，一夯压半夯，夯夯相接，行行相连，两遍纵横交叉，分层夯打。夯实基槽及地坪时，行夯路线应由四边开始，然后再夯向中间。并且严禁采用水浇使土下沉的所谓"水夯"法。

e. 回填管沟时，先用人工在管子周围对称填土夯实，直到管顶 0.5 m 以上，方可机械夯填。

② 机械填土施工。

a. 推土机填土。自下而上分层铺填，每层虚铺厚度不大于 300 mm。推土机运土回填，可采用分堆集中，一次运送方法，分段距离为 10～15 m，填土程序应采用纵向铺填顺序，从挖土区到填土区段，以 40～60 m 距离为宜。用推土机来回行驶进行碾压，履带每次应重叠宽度的一半。

b. 铲运机填土。填土应分层进行，每层虚铺厚度不大于 500 mm，尽量采取横向或纵向分层卸土，铺土区段长度不宜小于 20 m，宽度不宜小于 8 m，铺土后，空车返回时将地表面刮平。

c. 汽车填土。汽车成堆卸土，配以推土机摊平，每层虚铺厚度不大于 300～500 mm；卸土推平压实工作须分段交叉进行。

d. 机械压实方法。用压路机压实时，每层虚铺厚度不大于 300 mm；碾压方向应从两边逐渐压向中间，碾轮每次重叠宽度为 150～250 mm。用平碾、振动碾压实填方时，宜先用推土机、平地机整平，同时，碾压时应控制行驶速度和压实遍数。

（4）回填土每层填土夯实后，应按规范规定进行环刀取样，测出干土的质量密度；达到要求后，再进行上一层的铺土。

(5) 修整找干。填土全部完成后,应进行表面拉线找平,凡超过标准高程的地方,及时依线铲平;凡低于标准高程的地方,应补土夯实。

(四) 施工注意事项

(1) 分层填土时,应尽量采用同类土填筑。如采用不同土填筑时,应将透水性较大的土层置于透水性较小的土层之下,不能将各种土混杂在一起使用,以免填方内形成水囊。

碎石类土或爆破石碴作填料时,其最大粒径不得超过每层铺土厚度的2/3;使用振动碾时,不得超过每层铺土厚度的3/4。铺填时,大块料不应集中,且不得填在分段接头或填方与山坡连接处。

(2) 基坑(槽)回填应在相对两侧或四周同时进行。基础墙两侧标高不可相差太多,以免把墙挤歪;较长的管沟墙,应采用内部加支撑的措施,然后在外侧回填土方。

(3) 深浅两基坑(槽)相连时,应先填夯深基础;填至浅基坑相同的标高时,再与浅基础一起填夯。如必须分段填夯时,交接处应填成阶梯形,梯形的高宽比一般为1:2。上下层错缝距离不小于1.0 m。

(4) 回填房心及管沟时,为防止管道中心线位移或损坏管道,应用人工先在管子两侧填土夯实;并应由管道两侧同时进行,直至管顶0.5 m以上时,在不损坏管道的情况下,方可采用蛙式打夯机夯实。在抹带接口处,防腐绝缘层或电缆周围,应回填细粒料。

(5) 施工时,基础墙体达到一定强度后,才能进行回填土的施工,以免对结构基础造成损坏。

(五) 填土压实质量的检验与安全技术要求

(1) 填土压实质量的检验应遵循表3-7-3的标准。

表3-7-3 填土工程压实质量检验标准 (单位:mm)

项	序	检查项目	允许偏差或允许值					检查方法
			桩基、基坑、基槽	场地平整		管沟	地(路)面基础层	
				人工	机械			
主控项目	1	标高	−50	±30	±50	−50	−50	水准仪
	2	分层压实系数	设计要求					按规定方法
一般项目	1	加填土料	设计要求					取样检查或直观鉴别
	2	分层厚度及含水量	设计要求					水准仪及抽样检查
	3	表面平整度	20	20	30	20	20	用靠尺或水准仪

(2) 填方压实后,应具有一定的密实度。填土密实度应按设计规定控制干密度 ρ_{cd} 作为检查标准。土的控制干密度 ρ_{cd} 与最大干密度 ρ_{max} 之比称为压实系数 λ_c。即 $\rho_{cd} = \lambda_c \rho_{max}$。对一般场地平整,其压实系数为0.9左右,对于地基填土(在地基主要受力层范围内)为0.93~0.97。

填土压实的最大干密度一般由击实试验确定。检查土的实际干密度,一般采用环刀取样法,或用小轻便触探仪直接通过锤击数来检验。

填方压实后的干密度，应有90%以上符合设计要求，其余10%的最低值与设计值的差，不得大于$0.08\ g/cm^3$，且应分散，不宜集中。

（3）安全技术。

① 挖土时，两人操作间距应大于2.5 m；多台机械挖土时，挖土机间距应大于10 m。挖土应由上而下，逐层进行。

② 用手推车运土，应先平整好道路。卸土回填时，不得放手让车自动翻转。用翻斗汽车运土时，运输道路的坡度、转弯半径应符合有关安全规定。

③ 回填管沟时，应采用人工先在管子周围填土夯实，并应从管道两边同时对称进行，高差不超过0.3 m。管顶0.5 m以上，在不损坏管道的情况下，方可采用机械回填和压实。

单元小结

土方工程有场地平整、基坑（基槽）与管沟开挖、地坪填土、路基填筑及基坑回填等。土方工程施工包括土（石）的挖掘、运输、填筑、平整和压实等施工过程以及排水、降水和基坑支护等准备工作与辅助工作。土方工程量大，施工条件复杂，施工中受气候条件、工程地质条件和水文地质条件影响很大，施工前必须制定合理的施工方案。

土方工程施工中，根据土体开挖的难易程度将土分为松软土、普通土、坚土、沙砾坚土、软石、次坚石、坚石、特坚石8类。土的工程性质有土的含水量、土的质量密度、土的可松性和土的渗透性，土的工程性质对土方工程施工有着直接影响，也是进行土方施工方案确定的基本资料。

常用的基坑降排水方法有集水井排水法和轻型井点降水法。

基坑支护分为基槽支撑、浅基坑支护和深基坑支护，应根据开挖深度、土质条件、地下水位、开挖方法、相邻建筑物或构筑物等情况进行选择设计。

土方工程施工包括土方开挖、运输、填筑和压实等。由于土方工程量大，劳动繁重，施工时应尽量采用机械化施工，以减少繁重的体力劳动，加快施工进度。

填土的压实方法有碾压法、夯实法和振动压实法。填土压实的质量与许多因素有关，其中主要影响因素有压实功、土的含水量以及每层铺土厚度。

推荐阅读资料

1. 《建筑工程施工质量验收统一标准》（GB 50300）
2. 《建筑地基基础工程施工质量验收规范》（GB 50202）
3. 《建筑基坑支护技术规程》（JGJ 120）
4. 《锚杆喷射混凝土支护技术规范》（GB 50086）
5. 《建筑施工土石方工程安全技术规范》（JGJ 180）
6. 《复合土钉墙基坑支护技术规范》（GB 50739）
7. 《建筑边坡工程技术规范》（GB 50330）
8. 《建筑施工手册》（第5版）北京：中国建筑工业出版社，2012

学习鉴定

一、填空题

1. 推土机一般可开挖_____类土，运土时的最佳运距为_____m。
2. 填土压实的方法有_____、_____和_____三种。
3. 反铲挖土机的开挖方式有_____开挖和_____开挖两种。
4. 土方施工中要考虑土的可松性，是由于土方工程量是以_____来计算的，土的可松性可用_____来表示。
5. 土方施工中，能完成挖、运、卸的机械有_____和_____。
6. 根据土方开挖的难易程度将土分为_____类，其中_____类属于一般土，_____类属于岩石。
7. 使填土压实获得最大密实度时的含水量，称土的_____。
8. 正铲挖土方式有两种_____和_____。
9. 水在土中渗流时，水头差与渗透路程长度之比，称为_____。
10. 土方边坡的坡度是指_____与_____之比。

二、选择题

1. 作为检验填土压实质量控制指标的是（　　）。
   A. 土的干密度　　　B. 土的压实度　　　C. 土的压缩比
2. 土的含水量是指土中的（　　）。
   A. 水与湿土的重量之比的百分数　　　B. 水与干土的重量之比的百分数
3. 明沟集水井排水法最不宜用于边坡土质为（　　）的工程。
   A. 黏土层　　　B. 沙卵石层　　　C. 粉细沙土层　　　D. 粉土层
4. 基槽支护结构的形式宜采用（　　）。
   A. 横撑式支撑　　　　　　　B. 搅拌桩
   C. 挡土板　　　　　　　　　D. 非重力式支护结构
5. 当土方分层填筑时，下列哪一种土料不合适（　　）。
   A. 碎石土　　　B. 淤泥和淤泥质土　　　C. 沙土　　　D. 爆破石碴
6. 回填土中，土料为沙时，压实方法应选用（　　）。
   A. 羊足碾压实　　　B. 夯实　　　C. 振动压实　　　D. 蛙式打夯机压实
7. 进行施工验槽时，其内容不包括（　　）。
   A. 基坑（槽）的位置、尺寸、标高是否符合设计要求
   B. 降水方法与效益
   C. 基坑（槽）的土质和地下水情况
   D. 空穴、古墓、古井、防空掩体及地下埋设物的位置、深度及性状
8. 抓铲挖土机适用于（　　）。
   A. 大型基坑开挖　　　　　　　B. 山丘土方开挖
   C. 软土地区的沉井开挖　　　　D. 场地平整挖运土方

三、问答题

1. 土按开挖的难易程度分几类？各类的特征是什么？
2. 影响填土压实的主要因素是什么？

四、计算题

某基坑底长 82 m、宽 64 m、深 8 m，四边放坡，边坡坡度均为 1：0.5。$K_S = 1.14$，$K'_S = 1.05$。

问：1. 试计算土方开挖工程量。

2. 若混凝土基础和地下室占有体积为 24 600 m³，则应留多少回填土（以自然状态的土体积计）？

3. 若多余土方外运，问外运土方为多少（以自然状态的土体积计）？

4. 如果用斗容量为 3 m³ 的汽车外运，需运多少车？

单元四

地基处理与加固工程施工

教学目标

能力目标	知识要点	相关知识
具备地基处理与加固施工工艺和检查验收的能力	地基处理与加固施工工艺、施工方法及质量要求	1. 局部地基处理 2. 沙地基施工工艺、施工要点及质量要求 3. 重锤夯实地基施工工艺、施工要点及质量要求 4. 强夯地基施工工艺、施工要点及质量要求 5. 振冲地基施工工艺、施工要点及质量要求 6. 深层搅拌地基施工工艺、施工要点及质量要求

问题引入

"万丈高楼平地起",任何建筑物都必须有可靠的地基与基础,当地基土质较好时,一般采用天然地基;当工程结构荷载较大,地基土质又较软弱(强度不足或压缩性大),不能作为天然地基时,可针对不同情况采取加固方法,常用的有地基换填、重锤夯实、强夯地基、灰土挤密桩、振冲地基、深层搅拌及地基压浆等。下面就来讲述地基局部处理和地基加固的技术知识。

知识课堂

课题一　局部地基处理工程施工

一、松土坑（填土、淤泥）的处理

松土坑处理方法参见表 4-1-1。

表 4-1-1 松土坑处理方法

地基情况	处理简图	处理方法
松土坑在基槽中范围内		将坑中松软土挖除,使坑底及四壁均见天然土为止,回填与天然土压缩性相近的材料。当天然土为沙土时,用沙或级配沙石回填;当天然土为较密实的黏性土,用3:7灰土分层回填夯实;天然土为中密可塑的黏性土或新近沉积黏性土,可用1:9或2:8灰土分层回填夯实,每层厚度不大于20 cm
松土坑在基槽中范围较大,且超过基槽边沿时		因条件限制,槽壁挖不到天然土层时,则应将该范围内的基槽适当加宽,加宽部分的宽度可按下述条件确定:当用沙土或沙石回填时,基槽壁边均应按 $l_1:h_1=1:1$ 坡度放宽;用1:9或2:8灰土回填时,基槽每边应按 $b:h=0.5:1$ 坡度放宽;用3:7灰土回填时,如坑的长度≤2 m,基槽可不放宽,但灰土与槽壁接触处应夯实
松土坑范围较大,且长度超过5 m时		如坑底土质与一般槽底土质相同,可将此部分基础加深,做1:2踏步与两端相接,每步高不大于50 cm,长度不小于100 cm,如深度较大,用灰土分层回填夯实至坑(槽)底齐平
松土坑较深,且大于槽宽或1.5 m时;松土坑地下水位较高时		按以上要求处理挖到老土,槽底处理完毕后,还应适当考虑加强上部结构的强度,方法是在灰土基础上1~2皮砖处(或混凝土基础内)、防潮层下1~2皮砖处及首层顶板处,加配4ϕ8~12 mm钢筋跨过该松土坑两端各1 m,以防产生过大的局部不均匀沉降
		当地下水位较高,坑内无法夯实时,可将坑(槽)中软弱的松土挖去后,再用沙土、沙石或混凝土代替灰土回填;如坑底在地下水位以下时,回填前先用粗沙与碎石(比例为1:3)分层回填夯实;如坑底在地下水位以上用3:7灰土回填夯实至要求高度

二、土井、砖井的处理

土井、砖井处理方法参见表4-1-2。

表4-1-2 土井、砖井的处理方法

井的部位	处理简图	处理方法
土井、砖井在室外，距基础边缘5m以内		先用素土分层夯实，回填到室外地坪以下1.5m处，将井壁四周砖圈拆除或松软部分挖去，然后用素土分层回填并夯实
土井、砖井在室内基础附近		将水位降低到最低可能的限度，用中、粗沙及块石、卵石或碎砖等回填到地下水位以上50cm。并应将四周砖圈拆至坑（槽）底以下1m或更深些，然后再用素土分层回填并夯实，如井已回填，但不密实或有软土，可用大块石将下面软土挤紧，再分层回填素土夯实
土井、砖井在基础下或条形基础3B或柱基2B范围内		先用素土分层回填夯实，至基础底下2m处，将井壁四周松软部分挖去，有砖井圈时，将井圈拆至槽底以下1～1.5m。当井内有水，应用中、粗沙及块石、卵石或碎砖回填至水位以上50cm，然后再按上述方法处理；当井内已填有土，但不密实，且挖除困难时，可在部分拆除后的砖石井圈上加钢筋混凝土盖封口，上面用素土或2∶8灰土分层回填、夯实至槽底
土井、砖井在房屋转角处，且基础部分或全部压在井上		除用以上办法回填处理外，还应对基础加固处理。当基础压在井上部分较少，可采用从基础中挑钢筋混凝土梁的办法处理。当基础压在井上部分较多，用挑梁的方法较困难或不经济时，则可将基础沿墙长方向向外延长出去，使延长部分落在天然土上，落在天然土上的基础总面积应等于或稍大于井圈范围内原有基础的面积，并在墙内配筋或用钢筋混凝土梁来加强

续表

井的部位	处理简图	处理方法
土井、砖井已淤填，但不密实	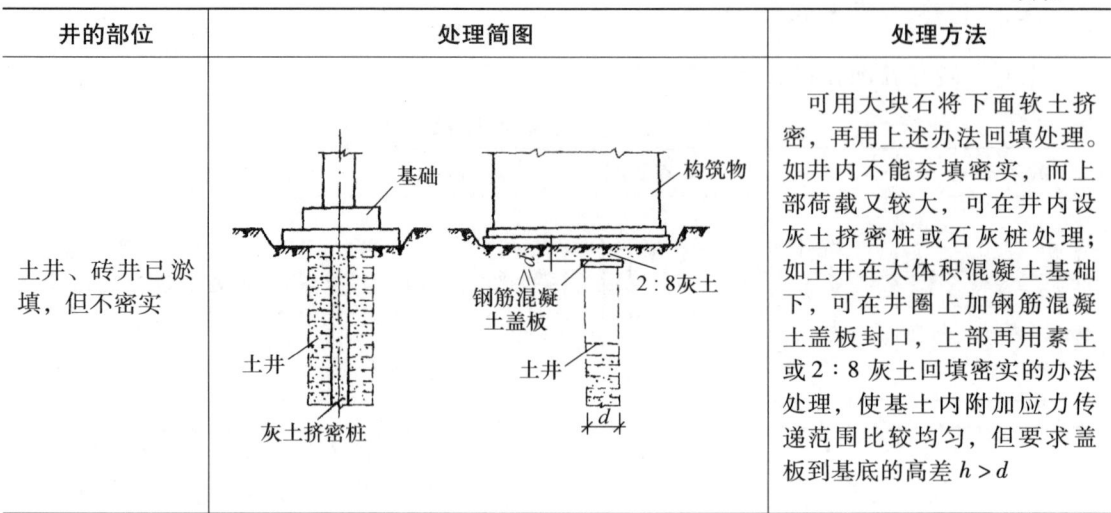	可用大块石将下面软土挤密，再用上述办法回填处理。如井内不能夯填密实，而上部荷载又较大，可在井内设灰土挤密桩或石灰桩处理；如土井在大体积混凝土基础下，可在井圈上加钢筋混凝土盖板封口，上部再用素土或2∶8灰土回填密实的办法处理，使基土内附加应力传递范围比较均匀，但要求盖板到基底的高差 $h > d$

课题二 地基加固处理工程施工

一、换填地基——沙垫层地基

沙垫层地基采用沙或沙砾石（碎石）混合物，经分层夯（压）实，作为地基的持力层，提高基础下部地基强度。

适于处理3.0m以内的软弱、透水性强的黏性土地基，包括淤泥、淤泥质土；不宜用于加固湿陷性黄土地基及渗透系数小的黏性土地基。

1. 材料要求

宜用颗粒级配良好、质地坚硬的中沙或粗沙，自然级配的沙砾石（或卵石、碎石）混合物。

2. 施工要点

（1）铺设垫层前应验槽，将基底表面浮土、淤泥、杂物清除干净，两侧应设一定坡度，防止振捣时塌方。

（2）垫层底面标高不同时，土面应挖成阶梯或斜坡搭接，并按先深后浅的顺序施工，搭接处应夯压密实。分层铺设时，接头应做成斜坡或阶梯形搭接，每层错开0.5～1.0m，并注意充分捣实。

（3）人工级配的沙砾石，应先将沙、卵石拌和均匀后，再铺夯压实。

（4）垫层应分层铺设，分层夯实或压实，基坑内预先安好5m×5m网格标桩，控制每层沙垫层的铺设厚度。每层铺设厚度、沙石最优含水量控制及施工机具、方法的选用参见表4-2-1。振夯压要做到交叉重叠1/3，防止漏振、漏压。夯实、碾压遍数、振实时间应通过试验确定。用细沙做垫层材料时，不宜使用振捣法或水夯法，以免产生液化现象。

表 4-2-1　沙垫层和沙石垫层铺设厚度及施工最优含水量

捣实方法	每层铺设厚度/mm	施工时最优含水量/(%)	施工要点	备注
平振法	200~250	15~20	1. 用平板式振捣器往复振捣，往复次数以简易测定密实度合格为准 2. 振捣器移动时，每行应搭接 1/3，以防振动面积不搭接	不宜使用干细沙或含泥量较大的沙铺筑沙垫层
插振法	振捣器插入深度	饱和	1. 用插入式振捣器 2. 插入间距可根据机械振捣大小决定 3. 不应插至下卧黏性土层 4. 插入振捣完毕，所留的孔洞应用沙填实	不宜使用干细沙或含泥量较大的沙铺筑沙垫层
水夯法	250	饱和	1. 注水高度略超过铺设面层 2. 用钢叉摇撼捣实，插入点间距 100 mm 左右 3. 钢叉分四齿，齿的间距 80 mm，长 300 mm，木柄长 900 mm	湿陷性黄土、膨胀土、细沙地基上不得使用
夯实法	150~200	8~12	1. 用木夯或机械夯 2. 木夯重 40 kg，落距 400~500 mm 3. 一夯压半夯，全面夯实	适用于沙石垫层
碾压法	150~350	8~12	6~10 t 压路机往复碾压；碾压次数以达到要求密实度为准，一般不少于 4 遍，用振动压实机械，振动 3~5 min	适用于大面积的沙石垫层，不宜用于地下水位以下的沙垫层

（5）地下水高于基坑底面时，宜采取排降水措施，注意基坑边坡稳定，可以防止塌土混入沙石垫层中。

（6）垫层铺设完毕，应立即进行下道工序施工，严禁小车及人在沙层上面行走，必要时应在垫层上铺板行走。

3. 质量检查

在捣实后的沙垫层中，应测定其干密度，以不小于通过试验所确定的该沙料在中密度状态时的干密度数值为合格。

二、夯实地基

（一）重锤夯实地基

重锤夯实是利用起重机械将夯锤（1.5~3 t）提升到一定高度（2.45~4.5 m），然后自由落下，重复夯击基土表面，使地基表面形成一层比较密实的硬壳层，从而使地基得到加固。

适用于地下水位在 0.8 m 以上、稍湿的黏性土、沙土、饱和度 $S_r \leqslant 60$ 的湿陷性黄土、杂填土以及分层填土地基的加固处理。但当夯击对邻近建筑物有影响，或地下水位高于有效夯实深度时，不宜采用。

1. 机具设备

（1）夯锤

用 C20 钢筋混凝土制成，外形为截头圆锥体（见图 4-2-1），锤重为 1.5～3.0 t，底直径 1.0～1.5 m，锤底面单位静压力宜为 15～20 kPa。吊钩宜采用自制半自动脱钩器，以减少吊索的磨损和机械振动。

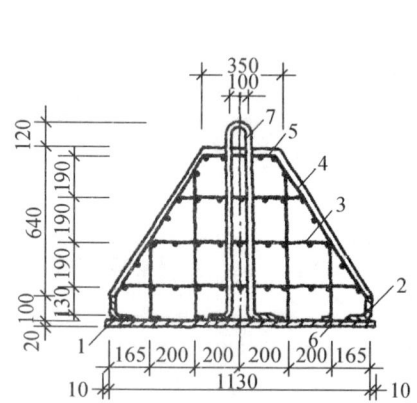

图 4-2-1　钢筋混凝土夯锤构造

1—20 mm 厚钢板；2—L100×10 mm 角钢；
3、4、5—ϕ8 mm 钢筋@100 mm 双向；
6—ϕ10 mm 锚筋；7—ϕ30 mm 吊环

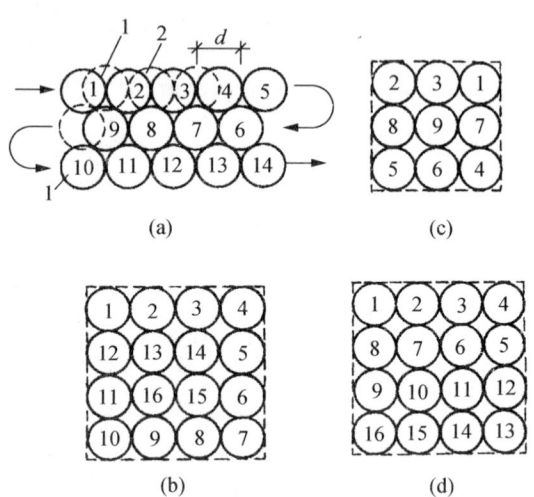

图 4-2-2　重锤夯打顺序

1—夯位；2—重叠夯；d—重锤直径

（2）起重机

可采用配置有摩擦式卷扬机的履带式起重机、打桩机、悬臂式桅杆起重机或龙门式起重机等。其起重能力要求：当采用自动脱钩时，应大于夯锤重量的 1.5 倍；当直接用钢丝绳悬吊夯锤时，应大于夯锤重量的 3 倍。

2. 施工要点

（1）施工前应进行试夯，确定有关技术参数，如夯锤重量、底面直径及落距，最后下沉量及相应的夯击遍数和总下沉量。

（2）夯实前，槽、坑底面的标高应高出设计标高，预留土层的厚度可为试夯时的总下沉量再加 50～100 mm；基槽、坑的坡度应适当放缓。

（3）夯实时地基土的含水量应控制在最优含水量范围以内。

（4）在大面积基坑或条形基槽内夯实时，应一夯换一夯顺序进行（见图 4-2-2(a)），即第一遍按一夯换一夯进行，在一次循环中间同一夯位应连夯两下，下一循环的夯位，应与前一循环错开 1/2 锤底直径的搭接，如此反复进行，在夯打最后一循环时，可以采用一夯压半夯的打法。在独立柱基夯打时，可采用先周边后中间或先外后里的跳打法（见图 4-2-2(b)、(c)）。

为了使夯锤底面落下时与土接触严密，各次夯迹之间不互相压叠，而是相切或靠近。压叠易使锤底面倾斜，与土接触不严，功能消耗，降低夯实效率。当采用悬臂式桅杆式起重机或龙门式起重机夯实时，可采用图 4-2-2(d) 顺序，以提高功效。

（5）基底标高不同时，应按先深后浅的程序逐层挖土夯实，不宜一次挖成阶梯形，以免夯打时在高低相交处发生坍塌。夯打做到落距正确，落锤平稳，夯位准确，基坑的夯实宽度应比基坑每边宽 0.2～0.3 m。基槽底面边角不易夯实部位应适当增大夯实宽度。

（6）重锤夯实填土地基时，应分层进行，每层的虚铺厚度以相当于锤底直径为宜。夯实层数不宜少于 2 层。夯实完后，应将基坑、槽表面修整至设计标高。

（7）夯实结束后，应及时将夯松的表层浮土清除或将浮土在接近最优含水量状态下重新用 1 m 的落距夯实至设计标高。

（二）强夯地基

强夯法是用起重机械（起重机或起重机配三脚架、龙门架）将大吨位（一般 8～30 t）夯锤起吊到 6～30 m 高度后，自由落下，给地基以冲击力和振动，从而提高地基承载力并降低其压缩性的一种有效的地基加固方法，也是我国目前最为常用和最经济的深层地基处理方法之一。

1. 适用范围

强夯法适于加固碎石土、沙土、低饱和度粉土、黏性土、湿陷性黄土、高填土、杂填土以及"围海造地"地基、工业废渣、垃圾地基等的处理；强夯不得用于不允许对工程周围建筑物和设备有一定振动影响的地基加固，必需时，应采取防振、隔振措施。

2. 机具设备

（1）夯锤

用钢板做外壳，内部焊接钢筋骨架后浇筑 C30 混凝土（见图 4-2-3），或用钢板做成组合夯锤（见图 4-2-4），以便于使用和运输。夯锤底面有圆形和方形两种，圆形不易旋转，定位方便，稳定性和重合性好，采用较广；锤底面积宜按土的性质和锤重确定，锤底静压力值可取 25～40 kPa；对于粗颗粒土（沙质土和碎石类土）选用较大值，一般锤底面积为 3～4 m^2；对于细颗粒土（黏性土或淤泥质土）宜取较小值，锤底面积不宜小于 6 m^2。锤重一般为 10～60 t，夯锤中宜设 4～6 个直径 300～400 mm 或 250～500 mm 上下贯通的排气孔，以减少夯锤下落时的空气阻力。

（2）起重设备

一般采用履带式起重机（带摩擦离合器）见图 4-2-5。为防止夯锤突然脱钩使起重臂后倾和减小对臂杆的振动，可在臂杆端部设置辅助门架或采取其他安全措施，例如采取锚系设备，用 T1-100 型推土机一台设在起重机的前方作地锚（见图 4-2-5）。推土机还可用于夯完后做表土推平、压实等辅助性工作。

（3）脱钩装置

常用的工地自制自动脱钩器由吊环、耳板、销环、吊钩等组成（见图 4-2-6），系由钢板焊接制成。拉绳一端固定在销柄上，另一端穿过转向滑轮，固定在悬臂杆底部横轴上，当夯锤起吊到要求高度，升钩拉绳随即拉开销柄，脱钩装置开启，夯锤便自动脱钩下落，同时可控制每次夯击落距一致，可自动复位，使用灵活方便，也较安全可靠。

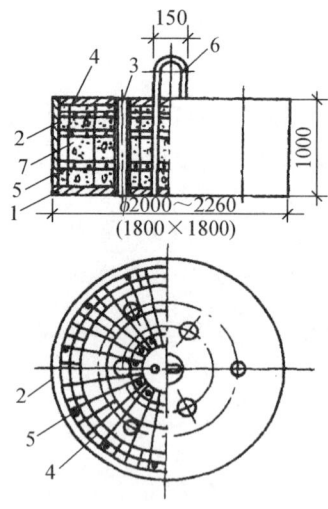

图 4-2-3 混凝土夯锤

（圆柱形重 12 t；方形重 8 t）

1—30 mm 厚钢板底板；2—18 mm 厚钢板外壳；
3—6×φ159 mm 钢管；
4—水平钢筋网片 φ16×200 mm；
5—钢筋骨架 φ14×400 mm；
6—φ50 mm 吊环；7—C30 混凝土

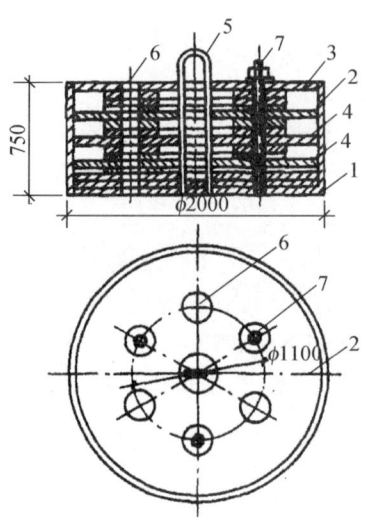

图 4-2-4 装配式钢夯锤

（可组合成 6、8、10、12 t）

1—50 mm 厚钢板底盘；2—15 mm 厚钢板外壳；
3—30 mm 厚钢板顶板；4—中间块（50 mm 厚钢板）；
5—φ50 mm 吊环；6—φ200 mm 排气孔；
7—M48 mm 螺栓

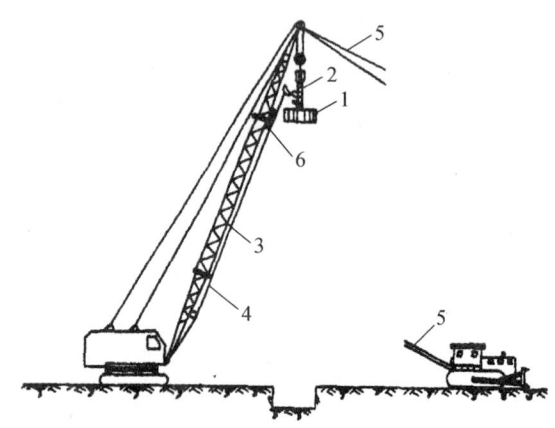

图 4-2-5 用履带式起重机强夯

1—夯锤；2—自动脱钩装置；3—起重臂杆；
4—拉绳；5—锚绳；6—废轮胎

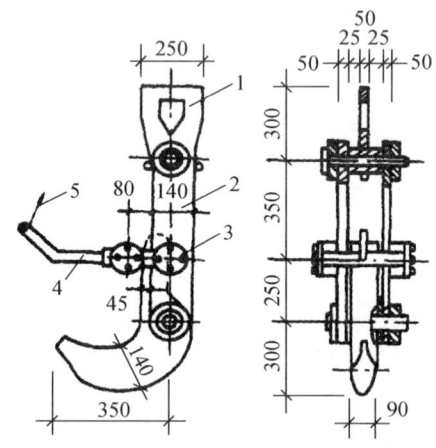

图 4-2-6 强夯自动脱钩器

1—吊环；2—耳板；3—销环轴辊；
4—销柄；5—拉绳

3. 施工技术参数

（1）锤重与落距

锤重一般不宜小于 8 t，落距一般不小于 6 m。

（2）夯击点布置及间距

对大面积地基，一般采用等边三角形、等腰三角形或正方形（见图 4-2-7）布置；对条形基础，夯点可成行布置；对独立柱基础，可按柱网设置采取单点或成组布置，在基础下面必须布置夯点。

夯击点间距取决于基础布置、加固土层厚度和土质等条件。一般夯击点间距为 5～15 m。

（3）单点的夯击数与夯击遍数

单点夯击数应按现场试夯得到的夯击次数和夯沉量关系曲线确定。每夯击点的夯击数一般为 3～10 击。

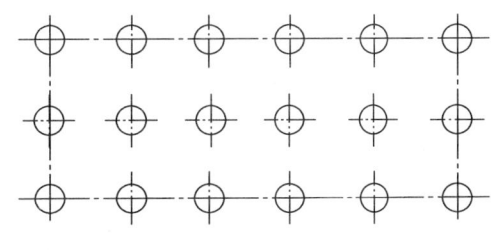

图 4-2-7　方形夯点布置

夯击遍数应根据地基土的性质确定，一般情况下，可采用 2～5 遍，前 2～3 遍为"间夯"，最后一遍为低能量"满夯"。

（4）两遍间隔时间

两遍之间的时间间隔，一般为 1～4 周。对渗透性较差的黏性土不少于 3～4 周；若无地下水或地下水在 −5 m 以下，或为含水量较低的碎石类土，或透水性强的沙性土，可采取只间隔 1～2 d，或在前一遍夯完后，将土推平，随即连续夯击，而不需要间歇。

（5）处理范围

强夯处理范围应大于建筑物基础范围，每边超出基础外缘的宽度宜为设计处理深度的 1/2～2/3，并且不小于 3 m。

（6）影响加固深度的因素

影响有效加固深度 H 的因素，除锤重和落距外，与地基土性质、不同土层的厚度和埋藏顺序、地下水位以及强夯工艺参数（如夯击次数、锤底单位压力等）都有着密切关系。

$$H = K\sqrt{\frac{M \cdot h}{10}} \tag{4-1}$$

式中　M——夯锤重力（kN）；

　　　h——落距（锤底至起夯面距离）（m）；

　　　K——折减系数，与土质、能级、锤型、锤底面积、工艺选择等多种因素有关。一般黏性土取 0.5，沙性土取 0.7，黄土取 0.35～0.50。

4. 强夯施工

（1）施工准备工作

① 熟悉施工图纸，理解设计意图，掌握各项参数，现场实地考察，定位放线。

② 制定施工方案和确定强夯参数。

③ 选择检验区做强夯试验。

④ 场地整平，修筑机械设备进出场道路。

（2）施工要点

① 强夯施工前，应进行地质勘察和现场试验性强夯，通过夯前、夯后加固效果对比，确定强夯施工的各项技术参数。

② 强夯前应平整场地，周围做好排水沟，按夯点布置测量放线确定夯位。地下水位较高时，应在表面铺 0.5～2.0 m 中（粗）沙或沙砾石、碎石垫层，以防设备下陷和便于消散强夯产生的孔隙水压，或采取降低地下水位后再强夯。

③ 强夯应分段进行，顺序从边缘夯向中央（见图 4-2-8）。对厂房柱基亦可一排一排

16	13	10	7	4	1
17	14	11	8	5	2
18	15	12	9	6	3
18′	15′	12′	9′	6′	3′
17′	14′	11′	8′	5′	2′
16′	13′	10′	7′	4′	1′

图 4-2-8 强夯顺序

夯，起重机直线行驶，从一边向另一边进行，每夯完一遍，用推土机整平场地，放线定位即可接着进行下一遍夯击。强夯法的加固顺序是：先深后浅，即先加固深层土，再加固中层土，最后加固表层土。最后一遍夯完后，再以低能量满夯一遍，如有条件以采用小夯锤夯击为佳。

④ 夯击时应按试验和设计确定的强夯参数进行，落锤应保持平稳，夯位应准确。在每一遍夯击之后，应测量场地平均下沉量，然后，用新土或周围的土将夯击坑填平，再进行下一遍夯击。最后一遍的场地平均下沉量，必须符合要求。

⑤ 雨季填土区强夯时，应在场地四周设排水沟、截洪沟，防止雨水流入场内；雨后抓紧排除积水，推掉表面稀泥和软土，再碾压；夯后夯坑立即推平、压实，使高于四周。

⑥ 冬期施工应清除地表的冻土层再强夯，夯击次数要适当增加，如有硬壳层，要适当增加夯次或提高夯击功能。

⑦ 做好施工过程中的监测和记录工作，包括检查夯锤重和落距，对夯点放线进行复核，检查夯坑位置，按要求检查每个夯点的夯击次数和每击的夯沉量等，并对各项参数及施工情况进行详细记录，作为质量控制的根据。

（3）质量检查

应检查施工记录及各项技术参数，并应在夯击过的场地选点进行检验。一般可采用标准贯入、静力触探或轻便触探等方法，符合试验确定的指标时即为合格。

三、深层密实地基

（一）振冲地基

振冲法又称振动水冲法，是以起重机吊起振冲器，启动潜水电机带动偏心块，使振动器产生高频振动，同时启动水泵，通过喷嘴喷射高压水流，在边振边冲的共同作用下，将振动器沉到土中的预定深度，经清孔后，从地面向孔内逐段填入碎石，或不加填料，使土在振动作用下被挤密实，达到要求的密实度后即可提升振动器，如此重复填料和振密，直至地面，在地基中形成一个大直径的密实桩体。据此循环制作一根根桩体，桩体与原地基构成复合地基，从而提高地基的承载力，减少沉降和不均匀沉降，是一种快速、经济有效的加固方法。

振冲法按加固机理和效果的不同，又分为振冲置换法和振冲挤密法两类。前者适于处理不排水、抗剪强度不小于 20 kPa 的黏性土、粉土、饱和黄土和人工填土等地基；后者适用于处理沙土和粉土等地基；不加填料的振冲密实法仅适用于处理黏土粒含量小于 10% 的粗沙、中沙地基。

1. 机具设备

振冲法施工设备主要有振冲器、行走式起吊装置、泵送输水系统、加料机具和控制操作台等。振冲器的构造如图 4-2-9 所示。

操纵振冲器的起吊设备可采用 8～10 t 履带式起重机、轮胎式起重机、汽车吊或轨道式自行塔架等。

泵送输水系统由水泵以及供水管道组成。水泵要求水压力为400～600 kPa，流量为20～30 m³/h，每台振冲器备用一台水泵。

控制设备包括控制电流操作台、150 A 电流表、500 V 电压表。

加料设备可采用吊斗、翻斗车手推车或皮带运输机等。

2. 填料

填料可用坚硬不受侵蚀影响的碎石、卵石、角砾、圆砾、矿碴以及砾沙、粗沙、中沙等；粗骨料粒径以20～50 mm 较合适，最大粒径不宜大于80 mm，含泥量不宜大于5%，不得含有杂质、土块和已风化的石子。

3. 振冲法施工工艺流程

（1）振冲置换法

施工顺序为：定位→成孔→清孔→填料→振实。

振冲法施工工艺如图4-2-10。

（2）振冲挤密法

施工顺序为：定位→成孔→边振边上提→振密。

振冲挤密法施工工艺如图4-2-11。

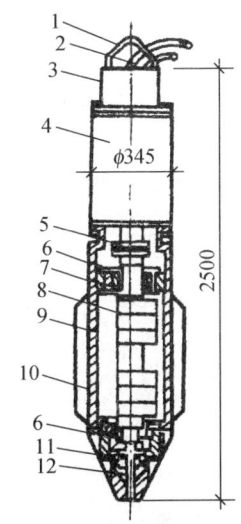

图 4-2-9　振冲器构造
1—吊具；2—水管；3—电缆；4—电机；
5—联轴器；6—轴；7—轴承；
8—偏心块；9—壳体；
10—翅片；11—头部；
12—水管

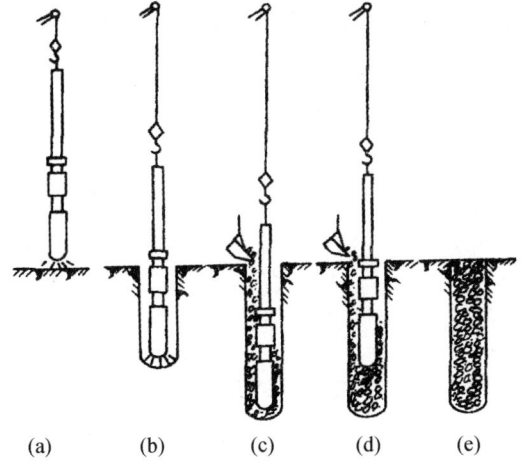

图 4-2-10　振冲置换法施工工艺
（a）定位；（b）振冲下沉；（c）振冲至设计标高并下料；（d）边振边下料，边上提；（e）成桩

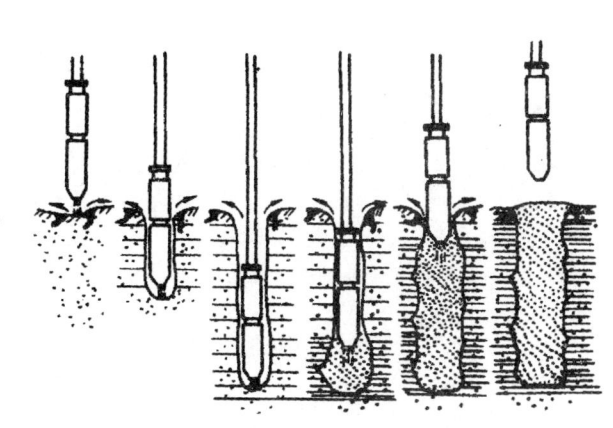

图 4-2-11　振冲挤密法施工工艺

4. 施工要点

（1）施工前应先进行振冲试验，以确定成孔合适的水压、水量、成孔速度及填料方法，达到土体密实时的密实电流、填料量和留振时间（称为施工工艺的三要素）。

（2）制桩

碎石桩成桩施工过程包括定位、成孔、清孔和振密。

① 定位。振冲前，应按设计图定出冲孔中心位置并编号。

② 成孔。振冲器用吊车或卷扬机吊起，对准桩位，打开下喷水口，启动水泵和振冲器，水压可用 400～600 kPa（较硬土层应取上限，软土层取下限），水量可用 200～400 L/min，使振冲器徐徐沉入土中，直至达到设计处理深度以上 0.3～0.5 m。

③ 清孔。在成孔后，应停留 1 min 清孔，关闭下喷口，打开上喷水口减少喷水压力，以便回水将稠泥浆带出地面，以降低孔内泥浆密度。

④ 振密。将振冲器提出孔口，向孔内倒入填料。填料宜"少吃多餐"，每次往孔内倒入填料数量，约为堆积在孔内 0.8 m 高，然后用振冲器振密后再继续加料。如此自下而上反复进行直到孔口，成桩操作即告完成。

（3）振冲地基表面的处理

振冲地基表面 0.1～1 m 范围内，桩的密实度较差一般应予挖除，另作垫层；如不挖除，则应加填碎石，用振动碾压机进行碾压密实处理。

5. 质量检查

应抽取振冲总桩数的 3%～5%，在桩体中心进行动力触探试验。桩间土可用静力触探、动力触探、标准贯入试验或土工试验进行检验。可选用桩体质量较差的 3 个点进行复合地基载荷试验。

（二）水泥土搅拌桩地基

水泥土搅拌桩地基是利用水泥作为固化剂，通过深层搅拌机在地基深部，就地将软土和固化剂（浆体或粉体）强制拌和，利用固化剂和软土发生一系列物理、化学反应，使其凝结成具有整体性、水稳性好和较高强度的水泥加固体，与天然地基形成复合地基。

1. 适用范围

本法适用于加固较深较厚的淤泥、淤泥质土、粉土和含水量较高且地基承载力不大于 120 kPa 的黏性土地基，对超软土效果更为显著。水泥搅拌桩还用于基坑支护结构用来挡土、挡水。

2. 机具设备

水泥土搅拌桩的主要施工设备为深层搅拌机，有中心管喷浆方式的 SJB-1 型搅拌机和叶片喷浆方式的 GZB-600 型搅拌机两类，见图 4-2-12。

3. 深层搅拌桩的施工工艺流程

深层搅拌桩的施工程序为：深层搅拌机定位→预搅下沉→制配水泥浆（或沙浆）→喷浆、搅拌、提升→重复搅拌下沉→重复搅拌提升直至孔口→关闭搅拌机、清洗→移至下一根桩、重复以上工序。

深层搅拌桩的施工工艺流程见图 4-2-13。

4. 施工要点

（1）定位

施工时，先将深层搅拌机用钢丝绳吊挂在起重机上，对准桩位、对中。

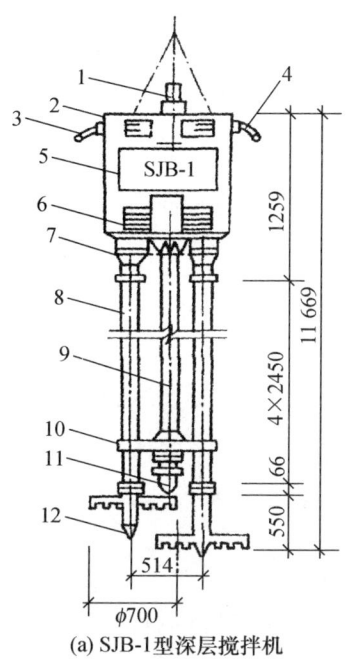
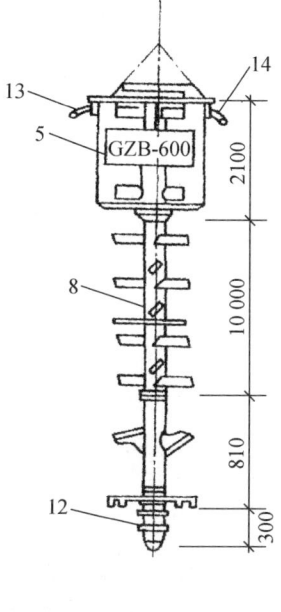

(a) SJB-1型深层搅拌机 (b) GZB-600型深层搅拌机

图 4-2-12　深层搅拌机外形和构造

1—输浆管；2—外壳；3—出水口；4—进水口；5—电动机；6—导向滑块；7—减速器；8—搅拌轴；
9—中心管；10—横向系板；11—球形阀；12—搅拌头；13—电缆接头；14—进浆口

（2）预搅下沉

开动深层搅拌机的电动机，搅拌机叶片相向而转，借设备自重，以 0.38～0.75 m/min 的速度沉至要求加固深度。

（3）制配水泥浆（或沙浆）

待深层搅拌机下沉至一定深度时，即开始按设计确定的配合比拌制水泥浆（或沙浆），在压浆前将水泥浆（或沙浆）倒入集料斗中。

（4）喷浆、搅拌、提升

深层搅拌机沉至要求加固深度后，再以 0.3～0.5 m/min 的均匀速度提起搅拌机，与此同时开动沙浆泵将沙浆从深层搅拌中心管不断压入土中，由搅拌叶片将水泥浆与深层处的软土搅拌，边搅拌边喷浆直到提至地面（近地面开挖部位可不喷浆，以便于挖土），即完成一次搅拌过程。

图 4-2-13　深层搅拌桩施工工艺流程
（a）定位下沉；（b）深入到设计深度；
（c）喷浆搅拌提升；（d）原位重复搅拌下沉；
（e）重复搅拌提升；（f）搅拌完成型成加固体

（5）重复搅拌下沉

用同法再一次重复搅拌下沉和重复搅拌喷浆上升，即完成一根柱状加固体，外形呈"8"字形，一根接一根搭接，相搭接宽度宜大于 100 mm，以增强其整体性，即成壁状加固体，几个壁状加固体连成一片，即成块状。

（6）清洗

向集料斗中注入适量清水，开启灰浆泵，清洗全部管路中残存的水泥浆，直至基本干净,并将黏附在搅拌头的软土和浆液清洗干净。

(7) 移位

重复上述（1）~（6）步骤,进行下一根桩的施工。

5. 质量检验

深层搅拌施工完毕后,应在 15 天以后进行质量检验。抽取总搅拌桩数的 1% 且不少于 3 根进行复合地基载荷试验。

单元小结

当工程结构荷载较大,地基土质又较软弱（强度不足或压缩性大）,不能作为天然地基时,可针对不同情况采取加固方法,本单元系统地讲述了地基的局部处理、地基换填、重锤夯实、强夯地基、灰土挤密桩、振冲地基、深层搅拌及水泥粉煤灰碎石桩复合地基等内容。

学生通过学习应具备选择地基处理与地基加固施工工艺和质量检验的能力,能够编制地基处理与地基加固施工方案;能够处理施工现场的实际问题。

推荐阅读资料

1. 《建筑地基处理技术规范》（JGJ 79—2012）
2. 《建筑地基基础工程施工质量验收规范》（GB 50202）
3. 《建筑工程施工质量验收统一标准》（GB 50300）
4. 《建筑机械使用安全技术规范》（JGJ 33—2012）
5. 《建筑施工手册》（第 5 版）.北京:中国建筑工业出版社,2012

学习鉴定

1. 地基处理的目的是什么?地基处理方法有哪些?各适用于什么条件?
2. 地基的局部处理有哪些情况?
3. 施工中遇到防空洞该如何处理?
4. 强夯施工要点有哪些?
5. 简述强夯施工有哪些技术参数?其有效加固深度如何估算?
6. 深层搅拌施工要点有哪些?
7. 简述沙垫层施工要点。
8. 振冲法分为哪两类?适用什么范围?

单元五

多层砌体结构施工

教学目标

能力目标	知识要点	相关知识
具备砖砌体工程施工工艺及质量检验能力	1. 熟悉基础、砖墙组砌的形式和要求 2. 熟悉砌筑方法 3. 掌握砖墙砌筑工艺与技术要求	1. 一顺一丁、梅花丁、三顺一丁的砌筑方法 2. 砖基础、砖墙、构造柱、砖柱、砖平拱、钢筋砖过梁的砌筑技术要求 3. "三一"砌砖法、挤浆法 4. 砖基础、砖墙砌筑的施工要点 5. 砖墙、砖基础的质量检验标准
具备石砌体的施工工艺及质量检验能力	1. 掌握石砌体砌筑方法与技术要求 2. 熟悉石砌体的质量控制规定	1. 石基础砌筑施工要点 2. 石砌体的质量控制标准
具备小型砌块施工工艺及质量检验能力	掌握混凝土小型空心砌块的施工要点	小型混凝土空心砌块的施工要点

问题引入

同学们小时候都玩过积木,知道用一块块几何体搭成需要的模型。那么,墙体是如何建成的呢?需要使用哪些工具和设备?有哪些砌筑工艺?下面就来学习如何用砖、石、砌块等材料搭建墙体。

> **知识课堂**

砖石砌体建筑在我国历史悠久，目前在建筑工程中仍占有相当的比重。

多层砌体结构房屋是指主要承重结构构件由砖、石、砌块和钢筋混凝土构成的建筑。

砌筑工程是指用沙浆等胶结材料将砖、石、砌块等块材垒砌成坚固砌体的施工。

砌筑工程的特点是：取材方便，施工简单，成本低廉，历史悠久；劳动量、运输量大，生产效率低，浪费资源多。

【建筑字典】

砌体结构：由块体和沙浆砌筑而成的墙、柱作为建筑物主要受力构件的结构。

块体：砌体所用各种砖、石、小砌块的总称。

课题一　多层砌体结构房屋的构造组成

多层砌体结构房屋主要构件组成有基础、墙体（柱）、楼地面、屋顶、楼梯、门窗，如图 5-1-1 所示。

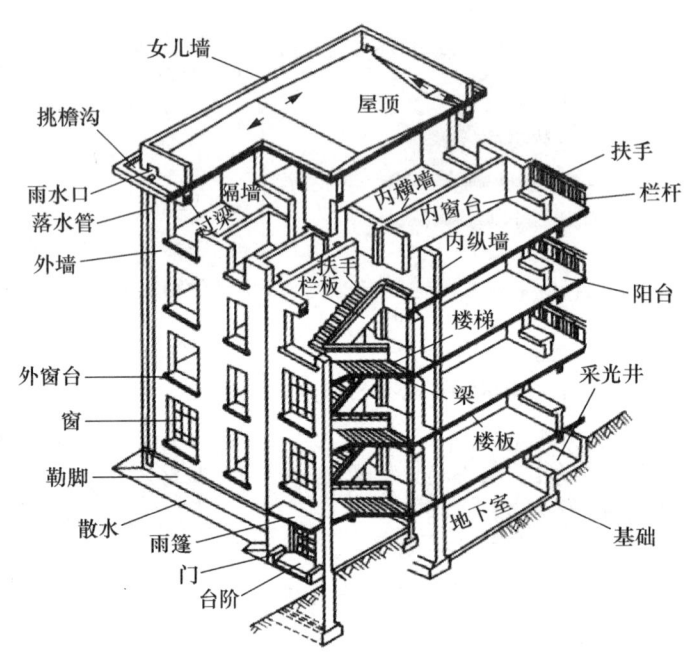

图 5-1-1　多层砌体结构建筑示意图

一、基础

砖混结构建筑基础通常有钢筋混凝土条形基础、石砌基础、砖基础。

1. 钢筋混凝土条形基础

钢筋混凝土条形基础由混凝土垫层、钢筋混凝土条形基础组成。

2. 石砌基础

石砌基础有毛石基础和料石基础。

3. 砖基础

砖基础分为两部分：上部为基础墙，下部扩大部分称为大放脚，如图 5-1-2 所示。大放脚有等高式和不等高式两种，如图 5-1-3 所示。基础墙在室内的地面标高以下一皮砖（-0.06 m）处一般设置有防潮层，当设计无具体要求时，宜用 1∶2 水泥沙浆加适量防水剂铺设，其厚度宜为 20 mm。

【温馨提示】

现介绍《建筑工人》杂志作者曹韩阳推荐的工程量计算方法。

根据设计砖基础截面的形状，见表 5-1-1 选择相应的公式计算即可。

表 5-1-1　砖基础大放脚截面面积计算公式表　　　　　（单位：m²）

类　别	放脚层数	截面面积（S）计算式
等高式	n	$S = n(4n+4)/508$
不等高式	n（偶数）	$S_{偶} = n(3n+4)/508$
	n（奇数）	$S_{奇} = n(3n-1)(n+1)/508$

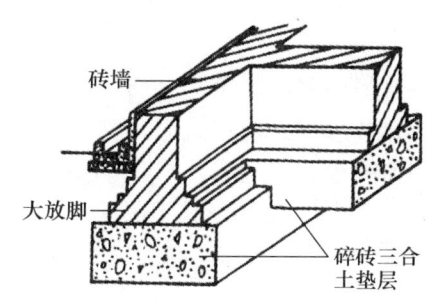

图 5-1-2　砖基础

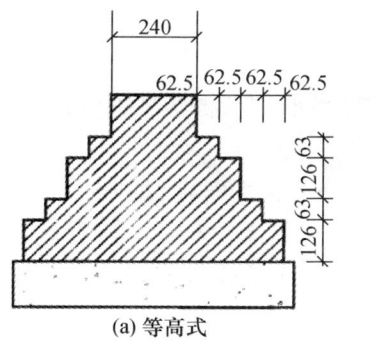
(a) 等高式

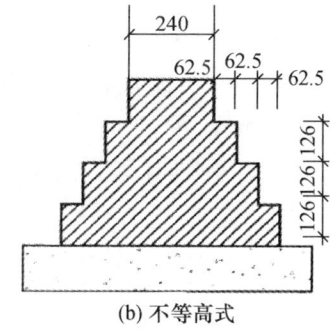
(b) 不等高式

图 5-1-3　标准砖大放脚基础

二、墙体构造

1. 墙体

按采用材料的不同，分为石墙、砖墙、土墙和混凝土墙等。

2. 过梁

常见的过梁有砖砌平拱过梁、钢筋砖过梁和钢筋混凝土过梁3种。

3. 圈梁

常见的圈梁为钢筋混凝土圈梁。

三、楼面

(1) 现浇或预制钢筋混凝土楼面。
(2) 楼地面：水泥沙浆地面或块材地面、水磨石地面。
(3) 楼梯：现浇钢筋混凝土楼梯或钢筋混凝土预制板楼梯。

四、屋面

(1) 现浇钢筋混凝土屋面或预制钢筋混凝土板屋面。
(2) 屋面防水层。
① 卷材防水层屋面或卷材防水和涂膜防水层屋面。
② 刚性防水层屋面。

五、装饰工程

(1) 外墙面采用釉面砖或水泥沙浆底彩色涂料面。
(2) 内墙面常用一般抹面，如采用石灰沙浆底、乳胶漆罩面。
(3) 门窗：木门窗、塑钢窗或铝合金门窗。

课题二　砖砌体施工

一、砖基础砌筑施工

(一) 砌筑施工准备工作

选砖：砖应边角整齐，色泽均匀。用于基础的砖，其强度等级应在 MU7.5 以上，沙浆强度等级一般应不低于 M5。

砖浇水：砖应提前 1~2 d 浇水湿润，烧结普通砖含水率宜为 10%~15%。

验槽：基础施工前，应先行验槽并将地基表面的浮土及垃圾清除干净。

设置龙门板（桩）：在主要轴线部分设置引桩控制轴线位置，并以此放出墙身轴线和基础边线。

选择砌筑方法：宜采用"三一"砌筑法，即一铲灰、一块砖、一揉压的砌筑方法。当采用铺浆法砌筑时，铺浆长度不得超过 750 mm，施工期间气温超过 30℃时，铺浆长度不得超过 500 mm。

设置皮数杆：在基础转角、交接及高低踏步处应设置皮数杆，皮数杆上标明砖皮数、灰缝厚度以及竖向构造的变化部位。皮数杆间距不应大于 15 m。在相对两皮数杆上砖上边线处拉准线。

清理：清除砌筑部位处所残存的沙浆、杂物等。

（二）砖基础大放脚的组砌形式及砌筑技术要求

砖基础的下部为大放脚、上部为基础墙。

大放脚有等高式和间隔式。等高式大放脚是每砌两皮砖，两边各收进 1/4 砖长（60 mm）；间隔式大放脚是每砌两皮砖及一皮砖，轮流两边各收进 1/4 砖长（60 mm），最下面应为两皮砖。

砖基础大放脚一般采用一顺一丁砌筑形式，即一皮顺砖与一皮丁砖相间，上下皮垂直灰缝相互错开 60 mm。大放脚的最下一皮及每层的最上一皮应以丁砌为主。砖基础的转角处、交接处，为错缝需要应加砌配砖（3/4 砖、半砖或 1/4 砖）。

【应用案例】　　　　等高式砖基础大放脚转角处分皮砌法

图 5-2-1 所示是底宽为 2 砖半等高式砖基础大放脚转角处分皮砌法。

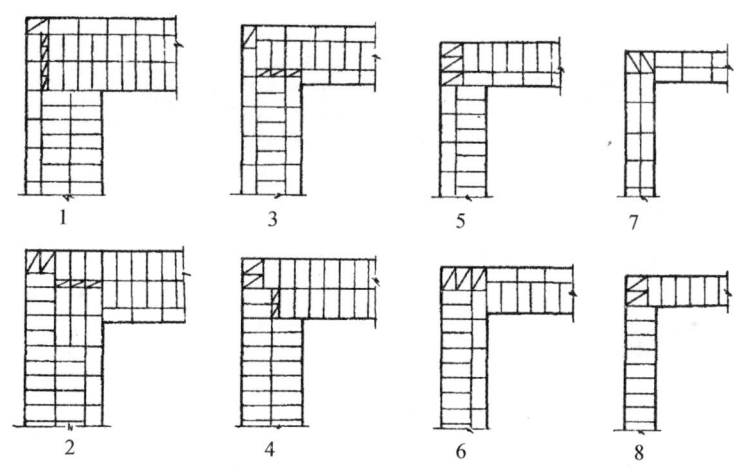

图 5-2-1　大放脚转角处分皮砌法

砖基础的水平灰缝厚度和垂直灰缝宽度宜为 10 mm。水平灰缝的沙浆饱满度不得小于 80%。

砖基础底标高不同时，应从低处砌起，并应由高处向低处搭砌，当设计无要求时，搭砌长度不应小于砖基础大放脚的高度（见图 5-2-2）。

砖基础的转角处和交接处应同时砌筑，当不能同时砌筑时，应留置斜槎。

砖基础宜用水泥沙浆砌筑。

基础墙的防潮层，当设计无具体要求，宜用 1∶2 水泥沙浆加适量防水剂铺设，其厚度宜为 20 mm。防潮层位置宜在室内地面标高以下一皮砖处。

（三）砖基础砌筑工艺流程

砖基础砌筑工艺流程，如图 5-2-3 所示。

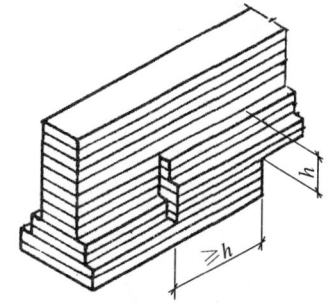

图 5-2-2　基底标高不同时，砖基础的搭砌

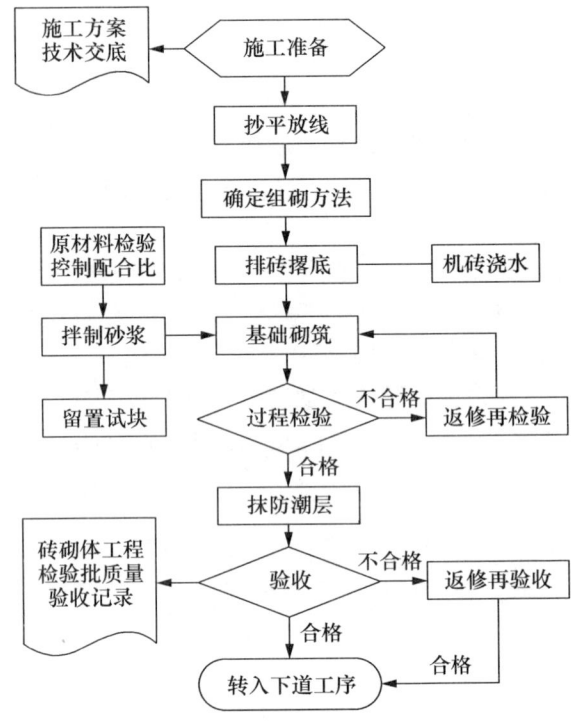

图 5-2-3 砖基础砌筑施工工艺流程

（四）砖基础砌筑操作要求

1. 抄平放线

砌筑基础前应根据皮数杆最下一层砖的标高，拉线检查基础垫层表面标高是否合适。当第一层砖的水平灰缝厚度大于 20 mm 时，应用 C10 细石混凝土找平，不得用沙浆找平处理。

根据轴线桩及图纸上标注的基础尺寸，在混凝土垫层上用墨线弹出轴线和基础边线；砌筑基础前，应校核放线尺寸，允许偏差应符合表 5-2-1 的规定。

表 5-2-1 放线尺寸的允许偏差

长度 L、宽度 B/m	允许偏差/mm	长度 L、宽度 B/m	允许偏差/mm
L（或 B）≤30	±5	60＜L（或 B）≤90	±15
30＜L（或 B）≤60	±10	L（或 B）＞90	±20

2. 确定组砌方法

组砌方法应正确，一般采用满丁满条，里外咬槎，上下层错缝，采用"三一"砌砖法（即一铲灰，一块砖，一挤揉），严禁用水冲沙浆灌缝的方法。

3. 排砖摆底

（1）基础大放脚的摆底尺寸及收退方法必须符合设计图纸规定，如一层一退，里外均应砌丁砖；如二层一退，第一层为条砖，第二层砌丁砖。

（2）大放脚的转角处、交接处，为错缝需要加砌七分头，其数量为一砖厚墙放两块，一砖半厚墙放三块，二砖墙放四块，以此类推。

4. 基础砌筑

（1）砌筑前，砖应提前1～2 d浇水湿润；基础垫层表面应清扫干净，洒水湿润。

（2）砌筑时，先盘基础角，每次盘角高度不应超过五层砖，随盘随靠平、吊直；采用"三一"砌砖法砌筑。

（3）砌至大放脚上部时，要拉线检查轴线及边线，保证基础墙身位置正确。同时，还要对照皮数杆的砖层及标高；如有偏差时，应在基础墙水平灰缝中逐渐调整，使墙的层数与皮数杆一致。

（4）砌基础墙应挂线，240 mm墙反手挂线，370 mm以上墙应双面挂线；竖向灰缝不得出现透明缝、瞎缝和假缝。

（5）基础底标高不同时，应从低处砌起，并应由高处向低处搭砌。当设计无要求时，搭接长度L不应小于基础底的高差H，搭接长度范围内下层基础应扩大砌筑。

砖砌大放脚通常采用一顺一丁砌筑方式，最下一皮砖以丁砌为主。水平灰缝和竖向灰缝的厚度应控制在10 mm左右，沙浆饱满度不得小于80%，错缝搭接，在丁字及十字接头处要隔皮砌通。

5. 抹防潮层

将墙顶活动砖重新砌好，清扫干净，浇水湿润，随即抹防水沙浆。一般厚度为15～20 mm，防水粉掺量为水泥重量的3%～5%。

基础砌筑完成验收合格后，应及时回填。回填土要在基础两侧同时进行，并分层夯实，压实系数应符合设计要求。

【建筑字典】

瞎缝：砌体中相邻块体间无砌筑沙浆，又彼此接触的水平缝或竖向缝。

假缝：为掩盖砌体灰缝内在质量缺陷，砌筑砌体时仅在靠近砌体表面处抹有沙浆，而内部无沙浆的竖向灰缝。

通缝：砌体中上下皮块体搭接长度小于规定数值的竖向灰缝。

（五）砖基础施工质量要求

1. 材料质量控制要点

（1）砖质量控制

① 砖进场后应按规定及时抽样复检。

② 砖的品种、强度等级必须符合设计要求。

③ 砖应提前1～2 d浇水湿润。

④ 施工中若用水泥沙浆代替水泥混合沙浆，应考虑砌体强度的降低，重新确定沙浆强度等级，并按此设计配合比。

（2）沙浆质量控制

① 严格按规范、设计要求施工。

② 严把材料质量关。

③ 严把材料计量关。

④ 砌筑沙浆必须用机械搅拌，严格控制搅拌加料顺序和搅拌时间。

⑤ 沙浆必须随拌随用，严禁使用落地沙浆和隔日沙浆。

⑥ 严禁干砖砌筑基础，严格控制沙浆饱满度。

⑦ 沙浆搅拌完成后应在一定的使用时限内用完。水泥（混合）沙浆的使用时限一般为3 h，夏季高温时节为2 h（30℃）。

⑧ 砌筑沙浆试块强度验收时，其强度必须符合合格标准。

⑨ 每一检验批且不超过250 m^3 砌体的各种类型及强度等级的砌筑沙浆，每台搅拌机至少抽检一次。

2. 砖基础的施工质量标准

（1）砖的品种、强度等级必须符合设计要求。

（2）沙浆品种应符合设计要求。

（3）砌体沙浆必须密实饱满，实心砖砌体水平灰缝的沙浆饱满度不少于80%。

（4）砖基础尺寸、位置的允许偏差及检验方法应符合表5-2-2规定的要求。

表5-2-2 砖砌体位置及垂直度的允许偏差及检验方法

序号	项 目			允许偏差/mm	检验方法	抽检数量
1	轴线位移			10	用经纬仪和尺或用其他测量仪器检查	承重墙、柱全数检查
2	基础顶面标高			±15	用水准仪和尺检查	不应小于5处
3	墙面垂直度	每层		5	用2 m托线板检查	不应小于5处
		全高	≤10 m	10	用经纬仪、吊线和尺或其他测量仪器检查	外墙全部阳角
			>10 m	20		

检查数量：垂直度检查阳角，不应少于5处；基础顶面标高抽检数量不应少于5处。

（六）施工安全技术

（1）砌筑操作前必须检查操作环境是否符合安全要求，道路是否畅通，机具是否完好牢固，安全设施和防护用品是否齐全，经检查符合要求后方可施工。

（2）砌基础时，应检查和经常注意基槽（坑）土质的变化情况。

二、砖墙砌筑施工

（一）施工流程

砌体结构主体工程的施工流程如下。

基础顶面抄平、放线→立皮数杆→砌筑第一层墙体（包括安装过梁等预制构件）→吊装或浇筑楼板→砌筑第二层墙体（逐层向上砌筑墙体）→吊装或浇筑屋面板→屋面和卫生间防水工程施工→装饰工程施工。

砌体结构施工的主导工程为砌筑工程。

(二) 砖砌体工程施工

1. 砌筑前的准备工作

（1）主要材料准备

① 材料的制备。根据施工进度安排，按设计和配合比制备好满足数量和技术性能要求的沙浆。提前购进砌筑所用的砖材。并对所有进场材料组织检验验收。

② 材料的处理。砌筑砖砌体时，砖应提前1～2 d浇水湿润。对烧结普通砖、多孔砖含水率宜为10%～15%；对灰沙砖、粉煤灰砖含水率宜为8%～12%。现场检验砖含水率的简易方法采用断砖法，当砖截面四周融水深度为15～20 mm时，视为符合要求的适宜含水率。

③ 材料的运输。材料准备好后通过一定的方式运输到施工作业地点，以便进行砌筑作业。材料的运输应满足作业高峰期使用材料量的要求。

材料运输方式分为水平运输与垂直运输。运输机具不同材料的运输方式也不同。砌筑工程常采用的机具有手推车、塔吊、井架、施工电梯、龙门架、灰浆泵等。施工前应根据工程材料的需用量和机具设备的技术性、经济性对机具进行合理的选用。

（2）安装脚手架

一般砌筑高度在1.2～1.4 m以上时，即需要安装脚手架以便施工。脚手架应根据施工进度随砌随搭。外脚手架必须按脚手架专项施工方案搭设并经检查验收符合安全及使用要求。

（3）施工机具的准备

常用机具有瓦工工具、共用工具、检测工具、搅拌和运输机械。

① 瓦工工具：瓦刀、灰桶。

② 共用工具：沙筛、手推车、铁铲、皮数杆。

③ 检测工具：钢卷尺、线坠、靠尺、水平尺、准线、百格网。

④ 搅拌和运输机械：搅拌机、塔吊、井架、施工电梯、龙门架、灰浆泵。

砌筑前应按施工组织设计的要求组织相应的机具进场、安装、调试。大型施工机械，如塔吊、井架、施工电梯、龙门架、灰浆泵等应由具有资质的专业公司、人员进行装拆。

（4）技术准备

① 编制施工方案。分部工程施工前应编制施工方案，它是指导分部工程施工的核心文件，应按实际情况，编制切实可行的方案。其中最主要的内容是施工技术措施，应有针对性和可操作性。

② 编制技术交底、安全交底文件。分项工程施工前由技术负责人向岗位管理人员进行交底。各岗位管理人员结合各作业班组的任务情况向班组长或全体成员进行书面交底。书面交底上应有相关人员签字。

交底的内容主要有：工作内容及工程质量要求，工期目标，具体方法措施，注意事项，分工安排，交接班制度，安全技术措施等项。

（5）现场准备

① 办完地基、基础工程隐蔽验收手续。

② 按标高抹好水泥沙浆防潮层。

③ 弹好轴线、墙身线及检查线，根据进场砖的实际规格尺寸，弹出门窗洞口位置线，经验线符合设计要求，办完验收手续。

④ 按设计标高要求立好皮数杆，皮数杆的间距为 15～20 m，或每道墙的两端。

⑤ 有沙浆配合比通知单，准备好沙浆试模（6 块为一组）。

2. 砌体的组砌形式

为了保证砌体的强度，砌体在砌筑时必须按一定型式进行。常用的组砌形式有一顺一丁、三顺一丁、梅花丁、两平一侧、全顺式、全丁式，见图 5-2-4。

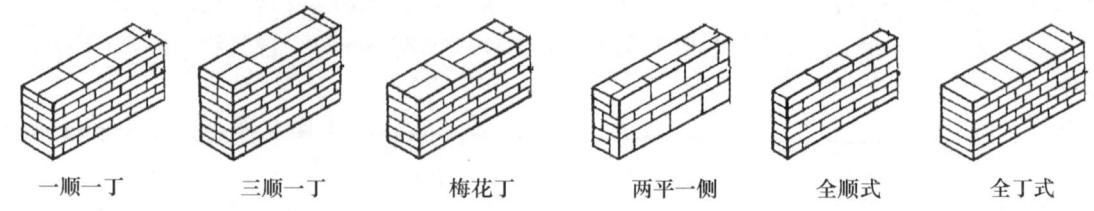

图 5-2-4　砌体的组砌形式

（1）一顺一丁

由一皮顺砖与一皮丁砖相互交错砌筑而成，上下皮间的竖缝相互错开 1/4 砖长，见图 5-2-5。适合砌一砖及一砖以上厚的墙。

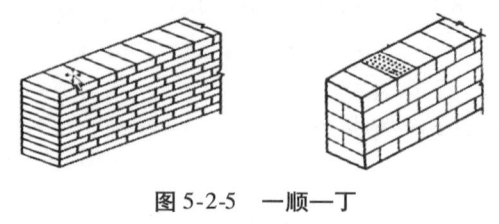

图 5-2-5　一顺一丁

这种砌法各皮间错缝搭接牢靠，墙体整体性较好，操作中变化小，易于掌握，砌筑时墙面也容易控制平直。但竖缝不易对齐，在墙的转角，丁字接头，门窗洞口等处都要砍砖，因此砌筑效率受到一定限制。这种砌法在砌筑中采用较多。

一砖厚承重墙的每层墙的最上一皮砖、砖墙的台阶水平面上及挑出层，应整砖丁砌，砖墙的转角处、交接处，为错缝需要加砌配砖。

【应用案例】　　砖墙的转角处、交接处分皮砌法

图 5-2-6 所示是一砖厚墙一顺一丁转角处分皮砌法，配砖为 3/4 砖，位于墙外角。

图 5-2-7 所示是一砖厚墙一顺一丁交接处分皮砌法，配砖为 3/4 砖，位于墙交接处外面，仅在丁砌层设置。

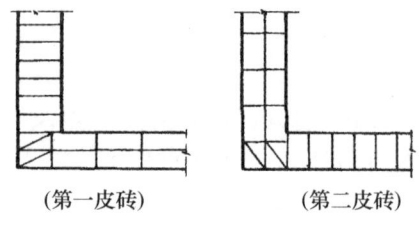

图 5-2-6　一砖墙一顺一丁转角处分皮砌法
（配砖为 3/4 砖）

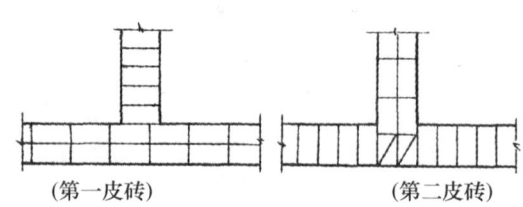

图 5-2-7　一砖墙一顺一丁交接处分皮砌法

（2）三顺一丁

由三皮顺砖与一皮顶砖相互交错叠砌而成，上下皮顺砖搭接为 1/2 砖长，见图 5-2-8。

适合砌一砖及一砖以上厚的墙。

这种砌法出面砖较少，同时在墙的转角、丁字与十字接头、门窗洞口处砍砖较少，故可提高工效。但由于顺砖层较多反面墙面的平整度不易控制，当砖较湿或沙浆较稀时，顺砖层不易砌平且容易向外挤出，影响质量。这种墙体的抗压强度接近一顺一丁砌法，受拉受剪力学性能均较一顺一丁砌法强。

图 5-2-8　三顺一丁

（3）梅花丁

在同一皮砖层内一块顺砖一块丁砖间隔砌筑（转角处不受此限），上下两皮间竖缝错开 1/4 砖长，顶砖位于顺砖的中间，见图 5-2-9。适合砌一砖厚墙。

该砌法内外竖缝每皮都能错开，故抗压整体性较好，墙面容易控制平整，竖缝易于对齐，特别是当砖长、宽比例出现差异时竖缝易控制，外形整齐美观。但操作时容易搞错，比较费工，抗拉强度不如"三顺一丁"。

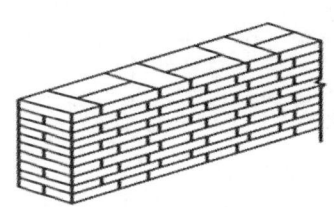 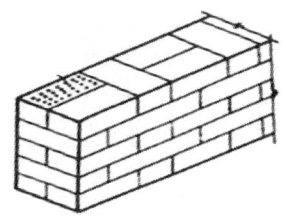

图 5-2-9　梅花丁

（4）两平一侧

两皮平砌的顺砖旁砌一皮侧砖。两平砌层间竖缝应错开 1/2 砖长，平砌层与侧砌层间竖缝可错开 1/4 或 1/2 砖长。适合砌 3/4 砖厚（180 mm 或 300 mm）墙。

此种砌法比较费工，墙体的抗震性能较差，但能节约用砖量。

（5）全顺式

每皮砖全部用顺砖砌筑，两皮间竖缝搭接 1/2 砖长。此法仅用于半砖隔断墙。

（6）全丁式

每皮全部用丁砖砌筑，两皮间竖缝搭接为 1/4 砖长。一般多用于圆形建筑物，如水塔、烟囱、水池、圆仓等。

严寒地区有空斗墙、双层砖墙的砌法，但因较为少见，所以在此不做介绍。

3．砌体的砌筑方法

砌体的砌筑方法有"三一"砌砖法、铺浆法、刮浆法和满口灰法。其中，"三一"砌砖法和挤浆法最为常用。

（1）"三一"砌砖法：即一铲灰、一块砖、一挤揉，并随手将挤出的沙浆刮去的砌筑方法。操作时砖块要放平，跟线。

优点：灰缝易饱满，黏结力好，能保证砌筑质量。缺点：劳动强度大，影响砌筑效率。实心砖砌体宜采用"三一"砌砖法。

（2）铺浆法：即先用砖刀或灰铲在墙上铺 500～750 mm 长的沙浆，用砖刀调整好沙浆的厚度，再将砖沿沙浆面向接口处推进并揉压，使竖向灰缝有 2/3 高的沙浆，再用砖刀将砖调平。

优点：可以连续挤砌几块砖，减少烦琐的动作。平推平挤可使灰缝饱满，效率高，保证砌筑质量。铺浆长度不宜超过 750 mm，施工期间气温超过 30℃时，铺浆长度不宜超过 500 mm。要求沙浆的和易性一定要好。

4. 砖墙砌筑工艺流程

砖墙砌筑工艺流程，如图 5-2-10 所示。

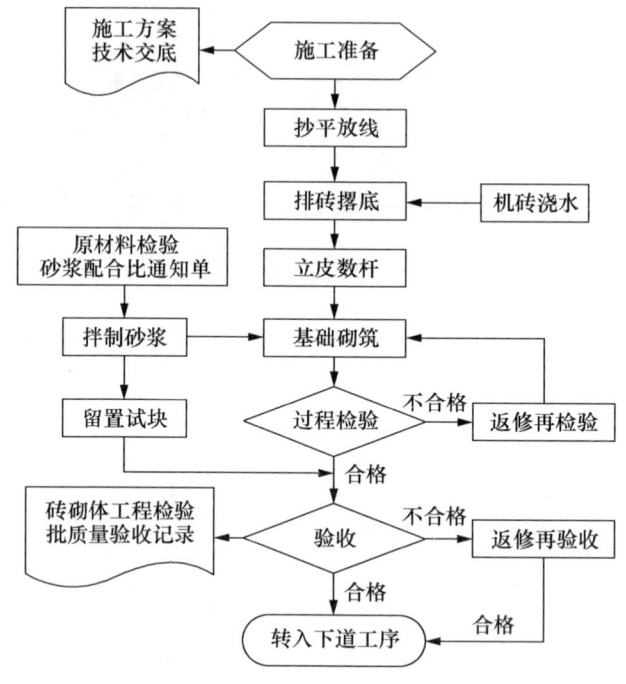

图 5-2-10　砖墙砌筑工艺流程

5. 砖墙砌筑操作要求

（1）抄平、放线

① 抄平。砌筑前，先在砌筑面上根据控制水准点定出结构标高位置。

二层以下用水准仪确定，二层以上采用钢尺从底层向上一层传递。如果实际标高与设计有偏差则需进行处理：厚度在不大于 20 mm 时用 1∶3 水泥沙浆，厚度在大于 20 mm 时一般用 C15 细石混凝土找平。砌体砌筑时，当每层砌体砌到约 1.2 m 高度时，应随即用水准仪在墙内进行抄平。即在所有墙体内侧弹出该层结构标高加 0.5 m 的标高线（现场称为结构五零线）。其作用为控制该层砌体的砌筑高度及放置门、窗过梁高度的依据。结构 500 mm 水平线放出后应在同一水平面，如不在同一水平面则称为不能交圈，即应对水平线进行检查校核。

② 放线。砌筑面标高调整好后，还应在砌筑面放出砌体的边线。如果砌体中有形状的变化如门窗洞口等，其位置线也应在砌筑面放出。

建筑物底层砌体可按龙门板上轴线定位将砌体中心轴线放到基础面上，根据控制轴线，弹出纵横砌体中心线与边线，定出门洞口位置。

二层以上砌体借助于经纬仪把砌体中心轴线引测到楼层上去，或用线锤对准外墙面上的中心轴线，向上引测，如图 5-2-11 与图 5-2-12 所示。

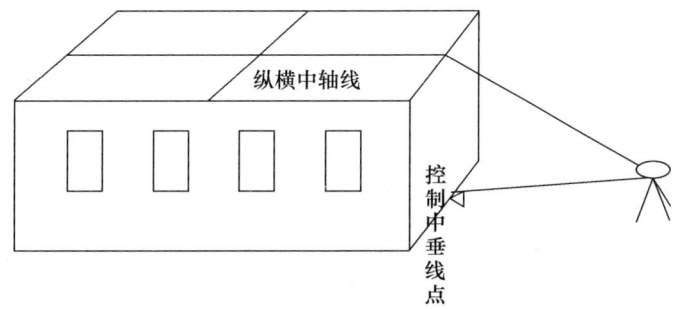

图 5-2-11　经纬仪引测轴线

（2）摆砖摸底

摆砖是指在放线的楼面上按选定的组砌方式用干砖试摆，砖与砖之间留出 10 mm 竖向灰缝宽度。摆砖的目的是为了核对所放的墨线在门窗洞口、附墙垛等处是否符合砖的模数，以尽可能减少砍砖。摆砖应尽量使门窗间墙符合砖的模数，偏差小时可通过竖缝调整或将门窗口位置适当调整，以减小砍砖数量并保证砖及砖缝排列整齐、均匀，提高砌砖效率。摆砖应从一端向另一端有序摆排。尽量避免连续两皮砖都有七分头。

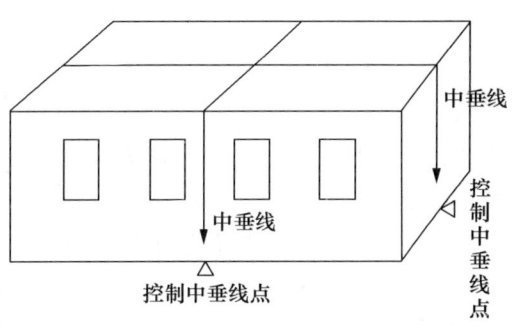

图 5-2-12　锤球法引测轴线

砖砌体的组砌要求是上下错缝、内外搭接，以保证砌体的整体性。

【应用案例】　　　　砖墙交接处的摆砖组砌方式

砖墙交接处的摆砖组砌方式，如图 5-2-13 所示。

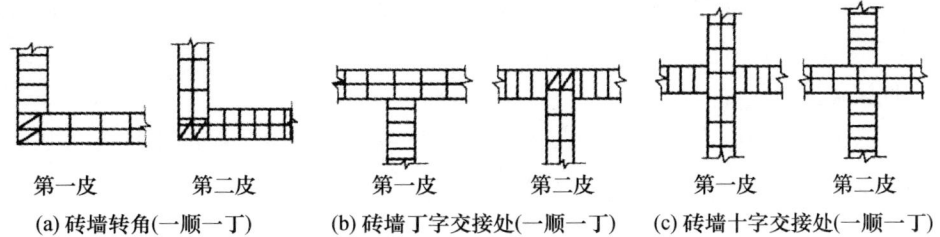

| 第一皮 | 第二皮 | 第一皮 | 第二皮 | 第一皮 | 第二皮 |
(a) 砖墙转角(一顺一丁)　(b) 砖墙丁字交接处(一顺一丁)　(c) 砖墙十字交接处(一顺一丁)

图 5-2-13　砖墙交接处的摆砖组砌方式

常用 240 厚砖墙的组砌方式有一顺一丁和梅花丁，如图 5-2-14 所示。

（3）立皮数杆

皮数杆是木制的标杆（见图 5-2-15），上面划有每皮砖和灰缝的厚度，以及门窗洞、过梁、楼板底面等标高。一般可用 50 mm×50 mm 的方木制作，长度大于一个楼层高。

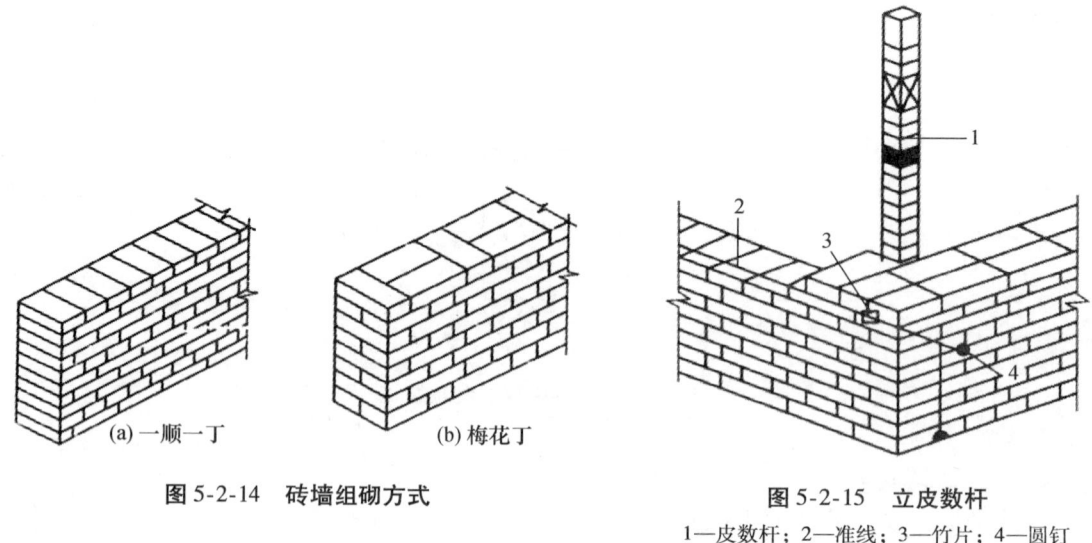

图 5-2-14 砖墙组砌方式
(a) 一顺一丁　(b) 梅花丁

图 5-2-15 立皮数杆
1—皮数杆；2—准线；3—竹片；4—圆钉

皮数杆是在砌筑时用来控制墙体竖向尺寸及各部位构件的竖向标高，并保证灰缝厚度的均匀性。

砌筑前立于墙的转角、纵横墙交接处。如墙的长度很大（≥20 m），可每隔10～15 m再立一根。皮数杆基准标高用水准仪校正，使皮数杆上的±0.000与建筑物的±0.000相吻合，以后即可以向上接皮数杆，皮数杆标高校正好后，应进行固定。可用卡子或铁钉固定在地面的预埋件上或墙上。

（4）盘角、挂线

砌体角部是控制砌体横平竖直的主要依据。砌墙角即为盘角，砌筑时，一般先砌砌体两端大角，然后再砌中间部位。墙角砖层高度必须与皮数杆相符合，做到"三皮一吊，五皮一靠"。墙角必须双向垂直。

大角砌好后即进行挂线。将准线挂在大角的每一层砖的灰缝中，准线应固定拉紧。两个大角之间的砌体砌筑即以此准线进行控制灰缝平直。一砖、一砖半墙可用单面挂线，一砖半墙以上采用双面挂线。

（5）铺灰砌砖

砌筑操作各地采用的方法有所不同，但都应遵循操作规程，保证质量符合验收规范的要求。通常采用"三一"砌砖法。砌筑过程中应三皮一吊、五皮一靠，以保证墙面垂直平整。

（6）勾缝、清理

清水墙砌完后，要进行墙面修正及勾缝，这是清水墙的最后一道工艺。勾缝作用在于保护墙面、增加墙面的美观。混水墙不做勾缝的要求。

勾缝方法有原浆勾缝和加浆勾缝。原浆勾缝：使用砌筑沙浆随砌随勾缝。加浆勾缝：砌筑完成后用1∶1.5水泥沙浆或加色浆勾缝。

勾缝时应先将墙面黏结的沙浆及污物清刷干净，然后浇水冲洗湿润。灰缝可勾成凹、平、斜或凸形状。勾缝形状、深度应符合设计要求。深度无设计要求时，一般可控制在4～5 mm为宜。

勾缝或砌筑完成后,应全面清扫墙面、柱面和清理落地灰。

6. 砖墙砌筑的技术要求

(1) 砌筑前,应将砌筑部位清理干净,放出墙身中心线及边线,浇水湿润。

(2) 全部砖墙应平行砌起,砖层必须水平,基础和每楼层砌完后必须校对一次水平、轴线和标高,在允许偏差范围内,其偏差值应在基础或楼板顶面调整。

(3) 砖墙的水平灰缝和竖向灰缝宽度一般为 10 mm,但不小于 8 mm,也不应大于 12 mm。水平灰缝的沙浆饱满度不得低于 80%,竖向灰缝宜采用挤浆或加浆方法,使其沙浆饱满,严禁用水冲浆灌缝。

(4) 砖墙的转角处和交接处应同时砌筑。对不能同时砌筑而又必须留槎时,应砌成斜槎,斜槎长度不应小于高度的 2/3(见图 5-2-16)。非抗震设防及抗震设防强度为 6°、7° 地区的临时间断处,当不能留斜槎时,除转角处外,可留直槎,但必须做成凸槎,并加设拉结筋。拉结筋的数量为每 120 mm 墙厚放置 1φ6 拉结钢筋(半砖墙应放置 2φ6 拉结钢筋),间距沿墙高不应超过 500 mm;埋入长度从留槎处算起每边均不应小于 500 mm,对抗震设防烈度为 6°、7° 的地区,不应小于 1000 mm;末端应有 90° 弯钩(见图 5-2-17)。抗震设防地区不得留直槎。

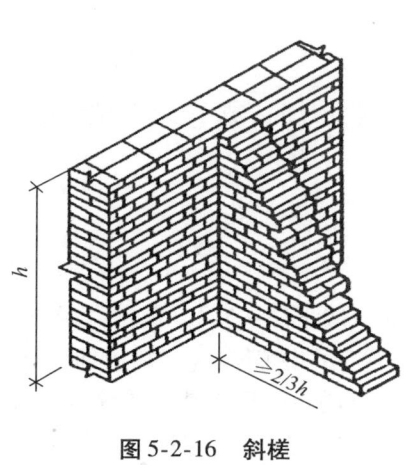

图 5-2-16 斜槎

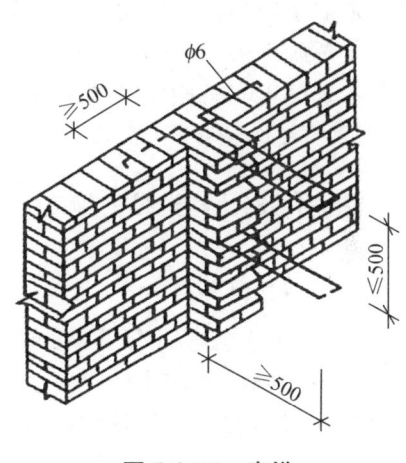

图 5-2-17 直槎

(5) 隔墙与承重墙如不同时砌筑而又不留成斜槎时,可于承重墙中引出阳槎,并在其灰缝中预埋拉结筋,其构造与上述相同,但每道不少于 2 根。抗震设防地区的隔墙,除应留阳槎外,还应设置拉结筋。

(6) 砖墙接槎时,必须将接槎处的表面清理干净,浇水润湿,并应填实沙浆,保持灰缝平直。

(7) 每层承重墙的最上一皮砖、梁或梁垫的下面及挑檐、腰线等处,应是整砖丁砌。填充墙砌至接近梁、板底时,应留一定空隙,待填充墙砌筑完并至少间隔 14 d 后,再将其补砌挤紧。

(8) 砖墙中留置临时施工洞口时,其侧边离交接处的墙面不应小于 500 mm,洞口净宽度不应超过 1 m。

(9) 砖墙相邻工作段的高度差,不得超过一个楼层的高度,也不宜大于 4 m。工作段的分段位置应设在伸缩缝、沉降缝、防震缝或门窗洞口处。砖墙临时间断处的高度差，不得超过一步脚手架的高度。

（10）在下列墙体部位不得留设脚手眼：

① 120 mm 厚墙、清水墙、料石墙、独立柱和附墙柱；

② 过梁上与过梁成 60°角的三角形范围及过梁净跨度 1/2 的高度范围内；

③ 宽度小于 1 m 的窗间墙。

④ 砌体门窗洞口两侧 200 mm（石砌体为 300 mm）和转角处 450 mm（石砌体为 600 mm）范围内；

⑤ 梁或梁垫下及其左右 500 mm 范围内；

⑥ 设计不允许设置脚手眼的部位。

7. 砖砌体的一般要求

（1）砖砌体施工的原材料符合质量要求。

（2）砖砌体的砌筑质量良好，做到灰缝横平竖直、沙浆饱满、厚薄均匀，上下错缝、内外搭砌、接槎可靠、墙面垂直。质量应符合《砌体工程施工质量验收规范》GB 50203 的要求。

（3）采取措施预防不均匀沉降、温度等引起的裂缝。

（4）注意施工中墙柱的稳定性。

（5）冬季施工应有相应的技术措施。

（6）正常施工条件下，砖砌体每天砌筑高度宜控制在 1.5 m 或一步脚手架高度内。

（三）钢筋混凝土构造柱的施工

1. 构造柱的一般构造要求

构造柱截面尺寸不应小于 240 mm × 180 mm，主筋一般采用 4φ12，钢箍直径 φ6，间距不大于 250 mm。砖墙与构造柱应沿墙高每隔 500 mm 设 2φ6 钢筋连接，每边伸入墙内不少于 1 m（见图 5-2-18）。当设计抗震烈度为 8°、9°时，主筋宜采用 4φ14，钢箍直径 φ6，间距不大于 200 mm。构造柱与圈梁连接处，构造柱纵筋应穿过圈梁，保证纵筋上下贯通。

砖墙与构造柱相接处应砌成马牙槎，每个马牙槎沿高度方向的尺寸不宜超过 300 mm（或 5 皮砖高）。每个楼层面开始马牙槎应先退后进。

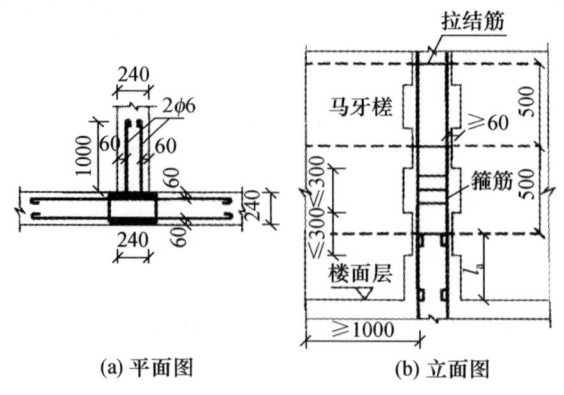

图 5-2-18　砖墙与构造柱连接

2. 施工要点

（1）施工顺序为先绑扎钢筋，而后砌砖墙，最后浇筑混凝土。

支模前将构造柱、圈梁及板缝处杂物全部清理干净。支完模板后，应保持模内清洁，防止掉入砖头、石子、木屑等杂物。

构造柱模板，可采用木模板或定型组合钢模板分层支设。模板必须与砖墙面严密贴紧，支撑牢靠，堵塞缝隙，防止漏浆。

构造柱竖向受力钢筋与基础圈梁的锚固长度不应小于35倍竖向受力钢筋直径。竖向受力钢筋接长可采用绑扎搭接，搭接长度一般为35倍钢筋直径，接头区段内箍筋间距不应大于200 mm。绑扎时箍筋间距准确，与纵筋垂直，绑扎牢靠。预留的拉结钢筋应位置正确，施工中不得任意弯折。

（2）钢筋绑扎完毕，应办好隐蔽验收手续。

（3）浇注混凝土前必须将砖墙和模板浇水湿润，将模板内杂物清理干净。并在结合面处注入10～20 mm厚与构造柱混凝土相同的减石子水泥沙浆。浇筑可分段进行，但一般每一楼层一次浇筑完成。振捣时宜用插入式振动器，分层捣实。振动棒应避免直接触碰钢筋和砖墙，严禁通过墙体传振以免使墙体裂缝和鼓肚。

（四）过梁施工

1. 一般构造

洞口跨度在1.2～2 m时，洞口顶部可设置钢筋砖过梁（见图5-2-19）；钢筋直径不应小于5 mm。可按每一砖厚墙配2～3ϕ6钢筋，放置在第一皮砖下的沙浆层内，沙浆层厚度不宜小于30 mm（亦可在第一皮砖和第二皮砖之间）。钢筋间距不宜大于120 mm，钢筋两端伸入墙体内的长度不宜小于250 mm，并有向上的90°弯钩。在相当于1/4跨度的高度范围内（5～7皮砖）砌体用强度不低于M5.0的沙浆砌筑。

洞口跨度在2 m以上时，必须采用预制钢筋混凝土过梁；宽与墙厚相同，高度应与砖的皮数相适应，常为60 mm、120 mm、180 mm、240 mm。

工程中具体采用何种过梁，应根据设计要求选用。在目前的工程中，以预制钢筋混凝土过梁最常见，钢筋砖过梁已较少见。

2. 钢筋砖过梁砌筑施工

钢筋砖过梁砌筑前，应先支设模板，模板面与墙顶相平，模板中间应有1%的起拱。砌筑时先铺

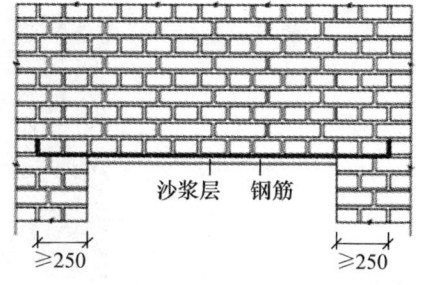

图 5-2-19 钢筋砖过梁图

15 mm厚的沙浆层，把钢筋放在沙浆层上，使其弯钩向上，然后再铺15 mm沙浆层即使钢筋位于沙浆层中间，钢筋上下各有不小于2 mm厚的沙浆保护层。再按墙体砌筑形式与墙体同时砌砖，纵向钢筋下面的一皮砖宜采用丁砌。过梁底部的模板，应在沙浆强度不低于设计强度50%时，方可拆除。

3. 预制钢筋混凝土过梁施工

预制钢筋混凝土过梁需要在施工前按设计要求预制好。通常在施工现场预制，或委托预制构件厂制作。砌筑到过梁的位置时，则将过梁安放在相应的位置即可。过梁下一定要坐浆。

（五）砖平拱

砖平拱应用整砖侧砌，平拱高度不小于砖长（240 mm）。

砖平拱的拱脚下面应伸入墙内不小于 20 mm。

砖平拱砌筑时，应在其底部支设模板，模板中央应有 1% 的起拱。

砖平拱的砖数应为单数。砌筑时应从平拱两端同时向中间进行。

砖平拱的灰缝应砌成楔形。灰缝的宽度，在平拱的底面不应小于 5 mm，在平拱的顶面不应大于 15 mm（见图 5-2-20）。

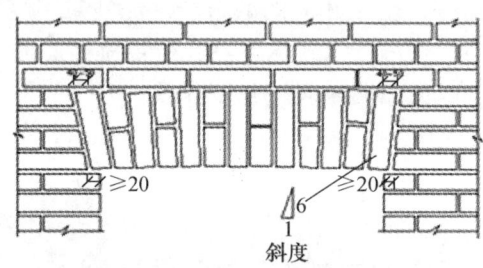

图 5-2-20　砖平拱

砖平拱底部的模板，应在沙浆强度不低于设计强度 50% 时，方可拆除。

砖平拱截面计算高度内的沙浆强度等级不宜低于 M5。

砖平拱的跨度不得超过 1.2 m。

（六）砖砌体施工质量要求及检验标准

1. 砌筑工程质量要求

横平竖直，沙浆饱满，厚薄均匀，上下错缝，内外搭砌，接槎牢固。

2. 烧结普通砖砌体质量标准

烧结普通砖砌体的质量分为合格与不合格两个等级。

烧结普通砖砌体质量合格应达到以下规定：

（1）主控项目应全部符合规定；

（2）一般项目应有80%及以上的抽检处符合规定，或偏差值在允许偏差范围以内。达不到上述规定，则为质量不合格。

3. 烧结普通砖砌体的主控项目

（1）砖和沙浆的强度等级必须符合设计要求。

抽检数量：每一生产厂家，烧结普通砖、混凝土实心砖每15万块，烧结多孔砖、混凝土多孔砖、灰沙砖和粉煤灰砖每10万块为一验收批，不足上述数量时按一批计，抽检数量为一组。沙浆试块每一检验批且不超过250 m³砌体的各种类型及强度等级的砌筑沙浆，每台搅拌机应至少抽检一次。

检验方法：查砖和沙浆试块试验报告。

（2）砌体水平灰缝的沙浆饱满度不得小于80%。砖柱水平灰缝和竖向灰缝的沙浆饱满度不得小于90%。

抽检数量：每检验批抽查不应少于5处。

检验方法：用百格网检查砖底面与沙浆的黏结痕迹面积。每处检测3块砖，取其平均值。

（3）砖砌体的转角处和交接处应同时砌筑，严禁无可靠措施的内外墙分砌施工。对不能同时砌筑而又必须留置的临时间断处应砌成斜槎，普通砖砌体斜槎水平投影长度不应小于高度的2/3。多孔砖砌体的斜槎水平投影长度不应小于高度的1/2。斜槎高度不得超过一步脚手架的高度，见图5-2-16。

抽检数量：每检验批抽查不应少于5处。

检验方法：观察检查。

（4）非抗震设防及抗震设防烈度为6°、7°地区的临时间断处，当不能留斜槎时，除转角处外，可留直槎，但直槎必须做成凸槎。留直槎处应加设拉结钢筋，拉结钢筋的数量为每120 mm墙厚放置1φ6拉结钢筋（120 mm厚墙放置2φ6拉结钢筋），间距沿墙高不应超过500 mm且竖向间距偏差不应超过100 mm；埋入长度从留槎处算起每边均不应小于500 mm，对抗震设防烈度6°、7°的地区，不应小于1000 mm；末端应有90°弯钩（见图5-2-17）。

抽检数量：每检验批抽查不应少于5处。

检验方法：观察和尺量检查。

合格标准：留槎正确，拉结钢筋设置数量、直径正确，竖向间距偏差不超过100 mm，留置长度基本符合规定。

4. 烧结普通砖砌体一般项目

（1）砖砌体组砌方法应正确，上、下错缝，内外搭砌，砖柱不得采用包心砌法。

抽检数量：每检验批抽查不应少于5处。

检验方法：观察检查。砌体组砌方法抽检每处应为3～5 m。

合格标准：除符合本条要求外，清水墙、窗间墙应无通缝；混水墙中长度大于或等于300 mm的通缝每间不超过3处，且不得位于同一面墙体上。

（2）砖砌体的灰缝应横平竖直，厚薄均匀。水平灰缝厚度宜为10 mm，但不应小于

8 mm，也不应大于 12 mm。

抽检数量：每检验批抽查不应少于 5 处。

检验方法：水平灰缝厚度用尺量 10 皮砖砌体高度折算。竖向灰缝用尺量 2 m 砌体长度折算。

（3）普通砖砌体的一般尺寸、位置允许偏差应符合表 5-2-3 的规定。

表 5-2-3　砖砌体尺寸、位置的允许偏差及检验方法

序号	项目		允许偏差/mm	检验方法	抽检数量
1	轴线位移		10	用经纬仪和尺或用其他测量仪器检查	承重墙、柱全部检查
2	基础、墙、柱顶面标高		±15	用水准仪和尺检查	不应小于 5 处
3	墙面垂直度	每层	5	用 2 m 托线板检查	不应小于 5 处
		全高 ≤10 m	10	用经纬仪、吊线和尺或其他测量仪器检查	外墙全部阳角
		全高 >10 m	20		
4	表面平整度	清水墙、柱	5	用 2 m 靠尺和楔形塞尺检查	不应小于 5 处
		混水墙、柱	8		
5	水平灰缝平直度	清水墙	7	拉 5 m 线和尺检查	不应小于 5 处
		混水墙	10		
6	外墙下窗口偏移		20	以底层窗口为准，用经纬仪或吊线检查	不应小于 5 处
7	清水墙游丁走缝		20	以每层第一皮砖为准，用吊线和尺检查	不应小于 5 处

三、砖柱和砖垛施工

（一）砖柱施工

砖柱应选用整砖砌筑。

砖柱断面宜为方形或矩形，最小断面尺寸为 240 mm × 365 mm。

砖柱砌筑应保证砖柱外表面上下皮垂直灰缝相互错开 1/4 砖长，砖柱内部少通缝，为错缝需要应加砌配砖，不得采用包心砌法。

成排同断面砖柱，宜先砌成那两端的砖柱，以此为准，拉准线砌中间部分砖柱，这样可保证各砖柱皮数相同，水平灰缝厚度相同。

砖柱中不得留脚手眼。

正常施工条件下，砖柱每日砌筑高度宜控制在 1.5 m 或一步脚手架高度内。

【应用案例】 砖柱分皮砌法

图 5-2-21 所示是几种断面的砖柱分皮砌法。

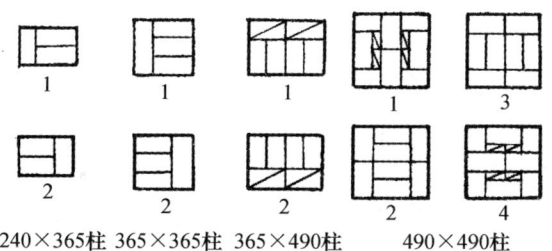

图 5-2-21　不同断面砖柱分皮砌法

砖柱的水平灰缝厚度和垂直灰缝宽度宜为 10 mm，但不应小于 8 mm，也不应大于 12 mm。

砖柱水平灰缝和竖向灰缝的沙浆饱满度不得小于 90%。

(二) 砖垛施工

砖垛应与所附砖墙同时砌起。

砖垛最小断面尺寸为 120 mm × 240 mm。

砖垛应隔皮与砖墙搭砌，搭砌长度应不小于 1/4 砖长。砖垛外表面上下皮垂直灰缝应相互错开 1/2 砖长，砖垛内部应尽量少通缝，为错缝需要加砌配砖。

【应用案例】 砖垛的分皮砌法

图 5-2-22 所示是一砖半厚墙附 120 mm × 490 mm 砖垛和附 240 mm × 365 mm 砖垛的分皮砌法。

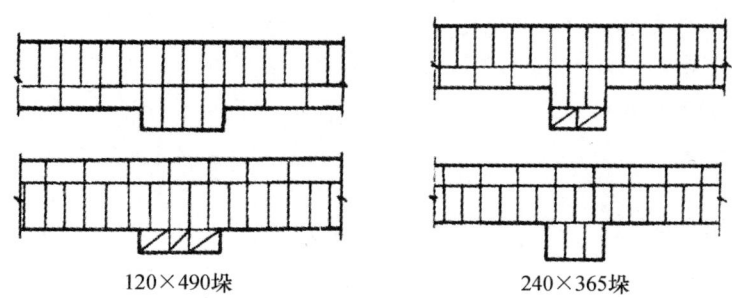

图 5-2-22　砖垛分皮砌法

课题三　小型砌块结构工程施工

普通混凝土小型空心砌块和以煤渣、陶粒为粗骨料的轻骨料混凝土小型空心砌块，两者统称为混凝土小型空心砌块，简称小砌块（砌块高度小于 380 mm），是常见的新型墙体材料。

普通混凝土小型空心砌块按其强度分为 MU3.5、MU5、MU7.5、MU10、MU15、MU20

六个强度等级，主规格尺寸为 390 mm × 190 mm × 190 mm，有两个方形孔，最小外壁厚应不小于 30 mm，最小肋厚应不小于 25 mm，空心率应不小于 25%。

轻骨料混凝土小型空心砌块以水泥、轻骨料、沙和水等预制而成。按其强度分为 MU1.5、MU2.5、MU3.5、MU5、MU7.5、MU10 六个强度等级，主规格尺寸为 390 mm × 190 mm × 190 mm，按其孔的排数有单排孔、双排孔、三排孔和四排孔 4 类。

一、材料准备

（1）普通混凝土小砌块不宜浇水，当天气干燥炎热时，可在砌块上稍加喷水润湿；轻骨料混凝土小砌块施工前可洒水，但不宜过多。龄期不足 28 d 及表面有浮水的小砌块不得进行砌筑。

（2）砌筑小砌块时，应清除表面污物和芯柱用小砌块孔洞底部的毛边，剔除外观质量不合格的小砌块。

（3）承重墙体严禁使用有竖向裂缝、断裂的小砌块。小型砌块与烧结普通砖等其他块体材料不得混合砌筑。

（4）砌筑沙浆应符合《混凝土小型空心砌块和混凝土砖砌筑沙浆》（JC 860）的要求。沙浆稠度为 50～80 mm。

（5）砌块和沙浆强度等级按设计要求选用，此外一般应满足以下要求。

① 室内地面以下的砌体，应采用普通混凝土小砌块和不低于 M5 的水泥沙浆。

② 五层及五层以上民用建筑的底层墙体，应采用不低于 MU5 的混凝土小砌块和 M5 的砌筑沙浆。

【建筑字典】

中型砌块：块高在 380～940 mm，质量在 0.5 t 以内，能用小型、轻便的吊装工具运输的砌块。

小型砌块：砌块主规格的高度大于 115 mm 而又小于 380 mm 的砌块，包括普通混凝土小型空心砌块、轻骨料混凝土小型空心砌块、蒸压加气混凝土砌块等，简称小砌块。

产品龄期：烧结砖出窑，蒸压砖、蒸压加气混凝土砌块出釜，混凝土砖、混凝土小型空心砌块成型后至某一日期的天数。

二、一般构造要求

（1）在墙体的下列部位，应用强度等级不低于 C20 的混凝土灌实砌块的孔洞：

① 底层室内地面以下或防潮层以下的砌体；

② 无圈梁的楼板支承面下的一皮砌块；

③ 没有设置混凝土垫块的屋架、梁等构件支承面下，灌实宽度不应小于 600 mm，高度不应小于一皮砌块；

④ 挑梁的悬挑长度不小于 1.2 m 时，其支承部位的内外墙交接处，纵横各灌实 3 个孔洞，高度不小于三皮砌块。

（2）砌块墙与后砌隔墙交接处，应沿墙高每隔 400 mm 在水平灰缝内设置不少于 2ϕ4 mm、横筋间距不大于 200 mm 的焊接钢筋网片，钢筋网片伸入后砌隔墙内不应小于 600 mm（见图 5-3-1）。

三、芯柱构造

墙体的下列部位宜设置芯柱：

（1）在外墙转角、楼梯间四角的纵横墙交接处的三个孔洞，宜设置素混凝土芯柱；

（2）五层及五层以上的房屋，应在上述部位设置钢筋混凝土芯柱。

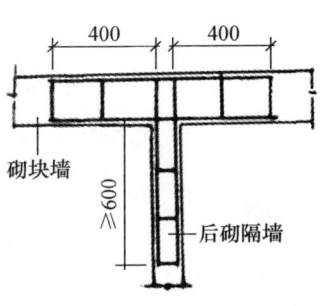

图 5-3-1 砌块墙与后砌隔墙交接处钢筋设置

芯柱的构造要求如下：

（1）芯柱截面不宜小于 120 mm × 120 mm，宜用不低于 C20 的细石混凝土浇灌；

（2）钢筋混凝土芯柱每孔内插竖筋不应小于 1ϕ10，底部应伸入室内地面下 500 mm 或与基础圈梁锚固，顶部与屋盖圈梁锚固；

（3）在钢筋混凝土芯柱处，沿墙高每隔 600 mm 应设 ϕ4 钢筋网片拉结，每边伸入墙体不小于 600 mm（见图 5-3-2）；

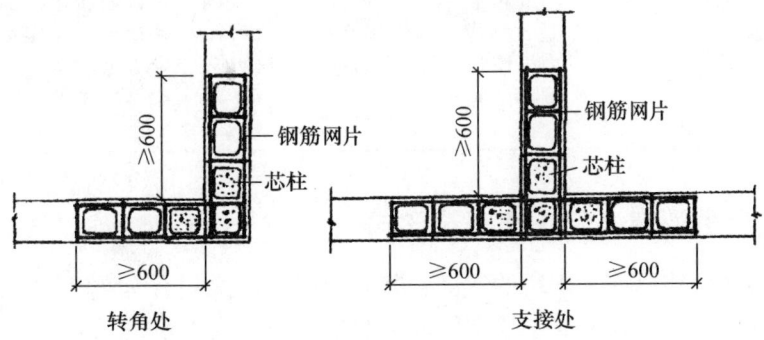

图 5-3-2 钢筋混凝土芯柱处拉筋

（4）芯柱应沿房屋的全高贯通，并与各层圈梁整体现浇。

芯柱竖向插筋应贯通墙身且与圈梁连接，插筋不应小于 1ϕ12。芯柱应伸入室外地下 500 mm 或锚入浅于 500 mm 基础圈梁内。芯柱混凝土应贯通楼板，当采用装配式钢筋混凝土楼板时，可采用图 5-3-3 的方式实施贯通措施。

抗震设防地区芯柱与墙体连接处，应设置 ϕ4 钢筋网片拉结，钢筋网片每边伸入墙内不宜小于 1 m，且沿墙高每隔 600 mm 设置。

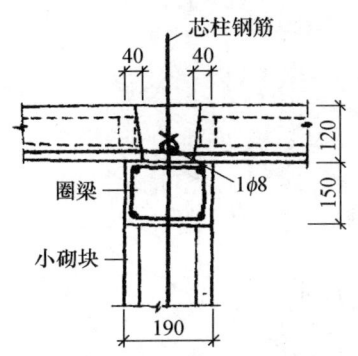

图 5-3-3 芯柱贯通楼板措施

【建筑字典】

芯柱：在小砌块墙体的孔洞内浇灌混凝土形成的柱，有素混凝土芯柱和钢筋混凝土芯柱。

【温馨提示】

在6~8度抗震设防的建筑物中，应按芯柱位置要求设置钢筋混凝土芯柱；对医院、教学楼等横墙较少的房屋，应根据房屋增加一层的层数，按表5-3-1的要求设置芯柱。

表5-3-1 抗震设防区混凝土小型空心砌块房屋芯柱设置要求

房屋层数	抗震等级			设置部位	设置数量
	6°	7°	8°		
	四	三	二	外墙转角、楼梯间四角、大房间内外墙交接处	外墙转角灌实3个孔；内外墙交接处灌实4个孔
	五	四	三		
	六	五	四	外墙转角、楼梯间四角、大房间内外墙交接处、山墙与内纵墙交接处、隔开间横墙（轴线）与外纵墙交接处	
	七	六	五	外墙转角，楼梯间四角，各内墙（轴线）与外墙交接处；8°时，内纵墙与横墙（轴线）交接处和洞口两侧	外墙转角灌实5个孔；内外墙交接处灌实4个孔；内墙交接处灌实4~5个孔；洞口两侧各灌实1个孔

四、混凝土小型空心砌块墙砌筑形式

混凝土空心砌块墙厚等于砌块的宽度，其立面砌筑形式只有全顺一种，上、下皮竖缝相互错开1/2砌块长，上、下皮砌块空洞相互对准。空心砌块墙的转角处，应隔皮纵、横墙砌块相互搭砌，即隔皮纵、横墙砌块墙面露头（见图5-3-4）。

空心砌块墙的"T"字形交接处，应隔皮使横墙砌块端部露头。当该处无芯柱时，应在纵墙上交接处砌两块一孔半的辅助规格砌块，隔皮砌在横墙露头砌块下，其半孔应位于中间（见图5-3-5）。当该处有芯柱时，应在纵墙上交接处砌一块三孔的大规格砌块（见图5-3-6）。

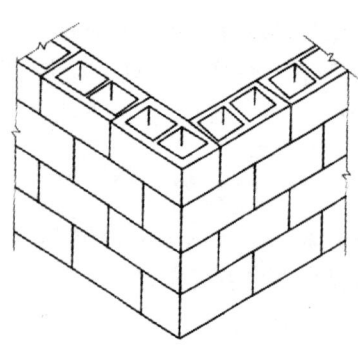

图5-3-4 空心砌块墙转角砌法

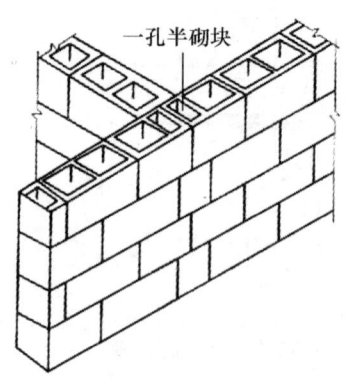

图5-3-5 混凝土空心砌块墙"T"字形交接处砌法（无芯柱）

小砌块墙体应对孔错缝搭砌，搭接长度不应小于 90 mm。如不能满足该要求，应在砌块的水平夹缝中设置拉结钢筋或钢筋网片。拉结钢筋可用 2ϕ6 钢筋，钢筋网片可用直径 4 mm 的钢筋焊接而成。加筋的长度不应小于 700 mm（见图 5-3-7），但竖向通缝不得超过两皮砌块。

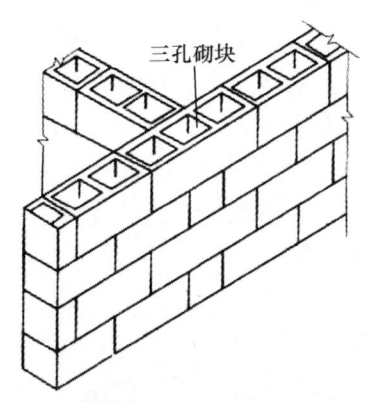

图 5-3-6　混凝土空心砌块墙"T"字形交接处砌法（有芯柱）

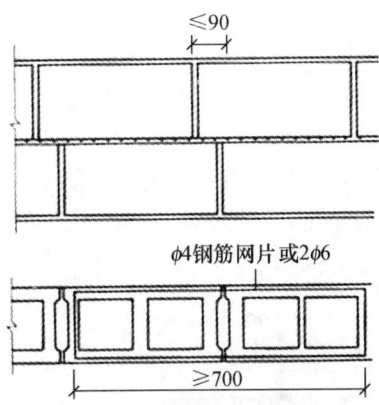

图 5-3-7　混凝土空心砌块墙灰缝中设置拉结钢筋或网片

五、施工工艺和施工要点

1. 工艺流程

检验轴线及标高→立皮数杆→选砌块、摆砌块→盘角砌外墙→砌内墙→砌二步架外墙→砌内墙（砌筑过程中留槎、下拉结网片、安装混凝土过梁）→检查验收。

2. 混凝土空心砌块墙砌筑前的准备

施工时所用的混凝土小型空心砌块的产品龄期不应小于 28 d。砌筑小砌块时，应清除表面污物和芯柱及小砌块孔洞底部的毛边，剔除外观质量不合格的小砌块，在天气炎热的情况下，可提前洒水湿润小砌块，对轻骨料混凝土小砌块，可提前浇水湿润。小砌块表面有浮水时，不得施工。承重墙严禁使用断裂的小砌块。

3. 施工要点

（1）砌筑前，应将砌筑面按标高找平；检查墙体轴线位置，放出砌体边线和洞口线；设置好皮数杆并进行试摆。

（2）为保证混凝土空心砌块砌体具有足够的抗剪强度和良好的整体性、抗渗性，必须特别注意其砌筑质量。砌筑时应按照前述砌筑形式对孔错缝搭砌，且操作中必须遵守"反砌"原则，即应使每皮砌块底面朝上砌筑，以便于铺筑沙浆并使其饱满。砌筑时的一次铺灰长度不宜超过 2 块主规格块体的长度。

常温条件下空心砌块墙的每天砌筑高度宜控制在 1.5 m 或一步架高度内，以保证墙体的稳定性。

（3）应尽量采用主规格小砌块，砌筑应从转角或定位处开始，依准线进行。内外墙要求同时砌筑，纵横墙交错搭接。外墙转角处应使小型砌块隔皮露端面，"T"字形交接处应使横墙小砌块隔皮露端面，纵墙在交接处改砌两块辅助规格小型砌块（尺寸为 290 mm

×190 mm×190 mm，一头开口），所有露端面用水泥沙浆抹平。

小砌块应对孔错缝搭砌，上下皮小砌块竖向灰缝相互错开190 mm。个别情况当无法对孔砌筑时，普通混凝土小砌块错缝长度不应小于90 mm，轻骨料混凝土小砌块错缝长度不应小于120 mm；当不能保证此规定时，应在水平灰缝中设置2φ4钢筋网片，钢筋网片每端均应超过该垂直灰缝，其长度不得小于300 mm（见图5-3-8）。但竖向通缝仍不得超过两皮小砌块。

小砌块砌体的灰缝应横平竖直，全部灰缝均应铺填沙浆；砌体水平灰缝和竖向灰缝的沙浆饱满度，按净面积计算不得低于90%；竖向灰缝应采用加浆方法，使其沙浆饱满，严禁用水冲浆溜缝；不得出现瞎缝、透明缝。砌体的水平灰缝厚度和竖向灰缝宽度宜为10 mm，但不应大于12 mm，也不应小于8 mm。当缺少辅助规格小砌块时，砌体通缝不应超过两皮砌块。

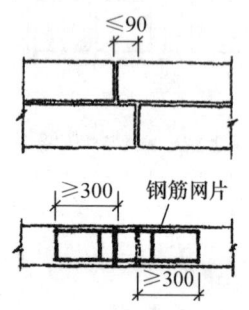

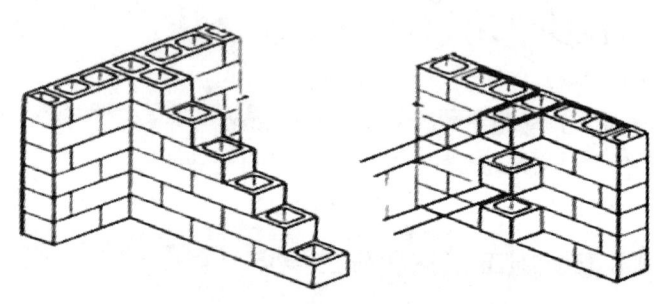

图5-3-8 水平灰缝中拉结筋

图5-3-9 小型砌块砌体斜槎和直槎

（4）墙体转角处和纵横墙交接处应同时砌筑。临时间断处应砌成斜槎，斜槎水平投影长度不应小于斜槎高度。如留斜槎有困难，在非抗震设防地区，除外墙转角处，临时间断处可留设直槎。砌块从墙面伸出200 mm砌成阳槎；并沿砌体高每三皮小型砌块（600 mm），设2φ6拉结筋或钢筋网片，从留槎处算起每边均不应小于600 mm，钢筋外露部分不得弯折。（见图5-3-9）。施工洞口可预留直槎，但在洞口砌筑和补砌时，应在直槎上下搭砌的小砌块孔洞内用强度等级不低于C20（或Cb20）的混凝土灌实。

（5）承重砌体严禁使用断裂小砌块或壁肋中有竖向凹形裂缝的小砌块砌筑，也不得采用小砌块与烧结普通砖等其他块体材料混合砌筑。

（6）对设计规定的洞口、管道、沟槽和预埋件，应在砌筑墙体时预留和顶埋，不得随意打凿已砌好的墙体。在砌块墙的底层室内地面以下或防潮层以下的砌体，无圈梁的楼板支承面下的一皮砌块，未设置混凝土垫块的次梁支承处，应采用强度等级不低于C15的混凝土灌实砌块的孔洞后再砌筑，灌实宽度不应小于600 mm，高度不应小于一皮砌块。悬挑长度不小于1.2 m的挑梁、支承部位的内外墙交接处，纵横各灌实3个孔洞，高度不小于三皮砌块。

小型砌块砌体内不宜设脚手眼，如必须设置时，可用辅助规格190 mm×190 mm×190 mm的单孔小砌块侧砌，利用其孔洞作脚手眼，砌体完工后用C15混凝土填实。但在砌体下列部位中不得设置脚手眼：

① 过梁上部，与过梁成60°角的三角形及过梁跨度1/2范围内；

② 宽度不大于800 mm的窗间墙；

③ 梁和梁垫下及左右各 500 mm 的范围内；
④ 门窗洞口两侧 200 mm 内和砌体交接处 400 mm 的范围内；
⑤ 结构设计规定不允许设脚手眼的部位。

小砌块墙体孔洞中需充填隔热或隔声材料时，应砌一皮灌一皮。要求填满，不予捣实。所填材料必须干燥、洁净，不含杂物，粒径应符合设计要求。

小砌块砌体相邻工作段的高度差不得大于一个楼层高度或 4 m。

常温条件下，普通混凝土小型砌块的每天砌筑高度应控制在 1.8 m 内，轻骨料混凝土小型砌块的日砌筑高度应控制在 2.4 m 内。

对砌体的平整度和垂直度，灰缝的厚度和沙浆饱满度应随时检查，校正偏差。在砌完每一楼层后，应校核砌体的轴线尺寸和标高，允许范围内的偏差，可在本层楼板面上予以校正。砌体中的砌块被移动或被撞动时，应重新铺砌。

（7）芯柱施工。芯柱部位宜采用不封底的通孔小砌块，当采用半封底小砌块时，砌筑前必须打掉孔洞毛边。在每层每根芯柱柱脚部位，应用开口砌块（或 U 形砌块）砌出清扫口。

芯柱钢筋应与基础或基础梁中的预埋钢筋连接，上下楼层的钢筋可在楼板面上搭接，搭接长度不应小于 40d（d 为钢筋直径）并不小于 500 mm。钢筋位置校正好并绑扎或焊接固定后，方可浇灌混凝土。

砌完一个楼层高度后，应连续浇灌芯柱混凝土；直至砌筑沙浆强度达到 1.0 MPa 以上方可进行浇灌。

灌芯柱的混凝土，宜选用专用的小砌块灌孔混凝土，当采用普通混凝土时，其坍落度不应小于 90 mm。

在芯柱部位，每层楼的第一皮砌块应采用开口小砌块或 U 形小砌块，以形成清理口；浇筑混凝土前，从清理口掏出砌块孔洞内的杂物，并用水冲洗孔洞内壁，将积水排净，用混凝土顶制块封闭清理口。

芯柱混凝土应在砌完每一个楼层高度后连续浇筑，并宜与圈梁同时浇筑，或在圈梁下留置施工缝。而且，砌筑沙浆的强度大于 1 MPa 后，方可浇筑芯柱混凝土。

浇筑芯柱混凝土前，应先注入适量与芯柱混凝土相同的石子沙浆。

浇灌时必须按"连续浇灌，分层（400～500 mm）捣实"的原则进行，直浇至离该芯柱最上一皮小砌块顶面 50 mm 止，不得留施工缝，严禁灌满一个楼层后再捣实。振捣混凝土宜用软轴插入式振动器，分层捣实。为保证芯柱混凝土密实，混凝土内宜掺入增加流动性的外加剂，其坍落度不应小于 70 mm。

六、混凝土小砌块砌体质量

混凝土小砌块砌体的质量分为合格和不合格两个等级。
混凝土小砌块砌体质量合格应符合以下规定：
（1）主控项目全部符合规定；
（2）一般项目应有 80% 及以上的抽检处符合规定或偏差值在允许偏差范围内。

1. 混凝土小砌块砌体主控项目

（1）小砌块和芯柱混凝土、砌筑沙浆的强度等级必须符合设计要求。
抽检数量：每一生产厂家，每 1 万块小砌块为一验收批，不足 1 万块按一批计，抽检数量为一组。

用于多层建筑的基础和底层的小砌块抽检数量不应少于 2 组。沙浆试块的抽检数量：每一检验批且不超过 250 m³ 砌体的各类、各强度等级的普通砌筑沙浆，每台搅拌机应至少抽检一次。验收批的预拌沙浆、蒸压加气混凝土砌块专用沙浆，抽检可为 3 组。

检验方法：检查小砌块和芯柱混凝土、砌筑沙浆试块试验报告。

（2）砌体水平灰缝和竖向灰缝的沙浆饱满度，按净面积计算不得低于 90%。

抽检数量：每检验批抽查不应少于 5 处。

检验方法：用专用百格网检测小砌块与沙浆黏结痕迹，每处检测 3 块小砌块，取其平均值。

（3）墙体转角处和纵横墙交接处应同时砌筑。临时间断处应砌成斜槎，斜槎水平投影长度不应小于斜槎高度。施工洞口可预留直槎，但在洞口砌筑和补砌时，应在直槎上下搭砌的小砌块孔洞内用强度等级不低于 C20（或 Cb20）的混凝土灌实。

抽检数量：每检验批抽查不应少于 5 处。

检验方法：观察检查。

（4）小砌块砌体的芯柱在楼盖处应贯通，不得削弱芯柱截面尺寸；芯柱混凝土不得漏灌。

抽检数量：每检验批抽查不应少于 5 处。

检验方法：观察检查。

2. 混凝土小砌块砌体一般项目

（1）砌体的水平灰缝厚度和竖向灰缝宽度宜为 10 mm，但不应大于 12 mm，也不应小于 8 mm。

抽检数量：每检验批抽查不应少于 5 处。

抽检方法：水平灰缝用尺量 10 皮小砌块的高度折算，竖向灰缝宽度用尺量 2 m 砌体长度折算。

（2）小砌块砌体尺寸、位置的允许偏差与普通砖砌体相同，应按表 5-2-3 的规定执行。

课题四　框架填充墙施工

填充墙是多、高层框架结构及框剪结构或钢结构中，用于围护或分隔区间的墙体。填充墙除自重外不承受其他的荷载，因此施工时不得改变框架结构的传力路线。为满足使用要求，墙体应有一定的强度、轻质、隔音隔热，外墙还应具有防水、防潮的性能。

一、框架填充墙材料

框架填充墙墙体多采用小型空心砌块，烧结多孔砖，空心砖，轻骨料小型砌块，加气混凝土砌块及其他砌块等轻型墙体材料。

砌筑前块材应提前 1~2 d 浇水湿润。使用蒸压加气混凝土砌块砌筑时，应向砌筑面适量浇水，含水量宜小于 15%。

二、框架填充墙施工顺序和施工工艺

1. 框架填充墙施工顺序

填充墙在单位工程中施工顺序为先施工框架主体结构，后施工填充墙。

砌筑施工时最好从顶层向下层砌筑。因结构承受荷载后可能产生一定的变形量，变形量向下传递将造成早期下层先砌筑的墙体产生裂缝。实践表明特别是空心砌块，此裂缝的发生往往是在工程主体完成3～5个月后。抹灰墙面在跨中易因此产生竖向裂缝。

如果工期要求非常紧张，框架主体结构与填充墙也可能会进行穿插施工作业。这时填充墙施工就只能从底层逐步向顶层进行，但墙顶的连接处理最好待全部砌体完成后，从上层向下层施工。这样，每一层结构就能获得一个完成变形的时间和空间，防止裂缝的发生。

2. 框架填充墙施工工艺与施工要点

填充墙的施工工艺应满足一般砖砌体和各类砌块等相应技术、质量标准。但由于填充墙比一般砌体有其特殊的情况，如单独砌筑的填充墙体高厚比较大、稳定性较差；连接处混凝土和墙体材料线膨胀系数不一致、边界处应力相对集中等。因此在施工中应采取特别的细部技术措施。

（1）墙体与框架结构的连接

① 墙两侧与结构的连接。砌体与混凝土柱或墙的连接处一般需用拉结筋进行加强。拉结筋的留设目前常用的有3种方法：预埋铁件法、预埋拉结筋法、植筋法。

a. 预埋铁件法：在安装混凝土构件钢筋时，按设计要求的位置，把铁件准确固定在构件中。砌墙时则按确定好的砌体水平灰缝高度位置将拉结钢筋焊接在预埋的铁件上。预埋铁件一般采用厚4 mm以上，宽略小于墙厚，高60 mm的钢板。此种方法的缺点是混凝土浇筑施工时铁件如果移位或遗漏将给下步施工带来麻烦，也会影响混凝土的质量。如遇到设计变更则需重新处理。

b. 预埋拉结筋法：在安装混凝土构件钢筋时，按设计要求的位置，直接把拉结筋准确固定在构件中。该方法的缺点同上。

c. 植筋法：混凝土构件施工完成后，在设计要求的位置，将拉结筋植入构件中。这种方法施工方便、灵活，不影响混凝土的外观质量。随着其成本的降低，目前许多工程采用植筋的方式，取得了较好效果。

② 墙顶与结构底部的连接。填充墙顶部应采取相应的措施与结构挤紧。填充墙砌至接近梁、板底时，应留一定空隙，待填充墙砌完并应至少间隔14 d后，再将其斜砌挤紧。这是为了让砌体沙浆有一个完成压变形的时间，保证砌体与梁或板底的紧密结合，不会在结合部位产生水平裂缝。

（2）门窗的连接

由于空心砌块与门窗框直接连接不易牢固，因此施工中通常采用在门窗洞口两侧做混凝土构造柱、预埋混凝土预制块及镶砖的方法。空心砌块在窗台顶面应做成混凝土压顶，以保证门窗框与砌体的可靠连接。

（3）防潮、防水

外墙在风雨作用下主要在灰缝处易产生渗漏现象，砌筑中应注意保证灰缝饱满密实，其竖缝应灌沙浆插捣密实，也可以在外墙面的装饰层采取适当的防水措施，如采用掺加3%～5%的防水剂的防水沙浆进行抹灰、面砖勾缝或外墙表面涂刷防水剂等，确保外墙的防水效果。

室内隔墙砌体下应用混凝土现浇或实心砖砌筑180 mm高底座。

（4）单片面积较大的填充墙施工

如填充墙单片面积较大，为保证砌体的稳定性，应在墙体中根据墙体长度、高度需要设置构造柱和水平现浇混凝土带，转角处设芯柱。由于不同的块料填充墙要求不同，施工时应参照相应设计及规范、图集等的要求。

施工中注意预埋构造柱钢筋的位置应正确，预埋固定时应牢固，防止浇筑混凝土时钢筋移位。

三、加气混凝土小型砌块填充墙施工

1. 工艺流程

弹出墙体边线及门窗洞口位置→基层处理（楼面清理、找平）→立皮数杆→确定组砌方法→选砌块、排砌块→墙体砌筑（砌筑过程中下拉结网片、安装混凝土过梁）→斜砖砌筑与框架顶紧→检查验收。

2. 砌筑形式

立面采用全顺式，上下皮错缝搭砌，搭砌长度不应小于砌块长度的1/3。

3. 施工要点

（1）根据基础或楼层中的控制轴线，测放出墙体和门窗洞口的位置线。

（2）基层处理：砌筑前应对砌筑部位基层进行清理。将墙体连接处的浮浆、灰尘清扫冲洗干净，并在砌筑前一天浇水使墙与原结构相接处湿润以保证砌体黏结质量。楼面不平整或经排砖后发现灰缝过厚，则应用细石混凝土找平。

（3）砌筑前按实际尺寸和砌块规格尺寸进行排列摆块。排列砌块时，应尽量采用标准规格砌块。不够整块可以锯裁成需要的规格，但不得小于砌块长度的1/3并保护好砌体的棱角。砌体灰缝要做到横平竖直，水平灰缝厚度不大于15 mm，垂直灰缝不大于20 mm。

（4）水平灰缝和竖缝的沙浆饱满度均不得小于80%。竖缝应用临时夹板夹紧后填满沙浆，不得有透明缝、瞎缝和假缝。严禁用水冲浆浇灌灰缝，也不得用石子垫灰缝。

（5）砌筑沙浆应具有较好的和易性和保水性，沙浆稠度一般为70~100 mm。

（6）砌筑时铺浆要均匀，厚薄适当，浆面平整，铺浆后立即放置砌块，一次摆正找平。

（7）砌体转角处及纵横墙相交处应同时砌筑，砌块应分皮咬槎，交错搭砌。竖向通缝不得大于2皮砌块高度。临时间断应留置在门窗洞口处，或砌成阶梯形斜槎，斜槎长度不小于高度的2/3。如留斜槎有困难时，也可留直槎，但必须设置拉结网片或其他措施，以保证有效连接。

（8）外墙转角处、与承重墙交接处，均应沿墙高1 m左右，在水平灰缝中放置拉结钢筋（拉结钢筋一般为2ϕ6），钢筋伸入墙内不少于700 mm（见图5-4-1）。

（9）预留孔洞和穿墙等均应按设计要求砌筑，不得事后凿墙。在墙面上凿槽敷管时，应使用专用工具，不得用斧或瓦刀任意砍凿。

（10）砌体与混凝土墙相接处，必须按照要求留置拉结筋或网片，留设应符合设计和规范要求。铺砌时将拉结筋理直、铺平。

（11）施工过程中应严格按设计要求留设构造柱。当设计无要求时，应按墙长每5 m设一构造柱。另外在墙的端部、墙角和纵横墙相交处设构造柱。

（12）厨房、卫生间和浴室等处应用现浇混凝土浇筑150 mm高坎台，然后再砌筑砌块。

（13）砌体与门窗的连接可通过预埋木砖实现。木砖经防腐后可埋入预制混凝土块中，

随加气混凝土砌块一起砌筑。在门窗洞口两侧，洞口高度在 2 m 以内每边砌筑 3 块，洞口高度大于 2 m 时砌 4 块。混凝土砌块四周的沙浆要饱满密实。砌至接近梁底和板底时，应留一定的间隙，待填充墙砌筑完毕并至少间隔 14 d 后，再用烧结标准砖或多孔砖宜成 60°斜砌顶紧，防止上部砌体因沙浆收缩而开裂（见图 5-4-2）。

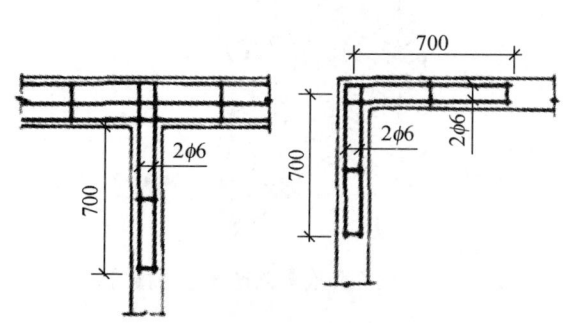

图 5-4-1　非承重砌块墙拉结钢筋　　　图 5-4-2　梁底采用实心辅助砌块立砖斜砌

（14）墙体每天砌高度不宜超过 1.5 m 或一步脚手架高度内。砌好的砌体不能撬动、碰撞、松动，否则应重新砌筑。

四、烧结多孔砖、空心砖砌体施工

烧结多孔砖、空心砖砌体目前也多用于填充墙施工中，施工要求一般与普通砖砌体类似，但有一些不同之处。

1. 材料准备

砖材应提前 1～2 d 浇水湿润，砌筑时砖的含水率宜控制在 10%～15%。

2. 施工要点

（1）烧结多孔砖

方形多孔砖一般采用全顺砌法，上下皮垂直，灰缝相互错开 1/2 砖长。

矩形多孔砖宜采用一顺一丁或梅花丁的砌筑形式，上下皮垂直，灰缝相互错开 1/4 砖长。

对有抗震设防要求的地区应采用"三一"砌砖法砌筑，非抗震设防地区可采用铺浆法砌筑。砌筑时砖的孔洞应平行于墙面。

砌体灰缝应横平竖直、沙浆饱满。灰缝厚度、沙浆饱满度的要求与普通砖砌体要求相同。垂直灰缝宜采用加浆填灌方法，使其沙浆饱满。

（2）烧结空心砖

空心砖应侧砌，其孔洞呈水平方向。空心砖墙底部宜砌 3 皮烧结普通砖（见图 5-4-3）。

空心砖墙与烧结普通砖交接处，应以普通砖墙引出 2φ6 拉结钢筋，长度 240 mm 与空心砖墙相接。拉结钢筋在空心砖墙中的长度不小于空心砖长加 240 mm，竖向间距 2 皮空心砖高（见图 5-4-4）。

空心砖墙的转角处，应用烧结普通砖砌筑，砌筑长度角边不小于 240 mm。

空心砖墙砌筑不得留置斜槎或直槎，中途停歇时，应将墙顶砌平。在转角处、交接处空心砖与普通砖应同时砌起。

空心砖墙中不得留置脚手眼，不得对空心砖进行砍凿。

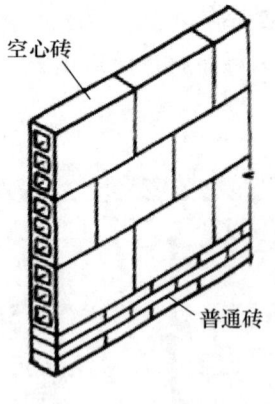

图 5-4-3　空心砖墙

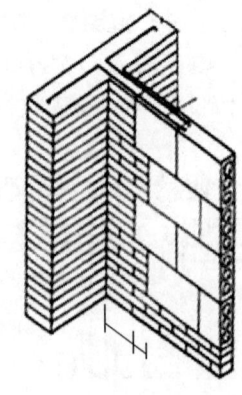

图 5-4-4　空心砖墙与普通砖墙交接

单元小结

1. 砌筑工程是一个综合的施工过程，它包括脚手架的搭设、垂直运输设备的选用、沙浆等材料的准备、墙体的砌筑以及冬期和雨期施工采取的相应的措施。因此，学习墙体的砌筑时还应与其他相关单元知识结合起来。

2. 墙体的砌筑主要分为砖墙砌筑和砌块砌筑两大类。

砖砌体施工通常包括抄平、放线、摆砖样、立皮数杆、挂线、砌筑、清理和勾缝等工序，其质量要求横平竖直、灰浆饱满、上下错缝和接槎可靠。

砌块砌筑主要指中小型砌块砌筑。中型砌块砌筑包括铺灰、砌块就位、校正、勾缝、灌竖缝和镶砖等工序；小型砌块砌筑其工序和质量要求同砖墙砌筑基本类似。

在墙体的砌筑中，需要从构造角度考虑来设置构造柱，掌握构造柱的构造（截面尺寸、马牙槎、拉结筋、箍筋等）要求，及其施工工艺和施工要点。

3. 墙体的砌筑施工质量控制的关键：

总体把握横平竖直、灰浆饱满、上下错缝和接槎可靠。

具体要抓住砌体的"内三度""外三度"和接槎规范。

（1）"内三度"：① 砖、石、砌块的强度，② 沙浆的强度，③ 沙浆的灰缝饱满度（特别是砖的水平灰缝的饱满度）。

（2）"外三度"：即在实测时的 3 项允许偏差，① 砌体的垂直度，② 砌体的平整度，③ 砌体的 10 皮砖的厚度。

（3）接槎规范：凡是墙体有接槎的部位，必须按规范规定留置保证房屋砌体能够形成共同作用的整体。

（4）砌体中构造柱、芯柱施工方法和构造要求。

4. 填充墙是多、高层框架结构及框剪结构或钢结构中，用于围护或分隔区间的墙体。因此，务必掌握框架填充墙的施工工艺与施工要点。

推荐阅读资料

1.《建筑工程施工质量验收统一标准》（GB 50300）

2. 《砌体结构工程施工质量验收规范》（GB 50203）
3. 《建筑施工手册》（第5版）. 北京：中国建筑工业出版社，2012

学习鉴定

一、填空题

1. 砌体工程所使用的材料包括_____和_____。
2. 烧结多孔砖的尺寸规格有_____和_____两种。
3. 普通混凝土小型空心砌砖主规格尺寸_____。
4. 砌筑用水泥沙浆采用的水泥，其强度等级不宜大于_____级；混合沙浆采用的水泥，其强度等级不宜大于_____级。
5. 拌制水泥混合沙浆时，生石灰熟化时间不得少于_____d，磨细生石灰粉的熟化时间不得少于_____d。
6. 根据砌筑沙浆使用原材料与使用目的的不同，可以把砌筑沙浆分为_____、_____和_____三类。
7. 在常温条件下施工时，砖应在砌筑前_____d浇水湿润。烧结普通砖、烧结空心砖、烧结多孔砖的含水率应控制在_____之间。
8. 基础大放脚用_____法组砌，最下一皮及墙基的最上一皮应以_____砖为主。
9. 在砌砖体中，墙体与构造柱连接处应砌成_____，其高度不宜超过_____mm。
10. 砖砌体留直槎时，必须做成_____槎，并每隔_____mm高度加一道拉结钢筋。
11. 规范规定，砌墙中水平灰缝的沙浆饱满度不得低于_____。
12. 选用砌块的龄期不应小于_____d。
13. 砌块砌体上下皮砌块错缝搭接长度一般应为砌块长度的_____或不小于砌块皮高的_____，以保证搭接牢固可靠。

二、单项选择题

1. 生石灰熟化成石灰膏时，熟化时间不得少于（　　）。
   A. 3 d　　　B. 5 d　　　C. 7 d　　　D. 14 d
2. 砌筑条形基础时，宜选用的沙浆是（　　）。
   A. 混合沙浆　　B. 防水沙浆　　C. 水泥沙浆　　D. 石灰沙浆
3. 砌体工程中最常用的沙浆是（　　）。
   A. 混合沙浆　　B. 防水沙浆　　C. 水泥沙浆　　D. 石灰沙浆
4. 沙浆的流动性以（　　）表示。
   A. 坍落度　　B. 最佳含水率　　C. 分层度　　D. 稠度
5. 砌体工程中，下列墙体或部位中可以留设脚手眼的是（　　）。
   A. 120 mm厚砖墙、空斗墙和砖柱
   B. 宽度小于2 m的窗间墙
   C. 门洞窗口两侧200 mm和距转角450 mm的范围内
   D. 梁和梁垫下及其左右500 mm范围内
6. 砖砌体水平灰缝的沙浆饱满度不得低于（　　）。

A. 60% B. 70% C. 80% D. 90%

7. 砖砌体结构的水平缝厚度和竖缝宽度一般规定为（　　）。
   A. 6～8 mm B. 8～12 mm C. 8 mm D. 12 mm

8. 砖砌体的转角处和交接处应同时砌筑，当不能同时砌筑时，应砌成斜槎，斜槎长度不得小于高度的（　　）。
   A. 1/3 B. 2/3 C. 1/2 D. 3/4

9. 砌墙每日砌筑高度不得超过（　　）。
   A. 2.0 m B. 1.8 m C. 1.2 m D. 1.0 m

10. 砖墙砌筑沙浆用的沙宜采用（　　）。
    A. 粗沙 B. 细沙 C. 中沙 D. 特细沙

11. 用于检查灰缝沙浆饱满度的工具是（　　）。
    A. 楔形塞尺 B. 百格网 C. 靠尺 D. 托线板

12. 检查每层墙面垂直度用的工具是（　　）。
    A. 钢尺 B. 经纬仪 C. 托线板 D. 楔形塞尺

三、多项选择题

1. 可用于承重墙体的块材有（　　）。
   A. 烧结普通砖 B. 烧结多孔砖 C. 烧结空心砖 D. 加气混凝土砌砖
   E. 陶粒混凝土砌砖

2. 在下列砌体部位中，不得设置脚手眼的是（　　）。
   A. 宽度≤2 m 的窗间墙
   B. 半砖墙、空斗墙和砖柱
   C. 梁及梁垫下及其左右各 500 mm 范围内
   D. 门窗洞口两侧 200 mm 和墙体交接处 450 mm 范围内
   E. 过梁上部与过梁成 60°角的三角形及过梁跨度 1/2 的高度范围内

3. 砌墙砌筑的工序包括（　　）。
   A. 抄平 B. 放线 C. 立皮数杆 D. 砌砖 E. 灌缝

4. 砌砖的常用方法有（　　）。
   A. 干摆法 B. 铺浆法 C. "三一"砌法 D. 全顺砌法 E. 灌缝法

四、名词解释

1. 沙浆保水性
2. 皮数杆
3. "三一"砌筑法
4. 可砌高度

五、问答题

1. 试述砖砌体的砌筑工艺。
2. 砖砌体的质量要求有哪些？

单元六

现浇钢筋混凝土框架结构工程施工

教学目标

能力目标	知识要点	相关知识
具备钢筋混凝土浅基础和预制桩基础施工工艺和检查验收能力	1. 钢筋混凝土浅基础施工工艺和施工要点 2. 预制桩施工工艺和施工要点	1. 钢筋混凝土基础施工工艺和施工要点 2. 钢筋混凝土预制桩施工工艺和施工要点
具备模板工程施工工艺和检查验收能力	1. 胶合板模板的构造与安装 2. 定型组合钢模板的构造与安装 3. SP-70模板的构造与安装	1. 模板的作用、分类、组成 2. 模板及其支架的要求 3. 木或胶合板模板、定型组合钢模板、SP-70模板体系的构造与安装 4. 模板及支架拆除要求 5. 模板施工质量的检查验收
具备钢筋工程的施工工艺和检查验收能力	1. 钢筋配料及钢筋代换 2. 钢筋加工方法 3. 钢筋连接方法 4. 钢筋安装方法	1. 钢筋的种类、性能及验收要求 2. 钢筋代换的原则、方法、注意事项 3. 钢筋下料长度的计算及钢筋配料单的编制 4. 钢筋的加工方法：除锈、调直、下料剪切及弯曲 5. 钢筋的连接方法：焊接连接、机械连接、绑扎连接 6. 熟悉钢筋的安装方法 7. 掌握钢筋工程质量的检查和评定

能力目标	知识要点	相关知识
具备混凝土工程的施工工艺和检查验收能力	1. 混凝土搅拌、运输方法 2. 混凝土浇筑、振捣、养护方法	1. 混凝土的原材料及施工配合比的确定 2. 混凝土机械搅拌 3. 施工缝、后浇带的留设及施工缝的处理 4. 混凝土的浇筑方法 5. 混凝土的振捣及设备 6. 混凝土的养护 7. 混凝土的质量检查与缺陷防治

课题一　框架结构的基本知识

一、钢筋混凝土框架结构构造

现浇钢筋混凝土框架结构具有布置灵活，空间较大、立面处理方便，整体性和抗震性均很好的优点，因此，广泛应用于各种工业与民用建筑。

钢筋混凝土框架结构是多层建筑和高层建筑的主要结构形式之一，框架结构一般不超过15层，通常由柱、梁、板组成，梁柱组成纵、横向框架体系。经常采用的框架结构形式有单跨框架、多跨对称框架、多跨不等高不对称框架。

框架结构受力特点是竖向荷载和水平荷载均由框架承担。由于框架结构房屋的长度一般比宽度大，因此，房屋的纵向结构刚度较大，而横向结构刚度较小，设计时通常把横向作为受力的主要承重框架。

现浇框架结构的柱截面多为矩形，也有圆形、L形、十字形和一字形等；楼板一般采用肋梁楼板，也有采用井字楼盖或密肋楼盖。基础常采用钢筋混凝土片筏基础或条形基础等浅埋基础，在地基强度满足的条件下也采用独立基础。如果遇有软弱地基或沉降要求不能满足时，应进行地基处理或采用桩基础。

二、钢筋混凝土框架结构施工工艺流程

现浇框架结构一般施工工艺流程如下。

定位放线→土方开挖→基槽（坑）验收→垫层浇筑→基础放线→混凝土基础施工→基础顶面抄平、放线→绑扎柱钢筋→支撑柱模板→支撑梁、楼板模板→浇筑柱混凝土→绑扎梁、板钢筋→浇筑梁、板混凝土→……（逐层向上浇筑混凝土）→结构封顶→围护结构施工。

现浇框架结构主导施工过程是钢筋混凝土工程。

课题二　基础工程施工

基础作为建筑物的最下面部位，承受着建筑物的全部荷载，并将这些荷载传递给地基。如果地基土质较好，承载力较大，那么，就可以采用钢筋混凝土浅基础。如果地基土质不好，承载力较小，那么，地基就不能满足上部建筑的要求，怎么办？一种办法是对地基进行处理使它能满足上部建筑的要求，另一种办法是采用桩基础，将上部荷载传递给土质较好，承载力较大的土层或岩层。下面就来学习有关钢筋混凝土浅基础和桩基础工程施工技术。

一、台阶式柱基础施工

台阶式柱基础施工时（见图 6-2-1），可按台阶分层一次浇筑完毕，不允许留设施工缝。每层混凝土要一次卸足，顺序是先边角后中间，务必使沙浆充满模板。

现浇柱下台阶式基础施工时，要特别注意连接钢筋的位置，防止移位和倾斜，发现偏差时及时纠正。

【应用案例】　　　　　　垂直交角处混凝土浇筑方法

浇筑台阶式柱基时，为防止垂直交角处可能出现吊脚（上层台阶与下口混凝土脱空）现象，可采取如下措施。

（1）在第一级混凝土捣固下沉 2～3 cm 后暂不填平，继续浇筑第二级，先用铁锹沿第二级模板底圈做成内外坡，然后再分层浇筑，外圈边坡的混凝土于第二级振捣过程中自动摊平，待第二级混凝土浇筑后，再将第一级混凝土模板顶边拍实抹平（见图 6-2-1）。

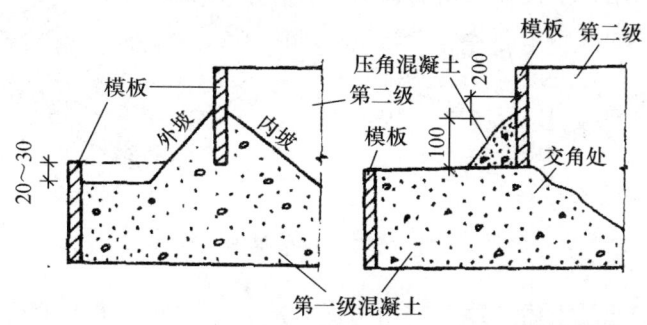

图 6-2-1　台阶式柱基础交角处混凝土浇筑方法示意图

捣完第一级后拍平表面，在第二级模板外先压以 20 cm×10 cm 的压角混凝土并加以捣实后，再继续浇筑第二级。待压角混凝土接近初凝时，将其铲平重新搅拌利用。

（2）如条件许可，宜采用柱基流水作业方式，即顺序先浇一排柱基第一级混凝土，再回转依次浇第二级。这样对已浇好的第一级将有一个下沉的时间，但必须保证每个柱基混凝土在初凝之前连续施工。

二、条形基础施工

（1）浇筑前，应根据混凝土基础顶面的标高在两侧木模上弹出标高线；如采用原槽土模时，应在基槽两侧的土壁上交错打入长10 cm左右的标杆，并露出2～3 cm，标杆面与基础顶面标高相平，标杆之间的距离约3 m。

（2）根据基础深度宜分段分层连续浇筑混凝土，一般不留施工缝。各段层间应相互衔接，每段间浇筑长度控制在2～3 m距离，做到逐段逐层呈阶梯形向前推进。

三、设备基础浇筑

（1）一般应分层浇筑，并保证上下层之间不留施工缝，每层混凝土的厚度为20～30 cm。每层浇筑顺序应从低处开始，沿长边方向自一端向另一端浇筑，也可采取中间向两端或两端向中间浇筑的顺序。

（2）对一些特殊部位，如地脚螺栓、预留螺栓孔、预埋管道等，浇筑混凝土时要控制好混凝土上升速度，使其均匀上升，同时防止碰撞，以免发生位移或歪斜。对于大直径地脚螺栓，在混凝土浇筑过程中，应用经纬仪随时观测，发现偏差及时纠正。

四、筏板基础施工

（一）筏板基础概述

筏板基础由钢筋混凝土底板、梁等组成，其外形和构造上像倒置的钢筋混凝土楼盖，整体刚度较大，能有效将各柱子的沉降调整得较为均匀。筏板基础一般可分为梁板式和平板式两类（见图6-2-2）。

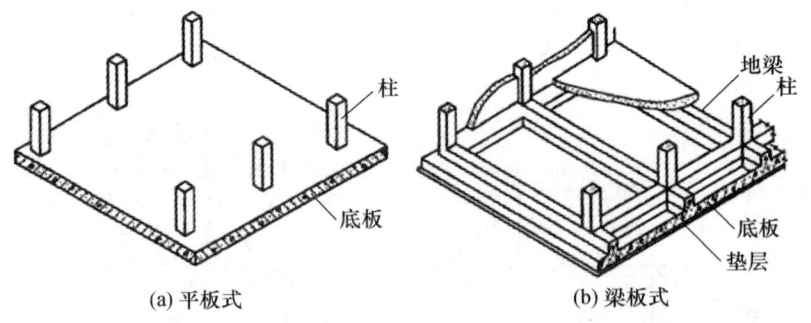

图 6-2-2　筏板基础

筏板基础适用于地基土质软弱又不均匀、有地下水或当柱子和承重墙传来的荷载很大的情况。

筏板基础以上的主体结构可为现浇框架结构、框架-剪力墙结构和框支剪力墙结构、钢结构、砌体结构及混合结构。筏板基础以下可为天然地基和人工地基、桩基。

筏板基础有以下构造要求。

(1) 混凝土强度等级不宜低于 C25，钢筋无特殊要求，钢筋保护层厚度不小于 35 mm。

(2) 基础平面布置应尽量对称，以减小基础荷载的偏心距。底板厚度不宜小于 200 mm，梁截面和板厚按计算确定，梁顶高出底板顶面不小于 300 mm，梁宽不小于 250 mm。

(3) 底板下宜设厚 100 mm 的 C15 混凝土垫层，每边伸出基础底板不小于 100 mm。

（二）筏板基础施工

1. 筏板基础施工工艺流程

(1) 梁板式筏板基础施工工艺流程：基底土质验槽→抄平→施工垫层→在垫层上弹线→纵向梁筋绑扎、就位→筏板纵向下层筋布置→横向梁筋绑扎、就位→筏板横向下层筋布置→筏板下层网片绑扎→支撑马凳筋布置→筏板横向上层筋布置→筏板纵向上层筋布置→筏板上层网片绑扎→支模→浇筑混凝土→养护、拆模。

(2) 平板式筏板基础施工工艺流程：基底土质验槽→抄平→施工垫层→在垫层上弹线→底板钢筋、柱插筋安装→侧模板安装→浇筑混凝土→养护、拆模。

2. 施工要点

(1) 在基坑验槽后，应立即浇筑垫层。

(2) 当垫层达到一定强度后，在其上弹线。

(3) 模板工程。

① 模板采用定型组合钢模板，U 形环连接。垫层面清理干净后，先分段拼装，模板拼装前先刷好隔离剂（隔离剂可以用机油）。

② 模板也可以采用木胶合板模板，利用方木或钢管加固。

③ 支、拆模板工艺同条形基础模板。

④ 梁板式筏板基础施工时，可以将底板模板和梁模板同时支模，混凝土一次连续浇筑完成。也可先浇筑底板混凝土，待达到 25% 设计强度后，再在底板上支梁模板，继续浇筑完梁混凝土。

(4) 钢筋工程。

① 工艺流程。弹线→纵向梁筋绑扎，就位→筏板纵向下层筋布层→横向梁筋绑扎，就位→筏板横向下层筋布置→筏板下层网片绑扎→支撑马凳筋布置→筏板横向上层筋布置→筏板纵向上层筋布置→筏板上层网片绑扎。

② 钢筋的接头形式。筏板基础内钢筋可以采用绑扎连接、焊接连接和机械连接。

③ 绑扎钢筋方法。

a. 底板钢筋绑扎。四周两行钢筋交叉点应每点绑扎牢，中间部分交叉点可相隔交错扎牢。双向主筋的钢筋网，则需将全部钢筋交叉点扎牢。

b. 基础梁钢筋绑扎。基础梁钢筋绑扎一般采用就地成型方式施工，亦可采用搭设钢管绑扎架。将基础梁的架立筋两端放在绑扎架上，画出箍筋间距，套上箍筋，按已画好的位置与底板上层钢筋绑扎牢固。穿基础梁下部钢筋，与箍筋绑扎牢固。当纵向力钢筋为双排时，双排钢筋间可用短钢筋支垫（短钢筋直径不小于 25 mm 且不小于梁主筋），短钢筋间距以 1.0～1.2 m 为宜。基础梁钢筋绑扎完成抽出绑扎架，将已绑扎成型的梁钢筋骨架落地。

c. 柱、墙插筋的绑扎。根据弹好的柱、墙插筋位置线，将柱、墙钢筋插于底板或基础内并与底板或基础钢筋绑扎牢固。插筋甩出长度及接头位置应符合要求。

④ 钢筋保护层。基础中受力钢筋的混凝土保护层应符合设计要求。钢筋保护层厚度一般采用细石混凝土垫块或塑料卡进行控制。

（5）混凝土工程。

① 筏板基础混凝土如属于大体积混凝土施工时，应严格按经批准的专项施工技术方案进行施工。

② 施工要点。

a. 混凝土浇筑方向应平行于次梁长度方向，对于平板式筏板基础则应平行于基础长边方向。混凝土应一次浇灌完成，若不能整体浇灌完成，则应留设施工缝，并设置止水带。

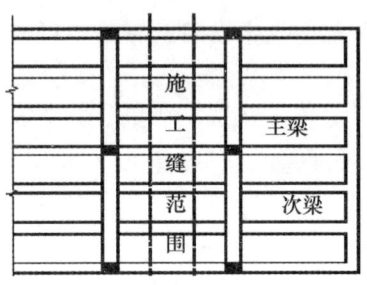

图 6-2-3　筏板基础施工缝位置

施工缝留设位置：当平行于次梁长度方向浇筑时，应留在次梁中部 1/3 跨度范围内；对平板式可留设在任何位置，但施工缝应平行于底板短边且不应在柱脚范围内，如图 6-2-3 所示。在施工缝处继续浇灌混凝土时，应将施工缝表面松动石子等清扫干净，并浇水湿润，铺上一层水泥浆或与混凝土成分相同的水泥沙浆，再继续浇筑混凝土。

对于梁板式片筏基础，梁高出底板部分应分层浇筑，每层浇灌厚度不宜超过 200 mm。混凝土应浇筑到柱脚顶面，留设水平施工缝。

b. 浇筑完的混凝土按标高线抹平（木抹子收面不少于两遍），混凝土初凝后立即用塑料薄膜覆盖表面和洒水养护。

c. 混凝土表面标高的控制。浇混凝土前在模板边弹出混凝土表面标高平线，在柱插筋上标出高于混凝土上表面 500 mm 的水平线。混凝土摊料、抹面时据此拉线作为标高控制线。

d. 采用泵送混凝土施工时，管道的移动不应造成模板支承体系的变形变位。

五、箱形基础施工

箱形基础是由钢筋混凝土底板、顶板、外墙以及一定数量的内隔墙构成封闭的箱体，如图 6-2-4 所示。基础中部可在内隔墙开门洞做地下室。该基础具有整体性好，刚度大，调整不均匀沉降能力及抗震能力强，可消除因地基变形使建筑物开裂的可能性，减少基底处原有地基自重应力，降低总沉降量等特点。

1. 应用范围

适用于软弱地基上的面积较小、平面形状简单、上部结构荷载大且分布不均匀的高层建筑物的基础和对沉降有严格要求的设备基础或特种构筑物基础。

2. 施工准备

（1）材料准备。水泥：应尽可能采用泌水量较低的低热水泥，如 32.5 级、42.5 级普通硅酸盐水泥或矿碴硅酸盐水泥。黄沙：尽量选择细度模数在 2.4～2.8 的中粗沙，沙含泥量小于等于 2.0%，泥块含量小于等于 0.5%。碎石：选用 5～25 mm 或 5～31.5 mm 的石子，在施工条件允许的情况下，尽量选用粒径较大的石子，减少粗骨料的比表面积，降低包裹粗骨料水泥浆体的用量，减少混凝土的体积收缩。要求石子的含泥量小于等于1.0%；针片状含量小于等于1.5%、泥块含量小于等于0.5%（按重量计），级配符合要求。掺和料：采用符合混凝土用的粉煤灰或磨细矿粉，以减少混凝土单位水泥用量，降低水泥的水化热量。外加剂：冬期选用有缓凝早强作用的泵送剂、夏季选用有缓凝作用的减水剂，以减少用水量和水泥用量，改善混凝土的和易性和可泵性，延长水泥的凝结时间。

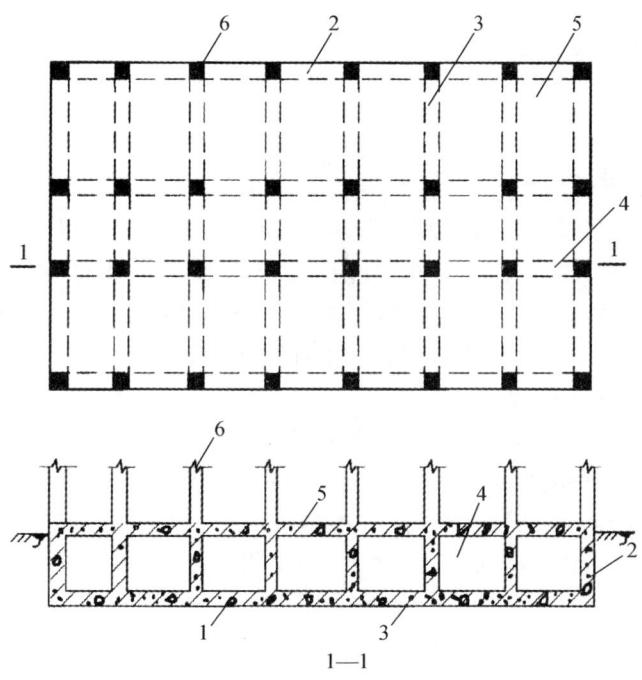

图 6-2-4　箱形基础
1—底板；2—外墙；3—内墙隔墙；4—内纵隔墙；5—顶板；6—柱

（2）机具设备准备。满足施工用的钢筋制作设备，钢筋垂直运输、焊接、绑扎所需的机具设备和支模板所需要的机具；配备足够的混凝土浇灌设备（混凝土输送泵，必要时要留有1～2台备用）和混凝土运输车辆，同时配备满足混凝土浇灌时的振动器具。

3. 箱形基础施工要点

（1）基坑开挖，如地下水位较高，应采取措施降低地下水位至基坑底以下500 mm处，并尽量减少对基坑底土的扰动。当采用机械开挖基坑时，在基坑底面以上200～300 mm厚的土层，应用人工挖除并清理，基坑验槽后，应立即进行基础施工。

（2）施工时，基础底板、内外墙和顶板的支模、钢筋绑扎和混凝土浇筑，可采取分块进行，其施工缝的留设位置和处理应符合《混凝土结构工程施工质量验收规范》（GB 50204）的有关要求，外墙接缝应设止水带。

（3）基础的底板、内外墙和顶板宜连续浇筑完毕。为防止出现温度收缩裂缝，一般应设置贯通后浇带，带宽不宜小于800 mm，在后浇带处钢筋应贯通，顶板浇筑后，相隔2～4周，用比设计强度提高一级的细石混凝土将后浇带填灌密实，并加强养护。

(4) 基础施工完毕，应立即进行回填土。停止降水时，应验算基础的抗浮稳定性，抗浮稳定系数不宜小于 1.2，如不能满足时，应采取有效措施，例如继续抽水直至上部结构荷载加上后能满足抗浮稳定系数要求为止，或在基础内灌水或加重物等，以防止基础上浮或倾斜。

4. 箱形基础地基验收

由建设单位组织，建设单位、勘察设计单位、设计单位、监理单位和总承包单位相关人员参加，进行现场联合验收，并签字盖章。

六、钢筋混凝土预制桩施工

（一）概述

目前最常用的预制桩是预应力混凝土管桩、方桩。

（1）管桩是一种细长的空心预制混凝土构件，是在工厂经先张预应力、离心成型、高压蒸养等工艺生产而成。管桩按桩身混凝土强度等级的不同分为 PC 桩（C60，C70）和 PHC 桩（C80）；按桩身抗裂弯矩的大小分为 A 型、AB 型和 B 型；外径有 300 mm、400 mm、500 mm、550 mm 和 600 mm，壁厚为 65～125 mm，常用节长为 7～12 m，特殊节长为 4～5 m。

（2）预制混凝土实心方桩也是最常用的桩形之一。断面尺寸一般为 200 mm×200 mm～600 mm×600 mm，单节桩的最大长度，依打桩架的高度而定，一般在 27 m 以内，如需打设 30 m 以上的桩，则将预制成几段，在打桩过程中逐段接长。但应避免桩尖接近硬持力层或桩尖处于硬持力层中接桩。较短桩多在预制厂生产，较长桩一般在现场附近或打桩现场就地预制。

（二）预制方桩的制作

1. 制作程序

现场制作场地压实、整平→场地地坪作三七灰土或浇筑混凝土→支模→绑扎钢筋骨架、安设吊环→浇筑混凝土→养护至 30% 强度拆模→支间隔端头模板、刷隔离剂、绑钢筋→浇筑间隔桩混凝土→同法间隔重叠制作第二层桩→养护至 70% 强度起吊→达 100% 强度后运输、堆放。

2. 制作方法

（1）模板施工

混凝土预制桩可在工厂或施工现场预制。现场预制多采用工具式木模板或钢模板，支在坚实平整的地坪上，模板应平整牢靠，尺寸准确。

现场预制一般采用重叠法间隔制作（见图 6-2-5），桩头部分使用钢模堵头板，并与两侧模板相互垂直，桩重叠层数根据地面允许荷载和施工条件确定，但不宜超过四层。桩与桩之间应做好隔离层（如油毡、牛皮纸、塑料纸、纸筋灰等）。上层桩或邻桩的浇筑，应在下层桩或邻桩混凝土达到设计强度的 30% 以后方可进行。

长桩可分节制作，单节长度应满足桩架的有效高度、制作场地条件、运输与装卸能力等方面的要求，并应避免在桩尖接近硬持力层或桩尖处于硬持力层中接桩。

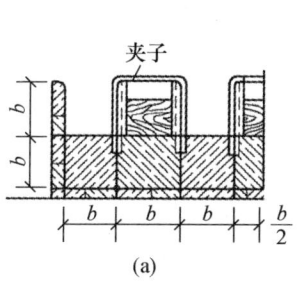
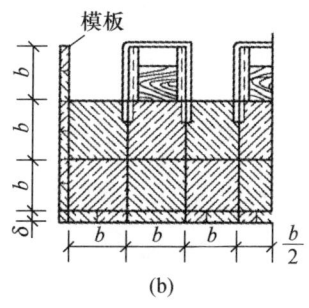

图 6-2-5 重叠间隔支模示意图

（2）钢筋施工

桩中的钢筋应严格保证位置的正确，桩尖应对准纵轴线，钢筋骨架主筋连接宜采用对焊或电弧焊，主筋接头配置在同一截面内的数量不得超过 50%；相邻两根主筋接头截面的距离应不大于 $35d$（d 为主筋直径），且不小于 500 mm（见图 6-2-6）。桩顶 1 m 范围内不应有接头。桩顶钢筋网的位置要准确，纵向钢筋顶部保护层不应过厚，钢筋网格的距离应正确，以防锤击时打碎桩头，同时桩顶面和接头端面应平整，桩顶平面与桩纵轴线倾斜不应大于 3 mm。

（3）混凝土施工

混凝土强度等级应不低于 C30，粗骨料用 5~40 mm 碎石或卵石，用机械拌制混凝土，坍落度不大于 6 cm，混凝土浇筑应由桩顶向桩尖方向连续浇筑，不得中断，并应防止另一端的沙浆积聚过多，并用振捣器仔细捣实。接桩的接头处要平整，使上下桩能互相贴合对准。浇筑完毕应护盖洒水养护不少于 7 d，如用蒸汽养护，在蒸养后，尚应适当自然养护，30 d 方可使用。

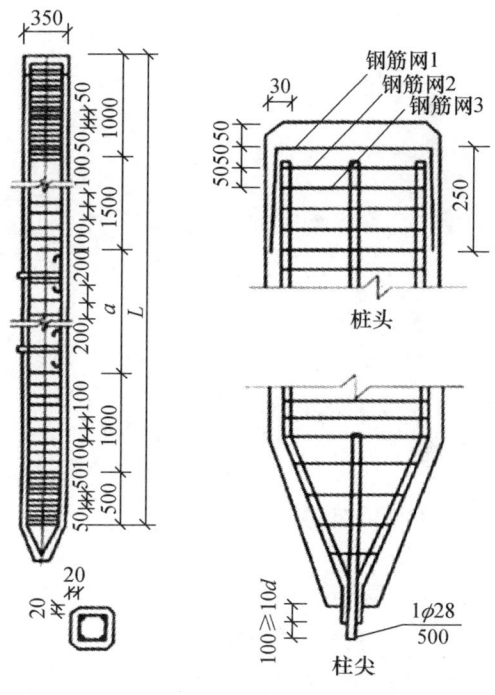

图 6-2-6 桩钢筋图

（三）起吊、运输和堆放

当桩的混凝土达到设计强度标准值的 70% 后方可起吊，吊点应系于设计规定之处，如无吊环，可按图 6-2-7 所示位置设置吊点起吊。在吊索与桩间应加衬垫，起吊应平稳提升，采取措施保护桩身质量，防止撞击和受振动。

桩运输时的强度应达到设计强度标准值的 100%。长桩运输可采用平板拖车、平台挂车运输；短桩运输亦可采用载重汽车，现场运距较近，亦可采用轻轨平板车运输。装载时桩支承应按设计吊钩位置或接近设计吊钩位置叠放平稳并垫实，支撑或绑扎牢固，以防运输中晃动或滑动。

堆放场地应平整坚实，排水良好。桩应按规格、桩号分层叠置，支承点应设在吊点或近旁处保持在同一横断平面上，各层垫木应上下对齐，并支承平稳，堆放层数不宜超过 4 层。

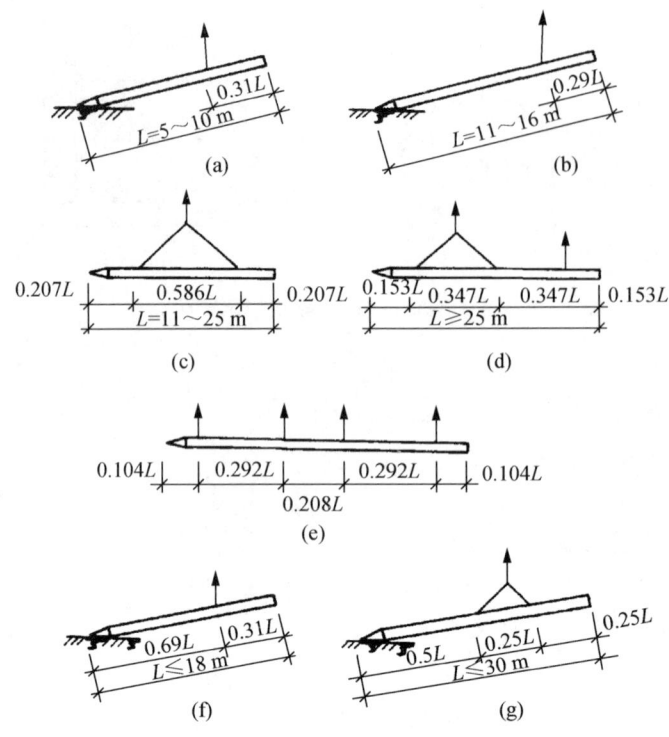

图 6-2-7 预制桩吊点位置
(a)、(b) 一点吊法；(c) 二点吊法；(d) 三点吊法；(e) 四点吊法；
(f) 预应力管桩一点吊法；(g) 预应力管桩两点吊法

（四）沉桩施工

1. 施工准备

钢筋混凝土预制桩施工前，应根据施工图的设计要求、桩的类型、成孔过程对土的挤压情况、地质探测和试桩等资料，制定施工方案。

沉桩前，现场准备工作的内容有处理障碍物、平整场地、抄平放线、铺设水电管网、沉桩机械设备的进场和安装以及桩的供应等。

（1）处理障碍物。打桩前，宜向城市管理、供水、供电、煤气、电信、房管等有关单位提出要求，认真处理高空、地上和地下的障碍物。然后对现场周围（一般为10 m以内）的建筑物、驳岸、地下管线等作全面检查，必须予以加固或采取隔振措施或拆除，以免打桩中由于振动的影响，可能引起倒塌。

（2）平整场地。打桩场地必须平整、坚实，必要时宜铺设道路，经压路机碾压密实，场地四周应挖排水沟以利排水。

（3）抄平放线定桩位。在打桩现场附近设水准点，其位置应不受打桩影响，数量不得少于两个，用以抄平场地和检查桩的入土深度。要根据建筑物的轴线控制桩定出桩基础的每个桩位，可用小木桩标记。正式打桩之前，应对桩基的轴线和桩位复查一次。以免因小木桩挪动、丢失而影响施工。桩位放线允许偏差为20 mm。

（4）进行打桩试验。施工前应做数量不少于2根桩的打桩工艺试验，用以了解桩的沉入时间、最终沉入度、持力层的强度、桩的承载力以及施工过程中可能出现的各种问题和反常情况等，以便检验所选的打桩设备和施工工艺，确定是否符合设计要求。

（5）确定打桩顺序。打桩顺序直接影响到桩基础的质量和施工速度，应根据桩的密集程度（桩距大小）、桩的规格、长短，桩的设计标高、工作面布置、工期要求等综合考虑，合理确定打桩顺序。根据桩的密集程度，打桩顺序一般分为逐段打设、自中部向四周打设和由中间向两侧打设三种，如图6-2-8所示。当桩的中心距不大于4倍桩的直径或边长时，应由中间向两侧对称施打（见图6-2-8(a)）或由中间向四周施打（见图6-2-8(b)）。当桩的中心距大于4倍桩的边长或直径时，可采用上述两种打法，或逐排单向打设（见图6-2-8(c)）。

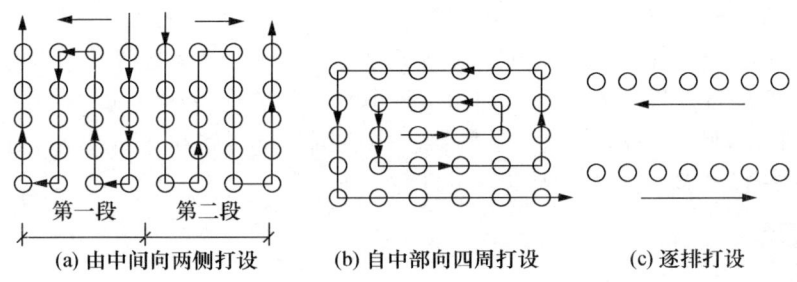

图 6-2-8　打桩顺序图

打桩要有顺序，沉桩顺序不当，土体被挤密，邻桩受挤偏位或桩体被土抬起，桩位移产生偏移，都影响桩的沉入质量。

一般情况下，沉桩顺序应符合以下规定：

① 当基坑不大时，打桩应逐排打设或从中间开始分头向周边或两边进行；

② 对于密集群桩，自中间向两个方向或向四周对称施打；

③ 当一侧毗邻建筑物时，由毗邻建筑物处向另一方向施打。

④ 当基坑较大时，应将基坑分为数段，而后在各段范围内分别进行，但打桩应避免自外向内，或从周边向中间施打；

⑤ 对基础标高不一的桩，宜先深后浅；

⑥ 对不同规格的桩，宜先大后小，先长后短。

（6）桩帽、垫衬和送桩设备机具准备。

2. 施工方法

混凝土预制桩的沉桩方法有锤击沉桩、静力压桩等。

（1）锤击沉桩

锤击沉桩也称打入桩，是利用桩锤下落产生的冲击能量将桩沉入土中，锤击沉桩是混凝土预制桩最常用的沉桩方法。该法施工速度快，机械化程度高，适应范围广，现场文明程度高，但施工时有噪声和振动，对于在城市中心和夜间施工有所限制。

① 打桩设备及选择。打桩所用的机具设备，主要包括以下几种。

a. 桩锤。桩锤作用是对桩施加冲击力，将桩打入土中。桩锤有落锤、蒸汽锤（单动汽锤和双动汽锤）、柴油锤、液压锤等类型。

桩锤类型应根据施工现场情况、机具设备条件、工作方式和工作效率等条件来选择。

桩锤重量的选择，在做功相同而锤重与落距乘积相等的情况下，宜选用"重锤低击"，这样可以使桩锤动量大而冲击回弹能量消耗小。桩锤过重，所需动力设备大，能源消耗大，不经济；桩锤过轻，施打时必定增大落距，使桩身产生回弹，桩不宜沉入土中，常常打坏桩头或使混凝土保护层脱落，严重者甚至使桩身断裂。

b. 桩架。桩架是支持桩身和桩锤，在打桩过程中引导桩的方向及维持桩的稳定，并保证桩锤沿着所要求方向冲击的设备。桩架一般由底盘、导向杆、起吊设备、撑杆等组成。桩架的形式多种多样，常用的通用桩架有两种基本形式：一种是沿轨道行驶的多功能桩架；另一种是装在履带底盘上的履带式桩架。后者目前应用最多，如图6-2-9所示。

桩架高度可以根据桩的长度、桩锤的高度及施工条件等来确定。

c. 动力装置。动力装置的配置取决于所选的桩锤，包括启动桩锤用的动力设施。当选用空气锤时，应配备空气压缩机；当选用蒸汽锤时，则要配备蒸汽锅炉和卷扬机。

d. 送桩器。如图6-2-10所示，送桩器宜做成圆筒形，也可做成方形，长度应满足送桩深度要求，并有足够的强度、刚度和耐打性。

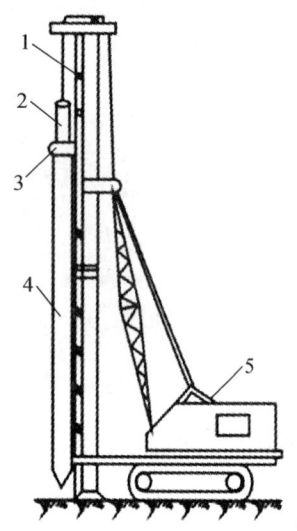

图6-2-9　履带式打桩机
1—导架；2—桩锤；3—桩帽；
4—桩；5—吊车

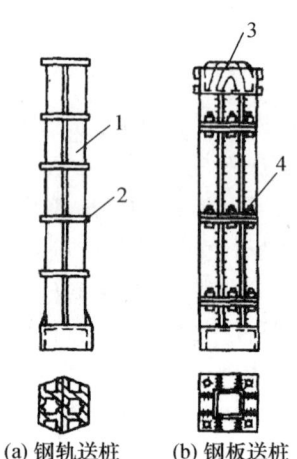

图6-2-10　钢送桩构造
1—钢轨；2—15 mm厚钢板箍；
3—硬木垫；4—连接螺栓

② 打桩工艺。

a. 吊桩就位。打桩前，按设计要求进行桩定位放线，确定桩位，每根桩中心钉一小桩，并设置油漆标志。

按既定的打桩顺序，先将桩架移动至桩位处并用缆风绳拉牢，然后将桩运至桩架下，桩的吊立定位，一般利用桩架附设的卷扬机吊桩就位，或配一台履带式起重机送桩就位，并用桩架上夹具或落下桩锤借桩帽固定位置。同时把桩尖准确地安放到桩位上，并缓缓放下插入土中。桩插入时垂直偏差不得超过0.5%。桩就位后，为了防止击碎桩顶，在桩锤与桩帽、桩帽与桩之间应放上硬木、粗草纸或麻袋等桩垫作为缓冲层，桩帽与桩顶四周应留5～10 mm的间隙，如图6-2-11所示。然后进行检查，使桩身、桩帽和桩锤在同一轴线上即可开始打桩。

b. 打桩。打桩时宜用"重锤低击"可取得良好效果，这是因为这样桩锤对桩头的冲击小，回弹也小，桩头不易损坏，大部分能量都用于克服桩身与土的摩阻力和桩尖阻力上，桩就能较快地沉入土中。

初打时地层软、沉降量较大，宜低锤轻打，随着沉桩加深（1~2 m），速度减慢，再酌情增加起锤高度，要控制锤击应力。打桩时应观察桩锤回弹情况，如经常回弹较大时则说明锤太轻，不能使桩下沉，应及时更换。至于桩锤的落距以多大为宜，根据实践经验，在一般情况下，单动汽锤以0.6 m左右为宜，柴油锤不超过1.5 m，落锤不超过1.0 m为宜。打桩时要随时注意贯入度变化情况，当贯入度骤减，桩锤有较大回弹时，表示桩尖遇到障碍，此时应使桩锤落距减小，加快锤击。如上述情况仍存在，则应停止锤击，查其原因进行处理。

在打桩过程中，如突然出现桩锤回弹、贯入度突增、锤击时桩弯曲、倾斜、颤动、桩顶破坏加剧等情况，则表明桩身可能已破坏。

打桩最后阶段，沉降太小时，要避免硬打，如难沉下，要检查桩垫、桩帽是否适宜，需要时可更换或补充软垫。

c. 接桩。预制桩施工中，由于受到场地、运输及桩机设备等的限制，而将长桩分为多节进行制作。接桩时要注意新接桩节与原桩节的轴线一致。目前预制桩的接桩工艺主要有硫黄胶泥浆锚法、电焊接桩和机械接桩等三种。前一种适用于软弱土层，后两种适用于各类土层。

接桩时，一般在距地面1 m左右时进行。上下节桩的中心线偏差不得大于10 mm，节点折曲矢高不得大于1‰桩长。

接桩处入土前，应对外露铁件，再次补刷防腐漆。

• 电焊接桩。在桩长不够的情况下，采用焊接接桩，其预制桩表面上的预埋件应清洁，上下节之间的间隙应用铁片垫实焊牢。

焊接接桩，钢板宜用低碳钢，焊条宜用E43，焊接时应先将四角点焊固定，然后对称焊接，并确保焊缝质量和设计尺寸。焊接时，应采取措施，减少焊缝变形；焊缝应连续焊满。

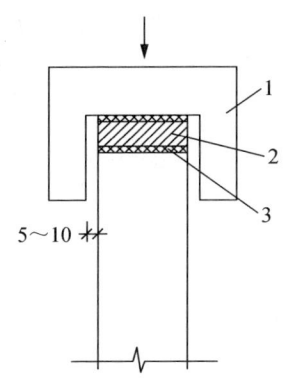

图6-2-11 自落锤桩帽构造示意图
1—桩帽；2—硬垫木；3—草纸（弹性衬垫）

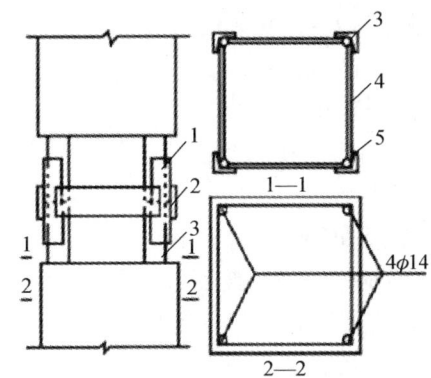

图6-2-12 焊接法接桩节点构造

焊接法接桩（见图6-2-12）时，必须对准下节桩并垂直无误后，再进行焊接。焊接管桩先点焊后，由两名焊工同时对称施焊。方桩焊接应先用点焊将拼接角钢连接固定，再次检查位置正确后则进行焊接。施焊时，应两人同时对角对称地进行，以防止节点变形不匀而引起桩身歪斜。焊缝要连续饱满。

- 机械接头。在桩端预留连接口，现场插钢梢后直接压接（机械接头）。
- 硫黄胶泥浆锚接法。硫黄胶泥锚接方法是将熔化的硫黄胶泥注满锚筋孔内并溢出桩面，然后迅速将上段桩对准落下，胶泥冷硬后，即可继续施打，比其他接头形式接桩简便快速。

浆锚法接桩（见图6-2-13）时，首先将上节桩对准下节桩，使四根锚筋插入锚筋孔中（直径为锚筋直径的2.5倍），下落压梁并套住桩顶，然后将桩和压梁同时上升约200mm（以四根锚筋不脱离锚筋孔为度）。此时，安设好施工夹箍（施工夹箍：由四块木板，内侧用人造革包裹40mm厚的树脂海绵块而成），将溶化的硫黄胶泥注满锚筋孔内和接头平面上，然后将上节桩和压梁同时下落，当硫黄胶泥冷却并拆除施工夹箍后，即可继续加荷施压。

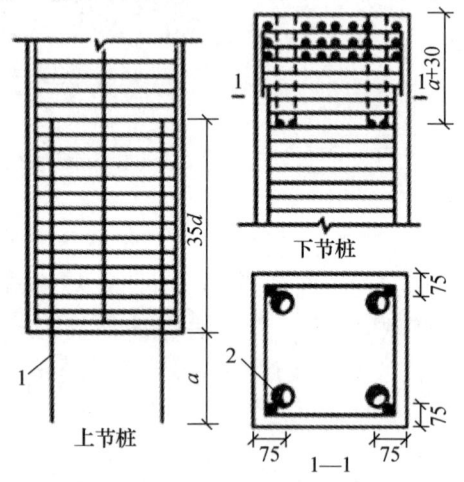

图6-2-13 浆锚法接桩节点构造
1—锚筋；2—锚筋孔

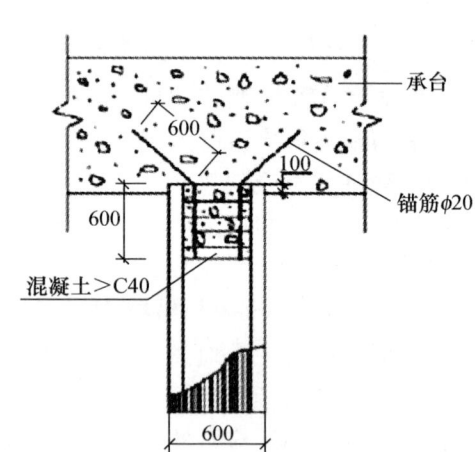

图6-2-14 预应力管桩头与基础连接示意图

③ 打桩质量要求。保证打桩的质量，应遵循以下原则：端承桩即桩端达到坚硬土层或岩层，以控制贯入度为主，桩端标高可作参考；摩擦桩即桩端位于一般土层，以控制桩端设计标高为主，贯入度可作参考。打（压）入桩（预制混凝土方桩、先张法预应力管桩、钢桩）的桩位偏差，必须符合规范的规定。打斜桩时，斜桩的倾斜度的允许偏差，不得大于倾斜角正切值的15%。

④ 送桩。当桩顶标高低于槽底标高时，应采用送桩器送桩。送桩完成后应及时将空孔回填密实。

⑤ 桩头处理。

a. 预制方桩头。按照设计标高进行测量，画出截桩红线，凿除多余的混凝土，桩头要凿平，清理干净，桩身主筋伸入承台的长度应符合设计要求；如桩的长度不够，应按照设计要求进行接桩。

b. 预应力管桩头。土方开挖至设计标高露出管桩后，如需截桩应先截桩再清理干净管桩内的所有杂物，将钢板悬吊于孔内作底模，深度不少于600mm，按要求绑扎好钢筋后（也可将锚筋与悬吊钢板焊接牢固），用不低于C40的混凝土浇筑。混凝土内应掺入适量膨胀剂。预应力管桩锚筋应伸入基础底板内，并与基础底板钢筋焊接牢固，预应力管桩头与基础连接如图6-2-14所示。

（2）静力压桩

静压法沉桩是通过静力压桩机的压桩机构，以压桩机自重和桩机上的配重作反力而将预制钢筋混凝土桩分节压入地基土层中成桩。

静压法与锤击法比较，具有如下特点：施工无噪声、无振动、施工安全可靠、无污染；桩截面可以减小，混凝土强度等级可降低 1～2 级，配筋省；效率高，施工速度快；压桩力能自动记录，可预估和验证单桩承载力。但存在压桩设备较笨重，要求边桩中心到已有建筑物间距较大，压桩力受一定限制，挤土效应仍然存在等问题。

适用于软土、填土及一般黏性土层中，特别适合于居民稠密及危房附近环境保护要求严格的地区沉桩；但不宜用于地下有较多孤石、障碍物或有 4 m 以上硬隔离层的情况。

① 静压法沉桩机理。静压预制桩主要应用于软土，一般黏性土地基。在桩压入过程中，系以桩机本身的重量（包括配重）作为反作用力，以克服压桩过程中的桩侧摩阻力和桩端阻力。当预制桩在竖向静压力作用下沉入土中时，桩周土体发生急速而激烈的挤压，土中孔隙水压力急剧上升，土的抗剪强度大大降低，从而使桩身很快下沉。

② 压桩机具设备。静力压桩机分机械式和液压式两种。液压式是当前国内较广泛采用的一种新型压桩机械。国内常用的有 YZY 系列和 ZYJ 系列液压静力压桩机，其型号和主要技术参数见"常用的建筑施工机械"部分。

液压式静力压桩机由液压装置、行走机构及起吊装置等组成（见图 6-2-15）。

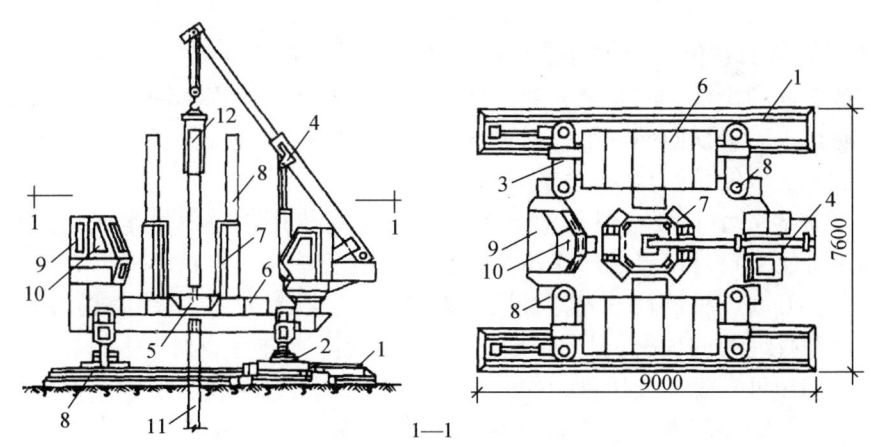

图 6-2-15　全液压式静力压桩机压桩
1—长船行走机构；2—短船行走及回转机构；3—支腿式底盘结构；4—液压起重机；
5—夹持与压板装置；6—配重铁块；7—导向架；8—液压系统；9—电控系统；
10—操纵室；11—已压入下节桩；12—吊入上节桩

③ 施工工艺方法要点。

a. 静压预制桩的施工，一般都采取分段压入，逐段接长的方法。其施工程序为：测量定位→压桩机就位→吊桩、插桩→桩身对中调直→静压沉桩→接桩→再静压沉桩→送桩→终止压桩→切割桩头。

静压预制桩施工前的准备工作、桩的制作、起吊、运输、堆放、施工流水、测量放线、定位等均同锤击法打（沉）预制桩。

压桩的工艺程序如图 6-2-16 所示。

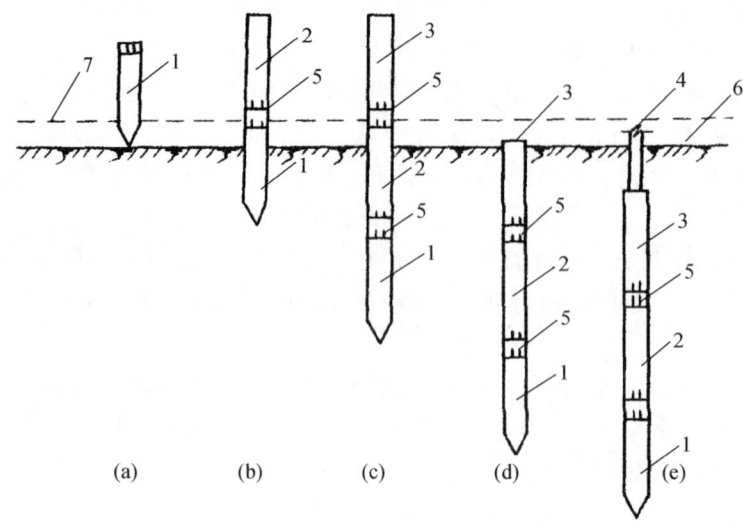

（a）准备压第一段桩；（b）接第二段桩；（c）接第三段桩；
（d）整根桩压平至地面；（e）采用接送压桩完毕

图 6-2-16　压桩工艺程序示意图
1—第一段桩；2—第二段桩；3—第三段桩；4—送桩；
5—桩接头处；6—地面线；7—压桩架操作平台线

b. 压桩时，桩机就位是利用行走装置完成，它是由横向行走（短船行走）和回转机构组成的。把船体当作铺设的轨道，通过横向和纵向油缸的伸程和回程使桩机实现步履式的横向和纵向行走。当横向两油缸一只伸程，另一只回程，可使桩机实现小角度回转，这样可使桩机达到要求的位置。

c. 静压预制桩每节长度一般在 12 m 以内，插桩时先用起重机吊运或用汽车运至桩机附近，再利用桩机上自身设置的工作吊机将预制混凝土桩吊入夹持器中，夹持油缸将桩从侧面夹紧，即可开动压桩油缸，先将桩压入土中 1 m 左右后停止，调正桩在两个方向的垂直度后，压桩油缸继续伸程把桩压入土中，伸长完后，夹持油缸回程松夹，压桩油缸回程，重复上述动作可实现连续压桩操作，直至把桩压入预定深度土层中。在压桩过程中要认真记录桩入土深度和压力表读数的关系，以判断桩的质量及承载力。当压力表读数突然上升或下降时，要停机对照地质资料进行分析，判断是否遇到障碍物或产生断桩现象等。

d. 压桩应连续进行，如需接桩，可压至桩顶离地面 0.8～1.0 m，接桩方法与锤击法相同。

e. 当压力表读数达到预先规定值，便可停止压桩。如果桩顶接近地面，而压桩力尚未达到规定值，可以送桩。静力压桩情况下，只需用一节长度超过要求送桩深度的桩，放在被送的桩顶上便可以送桩，不必采用专用的钢送桩。如果桩顶高出地面一段距离，而压桩力已达到规定值时则要截桩，以便压桩机移位。

f. 压桩应控制好终止条件，一般可按以下情况进行控制：

● 对于摩擦桩，按照设计桩长进行控制，但在施工前应先按设计桩长试压几根桩，待停置 24 h 后，用与桩的设计极限承载力相等的终压力进行复压，如果桩在复压时几乎不动，即可以此进行控制。

- 对于端承摩擦桩或摩擦端承桩，按终压力值进行控制：

对于桩长大于 21 m 的端承摩擦桩，终压力值一般取桩的设计极限承载力。当桩周土为黏性土且灵敏度较高时，终压力可按设计极限承载力的 0.8～0.9 倍取值；

当桩长小于 21 m，而大于 14 m 时，终压力按设计极限承载力的 1.1～1.4 倍取值；或桩的设计极限承载力取终压力值的 0.7～0.9 倍；

当桩长小于 14 m 时，终压力按设计极限承载力的 1.4～1.6 倍取值；或设计极限承载力取终压力值 0.6～0.7 倍，其中对于小于 8 m 的超短桩，按 0.6 倍取值。

- 超载压桩时，一般不宜采用满载连续复压法，但在必要时可以进行复压，复压的次数不宜超过 2 次，且每次稳压时间不宜超过 10 s。

课题三　模板工程施工

问题引入

模板是使混凝土构件按设计要求的位置尺寸和几何形状成型的模型板。那么，模板有哪些类型？如何进行安装和拆除？如何计算模板用量？下面就来学习有关模板工程的施工知识。

知识课堂

一、模板工程基础知识

模板是使新拌混凝土在浇筑过程中保持设计要求的位置尺寸和几何形状，是使之硬化成为钢筋混凝土结构或构件的模型板。

模板工程的费用约占钢筋混凝土工程总造价的 30%、占总用工量的 50%，占工期的 50%～60%，因此，采用先进的模板技术，对提高工程质量、加快施工进度、提高劳动生产率、降低工程成本和实现文明施工，都具有十分重要的意义。

模板工程施工工艺流程：模板的选材→选型→设计→制作→安装→拆除→周转。

（一）模板的组成和要求

1. 模板系统的组成

模板又称模型板，是新浇混凝土成型用的模型。

模板系统由模板、支撑系统两部分组成，如图 6-3-1 所示。模板是指与混凝土直接接触，使混凝土具有设计所要求的形状和尺寸的部分；支撑模板及承受作用在模板上的荷载的结构（如支柱、桁架等）称为支撑系统。模板及其支撑系统应根据工程结构形式、荷载大小、地基土类别、施工设备和材料供应等条件进行设计。

2. 模板及其支架的要求

（1）有足够的承载力、刚度和稳定性，能可靠地承受浇筑混凝土的重量、侧压力以及施工荷载。

（2）保证工程结构和构件各部位形状尺寸和相互位置的正确。

(3) 构造简单，装拆方便，能多次周转使用。
(4) 接缝严密，不易漏浆。

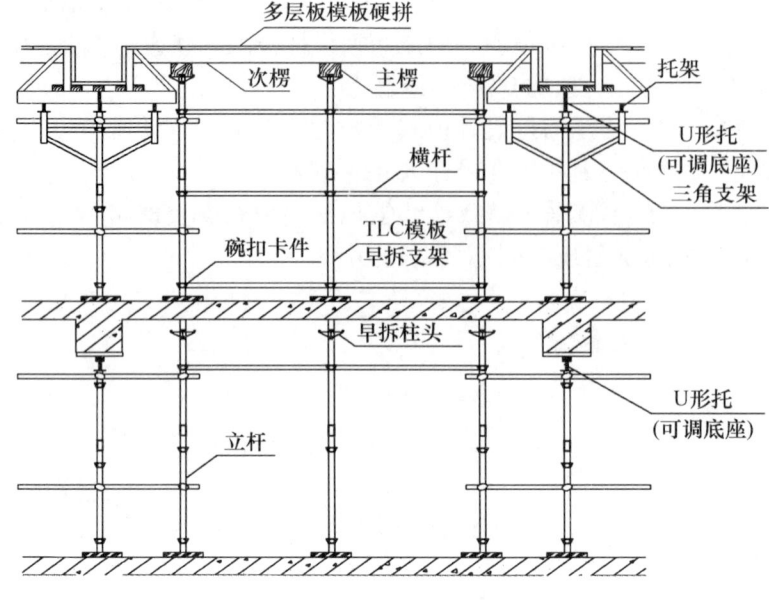

图 6-3-1 模板系统的组成

（二）模板的分类

(1) 按其所用的材料不同可分为木模板、钢模板、钢木模板、钢竹模板、胶合板模板、塑料模板、铝合金模板、压形钢板模板等。

(2) 按其结构构件的类型不同可分为基础模板、柱模板、楼板模板、墙模板、壳模板和烟囱模板等。

(3) 按其形式及施工工艺不同可分为组合式模板（如木模板、组合钢模板）、工具式模板（如滑升模板、大模板等）、胶合板模板和永久性模板。

(4) 按模板规格形式不同可分为定型模板（如小钢模）和非定型模板（散装模板）。

二、木模板和木胶合板模板的构造与安装

（一）概述

1. 木模板

木模板的木材主要采用松木和杉木，其含水率不宜过高，以免干裂，一般含水率应低于19%。木模板及其支架系统一般在加工厂或现场木工棚制成元件，然后再在现场拼装。

木模板的基本元件是拼板。拼板由板条与拼条钉成，如图6-3-2所示。板条厚度一般为25~50 mm；宽度不宜大于200 mm，以免受潮翘曲。拼条截面尺寸为25 mm×35 mm~50 mm×50 mm，拼条间距根据施工荷载的大小以及板条的厚度而定，一般取400~500 mm。板条与拼条一般采用钉子连接。钉子的长度一般为模板厚度的1.5~2.0倍。

2. 木胶合板模板

混凝土模板用的木胶合板属具有高耐气候、耐水性的Ⅰ类胶合板，胶黏剂为酚醛树脂胶。

（1）木胶合板的构造

模板用的木胶合板通常由 5、7、9、11 层等奇数层单板经热压固化而胶合成型。相邻层的纹理方向相互垂直，通常最外层表板的纹理方向和胶合板板面的长向平行（见图 6-3-3）。因此，整张胶合板的长向为强方向，短向为弱方向，使用时必须加以注意。

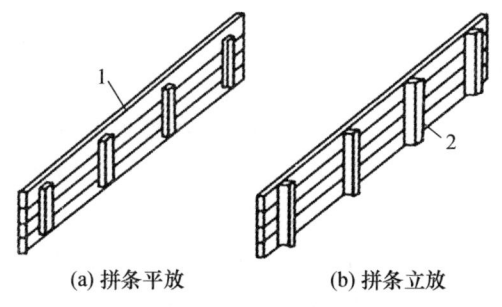

(a) 拼条平放　　(b) 拼条立放

图 6-3-2　拼板的构造

1—板条；2—拼条

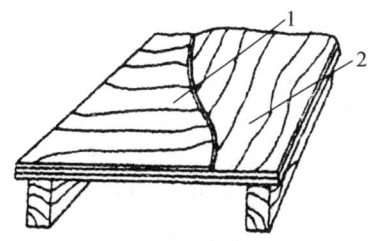

图 6-3-3　木胶合板纹理方向与使用

1—表板；2—芯板

（2）木胶合板的规格

我国模板用木胶合板的规格尺寸，见表 6-3-1。

表 6-3-1　模板用木胶合板规格尺寸

厚　度/mm	层　数	宽　度/mm	长　度/mm
12	至少 5 层	915	1 830
15	至少 7 层	1 220	1 830
18		915	2 135
		1 220	2 440

【温馨提示】

施工单位在购买混凝土模板用胶合板时，首先要判别是否属于 I 类胶合板，即判别该批胶合板是否采用了酚醛树脂胶或其他性能相当的胶黏剂。如果受试验条件限制，不能做胶合强度试验时，可以用沸水煮小块试件快速简单判别。方法是从胶合板上锯截下 20 mm 见方的小块，放在沸水中煮 0.5～1 h。用酚醛树脂作为胶黏剂的试件煮后不会脱胶。

（3）木胶合板模板的优点

① 工艺简单，适用范围大。

② 板幅大、自重轻、板面平整光滑。

③ 承载能力大，特别是经表面处理后耐磨性好，能多次重复使用。

④ 材质轻，厚 18 mm 的木胶合板，单位面积质量为 50 kg，模板的运输、堆放、使用和管理都较为方便。

⑤ 锯截方便，易加工成各种形状的模板。

⑥ 便于按工程的需要弯曲成型，用作曲面模板。

⑦ 用于清水混凝土模板，最为理想。

（4）木胶合板模板的缺点

① 大量消耗木材，周转次数少。

② 手工操作，质量差异大。

③ 部件的抗弯强度低，用料多。

【温馨提示】

① 根据有关资料显示，胶合板模板市场占有率已达到75%，钢模板占15%，其他模板占10%。

② 据北京2004—2007年41个工程项目情况调查统计，木胶合板模板周转1～3次的占78%。其中周转3次的占24.5%，周转2次的占42.7%，周转1次的占10.8%。

(5) 胶合板模板的适用性

胶合板模板适用于多层和高层各类混凝土结构，多层混凝土厂房。这种模板体系目前正在我国现浇混凝土结构中广泛使用，是一种大有前途的新型混凝土模板。

(二) 模板的构造与安装

现浇钢筋混凝土的基本构件主要有基础、柱、梁和板，下面分别介绍这些基本构件的模板构造与安装方法。必须说明的是，木胶合板模板构造与木模板构造基本相同。

1. 基础模板

(1) 阶梯基础模板

每一台阶模板由四块侧板拼钉而成，其中两块侧板的尺寸与相应的台阶侧面尺寸相等；另两块侧板长度应比相应的台阶侧面宽150～200 mm，高度与其相等，四块侧板用木档拼成方框。上台阶模板通过轿杠木，支撑在下台阶上，下层台阶模板的四周要设斜撑和平撑，斜撑和平撑一端钉在侧板的木档（排骨档）上，另一端顶紧在木桩上。上层台阶模板的四周也要用斜撑和平撑支撑，斜撑和平撑一端钉在上台阶侧板的木档上；另一端可钉在下台阶侧板的木档顶上，如图6-3-4所示。

(2) 杯形基础模板

杯形基础模板在杯口位置要装设杯芯模板，如图6-3-5所示。杯口模板应直拼、外面刨光。杯芯模板位置应准确、固定牢固、防止上浮或偏移，底面标高应比设计标高低50 mm。杯芯模板在混凝土浇筑初凝后拔出。

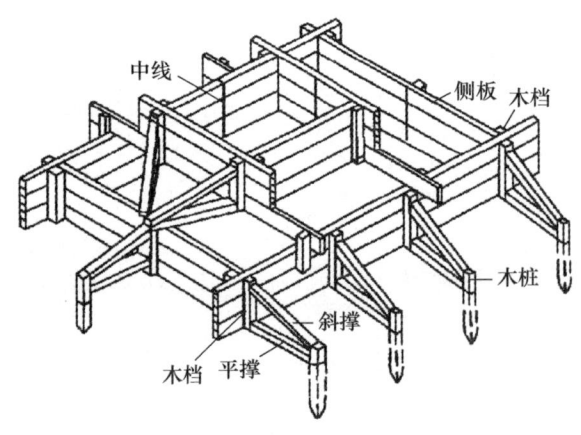

图6-3-4 阶梯形独立基础模板

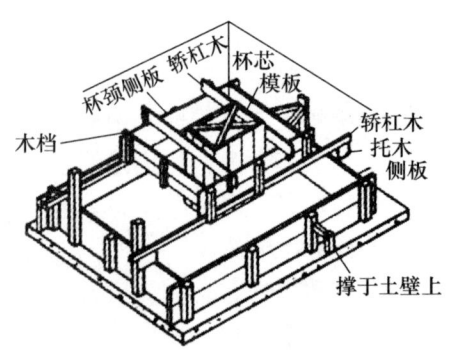

图6-3-5 杯形基础模板

(3) 条形基础

条形基础一般高度小、体积较大，当土质良好时，可以不用侧模，采取原槽灌筑，这样比较经济。

① 条形基础的构造。条形基础在一般工程中采用较多，主要模板部件是侧模和支撑系统的横杠、斜撑和平撑（见图6-3-6）。侧板可用长条木板加钉竖向木档拼制，也可用短条木板加横向木档拼成。

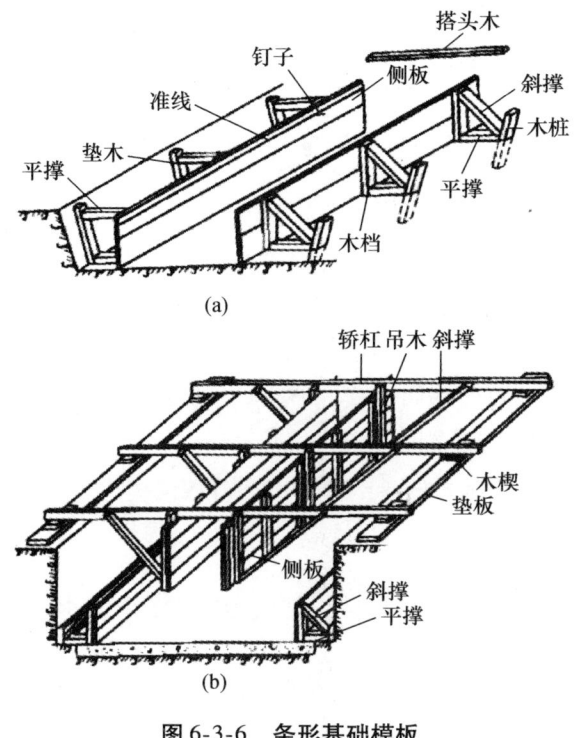

图6-3-6　条形基础模板

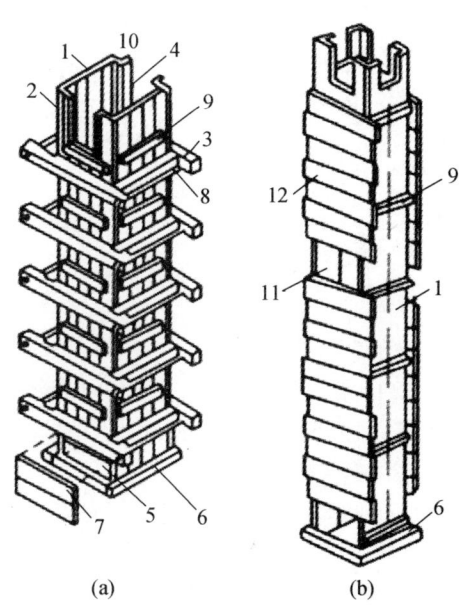

图6-3-7　柱模板
1—内拼板；2—外拼板；3—柱箍；4—梁缺口；
5—清理；6—木框；7—盖板；8—拉紧螺栓；
9—拼条；10—三角木条；11—灌筑口；
12—木拼板

斜撑和平撑钉在木桩（或垫木）与木档之间。立档的截面和间距与侧模板的厚度有关，立档是用来钉牢侧模和加强其刚度的。

带有地梁的条形基础，轿杠布置在侧板上口，用斜撑、吊木将侧板吊在轿杠上。吊木间距为800～1200 mm。

② 安装要点。

a. 安装前应平整好基础底石，有设计要求时应做好垫层。

b. 模板定位后，用木条、斜撑等固定侧拼板。

c. 为抵抗混凝土的侧压力，还要用钢丝将侧拼板拉牢。

2. 柱模板

柱子的断面尺寸不大但比较高，因此，柱模板的构造和安装主要解决垂直度及抵抗新浇混凝土的侧压力，同时也应考虑方便灌筑混凝土，清理垃圾与绑扎钢筋等。

（1）柱模板构造

柱模板由两块相对的内拼板夹在两块外拼板之内组成，如图6-3-7所示。也可以用短板(门子板)代替外拼板钉在内拼板上。柱模板的底部开有清理模板内垃圾的孔,沿高度每隔约2m开有灌筑口(亦是振捣口),柱底部一般有一个钉在底部混凝土上的木框,用以固定柱模板位置。拼板外要设柱箍,柱箍可为木制、钢制或钢木制。柱模板顶部需要开有与梁模板连接的缺口。

(2) 柱模板安装要点

安装柱模板前,应先绑扎好钢筋,测出标高并标在钢筋上,同时要钉好压脚板;沿已弹出的柱边线竖立模板,用支撑临时固定,校正后再用斜撑固定。在同一条直线上的柱,应先校正两头的柱模,再在柱模上口中心线拉一铁丝来校正中间的柱模。柱模之间,用水平撑及剪刀撑相互牵搭住,如图6-3-8所示。

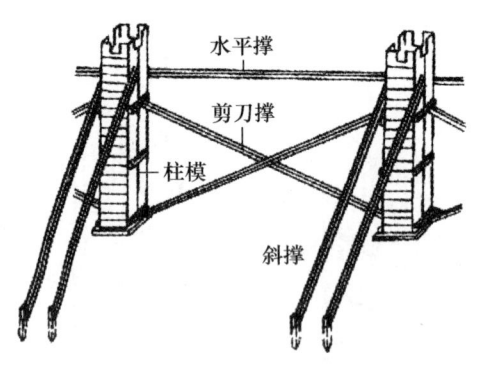

图6-3-8 柱模板支撑示意图

3. 梁模板

(1) 梁的特点:跨度大而宽度大,梁底一般是架空的。

(2) 梁模板的构造:主要由底模、侧模、夹木及支架系统组成,如图6-3-9所示。底模用长条模板加拼条拼成,或用整块板条。

(3) 梁模板安装:

① 沿梁模板下方地面上铺垫板,在柱模板缺口处钉衬口档,把底板搁置在衬口档上,如图6-3-10所示;

② 立起靠近柱或墙的顶撑,再将梁长度等分,立中间部分顶撑,顶撑底下打入木楔,并检查调整标高;

③ 把侧模板放上,两头钉于衬口档上,在侧板底外侧铺钉夹木,再钉上斜撑和水平拉条。

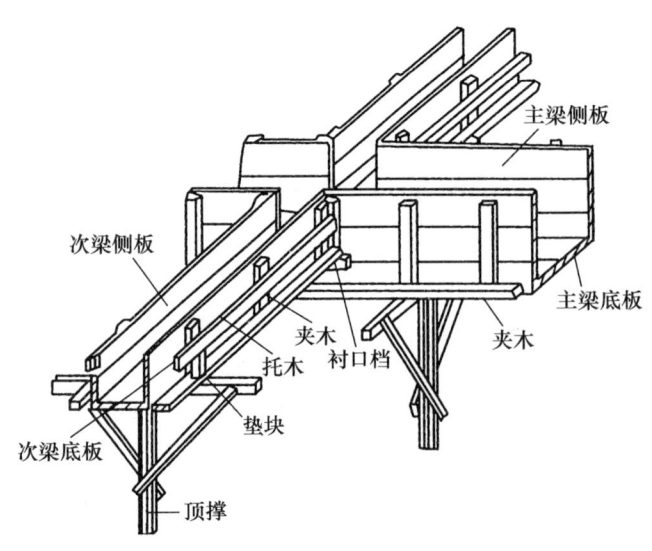

图6-3-9 梁模板

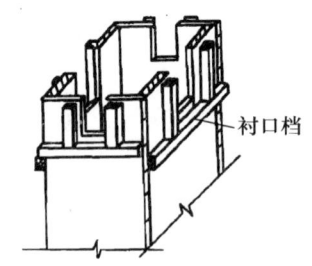

图6-3-10 梁柱交接处的衬口档

④ 若梁的跨度等于或大于 4 m，应使梁底模板中部略起拱，防止由于混凝土的重力跨中下垂。如设计无规定时，起拱高度宜为全跨长度的 1/1000～3/1000。

4. 楼面模板

楼板的特点是面积大而厚度比较薄，侧向压力小。因此，楼面模板及其支架系统，主要承受钢筋、混凝土的自重及其施工荷载，保证模板不变形。

（1）采用木支撑支设楼面模板

① 楼面模板的构造

采用木支撑支设楼板模板，梁与楼板的模板同时支搭并联为一体。

② 楼板模板的安装

a. 楼板模板铺设在搁栅上。搁栅两头搁置在托木上，搁栅一般用断面 50 mm × 100 mm 的方木，间距为 400～500 mm。当搁栅跨度较大时，应在搁栅下面再铺设通长的牵杠，以减小搁栅的跨度。牵杠撑的断面要求与顶撑立柱一样，下面须垫木楔及垫板。一般用（50～75）mm × 150 mm 的方木。楼板模板应垂直于搁栅方向铺钉，如图 6-3-11 所示。

b. 楼板模板安装时，先在次梁模板的两侧板外侧弹水平线，水平线的标高应为楼板底标高减去楼板模板厚度及搁栅高度，然后按水平线钉上托木，托木上口与水平线相齐。再把靠梁模旁的搁栅先摆上，等分搁栅间距，摆中间部分的搁栅。最后在搁栅上铺钉楼板模板。为了便于拆模，只在模板端部或接头处钉牢，中间尽量少钉。如中间设有牵杠撑及牵杠时，应在搁栅摆放前先将牵杠撑立起，将牵杠铺平。

木顶撑构造，如图 6-3-12 所示。

（2）采用脚手钢管搭设排架铺设楼板模板

① 楼板模板的构造。楼板模板是用 18 厚胶合板作为面板，50 mm × 60 mm～80 mm × 100 mm 的方木作为主、次龙骨，48 × 3.5 扣件式钢管脚手架（或者多功能门形组合脚手架）作为支撑，组成的钢木组合楼面模板体系。

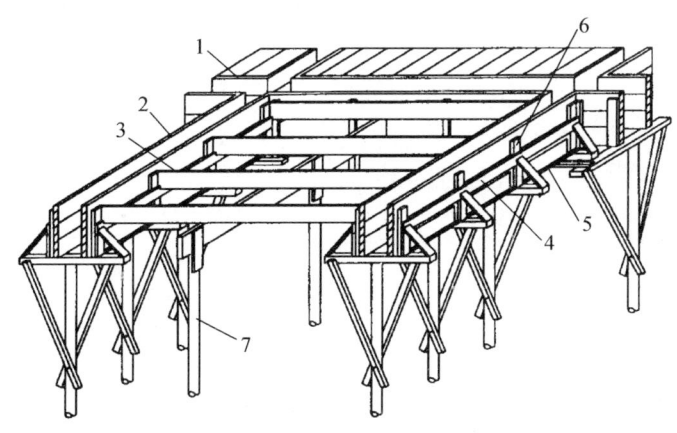

图 6-3-11　肋形楼盖木模板
1—楼板模板；2—梁侧模板；3—搁栅；4—横档支撑；
5—支撑；6—夹条；7—支柱（琵琶撑）

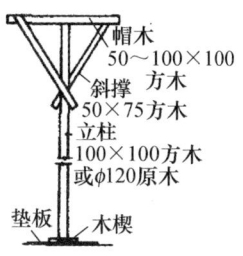

图 6-3-12　木顶撑

② 常规的支模方法。胶合板用作楼板模板时，常规的支模方法为：用 $\phi48 \times 3.5$ 脚手钢管（或钢支柱）搭设排架，排架上铺放间距为 400 mm 左右的 50 mm × 100 mm 或者 60 mm × 80 mm 木方（俗称 68 方木），作为面板的搁栅（楞木），在其上铺设胶合板面板（见图 6-3-13）。木胶合板常用厚度为 12 mm、18 mm，木方的间距随胶合板厚度作调整。

有关钢管支撑排架的搭设等内容参见"单元二脚手架工程施工"。

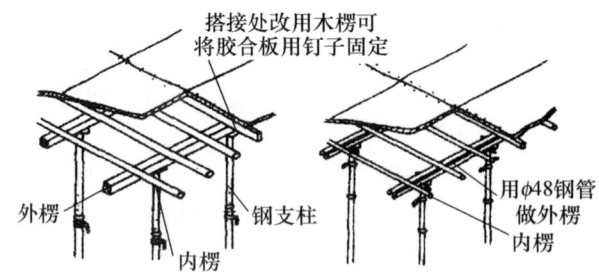

图 6-3-13 楼板模板采用脚手钢管（或钢支柱）排架支撑

5. 楼梯模板

（1）楼梯模板的构造

楼梯模板的构造与楼板相似，不同点是楼梯模板要倾斜支设和要做成踏步。踏步模板分为底板及梯步两部分。平台、平台梁的模板同前，如图 6-3-14 所示。

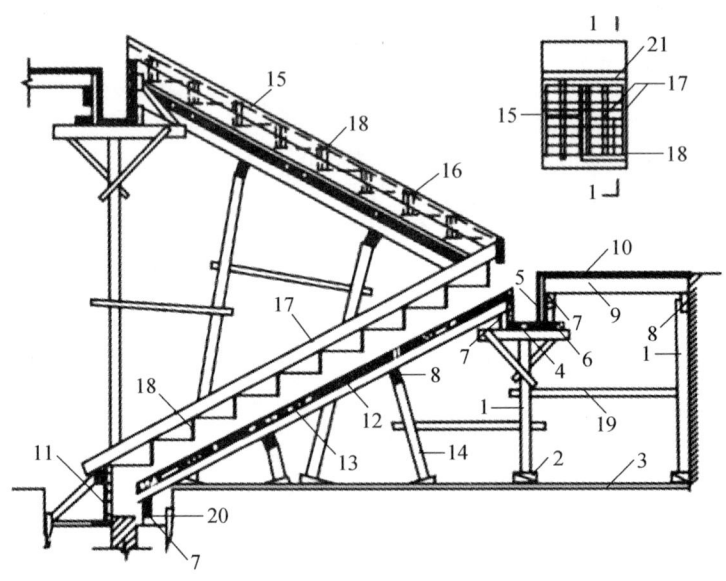

图 6-3-14 楼梯模板

1—支柱（顶撑）；2—木楔；3—垫板；4—平台梁底板；5—侧板；6—夹木；7—托木；8—杠木；9—楞木；10—平台底板；11—梯基侧板；12—斜楞木；13—楼梯底板；14—斜向顶撑；15—外帮板；16—横档木；17—反三角板；18—踏步侧板；19—拉杆；20—木桩

（2）楼梯模板安装

先安装平台梁和平台板模板，再装楼梯斜梁或楼梯底模板，然后安装楼梯外侧板。安装时，特别要注意每层楼梯第一级与最后一级踏步的高度，不要忽视了装饰面层的厚度，造成高低不同的现象。

6. 圈梁模板

圈梁的特点是断面小但很长，一般除窗洞口及个别地方是架空外，其他均搁在墙上。故圈梁模板主要是由侧板和固定侧板用的卡具所组成的，如图6-3-15所示。底模仅在架空部分使用。

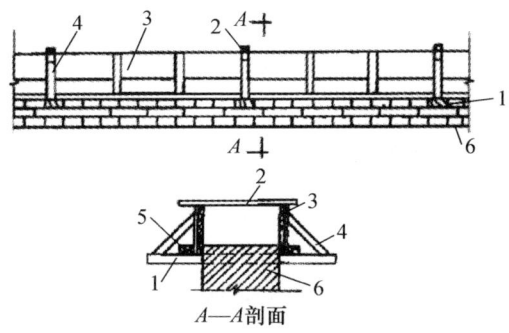

图6-3-15 圈梁模板

1—横楞；2—搭头木；3—侧板；4—斜撑；5—夹木；6—墙

【温馨提示】　　　　　胶合板模板配制要求

(1) 应整张直接使用，尽量减少随意锯截，造成胶合板浪费。

(2) 木胶合板常用厚度一般为12 mm或18 mm，竹胶合板常用厚度一般为12 mm，内、外楞的间距，可随胶合板的厚度，通过设计计算进行调整。

(3) 支撑系统可以选用钢管脚手，也可采用木材。采用木支撑时，不得选用脆性、严重扭曲和受潮容易变形的木材。

(4) 钉子长度应为胶合板厚度的1.5～2.5倍，每块胶合板与木楞相叠处至少钉2个钉子。第二块板的钉子要转向第一块模板方向斜钉，使拼缝严密。

(5) 配制好的模板应在反面编号并写明规格，分别堆放保管，以免错用。

三、定型组合钢模板的构造与安装

定型组合钢模板是一种工具式定型模板，由钢模板和配件组成，配件包括连接件和支承件。钢模板通过各种连接件和支承件可组合成多种尺寸、结构和几何形状的模板，以适应各种类型建筑物的梁、柱、板、墙、基础和设备等施工的需要，也可用其拼装成大模板、滑模、隧道模和台模等。施工时可在现场直接组装，亦可预拼装成大块模板或构件模板用起重机吊运安装。

定型组合钢模板组装灵活，通用性强，拆装方便；每套钢模可重复使用50～100次；加工精度高，浇筑混凝土的质量好，成型后的混凝土尺寸准确，棱角整齐，表面光滑，可以节省装修用工，但一次投资费用大。

（一）定型组合钢模板的组成

组合钢模板由钢模板和配件（连接件、支承件）组成。

1. 钢模板

（1）钢模板类型

钢模板采用 Q235 钢材制成，钢板厚度 2.5mm，对于 ≥400mm 宽面钢模板的钢板厚度应采用 2.75mm 或 3.0mm 钢板。

钢模板包括平面模板、阴角模板、阳角模板和连接角模板。

① 平面模板：用于组成构件平台。

平面模板用于基础、墙体、梁、板、柱等各种结构的平面部位，它由面板和肋组成，肋上设有 U 形卡孔和插销孔，利用 U 形卡和 L 形插销等拼装成大块板。

② 阴角模板：用于形成构件阴角，如内墙角、水池内角及梁板交接处阴角等。

③ 阳角模板：用于形成构件阳角。

④ 连接角模板：用于平面模板，作垂直连接构成阳角。

钢模板的用途及规格，见表 6-3-2。

表 6-3-2 模板的用途及规格

名称		图示	用途	宽度/mm	长度/mm	肋高/mm
平面模板		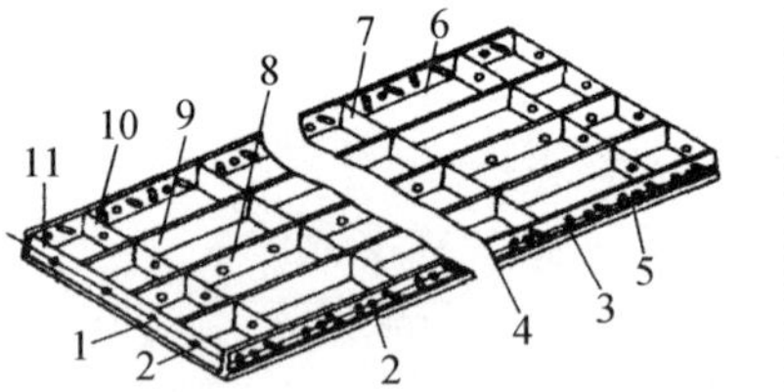 1—插销孔；2—U形卡孔；3—凸鼓；4—凸棱；5—边肋；6—主板；7—无孔横肋；8—有孔纵肋；9—无孔纵肋；10—有孔横肋；11—端肋	用于基础、墙体、梁、柱和板等多种结构的平面部位	600、550、500、450、400、350、300、250、200、150、100	1800、1500、1200、900、750、600、450	55
转角模板	阴角模板	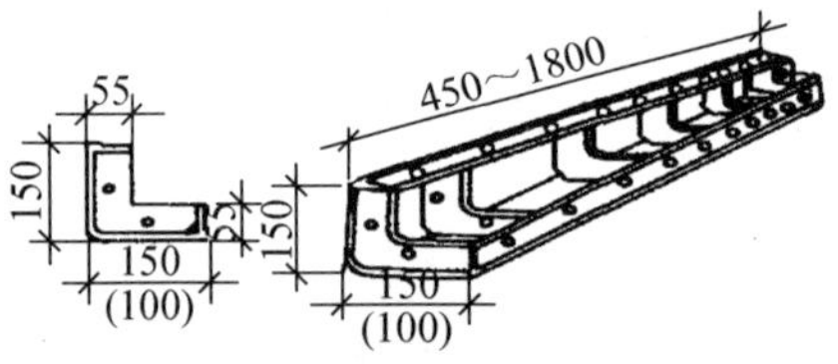	用于墙体和各种构件的内角及凹角的转角部位	150×150、100×150		
	阳角模板	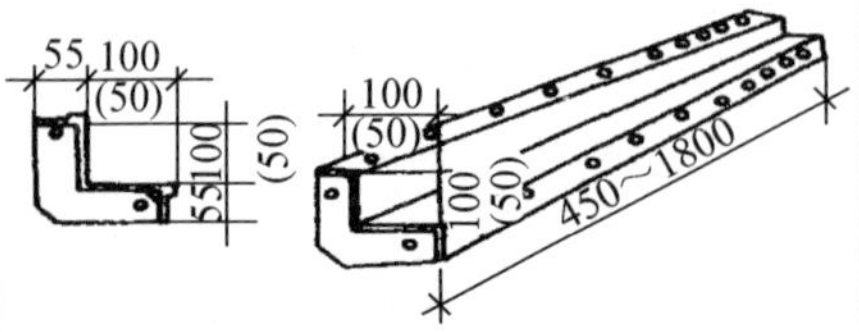	用于柱、梁及墙体等外角及凸角的转角部位	100×100、50×50		
	连接角模板	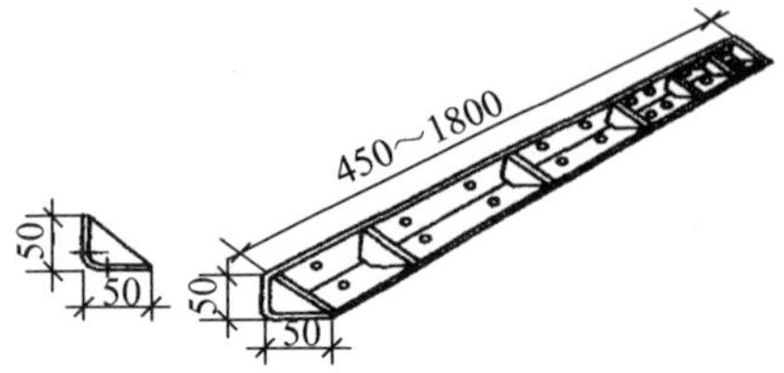	用于柱、梁及墙体等外角及凸角的转角部位	50×50		

续表

名　称		图　示	用　途	宽　度 /mm	长　度 /mm	肋 高 /mm
倒棱模板	角棱模板	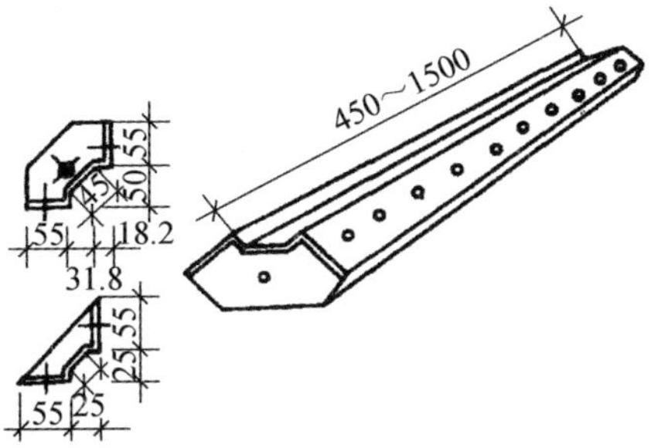	用于柱、梁及墙体等阳角的倒棱部位	17、45	1500、1200、900、750、600、450	55
	圆棱模板	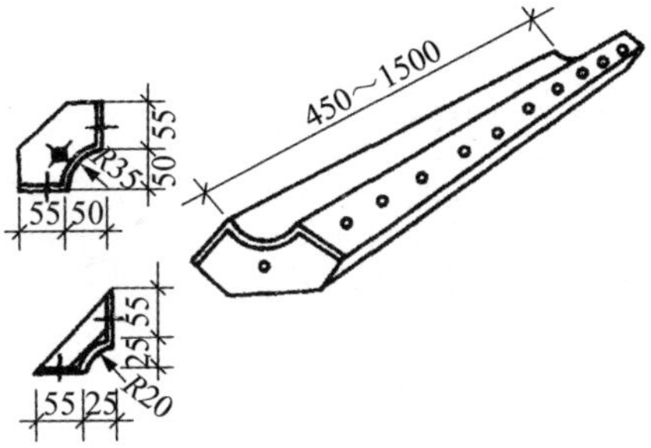		R20、R25		
梁腋模板		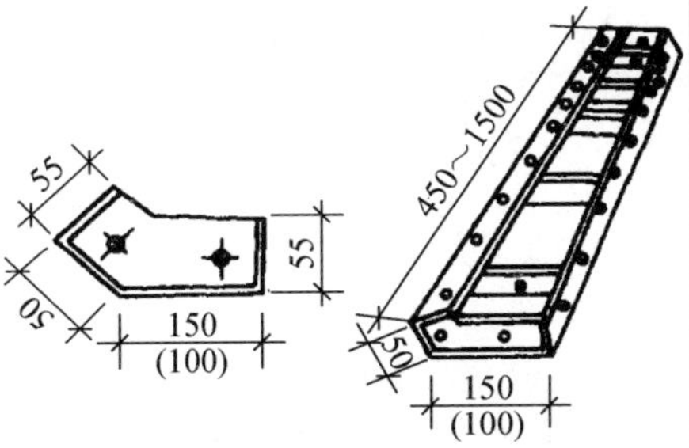	用于暗渠、明渠、沉箱及高架结构等梁腋部位	50×150、50×100		
柔性模板		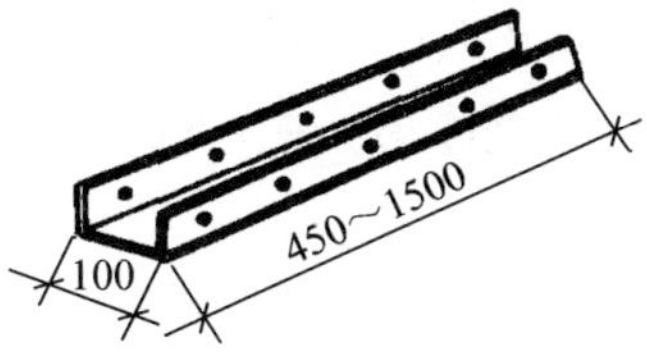	用于圆形筒壁、曲面墙体等部位	100		

（2）钢模板的规格尺寸

钢模板采用模数制设计，宽度模数以 50 mm 进级，长度为 150 mm 进级（长度超过 900 mm 时，以 300 mm 进级），可以适应横竖拼装成以 50 mm 进级的任何尺寸的模板。

钢模板规格编码见表 6-3-3。

表 6-3-3　钢模板规格编码表　　　　　　　　　　　　（单位：mm）

名　称	长度 宽度	450 代码	600 代码	750 代码	900 代码	1200 代码	1500 代码	1800 代码
平面模板	600	P6004	P6006	P007	P6009	P6012	P6015	P6018
	550	P5504	P5506	P5507	P5509	P5512	P5515	P5518
	500	P5004	P5006	P5007	P5009	P5012	P5015	P5018
	450	P4504	P4506	P4507	P4509	P4512	P4515	P4518
	400	P4004	P4006	P4007	P4009	P4012	P4015	P4018
	350	P3504	P3506	P3507	P3509	P3512	P3515	P3518
	300	P3004	P3006	P3007	P3009	P3012	P3015	P3018
	250	P2504	P2506	P2507	P2509	P2512	P2515	P2518
	200	P2004	P2006	P2007	P2009	P2012	P2015	P2018
	150	P1504	P1506	P1507	P1509	P1512	P1515	P1518
	100	P1004	P1006	P1007	P1009	P1012	P1015	P1018
阴角模板	150	E1504	E1506	E1507	E1509	E1512	E1515	E1518
	100	E1004	E1006	E1007	E1009	E1012	E1015	E1018
阳角模板	100	Y1004	Y1006	Y1007	Y1009	Y1012	Y1015	Y1018
	50	Y0504	Y0506	Y0507	Y0509	Y0512	Y0515	Y0518
连接角模板	—	J0004	J006	J0007	J0009	J0012	J0015	J0018

2. 连接件

定型组合钢模板的连接件包括 U 形卡、L 形插销、钩头螺栓、对拉螺栓、紧固螺栓和扣件等，如图 6-3-16 所示。

（1）U 形卡：模板的主要连接件，用于相邻模板的拼装。

（2）L 形插销：用于插入两块模板纵向连接处的插销孔内，以增强模板纵向接头处的刚度。

（3）钩头螺栓：连接模板与支撑系统的连接件。

（4）紧固螺栓：用于内、外钢楞之间的连接件。

（5）对拉螺栓：又称穿墙螺栓，用于连接墙壁两侧模板，保持墙壁厚度，承受混凝土侧压力及水平荷载，使模板不致变形。

（6）扣件：扣件用于钢楞之间或钢楞与模板之间的扣紧，按钢楞的不同形状，分别采用蝶形扣件和"3"形扣件，见表 6-3-4。

3. 支承件

定型组合钢模板的支承件包括钢楞、柱箍、钢支柱、斜撑、钢桁架、梁卡具和钢管脚手架等。

（1）钢楞

① 钢楞又称龙骨，即模板的横档和竖档，分内钢楞与外钢楞，主要用于支承钢模板并加强其整体刚度。

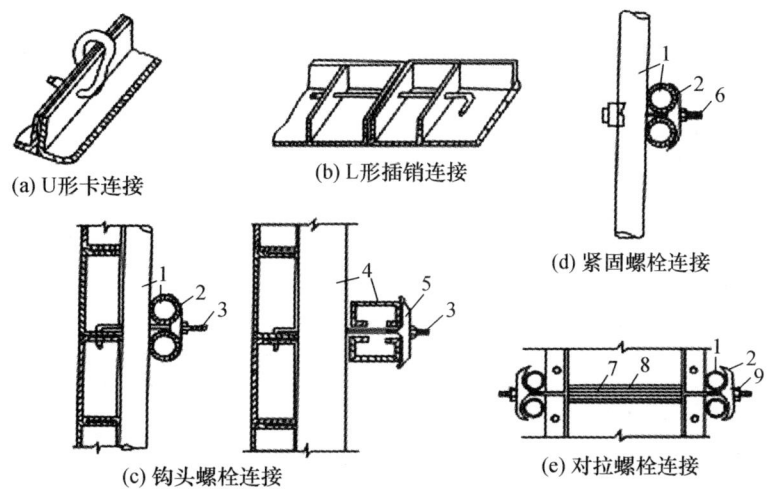

图 6-3-16 钢模板连接件
1—圆钢管钢楞；2—"3"形扣件；3—钩头螺栓；4—内卷边槽钢钢楞；
5—蝶形扣件；6—紧固螺栓；7—对拉螺栓；8—塑料套管；9—螺栓

表 6-3-4 扣件的用途及规格

名　称		图　示	用　途	规　格	备注
扣件	"3"形扣件		用于钢楞与钢模板或钢楞之间的紧固连接，与其他配件一起将钢模板拼装连接成整体，扣件应与相应的钢楞配套使用。按钢楞的不同形状，分别采用碟形和"3"形扣件，扣件的刚度与配套螺栓的强度相适应	26型、12型	Q235钢板
	碟形扣件			26型、18型	

② 内钢楞配置方向一般应与钢模板垂直，直接承受钢模板传来的荷载，其间距一般为 700～900 mm。

③ 钢楞一般用圆钢管、矩形钢管、槽钢或内卷边槽钢，而以钢管用得较多。

(2) 柱箍

用于直接支承和夹紧各类柱模的支承件，根据柱模的外形尺寸和侧压力的大小来选用。柱模板四角可设角钢柱箍，角钢柱箍由两根互相焊成直角的角钢组成，用弯角螺栓及螺母拉紧，如图 6-3-17(a) 所示；也可用 60×5 扁钢制成扁钢柱箍，如图 6-3-17(b) 所示。

柱箍由圆钢管（Q48×3）、直角扣件或对拉螺栓组成，如图 6-3-18 所示。

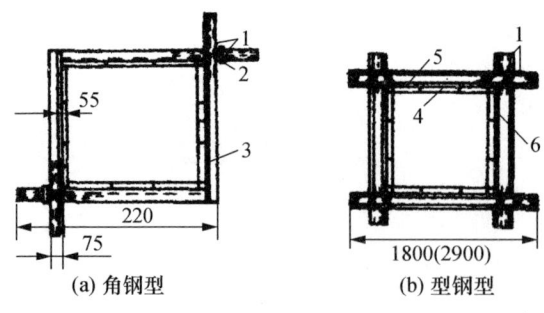

(a) 角钢型　　　　(b) 型钢型

图 6-3-17　柱箍

1—插销；2—限位器；3—夹板；4—模板；5、6—型钢

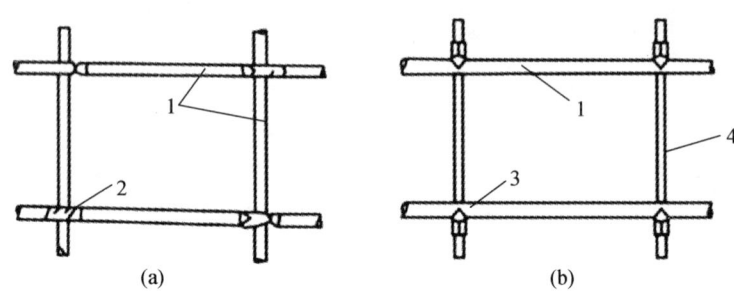

(a)　　　　　　　　(b)

图 6-3-18　柱箍的组成

1—圆钢管；2—直角扣件；3—"3"形扣件；4—对拉螺栓

（3）钢支柱

用于大梁、楼板等水平模板的垂直支撑，采用 Q235 钢管制作，有单管支柱和四管支柱多种形式（见图 6-3-19）。单管支柱分 C-18 型、C-22 型和 C-27 型三种，其规格（长度）分别为 1812～3112 mm、2212～3512 mm 和 2712～4012 mm。

（4）斜撑

由组合钢模板拼成的整片墙模或柱模，在吊装就位后，应由斜撑调整和固定其垂直位置，如图 6-3-20 所示。

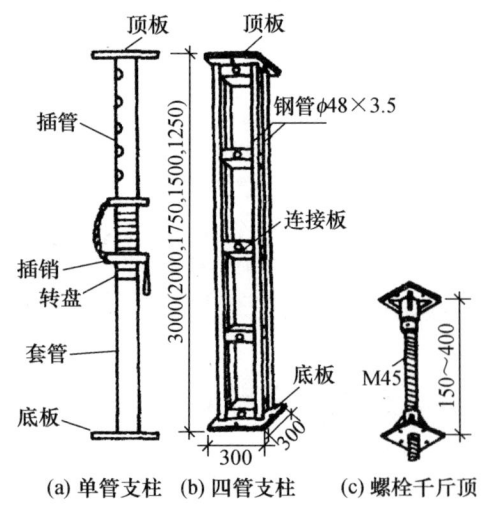

(a) 单管支柱　(b) 四管支柱　(c) 螺栓千斤顶

图 6-3-19　钢支柱

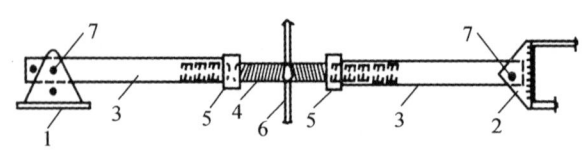

图 6-3-20　斜撑

1—底座；2—顶撑；3—钢管斜撑；4—花篮螺丝；
5—螺母；6—旋杆；7—销钉

(5) 钢桁架

如图 6-3-21 所示,其两端可支承在钢筋托具、墙、梁侧模板的横档以及柱顶梁底横档上以支承梁或板的模板。

(6) 梁卡具

梁卡具又称梁托架,是一种将大梁、过梁等钢模板夹紧固定的装置,并承受混凝土侧压力,其种类较多,其中钢管型梁卡具(图 6-3-22),适用于断面为 700 mm×500 mm 以内的梁;扁钢和圆钢管组合梁卡具(图 6-3-23),适用于断面为 600 mm×500 mm 以内的梁,上述两种梁卡具的高度和宽度都能调节。

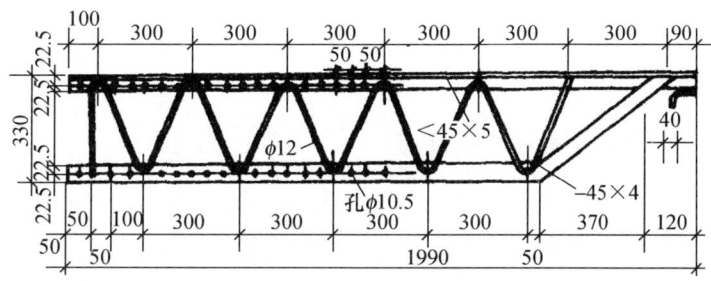

图 6-3-21 钢桁架

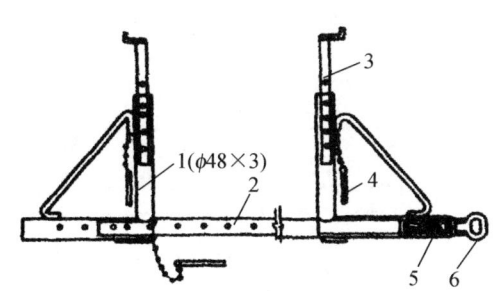

图 6-3-22 钢管型梁卡具

1—三角架;2—底座;3—调节杆;4—插销;
5—调节螺栓;6—钢筋环

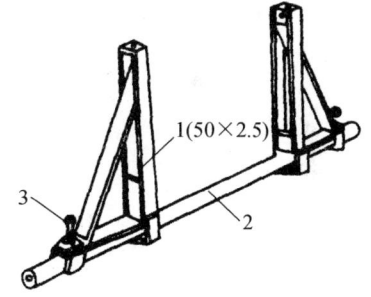

图 6-3-23 扁钢和圆钢管组合梁卡具

1—三角架;2—底座;3—固定螺栓

(7) 钢管脚手支架

主要用于层高较大的梁、板等水平构件模板的垂直支撑。

① 扣件式钢管脚手架:一般采用外径 $\phi48$,厚壁 3.5 的焊接钢管,长有 2000 mm、3000 mm、4000 mm、5000 mm、6000 mm 几种,另配有 200 mm、400 mm、600 mm、800 mm 等长的短钢管,供接长调距使用,详见"单元二脚手架工程施工"。

② 碗扣式钢管脚手架:又称多功能碗扣型脚手架,详见"单元二脚手架工程施工"。

③ 门式支架:又称框组式脚手架,详见"单元二脚手架工程施工"。

(二) 定型组合钢模板的配板设计

模板的配板设计内容:

(1) 画出各构件的模板展开图。

(2) 根据模板展开图绘制模板配板图，选用最适合的各种规格的钢模板布置在模板展开图上。

(3) 确定支模方案，进行支撑工具布置。根据结构类型及空间位置、荷载大小等确定支模方案，根据配板图布置支撑。

四、钢框木胶合板模板

（一）钢框木胶合板模板

(1) 钢框木胶合板模板是指钢框与木胶合板结合使用的一种模板。

(2) 钢框木胶合板模板由钢框和防水木胶合板平铺在钢框上，用沉头螺栓与钢框连牢，构造如图 6-3-24 所示。

（二）SP-70 早拆体系钢框胶合板模板

早拆模板原理（见图 6-3-25）是基于"短跨支撑早期拆模"思想，就是通过合理的支设模板，将较大跨度的楼盖，通过增加支承点（支柱），缩小楼盖的跨度（≤2 m）。利用柱头、立柱和可调支座组成竖向支撑，支撑于上下层楼板之间，使原设计的楼板跨度处于短跨（立柱间距＜2 m）受力状态，在混凝土楼板的强度达到规定标准强度的 50%（常温下 3～4 d），即可拆除梁、板模板及部分支撑。柱头、立柱及可调支座仍保持支撑状态。从而达到"早拆模板，后拆支柱"的目的。当混凝土强度增大到足以在全跨条件下承受自重和施工荷载时，再拆去全部竖向支撑。

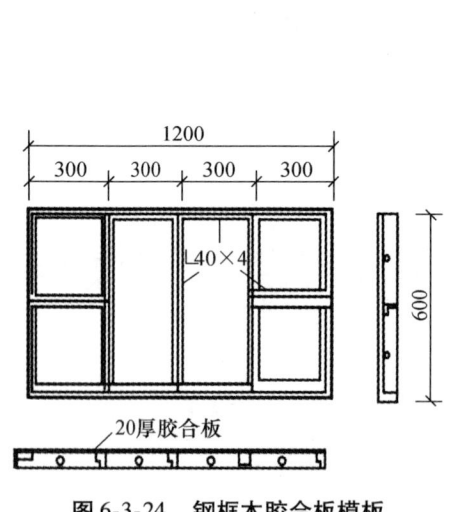

图 6-3-24　钢框木胶合板模板

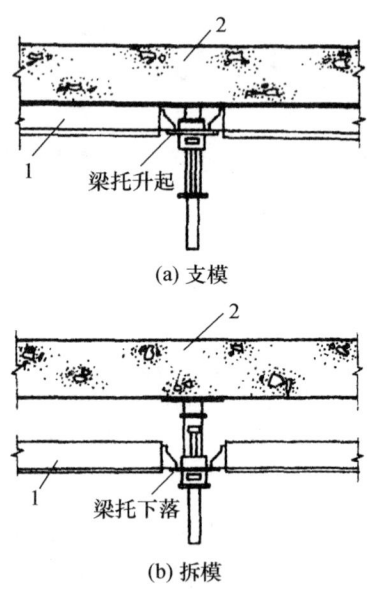

图 6-3-25　早期拆模原理
1—模板主梁；2—现浇楼板

早拆体系模板的关键是在支柱上装置早拆柱头。SP-70 早拆模板由于支撑系统，装有早拆柱头，可以实现早期拆除模板、后期拆除支撑（又称早拆模板、后拆支撑），从而大大加快了模板的周转，模板一次配置量可减少 1/3～1/2。这种模板可用于现浇楼（顶）

板结构的模板,亦可用于墙、梁模板。

1. 组成及构造

SP-70 模板,由模板块、支撑系统、拉杆系统、附件和辅助零件组成。

(1) 平面模板块由钢边框(高度为 70 mm)内镶可更换的木(竹)胶合板(厚 12 mm)或其他面板组成(见图 6-3-26)。

模板块宽度一般为 300 mm、600 mm 两种,非标准板块可达 900 mm、1200 mm;长度一般为 900 mm、1200 mm、1500 mm、1800 mm,非标准板块长度可达 2400 mm。

(2) 支撑系统由早拆柱头、主梁、次梁、支柱、横撑、斜撑、调节螺栓组成(见图 6-3-27)。

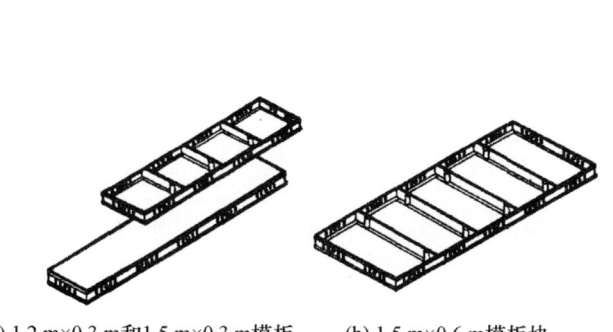

(a) 1.2 m×0.3 m和1.5 m×0.3 m模板　　(b) 1.5 m×0.6 m模板块

图 6-3-26　模板块示意图

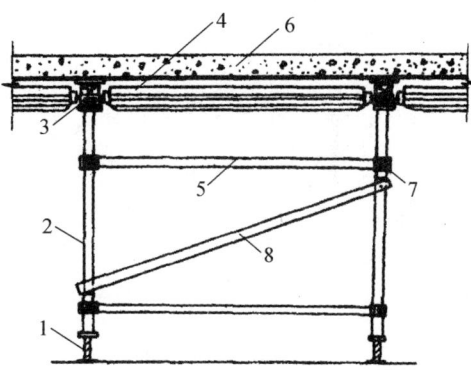

图 6-3-27　支撑系统示意图
1—底脚螺栓;2—支柱;3—早拆柱头;
4—主梁;5—水平支撑;6—现浇楼板;
7—梅花接头;8—斜撑

早拆柱头:是用于支撑模板梁的支拆装置(见图 6-3-28),其承载力为 35.3 kN。

早拆模板体系柱头为精密铸钢件,柱头顶板(50 mm×150 mm)可直接与混凝土接触,两侧梁托可挂住梁头,梁托附着在方形管上,方形管可上下移动 115 mm,方形管在上方时,可通过支撑板锁住,用锤敲击支撑板则梁托随方形管下落,如图 6-3-28(a) 所示。

模板拆除时,只需用锤子敲击早拆柱头上的支撑板,则模板和模板梁将随同方形管下落 115 mm,模板和模板梁便可卸下来,保留立柱支撑梁板结构,如图 6-3-28(b) 所示。

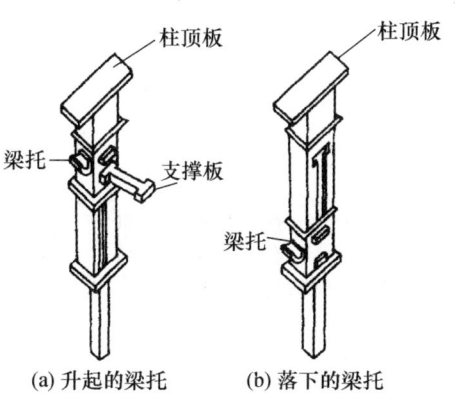

图 6-3-28　承插销板式早拆柱头

当混凝土强度达到后,调低可调支座,解开碗扣接头,即可拆除立柱和柱头。

2. 早拆模板施工工艺

钢框木(竹)组合早拆模板用于楼(顶)板工程的支拆工艺如下。

（1）支模工艺

立可调支撑立柱及早拆柱头→安装模板主梁→安装水平支撑→安装斜撑→调平支撑顶面→安装模板次梁→铺设木（竹）胶合板模板→面板拼缝粘胶带→刷脱模剂→模板预检→进行下道工艺。

先立两根立柱，套上早拆柱头和可调支座，加上一根主梁架起一门架，然后再架起另一门架，用横撑临时固定，依次把周围的梁和立柱架起来，再调整立柱高度和垂直度，并锁紧碗扣接头，最后在模板主梁间铺放模板即可。如图6-3-29所示为安装早拆模板体系示意图。具体施工安装步骤如下：

① 根据楼层标高初步调整好立柱的高度，并安装好早拆柱头板，将早拆柱头板托板升起，并用楔片楔紧；

② 根据模板设计平面布置图，立第一根立柱；

③ 将第一根模板主梁挂在第一根立柱上（见图6-3-29(a)）；

④ 将第二根立柱及早拆柱头板与第一根模板主梁挂好，按模板设计平面布置图将立柱就位（见图6-3-29(b)），并依次再挂上第一根模板主梁，然后用水平撑和连接件做临时固定；

⑤ 依次按照模板设计布置图完成第一个格构的立柱和模板梁的支设工作，当第一个格构完全架好后，随即安装模板块（见图6-3-29(c)）；

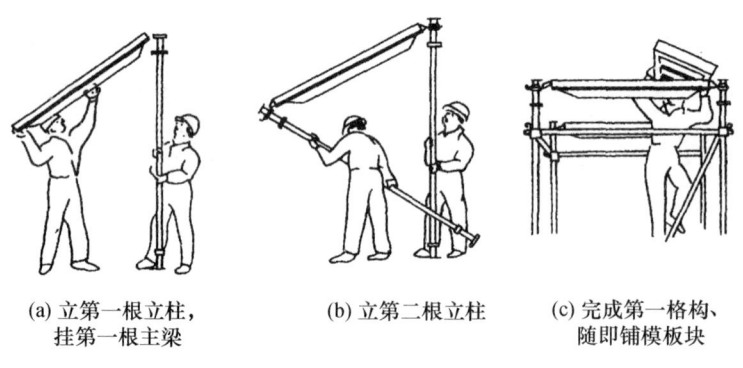

(a) 立第一根立柱，挂第一根主梁　　(b) 立第二根立柱　　(c) 完成第一格构、随即铺模板块

图6-3-29　安装早拆模板体系示意图

⑥ 依次架立其余的模板梁和立柱；

⑦ 调整立柱垂直，然后用水平尺调整全部模板的水平度；

⑧ 安装斜撑，将连接件逐个锁紧。

（2）拆模工艺

落下柱头托板，降下模板主梁→拆除斜撑及上部水平支撑→拆除模板主、次梁→拆除面板→拆除下部水平支撑→清理拆除支撑件→运至下一流水段→待楼（顶）板达到设计强度，拆除立柱（现浇顶板可根据强度的增长情况再保留1～2层的立柱）。

具体施工拆除步骤如下：

① 用锤子将早拆柱头板铁楔打下，落下托板，模板主梁随之落下；

② 逐块卸下模板块；

③ 卸下模板主梁；

④ 拆除水平撑及斜撑；

⑤ 将卸下的模板块、模板主梁、悬挑梁、水平撑、斜撑等整理码放好备用；
⑥ 待楼板混凝土强度达到设计要求后，再拆除全部支撑立柱。

五、模板的安装与拆除

（一）模板的安装

模板的安装应满足下列规定。

（1）模板安装应满足下列要求：

① 模板的接缝不应漏浆；在浇筑混凝土前，木模板应浇水湿润，但模板内不应有积水；

② 模板与混凝土的接触面应清理干净并涂刷隔离剂，但不得采用影响结构性能或妨碍装饰工程施工的隔离剂；

③ 浇筑混凝土前，模板内的杂物应清理干净；

④ 对清水混凝土工程及装饰混凝土工程，应使用能达到设计效果的模板。

（2）模板及其支架应根据工程结构形式、荷载大小、地基土类别、施工设备和材料供应等条件进行设计。模板及其支架应具有足够的承载能力、刚度和稳定性，能可靠地承受浇筑混凝土的重量、侧压力以及施工荷载。

（3）安装现浇结构的上层模板及其支架时，下层楼板应具有承受上层荷载的承载能力，或加设支架；上、下层支架的立柱应对准，并铺设垫板。

（4）在涂刷模板隔离剂时，不得沾污钢筋和混凝土接槎处。

（5）用作模板的地坪、胎模等应平整光洁，不得产生影响构件质量的下沉、裂缝、起沙或起鼓。

（6）对跨度不小于4 m的现浇钢筋混凝土梁、板，其模板应按设计要求起拱；当设计无具体要求时，起拱高度宜为跨度的1/1000～3/1000。

（7）固定在模板上的预埋件、预留孔和预留洞均不得遗漏，且应安装牢固，其偏差应符合表6-3-5的规定。

表6-3-5 预埋件和预留孔洞的允许偏差

项　目		允许偏差/mm
预埋钢板中心线位置		3
预埋管、预留孔中心线位置		3
插筋	中心线位置	5
	外露长度	+10，0
预埋螺栓	中心线位置	2
	外露长度	+10，0
预留洞	中心线位置	10
	尺寸	+10，0

注：检查中心线位置时，应沿纵、横两个方向量测，并取其中的较大值。

（8）现浇结构模板安装的偏差应符合表6-3-6的规定。

表 6-3-6　现浇结构模板安装的允许偏差及检验方法

项　目		允许偏差/mm	检验方法
轴线位置		5	钢尺检查
底模上表面标高		±5	水准仪或拉线、钢尺检查
截面内部尺寸	基础	±10	钢尺检查
	柱、墙、梁	+4，-5	钢尺检查
层高垂直度	不大于 5 m	6	经纬仪或吊线、钢尺检查
	大于 5 m	8	经纬仪或吊线、钢尺检查
相邻两板表面高低差		2	钢尺检查
表面平整度		5	2 m 靠尺和塞尺检查

注：检查轴线位置时，应沿纵、横两个方向量测，并取其中的较大值。

（二）模板的拆除

模板及其支架拆除除应遵守下列规定外，其拆除的顺序及安全措施应按施工技术方案执行。

（1）模板及其支架拆除应严格遵守下列规定

① 侧模板。侧模板拆除时的混凝土强度应能保证其表面及棱角不因拆除模板而受损坏。

② 底模板及支架。底模板及支架拆除时的混凝土强度应符合设计要求；当设计无具体要求时，混凝土强度应符合表 6-3-7 的规定。

表 6-3-7　底模拆除时的混凝土强度要求

构件类型	构件跨度/m	达到设计的混凝土立方体抗压强度标准值的百分率/(%)
板	≤2	≥50
	>2，≤8	≥75
	>8	≥100
梁、拱、壳	≤8	≥75
	>8	≥100
悬臂梁构件	—	≥100

（2）拆模顺序

① 一般是先支后拆，后支先拆，先拆除侧模板，后拆除底模板。

② 对于肋形楼板的拆模顺序，应首先拆除柱模板，然后拆除楼板底模板、梁侧模板，最后拆除梁底模板。

③ 多层楼板模板支架的拆除，应按下列要求进行：

a. 上层楼板正在浇筑混凝土时，下一层楼板的模板支架不得拆除，再下一层楼板模板的支架仅可拆除一部分；

b. 跨度≥4 m 的梁均应保留支架，其间距不得大于 3 m。

课题四　钢筋工程施工

问题引入

目前，大多数的建筑工程都是钢筋混凝土结构，在这类结构中起支撑作用的是钢筋混凝土构件，而钢筋是钢筋混凝土结构中的主要材料。那么，钢筋有哪些种类？如何计算钢筋的下料长度？如何编制钢筋配料单？钢筋如何加工？钢筋之间又是如何进行连接和安装的？下面就来学习钢筋工程的有关知识。

知识课堂

一、钢筋工程基础知识

钢筋是钢筋混凝土结构的骨架，通过与混凝土的黏结应力使其成为一体。

钢筋工程施工工艺流程为：原材料验收→调直（除锈）→冷拉→切断→接长→弯曲→骨架。

（一）钢筋的种类和性能

混凝土结构用钢筋主要有热轧钢筋（热轧光圆钢筋、热轧带肋钢筋、余热处理钢筋）和冷加工钢筋（冷轧带肋钢筋、冷轧扭钢筋、冷拔螺旋钢筋、冷拔低碳钢丝）。

钢筋工程施工宜应用高强度钢筋及专业化生产的成型钢筋。

在同一工程中不应同时应用 HPB235 和 HPB300 两种光圆钢筋，以避免错用。

当需要进行钢筋代换时，应办理设计变更文件。

1. 热轧（光圆、带肋）钢筋

热轧（光圆、带肋）钢筋是经热轧成型并自然冷却的成品钢筋。

热轧光圆钢筋是经热轧成型，横截面通常为圆形，表面光滑的成品钢筋。

热轧带肋钢筋是经热轧成型，横截面通常为圆形，表面带肋的成品钢筋。其中，热轧带肋钢筋又分为普通热轧钢筋和细晶粒热轧钢筋（HRBF）。

热轧钢筋的强度等级按照屈服强度（MPa）分为 235 级、300 级、335 级、400 级、500 级。

（1）外形、重量

① 热轧钢筋的直径、横截面面积和重量，见表 6-4-1。

② 热轧带肋钢筋的外形，见图 6-4-1。

表 6-4-1　热轧钢筋的直径、横截面面积和重量

公称直径/mm	内径/mm	纵、横肋高 h_1、h_2/mm	公称横截面面积/mm²	理论重量/(kg/m)
6	5.8	0.6	28.27	0.222
8	7.7	0.8	50.27	0.395
10	9.6	1.0	78.54	0.617
12	11.5	1.2	113.1	0.888
14	13.4	1.4	153.9	1.21
16	15.4	1.5	201.1	1.58
18	17.3	1.6	254.5	2.00
20	19.3	1.7	314.2	2.47
22	21.3	1.9	380.1	2.98
25	24.2	2.1	490.9	3.85
28	27.2	2.2	615.8	4.83
32	31.0	2.4	804.2	6.31
36	35.0	2.6	1018	7.99
40	38.7	2.9	1257	9.87
50	48.5	3.2	1964	15.42

注：① 表中理论重量按密度为 $7.85\,g/cm^3$ 计算；
② 钢筋实际重量与理论重量的允许偏差：直径 6～12 mm 为 ±7%，14～22 mm 为 ±5%。

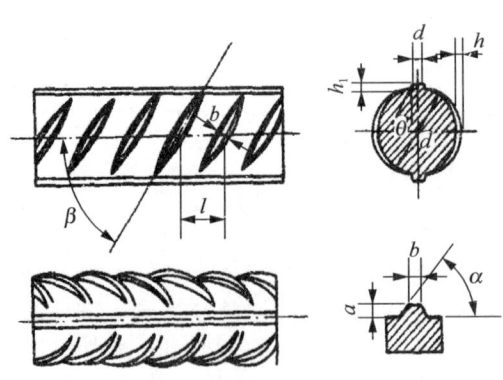

图 6-4-1　月牙肋钢筋表面及截面形状

d—钢筋内径；α—横肋斜角；h—横肋高度；β—横肋与轴线夹角；
h_1—纵肋高度；θ—纵肋斜角；a—纵肋顶宽；l—横肋间距；b—横肋顶宽

（2）力学性能

热轧钢筋的力学性能，应符合表 6-4-2 的规定。

表 6-4-2 热轧钢筋的力学性能

牌 号	屈服强度/MPa	抗拉强度/MPa	伸长率/(%)	断后伸长率/(%)	冷弯试验180°（d—弯心直径；a—钢筋公称直径）
HPB235	≥235	≥370	≥25	≥10	
HPB300	≥300	≥420			
HRB335 HRBF335	≥335	≥455	≥17	≥7.5	$d = a$
HRB400 HRBF400	≥400	≥540	≥16		
HRB500 HRBF500	≥500	≥630	≥15		

【温馨提示】

1. 钢筋型号的标志方法

过去我国对钢筋型号的表示大多采用汉语拼音的首字母。为了与国际接轨，目前已过渡到用英语词组的首字母表示。

在表示过程中，一般按照加工工艺、外观形状、钢筋或钢丝、微观性状（常规者可不标注）、屈服强度、特殊性能（常规者可不标注）的顺序进行。相关英语词组如下。

（1）加工工艺：hot rolled（热轧）；cold rolled（冷轧）；cold drawn（冷拔），remained heat treatment（余热处理）。

（2）外观形状：plain（光洁的）；ribbed（带肋的）；twist（扭、撞）。

（3）钢筋或钢丝：bars（条状物、钢筋）；wire（线、丝）。

（4）微观性状：fine（细的、细晶粒）。

（5）屈服强度：335 N/mm^2、400 N/mm^2

（6）特殊功能：earthquake resistance（抗震）。有较高抗震要求的钢筋在已有牌号后加 E。

例如：HPB300——热轧光圆钢筋，屈服强度为 300 N/mm^2；
　　　HRB400——热轧带肋钢筋，屈服强度为 400 N/mm^2；
　　　HRB550——冷轧带肋钢筋，屈服强度为 550 N/mm^2；
　　　HRB400——余热处理带肋钢筋，屈服强度为 400 N/mm^2，
　　　HRB550——冷轧扭钢筋，屈服强度为 550 N/mm^2；
　　　CPW650——冷拔光面钢丝，屈服强度为 650 N/mm^2；
　　　HRBF400E——热轧带肋细晶粒抗震钢筋，屈服强度为 400 N/mm^2。

2. 钢筋的鉴别

在钢筋运输和保管中，可根据钢筋端部的涂色标记和钢筋的轧制外形加以区别。例如

HPB235 级钢筋：涂红色、外形为圆形。

HRB335 级钢筋：不涂色、外形为人字形。

HRB400 级钢筋：涂白色、外形为人字形。

RRB400 级钢筋：涂黄色、外形为螺旋形。

2. 余热处理钢筋

余热处理钢筋是热轧后立即穿水，进行表面控制冷却，然后芯部余热自身完成回火处理所得的成品钢筋。

余热处理钢筋公称横截面面积和理论重量与热轧钢筋相同；外形采用月牙肋表面形状；直径范围为 8～40 mm。

3. 冷轧带肋钢筋

冷轧带肋钢筋是热轧圆盘条经冷轧后，在其表面冷轧成三面或两面有肋的钢筋。冷轧带肋钢筋应符合国家标准《冷轧带肋钢筋》（GB13788）的规定。

冷轧带肋钢筋牌号由 CRB 和抗拉强度最小值构成，有四种牌号：CRB550、CRB650、CRB800、CRB970。其中，CRB550 级钢筋宜用于钢筋混凝土结构构件中的受力钢筋、架立筋、箍筋及构造钢筋；其他钢筋宜用于中小型预应力混凝土构件中的受力主筋。

冷轧带肋钢筋的外形见图 6-4-2。肋呈月牙形，三面肋沿钢筋横截面周围上均匀分布，其中有一面必须与另两面反向。

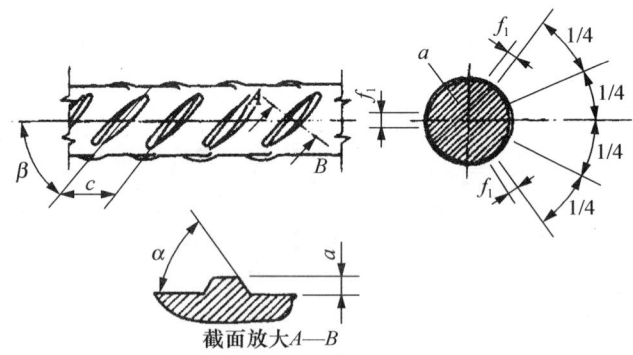

图 6-4-2　冷轧带肋钢筋表面及截面形状

4. 冷轧扭钢筋

冷轧扭钢筋是低碳钢热轧圆盘条经专用钢筋冷轧扭机调直、冷轧并冷扭一次成型，具有规定截面形状和节距的连续螺旋状钢筋。其形状见图 6-4-3。

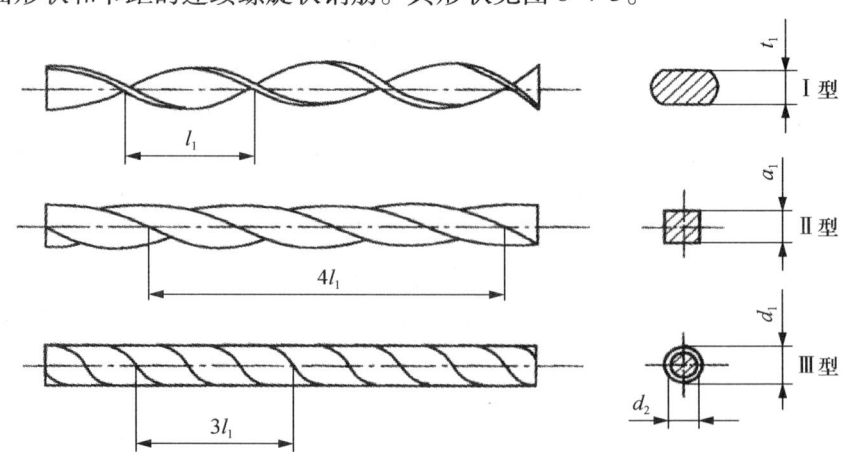

图 6-4-3　冷轧扭钢筋形状及截面控制尺寸

l_1—节距；t_1—轧扁厚度；a_1—边长；d_1—外圆直径；d_2—内圆直径

这种钢筋具有较高的强度，而且有足够的塑性，与混凝土黏结性能优异，代替HPB235级钢筋可节约钢材约30%。一般用于预制钢筋混凝土圆孔板、叠合板中的预制薄板，以及现浇钢筋混凝土楼板等。

5. 冷拔螺旋钢筋

冷拔螺旋钢筋是热轧圆盘条经冷拔后在表面形成连续螺旋槽的钢筋。

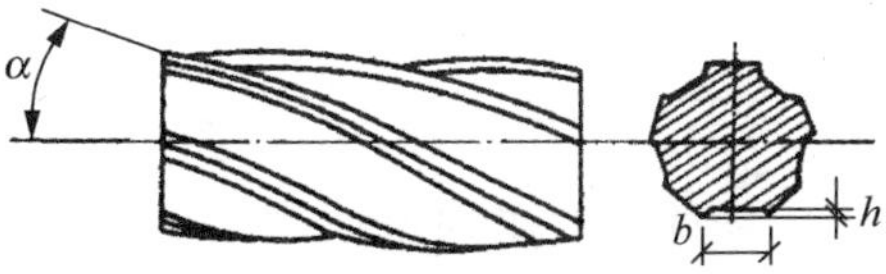

冷拔螺旋钢筋的外形见图6-4-4。

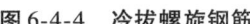

图6-4-4 冷拔螺旋钢筋

螺旋钢筋按抗拉强度分为3级：LX550、LX650、LX800。

冷拔螺旋钢筋代号：LX 表示"冷"和"拔"（汉语拼音字头），"×××"阿拉伯数字表示抗拉强度等级的数值。

冷拔螺旋钢筋的力学性能见表6-4-3。

表6-4-3 冷拔螺旋钢筋的力学性能

级别代号	屈服强度 $\sigma_{0.2}$/MPa	抗拉强度 σ_b/MPa	伸长率不小于/(%)		冷弯180° D弯心直径 d钢筋公称直径	应力松弛 $\sigma=0.7\sigma_b$	
			δ_{10}	δ_{100}		1000h/(%)	10h/(%)
LX550	≥500	≥550	8	—	$D=3d$	—	—
LX650	≥520	≥650	—	4	$D=4d$	<8	<5
LX800	≥640	≥800	—	4	$D=5d$	<8	<5

（二）钢筋的验收和存放

钢筋混凝土工程中所用的钢筋均应进行现场检查验收，合格后方能入库存放、待用。

1. 钢筋进场验收

钢筋进场检查应符合下列规定。

（1）应检查钢筋的质量证明文件。

（2）应按国家现行有关标准的规定抽样检验屈服强度、抗拉强度、伸长率、弯曲性能及单位长度重量偏差。

（3）经产品认证符合要求的钢筋，其检验批量可扩大一倍。在同一工程中，同一厂家、同一牌号、同一规格的钢筋连续三次进场检验均一次检验合格时，其后的检验批量可扩大一倍。

（4）钢筋的外观质量。

（5）当无法准确判断钢筋品种、牌号时，应增加化学成分、晶粒度等检验项目。

钢筋进场时，应按现行国家标准《钢筋混凝土用热轧带肋钢筋》（GB 1499）等的规定抽取试件做力学性能检验，其质量必须符合有关标准的规定。

验收内容：查对标牌，检查外观，并按有关标准的规定抽取试样进行力学性能试验。

2. 钢筋的存放

钢筋运至现场后，必须严格按批分等级、牌号、直径、长度等挂牌存放，并注明数量，不得混淆。应堆放整齐，避免锈蚀和污染，堆放钢筋的场地应采用混凝土硬化，且排水效果良好。对非混凝土硬化的地面，钢筋应架空放置，下面要加垫木，离地不少于200 mm

距离，在堆场周围应挖排水沟，以利排水；有条件时，应尽量堆入仓库或料棚内。

二、钢筋施工配料与代换

（一）钢筋配料

钢筋配料是根据结构施工图，先绘出各种形状和规格的单根钢筋简图并加以编号，然后分别计算钢筋下料长度、根数及质量，填写配料单，申请加工。

1. 钢筋下料长度的计算

钢筋加工所需截取的直钢筋长度称为钢筋下料长度。

（1）钢筋长度

结构施工图中所指钢筋长度是钢筋外缘之间的长度，即外包尺寸，这是施工中量度钢筋长度的基本依据。

（2）混凝土保护层厚度

混凝土的保护层是指最外层钢筋外边缘至混凝土构件表面的距离，其作用是保护钢筋在混凝土结构中不受锈蚀。混凝土结构的环境类别与混凝土保护层的最小厚度，分别见表6-4-4与表6-4-5。

表6-4-4 混凝土结构的环境类别

环境类别		条　件
一		室内干燥环境；无侵蚀性静水浸没环境
二	a	室内潮湿环境；非严寒和非寒冷地区的露天环境；非严寒和非寒冷地区与无侵蚀性的水或土壤直接接触的环境；严寒和寒冷地区的冰冻线以下与无侵蚀性的水或土壤直接接触的环境
	b	干湿交替环境；水位频繁变动环境；严寒和寒冷地区的露天环境；严寒和寒冷地区的冰冻线以上与无侵蚀性的水或土壤直接接触的环境
三	a	严寒和寒冷地区冬季水位变动区环境；受除冰盐影响环境；海风环境
	b	盐渍土环境；受除冰盐作用环境；海岸环境
四		海水环境
五		受人为或自然的侵蚀性物质影响的环境

注：严寒和寒冷地区的划分应符合现行国家标准《民用建筑热工设计规范》（GB 50176）的有关规定。

表6-4-5 混凝土保护层的最小厚度　　　　　　　　　（单位：mm）

环境类别		板、墙、壳	梁、柱、板
一		15	20
二	a	20	25
	b	25	35
三	a	30	40
	b	40	50

注：① 基础底面钢筋的混凝土保护层厚度，有混凝土垫层时应从垫层顶面算起，且不应小于40 mm。
　　② 混凝土强度等级不大于C25时，表中保护层厚度数值增加5 mm。

混凝土的保护层厚度，一般用水泥沙浆垫块或塑料卡垫在钢筋与模板之间来控制。塑料卡的形状有塑料垫块和塑料环圈两种。塑料垫块用于水平构件，塑料环圈用于垂直构件。

（3）弯曲量度差值

钢筋弯曲时，在弯曲处形成圆弧，圆弧的内侧发生收缩，而外皮却出现延伸，中心线则保持原有尺寸。钢筋长度的度量方法系指外包尺寸，而外包尺寸显然大于中心线长度，因此，钢筋弯曲以后，存在一个量度差值，在计算下料长度时必须加以扣除。钢筋弯曲时的量度方法如图6-4-5所示。

弯曲量度差值根据理论推理和实践经验，列于表6-4-6中。

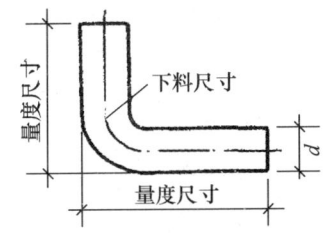

图6-4-5　钢筋弯曲时的量度方法

表6-4-6　钢筋弯曲调整值

钢筋弯曲角度	30°	45°	60°	90°
量度差值（光面钢筋）	0.3d	0.54d	0.9d	1.75d
量度差值（热轧带肋钢筋）	0.3d	0.54d	0.9d	2.08d
经验取值	0.35d	0.5d	0.9d	2d

注：d为钢筋直径。

（4）钢筋弯钩增加值

钢筋的弯钩形式有三种：半圆弯钩、直弯钩及斜弯钩（图6-4-6）。钢筋弯钩形式最常用的是半圆弯钩，即180°弯钩；直弯钩90°只用于柱钢筋的下部、箍筋和附加钢筋中；斜弯钩135°只用于直径较小的钢筋中。

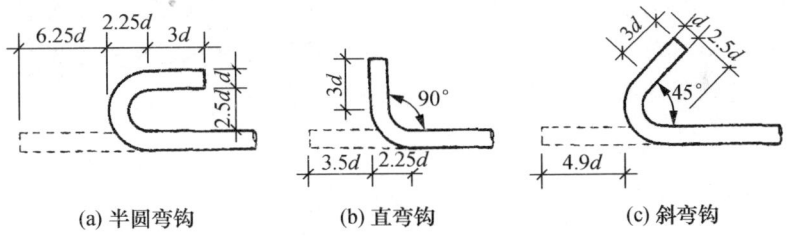

(a) 半圆弯钩　　(b) 直弯钩　　(c) 斜弯钩

图6-4-6　钢筋弯钩计算简图

光圆钢筋的弯钩增加长度，按图6-4-6所示的简图（弯心直径为2.5d、平直部分为3d）计算：对半圆弯钩为6.25d，对直弯钩为3.5d，对斜弯钩为4.9d。

（5）箍筋调整值

除焊接封闭环式箍筋外，箍筋的末端应作弯钩，弯钩形式有半圆弯钩、直弯钩和斜弯钩三种。当设计无具体要求时，箍筋的末端弯钩应符合下列要求。

① 箍筋弯钩的弯弧内直径应不小于受力钢筋直径。

② 箍筋弯钩的弯折角度：对一般结构不应小于90°；对于有抗震等要求的结构应为135°。

③ 箍筋弯后平直部分长度：对一般结构不宜小于箍筋直径的5倍；对于有抗震要求的结构，不应小于箍筋直径的10倍。

箍筋的量度方法有"量外包尺寸"和"量内包尺寸"两种（图6-4-7）。为了箍筋计算方便，一般将箍筋弯钩增长值和量度差值两项合并成一项为箍筋调整值，见表6-4-7。计算时，

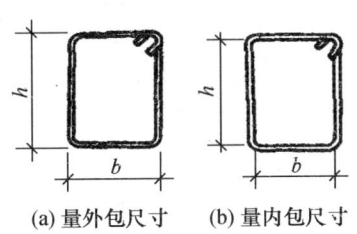

(a) 量外包尺寸　　(b) 量内包尺寸

图6-4-7　箍筋量度方法

将箍筋外（内）包尺寸加上箍筋调整值即为箍筋下料长度。

表 6-4-7 箍筋调整值（量内包尺寸）

钢筋种类	半圆弯钩	直弯钩	斜弯钩	斜弯钩（抗震结构）
光圆钢筋	16.5d	14d	17d	27d
热轧带肋钢筋	17.5d	14d	18d	28d

注：表中箍筋调整值已将箍筋两个弯钩增长值和量度差值两项合并计算。

（6）钢筋下料长度计算

钢筋因弯曲或弯钩会使其长度变化，配料时不能直接根据图纸中尺寸下料，须了解混凝土保护层、钢筋弯曲、弯钩等规定，再根据图中尺寸计算其下料长度。

钢筋下料长度计算如下：

钢筋下料长度＝外包尺寸＋弯钩增加长度－量度差值

箍筋下料长度＝箍筋内周长＋箍筋调整值

上述钢筋需要搭接的话，还应增加钢筋搭接长度。

【温馨提示】　　　　　　钢筋下料计算注意事项

（1）在设计图纸中，钢筋配置的细节问题没有注明时，一般按构造要求处理。

（2）配料计算时，要考虑钢筋的形状和尺寸，在满足设计要求的前提下，要有利于加工。

（3）配料时，还要考虑施工需要的附加钢筋。例如，后张预应力构件预留孔道定位用的钢筋井字架；基础双层钢筋网中保证上层钢筋网位置用的钢筋撑脚；墙板双层钢筋网中固定钢筋间距用的钢筋撑铁；柱钢筋骨架增加四面斜筋撑等。

2. 配料单

钢筋配料计算完毕，填写钢筋配料单。在配料单中，要反映出工程名称，钢筋编号，钢筋简图和尺寸，钢筋直径、数量、下料长度、质量等。

钢筋配料单如表 6-4-8 所示。

表 6-4-8 钢筋配料单（样表）

构件名称	钢筋编号	钢筋简图	直径/mm	钢号	下料长度	单位根数	合计根数	质量/kg
KL1梁共5根	①							
	②							
	③							
	④							
	⑤							
	⑥							
	⑦							
	⑧							
	⑨							
备注								

3. 料牌

列入加工计划的配料单,将每一编号的钢筋制作一块料牌(详见图6-4-8),作为钢筋加工的依据与钢筋安装的标志。

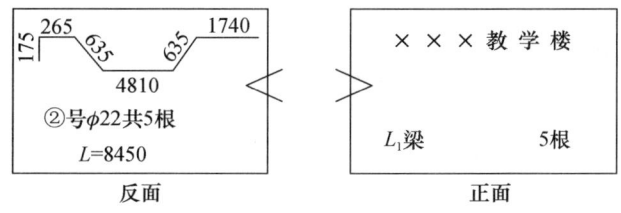

图 6-4-8 钢筋料牌

(二) 钢筋代换

当钢筋的品种、级别或规格需作变更时,应办理设计变更文件。

1. 代换原则

当施工中遇有钢筋的品种或规格与设计要求不符时,可参照以下原则进行钢筋代换。

(1) 等强度代换:当构件受强度控制时,钢筋可按强度相等原则进行代换。
(2) 等面积代换:当构件按最小配筋率配筋时,钢筋可按面积相等原则进行代换。
(3) 当构件受裂缝宽度或挠度控制时,代换后应进行裂缝宽度或挠度验算。

2. 等强代换方法

等强代换的计算方法如下

$$n_2 \geqslant \frac{n_1 d_1^2 f_{y1}}{d_2^2 f_{y2}} \tag{6-1}$$

式中 n_2——代换钢筋根数;
n_1——原设计钢筋根数;
d_2——代换钢筋直径;
d_1——原设计钢筋直径;
f_{y2}——代换钢筋抗拉强度设计值;
f_{y1}——原设计钢筋抗拉强度设计值。

式 (6-1) 有两种特例:
(1) 设计强度相同、直径不同的钢筋代换

$$n_2 \geqslant n_1 \frac{d_1^2}{d_2^2} \tag{6-2}$$

(2) 直径相同、强度设计值不同的钢筋代换

$$n_2 \geqslant n_1 \frac{f_{y1}}{f_{y2}} \tag{6-3}$$

3. 代换注意事项

钢筋代换时,必须充分了解设计意图和代换材料性能,并严格遵守现行混凝土结构设计规范的各项规定;凡重要结构中的钢筋代换,应征得设计单位同意。钢筋强度设计值见表6-4-9。

表 6-4-9　钢筋强度设计值　　　　　　　　　　（单位：N/mm²）

项次	钢筋种类		抗拉强度设计值 f_y	抗压强度设计值 f'_y
1	热轧钢筋	HPB235	210	210
		HPB300	270	270
		HRB335	300	300
		HRB400	360	360
		RRB400	360	360
2	冷轧带肋钢筋	LL550	360	360
		LL650	430	380
		LL800	530	380

（1）对某些重要构件，如吊车梁、薄腹梁、桁架下弦等，不宜用 HPB235、HPB300 级光圆钢筋代替 HRB335 和 HRB400 级等带肋钢筋。

（2）钢筋代换后，应满足配筋构造规定，如钢筋的最小直径、间距、根数、锚固长度等。

（3）同一截面内，可同时配有不同种类和直径的代换钢筋，但每根钢筋的拉力差不应过大（如同品种钢筋的直径差值一般不大于 5 mm），以免构件受力不匀。

（4）梁的纵向受力钢筋与弯起钢筋应分别代换，以保证正截面与斜截面强度。

（5）偏心受压构件（如框架柱、有吊车厂房柱、桁架上弦等）或偏心受拉构件作钢筋代换时，不取整个截面配筋量计算，应按受力面（受压或受拉）分别代换。

（6）当构件受裂缝宽度控制时，如以小直径钢筋代换大直径钢筋，强度等级低的钢筋代替强度等级高的钢筋，则可不作裂缝宽度验算。

（7）预制构件的吊环，必须采用未经冷拉的 HPB235、HPB300 热轧钢筋制作，严禁以其他钢筋代换。

4. 钢筋代换实例

【例 6-1】今有一块 6 m 宽的现浇混凝土楼板，原设计的底部纵向受力钢筋采用 HPB235 级 φ12 钢筋@120 mm，共计 50 根。现拟改用 HRB335 级 φ12 钢筋，求所需 φ12 钢筋根数及其间距。

【解】本题属于直径相同、强度等级不同的钢筋代换，采用式（6-3）计算：

$n_2 = 50 \times 210/300 = 35$ 根，间距 $= 120 \times 50/35 = 171.4 \approx 170$ mm

【例 6-2】今有一根 400 mm 宽的现浇混凝土梁，原设计的底部纵向受力钢筋采用 HRB335 级 φ22 钢筋，共计 9 根，分二排布置，底排为 7 根，上排为 2 根。现拟改用 HRB400 级 φ25 钢筋，求所需 φ25 钢筋根数及其布置。

【答案】6 根。一排布置，增大了代换钢筋的合力点至构件截面受压边缘的距离 h_0，有利于提高构件的承载力。

三、钢筋加工施工工艺

钢筋的加工包括钢筋的冷加工（冷拉及冷拔）、调直、除锈、下料切断和弯曲成型等。

1. 钢筋的冷加工

钢筋的冷加工包括冷拉和冷拔。

(1) 钢筋的冷拉

在常温下,对钢筋进行冷拉,可提高钢筋的屈服点,从而提高钢筋的强度。

① 冷拉的目的。钢筋的冷拉就是在常温下拉伸钢筋,使钢筋的应力超过屈服点,钢筋产生塑性变形,强度提高,塑性降低,此时,钢筋的冷拉率为4%～10%,强度提高30%左右,在工程上可节省钢材,这主要用于预应力钢筋。

对于普通钢筋混凝土结构的钢筋,冷拉仅是调直、除锈的手段(拉伸过程中钢筋表面锈皮会脱落),与钢筋的力学性能无关。

② 冷拉的方法。冷拉的方法可采用控制冷拉率和控制应力两种方法。

③ 当采用冷拉方法调直钢筋时,HPB235、HPB300光圆钢筋的冷拉率不宜大于4%;HRB335、HRB400、HRB500、HRBF335、HRBF400、HRBF500及RRB400带肋钢筋的冷拉率不宜大于1%。

(2) 钢筋冷拔

钢筋冷拔就是把HPB235、HPB300级光面钢筋在常温下强力拉拔,使其通过特制的钨合金拔丝模孔,使钢筋变细,产生较大塑性变形,强度提高,塑性降低,硬度提高。钢筋冷拔工艺比较复杂,钢筋冷拔并非一次拔成,而要反复多次,所以只有在加工厂才对钢筋进行冷拔。经过多次强力拉拔的钢筋,称为冷拔低碳钢丝。

2. 钢筋调直

钢筋调直就是将有弯的钢筋弄直。

钢筋应平直,无局部曲折。对于盘条钢筋在使用前应调直。

机械调直钢筋有两种方法:卷扬机拉直和采用调直机调直。

钢筋调直机、数控钢筋调直切断机,可详见"单元一、常用的建筑施工机械"。钢筋调直设备宜采用数控钢筋调直切断机,它具有自动调直、定位切断和除锈清垢等多种功能。

当采用冷拉方法调直钢筋时,HPB235、HPB300级钢筋的冷拉率不宜大于4%,HRB335级、HRB400级和RRB400级等钢筋的冷拉率不宜大于1%。

3. 钢筋除锈

钢筋的表面应洁净。油渍、漆污和用锤敲击时能剥落的浮皮、铁锈等应在使用前清除干净。在焊接前,焊点处的水锈应清除干净。

钢筋的除锈,一般可通过以下两个途径:一是在钢筋冷拉或钢丝调直过程中除锈,对大量钢筋的除锈较为经济省力;二是用机械方法除锈,如采用电动除锈机除锈,对钢筋的局部除锈较为方便。此外,还可采用手工除锈(用钢丝刷、沙盘)、喷沙和酸洗除锈等。

在除锈过程中发现钢筋表面的氧化铁皮鳞落现象严重并已损伤钢筋截面,或在除锈后钢筋表面有严重的麻坑、斑点伤蚀截面时,使用前应鉴定是否降级使用或另做其他处置。

4. 钢筋切断

钢筋切断可采用手工切断器或钢筋切断机。手工切断器只用于切断直径小于16 mm的钢筋;大直径钢筋(直径12～40 mm)切断,一般采用钢筋切断机。大于40 mm的钢筋需用氧乙焰或电弧割切。

5. 弯曲成型工艺

钢筋的弯曲成型是将已切断、配好的钢筋，按图纸规定的要求，准确地加工成规定的形状尺寸。

弯曲钢筋有手工和机械两种弯曲方法。手工弯曲钢筋的方法设备简单，使用方便，工地经常采用。机械弯曲方法采用钢筋弯曲机，可将钢筋弯曲成各种形状和角度，成型准确、效率高。

钢筋的弯曲成型一般均采用钢筋弯曲机，钢筋弯曲机可弯直径6～40 mm 的钢筋。施工现场对于小量细箍筋有时也采用手工摇扳弯制成型。

弯曲成型的顺序是：画线—试弯—弯曲成型。

（1）画线

钢筋弯曲前，对形状复杂的钢筋（如弯起钢筋），根据钢筋料牌上标明的尺寸，用石笔将各弯曲点位置划出。画线时应注意：

① 根据不同的弯曲角度扣除弯曲调整值，其扣法是从相邻两段长度中各扣一半；

② 钢筋端部带半圆弯钩时，该段长度画线时增加 $0.5d$（d 为钢筋直径）；

③ 画线工作宜从钢筋中线开始向两边进行；两边不对称的钢筋，也可从钢筋一端开始画线，如划到另一端有出入时，则应重新调整。

【例6-3】某工程有一根直径 20 mm 的弯起钢筋，其所需的形状和尺寸如图 6-4-9 所示。画线方法如下：

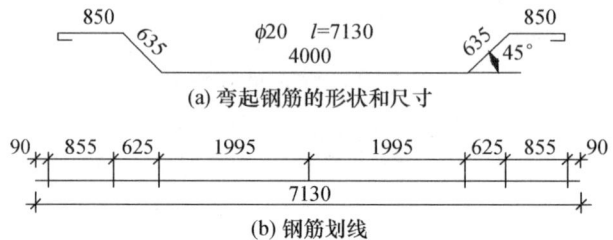

图 6-4-9　弯起钢筋的画线

第一步在钢筋中心线上划第一道线；

第二步取中段 $4000/2 - 0.5d/2 = 1995$ mm，划第二道线；

第三步取斜段 $635 - 2 \times 0.5d/2 = 625$ mm，划第三道线；

第四步取直段 $850 - 0.5d/2 + 0.5d = 855$ mm，划第四道线。

上述画线方法仅供参考。第一根钢筋成型后应与设计尺寸校对一遍，完全符合后再成批生产。

（2）钢筋弯曲成型

钢筋在弯曲机上成型时（见图6-4-10），心轴直径应是钢筋直径的 2.5～5.0 倍，成型轴宜加偏心轴套，以便适应不同直径的钢筋弯曲需要。弯曲细钢筋时，为了使弯弧一侧的钢筋保持平直，挡铁轴宜做成可变挡架或固定挡架（加铁板调整）。

钢筋弯曲点线和心轴的关系，如图6-4-11所示。由于成型轴和心轴在同时转动，就会带动钢筋向前滑移。因此，钢筋弯90°时，弯曲点线约与心轴内边缘齐；弯180°时，弯曲点线距心轴内边缘为 $1.0\sim1.5d$（钢筋硬时取大值）。

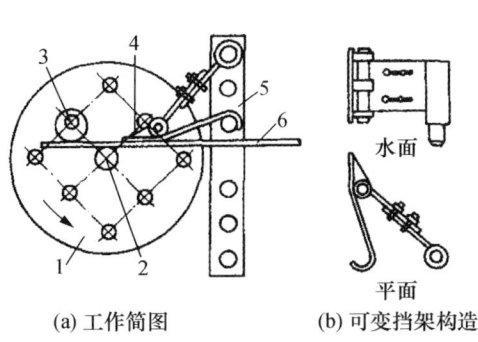
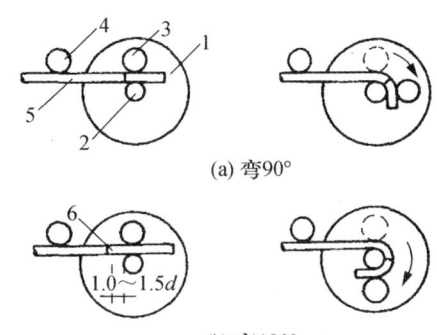

(a) 工作简图　　　　(b) 可变挡架构造　　　　　　(a) 弯90°

　　　　　　　　　　　　　　　　　　　　　　　　(b) 弯180°

图 6-4-10　钢筋弯曲成型　　　　　　　　图 6-4-11　弯曲点线与心轴关系
1—工作盘；2—心轴；3—成型轴；4—可变挡架；　　1—工作盘；2—心轴；3—成型轴；4—固定挡铁；
5—插座；6—钢筋　　　　　　　　　　　　　　　5—钢筋；6—弯曲点线

注意：对 HRB335 与 HRB400 钢筋，不能弯过头再弯过来，以免钢筋弯曲点处发生裂纹。

6. 钢筋加工的允许偏差

钢筋加工的形状、尺寸应符合设计要求，其偏差应符合表 6-4-10 的规定。

表 6-4-10　钢筋加工的允许偏差

项　目	允许偏差/mm
受力钢筋顺长度方向全长的净尺寸	±10
弯起钢筋的弯折位置	±20
箍筋内净尺寸	±5

四、钢筋连接施工工艺

工程中钢筋往往因长度不足或因施工工艺上的要求等必须连接。钢筋连接的方式很多，接头的主要方式有以下三种。

绑扎连接——绑扎搭接接头。

焊接连接——对焊接头、电弧焊接头、电渣压力焊接头、气压焊接头等。

机械连接——挤压套筒接头、锥螺纹套筒接头、直螺纹套筒接头等。

（一）钢筋绑扎连接

钢筋的绑扎连接就是将相互搭接的钢筋，用铁丝扎牢它的中心和两端，将其绑扎在一起，如图 6-4-12 所示。

图 6-4-12　钢筋绑扎连接

钢筋绑扎一般用 18～22 号铁丝，其中 22 号铁丝只用于绑扎直径 12 mm 以下的钢筋。

1. 钢筋绑扎与模板架设的工序搭接关系

（1）柱子一般是先绑扎成型钢筋骨架后架设模板。

（2）梁一般是先架设梁底模板，然后在底模上绑扎钢筋骨架。

（3）现浇楼板一般是模板安装后，在模板上绑扎钢筋网片。

（4）墙是在钢筋网片绑扎完毕并采取临时固定措施后，架设模板。

2. 钢筋绑扎程序

钢筋绑扎程序：画线、摆筋、穿箍、绑扎、安放垫块等。

画线时应注意间距、数量，标明加密箍筋的位置。

板类摆筋顺序一般先排主筋后排负筋；梁类一般先摆纵筋。

摆放有焊接接头和绑扎接头的钢筋应符合规范规定，有变截面的箍筋，应事先将箍筋排列清楚，然后安装纵向钢筋。

3. 准备工作

（1）核对成品钢筋的钢号、直径、形状、尺寸和数量等是否与料单料牌相符。如有错漏，应纠正增补。

（2）准备绑扎用的铁丝、绑扎工具（如钢筋钩、带扳口的小撬棍）、绑扎架等。钢筋绑扎用的铁丝，可采用 20～22 号铁丝，其中 22 号铁丝只用于绑扎直径 12 mm 以下的钢筋。铁丝长度可参考表 6-4-11 的数值采用；因铁丝是成盘供应的，故习惯上是按每盘铁丝周长的几分之一来切断。

表 6-4-11　钢筋绑扎铁丝长度参考表　　　　　　　（单位：mm）

钢筋直径/mm	3～5	6～8	10～12	14～16	18～20	22	25	28	32
3～5		130	150	170	190	250	270	290	320
6～8		150	170	190	220	270	290	310	340
10～12	120		190	220	250	290	310	330	360
14～16				250	270	310	330	350	380
18～20					290	330	350	370	400
22									

（3）准备控制混凝土保护层用的水泥沙浆垫块或塑料卡。

水泥沙浆垫块的厚度，应等于保护层厚度。

 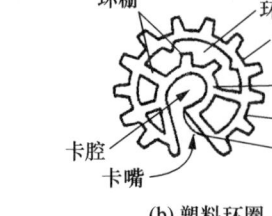

(a) 塑料垫块　　　　(b) 塑料环圈

图 6-4-13　控制混凝土保护层用的塑料卡

垫块的平面尺寸：当保护层厚度等于或小于 20 mm 时为 30 mm×30 mm，大于 20 mm 时为 50 mm×50 mm。当在垂直方向使用垫块时，可在垫块中埋入 20 号铁丝。

塑料卡的形状有两种：塑料垫块和塑料环圈，见图 6-4-13。塑料垫块用于水平构件（如梁、板），在两个方向均有凹槽，以便适应两种保护层厚度。塑料环圈用于垂直构件（如柱、墙），使用时钢筋从卡嘴进入卡腔；由于塑料环圈有弹性，可使卡腔的大小能适应钢筋直径的变化。

（4）划出钢筋位置线。

平板或墙板的钢筋，在模板上画线；柱的箍筋，在两根对角线主筋上划点；梁的箍筋，则在架立筋上划点；基础的钢筋，在两向各取一根钢筋划点或在垫层上画线。

钢筋接头的位置，应根据来料规格，结合施工规范对有关接头位置、数量的规定，使其错开，在模板上画线。

（5）绑扎形式复杂的结构部位时，应先研究逐根钢筋穿插就位的顺序。

4. 钢筋绑扎接头

（1）钢筋绑扎接头宜设置在受力较小处。同一纵向受力钢筋不宜设置两个或两个以上接头。接头末端至钢筋弯起点的距离不应小于钢筋直径的 10 倍。

（2）同一构件中相邻纵向受力钢筋的绑扎搭接接头宜相互错开。同一连接区段内，纵向受拉钢筋绑扎搭接接头面积百分率及箍筋配置要求，可参照施工规范的有关规定。

绑扎搭接接头中钢筋的横向间距不应小于钢筋直径，且不应小于 25 mm。

当纵向受拉钢筋的绑扎搭接接头面积百分率不大于 25% 时，其最小搭接长度应符合表 6-4-12 的规定。

表 6-4-12 纵向受拉钢筋的最小搭接长度

纵向受拉钢筋的最小搭接长度 l_1、l_{lE}				注： 1. 当直径不同的钢筋搭接时，l_1、l_{lE} 按直径较小的钢筋计算 2. 任何情况下不应小于 300 mm 3. 式中 ζ_l 为纵向受拉钢筋搭接长度修正系数。当纵向钢筋搭接接头面积百分率为表的中间值时，可按内插取值 4. l_a 和 l_{aE} 分别为受拉钢筋锚固长度和抗震锚固长度
抗震	非抗震			
$l_{lE} = \zeta_l l_{aE}$	$l_1 = \zeta_l l_a$			
纵向受拉钢筋的最小搭接长度				
纵向钢筋搭接接头 面积百分率（%）	≤25	50	100	
ζ_l	1.2	1.4	1.6	

注：① 受压钢筋绑扎接头的搭接长度应为表中数值的 7/10 倍；

② 在任何情况下，受压钢筋搭接长度不应小于 200 mm；

③ 当出现下列情况，如钢筋直径大于 25 mm，混凝土凝固过程中受力钢筋易受扰动、涂环氧的钢筋、带肋钢筋末端采取机械锚固措施、混凝土保护层厚度大于钢筋直径的 3 倍、抗震结构构件等，纵向受拉钢筋的最小搭接长度应按构造要求的相关规定修正；

④ 在绑扎接头的搭接长度范围内，应采用铁丝绑扎三点。

5. 柱钢筋绑扎

（1）柱中的竖向钢筋搭接时，角部钢筋的弯钩应与模板成 45°（多边形柱为模板内角的平分角，圆形柱应与模板切线垂直），中间钢筋的弯钩应与模板成 90°。如果用插入式振捣器浇筑小型截面柱时，弯钩与模板的角度不得小于 15°。

（2）箍筋的接头（弯钩叠合处）应交错布置在四角纵向钢筋上；箍筋转角与纵向钢筋交叉点均应扎牢（箍筋平直部分与纵向钢筋交叉点可间隔扎牢），绑扎箍筋时绑扣相互间应成八字形。

（3）下层柱的钢筋露出楼面部分，宜用工具式柱箍将其收进一个柱筋直径，以利于上层柱的钢筋搭接。当柱截面有变化时，其下层柱钢筋的露出部分，必须在绑扎梁的钢筋之前，先行收缩准确。

（4）框架梁、牛腿及柱帽等钢筋，应放在柱的纵向钢筋内侧。

（5）柱钢筋的绑扎，应在模板安装前进行。

6．梁板钢筋绑扎

（1）钢筋网的绑扎。四周两行钢筋交叉点应每点扎牢，中间部分交叉点可相隔交错扎牢，但必须保证受力钢筋不位移。双向主筋的钢筋网，则须将全部钢筋相交点扎牢。绑扎时应注意相邻绑扎点的铁丝扣要成八字形，以免网片歪斜变形。

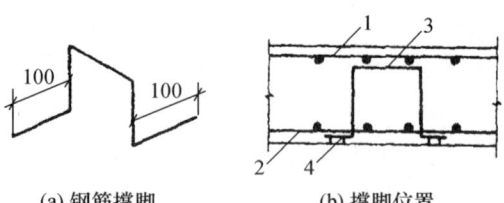

(a) 钢筋撑脚　　　(b) 撑脚位置

图 6-4-14　钢筋撑脚
1—上层钢筋网；2—下层钢筋网；
3—撑脚；4—水泥垫块

（2）楼板采用双层钢筋网时，在上层钢筋网下面应设置钢筋撑脚或混凝土撑脚，以保证钢筋位置正确。

钢筋撑脚的形式与尺寸如图 6-4-14 所示，每隔 1 m 放置一个。其直径选用：当板厚 $h \leqslant 30\ cm$ 时为 $8\sim10\ mm$；当板厚 $h = 30\sim50\ cm$ 时为 $12\sim14\ mm$；当板厚 $h > 50\ cm$ 时为 $16\sim18\ mm$。

（3）钢筋的弯钩应朝上，不要倒向一边；但双层钢筋网的上层钢筋弯钩应朝下。

（4）梁纵向受力钢筋采用双层排列时，两排钢筋之间应垫以直径 $\geqslant 25\ mm$ 的短钢筋，以保持其设计距离。

（5）箍筋的接头（弯钩叠合处）应交错布置在两根架立钢筋上。

（6）板、次梁与主梁交叉处，板的钢筋在上，次梁的钢筋居中，主梁的钢筋在下（见图 6-4-15）；当有圈梁或垫梁时，主梁的钢筋在上（见图 6-4-16）。

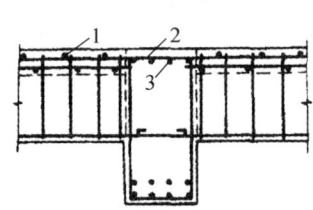

图 6-4-15　板、次梁与主梁交叉处钢筋的绑扎
1—板的钢筋；2—次梁钢筋；3—主梁钢筋

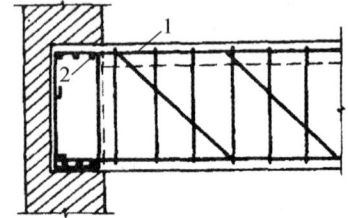

图 6-4-16　主梁与垫梁交叉处钢筋的绑扎
1—主梁钢筋；2—垫梁钢筋

（7）框架节点处钢筋穿插十分稠密时，应特别注意梁顶面主筋间的净距要有 30 mm，以利于浇筑混凝土。

（8）梁钢筋的绑扎与模板安装之间的配合关系：① 梁的高度较小时，梁的钢筋架空在梁顶上绑扎，然后再落位；② 梁的高度较大（$\geqslant 1.0\ m$）时，梁的钢筋宜在梁底模上绑扎，其两侧模或一侧模后装。

（9）梁板钢筋绑扎时应防止水电管线将钢筋抬起或压下。

【应用案例】　　　　　构件交叉点钢筋处理方法

在构件交叉点，例如柱与梁、梁与梁以及框架和桁架节点处杆件交汇点，钢筋纵横交错，大部分在同一位置上发生碰撞，无法安装。遇到这种情况，必须在施工前的审图过程中就予以解决。

处理办法一般是使一个方向的钢筋设置在规定的位置（按规定取保护层厚度），而另一个方向的钢筋则去避开它（常以调整保护层厚度来实现），如柱与梁节点，如图6-4-17所示。

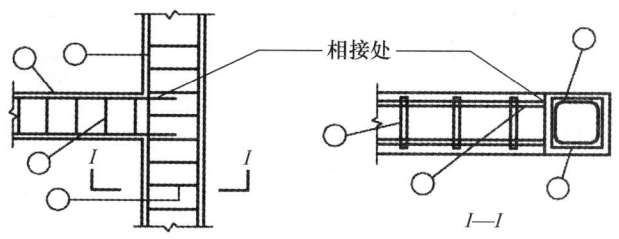

图6-4-17 柱与梁节点

一般是将梁的纵向钢筋弯折，插入柱的钢筋骨架内，如图6-4-18所示；也可以征得设计人员同意，将梁钢筋保护层厚度加大（即梁箍筋宽度改小），如图6-4-19所示，使梁的纵向钢筋能够直接插入柱的钢筋骨架内。

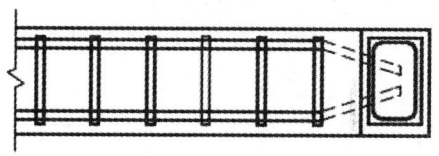

图6-4-18 梁的纵向钢筋弯折

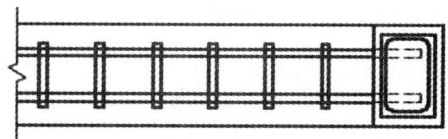

图6-4-19 梁钢筋保护层厚度加大

7. 钢筋位置的固定

为了使安装完的钢筋不因人踩、放置工具、混凝土浇灌等影响而移位，必须采取多种形式的技术措施。

（1）支架和撑件。可用钢筋或角钢、钢管等制作。

（2）垫筋和垫块（沙浆、混凝土、塑料）。

（二）钢筋焊接连接

用钢筋焊接代替钢筋绑扎，可达到节约钢材、改善结构受力性能、提高工效、降低成本的目的。常用的焊接方法有闪光对焊、电弧焊、电渣压力焊、埋弧压力焊和气压焊等。

1. 闪光对焊

钢筋闪光对焊是利用钢筋对焊机，将两根钢筋安放成对接形式，压紧于两电极之间，通过低电压强电流，利用电阻热使接触点金属熔化，产生强烈飞溅，形成闪光，迅速施加顶锻力使两根钢筋焊合在一起（图6-4-20）。

闪光对焊适用于直径 8～20 mm 的 HPB235、HPB300 钢筋、直径 6～40 mm 的 HRB335 及 HRB400 钢筋。

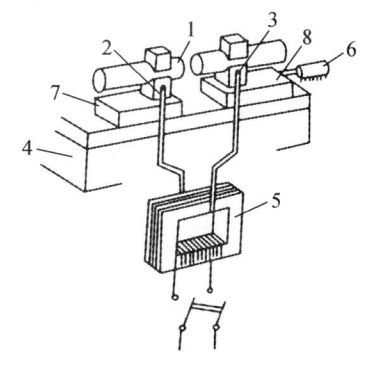

图6-4-20 钢筋闪光对焊原理
1—焊接的钢筋；2—固定电极；3—可动电极；
4—机座；5—变压器；6—平动顶压机构；
7—固定支座；8—滑动支座

根据钢筋级别、直径和所用焊机的功率，闪光对焊工艺可分为连续闪光焊、预热闪光焊、闪光-预热-闪光焊三种（表6-4-13）。根据钢筋品种、直径和所用焊机功率大小等选用焊接工艺。

表6-4-13　焊接工艺的选择表

工艺名称	工艺过程	适用范围
连续闪光焊	连续闪光、顶锻	适于焊接直径25 mm以内的Ⅰ-Ⅲ级钢筋，焊接端面不平整、直径较小的钢筋最适宜
预热闪光焊	预热、连续闪光、顶锻	适于钢筋端面较平整，且直径20 mm以上的Ⅰ-Ⅲ级钢筋
闪光-预热-闪光焊	一次闪光、预热、二次闪光、顶锻	适于端面不平整，且直径20 mm以上的Ⅰ-Ⅲ级钢筋及Ⅳ级钢筋

【温馨提示】 闪光焊焊接质量检查：应按现行规范要求从每批焊接接头中抽查一定数量的接头，作外观检查和力学性能试验。

2. 电弧焊

电弧焊是利用电弧焊机使焊条和焊件之间产生高温电弧，熔化焊条和高温电弧范围内的焊件金属，熔化的金属凝固后形成焊接接头。

钢筋电弧焊包括焊条电弧焊和CO_2气体保护电弧焊两种工艺方法。

电弧焊广泛用于钢筋接头与钢筋骨架焊接、装配式结构接头焊接、钢筋与钢板焊接及各种钢结构焊接。

钢筋电弧焊的常用的接头形式有三种：搭接接头、帮条接头及坡口接头。

（1）帮条焊和搭接焊

帮条焊和搭接焊均分单面焊和双面焊（见图6-4-21）。

帮条焊和搭接焊宜采用双面焊。当不能进行双面焊时，方可采用单面焊。当帮条牌号与主筋相同时，帮条直径可与主筋相同或小一个规格；当帮条直径与主筋相同时，帮条牌号可与主筋相同或低一个级别。帮条长度与钢筋级别和焊缝形式有关。对HPB235、HPB300级钢筋，双面焊$4d$，单面焊$8d$；HRB335、HRB400、RRB400级钢筋，双面焊不小于$5d$，单面焊不小于$10d$。

帮条焊或搭接焊的焊缝厚度h不应小于主筋直径的0.3倍，焊缝宽度b不应小于主筋直径的0.8倍。

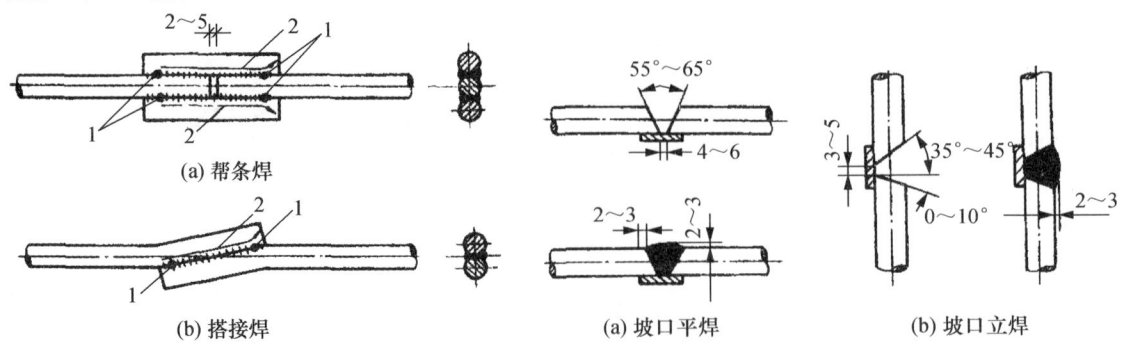

图6-4-21　帮条焊与搭接焊的定位

1—定位焊缝；2—弧坑拉出方位

图6-4-22　钢筋坡口接头

（2）坡口焊

钢筋坡口焊接头可分为坡口平焊接头和坡口立焊接头两种，钢筋坡口焊接头见图6-4-22。

【温馨提示】 电弧焊焊接质量检查：应按现行规范要求从每批焊接接头中抽查一定数量的接头，作外观检查和力学性能试验。

3. 电渣压力焊

钢筋电渣压力焊是将两根钢筋安放成竖向对接形式，利用焊接电流通过两根钢筋端面间隙，在焊剂层下形成电弧过程和电渣过程，产生电弧热和电阻热，熔化钢筋，加压完成的一种压焊方法。这种焊接方法比电弧焊节省钢材、工效高、成本低。电渣压力焊在供电条件差、电压不稳、雨季或防火要求高的场合应慎用。电渣压力焊构造见图6-4-23。

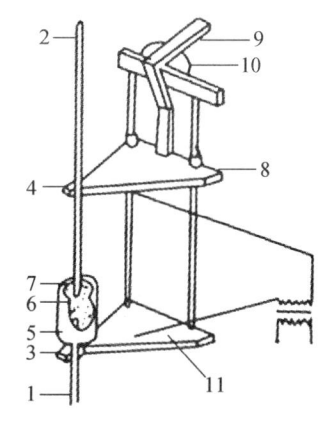

图 6-4-23 电渣压力焊构造

1、2—钢筋；3—固定电极；4—活动电极；
5—药盒；6—导电剂；7—焊药；
8—滑动架；9—手柄；10—支架；
11—固定

（1）优点和适用范围

优点：设备简单，焊头可靠，成本较低；

适用范围：直径为 14～40 mm 的 HPB235、HPB300、HRB335 级竖向或斜向（倾斜度在 4∶1 范围内）钢筋的连接。

（2）焊接工艺

施焊前，先将钢筋端部 120 mm 范围内的铁锈、杂质刷净，把钢筋安装于焊接夹具的上、下钳口内夹紧；钢筋一经夹紧，不得晃动。

电渣压力焊的工艺过程包括引弧、电弧、电渣和顶压过程（见图6-4-24）。

① 引弧过程：宜采用铁丝圈引弧法或焊条头引弧法，也可采用直接引弧法。

铁丝圈引弧法是将铁丝圈放在上、下钢筋端头之间，高约 10 mm，电流通过铁丝圈与上、下钢筋端面的接触点形成短路引弧。

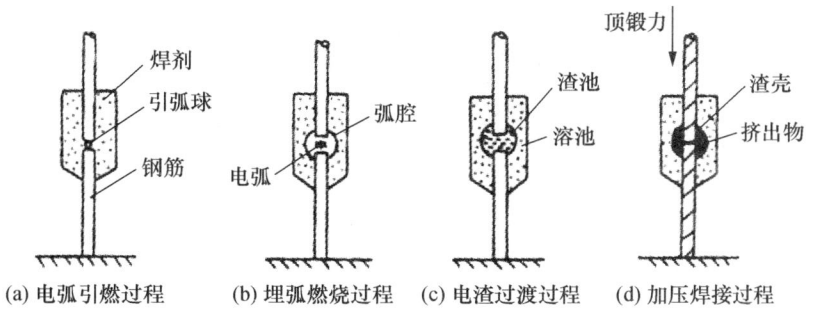

(a) 电弧引燃过程　(b) 埋弧燃烧过程　(c) 电渣过渡过程　(d) 加压焊接过程

图 6-4-24 电渣压力焊

直接引弧法是在通电后迅速将上钢筋提起，使两端头之间的距离为 2～4 mm 引弧。当钢筋端头夹杂不导电物质或过于平滑造成引弧困难时，可以多次把上钢筋移下与下钢筋短接后再提起，达到引弧目的。

②电弧过程：靠电弧的高温作用，将钢筋端头的凸出部分不断烧化；同时将接口周围的焊剂充分熔化，形成一定深度的渣池。

③电渣过程：渣池形成一定深度后，将上钢筋缓缓插入渣池中，此时电弧熄灭，进入电渣过程。由于电流直接通过渣池，产生大量的电阻热，使渣池温度升到近2000℃，将钢筋端头迅速而均匀熔化。

④顶压过程：当钢筋端头达到全截面熔化时，迅速将上钢筋向下顶压，将熔化的金属、熔渣及氧化物等杂质全部挤出结合面，同时切断电源，焊接即告结束。

接头焊毕，应停歇后，方可回收焊剂和卸下焊接夹具，并敲去渣壳；四周焊包应均匀，当钢筋直径为25 mm及以下时，凸出钢筋表面的高度应大于或等于4 mm；当钢筋直径为28 mm及以上时不得小于6 mm。

【温馨提示】电渣压力焊焊接质量检查：应按现行规范要求从每批焊接接头中抽查一定数量的接头，作外观检查和力学性能试验。

4. 钢筋气压焊

钢筋气压焊是采用氧乙炔火焰或其他火焰对两钢筋对接处加热，使其达到塑性状态，加压完成的一种压焊方法。

钢筋气压焊工艺具有设备简单、操作方便、质量好、成本低等优点，但对焊工要求严，焊前对钢筋端面处理要求高。被焊两钢筋直径之差不得大于7 mm。

适用于：14 mm以上的HPB235、HPB300、HRB335、HRB400级钢筋，竖向、水平、斜向连接的现场焊接接长。

（1）焊接设备

钢筋气压设备包括氧、乙炔供气设备、加热器、加压器及钢筋卡具等，见图6-4-25。

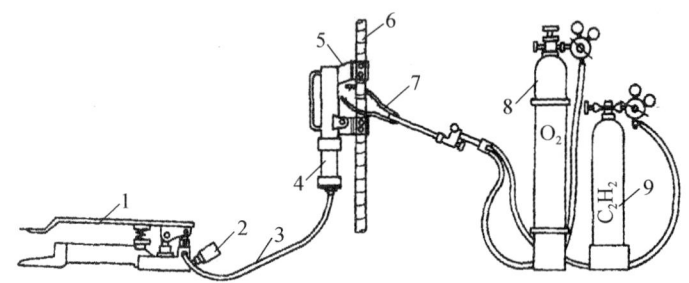

图6-4-25　气压焊设备工作简图
1—脚踏液压泵；2—压力表；3—液压胶管；4—活动油缸；5—钢筋卡具；
6—被焊接钢筋；7—多火口烤枪；8—氧气瓶；9—乙炔瓶

（2）气压焊焊接工艺

施焊前，钢筋端头用切割机切齐，压接面应与钢筋轴线垂直，如稍有偏斜，两钢筋间距不得大于3 mm；钢筋切平后，端头周边用砂轮磨成小八字角，并将端头附近50～100 mm范围内钢筋表面上的铁锈、油渍和水泥清除干净。

施焊时，先将钢筋固定于压接器上，并加以适当的压力使钢筋接触，然后将火钳火口对准钢筋接缝处，加热钢筋端部至1150～1250℃，表面发深红色时，当即加压油泵，对钢筋施以40 MPa以上的压力，直到焊缝处对称均匀变粗其隆起直径为钢筋直径的1.4～1.6倍，变形长度为钢筋直径的1.3～1.5倍。

(3) 气压焊的检验

应从每批焊接接头中抽查一定数量的接头作外观检查、力学性能试验。

(三) 钢筋机械连接

钢筋机械连接是指通过连接件的机械咬合作用或钢筋端面的承压作用，将一根钢筋中的力传递至另一根钢筋的连接方法。在粗直径钢筋连接中，钢筋机械连接方法有广阔的发展前景。

1. 钢筋套筒挤压连接

带肋钢筋套筒挤压连接是将两根待接钢筋插入钢套筒，用挤压连接设备沿径向挤压钢套筒，使之产生塑性变形，依靠变形后的钢套筒与被连接钢筋纵、横肋产生的机械咬合成为整体的钢筋连接方法（图6-4-26）。

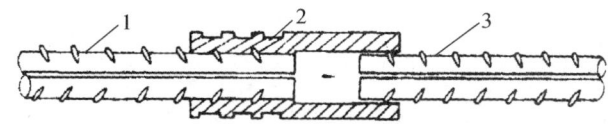

图 6-4-26 钢筋套筒挤压连接
1—已挤压的钢筋；2—钢套筒；3—未挤压的钢筋

钢筋套筒挤压连接接头质量稳定性好，可与母材等强，质量稳定可靠；连接速度快，适用范围广；挤压设备轻便。但操作工人工作强度大，有时液压油污染钢筋，综合成本较高。

套筒挤压连接适用于钢筋混凝土结构中钢筋直径为 16～40 mm 的 HRB335 级、HRB400 级带肋钢筋连接。

钢筋挤压连接宜先在地面上挤压一端套筒，在施工作业区插入待接钢筋后再挤压另一端套筒。

压接钳就位时，应对正钢套筒压痕位置的标记，并使压模运动方向与钢筋两纵肋所在的平面相垂直，即保证最大压接面能在钢筋的横肋上。

压接钳施压顺序由钢套筒中部顺次向端部进行。每次施压时，主要控制压痕深度。

【温馨提示】 钢筋挤压连接质量检查与验收：应按规范要求从每批挤压接头中抽查一定数量的接头作外观检查；单向拉伸试验。

2. 钢筋锥螺纹套筒连接

钢筋锥螺纹套筒连接是将两根待接钢筋端头用套丝机做出锥形外丝，然后用带锥形内丝的套筒将钢筋两端拧紧的钢筋连接方法（图6-4-27）。

这种接头质量稳定性一般，施工速度快，综合成本较低。

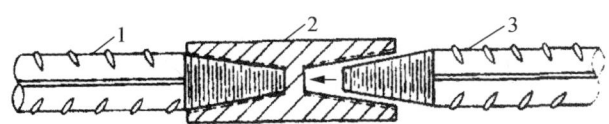

图 6-4-27 钢筋锥螺纹套筒连接
1—已连接的钢筋；2—锥螺纹套筒；3—待连接的钢筋

锥螺纹套筒连接适用于 16～40 mm 的 HPB235～HRB400 级同直径或异直径的钢筋连接。

（1）锥螺纹套筒

锥螺纹套筒加工，宜在专业工厂进行。

（2）机具设备

钢筋预压机或镦粗机、钢筋套丝机、扭力扳手和量规。

（3）锥螺纹连接施工要点

① 钢筋下料。应采用砂轮切割机。其端头截面应与钢筋轴线垂直，并不得翘曲。

② 应对钢筋端头进行镦粗或径向顶压处理。

③ 钢筋套丝。经检验合格的钢筋，方可在套丝机上加工锥螺纹。

锥螺纹检查合格后，一端拧上塑料保护帽，另端拧上钢套筒与塑料封盖，并用扭矩扳手将套筒拧至规定的力矩，以利保护与运输。

④ 钢筋连接。连接钢筋前，将下层钢筋上端的塑料保护帽拧下来露出丝扣，并将丝扣上的水泥浆等污物清理干净。

连接钢筋时，将已拧套筒的上层钢筋拧到被连接的钢筋上，并用扭力扳手按表6-4-14规定的力矩值把钢筋接头拧紧，直至扭力扳手在调定的力矩值发出响声，并随手画上油漆标记，以防有的钢筋接头漏拧。

表6-4-14　锥螺纹钢筋接头拧紧力矩值

钢筋直径/mm	16	18	20	22	25～28	32	36～40
扭紧力矩/（N·m）	118	145	177	216	275	314	343

【温馨提示】　钢筋锥螺纹钢筋连接质量检查与验收，应从每批锥螺纹钢筋接头中抽查一定数量的接头作外观检查、单向拉伸试验和接头拧紧值检验。

3. 直螺纹套筒连接

直螺纹套筒连接是把两根待连接的钢筋端加工制成直螺纹，然后旋入带有直螺纹的套筒中，从而将两根钢筋连接成一体的钢筋接头。直螺纹套筒连接示意图如图6-4-28所示。与锥螺纹连接相比，其接头强度更高，安装更方便。

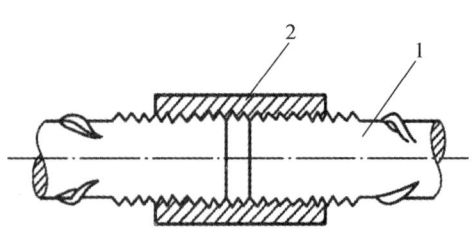

图6-4-28　直螺纹套筒连接示意图

1—待接钢筋；2—套筒

【温馨提示】　钢筋直螺纹套筒连接质量检查与验收，应从每批直螺纹套筒接头中抽查一定数量的接头作外观检查、单向拉伸试验和接头拧紧值检验。

五、钢筋安装质量检验

钢筋安装完成之后，在浇筑混凝土之前，应进行钢筋隐蔽工程验收，其内容包括以下几个方面。

（1）纵向受力钢筋的品种、规格、数量、位置等。

（2）钢筋连接方式、接头位置、接头数量、接头面积百分率等。
（3）箍筋、横向钢筋的品种、规格、数量、间距等。
（4）预埋件的规格、数量、位置等。

钢筋隐蔽工程验收前，应提供钢筋出厂合格证与检验报告及进场复验报告，钢筋焊接接头和机械连接接头力学性能试验报告。钢筋安装位置的允许偏差和检验方法，见表 6-4-15。

表 6-4-15 钢筋安装位置的允许偏差和检验方法

项　　目			允许偏差/mm	检验方法
绑扎钢筋网	长、宽		±10	钢尺检查
	网眼尺寸		±20	钢尺量连续三挡，取最大值
绑扎钢筋骨架	长		±10	钢尺检查
	宽、高		±5	钢尺检查
受力钢筋	间距		±10	钢尺量两端、中间各一点，取最大值
	排距		±5	
	保护层厚度	基础	±10	钢尺检查
		柱、梁	±5	钢尺检查
		板、墙、壳	3	钢尺检查
绑扎箍筋、横向钢筋间距			±20	钢尺量连续三挡，取最大值
钢筋弯起点位置			20	钢尺检查
预埋件	中心线位置		5	钢尺检查
	水平高差		+3, 0	钢尺和塞尺检查

注：① 检查预埋件中心线位置时，应沿纵、横两个方向量测，并取其中的较大值；
② 表中梁类、板类构件上部纵向受力钢筋保护层厚度的合格点率应达到 90% 及以上，且不得有超过表中数值 1.5 倍的尺寸偏差。

课题五　混凝土工程施工

问题引入

"砼"是混凝土的专业词汇，是人工做的石头，那混凝土是如何配制而成的？又是如何进行浇筑、振捣和养护？这些是混凝土工程的重要内容，也是必须掌握的内容。下面就来学习这些知识。

一、混凝土工程施工基础知识

1. 混凝土工程施工特点

（1）工序多，各工序之间相互联系和影响。

(2) 质量要求高（外形、强度、密实度、整体性）。

(3) 不易及时发现质量问题（拆模后或试压后方可显现）。

2. 混凝土工程施工工艺流程

混凝土工程施工工艺流程见图 6-5-1。

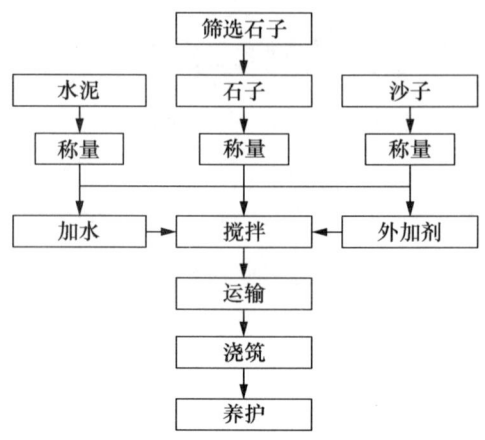

图 6-5-1　混凝土工程施工工艺流程

3. 混凝土工程施工过程

混凝土工程施工包括混凝土制备、运输、浇捣、振实和养护等施工过程，各个施工过程相互联系和影响，任一施工过程处理不当都会影响混凝土工程的最终质量，见图 6-5-2。

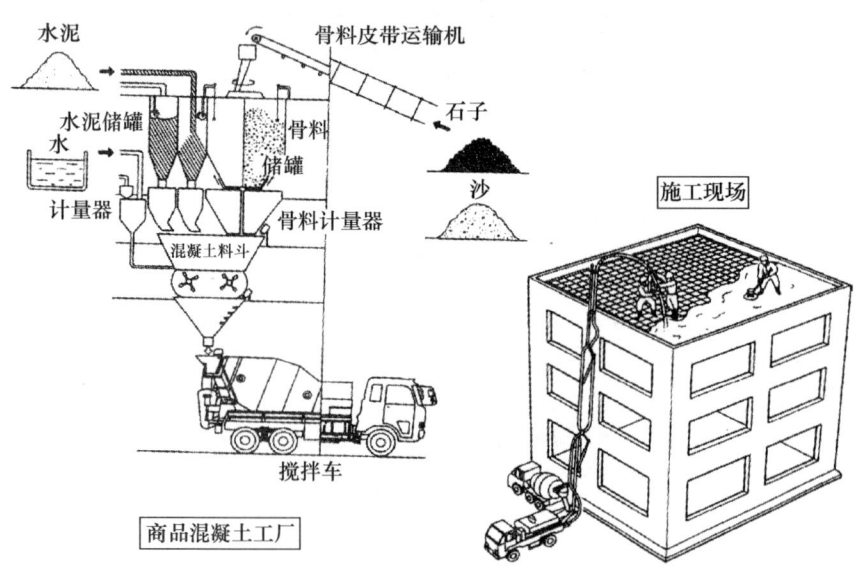

图 6-5-2　混凝土工程施工示意图

4. 混凝土工程的地位和发展

混凝土工程在混凝土结构工程中占有重要地位，混凝土工程质量的好坏直接影响到混凝土结构的承载力、耐久性与整体性。

改革开放以来,高层建筑如雨后春笋般地蓬勃发展,极大地促进了混凝土工程施工技术的进步。混凝土外加剂技术不断发展和商品混凝土的推广应用,很大程度上影响了混凝土的性能和施工工艺;随着现代工程结构的高度、跨度和预应力混凝土的发展,人们研制了高强混凝土、高性能混凝土、特种混凝土等,这些混凝土的推广应用,使具有百余年历史的混凝土工程面貌一新。此外,自动化、机械化的发展和新的施工机械和施工工艺的应用,也大大改变了混凝土工程的施工技术。

二、混凝土的制备

(一)混凝土的原材料

混凝土的原材料要求如下。

(1)水泥的选用应符合下列规定。

① 水泥品种与强度等级应根据设计、施工要求,以及工程所处环境条件确定。

② 普通混凝土宜选用通用硅酸盐水泥;有特殊需要时,也可选用其他品种水泥。

③ 有抗渗、抗冻要求的混凝土,宜选用硅酸盐水泥或普通硅酸盐水泥。

(2)通用硅酸盐水泥应符合国家标准《通用硅酸盐水泥》(GB 175)的规定。水泥进场时应对品种、级别、包装或散装仓号、出厂日期等进行检查。

(3)当使用中对水泥质量有怀疑或水泥出厂超过3个月(快硬硅酸盐水泥超过1个月)时,应进行复验,并依据复验结果使用。

(4)钢筋混凝土结构、预应力混凝土结构中,严禁使用含氯化物的水泥。

(5)混凝土中掺外加剂的质量及应用技术应符合现行国家标准《混凝土外加剂》(GB 8076)、《混凝土外加剂应用技术规程》(GB 50119)等和有关环境保护的规定。

(6)混凝土中掺用矿物掺和料的质量应符合现行国家标准《用于水泥和混凝土中的粉煤灰》(GB1596)等的规定。

(7)普通混凝土所用的粗、细骨料的质量应符合《普通混凝土用沙、石质量及检验方法标准》(JGJ 52)的规定。同时,细骨料宜选用河沙、湖沙,不宜采用海沙。

(8)拌制混凝土宜采用饮用水;当采用其他水源时,水质应符合国家标准《混凝土用水标准》(JGJ 63)的有关规定。未经处理的海水严禁用于混凝土的拌制和养护。

(9)混凝土原材料每盘称量的偏差应符合表6-5-1的要求。

表6-5-1 原材料称量的允许偏差

材料名称	每盘允许偏差	累计允许偏差
水泥、掺和料	±2%	±1%
粗、细骨料	±3%	±2%
水、外加剂	±1%	±1%

【温馨提示】 累计计量允许偏差指每一运输车中各盘混凝土的每种材料累计称量的偏差,该项指标仅适用于采用计算机控制计量的搅拌站。

(二)混凝土的制备

混凝土制备是指将符合质量标准要求的各种组分材料,按规定的配合比拌制成均匀的，满足结构设计的混凝土强度等级的，并具有施工所需和易性的拌和物。

1. 混凝土的施工配制强度

混凝土配合比的选择，是根据工程要求、组成材料的质量和施工方法等因素，通过试验室计算及试配后确定的。所确定的施工配合比应使拌制出的混凝土能保证达到结构设计中所要求的混凝土强度等级，并符合施工中对和易性的要求，同时还要合理地使用材料，节约水泥的原则。必要时，还应符合抗冻性、抗渗性等要求。

施工中按设计图纸要求的混凝土强度等级，确定混凝土配制强度，以保证混凝土工程质量。考虑到现场实际施工条件的差异和变化，因此，混凝土的试配强度应比设计的混凝土强度标准值提高一个数值，并有95%的强度保证率。

（1）当设计强度等级低于C60时，配制强度应按下式确定：

$$f_{cu,o} = f_{cu,k} + 1.645\sigma$$

式中 $f_{cu,k}$——设计的混凝土强度标准值（N/mm²）；

σ——混凝土强度标准差（N/mm²）。

当具有近期（现场搅拌统计周期不超过3个月）同一品种、同一强度等级混凝土的强度统计资料时，σ 可按下式计算：

$$\sigma = \sqrt{\frac{\sum_{i=1}^{n} f_{cu,i}^2 - n f_{cu,m}^2}{n-1}}$$

式中 $f_{cu,i}$——统计周期内第 i 组试件强度值；

$f_{cu,m}^2$——统计周期内 m 组强度平均值；

n——统计周期内混凝土试件组数，$n \geq 30$。

当混凝土强度等级不高于C30时，如计算所得到的 σ 小于3.0 MPa时，则取 σ 等于3.0 MPa；如计算所得到的 σ 大于等于3.0 MPa时，应按计算结果取值。

当混凝土为C30～C60时，如计算得到的 σ 小于4.0 MPa时，取 σ 等于4 MPa；如计算所得到的 σ 大于等于4.0 MPa时，应按计算结果取值。

当没有近期的同一品种、同一强度等级混凝土强度资料时，其混凝土强度标准差可按表6-5-2选用。

表6-5-2 混凝土强度标准值 σ 参考取值 （单位：N/mm²）

混凝土强度等级	≤C20	C25～C45	C50～C55
σ（MPa）	4.0	5.0	6.0

（2）当设计强度等级不低于C60时，配制强度应按下式确定：

$$f_{cu,o} \geq 1.15 f_{cu,k}$$

2. 混凝土的施工配料

施工配料时影响混凝土质量的因素主要有两方面：一是称量不准；二是未按沙、石骨料实际含水率的变化进行施工配合比的换算。因此，为了确保混凝土的质量，在施工中必须进行施工配合比的换算和严格控制称量。

(1) 混凝土施工配合比换算

混凝土施工配置强度确定后,根据原材料的性能及对混凝土的技术要求进行初步计算,得出初步配合比;再经实验室试拌调整,得出满足和易性、强度和耐久性要求的较经济合理的实验室配合比。

混凝土实验室配合比是根据完全干燥的沙、石骨料制定的,但工地实际使用的沙、石骨料都含有一定的水分,而且含水量也经常随气象条件发生变化。因此,施工时应及时测定沙、石骨料的含水率,并将混凝土实验室配合比换算为骨料在实际含水率情况下的配合比,调整后的配合比,称为施工配合比。

假设混凝土实验室配合比为:水泥:沙子:石子 = 1:x:y,水灰比为 $Z = W/C$,测得沙含水率为 ω_x,石子的含水率为 ω_y,则施工配合比应为:

水泥:沙子:石子:水 = 1:$x(1+\omega_x)$:$y(1+\omega_y)$:$(Z - x \cdot \omega_x - y \cdot \omega_y)$。

【例6-4】已知C20混凝土的试验室配合比为1:2.55:5.12,水灰比为0.65,经测定沙的含水率为3%,石子的含水率为1%,每1 m³ 混凝土的水泥用量310 kg,

求:① 施工配合比为多少?
② 每1 m³ 混凝土的用料?

解:
① 施工配合比为

$$1:2.55(1+3\%):5.12(1+1\%):(0.65 - 2.55 \times 3\% - 5.12 \times 1\%)$$
$$= 1:2.63:5.17:0.522$$

② 每1 m³ 混凝土材料用量为

水泥:310 kg

沙子:310 × 2.63 = 815.3 kg

石子:310 × 5.17 = 1602.7 kg

水:310 × 0.522 = 161.82 kg

(2) 混凝土施工配料

工程施工中,常采用袋装水泥自拌混凝土,因此,混凝土施工时,往往以一袋或两袋水泥作为下料单位,每搅拌一次叫做一盘。因此,求出每1 m³ 混凝土材料用量后,还必须根据工地现有搅拌机出料容量,确定每次需用几袋水泥,然后按水泥用量算出沙、石子的每盘用量。

【例6-5】在【例6-4】中,若现场采用JZ250型的搅拌机,出料容量为0.25 m³,问每盘应加水泥、沙、石、水各多少千克?

本例题中,如采用JZ250型搅拌机,出料容量为0.25 m³,则每搅拌一次的装料数量为

水泥:310 × 0.25 = 77.5 kg(取一袋半水泥,即75 kg)

沙子:75 × 2.63 = 197.25 kg

石子:75 × 5.17 = 387.75 kg

水:75 × 0.522 = 39.15 kg

(三) 混凝土的搅拌

混凝土的搅拌,是将水、水泥和粗、细骨料进行均匀拌和及混合的过程。同时,通过

搅拌还要使材料达到强化、塑化的作用。

1. 混凝土的搅拌方式

混凝土的搅拌分为人工搅拌和机械搅拌两种，目前工程中一般采用机械搅拌。

（1）人工搅拌。混凝土用量不大，而又缺乏机械设备时，可用人工拌制。拌制一般应用铁板或包有白铁皮的木拌板上进行操作，如用木制拌板时，宜将表面刨光，镶拼严密，使不漏浆。

人工搅拌一般用"三干三湿"法，即先将水泥加入沙中干拌两遍，再加入石子翻拌一遍，拌和时要干拌均匀，此后，再按规定用水量边缓慢地加水，边反复湿拌三遍。随加水随湿拌至颜色一致，达到石子与水泥浆无分离现象为准。

（2）机械搅拌。

【温馨提示】 当水灰比不变时，人工拌制要比机械搅拌多耗10%～15%的水泥。

2. 混凝土搅拌机的选择

混凝土搅拌机按其工作原理分为自落式搅拌机和强制式搅拌机两大类。

自落式搅拌机适用于施工现场搅拌塑性混凝土和半干硬性混凝土；强制式搅拌机适用于搅拌低流通性混凝土、干硬性混凝土和轻骨料混凝土。

混凝土搅拌机以其出料容量（m^3）×1000 标定规格，常用150 L、250 L、350 L 等数种。选择混凝土搅拌机时，要根据工程量大小、混凝土的坍落度、骨料尺寸等来定，既要满足技术上的要求，亦要考虑经济效益和节约能源。

3. 混凝土现场搅拌施工要点

（1）搅拌要求

搅拌混凝土前，加水空转数分钟，将积水倒净，使拌筒充分润湿。搅拌第一盘时，考虑到筒壁上的沙浆损失，石子用量应按配合比规定减半。

搅拌好的混凝土要做到基本卸尽。在全部混凝土卸出之前不得再投入拌和料，更不得采取边出料边进料的方法。

严格控制水灰比和坍落度，未经试验人员同意不得随意加减用水量。

（2）材料配合比

严格掌握混凝土材料配合比。在搅拌机旁挂牌公布，便于检查。

混凝土原材料按重量计的允许偏差，不得超过表6-5-1的规定。

各种衡器应定时校验，并经常保持准确。骨料含水率应经常测定。雨天施工时，应增加测定次数。

（3）搅拌

搅拌装料顺序为石子→水泥→沙。每盘装料数量不得超过搅拌筒标准容量的10%。

在每次用搅拌机拌和第一罐混凝土前，应先开动搅拌机空车运转，运转正常后，再加料搅拌。拌第一罐混凝土时，宜按配合比多加入10%的水泥、水、细骨料的用量；或减少10%的粗骨料用量，使富裕的沙浆布满鼓筒内壁及搅拌叶片，防止第一罐混凝土拌和物中的沙浆偏少。

在每次用搅拌机开拌之始，应注意监视与检测开拌初始的前二、三罐混凝土拌和物的和易性。如不符合要求时，应立即分析情况并处理，直至拌和物的和易性符合要求，方可持续生产。

当开始按新的配合比进行拌制或原材料有变化时,亦应注意开盘鉴定与检测工作。

在拌和掺有掺合料(如粉煤灰等)的混凝土时,宜先以部分水、水泥及掺合料在机内拌和后,再加入沙、石及剩余水,并适当延长拌和时间。

使用外加剂时,应注意检查核对外加剂品名、生产厂名、牌号等。使用时一般宜先将外加剂制成外加剂溶液,并预加入拌用水中,当采用粉状外加剂时,也可采用定量小包装外加剂另加载体的掺用方式。当用外加剂溶液时,应经常检查外加剂溶液的浓度,并应经常搅拌外加剂溶液,使溶液浓度均匀一致,防止沉淀。溶液中的水量,应包括在拌和用水量内。

雨期施工期间要勤测粗细骨料的含水量,随时调整用水量和粗细骨料的用量。夏季施工时沙石材料尽可能加以遮盖,至少在使用前不受烈日曝晒,必要时可采用冷水淋洒,使其蒸发散热。冬期施工要防止沙石材料表面冻结,并应清除冰块。

4. 确定混凝土的搅拌制度

(1) 搅拌时间

混凝土的搅拌时间是指从沙、石、水泥和水等全部材料投入搅拌筒起,到开始卸料为止所经历的时间。

搅拌时间与混凝土的搅拌质量密切相关,随搅拌机类型和混凝土的和易性不同而变化。在一定范围内,随搅拌时间的延长,强度有所提高,但过长时间的搅拌既不经济,而且混凝土的和易性又将降低,影响混凝土的质量。加气混凝土还会因搅拌时间过长而使含气量下降。

混凝土应搅拌均匀,宜采用强制式搅拌机搅拌。混凝土搅拌的最短时间可按表 6-5-3 采用。搅拌强度等级 C60 及以上的混凝土时,搅拌时间应适当加长。

表 6-5-3 混凝土搅拌的最短时间 (单位:s)

混凝土坍落度 /mm	机型	搅拌机出料容量		
		<250 L	250~500 L	>500 L
≤40	强制式	60	90	120
>40 且 <100	强制式	60	60	90
≥100	强制式	60		

注:① 当采用自落式搅拌机时,搅拌时间宜延长 30s;
② 当掺有外加剂与矿物掺合料时,搅拌时间应适当延长。

(2) 投料顺序

投料顺序应从提高搅拌质量,减少叶片、衬板的磨损,减少拌和物与搅拌筒的黏结,减少水泥飞扬,改善工作环境,提高混凝土强度及节约水泥等方面综合考虑确定。

① 一次投料法。一次投料法是在上料斗中先装石子,再加水泥和沙,然后一次投入搅拌筒中进行搅拌。

自落式搅拌机要在搅拌筒内先加部分水,投料时沙压住水泥,使水泥不飞扬,而且水泥和沙先进搅拌筒形成水泥沙浆,可缩短水泥包裹石子的时间。加料顺序可简化成 10% 水→粗细骨料、水泥→80% 水→补 10% 水。

强制式搅拌机出料口在下部，不能先加水，应在投入原材料的同时，缓慢均匀分散地加水。

② 二次投料法。二次投料法是先向搅拌机内投入水和水泥（沙），待其搅拌 1 min 后再投入石子和沙继续搅拌到规定时间。这种投料方法，能改善混凝土性能，提高了混凝土的强度，在保证规定的混凝土强度的前提下节约了水泥。

二次投料法又分为预拌水泥沙浆法和预拌水泥净浆法两种。

预拌水泥沙浆法是指先将水泥、沙和水加入搅拌筒内进行充分搅拌，成为均匀的水泥沙浆后，再加入石子搅拌成均匀的混凝土。

预拌水泥净浆法是先将水泥和水充分搅拌成均匀的水泥净浆后，再加入沙和石子搅拌成混凝土。

【温馨提示】 与一次投料法相比，二次投料法可使混凝土强度提高约 15%，在强度相同的情况下，可节约水泥 15%～20%。

③ 水泥裹沙石法。采用水泥裹沙石法的混凝土搅拌工艺拌制的混凝土称为造壳混凝土（简称 SEC 混凝土）。它是分两次加水，两次搅拌。先将全部沙、石子和 70% 水倒入搅拌机中拌和，使骨料湿润，称为造壳搅拌。搅拌时间以 15 s 为宜，再倒入全部水泥搅拌 30 s 左右，然后加入 30% 拌和水、外加剂进行第二次搅拌，60 s 左右完成，这种搅拌工艺称为水泥裹沙石法。

【温馨提示】 与一次投料法相比，水泥裹沙石法可使混凝土强度提高 20%～30%。

三、混凝土的运输

1. 混凝土运输的要求

（1）运输中的全部时间不应超过混凝土的初凝时间。

（2）运输中应保持匀质性，不应产生分层离析现象，不应漏浆；运至浇筑地点应具有规定的坍落度，并保证混凝土在初凝前能有充分的时间进行浇筑。

（3）混凝土的运输道路要求平坦，应以最少的运转次数、最短的时间从搅拌地点运至浇筑地点。

（4）输送时间。混凝土从搅拌机中卸出后，运输、浇筑和间歇的全部时间不得超过规范的规定。

（5）季节施工。在风雨或暴热天气输送混凝土，容器上应加遮盖，以防进水或水分蒸发。冬期施工应加以保温。夏季最高气温超过 40℃时，应有隔热措施。

2. 混凝土运输设备

（1）混凝土运输分地面水平运输、垂直运输和楼面水平运输三种。

（2）水平运输设备有双轮手推车、机动翻斗车；自卸汽车、混凝土搅拌运输车。

双轮手推车、机动翻斗车适用于短距离运输；自卸汽车、混凝土搅拌运输车适用于远距离运输。

（3）垂直运输设备可采用各种井架、龙门架、塔式起重机和混凝土泵等。

（4）混凝土泵运输

利用混凝土泵通过管道将混凝土输送到浇筑地点，一次完成地面水平运输、垂直运输及楼面水平运输。

泵送混凝土具有输送能力大、速度快、效率高、节省人力、能连续作业特点。当前，固定式混凝土泵泵送混凝土，一般最大水平输送距离超过 1000 m，最大垂直输送高度超过 400 m，输送能力为 85 m³/h 左右。

3. 混凝土运输方案的选择

（1）混凝土运输方案

① "井架+手推车"方案：具有构造简单、成本低、提升或下降速度快、装卸方便等优点。

② "泵送"方案：可以一次完成混凝土的地面水平运输、垂直运输和楼面水平运输。同时，具有输送能力大、速度快、效率高、节省人力、连续输送等特点。

③ "塔吊+料斗"方案：在塔吊工作幅度范围内，能直接将混凝土从装料点吊送至浇灌地点送入模板内，中间不需转运，是一种非常有效的混凝土运输方式。

（2）混凝土运输方案的选择

① 对于工程量大的工程、高层建筑工程施工，通常用混凝土泵加输送管直接从接收点送至楼层的浇筑点；同时，采用"塔吊+料斗"方案配合浇灌柱子和剪力墙。

② 对于高层建筑基础工程、裙楼和低层建筑、多层建筑工程的施工，通常用混凝土带布料杆的泵车直接从接收点送至基础和楼层的浇筑点。

③ 对于工程量小的工程和低层或多层建筑工程施工，也可用人力手推车和钢提升井架配合来进行输送。

四、混凝土的浇筑

（一）混凝土浇筑前的准备工作

（1）混凝土浇筑前，应对模板、钢筋、支架和预埋件进行检查。

（2）检查模板的位置、标高、尺寸、强度和刚度是否符合要求，接缝是否严密，预埋件位置和数量是否符合图纸要求。

（3）检查钢筋的规格、数量、位置、接头和保护层厚度是否正确。

（4）清理模板上的垃圾和钢筋上的油污，浇水湿润木模板。

（5）填写隐蔽工程记录。

（二）混凝土浇筑的一般要求

为确保混凝土工程质量，混凝土浇筑工作须遵守下列规定。

1. **不允许发生离析或初凝现象**

混凝土浇筑前不应发生离析或初凝现象，如已发生，须重新搅拌。混凝土运至现场后，其坍落度应满足表 6-5-5 的要求。混凝土坍落度试验见图 6-5-3。

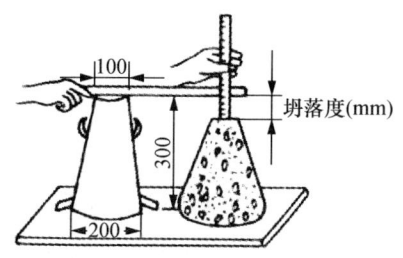

图 6-5-3 混凝土坍落度试验

表 6-5-4　混凝土浇筑时的坍落度

结构种类	坍落度/mm
基础或地面的垫层、无配筋的大体积结构（挡土墙、基础等）或配筋稀疏的结构	10～30
板、梁和大型及中型截面的柱子等	30～50
配筋密列的结构（薄壁、斗仓、筒仓、细柱等）	50～70
配筋特密的结构	70～90

2. 防止分层离析

浇筑时混凝土从料斗内卸出，其自由倾落高度不应超过 2 m；在浇筑竖向结构混凝土时，其自由倾落高度应满足表 6-5-5 规定；否则应设串筒、斜槽、溜管或振动溜管等下料，如图 6-5-5 所示。

表 6-5-5　柱、墙模板内混凝土浇筑倾落高度限值　　（单位：m）

条　件	浇筑倾落高度限值
粗骨料粒径 > 25 mm	≤3
粗骨料粒径 ≤ 25 mm	≤6

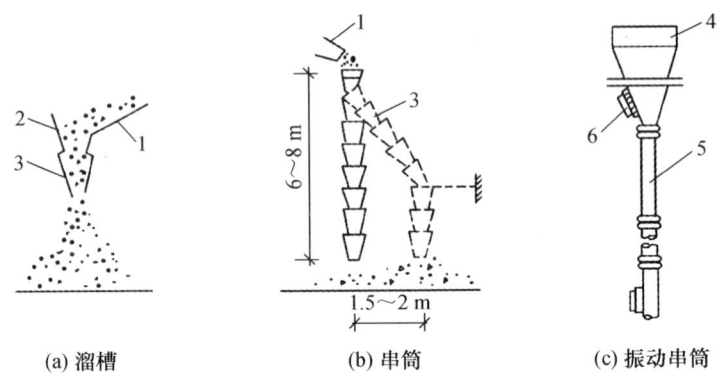

(a) 溜槽　　(b) 串筒　　(c) 振动串筒

图 6-5-4　溜槽与串筒

1—溜槽；2—挡板；3—串筒；4—漏斗；5—节管；6—振动器

【温馨提示】　混凝土自由倾落高度是指浇筑结构的高度加上混凝土布料点距本次浇筑结构顶面的距离。

3. 连续浇筑

混凝土的浇筑工作，应尽可能连续进行，尽量缩短间歇时间，见表 6-5-6。混凝土运输、输送入模和间歇的全部时间不应超过表 6-5-7 的规定。

表 6-5-6　混凝土运输到输送入模的延续时间

条　件	气温 ≤ 25 ℃	气温 > 25 ℃
不掺外加剂	90 min	60 min
掺外加剂	150 min	120 min

表 6-5-7　混凝土运输、输送入模及其间歇总的时间限值

条　件	气温≤25℃	气温＞25℃	
不掺外加剂	180 min	150 min	超过允许时间应留施工缝
掺外加剂	240 min	210 min	

4. 分段浇筑、分层捣实

混凝土的浇筑应分段、分层连续进行，随浇随捣。混凝土浇筑层厚度应符合表 6-5-8 的规定。

表 6-5-8　混凝土浇筑层厚度

项　次	捣实混凝土的方法		浇筑层厚度/mm
1	插入式振捣		振捣器作用部分长度的 1.25 倍
2	表面振动		200
3	人工捣固	在基础、无筋混凝土或配筋稀疏的结构中	250
		在梁、墙板、柱结构中	200
		在配筋密列的结构中	150
4	轻骨料混凝土	插入式振捣器	300
		表面振动（振动时须加荷）	200

5. 竖向结构混凝土的浇筑

在竖向结构中浇筑混凝土时，不得发生离析现象。墙、柱等竖向构件浇筑前，先垫 50～100 mm 厚水泥沙浆（与混凝土沙浆成分相同），防止烂根。

6. 浇筑过程中，严禁加水；严禁将散落的混凝土用于混凝土结构构件

7. 混凝土拌和物入模温度不应低于 5℃，且不应高于 35℃。

（三）混凝土施工缝

1. 施工缝的设置

施工缝是一种特殊的工艺缝。混凝土浇筑时如果由于施工技术（安装上部钢筋、重新安装模板和脚手架、限制支撑结构上的荷载等）或施工组织（工人换班、设备损坏、待料等）上的原因，不能连续将混凝土结构一次浇筑完毕，而必须停歇较长的时间，且其停歇时间可能超过混凝土的初凝时间，致使混凝土已初凝；当继续浇混凝土时，形成了接缝，即为施工缝。

【建筑字典】《混凝土结构工程施工规范》（GB 50666—2011）中指出：施工缝是按设计要求或施工需要分段浇筑，先浇筑混凝土达到一定强度后继续浇筑混凝土所形成的接缝。

应该指出的是，所谓的施工缝，实际上并没有缝，而是新浇混凝土与原混凝土之间的

结合面，混凝土浇筑后，缝已不存在。与房屋的伸缩缝、沉降缝和抗震缝不同，这三种缝不论是建筑物在建造过程中或建成后，都存在实际的空隙。

施工缝留设位置应在混凝土浇筑前确定。由于施工缝处"新"、"老"混凝土连接的薄弱位置，受力性能比整体混凝土差，所以施工缝一般应留在结构受剪力较小且便于施工的位置。受力复杂的结构构件或有防水抗渗要求的结构构件，施工缝留设位置应经设计单位确认。

（1）水平施工缝的留设位置应符合下列规定。

① 柱、墙施工缝可留设在基础、楼层结构顶面，柱施工缝与结构上表面的距离宜为 0～100 mm，墙施工缝与结构上表面的距离宜为 0～300 mm。

【温馨提示】 楼层结构类型包括有梁有板的结构、有梁无板的结构、无梁有板的结构。对于有梁无板的结构，施工缝位置是指在梁顶面；对于无梁有板的结构，施工缝位置是指在板顶面。

② 柱、墙施工缝也可留设在楼层结构底面，施工缝与结构下表面的距离宜为 0～50 mm；当板下有梁托时，可留设在梁托下 0～20 mm。

【温馨提示】 楼层结构底面是指梁、板、无梁楼板柱帽的底面（图6-5-5）。楼层结构的下弯锚固钢筋长度会对施工缝留设的位置产生影响，有时难以满足 0～50 mm 的要求，施工缝留设的位置通常在下弯锚固钢筋的底面并应经设计单位确认。

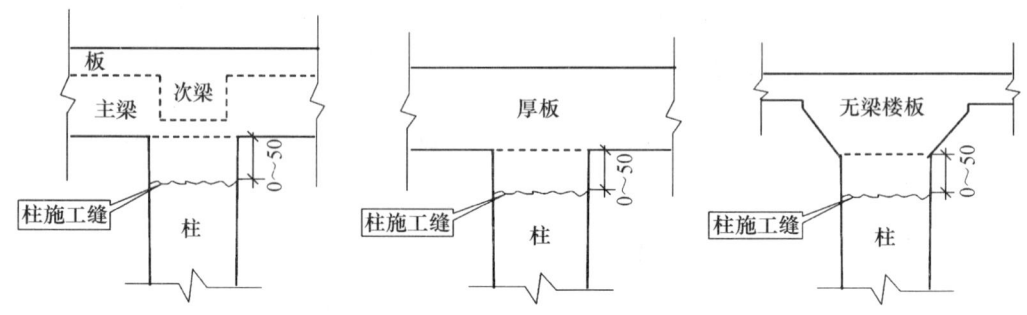

图 6-5-5 浇筑柱的施工缝位置图

③ 与板连成整体的大截面梁单独浇筑时，施工缝留设在板底面以下 20～30 mm 处。板有梁托时，应留在梁托下面。

④ 现浇钢筋混凝土吊车梁柱，柱子施工缝应留设在吊车梁牛腿的下面、吊车梁的上面。

⑤ 高度较大的柱、墙、梁以及厚度较大的基础，可根据施工需要在其中部留设水平施工缝；当因施工缝留设改变受力状态而需要调整构件配筋时，应经设计单位确认。

⑥ 特殊结构部位留设水平施工缝应经设计单位确认。

（2）竖向施工缝的留设位置应符合下列规定。

① 有主次梁的楼板施工缝应留设在次梁跨度中间 1/3 范围内（图6-5-6）。

② 单向板，留置在平行于板的短边的任何位置。

③ 楼梯梯段施工缝宜设置在梯段板跨端部 1/3 范围内。

④ 墙，留置在门洞口过梁跨中 1/3 范围内，也可留在纵横墙的交接处。

⑤ 双向受力楼板、大体积混凝土结构、拱、弯拱、薄壳、蓄水池、斗仓、多层钢架

及其他结构复杂的工程，施工缝的位置应按设计要求留置。

基础楼层结构顶面留设水平施工缝范例，见图6-5-7。

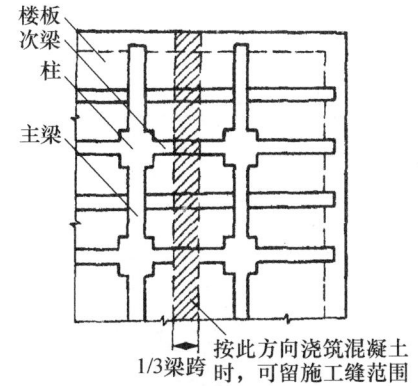

图6-5-6 浇筑有主次梁楼板的施工缝位置图

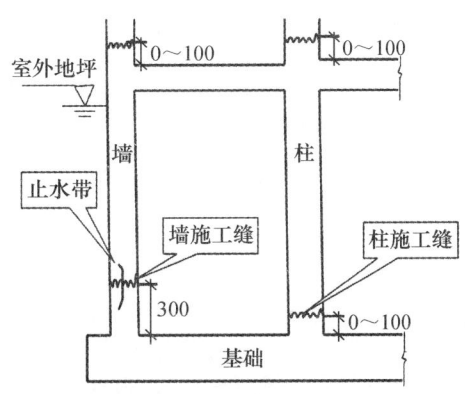

图6-5-7 基础楼层结构顶面留设水平施工缝范例

2. 施工缝的处理

在施工缝处继续浇筑混凝土时，已浇筑的混凝土抗压强度不应小于1.2 N/mm²。混凝土达到1.2 N/mm²的时间，可通过试验决定，同时，必须对施工缝进行必要的处理。

在已硬化的混凝土表面上继续浇筑混凝土前，应清除垃圾、水泥薄膜、表面上松动沙石和软弱混凝土层，同时还应加以凿毛，用水冲洗干净并充分湿润，一般不宜少于24 h，残留在混凝土表面的积水应予清除。

注意施工缝位置附近回弯钢筋时，要做到钢筋周围的混凝土不受松动和损坏。钢筋上的油污、水泥沙浆及浮锈等杂物也应清除。

在浇筑前，水平施工缝宜先铺上10～15 mm厚的水泥沙浆一层，其配合比与混凝土内的沙浆成分相同。

从施工缝处开始继续浇筑时，要注意避免直接靠近缝边下料。机械振捣前，宜向施工缝处逐渐推进，并距80～100 cm处停止振捣，但应加强对施工缝接缝的捣实工作，使其紧密结合。

施工缝处浇完新混凝土后，要加强养护。

3. 后浇带的设置

后浇带是现浇钢筋混凝土结构施工过程中，为适应环境温度变化、混凝土收缩、结构不均匀沉降等因素影响，在梁、板（包括基础底板）、墙等结构中预留的具有一定宽度且经过一定时间后再浇筑的混凝土带。

后浇带的设置距离，应考虑在有效降低温差和收缩应力的条件下，通过计算来获得。在正常的施工条件下，有关规范对此的规定是：如混凝土置于室内和土中，则为30 m；如在露天，则为20 m。

后浇带留设位置与竖向施工缝的留设位置的规定相同。

后浇带的保留时间应根据设计确定，若设计无要求时，一般至少保留28 d以上。

后浇带的宽度应考虑施工简便，避免应力集中。一般其宽度为70～100 cm。后浇带内的钢筋应完好保存。后浇带的构造见图6-5-8。为使后浇带处的混凝土浇筑后连接牢固，一般应避免留直缝。对于板，可留斜缝；对梁或基础，可留企口缝。

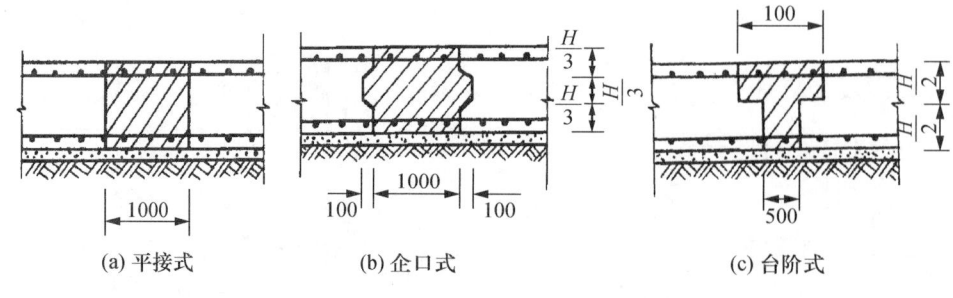

图 6-5-8　后浇带构造图

不同类型的后浇带混凝土的浇筑时间是不同的，应按设计要求进行浇筑。一般情况下，伸缩后浇带宜在施工后 60 d 浇筑，沉降后浇带宜在建筑物基本完成沉降后进行浇筑。

后浇带在浇筑混凝土前，必须将整个混凝土表面按照施工缝的要求进行处理。填充后浇带混凝土可采用微膨胀或无收缩水泥，也可采用普通水泥加入相应的外加剂拌制，但必须要求填筑混凝土的强度等级比原结构强度提高一级，并保持至少 14 d（有防水要求的后浇带 28 d）的湿润养护混凝土。

五、框架主体结构现浇混凝土浇筑

（一）框架结构的浇筑方案

（1）钢筋混凝土框架按分层分段施工，垂直方向的施工层一般按结构层划分，而每一施工层的水平方向的施工段划分，则要考虑工序数量、技术要求、结构特点等综合决定，一般来说，水平方向应以结构平面的伸缩缝划分为宜。

（2）混凝土的浇筑方案。

① 柱、梁板一次浇筑。先浇柱混凝土，待柱混凝土浇筑完毕后停歇 1～1.5 h，等其初步沉实，排除泌水后，再浇筑梁、板混凝土。

② 柱与梁板分两次浇筑。在框架结构每层每段施工时，柱子浇筑在梁板模板安装后，钢筋未绑扎前进行，以便利用梁板模板稳定柱模和作为浇筑柱混凝土操作平台之用。

（3）混凝土的浇筑顺序：在每层中先浇捣柱子，再浇捣梁和板。

柱应分层浇灌、分层振实，直到梁底 20～30 mm 停止浇灌；在柱混凝土浇筑完毕后，再绑扎梁板钢筋，然后，再浇筑梁板混凝土。

（二）框架结构的浇筑方法

1. 柱子浇筑

（1）浇筑一排柱的顺序应从两端同时开始，向中间推进，以免因浇筑混凝土后由于模板吸水膨胀，断面增大而产生横向推力，最后使柱发生弯曲变形。

（2）分层施工开始浇筑上一层柱时，底部应先填以 5～10 cm 厚水泥沙浆一层，其成分与浇筑混凝土内沙浆成分相同，以免底部产生蜂窝现象。

（3）柱高在 3 m 以下时，可直接从柱顶浇入混凝土。若柱高超过 3 m，断面尺寸小于

400 mm×400 mm，并有交叉箍筋，且混凝土粗骨料粒径大于 25 mm 时，应在柱侧模门洞口装上斜溜槽分段浇筑，每段高度不得超过 2 m，也可采用串筒直接从柱顶进行浇筑。

（4）柱子浇筑宜在梁板模板安装后，钢筋未绑扎前进行，以便利用梁板模板稳定柱模和作为浇筑柱混凝土操作平台之用。

（5）浇筑混凝土时应连续进行，如必须间歇时，应按表 6-5-7 规定执行。

（6）浇筑混凝土时，浇筑层的厚度不得超过表 6-5-8 的数值。

（7）混凝土浇筑过程中，要分批做坍落度试验，如坍落度与原规定不符时，应予调整配合比。

（8）当梁、板与墙、柱节点混凝土强度等级不同时，若仅差一级，可以不作处理；当混凝土强度等级差大于或等于二级时，应按图 6-5-9 处理；并应先用与墙、柱同强度等级的混凝土浇筑墙、柱混凝土，后浇筑低强度等级的梁、板混凝土。

（9）在浇筑剪力墙、薄墙、立柱等狭深结构时，为避免混凝土浇筑至一定高度后，由于积聚大量浆水而可能造成混凝土强度不匀的现象，宜在浇筑到适当的高度时，适量减少混凝土的配合比用水量。

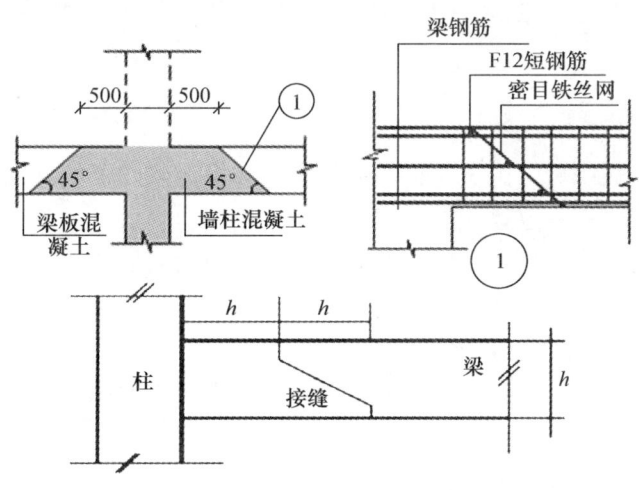

图 6-5-9　梁柱节点处理

2. 梁板混凝土浇筑

（1）灌注楼板混凝土时，可直接将混凝土料卸在楼板上。但须注意，不可集中卸在楼板边角或有上层构造钢筋的楼板处。楼板混凝土的摊铺高度可比楼板厚度高出 20～25 mm。

（2）有主次梁的肋形楼板，混凝土的浇筑方向应顺次梁方向，主、次梁混凝土应同时浇筑。

当主梁高度超过 1 m 时，可先浇筑主、次梁混凝土，后浇筑楼板混凝土；当梁高度大于 0.4 m 小于 1 m 时，应先分层浇筑梁混凝土，待梁混凝土浇筑到楼板底时，梁与板再同时浇筑。

混凝土浇筑方法应由一端开始用"赶浆法"施工，即浇筑时，从梁的一端开始，先在起头约 600 mm 范围内铺一层减石子的水泥砂浆，然后浇筑混凝土。根据梁高将梁分层浇捣成阶梯形，当达到板底位置时即与板的混凝土一同浇捣，随着阶梯形不断延伸，梁板混

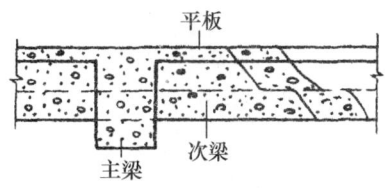

图 6-5-10 梁、板同时浇筑方法示意图

凝土浇筑连续向前进行。混凝土浇筑时,倾倒混凝土的方向应与浇筑方向相反(图6-5-10)。

(3) 浇筑无梁楼盖时,在离柱帽下 5 cm 处暂停,然后分层浇筑柱帽,下料必须倒在柱帽中心,待混凝土接近楼板底面时,即可连同楼板一起浇筑。

(4) 当浇筑柱梁及主次梁交叉处的混凝土时,一般钢筋较密集,特别是上部负钢筋又粗又多,因此,既要防止混凝土下料困难,又要注意沙浆挡住石子不下去。必要时,这一部分可改用细石混凝土进行浇筑,与此同时,振捣棒头可改用片式并辅以人工捣固配合。

3. 楼梯混凝土浇筑

楼梯宜自下而上浇筑,先振实底层混凝土,达到踏步位置时与踏步混凝土一起浇灌,不断连续向上推进,并用木抹子将踏步上表面抹平。

楼梯混凝土宜连续浇筑完,多层楼梯需设施工缝时,宜设在楼梯段板跨端1/3 范围内。

六、混凝土的振捣

混凝土浇灌到模板中后,由于骨料间的摩阻力和水泥浆的黏结作用,不能自动充满模板,其内部是疏松的,有一定体积的空洞和气泡,不能达到要求的密实度。而混凝土的密实性直接影响其强度和耐久性。所以在混凝土浇灌到模板内后初凝前,必须进行振捣,使混凝土充满模板的各个边角,并将混凝土内部的气泡和部分游离水排挤出来,使混凝土密实,表面平整,从而使强度等各项性能符合设计要求。

混凝土振捣的方法有人工振捣和机械振捣。施工现场主要用机械振捣。

1. 人工振捣

人工振捣是用人力的冲击(夯或插)使混凝土密实、成型。其效率低、效果差;一般只有在采用塑性混凝土,而且是在缺少机械或工程量不大的情况下,才用人工振捣。

【温馨提示】 人工振捣时要注意插匀、插全。实践证明,增加振捣次数比加大振捣力的效果好。

2. 机械振捣

机械振捣是将振动器的振动力传给混凝土,使之发生强迫振动而密实成型,其效率高、质量好。

梁板楼面混凝土的振捣,浇筑梁混凝土时,宜采用内部振动器(又称插入式振动器,见图 6-5-11)。

插入式振动器操作要点如下。

(1) 插入式振动器的振捣方法有两种:一是垂直振捣,即振动棒与混凝土表面垂直;二是斜向振捣,即振动棒与混凝土表面成40°~45°(见图 6-5-12)。

(2) 振捣器的操作要做到快插慢拔,插点要均匀,逐点移动,顺序进行,不得遗漏,达到均匀振实。振动棒的移动,可采用行列式或交错式,见图 6-5-13。

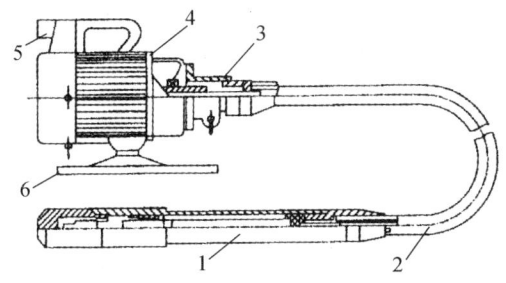

图 6-5-11　插入式振动器

1—振动棒；2—传动软轴；3—加速齿轮箱；
4—电动机；5—手柄、开关；6—底板

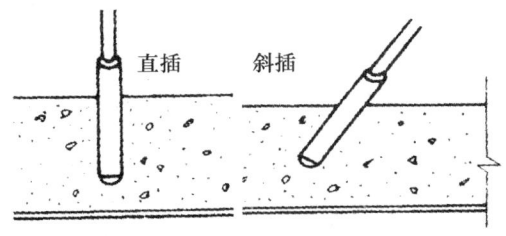

图 6-5-12　振捣棒的插入方向

（3）混凝土分层浇筑时，应将振动棒上下来回抽动 50～100 mm；同时，还应将振动棒深入下层混凝土中 50 mm 左右，见图 6-5-14。

（4）每一振捣点的振捣时间一般为 20～30 s。

（5）使用振动器时，不允许将其支承在结构钢筋上或碰撞钢筋，不宜紧靠模板振捣。

（6）当梁的钢筋较密集，采用插入式振动器振捣有困难时，可用小直径振动棒或在棒端焊上 8 mm 厚扁钢片。

（7）浇筑楼板混凝土时，宜采用平板振动器；厚度大于 200 mm 的楼板，应分层浇筑或选用大功率平板式（梁式）振动器。操作时通常由两人拉扶，顺着振动器振捣方向拖动。

（8）楼面如需抹光，先用大铲将表面拍平，再用木抹子打磋，最后用铁抹子压光。

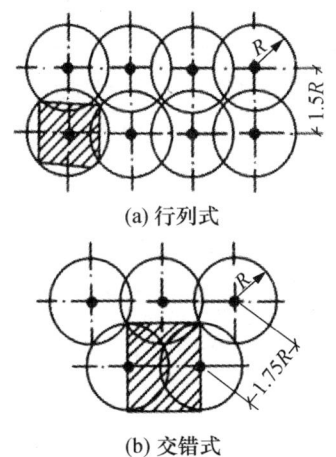

图 6-5-13　振捣点的布置

R—振动棒有效作用半径

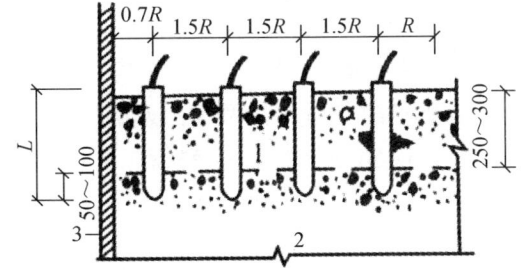

图 6-5-14　插入式振动器的插入深度

1—新浇筑的混凝土；2—下层已振捣但尚未初凝的混凝土；
3—模板　R—有效作用半径；L—振动棒长度

七、混凝土的养护

混凝土浇筑后逐渐凝结硬化，强度也不断增长，这个过程主要由水泥的水化作用来实现。而水泥的水化作用又必须在适当的温度、湿度条件下才能完成，如果混凝土浇筑后即处在炎热、干燥、风吹、日晒的气候环境中，就会使混凝土中的水分很快蒸发影响混凝土中水泥的正常水化作用。轻者使混凝土表面脱皮、起沙和出现干缩裂缝；严重的会因混凝土内部疏松，降低混凝土的强度，使混凝土遭到破坏。

混凝土养护的方法很多，通常按其养护工艺分为标准养护、自然养护和加热养护三大类。自然养护用于现浇构件；加热养护主要用来养护预制构件。

（一）标准养护

混凝土在温度为20℃±2℃和相对湿度95%以上的潮湿环境或水中的条件下进行的养护称为标准养护。该方法用于对混凝土立方体试件进行养护。

（二）自然养护

自然养护又分为洒水养护、喷涂薄膜养生液养护、蓄水养护、覆盖养护和塑料包裹养护，施工现场则以洒水养护为主要养护。

1. 洒水养护

洒水养护是指混凝土终凝后，日平均气温高于5℃的自然气候条件下。用草帘、草袋将混凝土表面覆盖并经常洒水，以保持覆盖物充分湿润。

洒水养护时必须注意以下事项。

（1）对于一般塑性混凝土，应在浇筑后12 h内立即加以覆盖和洒水润湿，炎热的夏天养护时间可缩短至2～3 h。而对于干硬性混凝土应在浇筑后1～2 h内即可养护，使混凝土保持湿润状态。

（2）在已浇筑的混凝土强度达到1.2 MPa以后，方可在其上允许操作人员行走和安装模板及支架等。

（3）混凝土洒水养护时间视水泥品种而定，硅酸盐水泥和普通硅酸盐水泥、矿碴硅酸盐水泥拌制的混凝土，不得少于7 d。掺用缓凝型外加剂和大掺量矿物掺合料配制的混凝土、抗渗混凝土、高强度混凝土（C60及以上）、后浇带混凝土，不得少于14 d；采用其他品种水泥时，混凝土的养护时间，应根据水泥技术性能确定。

（4）养护用水应与拌制用水相同，洒水的次数应以能保持混凝土具有足够的润湿状态为准。严禁用海水养护。

（5）在养护过程中，如发现因遮盖不好、洒水不足，致使混凝土表面泛白或出现干缩细小裂缝时，应立即仔细加以避盖，充分洒水，加强养护，并延长浇水养护日期加以补救。

（6）平均气温低于5℃时，不得洒水养护。

2. 喷涂薄膜养生液养护

喷涂薄膜养生液养护是将一定配比的过氯乙烯树脂养生液，用喷洒工具喷洒在混凝土表面，待溶液挥发后，在混凝土表面结成一层塑料薄膜，将混凝土表面与空气隔绝，阻止混凝土中水分的蒸发以保证水化反应的正常进行，达到养护的目的。

喷涂薄膜养生液养护剂的喷洒时间，一般待混凝土收水后，混凝土表面以手指轻按无指印时即可进行，施工温度应在10℃以上。

喷涂薄膜养生液养护，适用于不易浇水养护的高耸构筑物和大面积混凝土的养护，也可用于表面积大的混凝土施工和缺水地区。

3. 蓄水养护

对于表面积大的构件（如地坪、楼板、屋面、路面），可用湿土、湿沙覆盖或沿构件周边用黏土等围住，在构件中间蓄水进行养护；地下室底板、厨卫间楼板和种植屋面板均可采用蓄水养护。

4. 塑料包裹养护

框架柱拆模后，混凝土裸露表面宜用塑料薄膜覆盖、塑料薄膜加麻袋覆盖或塑料薄膜加草袋覆盖，以保持混凝土湿润。此法施工简单、造价低，养护效果好。

（三）加热养护

1. 蒸汽养护

蒸汽养护是将构件放在充有饱和蒸汽或蒸汽空气混合物的养护室内，在较高的温度和相对湿度的环境中进行养护，以加快混凝土的硬化，一般宜用65℃左右的温度蒸养，12小时左右即可养护完毕。经过蒸汽养护后的混凝土，还要放在潮湿环境中继续养护，一般洒水7～21天，使混凝土处于相对湿度在80%～90%的潮湿环境中。

2. 太阳能养护

太阳能养护是直接利用太阳能加热养护棚（罩）内的空气，使内部混凝土能够在足够温度和湿度下进行养护，获得早强。

在混凝土成型、表面找平收面后，在其上覆盖一层黑色塑料薄膜（厚0.12～0.14 mm），再盖一层气垫薄膜（气泡朝下）。覆盖时应紧贴四周，用沙袋或其他重物压紧盖严。塑料薄膜若采用搭接时，搭接长度不小于300 mm。

八、混凝土的质量检查

混凝土质量检查包括施工过程中的质量检查和养护后的质量检查。

1. 施工过程中的质量检查

在混凝土制备和浇筑过程中对原材料的质量、配合比、坍落度等的检查，每一工作班至少检查两次，如遇特殊情况还应及时进行抽查。混凝土的搅拌时间应随时检查。

2. 混凝土养护后的质量检查

混凝土养护后的质量检查主要指混凝土的立方体抗压强度检查。混凝土的抗压强度应以标准立方体试件（边长150 mm），在标准条件下（温度20℃±2℃、相对湿度95%以上的蒸汽雾室环境；或温度20℃±2℃，在不流动的饱和石灰水溶液中）养护28 d 后测得的具有95%保证率的抗压强度。

结构混凝土的强度等级必须符合设计要求。

3. 构件的外观质量检验

（1）混凝土表面外观质量要求：不应有蜂窝、麻面、孔洞、露筋、缝隙及夹层、缺棱掉角和裂缝等。

（2）现浇混凝土结构的允许偏差，应符合表6-5-9的规定；当有专门规定时，尚应符合相应的规定。

表 6-5-9 现浇混凝土结构的尺寸允许偏差和检验方法

项　目			允许偏差/mm	检验方法
轴线位置	基础		15	钢尺检查
	独立基础		10	
	墙、柱、梁		8	
	剪力墙		5	
垂直度	高	≤5 m	8	经纬仪或吊线、钢尺检查
		>5 m	10	经纬仪或吊线、钢尺检查
	全高（H）		H/1000 且 ≤30	经纬仪、钢尺检查
标高	层高		±10	水准仪或拉线、钢尺检查
	全高		±30	
截面尺寸			+8，-5	钢尺检查
电梯井	井筒长、宽对定位中心线		+25，0	钢尺检查
	井筒全高（H）垂直度		H/1000 且 ≤30	经纬仪、钢尺检查
表面平整度			8	2 m 靠尺和塞尺检查
预埋设施中心线位置	预埋件		10	钢尺检查
	预埋螺栓		5	
	预埋管		5	
预埋洞中心线位置			15	钢尺检查

注：检查轴线、中心线位置时，应沿纵、横两个方向量测，并取其中的较大值。

九、现浇混凝土结构的质量缺陷及其原因

（一）现浇结构的外观质量缺陷的确定

现浇结构的外观质量缺陷，应由监理（建设）单位、施工单位等各方根据其对结构性能和使用功能影响的严重程度，按表 6-5-10 确定。

表 6-5-10 现浇结构的外观质量缺陷

名　称	现　象	严重缺陷	一般缺陷
露筋	构件内钢筋未被混凝土包裹而外露	纵向受力钢筋有露筋	其他钢筋有少量露筋
蜂窝	混凝土表面缺少水泥浆而形成石子外露	构件主要受力部位有蜂窝	其他部位有少量蜂窝
孔洞	混凝土中孔穴深度和长度均超过保护层厚度	构件主要受力部位有孔洞	其他部位有少量孔洞
夹渣	混凝土中夹有杂物且深度超过保护层厚度	构件主要受力部位有夹渣	其他部位有少量夹渣

续表

名称	现象	严重缺陷	一般缺陷
疏松	混凝土中局部不密实	构件主要受力部位有疏松	其他部位有少量疏松
裂缝	缝隙从混凝土表面延伸至混凝土内部	构件主要受力部位有影响结构性能或使用功能的裂缝	其他部位有少量不影响结构性能或使用功能的裂缝
连接部位缺陷	构件连接处混凝土缺陷及连接钢筋、连接铁件松动	连接部位有影响结构传力性能的缺陷	连接部位有基本不影响结构传力性能的缺陷
外形缺陷	缺棱掉角、棱角不直、翘曲不平、飞出凸肋等	清水混凝土构件内有影响使用功能或装饰效果的外形缺陷	其他混凝土构件有不影响使用功能的外形缺陷
外表缺陷	构件表面麻面、掉皮、起沙、沾污等	具有重要装饰效果的清水混凝土构件有外表缺陷	其他混凝土构件有不影响使用功能的外表缺陷

（二）混凝土质量缺陷产生的原因

混凝土质量缺陷产生的原因主要如下。

1. 蜂窝

由于混凝土配合比不准确，浆少而石子多，或搅拌不均造成沙浆与石子分离，或浇筑方法不当，或振捣不足，以及模板严重漏浆。

2. 麻面

模板表面粗糙不光滑，模板湿润不够，接缝不严密，振捣时发生漏浆。

3. 露筋

浇筑时垫块位移，甚至漏放，钢筋紧贴模板，或者因混凝土保护层处漏振或振捣不密实而造成露筋。

4. 孔洞

混凝土结构内存在空隙，沙浆严重分离，石子成堆，沙与水泥分离。另外，有泥块等杂物掺入也会形成孔洞。

5. 缝隙和薄夹层

主要是混凝土内部处理不当的施工缝、温度缝和收缩缝，以及混凝土内有外来杂物而造成的夹层。

6. 裂缝

构件制作时受到剧烈振动，混凝土浇筑后模板变形或沉陷，混凝土表面水分蒸发过快，养护不及时等，以及构件堆放、运输、吊装时位置不当或受到碰撞。

（三）产生混凝土强度不足的原因

产生混凝土强度不足的原因是多方面的，主要是由于混凝土配合比设计、搅拌、现场浇捣和养护四个方面的原因造成的。

配合比设计方面有时不能及时测定水泥的实际活性，影响了混凝土配合比设计的正确性；另外，套用混凝土配合比时选用不当及外加剂用量控制不准等，都有可能导致混凝土强度不足。分离，或浇筑方法不当，或振捣不足，以及模板严重漏浆。

搅拌方面任意增加用水量，配合比称料不准，搅拌时颠倒加料顺序及搅拌时间过短等造成搅拌不均匀，导致混凝土强度降低。

现场浇捣方面主要是施工中振捣不实，以及发现混凝土有离析现象时，未能及时采取有效措施来纠正。

养护方面主要是不按规定的方法、时间对混凝土进行妥善的养护，以致造成混凝土强度降低。

（四）混凝土质量缺陷的处理

1. 表面抹浆修补

对数量不多的小蜂窝、麻面、露筋、露石的混凝土表面，主要是保护钢筋和混凝土不受侵蚀，可用1∶2～1∶2.5水泥沙浆抹面修整。

2. 细石混凝土填补

当蜂窝比较严重或露筋较深时，应去掉不密实的混凝土，用清水洗净并充分湿润后，再用比原强度等级高一级的细石混凝土填补并仔细捣实。

3. 水泥灌浆与化学灌浆

对于宽度大于0.5 mm的裂缝，宜采用水泥灌浆；对于宽度小于0.5 mm的裂缝，宜采用化学灌浆。

单元小结

本单元主要讲述了现浇钢筋混凝土基础工程、模板工程、钢筋工程、混凝土工程的施工。

1. 基础工程

介绍了条形基础（包括墙下条形基础与柱下独立基础）、杯形基础、筏形基础、箱形基础等的施工方法。

筏板基础一般可分为梁板式和平板式两类。适用于地基土质软弱又不均匀、有地下水或当柱子和承重墙传来的荷载很大的情况。

箱形基础是由钢筋混凝土底板、顶板、侧墙及一定数量的内隔墙构成封闭的箱体。它的整体性和刚度都比较好，也可以减少基底处原有地基的自重应力。

预制桩的制作和常用的沉桩方法：锤击法、静压法。

2. 模板工程

钢筋混凝土模板工种施工内容包括：模板的作用、分类、组成、构造及安装要求，模板设计与模板拆除、施工质量检查验收。

3. 钢筋工程

主要讲述了钢筋种类、钢筋验收与存放、常用钢筋加工机械、钢筋连接方法与规定、钢筋配料与代换计算、钢筋的加工、绑扎与安装、施工质量检查验收方法。

4. 混凝土工程

主要介绍了混凝土制备、运输、浇筑、养护、混凝土结构工程的质量问题等内容。

学生通过学习后，应具备从事框架结构工程施工的管理能力，并能运用所学知识解决施工中的实际问题。

推荐阅读资料

1. 《建筑地基桩检测技术规程》（JGJ 106）
2. 《建筑地基处理技术规范》（JGJ 79—2012）
3. 《建筑地基基础工程施工质量验收规范》（GB 50202）
4. 《建筑工程施工质量验收统一标准》（GB 50300）
5. 《建筑机械使用安全技术规范》（JGJ 33—2012）
6. 《混凝土结构工程施工质量验收规范（2011 版）》（GB 50204）
7. 《钢框胶合板模板技术规程》（JGJ 96）
8. 《组合钢模板技术规范》（GB 50214）
9. 《钢筋机械连接技术规程（附条文说明）》（JGJ 107—2010）
10. 《建筑施工安全检查标准》（JGJ 59—2011）
11. 《施工现场临时用电安全技术规范（附条文说明）》（JGJ 46—2005）
12. 《钢筋焊接及验收规程》（JGJ 18—2012）
13. 《中华人民共和国工程建设标准强制性条文（房屋建筑部分）》
14. 《混凝土质量控制标准》（GB 50164—2011）
15. 《混凝土结构工程施工规范》（GB 50666—2011）
16. 《建筑工程施工质量验收统一标准》（GB 50300）
17. 《建筑施工手册》（第 5 版）. 北京：中国建筑工业出版社，2012

学习鉴定

[基础工程部分]

一、单项选择题

1. 预制桩制作时，上层桩或邻桩的浇筑必须待下层桩的混凝土达到设计强度的（   ）方可进行。

    A. 30%　　　　　B. 50%　　　　　C. 70%　　　　　D. 100%

2. 预制桩的混凝土强度达到设计强度的（   ）方可起吊；达到设计强度的（   ）方可运输和打桩。

    A. 70%，90%　　B. 70%，100%　　C. 90%，90%　　D. 90%，100%

3. 用锤击沉桩，为防止桩受冲击应力过大而损坏，锤击方式应采取（   ）。

    A. 轻锤高击　　B. 轻锤低击　　C. 重锤高击　　D. 重锤低击

二、问答题
1. 简述锤击沉桩的施工要点?
2. 试述静力压桩的优点和适用范围?
3. 简述筏式基础的施工要点?
4. 打桩顺序一般应如何确定?

[模板工程部分]
一、填空题
1. 混凝土结构工程由_____、_____和_____三部分组成,在施工中三者应协调配合进行施工。
2. 模板应具有足够的_____、_____和_____,整个模板系统包括_____和_____系统两部分。
3. 组合式定型小钢模板系统主要由_____、_____和_____三部分组成。
4. 某梁的跨度为 6 m,其模板中起拱高度应为_____ mm。
5. 当现浇混凝土楼板的跨度为 6 m 时,最早要在混凝土达到设计强度的_____时方可拆模。
6. 某悬挑长度为 1.2 m 的悬臂结构,要在混凝土达到设计强度的_____后方可拆模。

二、单项选择题
1. 某梁的跨度为 6 m,采用钢模板、钢支柱支模时,其跨中起拱高度应为( )。
   A. 1 mm   B. 2 mm   C. 4 mm   D. 8 mm
2. 某跨度为 2 m、设计强度为 C30 的现浇混凝土平板,当混凝土强度至少达到( )时方可拆除底模。
   A. 15 N/mm²   B. 21 N/mm²   C. 22.5 N/mm²   D. 30 N/mm²
3. 某悬挑长度为 1.5 m、强度为 C30 的现浇阳台板,当混凝土强度达到( )时方可拆除底模。
   A. 15 N/mm²   B. 22.5 N/mm²   C. 21 N/mm²   D. 30 N/mm²

三、问答题
1. 对模板及支架的基本要求有哪些?
2. 模板分为哪几类?

[钢筋工程部分]
一、填空题
1. 某现浇 C35 钢筋混凝土柱中,直径为 25 mm 的 HRB400 级纵向钢筋采用_____焊连接较为经济。
2. 在计算钢筋下料长度时,钢筋外包尺寸和中心线长度之间的差值称为_____。
3. 两根直径不同的钢筋搭接,搭接长度应以较_____的钢筋计算。

二、单项选择题
1. 应在模板安装后再进行的工序是( )。
   A. 楼板钢筋安装绑扎   B. 柱钢筋现场绑扎安装

C. 柱钢筋预制安装　　　　　　　　D. 梁钢筋绑扎

2. 在使用（　　）连接时，钢筋下料长度计算应考虑搭接长度。

A. 套筒挤压　　B. 绑扎接头　　C. 锥螺纹　　D. 直螺纹

三、问答题

1. 试述钢筋代换的原则及方法，以及钢筋代换时应注意哪些问题？

2. 钢筋按外形分类有哪几种？

四、计算题

1. 某钢筋混凝土墙面采用 HRB335 级直径为 10 mm 间距为 140 mm 的配筋，现拟用 HPB300 级直径为 12 mm 的钢筋按等面积代换，试计算钢筋间距。

2. 某钢筋混凝土大梁钢筋如下图，求下料总长度及重量？并编制钢筋配料表。

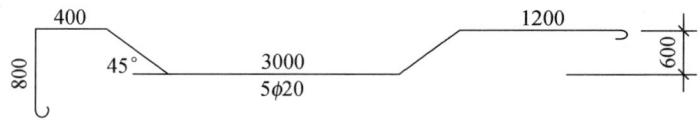

[混凝土工程部分]

一、填空题

1. 自然养护通常在混凝土浇筑完毕后_____以内开始，洒水养护时气温应不低于_____。

2. 普通硅酸盐水泥拌制的混凝土养护时间不得少于_____，有抗渗要求的混凝土养护时间不得少于_____。

3. 当楼板混凝土强度至少达到_____以后，方可上人继续施工。

4. 为防止大体积混凝土表面开裂，常用_____、_____、_____等方面的措施，以使混凝土的内外温差不超过_____。

5. 浇筑竖向构件混凝土时，应先铺_____，以防烂根。

6. 若柱子与梁混凝土连续浇筑时，应在柱混凝土浇筑完毕后停歇_____ h，使其初步沉实，再继续浇筑，以防止出现_____。

7. 在浇筑混凝土时，有主次梁的楼盖应顺_____方向浇筑，可在_____范围内留施工缝。

二、单项选择题

1. 搅拌混凝土时，为了保证配料符合实验配合比要求，要按沙石的实际（　　）进行调整，所得到的配合比称为施工配合比。

A. 含泥量　　B. 称量误差　　C. 含水量　　D. 粒径

2. 浇筑混凝土时，自由倾落高度不应超过（　　）。

A. 1.5 m　　B. 2.0 m　　C. 2.5 m　　D. 3.0 m

3. 用 $\phi 50$ 的插入式振捣器（棒长约 500 mm）振捣混凝土时，混凝土每层的浇筑厚度最多不得超过（　　）。

A. 300 mm　　B. 600 mm　　C. 900 mm　　D. 1200 mm

4. 当采用表面振动器振捣混凝土时，混凝土浇筑厚度不超过（　　）。

A. 500 mm　　B. 400 mm　　C. 200 mm　　D. 300 mm

5. 混凝土施工缝宜留置在（　　）。

A. 结构受剪力较小且便于施工的位置
B. 遇雨停工处
C. 结构受弯矩较小且便于施工的位置
D. 结构受力复杂处

6. 在施工缝处，应待已浇混凝土强度至少达到（　　），方可接槎。

A. 5 MPa　　　　B. 2.5 MPa　　　　C. 1.2 MPa　　　　D. 1.0 MPa

三、问答题

1. 试述确定混凝土施工缝留设位置的原则，接缝的时间与施工要求。
2. 浇筑框架结构混凝土的施工要点是什么？柱子的施工缝应留在什么位置？

四、计算题

1. 某 C20 混凝土的实验配比为 1∶2.42∶4.04，水胶比为 0.6，水泥用量为 280 kg/m³，现场沙石含水率分别为 4% 和 2%，若用装料容量为 560 L 的搅拌机拌制混凝土（出料系数为 0.625），求施工配合比及每盘配料量（用袋装水泥）。

2. 某钢筋混凝土现浇梁板结构，采用 C20 普通混凝土，设计配合比为 1∶2.12∶4.37，水胶比 $W/C=0.62$，水泥用量为 290 kg/m³，测得施工现场沙子含水率为 3%，石子含水率为 1%，采用 J4—375 型强制式搅拌机。试计算搅拌机在额定生产量条件下，一次搅拌的各种材料投入量？（J4—375 型搅拌机的出料容量为 250 L，水泥投入量按每 5 kg 进级取整数）。

单元七

高层建筑工程施工

教学目标

能力目标	知识要点	相关知识
具备高层建筑基础工程的施工工艺和检查验收能力	1. 灌注桩施工工艺 2. 大体积混凝土工程的施工工艺	1. 灌注桩施工工艺和施工要点 2. 大体积混凝土工程施工工艺和施工要点
具备高层建筑模板工程的施工工艺和检查验收能力	1. 滑升模板 2. 爬升模板 3. 大模板	1. 木胶合板墙模板的制作与安装 2. 大模板的制作与安装 3. 滑升模板的制作与安装 4. 爬升模板的制作与安装
掌握高层建筑施工测量的施工工艺	高层建筑施工测量的施工工艺	1. 外控法 2. 内控法
掌握高层建筑泵送混凝土的施工工艺	泵送混凝土施工	泵送混凝土施工工艺和施工要点
具备高层建筑剪力墙施工工艺和检查验收能力	剪力墙施工	剪力墙施工工艺和施工要点
掌握高层建筑垂直运输设备的配制	高层建筑垂直运输设备	1. 高层建筑垂直运输设备 2. 高层建筑垂直运输设备的配制

问题引入

随着社会的进步，城市高楼建得越来越多。高层建筑的日益发展丰富了城市的面貌，成为城市实力的象征和现代化的标志。那么，多少层或多么高的建筑物算是高层建筑？高层建筑和一般建筑有什么不同高层建筑施工有什么特点？高层建筑如何进行施工？下面就来学习高层建筑施工技术。

知识课堂

课题一 高层建筑及其施工特点

一、高层建筑分类

随着社会的进步，促进了高层建筑的发展。高层建筑解决了日益增多的人口和有限的用地之间的矛盾，也丰富了城市的面貌，成为城市实力的象征和现代化的标志。

多少层或多么高的建筑物算是高层建筑？目前，在国际上尚没有统一的划分标准，1972年召开的国际高层建筑会议建议：按高层建筑的层数和高度分为以下四类。

第一类高层建筑： 9～16层（最高到50 m）。
第二类高层建筑： 17～25层（最高到75 m）。
第三类高层建筑： 26～40层（最高到100 m）。
第四类高层建筑： 40层以上（高度100 m以上）。

不同的国家和地区对高层建筑有不同的理解，表7-1-1是主要几个国家对高层建筑起始高度界线。

表7-1-1 各国对高层建筑起始高度界线

国 别	起始高度
德国	22 m以上（从底层室内地板面算起）
法国	住宅：50 m以上；其他建筑：28 m以上
日本	31 m（11层）
比利时	25 m以上（从室外地面算起）
英国	24.3 m
苏联	住宅：10层以上（含10层）；其他建筑：7层
美国	22～25 m或7层以上

我国《民用建筑设计通则》（GB 50352—2005）将10层及10层以上的住宅建筑和高度超过24 m公共建筑和综合性建筑划称为高层建筑。《高层建筑混凝土结构技术规程》（JGJ 3—2011）规定：10层及10层以上的住宅建筑和房屋高度大于24 m的其他民用高层建筑结构为高层建筑。当建筑高度超过100 m时，称为超高层建筑。

二、高层建筑结构体系

高层建筑结构体系见图 7-1-1。

1. 框架结构体系

框架结构是由梁与柱用刚性节点连接为整体的矩形网格结构，具有建筑物空间较大、平面布置灵活等优点，有利于布置餐厅、会议室、休息厅等，因此在公共建筑中应用较多。但是，框架结构也存在着结构变形较大、抗震性能差等缺点，因此，我国规范规定框架结构体系的高层建筑，层数在 20 层左右，总高度不宜超过 60 m。

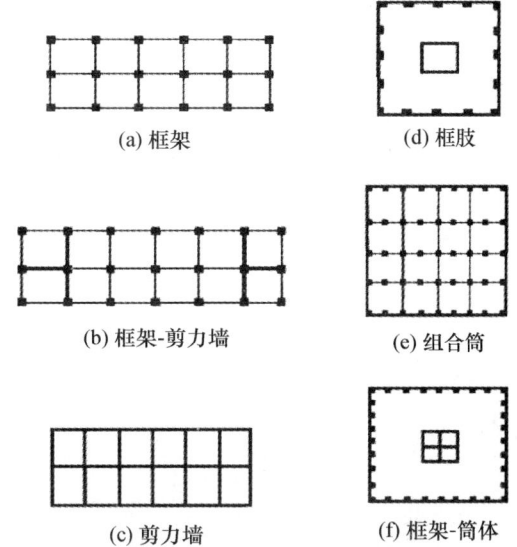

图 7-1-1 高层建筑结构体系

2. 剪力墙结构体系

剪力墙结构体系是利用建筑物的分隔墙和外墙承受竖向和水平荷载，具有侧向刚度大，水平位移小等优点。现已成为高层住宅建筑的主体，建筑层数一般在 45 层左右，总高度可达 150 m。

3. 框架-剪力墙结构体系

框架-剪力墙结构体系是在框架结构平面中的适当部位设置钢筋混凝土墙，也可以利用楼梯间、电梯间作为剪力墙，使其形成框架-剪力墙结构体系，利用框架承受竖向荷载，剪力墙承受水平荷载。因此，这种结构体系既具有建筑物空间较大，平面布置灵活的优点，也具有能较好地承受水平荷载，并且抗震性能良好，是目前高层建筑中经常采用的一种结构体系。适用于 15~40 层的高层建筑，总高度最高可达 130 m。

4. 筒体结构体系

筒体结构体系是指一个或几个筒体作为承重结构的高层建筑结构体系，该体系实际上是由若干片纵横交错的框架或剪力墙与楼板连接围成的筒状结构。根据筒体平面布置、组成、数量的不同，又可分为框架-筒体、筒中筒、组合筒三种体系。筒体结构体系建筑平面布置灵活，并能形成较大的空间，且受力明确，空间刚度大，抗震能力强，因此，应用广泛。

三、高层建筑的施工特点

高层建筑的施工特点概括起来为 6 个字，即高、深、长、杂、紧、难。

1. 高度高，造价高

我国已竣工的高层建筑，每栋的建筑高度大约在 40~600 m，另外高层建筑平均造价比我国竣工房屋平均价高约 47%~65%。

2. 基础深

高层建筑荷载大，基础埋置深度越来越深，而且带有地下室，这给施工带来一定的难度。

3. 工期长

高层建筑施工工期平均在 2 年左右，结构工期一般 5~10 d 一层，少则 3 d 一层。施工期间，气候变化给施工带来一定的影响。

4. 施工技术复杂

高层建筑施工从基础形式到结构类型，从建筑布局到专业设计，从材料供应到施工，是一个系统工程，技术要求高，协调部门多，必须精心组织，加强管理。

5. 用地紧张

高层建筑大多在市区建设，城市施工用地紧张，交通运输不畅，特别对临时设施的建设要尽可能利用工厂化、商品化成品，最大限度减少现场材料、机具设备、制品物件的存储量。

6. 施工难、管理难

高层建筑工程项目内容多、工种多、涉及单位多，加之，施工中还要穿插平行、流水作业，施工管理难度大。

四、高层建筑主体结构施工方案

高层建筑主体结构施工方案由于结构体系不同，采用模板类型不同，因此，选择施工方案也不尽相同。目前主要有以下几种。

1. 框架结构体系

梁柱主要采用装拆式定型钢模板、木（竹）胶合板；楼面采用定型钢模板、木（竹）胶合板和早拆模板体系、台模等。

2. 剪力墙结构体系

剪力墙结构体系主要采用大模板、拼装式模板（定型钢模板、木胶合板、竹胶合板）施工；也可应用爬模、滑模施工。楼盖结构可用预制板，也可用降模法现浇，或者用工具式模板将墙体滑升与楼面现浇流水施工。

3. 筒体结构体系

筒体结构体系的施工，筒体部分优先使用滑模施工，也可以采用大模板、爬模现浇混凝土；梁、柱、墙用拼装式模板（定型钢模板、木胶合板、竹胶合板）或筒体、梁、柱用提升模板；楼面结构则使用台模、拼装式模板（定型钢模板、木胶合板、竹胶合板）、永久性模板等现浇施工。

课题二 高层建筑垂直运输设施

一、垂直运输设施的总体情况

垂直运输设备是高层建筑机械化施工的主导机械，担负着大量的建筑材料、施工设备和施工人员垂直运输任务。目前，我国高层建筑主体结构施工，常用的机械设备有塔式起重机、施工电梯和混凝土泵送设备，详见表 7-2-1。上述设备在单元一中，已详细介绍过，不再累述。

表 7-2-1 垂直运输设施的总体情况

序次	设备（施）名称	形式	安装方式	工作方式	设备能力 起重能力	设备能力 提升高度
1	塔式起重机	整装式	行走	在不同的回转半径内形成作业覆盖区	60～10000 kN·m	80 m 内
			固定			250 m 内
		自升式	附着			一般在 300 m 内
		内爬式	装于天井道内、附着爬升		3500 kN·m 内	
2	施工升降机（施工电梯）	单笼、双笼、笼带斗	附着	吊笼升降	一般 2 t 以内，高者达 2.8 t	一般 100 m 内，最高已达 645 m
3	井字提升机（物料提升用施工升降机）	定型钢管搭设	缆风固定	吊笼（盘、斗）升降	3 t 以内	60 m 内
		定型	附着			可达 200 m 以上
4	龙门提升架（门式提升机）		附着	吊笼（盘、斗）	2 t 以内	100 m 内
5	塔架	自升	附着	吊盘（斗）升降	2 t 以内	100 m 以内
6	混凝土输送泵	固定式拖式	固定并设置输送管道	压力输送	输送能力为 30～50 m³/h	垂直输送高度一般为 100 m，可达 300 m 以上
7	可倾斜塔式起重机	履带式	移动式	为履带式起重机和塔式起重机结合的产品，塔身可倾斜		50 m 内
		汽车式				

二、垂直运输设施的设置要求

（一）垂直运输设施的一般设置要求

1. 覆盖面和供应面

塔式起重机的覆盖面是指以塔式起重机的起重幅度为半径的圆形吊运覆盖面积；垂直运输设施的供应面是指借助于水平运输手段（手推车等）所能达到的供应范围。

2. 供应能力

塔式起重机的供应能力 = 吊次×吊量（每次吊运材料的体积、重量或件数）×(0.5～0.75)

其他垂直运输设施的供应能力 = 运次×运量×(0.5～0.75)

说明：

(1) 运次应取垂直运输设施和与其配合的水平运输机具中的低值；

(2) 系数0.5～0.75为考虑由于难以避免的因素对供应能力的影响的折减系数；

(3) 垂直运输设备的供应能力应能满足高峰工作量的需要。

3. 提升高度

设备的提升高度能力应比实际需要的升运高度高出不少于3 m，以确保安全。

4. 水平运输手段

在考虑垂直运输设施时，必须同时考虑与其配合的水平运输手段。

5. 装设条件

垂直设施装设的位置应具有相适应的装设条件，如具有可靠的基础、与结构拉结和水平运输通道条件等。

6. 设备效能的发挥

必须同时考虑满足施工需要和充分发挥设备效能的问题。当各施工阶段的垂直运输量相差悬殊时，应分阶段设置和调整垂直运输设备，及时拆除已不需要的设备。

7. 设备的充分利用问题

充分利用现有设备，必要时添置或加工新的设备。在添置或加工新的设备时，应考虑今后利用的前景。一次使用的设备应考虑在用完以后可拆改他用。

8. 安全保障

安全保障是使用垂直运输设施中的首要问题，必须按以下方面严格做好。

(1) 设备应装设在可靠的基础和轨道上。基础应具有足够的承载力和稳定性，并设有良好的排水措施。设备在使用以前必须进行全面的检查和验收，确保设备完好。未经检修保养的设备不能使用。

(2) 严格遵照设备的安装程序和规定进行设备的安装（搭设）和接高工作。初次使用的设备，工程条件不能完全符合安装要求的，以及在较为复杂和困难的条件下，应制定详细的安装措施，并按措施的规定进行安装。

(3) 设备安装完毕后，应全面检查安装（搭设）的质量是否符合要求，并及时解决存在的问题。随后进行空载和负载试运行，判断试运行情况是否正常，吊索、吊具、吊盘、安全保险以及刹车装置等是否可靠；都无问题时才能交付使用。

(4) 进出料口之间的安全设施。垂直运输设施的出料口与建筑结构的进料口之间，根据其距离的大小设置铺板或栈桥通道，通道两侧设护栏。建筑物入料口设栏杆门。小车通过之后应及时关上。

(5) 设备应由专门的人员操纵和管理。严禁违章作业和超载使用。设备出现故障或运转不正常时应立即停止使用，并及时予以解决。

(6) 位于机外的卷扬机应设置安全作业棚。操作人员的视线不得受到遮挡。当作业层较高，观测和对话困难时，应采取可靠的解决方法，如增加卷扬定位装置、对讲设备或多级联络办法等。

（二）高层建筑垂直运输设施的合理配套

在高层建筑施工中，合理配套是解决垂直运输设施时应当充分注意的问题。由于不同的起重运输设备各有不同的用途和特点，因此，在选择起重运输设备时，首先应根据工程特点和施工条件确定采取何种不同起重运输设备的组合方式。在确定采用何种组合方式时，首先应满足施工需要，同时，还要考虑是否有较好的综合经济效益。

表 7-2-2 是我国近些年来在高层建筑施工中的一些常用的组合方式。

表 7-2-2　高层建筑垂直运输设施配套方案

序次	配套方案	功能配合	优缺点	适用情况
1	施工电梯+塔式起重机、料斗	塔式起重机承担吊装和运送模板、钢筋、混凝土，电梯运送人员和零散材料	优点：直供范围大、综合服务能力强、易调节安排。缺点：集中运送混凝土的效率不高，受大风影响限制	吊装量较大、现浇混凝土量适应塔式起重机能力
2	施工电梯+塔式起重机+混凝土泵、布料杆	泵和布料杆输送混凝土，塔式起重机承担吊装和大件材料运输，电梯运送人员和零散材料	优点：直供范围大，综合服务能力强，供应能力大，易调节安排。缺点：投资大、费用高	工期紧，工程量大的超高层工程的结构施工阶段
3	施工电梯+高层井架+塔式起重机、料斗	电梯运送人员、零散材料，井架运送大宗材料，塔式起重机吊装和运送大件材料	优点：直供范围大、综合服务能力强、供应能力大，易调节安排，结构完成后可拆除塔式起重机。缺点：可能出现设备能力利用不足	吊装和现浇量较大的工程
4	塔式起重机、料斗+普通井架	人员上下使用室内楼梯，零散材料，井架运送大宗材料，塔式起重机吊装和运送大件材料	优点：吊装和垂直运输要求均可适应、费用低。缺点：供应能力不够强，人员上下不方便	适用于 50 m 以下建筑工程

三、高层施工塔机的选择

在高层建筑施工中，应根据工程的不同情况和施工要求，选择适合的塔机。选择时应主要考虑以下几个方面。

1. 塔机的主要参数应满足施工需要

主要参数包括工作幅度、起升高度、起重量和起重力矩。

工作幅度为塔机回转中心线至吊钩中心线的水平距离。最大工作幅度 R_{max} 为最远吊点至回转中心的距离,可按图 7-2-1 确定。其中,附着式外塔的 B_2 点可定在建筑物的外墙线上或其内、外一定距离。

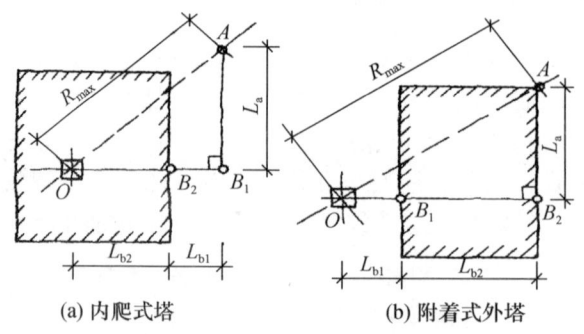

(a) 内爬式塔　　　　(b) 附着式外塔

图 7-2-1　塔机所需最大工作幅度

塔机的起重高度应不小于建筑物总高度加上构件(或吊斗、料笼)、吊索(吊物顶面至吊钩)和安全操作高度(一般为 2~3 m)。当塔机需要越过超过建筑物顶面的脚手架、井架或其他障碍物时(其超越高度一般应不小于 1 m),尚应满足此最大超越高度的需要。

起重量包括吊物(包括笼斗和其他容器)、吊具(铁扁担、吊架)和索具等作用于塔机起重吊钩上的全部重量。起重力矩为起重量乘以工作幅度,工作幅度大者的起重量小,以不超过其额定起重力矩为限。因此塔机的技术参数中一般都给出最小工作幅度时的最大起重量和最大工作幅度时的(最小)起重量。应当注意的是,大多数的塔机都不宜长时间地处于其额定起重力矩的工作状态之下,一般宜控制在其额定起重力矩的 75% 之下。这不仅对于确保吊装和垂直运输作业的安全很重要,而且对于确保塔机本身的安全和延长其使用寿命也很重要。

2. 塔机的生产率应满足施工需要

塔机的台班生产率 P(单位:t/h)等于 8h 乘以额定起重量 Q(t)、吊次 n(次/h)、额定起重量利用系数 K_q 和工作时间利用系数 K_t,即

$$P = 8Q_n K_q K_t \tag{7-1}$$

但实际确定时,由于施工需要和安排的不同,常需按以下不同情况来考虑:

(1) 塔机以满足结构安装施工为主,服务垂直运输为辅。

(2) 塔吊以满足垂直运输为主,以零星结构安装为辅。例如采用现浇混凝土结构的工程,塔吊以承担钢筋、模板、混凝土和沙浆等材料的垂直运输为主,可采用式(7-1)确定其生产率是否能满足施工的需要。当不能满足时,应选择供应能力适合的塔吊或考虑增加其他垂直运输设施。

3. 综合考虑、择优选用

当塔机主要参数和生产率指标均可满足施工要求时,还应综合考虑、择优选用性能好、工效高和费用低的塔机。

外墙附着式自升塔机的适应性强、装拆方便,且不影响内部施工,但塔身接高和附墙装置随高度增加、台班费用较高;而内爬式塔机适合于小施工现场、装设成本低、台班费用亦低,但装拆麻烦、爬升洞的结构需适当加固。因此,应综合比较其利弊后择优

选用。

四、施工电梯的选择

1. 施工电梯的分类

施工电梯按其驱动方式可分为齿轮驱动和绳轮驱动两种。通常，齿轮驱动电梯有单吊箱（笼）式和双吊箱（笼）式两种，并装有可靠的限速装置。按承载能力，分为两级，一级能载重物 1000 kg 或乘员 11～12 人，另一级载重量 2000 kg 或载乘员 24 人。国产施工电梯大多属于前者；绳轮驱动电梯为单吊箱（笼），无限速装置，轻巧便宜。绳轮驱动施工电梯常称为施工升降机。有的人货两用，可载货 1000 kg 或乘员 8～10 人，有的只是用以运货，载重亦达 1000 kg。上述两种施工电梯的型号、性能在单元一中已有详细介绍，不再赘述。

2. 施工电梯的应用

施工电梯主要用于运送人员上下楼层，运送人员所用的时间占运营时间的 60%～70%，运货仅占 30%～40%。统计资料表明，施工人员沿楼梯进出施工部位所耗用的上、下班时间，随楼层增高而急剧增加。如在施建筑物为 10 层楼，每名工人上下班所占用的工时为 30 min，自 10 层楼以上，每增高一层平均约需增加 5～10 min。采用施工电梯运送工人上下班，能大大压缩工时损失和提高工效。

施工电梯在运量达到高峰时，可以采取低层不停，高层间隔停的方法。此外，施工电梯使用时要注意夜间照明及与结构的连接。

3. 施工电梯的选择

施工电梯的选择应根据建筑体型、建筑面积、运输总重、工期要求、造价等确定。通常，齿轮驱动施工电梯适于 20 层以上建筑工程使用；绳轮驱动施工电梯适于 20 层以下建筑工程使用。但是，因安全原因，部分地区已经停止使用绳轮驱动施工电梯。

一台施工电梯的服务楼层面积约为 600 m^2。在配备施工电梯时可参考此数据并尽可能选用双吊厢式施工电梯。

五、选择混凝土泵

1. 混凝土泵选型

混凝土泵是专门用来输送和浇注混凝土的机械，它能一次连续完成混凝土的水平运输和垂直运输，配以布料机和布料杆，还可以进行布料和浇注。

混凝土泵分为固定式、拖式和汽车式泵车。高层混凝土施工主要应用后两种形式。

混凝土泵的选型，应根据混凝土工程特点、要求的最大输送距离、最大输出量及混凝土浇筑计划确定。

通常，汽车式泵车主要用于高层建筑基础和裙楼混凝土工程施工；拖式混凝土泵用于高层建筑塔楼混凝土工程施工。在垂直输送高度超过 80～100 m 情况下，可以采用两台固定式中压混凝土泵进行接力输送，在财力、设备条件允许时，亦可采用一台固定式高压混凝土泵输送。

重要工程的混凝土泵送施工，混凝土泵的所需台数，除根据计算确定外，宜有一定的备用台数。

2. 混凝土泵的设置要求

混凝土泵设置处，应场地平整坚实，道路畅通，供料方便，距离浇筑地点近，便于配管，接近排水设施和供水、供电方便。在混凝土泵的作业范围内，不得有高压线等障碍物。

当高层建筑采用接力泵泵送混凝土时，接力泵的设置位置应使上、下泵的输送能力匹配。设置接力泵的楼面应验算其结构所能承受的荷载，必要时应采取加固措施。

3. 混凝土泵泵送能力验算

混凝土泵的泵送能力，根据具体施工情况可按下列方法之一进行验算，同时应符合产品说明中的有关规定。

计算的配管整体水平换算长度，应不超过确定的最大水平泵送距离。

换算的总压力损失，应小于混凝土泵正常工作时的最大出口压力。

施工要求的最大输送距离就是混凝土输送管的水平换算长度。

课题三　高层建筑施工测量

施工测量是把设计的建筑物、构筑物的平面位置和高程，按设计要求以一定的精度测设在地面上，作为施工的依据，并在施工过程中进行一系列的测量工作，以指导各工序的施工。

施工测量贯穿于整个施工过程中。从场地平整、建筑物定位、基础施工，到建筑物构件的安装等，都需要进行施工测量，才能使建筑物、构筑物各部分的尺寸、位置符合设计要求。

高层建筑施工测量的主要任务是控制其垂直度，就是将建筑物的基础轴线准确地向高层引测，并保证各层相应轴线位于同一竖直面内，控制竖向偏差，使轴线向上投测的偏差值不超限。

轴线竖向投测时，其竖向误差在本层内不超过 5 mm，楼层累计误差不应超过 $2H/10000$（H 为建筑物总高度），且 30 m < H ≤ 60 m 时，10 mm；60 m < H ≤ 90 m 时，15 mm；90 m < H 时，20 mm。

一、高层建筑物轴线的竖向投测

高层建设物轴线的竖向投测，主要有外控法和内控法两种方法。

1. 外控法

外控法是在建筑物外部，利用经纬仪，根据建筑物轴线控制桩来进行轴线的竖向投测，亦称为"经纬仪引桩投测法"，具体操作步骤如下。

（1）在建筑物底部投测中心轴线位置高层建筑的基础工程完工后，将经纬仪安置在轴线控制桩 A_1、A_1'、B_1、B_1' 上，把建筑物主轴线精确地投测到建筑物的底部，并设立标志，如图 7-3-1 中的 a_1、a_1'、b_1、b_1'，以供下一步施工向上投测之用。

（2）向上投测中心线随着建筑物不断升高，应逐层将轴线向上传递。将经纬仪安置在

中心轴线控制桩 $t_0 = \dfrac{200}{T+15}$ 上，严格整平仪器，用望远镜瞄准建筑物底部已标出的轴线 a_1、a_1'、b_1 和 b_1' 点，用盘左和盘右分别向上投测到每层楼板上，并取其中点作为该层中心轴线的投影点，如图 7-3-1 中的 a_2、a_2'、b_2 和 b_2'。

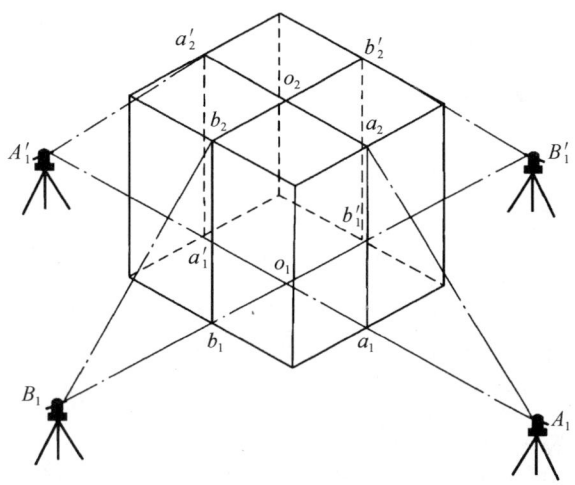

图 7-3-1　经纬仪投测中心轴线

（3）增设轴线引桩 当轴线控制桩距建筑物较近时，望远镜的仰角较大，操作不便，投测精度也会降低。此时，可将原中心轴线控制桩引测到更远的安全地方，或者附近大楼的屋面。

将经纬仪安置在已投测上去的较高层（如第 10 层）楼面轴线口。a_{10}、a_{10}' 上，如图 7-3-2 所示，瞄准地面上原有的轴线控制桩 A_1 和 A_1' 点，用盘左、盘右分中投点法，将轴线延长到远处和 A_2' 点，并用标志固定其位置，A_2 和 A_2' 即为新投测的 A_1、A_1' 轴控制桩。

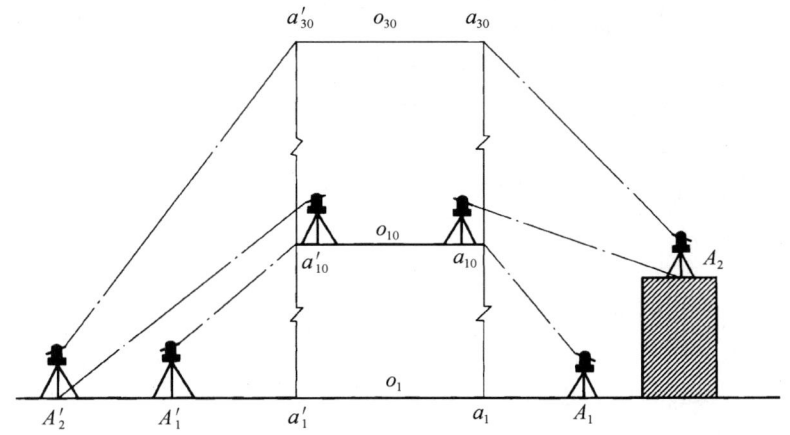

图 7-3-2　经纬仪引桩投测

更高各层的中心轴线，可将经纬仪安置在新的引桩上，按上述方法继续进行投测。

2. 内控法

内控法是在建筑物内 ±0 平面设置轴线控制点，并预埋标志，以后在各层楼板相应位置上预留 200 mm×200 mm 的传递孔,在轴线控制点上直接采用吊线坠法或激光铅垂仪法,通过预留孔将其点位垂直投测到任一楼层,如图 7-3-3 和图 7-3-4 所示。

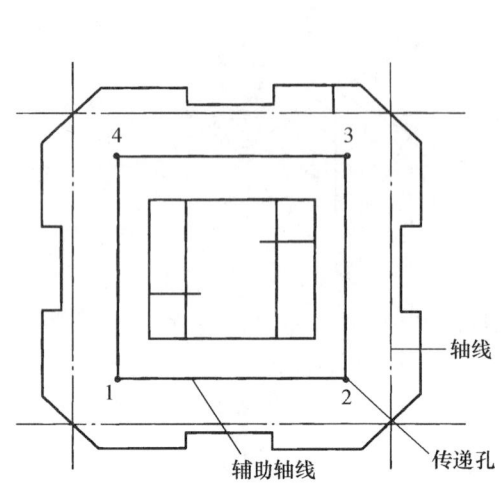

图 7-3-3　内控法轴线控制点的设置

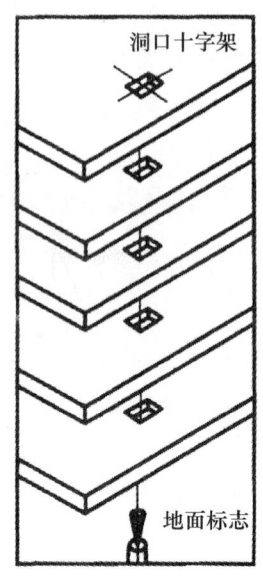

图 7-3-4　吊线坠法投测轴线

基础施工完毕后,在 ±0 首层平面上,适当位置设置与轴线平行的辅助轴线。辅助轴线距轴线 500～800 mm 为宜,并在辅助轴线交点或端点处埋设标志。

(1) 吊线坠法。吊线坠法是利用钢丝悬挂重锤球的方法,进行轴线竖向投测。此法一般用于高度在 50～100 mm 的高层建筑施工中,锤球的重量为 10～20 kg,钢丝的直径为 0.5～0.8 mm。

投测方法如图 7-3-4 所示,在预留孔上面安置十字架,挂上锤球,对准首层预埋标志。当锤球线静止时,固定十字架,并在预留孔四周做出标记,作为以后恢复轴线及放样的依据。此时,十字架中心即为轴线控制点在该楼面上的投测点。

用吊线坠法实测时,要采取一些必要措施,如用铅直的塑料管套着坠线或将锤球沉浸于油中,以减少摆动。

(2) 激光铅垂仪法。激光铅垂仪法是一种专用的铅直定位仪器,如图 7-3-5 所示。此法适用于高层建筑物及高塔架等的铅直定位测量。

为了把建筑物的平面定位轴线投测至各层上去,每条轴线至少需要两个投测点。根据梁、柱的结构尺寸,投测点距轴线 500～800 mm 为宜。

为了使激光束能从底层投测到各层楼板上,在每层楼板的投测点处,需要预留孔洞,洞口大小一般在 300 mm×300 mm 左右,如图 7-3-6 所示。

二、高层建筑物的高程传递方法

(1) 利用钢尺直接丈量法在标高精度要求较高时,可用钢尺沿某一墙角自 ±0.00 m 标高处起向上直接丈量,把高程传递上去。然后根据由下面传递上来的高程,作为该层墙身砌筑和安装门窗、过梁及室内装修、地坪抹灰等控制标高的依据。

(2) 悬吊钢尺法在楼梯间悬吊钢尺,钢尺下端挂一重锤,使钢尺处于铅垂状态,用水准仪在下面与上面楼层分别读数，按水准测量原理把高程传递上去。

图 7-3-5　激光铅垂仪

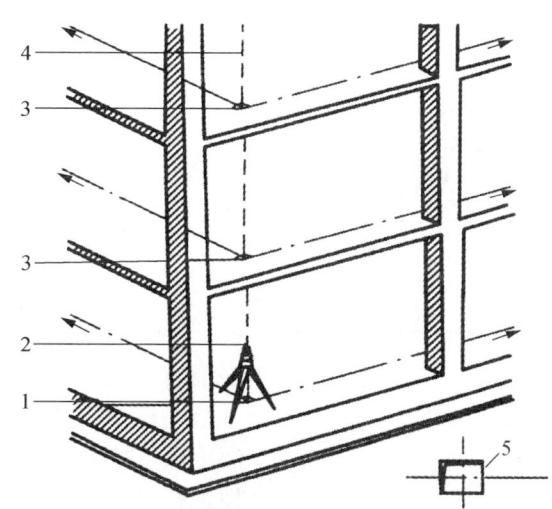

图 7-3-6　用铅垂仪进行平面控制点垂直投影
1—底层平面控制点；2—铅垂仪；3—铅垂孔；
4—铅垂线；5—铅垂孔边弹墨线标记

课题四　混凝土灌注桩施工

混凝土灌注桩（简称灌注桩）是直接在桩位上成孔，然后灌注混凝土而成的桩。按其成孔设备和方法不同可分为非挤土桩和挤土桩两类。非挤土桩有钻孔灌注桩、冲孔灌注桩和挖孔桩等；挤土桩有锤击（振动）沉管成孔灌注桩和振动冲击沉管灌注桩等。非挤土桩在施工中具有无噪声、无振动、无挤土及对周围环境干扰和影响小等优点，尤其适合市区内施工。

灌注桩成孔的控制深度应符合下列要求。

（1）摩擦桩。摩擦桩以设计桩长控制成孔深度，端承摩擦桩必须保证设计桩长及桩端进入持力层深度。当采用锤击沉管法成孔时，桩管入土深度控制以标高为主，以贯入度控制为辅。

（2）端承型桩。当采用钻（冲）、挖掘成孔时，必须保证桩孔进入设计持力层的深度；当采用锤击沉管法成孔时，沉管深度控制以贯入度为主，以设计持力层标高对照为辅。

灌注桩与预制桩相比，具有节约钢材、造价较低，且可做成大直径、大深度的桩，使单桩承载力大等优点。但灌注桩在施工过程中影响成桩质量的因素较多，例如容易产生孔壁塌陷、孔底沉渣厚度过大、桩身缩颈或断裂现象等，因此，必须特别注意成孔的每一道施工工序，加强质量控制和检验，以确保桩的质量。

一、钻孔灌注桩施工

钻孔灌注桩是指利用钻孔机械在桩位上成孔，然后灌注混凝土而成的桩。灌注桩的成孔方法，可根据桩位处于地下水位高低情况而定：当桩位处于地下水位以上时，可采用干作业成孔方法；若处于地下水位以下，则可采用泥浆护壁成孔方法进行施工。

1. 干作业成孔灌注桩施工

（1）干作业成孔灌注桩施工的工艺流程

测量放线定桩位→钻机就位调整垂直度→钻孔、土外运→钻孔至设计标高→清除孔底虚土→成孔质量检查、验收→吊放钢筋笼→灌注混凝土。

（2）钻孔机械设备及成孔方法

干作业成孔灌注桩的成孔机械，可采用全叶螺旋钻孔机（图7-4-1）。该机工作时由电动机的动力旋转钻杆带动钻头切削土体，被削下的土随钻头旋转而沿螺旋叶片上升排出孔外。一节钻杆接一节钻杆，直至钻到设计要求深度。钻孔至设计深度后，应在原处空转清土，经清土后孔底的虚土厚度应符合规定要求。并注意保护好孔口。

这种钻机成孔直径一般为400～600 mm，钻孔深度为8～12 m。它适用于地下水位以上一般黏性土、沙土及人工填土地基的钻孔。

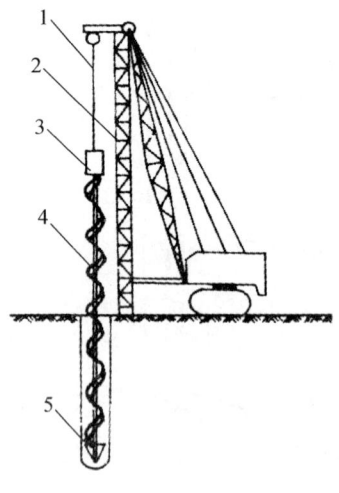

图 7-4-1　螺旋钻孔机成孔
1—钢丝绳；2—导架；3—电动机；
4—螺旋钻杆；5—钻头

（3）施工注意事项

① 螺旋钻开始钻孔时，钻杆应保持垂直稳固，位置正确，防止因钻杆晃动引起扩大孔径及增加孔底虚土。钻进过程中，应随时清理孔口积土。

② 吊放钢筋笼前，应测量孔内虚土厚度，符合要求后即可灌注混凝土，随浇注随振捣，每次浇注高度不得大于1.5 m。

③ 为防止孔壁坍塌，从成孔经检查符合要求至浇筑混凝土的时间间隔，不应超过24 h。

2. 泥浆护壁成孔灌注桩施工

泥浆护壁成孔灌注桩施工工艺流程如图7-4-2所示。

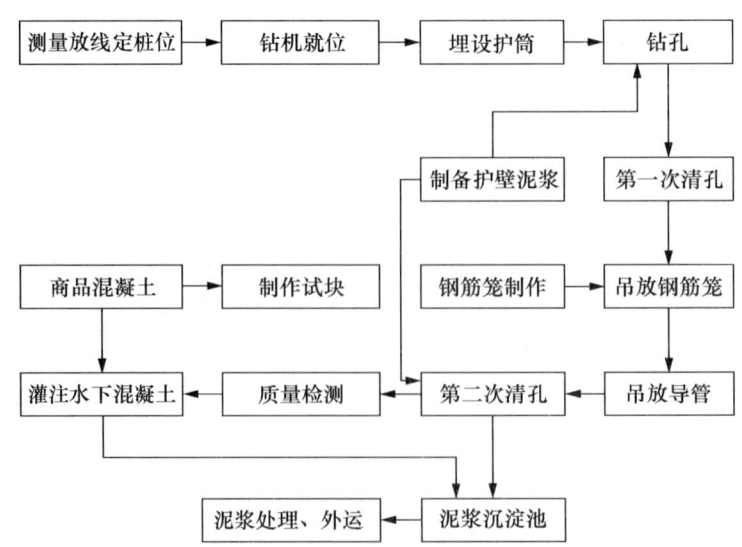

图 7-4-2　泥浆护壁成孔灌注桩施工工艺流程图

（1）钻孔机械设备

泥浆护壁成孔灌注桩常用钻孔机械有回转钻机和潜水钻机等。回转钻机（图7-4-3）是目前灌注桩施工中应用最为广泛的钻孔机械。它由机械动力传动，配以空心钻杆和笼式钻头，可用正循环或反循环泥浆护壁方式钻进。这种钻机具有性能好、钻进力大、效率高、噪声和振动小、成孔质量好等优点。最大成孔直径为 1.2～2.5 m，钻孔深度可达 50～100 m。

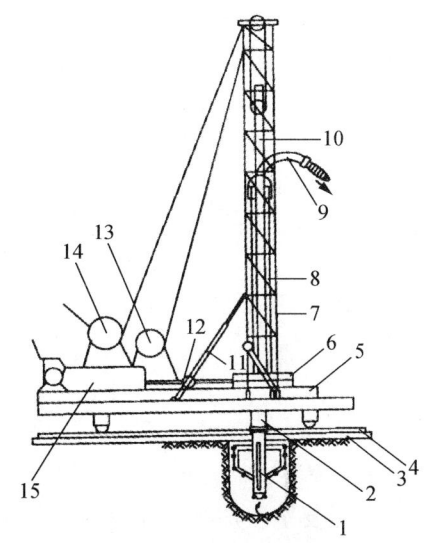

图7-4-3　回转钻机示意图

1—钻头；2—钻管；3—轨枕钢板；4—轮轨；
5—液压移动平台；6—回转盘；7—机架；
8—活动钻管；9—吸泥浆弯管；
10—钻管钻进导槽；11—液压支杆；
12—传力杆方向节；13—副卷扬机；
14—主卷扬机；15—变速箱

正循环回转钻进成孔时，由高压水泵（或泥浆泵）从空心钻杆输入压力水（或泥浆）通过钻头底部射出，由压力水和钻头钻进切削下来的黏土形成的泥浆（即为原土造浆），或由直接输入的泥浆（制备的泥浆或循环泥浆），既能护壁，又能把钻进时切削出的土渣悬浮起来，随同泥浆从孔底涌向孔口，形成正循环方式（图7-4-4）排渣至泥浆沉淀池。正循环法操作简单，工艺成熟，当孔深不太深，孔径小于 800 mm 时，钻进效果好；当孔径较大时，泥浆循环时返流速度低，排渣能力弱，孔底沉渣多。为了提高成孔质量，必须认真清孔。

反循环回转钻进成孔时，通常多用泵吸反循环方法，它是将沙石泵的吸入管与空心钻杆连接后，利用泵的抽吸作用，使管路内形成负压，将钻进切削下来的泥渣随同泥浆，从孔底沿空心钻杆上升至孔外，形成反循环方式（图7-4-5）排渣至泥浆沉淀池。反循环法泥浆上返速度快，排渣能力强，钻进效率高，孔壁稳定，孔底沉渣少，成孔质量好。

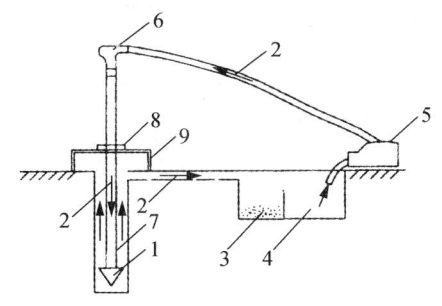

图7-4-4　正循环回转钻机成孔工艺原理图

1—钻头；2—泥浆循环方向；3—沉淀池；4—泥浆池；
5—泥浆泵；6—接头管；7—钻杆；
8—回转盘；9—工作平台

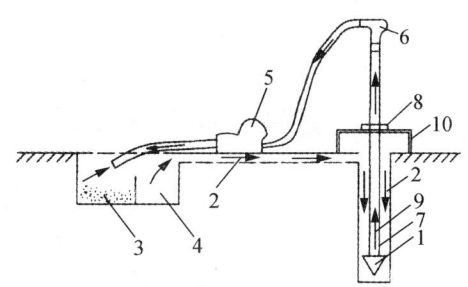

图7-4-5　反循环回转钻机成孔工艺原理图

1—钻头；2—补入泥浆流向；3—沉淀池；4—泥浆池；
5—沙石泵；6—接头管；7—钻杆；8—回转盘；
9—混合泥浆流向；10—工作平台

潜水钻机将电动机、变速机构加以密封并与钻头连接，工作时动力装置可潜入孔底，运转时温升较低，过载能力强，也可采用正、反循环方式进行泥浆护壁钻进排渣。这种钻机具有体积小、重量轻、耗用动力小、钻孔效率高等优点。最大钻孔直径为 0.8～2 m，钻孔深度为 50 m。

（2）施工工艺

① 测定桩位、埋设护筒。根据建设单位提供的坐标控制点和相应的高程点，按设计图纸要求进行测量放线定桩位，自检合格后，报项目监理部，经监理工程师复验合格后，然后在桩位上埋设护筒。护筒埋设应准确、稳定，护筒中心与桩位中心的偏差不得大于50 mm。护筒的作用是：定位、保护孔口和提高孔内所存储的泥浆水头，以防坍孔。护筒一般用4～8 mm厚的钢板制作，其内径应大于钻头直径100 mm，上部开设1～2个溢水孔。埋入深度不应小于1（黏土）～1.5 m（沙土），护筒与土壁之间用黏土填实，顶部应高出地面300～400 mm。

② 钻机就位、钻进。钻机就位必须水平、稳固，并使钻机回转中心对准护筒中心，其偏差应小于20 mm。开钻时宜轻压慢转，以防止钻头扰动护筒，造成漏浆，待钻头穿过护筒底面后，方可以正常速度钻进。在钻进过程中要经常检查钻机平台水平情况，发现倾斜应及时调整，保证成孔垂直偏差不大于1%。

③ 泥浆护壁成孔。钻孔的同时应在孔中注入泥浆（或原土造浆）护壁，并使护筒的泥浆面高出地下水位1～1.5 m。由于泥浆的密度比水大，泥浆所产生的液柱压力可平衡地下水压力，并对孔壁有一定侧压力，成为孔壁的一种液态支撑。同时，泥浆中胶质颗粒在泥浆压力下，渗入孔壁表层孔隙中，形成一层泥皮，从而可以保护孔壁，防止塌孔。泥浆除护壁作用外，还具有携带土渣、润滑钻头、降低钻头发热和减少钻进阻力等作用。

在黏土和粉质黏土中成孔时，可注入清水以原土造浆护壁；在沙土或容易塌孔的土层中成孔时，则应采用制备的泥浆护壁。泥浆制备应选用高塑性黏土或膨润土。用膨润土制备的泥浆其主要性能指标如下：相对密度1.1～1.15，黏度10～25 s，含沙率<6%，胶体率≥95%。

在成孔过程中应经常测定泥浆相对密度。一般注入的泥浆相对密度宜控制在1.1～1.5，排出泥浆的相对密度宜为1.2～1.4，对易塌孔的土层排出泥浆的相对密度可增大1.3～1.5。此外，对泥浆的黏度应控制适当，黏度大，携带土渣能力强，但影响钻进速度；黏度小，则不利于护壁和排渣。泥浆中含沙率也不宜过大，否则会降低黏度，增加沉淀。

④ 清孔。当钻孔达到设计深度后，就应及时清孔。清孔方法如下：对稳定性差的孔壁宜用泥浆方法排渣清孔；对孔壁土质较好不易塌孔的，可用空气吸泥机清孔。

清孔一般分两次进行。第一次清孔是在钻进刚到设计深度就立即开始，一般采用正循环换浆法清孔，即将钻杆提离孔底300～500 mm后，就不断置换泥浆，维持正循环清孔30 min左右，确认孔内泥浆稠度和孔底沉渣厚度基本符合要求后，即可将钻杆提起，进行吊放钢筋笼工作。第二次清孔是在下导管后、灌注混凝土前进行。通常可采用泵吸反循环清孔。清孔过程中，必须及时补给足够泥浆，使护筒内泥浆面保持稳定。清孔结束后、灌注混凝土前，泥浆性能指标与孔底沉渣厚度应符合下列规定。

a. 距孔底500 mm处取样泥浆的相对密度为1.15～1.20，含沙率≤8%，黏度≤28 s；

b. 孔底沉渣厚度：端承桩≤50 mm；摩擦端承桩、端承摩擦桩≤100 mm；摩擦桩≤150 mm。

注意：第二次清孔结束与灌注混凝土开始这一段时间间隔，一般不得大于0.5 h，否则，应重新清孔。

⑤ 吊放钢筋笼。灌注桩内钢筋的配置长度，一般按全桩长配或按桩长的 1/2～1/3 配筋。施工时，宜分段制作钢筋笼，分段吊放就位，钢筋笼接头宜采用焊接连接。钢筋笼搬运和吊装时，应防止变形，吊放入孔时，要对准孔位，保持垂直徐徐放入，避免碰撞孔壁，就位后对钢筋笼固定要牢靠，以防钢筋笼坠落或灌注混凝土时上浮。

⑥ 吊放导管、浇筑泥浆下混凝土。在泥浆护壁钻孔灌注桩、地下连续墙等施工中，常要在桩孔（或沟槽）内充满泥浆的情况下浇筑混凝土。其混凝土的浇筑方法是：不能直接将混凝土浇入桩孔内的泥浆中，而是采用导管法浇筑混凝土（见图 7-4-6）。

导管法浇筑混凝土的施工过程如下。

a. 在桩孔位置组装吊放导管后，在导管内放入球塞（图 7-4-6(a)）；

b. 在导管内不断浇入混凝土，不断提升导管，直至浇筑完该桩混凝土（见图 7-4-6(b)）。

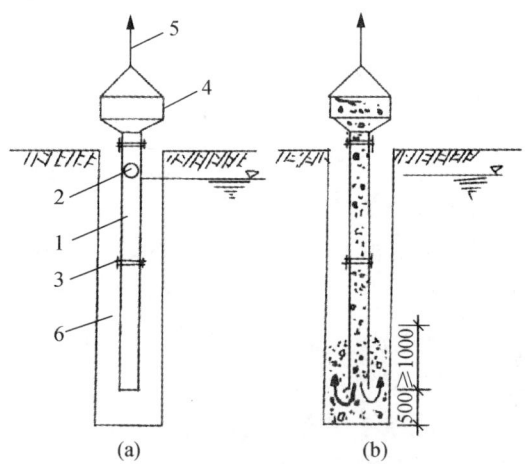

图 7-4-6　导管法水下浇筑混凝土
1—导管；2—球塞；3—密封接头；
4—漏斗；5—吊索；6—桩孔

导管由钢管制成，管径为 250～300 mm，每管节长约 3 m，各管节间用法兰盘螺栓连接并加密封圈，以防漏水。

吊放导管时用提升机具来控制导管的提升与下降，浇筑混凝土前，先将导管下沉至距孔底约 500 mm 处，再将一球塞放入导管内（常用球塞有吹气的厚皮塑料球或橡皮球等），然后向导管内浇入混凝土。第一次浇入混凝土量应经过计算，要求浇入桩孔内的混凝土高度应高出导管下口 1000～1500 mm。如导管口埋入太浅，则导管内容易进入泥浆，污染混凝土；如埋入太深，则导管内的混凝土不易压出来。

当第一次浇入导管内混凝土的体积能满足上述要求时，即可打开混凝土漏斗下口；当混凝土沿导管往下将球塞冲出导管下口（球塞浮起）时，即开始浇筑混凝土，此过程称为开管。此后，一边不断浇入混凝土，一边缓慢提升导管，并使导管埋入混凝土内，始终保持在适宜深度，一般为 2～4 m。同时还要注意在导管内的混凝土柱体必须保持一定的高度，使作用在导管底部出口处的混凝土有一定的出口压力，方能使混凝土向外、向上扩散，进行桩身混凝土浇筑。

随着不断地浇筑混凝土和相应地将导管上提，可逐节将管顶部的管节自漏斗底部拆下，直至该桩混凝土浇筑完成。

用导管法浇筑混凝土时，由于混凝土表面层始终与泥浆接触，使桩顶上部分混凝土夹泥、结构松软，桩混凝土浇筑完后，需清除掉，故桩顶混凝土浇筑的最终高程应高出设计标高一定高度（按设计要求定），以确保桩顶上泛浆凿除后，桩顶设计标高处混凝土强度满足设计要求。因此，施工中严格测定和准确控制每根桩混凝土浇筑的最终高程，保证留足混凝土超灌量是十分重要的。

导管法采用的混凝土骨料粒径为 25～35 mm，混凝土流动性要好，坍落度以 160～220 mm 为宜。

3. 施工中常见问题及处理方法

（1）护筒周围冒浆

在钻进过程中，护筒周围冒浆，如不及时处理，将会引起护筒倾斜、位移、桩孔偏斜等，严重者无法继续施工。护筒周围冒浆的原因，是由于埋设护筒时周围填土不密实，或是起落钻杆时碰动护筒。处理方法是：如刚开始钻进，就发现护筒周围冒浆，可用黏土在护筒四周填实加固；如护筒严重下沉或位移，则应返工重新埋设。

（2）孔壁坍塌

在钻进过程中，如发现孔内泥浆不断冒细密水泡或者护筒内的泥浆面突然下降，这表明有塌孔迹象。塌孔原因是由于土质松散，护壁泥浆密度太小；护筒内泥浆面高度不够或下放钢筋笼时碰坏孔壁等引起的。处理方法是：加大泥浆密度，保持护筒内泥浆高度，以稳定孔壁。如泥浆突然漏失或塌孔严重，在判明塌孔位置和分析原因后，立即回填沙和黏土混合物到塌孔位置以上 1~2 m，待回填土沉积密实、孔壁稳定后再进行钻孔。

（3）导管堵塞

混凝土在整个浇筑过程中应连续进行，中途不得中断，以防止堵管。一旦发生堵管，如在半小时内不能排除，则应立即换插备用导管，插入至原有混凝土内 500 mm 以上，在导管内重新放入球塞，浇入混凝土，在球塞冲出导管后，应将导管继续插入一定深度继续浇筑混凝土。

4. 混凝土灌注桩施工质量检查与控制

（1）施工前应检查水泥、钢筋等原材料的产品合格证、出厂检验报告和复验报告，其质量必须符合现行国家标准规定。

（2）施工过程中应对桩位、柱的垂直度、成孔、清渣、钢筋笼吊放与固定，浇筑混凝土等进行全过程检查与必要的检测，其质量必须符合施工质量验收规范的要求。

（3）灌注桩施工完毕后，应按混凝土试验报告检查混凝土强度，并按基桩检测技术规范要求，进行成桩桩体质量检验和桩的竖向承载力检验。

二、沉管灌注桩施工

沉管灌注桩是指用锤击或振动方法，将带有预制钢筋混凝土桩尖（亦称桩靴）或钢活瓣桩尖（见图 7-4-7）的钢桩管沉入土中成孔，然后放入钢筋笼，灌注混凝土，最后边拔、边锤击、边振动钢桩管，使混凝土密实而成桩。其施工过程如图 7-4-8 所示。

沉管灌注桩的施工特点，一是沉设钢桩管成孔时和打设预制桩所用沉桩设备与方法基本相同，沉管施工过程也有挤土、噪声和振动，对周围环境有不良影响；二是用沉管成孔，不存在塌孔问题，因此，在有地下水、流沙、淤泥的情况下，可使施工大大简化。

沉管灌注桩按沉管设备和施工方法不同，分为锤击沉管灌注桩、振动沉管灌注桩、振动冲击沉管灌注桩等，下面主要介绍振动沉管灌注桩施工。

1. 振动沉管机械设备

振动沉管机械设备（见图 7-4-9）主要由桩架、振动桩锤、钢桩管和滑轮组等组成。桩架上共设置三套滑轮组，一组用于振动桩锤和钢桩管的升降；一组用于对钢桩管加压；一组用于升降混凝土吊斗。

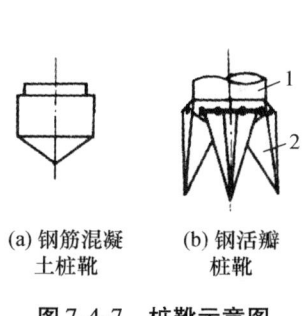

图 7-4-7 桩靴示意图
1—桩管；2—活瓣

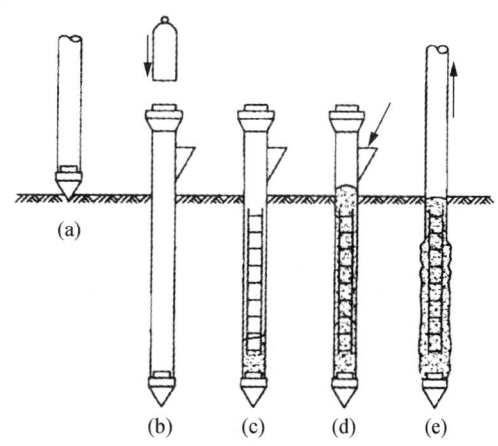

图 7-4-8 沉管灌注桩施工过程
（a）就位；（b）沉管；（c）下钢筋骨架；
（d）灌注混凝土；（e）振动拔管成桩

振动桩锤又称激振器（图 7-4-10），它是一个箱体，在箱内装有两根轴，轴上装有偏心块，电动机通过齿轮带动两轴旋转，转速相同，但方向相反。偏心块旋转的离心力至水平位置时，互相抵消；旋转至垂直位置时，则离心力同向，形成垂直方向的往复振动。由于桩管与振动桩锤是刚性连接，因此，随着振动桩锤的垂直振动，桩管与桩管四周的土体也受到振动，从而使桩管表面摩阻力减小。在振动桩锤和桩管的自重作用下，同时加上滑轮组加压的作用，桩管即沉入土中。

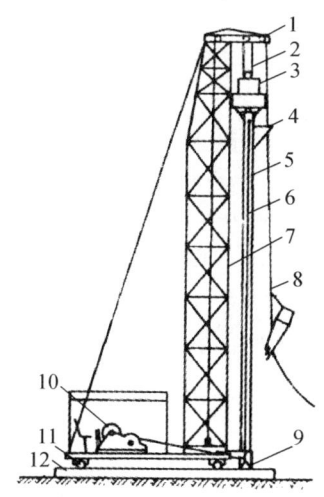

图 7-4-9 振动沉管灌注桩设备示意图
1—导向滑轮；2—滑轮组；3—振动桩锤；4—混凝土漏斗；
5—桩管；6—加压钢丝绳；7—桩架；8—混凝土吊斗；
9—活瓣桩靴；10—卷扬机；11—行驶用钢管；12—枕木

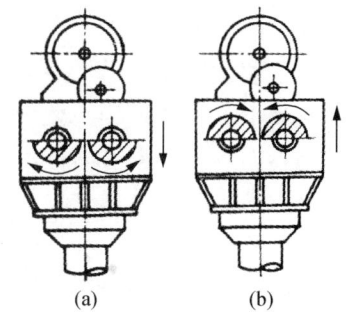

图 7-4-10 振动桩锤
（a）偏心块位于下方，振动桩锤向下振动；
（b）偏心块位于上方，振动桩锤向上振动

2. 施工方法

振动沉管灌注桩施工时，先在桩位上埋设好桩尖，桩机就位后用桩架吊起钢桩管垂直地套入桩尖。在桩管与桩尖接触处，应垫有麻绳，以作为缓冲层和防止沉管过程中泥水进入管内，检查好桩管垂直度（允许偏差为0.5%）后，即可将桩尖压入土中，开动振动锤，进行沉管灌注桩施工。

振动沉管灌注桩可根据土质情况和荷载要求，分别选用单打法、复打法和反插法三种施工方法。

(1) 单打法

单打法是一般正常沉管的施工方法。沉管到设计要求深度后，当桩身配有不到孔底的钢筋笼时，第一次混凝土应先浇至笼底标高，然后放入钢筋笼，再灌混凝土至桩顶标高。接着就可开动振动桩锤振动，先振动5~10 s，然后拔管，应边振边拔，每拔0.5~1 m停拔振动5~10 s，如此反复，直至桩管全部拔出。在一般土层内，拔管速度宜为1.2~1.5 m/min；在软弱土层中，宜控制在0.6~0.8 m/min。单打法施工速度较快，但单桩承载力较小，适用于含水量较小的土层。

(2) 复打法

为了扩大桩截面以提高其设计承载力或用单打法成桩后有断桩和缩颈需加处理时，常采用复打法成桩，即在单打成桩后，立即在原桩位再埋入桩尖，并将桩管外壁上的污泥清除后套在桩尖上，进行第二次打入，将原桩混凝土挤入周围土体。成桩拔管过程同单打法。复打时须在单打成桩的混凝土初凝前完成，且两次打入的轴线应重合。

(3) 反插法

反插法施工时，在桩管灌满混凝土之后，先振动再拔管，每次拔管高度为0.5~1 m，反插深度为0.3~0.5 m；拔管速度应小于0.5 m/min。如此反复进行，直至桩管全部拔出地面。

反插法施工后能使桩的截面增大，可消除断桩和缩颈现象，从而提高桩的承载能力。它适用于饱和土层，但在流动性淤泥中不宜使用反插法。

3. 施工中常见的问题及处理方法

(1) 断桩

桩身断裂，裂缝一般呈水平或略有倾斜，其位置常见于地面下1~3 m不同软硬土层交接处。产生断桩的主要原因是桩距过小，打邻桩时使土体挤压和隆起而产生的水平力和拉力。软硬土层间传递水平力大小不同，对桩产生剪应力，若桩身混凝土终凝不久，强度低，承受不了外力影响，就会出现断桩。预防措施：当桩距小于4倍桩管外径时，应采用跳打法施工，中间未打的桩需待已打的邻桩混凝土达到设计强度等级要求的50%以上方可施工，否则应在邻桩混凝土初凝之前施工完毕。

(2) 缩颈桩

缩颈桩（又称瓶颈桩）是指桩身某部分缩小，截面积不符合设计要求的桩。多发生在饱和的淤泥或淤泥质软土地层中。产生缩颈桩的主要原因是：在含水量大的黏性软土层沉管时，土受挤压产生很高的孔隙水压力，待桩管拔出后，这种水压力便作用于新浇筑的混凝土桩身上，使桩身被压缩，产生不同程度的缩颈现象。预防措施：在施工中应保持桩管内混凝土有足够的高度，以平衡孔隙水压；同时混凝土和易性要好，使出管扩散快，拔管速度适当放慢，并加强振动，使混凝土密实性好。检查发现有缩颈现象时，一般可采用复打法处理。

(3) 吊脚桩

吊脚桩是指桩尖未与土体接触而悬空，或桩底混进泥沙而形成软弱松散层的桩脚，称为吊脚桩。产生吊脚桩的主要原因是预制桩尖质量差，沉管时桩尖边沿被打坏而挤入桩管内，拔管至一定高度后才被振落下并被土壁卡住，形成桩底悬空；或是桩尖倾斜损坏，使泥沙挤入管内，灌注混凝土后形成松软层。如使用活瓣桩尖，往往是由于提管时桩尖未及时打开所致。预防措施：要严格检查桩尖质量（预制桩尖混凝土强度应不小于C30），以避免桩尖被打坏。沉管时，应用吊铊检查桩尖是否被挤入桩管内，如发现桩尖已坏，应及时拔出桩管，在桩孔内填沙后重打。

三、人工挖孔灌注桩施工

人工挖孔灌注桩是指在桩位上采用人工挖桩孔，每挖一节即施工一节井圈护壁，如此反复向下挖至设计标高，孔底按设计要求还可扩大，经清孔后吊入钢筋笼，灌注混凝土而成桩。

人工挖孔灌注桩的特点是：设备简单；无噪声、无振动、无挤土，对施工现场周围的原有建筑物及市政设施影响小；挖孔时可直接观察土层变化情况；孔底残渣可清除干净，施工质量易于保证；可根据需要同时开挖若干个桩孔，或各桩孔同时施工，以加快施工进度；造价较低。缺点是人工耗量大，劳动繁重，安全操作条件差等。当地下水位低，土质条件好，桩径大，孔深较浅，施工场地较狭小时，可采用此法施工；当地下水位高，桩径不大，孔深长，又有承压水的沙土层、滞水层、厚度大的高压缩性淤泥层和流塑淤泥质土层时，则不宜采用。

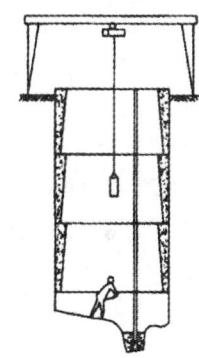

人工挖孔灌注桩挖孔时，为了保证施工安全，桩孔需在设置护壁的条件下开挖。在一般土质条件下，多采用混凝土井圈护壁。混凝土井圈护壁的厚度、配筋、混凝土强度等级均应符合设计要求。桩孔挖土与混凝土井圈护壁的设置方法如图7-4-11所示。混凝土井圈护壁随掘进随分节设置，每节高约1 m，上下节护壁搭接长度不小于50 mm，其内壁成斜面，下口壁厚约100 mm，上口约170 mm，故孔壁成锯齿形，这既是浇筑混凝土的需要，又有利于与桩身混凝土紧密地结合。

图 7-4-11 孔内挖土与护壁的设置

1. 施工机具

（1）电动葫芦和提土桶：用于施工人员上下和材料与弃土用的垂直运输工具。

（2）潜水泵：用于抽出桩孔中的积水。

（3）鼓风机和输风管：用于向桩孔中送入新鲜空气。

（4）镐、锹：用于挖土的工具，如遇坚硬土或岩石，还需另备风镐等。

（5）照明灯、对讲机及电铃等。

2. 施工工艺

桩孔开挖时，若桩净距小于2倍桩径且小于2.5 m，应采用间隔开挖。排桩跳挖的最小施工净距不得小于4.5 m。

当为现浇混凝土井圈护壁时，人工挖孔灌注桩的施工工艺过程如下。

（1）按设计图纸放线，定桩位。

（2）分节开挖土方。每节开挖深度视土壁保持直立的能力而定，一般为1 m左右，开挖直径为设计桩径加护壁厚度。混凝土护壁厚度为150～300 mm，且第一节井圈的壁厚应比下面的井壁厚度增加100～150 mm，以加强孔口。

（3）支设护壁模板。根据每节土方开挖深度来配备模板高度，每节井圈模板一般由4

块或 8 块活动钢模板组合而成。安装护壁模板时，必须用桩中心点校正模板位置，以保证桩位和截面尺寸准确。

（4）在模板顶安置操作平台。平台由角钢和钢板制成半圆形，由两个半圆形平台拼成一个整圆，以临时放置料具和浇筑混凝土操作之用。

（5）浇筑护壁混凝土。按设计要求放入钢筋后即可浇筑混凝土，护壁混凝土浇捣必须密实，根据土层渗水情况，必要时可使用速凝剂，每节护壁均应在当日连续施工完毕。

（6）拆除模板继续下一井圈护壁施工。一般在浇筑混凝土 24 h 之后便可拆除护壁模板。拆模后若发现护壁混凝土有蜂窝、漏水现象，应及时补强处理，以防造成事故。若护壁符合质量要求，便可继续下一节挖土和井圈护壁施工，如此循环，直至挖到设计要求深度。

（7）浇筑桩身混凝土。桩孔挖至设计标高后，应立即清理好护壁上的淤泥和孔底的残渣、积水，经隐蔽工程验收合格后，马上封底和浇筑桩身混凝土，待浇筑至钢筋笼的底部标高时，再吊入钢筋笼就位固定，并继续浇筑桩身混凝土。

3. 施工注意事项

（1）必须保证桩孔质量

在挖孔过程中，每挖深一节必须校核一次桩孔直径、垂直度和中心线位置。井圈中心线与设计轴线的偏差不得大于 20 mm；桩的垂直偏差不得大于 1%；在同一水平面上的井圈任意直径的极差不得大于 50 mm。桩孔的挖掘深度应由设计人员根据现场开挖后土层的实际情况决定，不能按设计图纸提供桩长参考数据来终止挖掘。

（2）防止土壁塌落及流沙现象

在开挖过程中，如遇有局部或厚度大于 1.5 m 的流动性淤泥和可能出现流沙时，每节护壁的高度可减小到 300~500 mm，并随挖、随验、随浇筑混凝土；也可采用钢护筒或有效的降水措施，待穿过松软层或流沙层后，再按一般方法进行施工。流沙现象严重时可采用井点降水。

（3）必须保证桩身混凝土浇筑质量

浇筑桩身混凝土时，应注意清孔和防止积水，桩身混凝土应一次连续浇筑完毕，不留施工缝。当采用商品混凝土浇筑时，混凝土可从桩孔顶部直接下料浇筑，混凝土依靠重力压实。当浇筑至距地面（或桩顶标高）2~3 m 时，混凝土宜采用插入式振捣器振实。如果地下水穿过护壁流入桩孔内的水量较大而又无法抽干，则应采用导管法水下浇筑混凝土。

（4）必须注意施工安全

人工挖孔桩施工应由熟悉人工挖孔桩施工工艺、遵守操作规定和具有应急监护能力的专业施工队伍施工。工人在桩孔内作业，安全操作条件差，因此，施工安全必须特别重视，要制定可靠的安全措施，要严格按操作规程施工。如施工人员进入桩孔内必须戴安全帽；孔内有人时，孔上必须有人监督防护；护壁要高出地面 150~200 mm；以防杂物滚入孔内伤人；孔外四周要设置防护栏杆；每孔要设置安全绳及安全软梯；孔下照明应采用安全矿灯或 12 V 防爆灯具。桩孔较深时，上下联系可通过对讲机等方式，地面上不得少于 2 名监护人员。井下人员应轮换作业，连续作业时间不应超过 2 h。使用潜水泵必须有防漏电装置，当漏电时会自动切断电源；设置鼓风机，向孔内输送洁净空气，每日开工前必须严格检查每个桩孔用的垂直运输设备是否安全，检测孔内有无有毒、有害气体，应向孔内送风，使孔内空气洁净后，才准下人。挖孔完成后应当天验收，并及时将钢筋笼就位和浇筑混凝土。正在浇筑混凝土的桩孔周围 10 m 半径内不得有人作业。

课题五　大体积混凝土结构的施工

高层建筑基础大多为复合基础，主要有桩上箱基和桩上筏基。高层建筑的箱基基础和筏板基础，都有厚度较大的钢筋混凝土底板，还常有深梁、桩承台、大型设备基础，这些都是大体积混凝土基础。大体积混凝土有什么特点？如何进行施工？下面介绍大体积混凝土的施工要点。

一、概述

1. 大体积混凝土的概念

混凝土结构物体最小几何尺寸不小于 1 m 的大体量混凝土，或预计会因混凝土中胶凝材料水化引起的温度变化和收缩而导致有害裂缝产生的混凝土，就称为大体积混凝土。

2. 大体积混凝土结构的施工特点

大体积混凝土结构在工业建筑中多为设备基础，在高层建筑中多为基础底板或桩基承台，水利工程中的混凝土大坝等。

大体积混凝土结构的整体性要求高，一般要求混凝土连续浇筑，一气呵成。施工工艺上应做到分层浇筑、分层捣实，但又必须保证上下层混凝土在初凝之前结合好，不致形成施工缝。在特殊的情况下可以留后浇带，待各分块混凝土干缩后，再浇筑后浇带。

3. 大体积混凝土施工的主要要求

大体积混凝土施工除应满足设计规范及生产工艺的要求外，还应符合下列要求。

（1）大体积混凝土的设计强度等级宜在 C25～C40 的范围内，并可以利用混凝土60 d 或90 d 的强度作为混凝土配合比设计、混凝土强度评定及工程验收的依据。

（2）大体积混凝土的结构配筋除应满足结构强度和构造要求外，还应结合大体积混凝土的施工方法配置控制温度和收缩的构造钢筋。

（3）大体积混凝土置于岩石类地基上时，宜在混凝土垫层上设置滑动层。

（4）设计中宜采用减少大体积混凝土外部约束的技术措施。

（5）设计中宜根据工程的情况提出温度场和应变的相关测试要求。

4. 大体积混凝土温控指标宜符合下列规定

（1）混凝土浇筑体在入模温度基础上的温升值不宜大于50℃。

（2）混凝土浇筑块体的里表温差（不含混凝土收缩的当量温度）不宜大于25℃。

（3）混凝土浇筑体的降温速率不宜大于 2.0℃/d。

（4）混凝土浇筑体表面与大气温差不宜大于20℃。

二、基础大体积混凝土的材料、配比、制备及运输

1. 原材料及其质量要求

（1）水泥

① 所用水泥应符合现行国家标准《通用硅酸盐水泥》（GB 175）的有关规定；当采用

其他品种时，其性能指标必须符合国家现行有关标准的规定。

② 应选用中、低热硅酸盐水泥或低热矿渣硅酸盐水泥，大体积混凝土施工所用水泥其 3 d 的水化热不宜大于 240 kJ/kg，7 d 的水化热不宜大于 270 kJ/kg。

③ 当混凝土有抗渗指标要求时，所用水泥的铝酸三钙含量不宜大于 8%。

④ 所用水泥在搅拌站的入机温度不应大于 60℃。

（2）沙、石料

骨料选择除应符合国家现行标准《普通混凝土用沙、石质量及检验方法标准》（JGJ 52）的有关规定外，还应符合下列规定。

① 细骨料宜用中沙，其细度模数宜大于 2.3，含泥量不大于 3%。

② 粗骨料宜选用粒径 5~31.5 mm，并连续级配，含泥量不大于 1%。

③ 应选用非碱活性的粗骨料。

④ 当采用非泵送施工时，粗骨料的粒径可适当增大。

（3）掺合料

粉煤灰质量应符合国家现行标准《用于水泥和混凝土中的粉煤灰》（GB 1596）的有关规定。

粒化高炉矿渣粉其质量应符合国家现行标准《用于水泥和混凝土中的粒化高炉矿渣粉》（GB/T 18046）的有关规定。

（4）外加剂

外加剂其质量应符合国家现行标准《混凝土外加剂》（GB 8076）的有关规定；应用技术应符合国家现行标准《混凝土外加剂应用技术规范》（GB 50119）和有关环境保护的规定。

外加剂的品种、掺量应根据工程所用胶凝材料经试验确定。

（5）水

拌和水质量应符合国家现行标准《混凝土用水标准》（JGJ 63）的有关规定。

2. 混凝土配合比设计

大体积混凝土配合比设计，除应符合国家现行标准《普通混凝土配合比设计规范》（JGJ 55）的有关规定外，还应符合下列规定。

（1）采用混凝土 60 d 或 90 d 的强度作为指标时，应将作为混凝土配合比的设计依据。

（2）所配制的混凝土拌和物，到浇筑工作面的坍落度不宜低于 160 mm。

（3）拌和水用量不宜大于 175 kg/m³。

（4）粉煤灰掺量不宜超过胶凝材料用量的 40%；矿渣粉掺量不宜超过胶凝材料用量的 50%；粉煤灰和矿渣粉掺合料的总量不宜大于混凝土中胶凝材料用量的 50%。

（5）水胶比不宜大于 0.55。

（6）沙率宜为 38%~42%。

（7）拌和物泌水量宜小于 10 L/m³。

3. 混凝土的制备及运输

（1）混凝土制备

混凝土制备应由具有生产资质的预拌混凝土生产单位制备；其制备量应满足混凝土浇筑工艺的要求；质量应符合国家现行标准《预拌混凝土》（GB/T 14902）的有关规定，并应满足施工工艺对坍落度损失、入模坍落度、入模温度等的技术要求。多厂家制备预拌混凝土的工程,应符合原材料、配合比、材料计量等级相同,以及制备工艺和质量检验水平基本相同的原则。

(2) 混凝土运输

混凝土拌和物的运输应采用混凝土搅拌运输车,其运输能力应满足混凝土浇筑工艺要求;搅拌运输车运输过程中,严禁向拌和物中加水。当运输过程中出现离析或使用外加剂进行调整时,搅拌运输车应进行快速搅拌,搅拌时间应不小于120 s。

三、大体积混凝土的施工

1. 大体积混凝土结构的浇筑方案

(1) 浇筑方案应根据整体性要求、结构大小、钢筋疏密、混凝土供应等具体情况,宜采用整体分层连续浇筑施工(图7-5-1)或推移式连续浇筑施工(图7-5-2)。

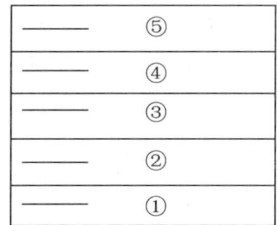
图7-5-1 整体分层连续浇筑施工

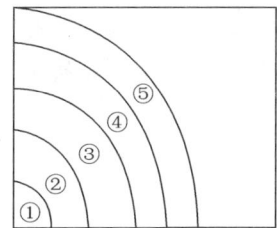
图7-5-2 推移式连续浇筑施工

(2) 整体分层连续浇筑施工或推移式连续浇筑施工是目前大体积混凝土施工中普遍采用的方法,在工程实践中也称为"全面分层、分段分层、斜面分层"、"分层连续、大斜坡薄层推移式浇筑"等。

分层浇筑选用以下三种方式。

① 全面分层(图7-5-3(a))。在整个基础内全面分层浇筑混凝土,要做到第一层全面浇筑完毕回来浇筑第二层时,第一层浇筑的混凝土还未初凝,如此逐层进行,直至浇筑好。

这种方案适用于结构的平面尺寸不太大,施工时从短边开始,沿长边进行较适宜。必要时亦可分为两段,从中间向两端或从两端向中间同时进行。

② 分段分层(图7-5-3(b))。适宜于厚度不太大而面积或长度较大的结构。混凝土从底层开始浇筑,进行一定距离后回来浇筑第二层,如此依次向前浇筑以上各分层。

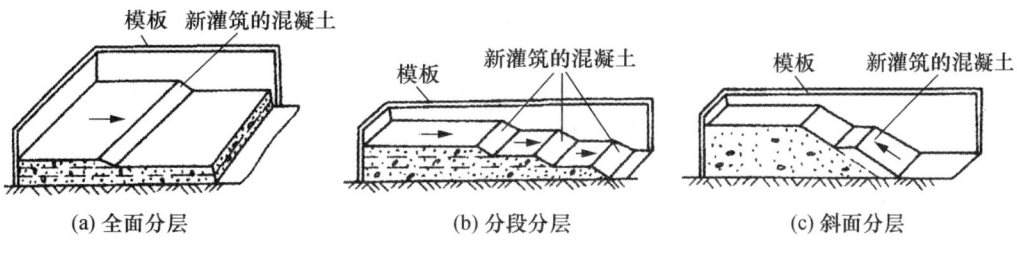
图7-5-3 大体积基础浇筑方案

③ 斜面分层（图7-5-3(c)）。适用于结构的长度超过厚度的3倍。振捣工作应从浇筑层的下端开始，逐渐上移，以保证混凝土施工质量。

2. 大体积混凝土的浇筑工艺

大体积混凝土的浇筑工艺应符合下列规定。

（1）混凝土浇筑时，分层的厚度决定于振动器的棒长和振动力的大小，也要考虑混凝土的供应量大小和可能浇筑量的多少，以及混凝土的和易性确定，整体连续浇筑时宜为30～50 cm。

（2）整体分层连续浇筑或推移式连续浇筑，应缩短间歇时间，并在前层混凝土初凝前将次层混凝土浇筑完毕。层间最长的间歇时间不应大于混凝土的初凝时间，混凝土的初凝时间应通过试验确定。当层间间歇时间超过混凝土的初凝时间时，层面应按施工缝处理。

（3）混凝土浇筑宜从低处开始，沿长边方向自一端向另一端进行。当混凝土供应量有保证时，也可多点同时浇筑。

（4）浇筑混凝土所采用的方法，应使混凝土在浇筑时不发生离析现象。

混凝土自高处自由倾落高度超过2 m时，应沿串筒、溜槽、溜管等下落，以保证混凝土不致发生离析现象。串筒布置应适应浇筑面积、浇筑速度和摊平混凝土堆的能力，但其间距不得大于3 m，布置方式为交错式或行列式。

（5）混凝土宜采用二次振捣工艺。大体积混凝土浇筑面应及时进行二次抹压处理。

3. 泌水处理

大体积混凝土的另一特点是上、下浇筑层施工间隔时间较长，各分层之间易产生泌水层，必将导致混凝土强度降低、酥软、脱皮、起沙等不良后果。采用自流方式排除泌水，会带走一部分水泥沙浆，影响混凝土的质量。

混凝土的泌水宜采用抽水机抽吸或在侧模上开设泌水孔排除。也可以在同一结构中使用两种不同坍落度的混凝土，或在混凝土拌和物中掺减水剂，都可减少泌水现象。

4. 混凝土的养护

（1）大体积混凝土应进行保温保湿养护，养护时间不少于14 d。

（2）保温覆盖层的拆除应分层逐步进行，当混凝土的表面温度与环境最大温差小于20℃时，可全部拆除。

四、预防大体积混凝土出现裂缝的措施

浇筑大体积混凝土时，由于凝结过程中水泥会散发出大量的水化热，因而形成内外温度差较大，易使混凝土产生裂缝。因此，必须采取以下措施。

（1）优先采用水化热较低的水泥，如矿碴硅酸盐水泥、火山灰或粉煤灰水泥。

（2）尽量减少水泥用量和每立方米混凝土用水量。

（3）掺缓凝剂或缓凝型减水剂，也可掺入适量粉煤灰等外掺和料。

（4）掺入适量的粉煤灰或在浇筑时投入适量的毛石。

（5）采用中粗沙和大粒径、级配良好的石子。

（6）放慢浇筑速度和减少浇筑厚度。

（7）采取人工降温措施（拌和混凝土加冰水、埋管用循环水冷却等）。

（8）加强混凝土的保温、保湿、养护，严格控制大体积混凝土的内、外温差。

（9）超长大体积混凝土施工，应选用下列方法控制结构不出现有害裂缝。

① 留置变形缝：变形缝的设置和施工应符合现行国家有关标准的规定。

② 后浇带施工：后浇带的设置和施工应符合现行国家有关标准的规定。

③ 跳仓法施工：跳仓的最大分块尺寸不宜大于 40 m，跳仓间隔施工的时间不宜小于 7 d，跳仓接缝处施工缝的要求设置和处理。

课题六　高层建筑模板工程施工

我国高层建筑在相当长的时间内是以钢筋混凝土结构为主，而高层钢筋混凝土主体结构施工最为关键的又是混凝土的成型。尤其是对全现浇高层建筑主体结构施工而言，关键在于科学、合理地选择模板体系。

模板工程不仅影响到施工质量、施工进度，而且对工程施工的经济性也有极大的影响。因此，高层建筑主体结构施工的关键技术是模板工程。

现浇混凝土的模板体系，一般可分为竖向模板和横向模板（或称水平面模板）。

竖向模板主要用于剪力墙墙体、框架柱、筒体等竖向结构的施工。常用的有大模板、液压滑升模板、爬升模板、提升模板、筒子模板以及传统的散装散拆组合式模板（组合钢模板、木模板、木胶合板模板等）。

横向模板主要用于钢筋混凝土结构楼盖结构的施工。常用的有散装散拆组合式模板（组合钢模板、木模板、木胶合板模板）、各种类型的台模、隧道模等。

目前，常用的模板体系有组合式模板、大模板、滑升模板、爬升模板等，不同的结构形式应选择相应的模板体系，一般情况下，垂直面模板可参考表 7-6-1 选择；水平面模板几种常用的模板形式（如组合模板、台模、永久性模板）在不同的结构中一般都能运用，施工中可根据具体条件选择。

表 7-6-1　常用垂直模板体系及其适用性

结构形式	垂直模板体系			
	组合模板	大模板	爬升模板	滑升模板
框架结构	适用	不适用	不适用	不适用
剪力墙结构	可以	适用	适用于外墙外侧	适用
筒体结构	可以	适用	适用于无水平结构层一侧的墙体	适用

一、传统的散装散拆组合式模板

框剪结构、筒体结构的高层建筑工程，其柱、梁、楼面构件可以采用组合式模板体系施工，即散装散拆组合式模板（组合钢模板、木模板、木胶合板模板），以及早拆模板体系、台模、永久性模板等，这些模板体系的构造和安装施工方法，在单元六中已有详细介绍，不再赘述。

二、墙模板（胶合板）

下面讲述采用胶合板作剪力墙模板的构造及其施工方法。

剪力墙是竖向面积大而厚度一般不大。因此墙模板主要应能保持自身稳定，并能承受浇筑混凝土时产生的水平侧压力。

1. 墙模板的构造

墙模板主要由侧模、立档、横档、斜撑、对拉螺栓和撑头等组成。墙模板如图7-6-1所示。

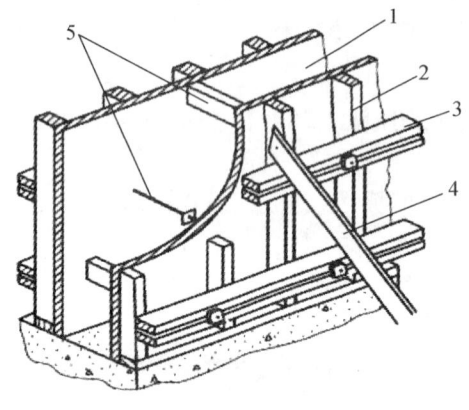

图 7-6-1　直面墙体模板
1—侧模；2—立档；3—横档；
4—斜撑；5—对拉螺栓及撑头

木胶合板用作直面墙模板时，其常规的支模方法是：采用胶合板作面板，外侧的立档用 50 mm × 100 mm 或者 60 × 80 mm 木方，横档（又称牵杠）可用 $\phi 48 \times 3.5$ 脚手钢管或方木（一般为100方木），内外模板用"3"形卡或穿墙螺栓拉结。

2. 木胶合板墙模板的安装

（1）墙模板安装前，先在胶合板面板外侧用木楞固定，内侧涂脱模剂。

（2）墙模板安装时，应根据边线先立一侧模板，临时用支撑撑住，待垂球校正垂直度无误后，再固定横档，并用斜撑固定；大块侧模组拼时，上下竖向拼缝要互相错开，先立两端，后立中间部分。待钢筋绑扎后，按同样方法安装另一侧模板及斜撑等。

（3）有门窗洞口的墙体，先安装好一侧模板，待弹好门窗洞口位置线后，再安装另一侧模板，且在一侧模板安装之前，清扫干净墙内杂物。

（4）为了保证墙体的厚度正确，在两侧模板之间可用小方木撑头（小方木长度等于墙厚），防水混凝土墙要加有止水板的撑头。小方木要随着浇筑混凝土逐个取出。为了防止浇筑混凝土的墙身鼓胀，可用8~10号铅丝或直径12~16 mm螺栓拉结两侧模板，间距不大于1 m。螺栓要纵横排列，并在混凝土凝结前经常转动，以便在凝结后取出，如墙体不高，厚度不大，亦可在两侧模板上口钉上搭头木即可。

三、大模板

1. 大模板的含义

大模板是指单块模板的高度相当于楼层的层高、宽度约等于房间的宽度或进深的大块定型模板。模板可用作混凝土墙体侧模，配以相应的吊装机械，以工业化生产方式在施工现场浇筑钢筋混凝土墙体等。

2. 大模板的分类及适用范围

大模板工程大体可分为三类：外墙预制内墙现浇（简称内浇外板或内浇外挂）工程；内外墙全现浇（简称全现浇）工程；内墙现浇外墙砌筑（简称内浇外砌）工程。

大模板广泛地应用于剪力墙结构的高层建筑（包括全现浇、内浇外挂和内浇外砌体系），大模板工艺是目前剪力墙结构工业化施工的主要方法之一。

3. 大模板的特点

大模板由于简化了模板的安装和拆除工序，因此，具有工效高、劳动强度低、墙面平整、质量好等优点。但是，大模板一次投资大、通用性较差。

为了减少大模板的不同型号，增加其利用率，用大模板施工的工程，在设计上应减少房间开间和进深尺寸的种类，并符合一定的模数，层高和墙厚应固定。外墙预制、内墙现浇的建筑应力求体形简单，加强墙与墙及墙与板之间的连接，采用加强建筑物整体性和提高其抗震能力的措施。

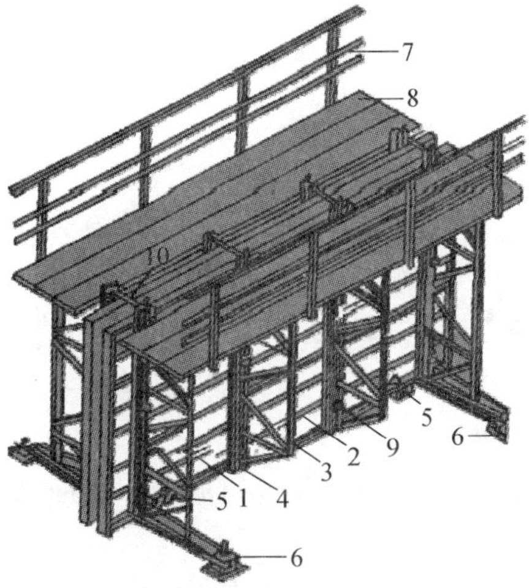

4. 大模板的构造

大模板由面板、次肋、主肋、支撑桁架、稳定机构及附件组成，其构造如图 7-6-2 所示。

图 7-6-2 大模板构造示意图
1—面板；2—次肋；3—支撑桁架；4—竖楞；5—调整水平螺旋千斤顶；6—调整垂直螺旋千斤顶；7—栏杆；8—脚手板；9—穿墙螺栓；10—固定卡具

（1）面板系统

面板是直接与混凝土接触的部分，要求表面平整，加工精密，有一定刚度，能多次重复使用。

面板一般采用厚 4~6 mm 的整块钢板焊成；或用厚 2~3 mm 的定型组合钢模板拼装；也可以采用厚 12~24 mm 的木（竹）胶合板以及化学合成材料面板等。

面板骨架由竖肋和横肋组成，直接承受面板传来的荷载。竖肋，一般采用 60 mm×6 mm 扁钢，间距 400~500 mm；横肋（横龙骨），一般采用 8 号槽钢或 L65 角钢制作，肋的间距根据面板的大小、厚度及墙体厚度确定，一般为 300~350 mm；竖龙骨采用成对 8 号槽钢，间距一般为 1000 mm 左右。

（2）支撑系统

支撑系统由支撑架和地脚螺栓组成，其作用是承受风荷载和水平力，以防止模板倾覆（图 7-6-3），保持模板堆放和安装时的稳定。

支撑架一般用型钢制成。每块大模板设 2~4 个支撑架。支撑架上端与大模板竖向龙骨用螺栓连接，下部横杆槽钢端部设有地脚螺栓，用以调节模板的垂直度。

（3）操作平台

操作平台是施工人员操作的场所和运输的通道。操作平台由脚手板和平台架构成，附有铁爬梯及护身栏。平台架插入竖向龙骨的套管内。护身栏用钢管做成，上下可以活动，外挂安全网。每块大模板设置铁爬梯一个，供操作人员上下使用。

（4）附件

大模板附件主要包括穿墙螺栓和上口铁卡子等。穿墙螺栓的作用是控制模板间距，承受新浇混凝土的侧压力，并能加强模板刚度。穿墙螺栓外套一根硬塑料管，其长度为墙体厚度，穿墙螺栓一般设置在大模板的上、中、下三个部位，上穿墙螺栓距模板顶部 250 mm

左右；下穿墙螺栓距模板底部 200 mm 左右。

上口铁卡子主要用于固定模板上部控制墙体厚度和承受部分混凝土侧压力。

5. 大模板工程施工程序

（1）内浇外板工程

内浇外板工程是以单一材料或复合材料的预制混凝土墙板作为高层建筑的外墙，内墙采用大模板支模，现场浇筑混凝土。其主要施工程序是：准备工作→安装大模板→安装外模板→固定模板上口→预检→浇筑内墙混凝土→其他工序。

准备工作主要包括模板编号→抄平放线→敷设钢筋→埋设管线→安装门窗洞口模板或门窗框等。

其他工序主要包括拆模、墙面修整、墙体养护、板缝防水处理、水平结构施工及内外装饰等。

大模板组装前要进行编号，并绘制单元模板组合平面图。每道墙的内外两块大模板取同一数字编号，并应标以正号、负号以示区分。

（2）内外墙全现浇工程

内外墙全现浇工程是以现浇钢筋混凝土外墙取代预制外墙板。其主要施工程序是：准备工作→挂外架子→安装内横墙大模板→安装内纵墙大模板→安装角模→安装外墙内侧大模板→合模前钢筋隐检→安装外墙外侧大模板→预检→浇筑墙体混凝土→其他工序。

（3）内浇外砌工程

内浇外砌工程是内墙采用大模板现浇混凝土，外墙为砖墙砌筑，内、外墙交接处采用钢筋拉结或设置钢筋混凝土构造柱咬合，适合于层数较少的高层建筑。其主要施工程序是：准备工作→外墙砌筑→安装大模板→预检→浇筑内墙混凝土→其他工序。

6. 大模板安装与拆除

（1）大模板安装

大模板是利用起重机吊装就位的，其安装要点如下。

① 大模板安装顺序：先中间后外围，先横墙后纵墙，先内模后外模，先大模后角模。

② 大模板就位安装按照配模图对号入座，并按照楼面上放设的模板边线及分块界限微调定位。

③ 墙体大模板安装应按单元房间进行，先以一个房间的大模板安装成敞口的闭合结构，再逐步进行相邻房间的大模板安装。每个单元房间按先安装内墙大模板后安装外墙大模板的顺序进行。

④ 安装内墙大模板时，应按顺序对号吊装就位，先安装横墙大模板后安装纵墙大模板，先安装大墙平模后安装角模，并通过调整地脚螺栓，用"双十字"靠尺反复检查校正模板的垂直度。

⑤ 外墙大模板安装时，先安装内侧大模板，经校正后，再进行外侧大模板的安装；当采用外承式外模板时，可先将外墙外模安装在下层混凝土外墙挑出的支承架上，安装好后再安装内墙模板和外墙内模。如果外墙采用预制墙板，则应与内横墙大模板安装同时进行，并与内横墙大模板连接在一起。

⑥ 模板合模前，检查墙体钢筋、水暖电器管线、预埋件、门窗洞口模板和穿墙螺栓

套管位置是否正确，安装是否牢固，并清除留在模板内的杂物。

⑦ 模板校正合格后，在模板顶部安放上口卡子，并紧固穿墙螺栓或销子。穿墙螺栓可按模板高度设置2~3道。

⑧ 大模板安装后进行模板的预检，主要包括安全检查和尺寸复核。大模板安装质量应符合表7-6-2的规定。

（2）大模板拆除

拆除条件：在常温条件下，墙体混凝土强度达到1.2MPa时方准拆模。

拆模顺序：先拆内纵墙模板，再拆横墙模板，最后拆除角模和门洞口模板。

单片模板拆除顺序为：拆除穿墙螺栓、拉杆及上口卡具→升起模板底脚螺栓→再升起支撑架底脚螺栓→使模板自动倾斜脱离墙面并将模板吊起。

模板拆除后，应及时清理干净，并按规定堆放。

表7-6-2 大模板安装允许偏差

项 次	项 目	允许偏差/mm	检验方法
1	位置	3	用钢尺检查
2	标高	±5	用水准仪或拉线、尺量检查
3	上口宽度	±2	用钢尺检查
4	垂直度	3	用2m托线板检查

四、滑升模板

滑升模板（简称滑模），是在混凝土连续浇筑过程中，可使板面紧贴混凝土面滑动的模板。滑升模板是一种工具式模板，是现浇钢筋混凝土结构机械化施工的一种施工方法。

1. 滑升模板施工工艺

滑升模板施工是在构筑物或建筑物底部，沿其墙、柱、梁等构件的周边一次性组装高1.2m左右的模板和操作平台，随着向模板内不断地分层浇筑混凝土，利用液压提升设备不断地向上滑升模板连续成型，直到需要浇筑的高度为止。

2. 适用范围

最适于现场浇筑高耸的圆形、矩形、筒壁结构等现浇钢筋混凝土工程的施工。

3. 滑升模板的优缺点

（1）优点：

① 滑升模板施工可以节约大量的模板和脚手架，节省劳动力，降低工程费用。

采用滑模施工要比常规施工节约木材（包括模板和脚手架等）70%左右；节约劳动力30%~50%；施工速度快，缩短工期30%~50%；降低施工费用20%左右。

② 提高了机械化程度，能保证结构的整体性并提高了工程质量；工程施工安全可靠。

（2）缺点：模板一次投资多，耗钢量大，对建筑的立面造型和构件断面变化有一定限制。

4. 液压滑升模板构造

液压滑升模板是由模板系统、操作平台系统、提升机具系统及施工精度控制系统等部分组成的。

模板系统包括模板和腰梁围檩，又称为围圈和提升架等。模板又称为围板，依赖腰梁带动其沿混凝土的表面滑动，主要作用是成型混凝土，承受混凝土的侧压力、冲击力和滑升时的摩阻力。

操作平台系统包括操作平台、上辅助平台和内外吊脚手等，是施工操作地点。

提升机具系统包括支撑杆、千斤顶和提升操纵装置等，是液压滑模向上滑升的动力。提升架将模板系统、操作平台系统和提升机具系统连成整体，构成整套液压滑模装置。

液压滑升模板系统其构造如图 7-6-3 所示。

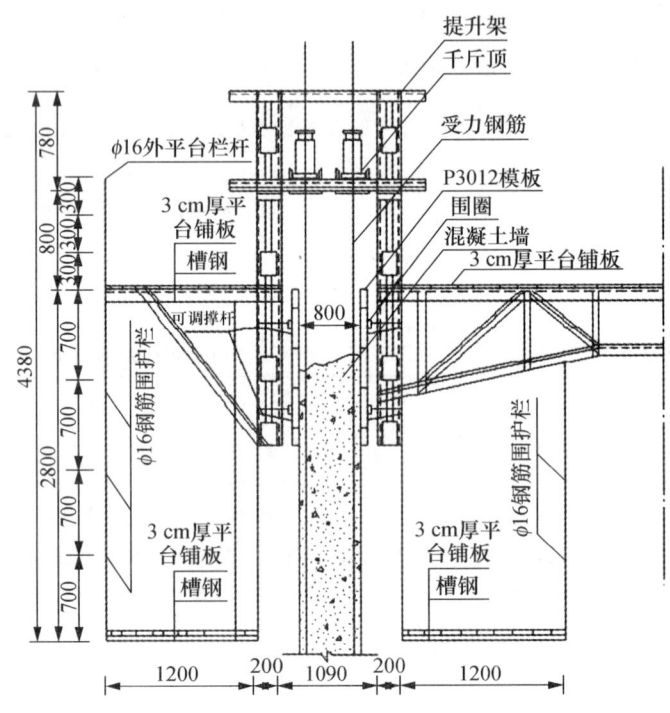

图 7-6-3　滑模构造示意图（单位：mm）

五、爬升模板

爬升模板简称爬模，是一种适用于现浇混凝土竖直或倾斜结构施工的模板，是施工剪力墙和筒体结构的混凝土结构高层建筑和桥墩、桥塔等的一种有效的模板体系。

爬模既保持了大模板墙面平整的优点，又保持了滑模利用自身设备向上提升的优点，不需起重运输机械吊运，能避免大模板受大风影响而停止工作，经济效益较好。

爬模可分为"有架爬模"（即模板爬架子、架子爬模板）和"无架爬模"（即模板爬模板）两种。

有架爬升模板的工艺原理是以建筑物的混凝土墙体结构为支撑主体，通过附着于已完成的混凝土墙体结构上的爬升支架或大模板。利用连接爬升支架与大模板的爬升设备使一方固定，另一方做相对运动，交替向上爬升。完成模板的爬升、下降、就位和校正等工作。

爬升模板由模板、爬架及动力装置组成。其模板形式与大模板类似，宜采用组合模板、胶合板等组成。

无爬架爬模的构造如图7-6-4所示。

六、飞模

（一）概述

飞模是一种大型工具式模板，因其外形如桌，故又称桌模或台模。由于它可以借助起重机械从已浇筑完混凝土的楼板下吊运飞出转移到上层重复使用，故称飞模。

飞模主要由平台板、支撑系统（包括梁、支架、支撑、支腿等）和其他配件（如升降和行走机构等）组成。适用于大开间、大柱网、大进深的现浇钢筋混凝土楼盖施工，尤其适用于现浇板柱结构（无柱帽）楼盖的施工。

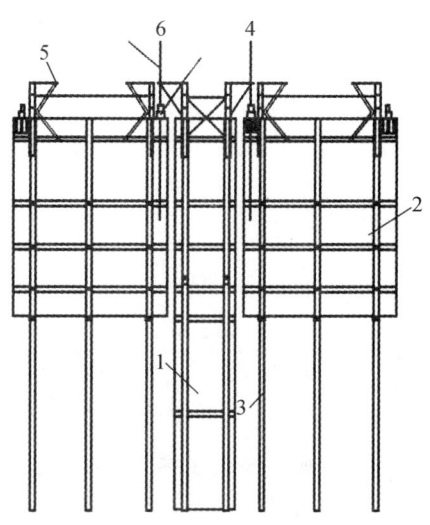

图7-6-4 无爬架爬模的构造

1—甲形模板；2—乙形模板；3—背楞；
4—液压千斤顶；5—三角爬架；6—爬杆

飞模的规格尺寸，主要根据建筑物结构的开间（柱网）和进深尺寸以及起重机械的吊运能力来确定，一般按开间（柱网）乘以进深尺寸设置一台或多台。

飞模一般可分为立柱式、桁架式和悬架式三类。

采用飞模用于现浇钢筋混凝土楼盖的施工，具有以下特点。

（1）楼盖模板一次组装重复使用，从而减少了逐层组装、支拆模板的工序，简化了模板支拆工艺，节约了模板支拆用工，加快了施工进度。

（2）由于模板在施工过程中不再落地，从而可以减少临时堆放模板的场地。

（二）铝桁架式飞模

1. 构造

桁架式飞模是由桁架、龙骨、面板、支腿和操作平台组成的。它是将飞模的板面和龙骨放置于两榀或多榀上下弦平行的桁架上，以桁架作为飞模的竖向承重构件。

铝桁架式飞模其桁架材料采用铝合金型材，是一种工具式飞模，也是国内外采用较多的一种台模（图7-6-5）。

（1）面板：采用竹塑板（或木胶合板），即表面为木片，中间为竹片，板材表面经防水处理。板材的规格为900 mm×2100 mm或1200 mm×2400 mm，厚度为8～12 mm。

板的厚度按板面荷载大小选用。

（2）铝合金桁架：铝合金桁架结构的上弦、下弦都由高165 mm的国产槽铝组成（图7-6-6）。

上弦分别由2根长度为3 m和4.5 m的槽铝组成，下弦由4根3 m长槽铝组成。

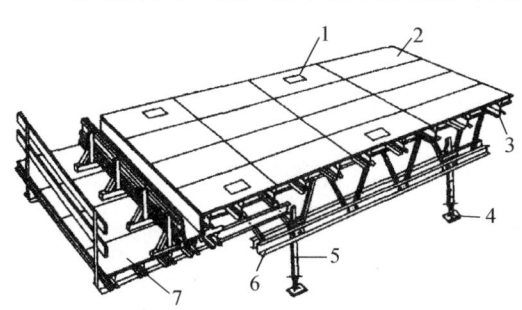

图7-6-5 铝桁架式飞模

1—吊点；2—面板；3—铝龙骨（搁栅）；4—底座；
5—可调钢支腿；6—铝合金桁架；7—操作平台

腹杆使用 76 mm×76 mm×5 mm 的方铝管。挑梁由 2 根［165 槽铝组成，通过螺栓与腹杆和上弦连接。

（3）可调钢支腿：由套管座、套管及调管底座组成，套管用 63 mm×63 mm×5 mm 方钢管制作，长度与桁架高度相同（图 7-6-7）。

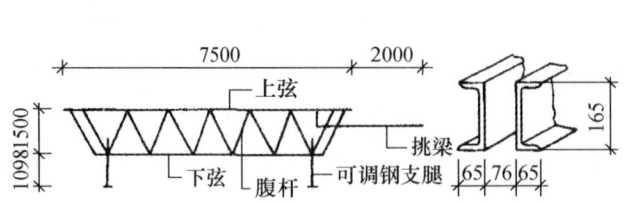

图 7-6-6　铝合金桁架及上下弦槽铝断面

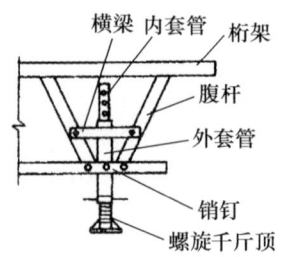

图 7-6-7　可调钢支腿示意图

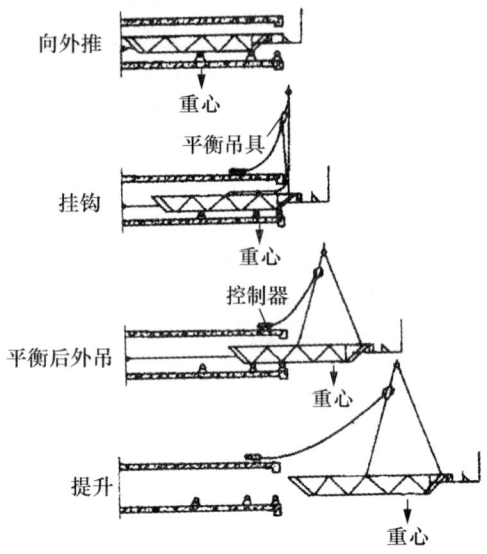

图 7-6-8　铝桁架式飞模脱模转移示意图

2. 铝桁架式飞模施工工艺

（1）施工工艺流程：组装→吊装就位→脱模→转移翻层。

（2）转移翻层：飞模转移翻层可以直接用塔吊翻层，如图 7-6-8 所示。

① 将飞模推到楼层边缘。

② 挂钩。用塔吊的吊索（专用铁扁担有四个吊钩）挂在飞模前端两个支腿上。

③ 外吊。当飞模移出楼层约 2/3 时，放松起重吊索，拉紧系在飞模后端支腿上的绳索，在飞模向外倾斜时，随即将塔吊另两根吊索挂在第三排支腿上，继续起升。

④ 提升。塔吊提升逐步将飞模拖出楼层后，将飞模吊运到下一个施工区域使用。

课题七　高层建筑钢筋工程施工

高层建筑梁、板、楼梯钢筋的施工要求与普通的钢筋混凝土结构相同，不再赘述。现将柱和剪力墙钢筋施工的具体要求叙述如下。

一、柱钢筋施工

框架结构的高层建筑受拉钢筋直径大于 28 mm、受压钢筋直径大于 32 mm 时，不宜采用绑扎搭接接头。

现浇钢筋混凝土框架梁、柱纵向受力钢筋的连接方法，应符合下列规定。

（1）框架柱：一、二级抗震等级及三级抗震等级的底层，宜采用机械连接接头，也可采用绑扎搭接或焊接接头；三级抗震等级的其他部位和四级抗震等级，可采用绑扎搭接或焊接接头。

（2）框支梁、框支柱：宜采用机械连接接头。

（3）框架梁：一级抗震等级宜采用机械连接接头，二、三、四级抗震等级可采用绑扎搭接或焊接接头。

位于同一连接区段内的受拉钢筋接头面积百分率不宜超过50%；当接头位置无法避开梁端、柱端箍筋加密区时，宜采用机械连接接头，且钢筋接头面积百分率不应超过50%。

钢筋的机械连接、绑扎搭接及焊接，尚应符合国家现行有关标准的规定。粗直径钢筋宜采用机械连接。机械连接可采用直螺纹套管连接、套筒挤压连接、锥螺纹套管连接等方法。焊接时可采用电渣压力焊等方法。钢筋连接应符合现行行业标准《钢筋机械连接技术规程》（JGJ 107—2010）、《镦粗直螺纹钢筋接头》（JG/T 3057）、《带肋钢筋套筒挤压连接技术规程》（JGJ 108）、《钢筋锥螺纹接头技术规程》（JGJ 109）、《钢筋焊接及验收规程》（JGJ 18—2012）和《钢筋焊接接头试验方法标准》（JGJ/T 27）等的有关规定。

柱钢筋的施工，应采取如下步骤。

（1）柱钢筋的绑扎，应在模板安装前进行。

（2）套柱箍筋：按图纸要求间距，计算好每根柱箍筋数量，先将箍筋套在下层伸出的搭接筋上，然后立柱子钢筋（包括采用机械连接或电渣压力焊连接施工）。当采用绑扎搭接连接时，在搭接长度内绑扣不少于3个，绑扣要向柱中心。

（3）搭接绑扎竖向受力筋：柱子主筋立起后，绑扎接头的搭接长度应符合设计要求和规定。框架梁、牛腿及柱帽等钢筋，应放在柱的纵向钢筋内侧。

（4）画箍筋间距线：在立好的柱子竖向钢筋上，按图纸要求用粉笔画箍筋间距线。

（5）柱箍筋绑扎：

① 按已画好的箍筋位置线，将已套好的箍筋往上移动，由上往下绑扎，宜采用缠扣绑扎，如图7-7-1所示。

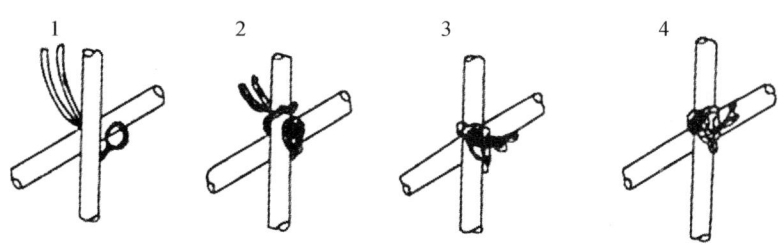

图7-7-1　缠扣绑扎示意图

② 箍筋的接头（弯钩叠合处）应交错布置在四角纵向钢筋上；箍筋转角与纵向钢筋交叉点均应扎牢（箍筋平直部分与纵向钢筋交叉点可间隔扎牢），绑扎箍筋时绑扣相互间应成八字形。箍筋与主筋要垂直。

③ 箍筋的弯钩叠合处应沿柱子竖筋交错布置，并绑扎牢固。

④ 如箍筋采用90°搭接，搭接处应焊接，焊缝长度单面焊缝不小于5 d。

⑤ 柱上下两端箍筋应加密，加密区长度及加密区内箍筋间距应符合设计图纸要求。如设计要求箍筋设拉筋时，拉筋应钩住箍筋。

⑥ 下层柱的钢筋露出楼面部分，宜用工具式柱箍将其收进一个柱筋直径，以便上层柱的钢筋搭接。当柱截面有变化时，其下层柱钢筋的露出部分，必须在绑扎梁的钢筋之前

先行收缩准确。

二、墙钢筋施工

剪力墙竖向及水平分布钢筋的搭接连接（图7-7-2），一级、二级抗震等级剪力墙的加强部位，接头位置应错开，每次连接的钢筋数量不宜超过总数量的50%，错开净距不宜小于500 mm；其他情况，剪力墙的钢筋可在同一部位连接。

非抗震设计时，分布钢筋的搭接长度不应小于$1.2l_a$；抗震设计时，不应小于$1.2l_{aE}$；暗柱及端柱内纵向钢筋连接和锚固要求宜与框架柱相同。

剪力墙钢筋（图7-7-3）的绑扎要求如下。

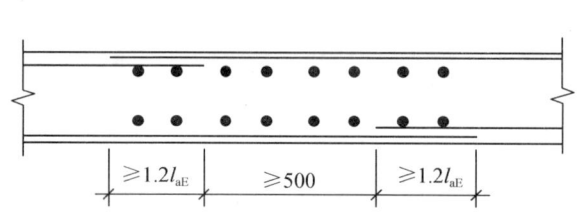

图 7-7-2 墙内分布钢筋的连接
（注：非抗震设计时图中l_{aE}应取l_a）

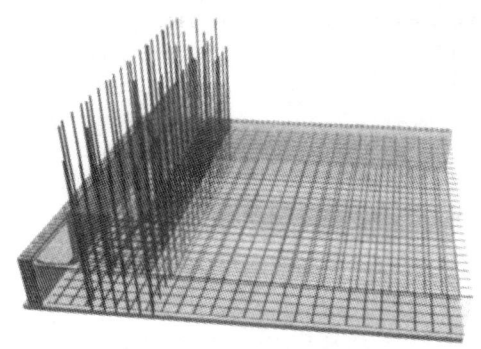

图 7-7-3 剪力墙钢筋

（1）墙钢筋的绑扎，应在模板安装前进行。

（2）立2～4根竖筋：将竖筋与下层伸出的搭接筋绑扎，在竖筋上画好水平筋分档标志，在下部及齐胸处绑两根横筋定位，并在横筋上画好竖筋分档标志，接着绑其余竖筋，最后再绑横筋。

横筋在竖筋里面或外面应符合设计要求。钢筋的弯钩应朝向混凝土内。

（3）竖筋与伸出搭接筋的搭接处需绑3根水平筋，其搭接长度及位置均应符合设计要求。

（4）剪力墙筋应逐点绑扎，双排钢筋之间应绑拉筋或支撑筋，可用直径6～10 mm的钢筋制成，其纵横间距不大于600 mm，钢筋外皮绑扎垫块或用塑料卡。

（5）剪力墙与框架柱连接处，剪力墙的水平横筋应锚固到框架柱内，其锚固长度要符合设计要求。如先浇筑柱混凝土后绑剪力墙筋，柱内要预留连接筋或柱内预埋铁件，待柱拆模绑墙筋时作为连接用。其预留长度应符合设计或规范的规定。

（6）剪力墙水平筋在两端头、转角、十字节点、联梁等部位的锚固长度以及洞口周围加固筋等，均应符合设计抗震要求。

（7）合模后对伸出的竖向钢筋应进行修整，宜在搭接处绑一道横筋定位，浇筑混凝土时应有专人看管，浇筑后再次调整以保证钢筋位置的准确。

（8）墙（包括水塔壁、烟囱筒身、池壁等）的垂直钢筋每段长度不宜超过4 m（钢筋直径不大于12 mm）或6 m（直径大于12 mm），水平钢筋每段长度不宜超过8 m，以便于绑扎和防止变形。

课题八 高层建筑泵送混凝土施工

在高层建筑和超高层建筑工程中,考虑到整体性和抗震性的要求,多采用全现浇钢筋混凝土结构。因此,对混凝土的需求量很大,若采用现场设置的小型混凝土搅拌站搅拌混凝土,再用塔吊运送,将满足不了工程进度的要求,故施工现场往往采用泵送混凝土。下面介绍泵送混凝土的施工技术要点。

一、泵送混凝土原材料

1. 水泥

(1) 拌制泵送混凝土所用的水泥应符合国家现行标准《通用硅酸盐水泥》(GB 175)的要求。

(2) 宜采用硅酸盐水泥、普通硅酸盐水泥、矿渣硅酸盐水泥和粉煤灰硅酸盐水泥。

2. 粗骨料

(1) 泵送混凝土骨料以卵石和河沙最为合适。

(2) 粗骨料的最大粒径与输送管的管径之比有直接的关系,应符合表 7-8-1 的规定。

表 7-8-1 粗骨料的最大粒径与输送管径之比

石子品种	泵送高度/m	粗骨料的最大粒径与输送管径之比
碎石	<50	≤1∶3.0
	50~100	≤1∶4.0
	>100	≤1∶5.0
卵石	<50	≤1∶2.5
	50~100	≤1∶3.0
	>100	≤1∶4.0

(3) 粗骨料应符合国家现行标准《普通混凝土用沙、石质量及检验方法标准》(JGJ 52)的规定。

(4) 粗骨料应采用连续级配,针片状颗粒含量不宜大于 10%。

【温馨提示】

直径为 150 mm 的输送管,可采用 5~40 mm 连续级配的石子;直径为 125 mm 的输送管,可采用 5~31.5 mm 连续级配的石子。

3. 细骨料

(1) 细骨料应符合国家现行标准《普通混凝土用沙、石质量及检验方法标准》(JGJ 52)的规定。

(2) 细骨料宜采用中沙,通过 0.315 mm 筛孔的沙不应少于 15%。

4. 水

拌制混凝土宜用饮用水。钢混筋凝土和预应力混凝土均不得用海水和污水拌制。

5. 外加剂

（1）泵送混凝土掺用的外加剂，应符合国家现行标准《混凝土外加剂》（GB 8076）、《混凝土外加剂应用技术规范》（GB 50119）和《预拌混凝土》（GB/T 14902）的有关规定。

（2）泵送混凝土应掺用泵送剂或减水剂。

6. 泵送混凝土宜掺适量粉煤灰或其他活性矿物掺合料

粉煤灰应符合国家现行标准《用于水泥和混凝土中的粉煤灰》（GB/T 1596）和《预拌混凝土》（GB/T 14902）的有关规定。

二、泵送混凝土配合比设计

泵送混凝土配合比设计应根据混凝土原材料、混凝土运输距离、混凝土泵与混凝土输送管径、泵送距离、气温等具体施工条件试配。必要时，应通过试泵送确定混凝土的配合比。

1. 泵送混凝土配合比设计规定

泵送混凝土配合比的计算方法和步骤应遵守现行行业标准《普通混凝土配合比设计规程》（JGJ 55）的规定外，尚应符合下列规定。

（1）泵送混凝土的用水量与水泥与矿物掺合料的总量之比不宜大于0.60。

（2）泵送混凝土的水泥与矿物掺合料的总量不宜小于300 kg/m³。

（3）泵送混凝土的沙率为35%～45%。

（4）掺用引气形外加剂时，其混凝土含气量不宜大于4%。

（5）掺用的粉煤灰应符合一、二级的要求，并经过试配确定。

2. 泵送混凝土的坍落度

泵送混凝土的坍落度可按《混凝土泵送施工技术规程》（JGJ/T 10）的规定选用。对不同泵送高度，入泵时混凝土的坍落度，也可按表7-8-2选用。

表7-8-2　混凝土入泵坍落度与泵送高度关系

最大泵送高度/m	50	100	200	400	400以上
入泵坍落度/mm	100～140	150～180	190～220	230～260	—
入泵扩展度/mm	—	—	—	450～590	600～740

混凝土入泵时的坍落度允许误差应符合表7-8-3的规定。

表7-8-3　混凝土坍落度允许误差

坍落度/mm	坍落度允许误差/mm
100～160	±20
>160	±30

混凝土经时坍落度损失值可按表7-8-4选用。

表 7-8-4 混凝土经时坍落度损失值

大气温度/℃	10～20	20～30	30～35
混凝土经时坍落度损失值/mm	5～25	25～35	35～50

注：掺粉煤灰与其他外加剂时，混凝土经时坍落度损失可根据施工经验确定。无施工经验时，应通过试验确定。

三、泵送混凝土的拌制

泵送混凝土宜采用混凝土搅拌站供应的预拌混凝土，也可在现场设置搅拌站，供应泵送混凝土；但不得采用手工搅拌的混凝土进行泵送。

四、泵送混凝土运输

泵送混凝土的运送应采用混凝土搅拌运输车。在现场搅拌站搅拌的泵送混凝土可采取适当的方式运送，但必须防止混凝土的离析和分层。

混凝土搅拌运输车的数量应根据所选用混凝土泵的输出量决定。

混凝土搅拌运输车的现场行驶道路，应符合下列规定。

（1）混凝土搅拌运输车行车的路线宜设置成环行车道，并应满足重车行驶的要求。

（2）车辆出入口处，宜设置交通安全指挥人员。

（3）夜间施工时，在交通出入口的运输道路上，应有良好照明，危险区域应设置警戒标志。

混凝土搅拌运输车装料前，必须将拌筒内积水倒净。运输途中，严禁往拌筒内加水。

泵送混凝土运送延续时间可按下列要求执行。

（1）运输到输送入模的延续时间限值，可按表 7-8-5 执行。

（2）混凝土运输、输送、浇筑及间歇的全部时间限值，宜不超过表 7-8-6 的规定。

表 7-8-5 运输到输送入模的延续时间限值　　（单位：min）

条　件	气　温	
	≤25℃	>25℃
不掺外加剂	90	60
掺外加剂	150	120

表 7-8-6 混凝土运输、输送、浇筑及间歇的全部时间限值　　（单位：min）

条　件	气　温	
	≤25℃	>25℃
不掺外加剂	180	150
掺外加剂	240	210

五、混凝土泵机的选用及布置

1. 泵的选择

主要根据压送力的情况来决定，其中包括混凝土最大理论排量（m^3/h）、最大混凝土压力（N/mm²）、最大水平运距和最大垂直运距（m）等，其参数均可从混凝土泵技术性能中查找。

高层建筑采用泵送混凝土有两种方案：一种是采用中压泵配低压管接力泵送；另一种是采用高压泵配高压管一次泵送。选择哪种方案，应从技术、经济两个方面综合考虑。

2. 缸径、料斗容量等参数的选择

混凝土的缸径主要取决于排量和泵送压力。大排量、短输送距离或低扬程时，应选用大直径缸筒；小排量、大输送距离或高扬程时 应选用小直径缸筒。缸筒直径又与骨料粒径有关，输送碎石混凝土时，缸径应不小于碎石最大粒径的 3.5～4 倍；输送卵石混凝土时，缸径不小于卵石最大粒径的 2.5～3 倍。

混凝土料斗的容量应尽可能大一些。混凝土料斗装料高度应低于搅拌运输车卸料槽出口的离地高度，一般不得高于 1 350～1 450 mm。

3. 混凝土泵的布置

（1）尽量靠近浇筑地点。
（2）泵机基础应坚实可靠，具有重车行驶的条件。
（3）选定的位置，要使各自承担的输送浇筑量尽量相接近。
（4）便于搅拌运输车连续运送。
（5）便于泵机清洗。

六、输送管和配管设计

1. 输送泵管管径的选用

输送管的选用，要根据泵机型号、拌和物性能、总输出量、单位输出量、输送距离以及粗骨料粒径等进行选择。大直径输送管虽具有泵送时压力小、输送距离大、不易发生阻塞等特点，但在排量不足时，混凝土易产生离析，且费用高。通常，混凝土粗骨料最大粒径不大于 25 mm 时，可选用内径不小于 125 mm 的输送泵管；混凝土粗骨料最大粒径不大于 40 mm 时，可选用内径不小于 150 mm 的输送泵管。

2. 配管设计原则

配管设计应遵循"路线短、弯道少、接头严密"的原则，具体细则如下。

（1）在同一条管线中，应采用相同管径的混凝土输送管；同时采用新、旧管段时，应将新管布置在泵送压力较大处。

（2）管线布置宜横平竖直，管道转向宜平缓；接头应严密，有足够强度，并能快速装拆。

（3）输送泵管的固定，不得直接支承在钢筋、模板及预埋件上。水平管每隔一定距离应用支架、台座、吊具等固定；垂直管宜用预埋件固定在墙和柱或楼板预留孔处。固定支架应与结构牢固连接，输送泵管转向处支架应加密。支架应通过计算确定，必要时还应对设置位置的结构进行验算。

（4）垂直向上输送混凝土时，地面水平输送泵管的直管和弯管总的折算长度不宜小于垂直输送高度的 1/5，且不宜小于 15 m。

（5）输送泵管倾斜或垂直向下输送混凝土，且高差大于 20 m 时，应在倾斜或垂直管下端设置直管或弯管，直管或弯管总的折算长度不宜小于 1.5 倍的高差。

(6) 垂直输送高度大于 100 m 时，混凝土输送泵出料口的输送泵管位置应设置截止阀；

(7) 混凝土输送泵管及其支架应经常进行过程检查和维护。

3. 配置布料设备的要求

(1) 应根据工程结构特点、施工工艺、布料要求和配管情况等选择布料设备。

(2) 应根据工程结构平面尺寸、配管情况和布料杆长度布置布料设备，且其应能覆盖整个结构平面，并能均匀、快速地进行布料。

(3) 布料设备的选择应与输送泵相匹配；布料设备的混凝土输送管内径宜与混凝土输送管内径相同。

(4) 布料设备应安设牢固和稳定。

七、混凝土的泵送

1. 泵送混凝土对模板和钢筋的要求

(1) 对模板的要求

模板设计时，采用内部振捣器时，应按新浇筑的混凝土作用于模板的最大侧压力进行设计计算。

布料设备不得碰撞或直接搁置在模板上，手动布料杆下的模板和支架应进行加固。

(2) 对钢筋的要求

浇筑混凝土时，应注意保护钢筋，一旦钢筋骨架发生变形或位移，应及时纠正。

混凝土板和块体结构的水平钢筋，应设置足够的钢筋撑脚或钢支架。钢筋骨架重要节点应采取加固措施。手动布料杆应设钢支架架空，不得直接支承在钢筋骨架上。

2. 混凝土的泵送

混凝土泵启动后，应先泵送适量的水，以湿润混凝土泵的料斗、活塞及输送管的内壁等直接与混凝土接触的部位。经泵送水检查，确认混凝土泵和输送管中没有异物后，可以采用与将要泵送的混凝土内除粗骨料外的其他成分相同配合比的水泥沙浆，也可以采用纯水泥浆或 1∶2 水泥沙浆。润滑用的水泥浆或水泥沙浆应分散布料，不得集中浇筑在同一处。

在混凝土泵送过程中，如果需要接长输送管长于 3 m 时，应按照前述要求仍应预先用水和水泥浆或水泥沙浆，进行湿润和润滑管道内壁。

开始泵送时，混凝土泵应处于慢速、匀速并随时可能反泵的状态。泵送的速度应先慢后快，逐步加速。同时，应观察混凝土泵的压力和各系统的工作情况，待各系统运转顺利后，再按正常速度进行泵送。混凝土泵送应连续进行。如必须中断时，其中断时间不得超过混凝土从搅拌至浇筑完毕所允许的延续时间。混凝土泵送中，不得把拆下的输送管内的混凝土撒落在未浇筑的地方。

混凝土泵送即将结束前，应正确计算尚需用的混凝土数量，并应及时告知混凝土搅拌处。泵送完毕，应将混凝土泵和输送管清洗干净。

八、泵送混凝土的浇筑

泵送混凝土的浇筑应根据工程结构特点、平面形状和几何尺寸，混凝土供应和泵送设备能力、劳动力和管理能力,以及周围场地大小等条件,预先划分好每台泵浇筑区域及浇筑顺序。

(1) 泵送混凝土的浇筑顺序。

① 当采用混凝土输送管(硬管)输送混凝土时,宜由远而近浇筑;多根输送管同时浇筑时,其浇筑速度宜保持一致。

② 在同一区域的混凝土,应按先竖向结构后水平结构的顺序,分层连续浇筑。

③ 浇筑区域结构平面有高差时,宜先浇筑低区部分再浇筑高区部分。

④ 当不允许留施工缝时,区域之间、上下层之间的混凝土浇筑间歇时间,不得超过混凝土初凝时间。

⑤ 当下层混凝土初凝后,浇筑上层混凝土时,应先按留施工缝的规定处理。

(2) 泵送混凝土的布料方法。

在浇筑竖向结构混凝土时,布料设备的出口离模板内侧面不应小于50 mm,且不向模板内侧面直冲布料,也不得直冲钢筋骨架;浇筑水平结构混凝土时,不得在同一处连续布料,应在2～3 m范围内水平移动布料,且宜垂直于模板布料。

(3) 混凝土浇筑分层厚度。

混凝土浇筑分层厚度宜为300～500 mm。当水平结构的混凝土浇筑厚度超过500 mm时,可按1∶6～1∶10坡度分层浇筑,且上层混凝土,应超前覆盖下层混凝土500 mm以上。

(4) 混凝土的振捣。

混凝土的振捣是保证混凝土质量的重要环节。根据混凝土泵送时自然形成坡度的实际情况,在每个浇筑带的前、后布置两道振动器或三道振动器(视浇筑厚度而定),前道振动器布置在混凝土的卸料点,主要解决上部混凝土的捣实;后道振动器布置在混凝土的坡脚处,以确保下部混凝土的密实。随着混凝土浇筑工作的向前推进,振动器也相应跟上,以保证整个高度混凝土的质量,如图7-8-1所示。

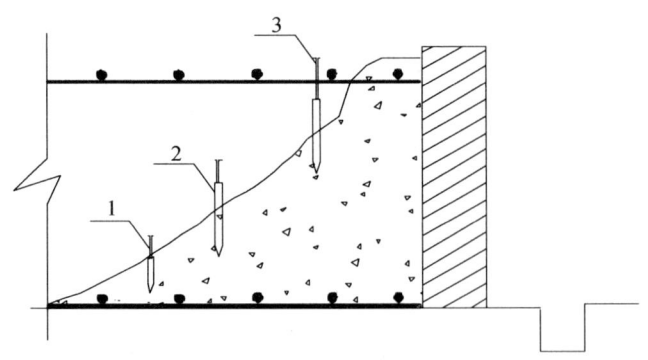

图7-8-1 混凝土振捣示意图
1—前道混凝土振捣;2—中道混凝土振捣;3—后道混凝土振捣

振捣泵送混凝土时,振动棒移动间距宜为400 mm左右,振捣时间宜为15～30 s,且隔20～30 min后进行第二次复振。

对于有预留洞、预埋件和钢筋密集的部位,应预先制定好相应的技术措施,确保顺利布料和振捣密实。在浇筑混凝土时,应经常观察,当发现混凝土有不密实等现象,应立即采取措施。

水平结构的混凝土表面,应适时用木抹子磨平搓毛两遍以上。必要时,还应先用铁滚筒压两遍以上,以防止产生收缩裂缝。

(5) 大体积混凝土宜采用斜面式薄层浇筑,利用自然流淌形成斜坡,并应采取有效措施防止混凝土将钢筋推离设计位置。大体积混凝土必须进行二次抹面工作,减少表面收缩裂缝。

(6) 梁柱节点核心区的混凝土,可用快易收口网支模按柱混凝土强度等级浇筑。

【温馨提示】 泵送混凝土施工中应注意的问题

(1) 输送管的布置宜短直,尽量减少弯管数,转弯宜缓,管段接头要严密,少用锥形管。

(2) 混凝土的供料应保证混凝土泵能连续工作,不间断;正确选择骨料级配,严格控制配合比。

(3) 泵送前,为减少泵送阻力,应先用适量与混凝土内成分相同的水泥浆或水泥沙浆润滑输送管内壁。

(4) 泵送过程中,泵的受料斗内应充满混凝土,防止吸入空气形成阻塞。

(5) 防止停歇时间过长,若停歇时间超过 45 min,应立即用压力或其他方法冲洗管内残留的混凝土。

(6) 泵送结束后,要及时清洗泵体和管道。

(7) 用混凝土泵浇筑的建筑物,要加强养护,防止龟裂。

课题九 高层建筑剪力墙施工

高层建筑主体结构梁、板混凝土的浇筑与多层框架结构相同,在此不再赘述,仅就混凝土剪力墙施工介绍如下。

一、施工工艺流程

剪力墙施工工艺流程图如图 7-9-1 所示。

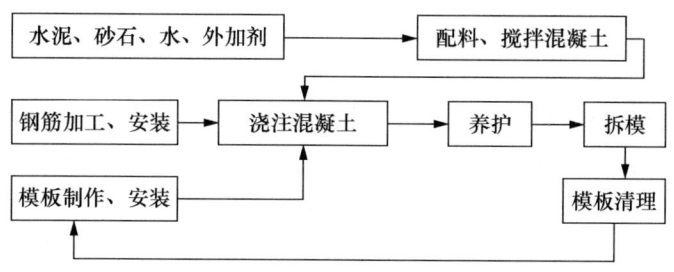

图 7-9-1 剪力墙施工工艺流程图

二、施工要点

1. 钢筋绑扎与安装

(1) 工艺流程

弹墙体位置线→墙主筋连接→墙钢筋网绑扎→绑扎门窗洞口加固筋→绑扎墙拉结筋→

加保护层垫块→墙钢筋预验。

（2）施工要点

墙体钢筋的绑扎一般分为现场钢筋绑扎和点焊钢筋网片绑扎两种。

现场钢筋绑扎的施工要点可按本单元项目六"墙钢筋施工"原则进行施工。

施工时应注意如下事项。

① 墙筋应逐点绑扎，于四面对称进行，避免墙钢筋向一个方向歪斜，水平筋接头应错开。

② 墙体采用双排钢筋网时，在两层钢筋网间应设置拉结筋或撑铁，以固定钢筋间距。撑铁可用直径 $\phi 6\sim 10$ mm 的钢筋制成，长度等于两层钢筋网片的净距（图 7-9-2），间距为 $600\sim 1000$ mm，相互错开排列。

③ 为保证墙截面尺寸、竖向钢筋间距及保护层厚度准确，在每一层楼板结构标高以上 50 mm 设置定位钢筋，定位钢筋架严格按照墙截面尺寸及钢筋设计要求自制专用，定位钢筋与墙钢筋绑扎或点焊固定，其竖向间距约为 1000 mm，如图 7-9-3 所示。

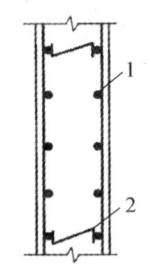

图 7-9-2 墙钢筋的撑铁

1—钢筋网；2—撑铁

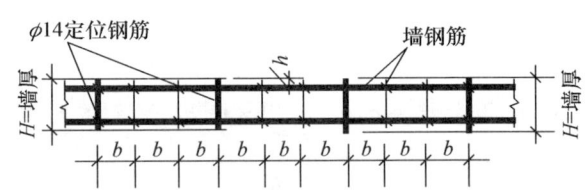

图 7-9-3 定位钢筋示意图

b—竖向筋间距；h—墙混凝土保护层

2. 模板安装

（1）墙模板类型

墙模板类型可采用胶合板模板、组合钢模板、大模板和滑升模板、爬升模板等。

（2）工艺流程

墙模板如采用胶合板模板或大模板时，通常由两片大模板组成，并用对拉螺栓固定，其工艺流程如下。

找平、定位→安装洞口模板→安装一侧模板→安装另一侧模板→安装拉杆或斜撑→校正垂直度、紧固穿墙螺栓→墙模

施工要点：胶合板模板和大模板的构造和施工方法可详见单元六"模板工程施工"。

3. 混凝土浇筑

（1）剪力墙浇筑应采取长条流水作业，分段浇筑，均匀上升。

（2）墙体浇筑混凝土前或新浇混凝土与下层混凝土结合处，应在底面上均匀浇筑 50 mm 厚与墙体混凝土成分相同的水泥沙浆或减石子混凝土。

（3）混凝土自由倾落高度及模板侧面开浇筑孔（浇筑孔应分散均匀）的规定，混凝土振捣的规定均与柱浇筑规定相同。

（4）墙体浇筑混凝土时应用铁锹或混凝土输送泵管均匀入模，不应用吊斗直接灌入模内。每层浇筑厚度控制在 500 mm 左右，分层浇筑和振捣。混凝土下料点应分散布置，连

续浇筑，如必须间歇，间歇时间不超过 2 h。墙体施工缝宜留置在门窗洞口上 1/3 范围内，当采用大模板时宜留置在纵横墙的交接处，墙应留垂直施工缝，接槎处混凝土应振捣密实。柱、墙连为一体的混凝土浇筑时，如柱、墙的混凝土强度等级相同时，可同时浇筑；当柱、墙混凝土强度等级不同时，宜先浇混凝土强度等级高的柱，后浇混凝土强度等级低的墙，保持柱混凝土高出 0.5 m 高差上升，浇至顶部时与柱浇筑平齐。浇筑时应始终保持高强度等级柱的混凝土侵入低强度等级墙的混凝土大于 0.5 m 的要求。

（5）墙体洞口浇筑混凝土时，应使洞口两侧混凝土高度大体一致。振捣时，振动棒应距洞边 300 mm 以上，从两侧同时振捣，以防止洞口模板产生位移和偏斜。

（6）混凝土浇筑顺序为先浇筑窗台以下部位，后浇筑窗间墙，大洞口下部模板应开口并补充浇筑和振捣。

（7）构造柱混凝土应分层浇筑，内外墙交接处的构造柱和墙同时浇筑，振捣要密实。

（8）采用插入式振捣器捣实普通混凝土的移动间距不宜大于作用半径的 1.5 倍，振捣器距离模板不应大于振捣器作用半径的 1/2，不碰撞各种埋件。

（9）混凝土浇筑振捣完毕，将上口甩出的钢筋加以整理，用木抹子按预定标高线，将墙上表面混凝土找平。

（10）中间停歇：对于较高的竖向构件，混凝土应经过初步沉实阶段，在施工中停歇 40～90 min。

（11）顶端停歇：柱和墙浇筑完毕后，应停歇 1～1.5 h，再浇筑与其相连的梁和板。剪力墙、薄墙、柱等狭深构件，混凝土浇筑至顶部时会积聚大量水泥沙浆或水泥浆而使混凝土强度降低，浇筑至顶部 500 mm 处，宜采用减少配合比用水量的混凝土浇筑。

混凝土浇捣过程中，不可随意挪动钢筋，要经常加强检查钢筋保护层厚度及所有预埋件的牢固程度和位置的准确性。

混凝土拆模常温时柱、墙体混凝土强度大于 1 MPa，冬季时掺防冻剂，混凝土强度达到 4 MPa 时，方可拆模。拆除模板时先拆一个柱或一面墙体，观察混凝土不粘模、不掉角、不坍落，即可大面积拆模，拆模后及时修整墙面及边角。

单元小结

10 层及 10 层以上的住宅建筑和高度超过 24 m 的公共建筑及综合建筑都为高层建筑。

高层建筑结构体系有框架结构、剪力墙结构、框架—剪力墙结构和筒体结构。

高层建筑施工竖向投测方法有内控法、外控法。

高层建筑垂直运输组合方式有：塔吊＋混凝土泵＋施工电梯；塔吊＋施工电梯；塔吊＋井架＋施工电梯；井架＋施工电梯。

高层建筑基础多为大体积混凝土，应按大体积混凝土方法进行施工。

高层建筑模板除采用钢模板、木胶合板模板外，竖向模板可采用大模板、滑升模板、爬升模板等专用模板。

高层建筑现浇混凝土因混凝土浇筑量大，因此应采用泵送混凝土施工。

推荐阅读资料

1.《混凝土结构工程施工规范》（GB 50666—2011）

2. 《大体积混凝土施工规范》（GB 50496—2009）
3. 《建筑工程施工质量验收统一标准》（GB 50300）
4. 《建筑机械使用安全技术规范》（JGJ 33—2012）
5. 《建筑施工手册》（第 5 版）. 北京：中国建筑工业出版社，2012
6. 邹绍明. 建筑施工技术（第 2 版）. 重庆：重庆大学出版社，2008
7. 丁宪良、魏杰. 建筑施工工艺. 北京：中国建筑工业出版社，2008

学习鉴定

一、填空题

泵送混凝土所用粗骨料如为碎石，其最大粒径不得超过输送管径的_____；如为卵石，其最大粒径不得超过输送管径的_____。

二、单项选择题

1. 浇筑墙体混凝土前，其底部应先浇（　　）。
   A. 5～10 mm 厚水泥浆
   B. 5～10 mm 厚与混凝土内沙浆成分相同的水泥沙浆
   C. 50～100 mm 厚与混凝土内沙浆成分相同的水泥沙浆
   D. 100 mm 厚石子增加一倍的混凝土

2. 泵送混凝土的最小水泥用量为（　　）kg/m³。
   A. 290　　　　B. 300　　　　C. 320　　　　D. 350

3. 配制泵送混凝土时，其碎石料最大粒径 d 与输送管内径 D 之比应（　　）。
   A. >1/3　　　B. >1/2　　　C. ≤1/2.5　　D. ≤1/3

三、多项选择题

泵送混凝土原材料和配合比应满足的要求是（　　）。
A. 每 1 m³ 混凝土中水泥用量不少于 300 kg
B. 碎石最大粒径≤输送管径的 1/3
C. 含沙率应控制在 40%～50%
D. 坍落度 80～180 mm
E. 坍落度随泵送高度增大而减小

四、问答题

1. 什么是高层建筑？什么是超高层建筑？
2. 高层建筑的施工特点是什么？
3. 高层建筑有哪几种结构体系和施工方案？
4. 内墙大模板的安装要求有哪些？
5. 剪力墙钢筋有哪些绑扎要求？

单元八

装配式钢筋混凝土结构工程施工

教学目标

能力目标	知识要点	相关知识
具备基础工程、预制构件施工工艺和检查验收的能力	1. 杯口基础工程施工 2. 各种预制构件的制作	1. 杯口基础施工要点 2. 柱、吊车梁、屋架和屋面板施工要点
具备预应力混凝土工程施工工艺和检查验收的能力	1. 先张法预应力混凝土施工 2. 后张法预应力混凝土施工	1. 先张法的施工要点 2. 后张法的施工要点 3. 无黏结预应力混凝土施工要点
具备单层厂房工程施工工艺和检查验收的能力	单层厂房结构吊装	1. 分件吊装法和综合吊装法的内容和应用 2. 柱子、吊车梁、屋架、屋面板吊装工艺 3. 预制构件的平面布置
具备多层装配式框架结构工程施工工艺和检查验收的能力	多层装配式框架结构吊装	1. 分件吊装法和综合吊装法的内容和应用 2. 起重机的平面布置 3. 构件吊装工艺 4. 梁、柱接头的构造形式

问题引入

同学们小时候都玩过积木，知道用一块块几何体搭成需要的模型。我们经常在施工现场看到吊车、塔吊或其他起重设备正在吊运重物。请大家再观察图 8-1-1 中单层钢筋混凝土厂房，看看有什么特点？包含了哪些构件？能不能用吊车、塔吊或其他起重设备，将厂房结构构件一根根吊起来，就像"搭积木"一样把房子盖起来？如果能，又如何选择起重设备呢？用什么方法来进行吊装呢？这就是本单元要讲述的单层钢筋混凝土工业厂房工程及其结构吊装工艺。

知识课堂

课题一　单层钢筋混凝土工业厂房的基本知识

钢筋混凝土结构安装工程，就是用起重、运输机械将预先在工厂或施工现场制作的结构构件，根据设计意图在施工现场组装起来，形成一栋完整的建筑物或构筑物的整个施工过程。

单层混凝土排架结构主要由基础、柱、联系梁（带有吊车的厂房还有吊车梁）、屋面系统、支撑系统等组成。单层厂房屋面常采用屋架（常用桁架）、无檩屋面（大型屋面板）或有檩屋面（檩条与小型屋面板）。图8-1-1是钢筋混凝土单层厂房的结构示意图。

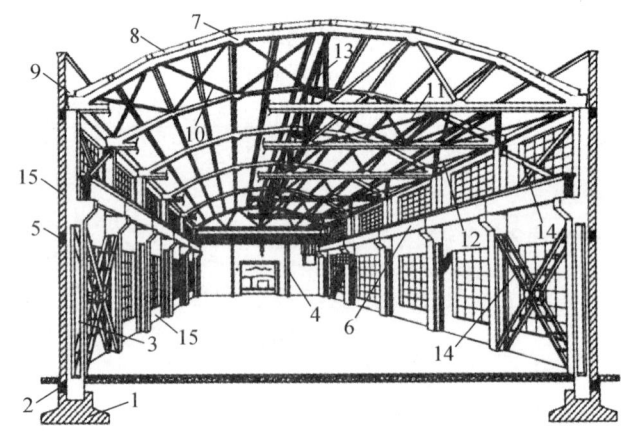

图8-1-1　钢筋混凝土单层厂房的结构示意图

1—杯形基础；2—基础梁；3—排架柱；4—抗风柱；5—联系梁；6—吊车梁；
7—屋架；8—屋面板；9—天沟；10—屋架上弦支撑；11—屋架下弦横向水平支撑；
12—屋架下弦纵向水平支撑；13—屋架竖向支撑；14—柱间支撑；15—围护墙

课题二　钢筋混凝土杯口基础工程施工

钢筋混凝土单层工业厂房的基础一般为杯口基础，其施工工序和施工方法除了与常见的独立基础是一致的以外，还有其自身特点。

一、钢筋工程

1. 施工准备

钢筋施工前必须认真熟悉图纸，放样必须严格依据设计图纸及施工规范要求，下料前必须审核料单，严格按设计规范要求进行成型。

2. 钢筋加工

（1）依据图纸，钢筋下料前要对照料单，并且对照基础图纸，以防漏筋、少筋。

（2）钢筋下料过程中，注意设计的各种要求及规范说明，钢筋的弯折长度、搭接倍数、弯钩、平直长度及高度等，若有误及时与技术人员联系，防止下料过程中尺寸出现偏差。

（3）基础底板钢筋连接的方式应符合设计和规范要求。

3. 钢筋的保护层

钢筋保护层厚度：基础底板下部和杯口部分采用40 mm水泥垫块保护层，垫块间距为600 mm梅花形式布置。

4. 钢筋绑扎

（1）钢筋绑扎的顺序。棱台底板钢筋绑扎前应严格按照设计图纸进行。应弹好底板钢筋位置线，并摆放下层钢筋。底板钢筋全部绑扎，保证受力钢筋不发生移位；杯口基础的钢筋固定应按要求进行点焊，钢筋网片应按规范进行满扎。

（2）杯口基础柱插筋（图8-2-1）。钢筋安装基础柱插筋时，先在垫层上用墨斗线弹出杯口基础柱插筋位置线，绑扎1支定位箍筋；然后插杯口基础柱立筋。在底板厚度内的杯口基础柱插筋柱箍筋不得少于3支点焊固定；底板上排筋的交界处，将杯口基础柱插筋与底板钢筋点焊固定。

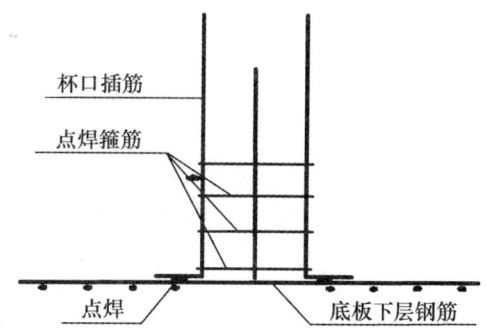

图8-2-1　杯口基础柱插筋定位示意图

（3）在底板与基础柱钢筋全部施工完毕后，施工测量人员要对基础柱插筋位置进行复合。钢筋工长及质量检查员要对底板基础柱钢筋的位置、规格等进行系统检查。以免在混凝土浇筑后造成不可弥补的错误。

二、模板工程

1. 模板施工与要求

（1）棱台基础模板，应严格按照设计尺寸，在垫层上弹好棱台基础模板边线，底板钢筋隐检后，进行棱台基础模板安装，安装基础侧面模板立起，然后安装竖向背楞50 mm×100 mm方木，固定水平钢管，支撑加固并初步校正；安装另一侧模板，加竖楞50 mm×100 mm方木，设水平钢管固定，然后沿模板拉通线，进行最后校正，固定支撑在坑壁上，支撑找正顶牢，并进行质量检查验收。

（2）杯口基础模板（图8-2-2）：完成棱台混凝土基础浇筑后，按图纸尺寸进行测量放线工作。弹好棱台基础模板外边线。基柱钢筋等隐蔽工程完毕后，准备模板安装前，要清除基础内杂物和松散混凝土，抹好模板下的找平沙浆。杯口基础模板安装应按下列步骤进行。

① 应先在基础棱台上施放边线和中心线，用$\phi12$钢筋（杯形基础模板内径尺寸）焊装不少于800～1000 mm间距的模板内侧支撑点。

② 搭设周圈脚手架。

③ 在芯模底标高处用钢筋支撑点，支撑点钢筋位置居芯模底中心，焊4根$\phi14$钢筋将

芯模下部按要求固定到位；安放钢筋保护层；芯模上部固定，采用上层钢筋网片加以固定。

④ 安装侧模板立起，安放对拉螺栓，然后安装固定水平支撑钢管，并用对拉螺栓固定，支撑加固并初步校正，安装另一侧模板，设水平钢管固定，用对拉螺栓紧固，支撑找正顶牢，然后沿轴线拉通线，进行模板最后校正，将芯模从上面压实固定支撑。

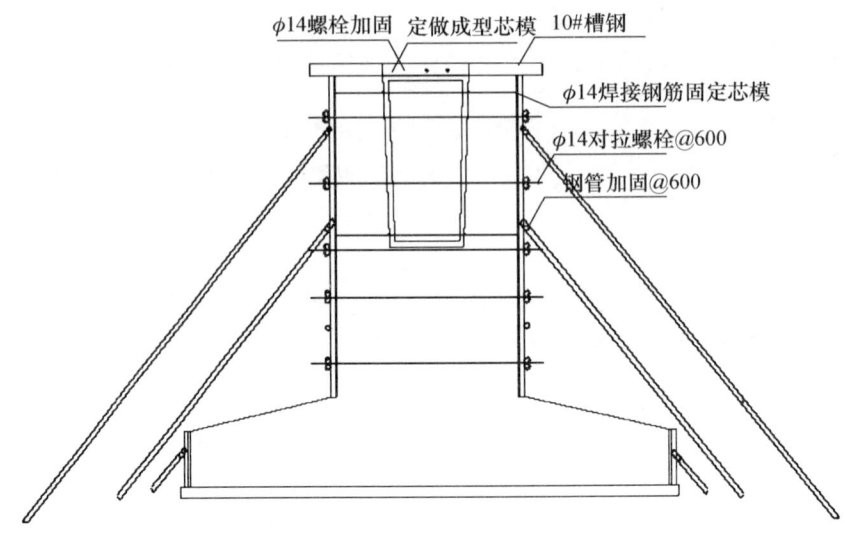

图 8-2-2 杯口基础模板

（3）质量标准必须符合《混凝土结构工程施工质量验收规范》（GB 50204）的规定。

① 模板拼缝及模板与混凝土接触处，采用 5 mm 厚海绵条粘贴，严防漏浆。

② 沿基础上口拉通线检验通长方向模板顺直和基础尺寸。

③ 杯芯模板，采用钢模并在外侧刷水质隔离剂，杯芯模底打 4 个 $\phi16$ 圆孔，利于排除浇筑混凝土时产生的气泡，杯芯模板安装完毕，检查其轴线及标高符合施工要求。

（4）模板拆除。

① 拆除模板时由专人指挥，有可靠的安全措施，拆除的模板要及时清运整理。

② 基础模板拆除时，先检查基坑土壁、壁边坡的稳定情况，发现有滑坡、塌方危险时，必须采取有效加固措施后方可施工。

③ 模板拆除时严禁使用大撬杠或重锤敲击。拆除后的模板及时清理混凝土渣块、打磨、涂刷水质隔离剂，堆放整齐。

④ 杯芯模板拆除，注意拆模时间，视气温情况，在混凝土初凝后终凝前，将模板用撬棍撬动杯芯模用倒链拔出，然后再轻轻放进去，以免破坏杯口混凝土，待杯口混凝土强度应能保证其表面及棱角不受损伤，进行模板拆除，及时进行混凝土养护。

三、混凝土工程

混凝土浇筑施工除与柱下钢筋混凝土独立基础相同外，还有以下要点。

（1）混凝土的浇筑、振捣。混凝土应按台阶分层浇筑。对高杯口基础的高台阶部分按整体分层浇筑，不留施工缝。浇捣杯口混凝土时，应注意杯口模板的位置，由于杯口模板仅上端固定，浇捣混凝土时，四侧应对称均匀下灰，避免将杯口模板挤向一侧。

（2）杯口基础一般在杯底均留有 50 mm 厚的细石混凝土找平层，在浇筑基础混凝土时，要仔细控制标高，如用无底式杯口模板施工，应先将杯底混凝土振实，然后浇筑杯口四周的混凝土，此时宜采用低流动性混凝土；或杯底混凝土浇完后停 0.5～1 h，待混凝土沉实后，再浇杯口四周混凝土等办法，避免混凝土从杯底挤出，造成蜂窝麻面。基础浇筑完毕后，将杯口底冒出的少量混凝土掏出。使其与杯口模下口齐平，如用封底式杯口模板施工，应注意将杯口模板压紧，杯底混凝土振捣密实，并加强检查，以防止杯口模板上浮。基础浇捣完毕，混凝土终凝后用倒链将杯口模板取出，并将杯口内侧表面混凝土划（凿）毛。

（3）高杯口基础施工。施工高杯口基础时，由于最上一台阶较高，施工不方便，可采用后安装杯口模板的方法施工，即当混凝土浇捣接近杯口底时，再安装固定杯口模板，继续浇筑杯口四周混凝土，但应保证基础位置和标高符合设计要求。

课题三　钢筋混凝土预制构件施工

一、构件的平面布置

1. 构件的平面布置原则

（1）按施工组织设计吊装作业顺序选定平面，生产顺序应与吊装作业顺序保持一致，通常可采用旋转法、滑行法进行柱子的平面布置。

（2）有利于提高吊车作业效率。构件平面布置应有利于吊车行走最少、回转角度最小、起落变幅最少的位置上。

（3）便于支模板、绑扎网片、混凝土浇筑作业。

（4）充分利用场地，对于矩形断面的构件，如桁架、柱子、梁等可采用重叠生产，并布置在柱基近侧。

（5）应充分考虑吊车行走路线，保证吊车行走作业、回转的安全条件要求。

（6）确保构件有足够的作业间距、便于吊具、预应力张拉施工。

2. 现场制作构件的平面布置

在杯形基础完成之后，其他需在现场制作的构件，就需按施工组织设计的方案，在厂房内及厂房四边范围内分划各类构件制作的地点。

（1）柱子的制作位置。一般以相对应的基础为中心，确定放量位置。如柱根在基础处斜向放置，或柱中部邻近基础平行或略斜放置。

（2）吊车梁的制作位置。一般 6 m 标准型轻量级的吊车梁可以由加工厂制作。而当重型或需采用后张法施工的预应力吊车梁，须在现场制作。其位置可对称于柱的布置在基础的另一侧放置。

（3）屋架的制作位置。屋架由于其长度长，并可采用叠浇 3～4 榀一组，所以往往在厂房中间偏一侧放置。制作完后吊装前由吊装机械根据屋架实际安装轴线位置，做一次吊装前的就位。

其他小构件如需在现场制作的，可以根据场地实际合理安插布置。

二、柱子制作

（1）柱子模板的铺设。柱子成型采用平卧支模，要求模板架空铺设，基底地坪必须夯实。铺板或钢模底的横棱间距不大于 1 m，底模宽度应大于柱子的侧面尺寸，牛腿处应更宽些。侧模高度应同柱子宽度尺寸相同，其目的是便于浇筑后抹平表面。模板应支撑牢固，防止浇筑时脱开、胀模、变形，而使构件外形失真不合要求，造成不合格构件。柱长、柱宽等尺寸要准确。

（2）绑扎柱子钢筋。柱子钢筋应按施工图的配筋进行穿箍绑扎。应注意的是，牛腿处钢筋的绑扎和预埋铁件的安装，以及柱顶部预埋铁板安装，都要做到长短、规格、数量、箍筋规格、间距的正确无误。最后垫好保护层垫块，并进行隐蔽检查验收。

（3）混凝土浇筑应符合下列要求。

浇筑混凝土前应检验钢筋、预埋件规格、数量，钢筋保护层厚度及预埋孔洞是否符合设计要求，浇筑时应润湿模板，人工下料，采用插入式振动器振捣成型。振动时应做到不漏振，振动棒应避免撞击钢筋、模板、吊环、预埋铁件等，振动时间不少于 10 s，不大于 60 s。每振好一点，振动棒应徐徐抽出，以免留下气洞。振捣混凝土时应经常注意观察模板、支撑架、钢筋、预埋铁件和预留孔洞的情况，发现有松动变形、钢筋移位、漏浆等现象应停止振捣，并在混凝土初凝前修整完后继续振捣直至成型。浇筑顺序应从一端向另一端进行，当浇到上部预埋铁件时应注意捣实下面的混凝土，并保持预埋件位置正确。

要求浇筑时认真振捣。浇筑面要拍抹平整，最后用铁抹子压光。浇筑完后，应随时将伸出的搭接钢筋整理到位。

混凝土水灰比和坍落度应尽可能小。浇筑完毕 12 小时内应覆盖草包或塑料薄膜，浇水养护，浇筑过程中应按规定制作试块。尤其边角处要密实，拆模后棱角应清晰美观。

（4）养护与拆模。待表面硬化、手按无痕时，覆盖草帘浇水进行养护。养护要有专人，按规范规定时间进行养护，以保证混凝土强度的增长。应在混凝土强度达到 70% 以上后，方可适当抽去横棱（最后间距不大于 4 m）和部分底模。

柱子制作如图 8-3-1 所示。

三、吊车梁制作

普通钢筋混凝土吊车梁可在工厂生产，运到现场吊装；也可在现场预制，直接吊装。大型重级的吊车梁，由于运输不便，往往要在工地现场制作。制作时，支模有立式和卧式两种。立式即支模后如同吊车梁安装在柱上的位置一样，吊装时直接起吊即可，吊车梁制作形式可参照图 8-3-2；卧式即梁一侧面做底模，同柱卧在地下支模相似，吊装时先要竖直后才能挂钩起吊。

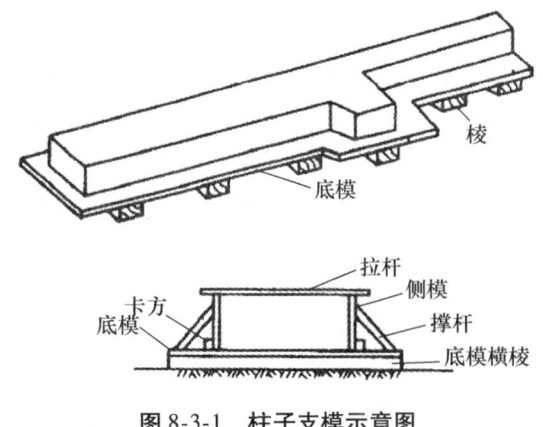

图 8-3-1 柱子支模示意图

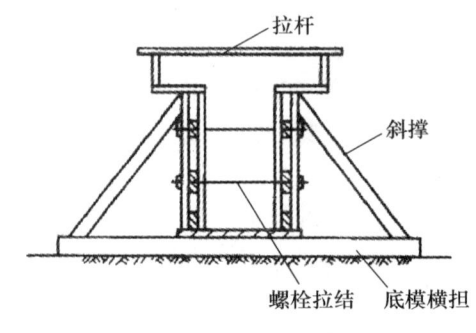

图 8-3-2 吊车梁支模示意图

（1）模板支撑。吊车梁宜立置浇筑成型，立置堆放和运输。现场预制直接吊装的应做好现场预制平面布置，要按照吊装工序的安排，使吊车梁能就地起吊、安装。现场应设有临时的排水沟，预防下雨时原地下沉。生产采用的立式地胎模，应表面平整、尺寸准确。可优先选用型钢底模，也可采用混凝土或砖地模，底模应抄平，置于坚硬的混凝土台面上，避开台面伸缩缝布置。隔离剂涂刷后应保持清洁。若被雨水冲刷应补刷。

（2）钢筋绑扎。钢筋骨架安装定位前应检查钢筋骨架中钢筋的种类、规格、数量、几何形状和尺寸是否符合设计要求，预埋铁件的规格、数量、位置及焊接是否正确。安装定位应用带有横担的无水平分力的吊具吊运，平整轻落于底模上，注意钢筋骨架落位时应设置直径为 25 mm、间距为 1000 mm、长度与钢筋骨架宽度相等的垫筋，以保证受拉主筋的保护层厚度。如有预应力筋的，在施工时要预埋管道，管道根据施工实际情况确定，采用钢管或胶管待浇筑混凝土后抽出成孔；或用薄壁钢波纹管永久性预埋。

（3）混凝土浇筑。与浇筑柱子混凝土类似。

（4）养护。吊车梁养护要特别重视。因为吊车梁受动荷载作用，如果构件上有收缩裂缝出现，将对受力极为不利，因此必须严格遵照规范上的要求进行养护。

（5）拆模。拆模应根据模板支撑方式确定。凡立式支模的，可在浇筑后的 2~3 天内拆除两侧侧模，但拆后应支撑好梁，以保持稳定。而底模则要到吊装时才能拆下。采用卧式支模，由于浇筑后短期内能拆的侧模量较少，所以可根据实际情况有选择地拆除，底模也要到吊装时才能拆下。

四、屋架制作

钢筋混凝土材料制作的屋架，大多在工地现场预制。当跨度为 18 m 及其以上者，往往采用下弦杆预应力配筋。屋架在工地上制作时，由于场地限制而采用叠浇形式，最多叠浇 4 层为限。按规范规定，采用平卧、重叠法制作构件时，其下层构件混凝土的强度，需达到 5 MPa 后方可浇筑上层构件的混凝土并应有隔离措施。

（1）模板制作。屋架一般采用平卧或平卧重叠的浇筑方法，在施工现场预制，以便翻身扶正直接吊装。平卧或平卧重叠法生产屋架，其底模可采用素土夯实铺砖，上抹 1:2 水泥沙浆找平，做成砖胎模或在混凝土地坪上直接做砖胎模。底模布置时应避开地坪伸缩缝，现场素土上的砖胎模应设有临时排水沟，预防下雨时地基下沉。平卧重叠生产可解决平卧占地面积较大的矛盾。待下层屋架混凝土强度达到设计强度的 30% 时，即可在其表面涂刷隔离剂后再重叠制作上一层屋架，重叠的层数（高度）以不影响起重设备回转为原则，一般以 3~4 层为宜。底模制作要求表面平整光滑，用仪器抄平。几何尺寸符合设计要求，各杆件中心线应处于同一平面，底模应按施工平面布置图的位置制作以便吊装。底模做好在使用前应刷隔离剂两道，以后每次使用脱模后及再次使用前应清扫表面，铲除残渣，涂刷隔离剂。支模的局部剖面可见图 8-3-3，再往上支第二层时，只要将侧模上移，侧向支牢即可。

（2）绑扎钢筋。屋架钢筋骨架可在隔离剂已干燥的砖胎模上绑扎成型；也可先预制后入模拼装绑扎。屋架外形尺寸大，构件截面小，端节点钢筋密，预埋铁件多。钢筋骨架的绑扎是屋架施工的关键工序，关系到整个工程的质量和安全。因此操作前必须熟悉图纸，掌握所需钢筋的品种、规格、等级、形状及数量，了解构件的轴线位置、标高及构造要求，并在底模上画线，注明钢筋的位置号码。对钢筋逐根编号，按序穿插，按号绑扎，事后检查避免错漏。当屋架下弦受拉钢筋有两排以上配筋时，两排钢筋之间可用25mm短钢筋支垫，钢筋骨架与地胎模之间亦应垫置25mm短钢筋或垫块，作为屋架侧向保护层，并可保证钢筋骨架在截面上居中不偏。

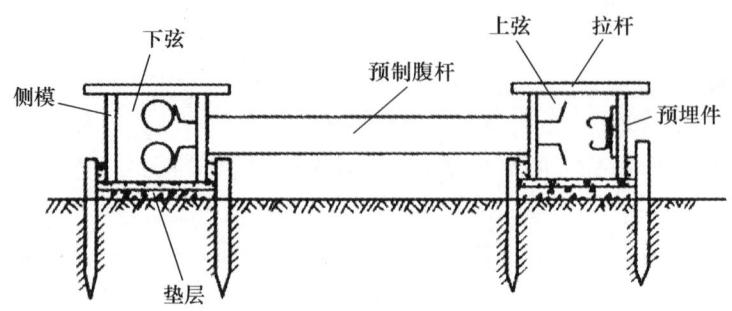

图8-3-3 屋架卧式支模图

（3）浇筑混凝土。浇筑混凝土前，应先检验钢筋、模板、铁件是否符合设计要求。由于屋架弦杆的断面相对较小，因此，振捣棒最好用30的或用振捣片。混凝土的粗骨料可采用0.5～2.5cm的粒径。水灰比及坍落度要小，能施工操作即可，因为水灰比过大易产生收缩裂缝。浇筑次序见图8-3-4。节点处振捣必须认真仔细，并振捣密实，每一点振动时间不少于10s，不大于60s。尤其是预应力屋架，其支承处的端节点一定要密实，防止张拉时压碎报废。混凝土浇好后，外露面要用抹子抹平和压光，抹压要分两次，可以减少表面收缩裂纹。浇筑时下料，一定要人工用铁锹往内装料，不能用小车直接倒入模板，整榀屋架一次浇筑完成，不留施工缝，每榀屋架应有一组试块。

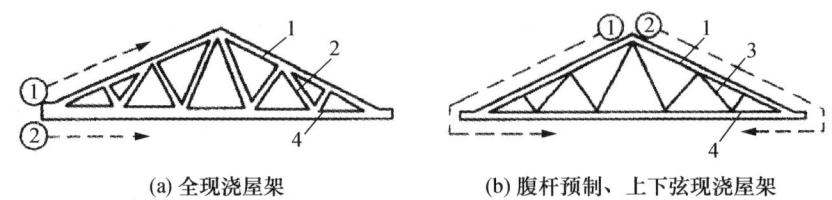

图8-3-4 屋架浇筑次序图
1—上弦；2—腹杆；3—预制腹杆；4—下弦
（圆圈内数码为作业小组浇筑路线）

屋架上用于与屋面板、檩条、柱子或联系梁焊接连接用的预埋铁件，要求位置准确，摆放要平正。

（4）养护。屋架养护一定要用草袋包裹覆盖，再浇水养护，严禁曝晒和只浇水不覆盖的养护。养护要派专人。由于养护不当，使表面产生粉化状态而降低强度的质量事故亦是时有发生的。因此，不能小视断面较小构件的养护工作。现场一般采用自然养护，在浇筑完成12小时以内覆盖塑料薄膜或草袋浇水保湿养护。要求薄膜覆盖至底板，保湿养护不少于14天。浇水养护时，应多次数、少水量养护。以免水量过多浸软土基，引起地胎模底板下沉，导致构件变形。

（5）拆模。侧模在混凝土强度达到5MPa后能保证构件不变形，棱角完整无裂缝时方可拆除。

（6）扶正吊装。在混凝土强度达到设计要求的强度后，方可翻身扶直，吊装上柱顶。屋架翻身吊装前，应用小撬杆轻拨屋架，使屋架与底模分离，以便翻身吊装。

五、屋面板制作

大型屋面板一般是预应力构件，现场施工不便，通常都在工厂制作。下面以先张法单块模外张拉集中蒸汽养护的施工方法为例来说明。

1. 工艺流程

清理模板→涂刷隔离剂→安装预埋件→预应力钢筋制备→铺放预应力筋→安装钢筋骨架及网片→预应力筋张拉→浇筑混凝土→蒸汽养护→出窑、堆放。

2. 施工要点

（1）模板安装

① 模板质量应符合混凝土结构工程施工规范的要求。

② 模板每次使用前，应把混凝土渣清除后，涂刷脱模剂，且涂刷均匀。

（2）安放钢筋、安装锚具、张拉预应力

① 安装预埋件：纵肋端部的预埋件应在铺放预应筋之前安装好。

② 钢筋断料：

a. 钢筋的断料长度应由计算确定，并由现场实际情况进行排放后而定，应充分考虑构件长度、夹具厚度、千斤顶行程、冷拉伸长值、弹性回缩值、张拉伸长值、台座长度等。

b. 钢筋的断料应用砂轮机切割，严禁氧割或切割机断制，断截面必须为垂直面，不允许为斜面，切割长度必须一致，误差不大于 1/5000 且不大于 5 mm（1 为钢筋断料长度）。

c. 预应力钢筋不得有伤痕、裂纹和硬弯，不得有锈坑。

③ 冷拉钢筋制作：

冷拉钢筋是用热轧钢筋经过冷拉而形成，同时冷拉率按1%控制（不小于1%），但也不允许大于4%，超过时应进行力学性能检验。

④ 张拉程序工艺流程为：0→105%σ_{con}（持荷2分钟）→100% σ_{con}。

（3）浇注混凝土

① 浇筑混凝土时，应由板的一端向另一端进行，且混凝土下料高度控制在 1 m 以下。

② 采用平板振动器振捣，应从板的一端均匀地向另一端拖动，且应振捣密实。板的纵、横肋和四角先用插入式振动器振捣。

③ 混凝土试块应作三组，与构件同条件养护，其中一组作为放张出池强度，一组作为备用试块，另一组为转标养28 d 强度。

④ 混凝土必须连续一次浇灌完。

⑤ 混凝土浇筑振捣后，应立即用木抹进行抹面。

（4）养护

混凝土浇捣好入池进行蒸汽养护。蒸汽养护的过程可分为静停、升温、恒温、降温四个阶段。

① 静停二小时，以防止构件表面产生裂缝和疏松现象。

② 升温三小时，每小时升温不超过25℃，每15分钟维持在6℃左右。

③ 恒温六小时，温不高于85℃，但也不低于80℃。此时混凝土强度增长最快，这个阶段应保持90%～100%的相对湿度。

④ 降温三小时，降温速度不宜过快，每小时不得超过10℃左右。

⑤ 当外界气温为+5℃以上时，出池温度不得高于外界气温的20℃，低于+5℃时，出池温度也不得高于气温的绝对值的10℃。

升温阶段每15分钟观测一次，其速度必须均匀进行，恒温阶段每半小时观测记录一次，并做好记录（一式二份）。

（5）放张、拆模、起吊

① 混凝土强度应达到≥75%的设计强度等级时，将构件起吊出池，进行预应力筋放张。

② 放张后的构件将模板拆除后，应在指定的场地按同标号（强度等级）堆放，其堆放高度，每堆应控制10块板以内，垫木应放在吊钩的位置，并且上、下放置整齐。起吊应四点吊，保证构件平稳，不产生扭曲变形。

3. 质量要求

（1）钢筋制作完成后，采用分片绑扎入模，再在模内组装绑扎，穿预应力筋冷拉、张拉。

（2）混凝土浇捣采用小的振捣器棒头捣固肋梁，切记不能碰预应力筋，板面用平板振动器振捣，保持平整。

（3）模板涂刷隔离剂应少而均匀，不得流淌，以免污染钢筋。

（4）预埋件位置要求准确、牢固、留洞、埋件、吊孔不得遗漏。

（5）钢筋保护层厚度肋下部主筋20 mm，板向主筋10 mm。

课题四　预应力混凝土工程施工

问题引入

何谓预应力？

预应力是预加应力的简称，这一名词出现的时间虽然不长，但对预加应力原理的应用却由来已久，在日常生活中稍加注意便不难找到一些熟悉的例子。如用竹箍的木桶，如图8-4-1所示。在我国日常生活中应用已有几千年的历史。当套紧竹箍时，竹箍由于伸长而产生拉应力，而由木板拼成的桶壁则产生环向压应力。如木板板缝之间预先施加的压应力超过水压引起的拉应力，木桶就不会开裂和漏水。这种木桶的制造原理与现代预应力混凝土圆形水池的原理是完全一样的。这是利用预加应力以抵抗预期出现的拉应力的一个典型例子。

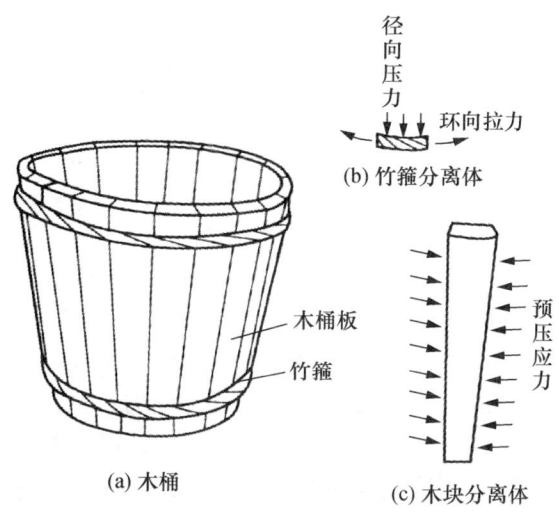

图 8-4-1 预应力原理在木桶上的应用

一、预应力混凝土的基本概念

1. 混凝土为什么要预加应力

混凝土是抗压强度高而抗拉强度低的一种结构材料。它的抗拉强度不仅很低，只有抗压强度的 1/10～1/15，而且很不可靠。它的抗拉变形能力也很小，如同玻璃一样是脆性的，破坏前没有明显预兆。因此，素混凝土只能用于柱墩、重力式挡土墙、地坪、路面等以受压为主的场合，而不能用梁、板等受弯结构。

为弥补混凝土抗拉强度太低的缺点，采用对混凝土预期出现拉应力的部位用钢筋来加强，即用钢筋来代替混凝土承担拉力的方法。这种用混凝土受压、用钢筋受拉的钢筋混凝土用途很广、优点很多，但也存在着一个难以克服的本质上的缺陷——开裂。所有钢筋混凝土受弯、受拉构件，不管配筋少还是配筋多，在使用状态下几乎无不开裂，以致影响它的应用范围与发展前途。

2. 何谓预应力混凝土

从荷载的概念出发，预应力混凝土可以定义为：预应力混凝土是根据需要，人为地引入某一数值的反向荷载，用以部分或全部抵消使用荷载的一种加筋混凝土。

什么是预应力混凝土？现以梁为例来说明。一根梁在荷载作用下将产生弯曲，并使梁的下部受拉，上部受压，如图 8-4-2 所示。如果用素混凝土来做一根梁，则在一定荷载 q 的作用下，很快就会断裂，如图 8-4-3 所示。这是由于混凝土如同天然石材一样，是一种脆性材料，它的抗压能力很大，而抗拉能力很小的缘故（约为抗压能力的 1/10）。

为了解决混凝土材料抗拉不足、抗压有余的矛盾，对在梁弯曲时将产生裂缝的受拉区，配置了抗拉性能很好的钢筋，用来承受梁弯曲时产生的拉力，这就是通常所称的钢筋混凝土梁，如图 8-4-4 所示。然而在素混凝土梁中配置了钢筋以后，虽然提高了梁的抗拉

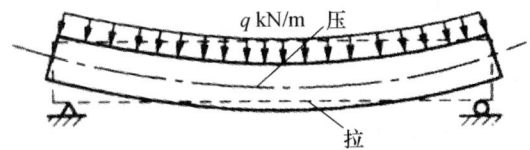

图 8-4-2　梁的受力情况

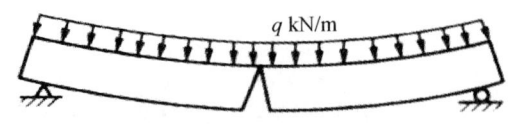

图 8-4-3　素混凝土梁

能力，但是仍不完善，还有缺陷。这主要是因为钢筋是强度很高，应变能力很强的韧性材料，通常每米拉长 20～50 mm 也不会产生裂缝，而混凝土则是应变能力很小的脆性材料，通常每米只能拉长 0.1～0.15 mm，超过这个数值就会产生断裂。而在钢筋混凝土构件中，两者黏结在一起构成一个整体，在荷载作用下是共同受力、共同变形的。图 8-4-4 所示的普遍钢筋混凝土梁，在外荷载 q 作用下，虽然不会断裂，但将产生裂缝，只是这种裂缝有时不易被人察觉而已。实际上普通钢筋混凝土梁，在正常荷载作用下总是带有裂缝的，这就大大影响了结构的耐久性。若要使梁不出现裂缝，则钢筋中的应力只能达到 20～30 N/mm^2，这样就大大限制了钢筋强度的发挥。如果要充分利用钢筋的强度，则梁又将产生很大的裂缝和挠曲变形，影响结构的耐久性和使用。为了解决这个新的矛盾，采用了对梁下缘受拉区混凝土施加"预（压）应力"这一有效方法。即在梁承受外荷载之前，先在它使用时可能产生拉应力的区域，用某种方法预先施加一压力，促使其产生预压应力。这样，当梁在使用荷载下产生拉应力时，必须先抵消这一预压应力，才能随着荷载的增加，使受拉区的混凝土受拉开裂。图 8-4-4 所示的钢筋混凝土梁，如果在受拉区先对钢筋进行张拉，并利用它的回缩力使受拉区混凝土得到预压，如图 8-4-5(a) 所示，则在上述荷载 q 的作用下，梁下缘产生的拉应力仅能使预压应力减小（抵消其一部分或全部）。这种在梁下缘受拉区施加预（压）应力的钢筋混凝土梁，就称为预应力钢筋混凝土梁。通常在正常使用荷载下，预应力钢筋混凝土梁的下缘不会产生裂缝，如图 8-4-5(b) 所示。

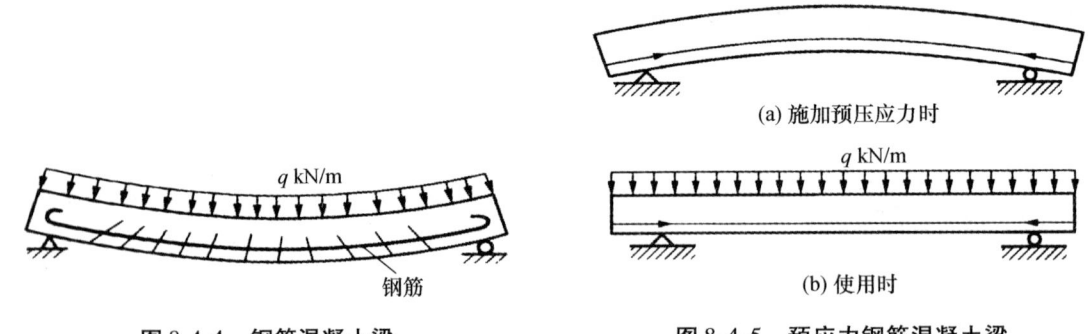

图 8-4-4　钢筋混凝土梁

图 8-4-5　预应力钢筋混凝土梁

3. 预应力混凝土的分类

按施加预应力的方式，预应力混凝土分为机械张拉和电热张拉两类。机械张拉又分为先张法和后张法。

二、先张法施工

先张法施工是在浇筑混凝土之前，先将预应力筋张拉到设计的控制应力值，并用夹具将张拉的预应力筋临时固定在台座或钢模上，然后再浇筑混凝土，待混凝土达到一定强度

（不应低于设计的混凝土立方体抗压强度标准值的 75%），预应力筋与混凝土具有足够的黏结力时，放松预应力钢筋，预应力钢筋弹性回缩，借助于混凝土与预应力钢筋的黏结，使混凝土产生预压应力。图 8-4-6 为预应力构件先张法（台座）生产示意图。

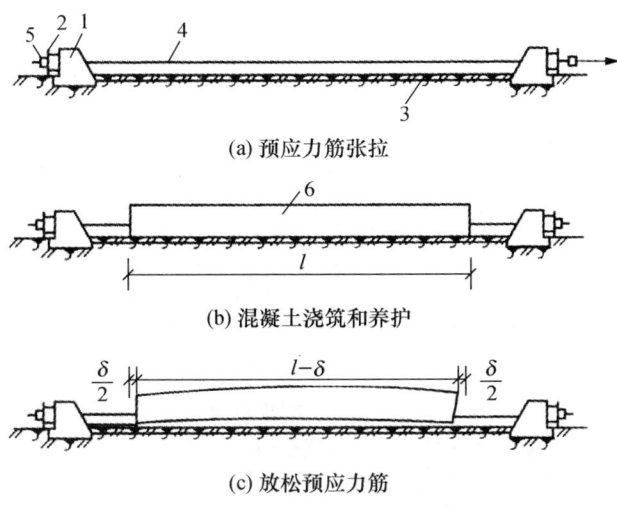

图 8-4-6 先张法生产示意图
1—台座承力结构；2—横梁；3—台面；4—预应力筋；
5—锚固夹具；6—混凝土构件

先张法生产可采用台座法和机组流水法。用台座法生产时，预应力筋的张拉、临时固定、混凝土浇筑、养护和预应力筋的放张等工序均在台座上进行；用机组流水法生产时，构件连同钢模通过固定的机组，按流水方式完成其生产过程。

1. 台座

采用台座法生产预应力混凝土构件时，台座承受预应力筋的全部张拉力。

台座按照构造形式分墩式台座和槽式台座两类。选用时根据构件种类、张拉力的大小和施工条件确定。

（1）墩式台座

墩式台座由台墩、台面与横梁组成，如图 8-4-7 所示。目前常用的是由台墩与台面共同受力的墩式台座。

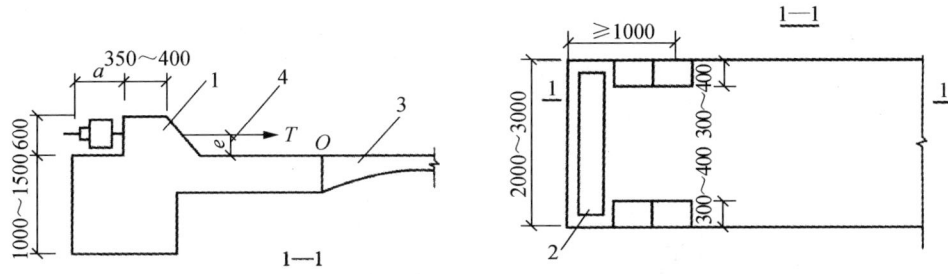

图 8-4-7 墩式台座（单位：mm）
1—钢横梁；2—混凝土墩；3—预应力筋；4—局部加厚的台面

承力墩一般由现浇钢筋混凝土制成。台墩应有合适的外伸部分，以增大力臂而减少台墩自重。台墩应具有足够的强度、刚度和稳定性。稳定性验算包括抗倾覆验算与抗滑移验算。

（2）槽式台座

槽式台座由钢筋混凝土端柱、传力柱、上下横梁、柱垫、砖墙等组成，如图 8-4-8 所示。槽式台座既可承受张拉力，又可作为蒸汽养护槽，适用于张拉吨位较大的大型构件，如吊车梁、屋架等构件。

槽式台座也需进行强度和稳定性计算。端柱和传力柱的强度按钢筋混凝土结构偏心受力构件计算。槽式台座端柱抗倾覆力矩由端柱、横梁自重力及部分张拉力组成。

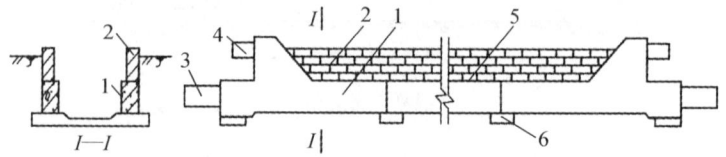

图 8-4-8　槽式台座

1—钢筋混凝土端柱；2—砖墙；3—下横梁；4—上横梁；5—传力柱；6—柱垫

2. 夹具

夹具是先张法施工时保持预应力筋拉力，并将其固定在台座（或钢模）上的临时性工具，按其用途不同分为锚固夹具和张拉夹具。对夹具的要求是，工作方便可靠，构造简单，加工方便，且具有可靠的锚固能力。

锚固夹具分为钢丝锚具夹具和钢筋锚固夹具。钢丝锚固夹具有圆锥齿板式夹具和圆锥槽式夹具，由钢质圆柱形套筒和带有细齿或凹槽的销锚组成，如图 8-4-9 所示。锥销夹具既可用于固定端，也可用于张拉端，具有自锁和自锚能力。

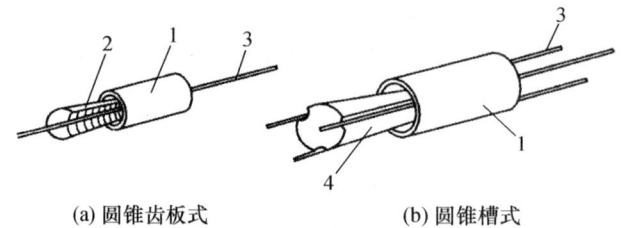

(a) 圆锥齿板式　　(b) 圆锥槽式

图 8-4-9　钢质锥销夹具

1—套筒；2—齿板；3—钢丝；4—锥塞

镦头夹具用于预应力钢丝固定端的锚固，是将预应力筋端部热镦或冷镦，通过承力孔板锚固，如图 8-4-10 所示。

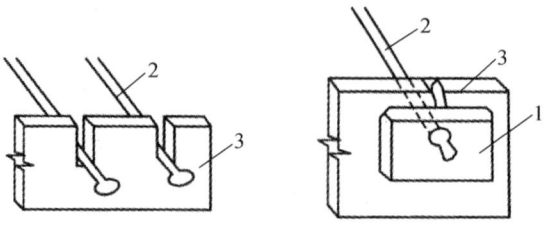

图 8-4-10　固定端镦头夹具

1—垫板；2—镦头钢丝；3—承力板

钢筋锚固夹具分为圆套筒三片式夹具和单根镦头夹具。圆套筒三片式夹具由夹片与套筒组成，如图8-4-11与图8-4-12所示。这种夹具用于夹持直径为12 mm与14 mm的单根冷拉HRB335级、HRB400级、RRB400级钢筋。单根镦头夹具适用于具有镦粗头（热镦）的HRB335级、HRB400级、RRB400级螺纹钢筋，也可用于冷镦的钢丝。

张拉夹具是夹持住预应力筋后，与张拉机械连接起来进行预应力筋张拉的机具。常用的张拉夹具有月牙形夹具、偏心式夹具、楔形夹具等，如图8-4-13所示。

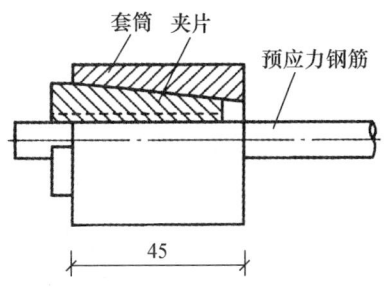

图8-4-11 圆套筒三片式夹具

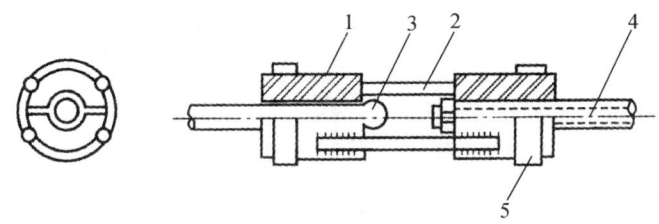

图8-4-12 套筒双拼式连接器
1—半圆套筒；2—连接筋；3—钢筋镦头；4—工具式螺丝杆；5—钢圈

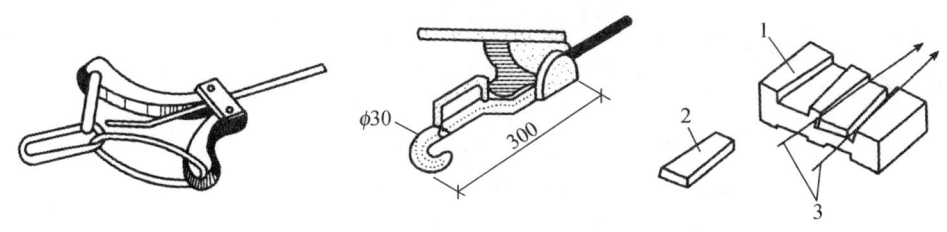

图8-4-13 张拉夹具
1—锚板；2—楔块；3—钢丝

3. 张拉设备

张拉设备要求简易可靠，能准确控制应力，能以稳定的速率增大拉力。在先张法中常用卷扬机、油压千斤顶和电动螺杆张拉机等。

当台座长度较大，而一般千斤顶的行程不能满足长台座需要时，采用卷扬机张拉预应力筋，用杠杆或弹簧测力。弹簧测力时，宜设行程开关，在张拉到规定拉力时，能自行停机，如图8-4-14所示。

液压千斤顶可以张拉单根或多根成组的预应力钢筋，张拉过程可以直接从油压表读取张拉值。图8-4-15为油压千斤顶成组张拉装置。

4. 先张法施工工艺

先张法预应力混凝土构件在台座上生产时，其工艺流程如图8-4-16所示，施工时可按具体情况适当调整。

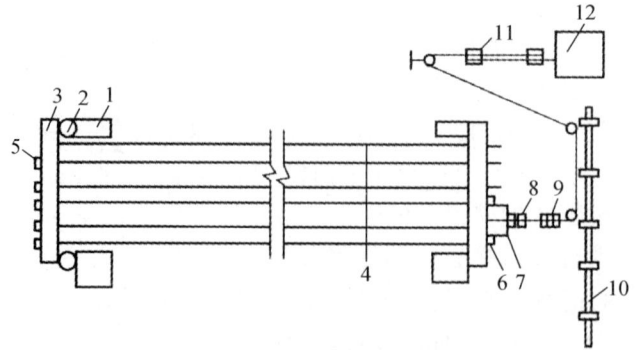

图 8-4-14 用卷扬机张拉预应力筋

1—台座；2—放松装置；3—横梁；4—钢筋；5—镦头；
6—垫块；7—销片夹具；8—张拉夹具；9—弹簧测力计；
10—固定梁；11—滑轮组；12—卷扬机

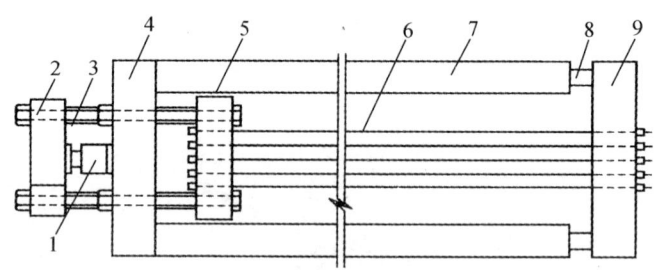

图 8-4-15 油压千斤顶成组张拉装置

1—油压千斤顶；2—拉力架横梁；3—大螺纹杆；4—前横梁；
6—预应力钢筋；7—台座；8—放张装置；9—后横梁

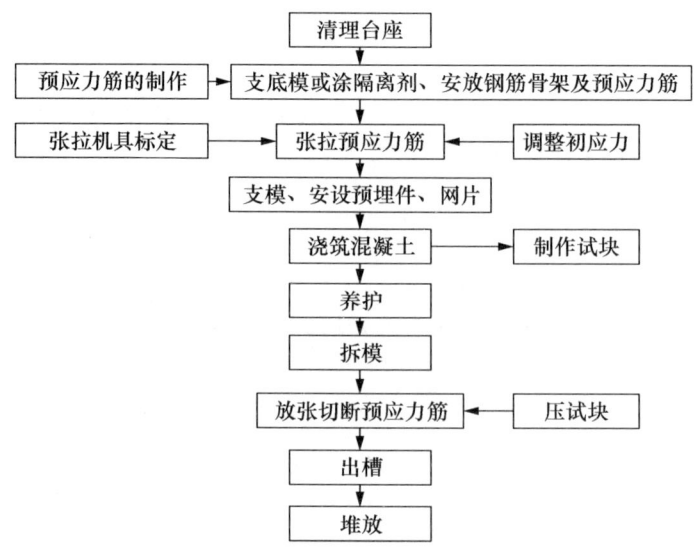

图 8-4-16 先张法预应力施工工艺流程

(1) 预应力筋下料

先张法长线台座上的预应力筋,可采用钢丝和钢绞线。根据张拉装置不同,可采取单根张拉方式和整体张拉方式。预应力筋下料长度(图 8-4-17)按下式计算,即

$$L = l_1 + l_2 + l_3 - l_4 - l_5 \tag{8-1}$$

式中　l_1——长线台座长度;

l_2——张拉装置长度(含外露预应力筋长度);

l_3——固定端所需长度;

l_4——张拉端工具式拉杆长度;

l_5——固定端工具式拉杆长度。

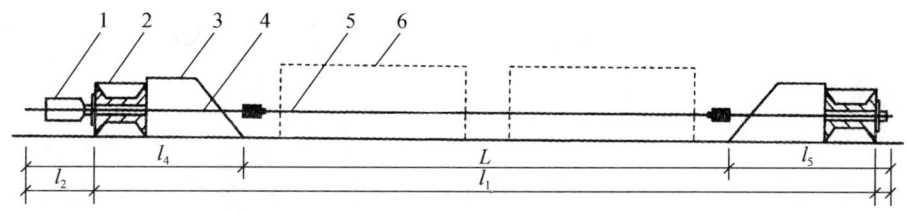

图 8-4-17　预应力钢筋下料长度计算简图

1—张拉装置;2—钢横梁;3—台座;4—工具式拉杆;5—预应力筋;6—待浇混凝土的构件

如预应力筋直接在钢横梁上张拉与锚固,则可取消 l_4 与 l_5 值。同时,预应力筋下料长度应满足构件在台座上排列要求。

(2) 预应力筋铺设

预应力钢丝和钢绞线下料,应采用砂轮切料机,不得采用电弧切割。铺设预应力筋前应在台座、模板上涂刷隔离剂,且隔离剂不应沾污预应力筋,以免影响与混凝土的黏结。若施工时预应力筋遭受污染;应使用适宜的溶剂加以清洗。

预应力钢丝宜用牵引车铺设。如果钢丝需要接长,可借助于钢丝拼接器用 20~22 号铁丝密排绑扎(图 8-4-18)。绑扎长度:对冷拔低碳钢丝不应小于 $40d$,对冷轧带肋钢筋不应小于 $45d$;对刻痕钢丝不应小于 $80d$。钢丝搭接长度应比绑扎长度大 $10d$(d 为钢丝直径)。预应力筋与工具式螺杆连接时,可采用套筒式连接器(图 8-4-19)。

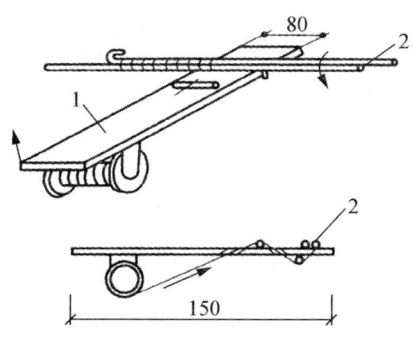

图 8-4-18　钢丝拼接器

1—拼接器;2—钢丝

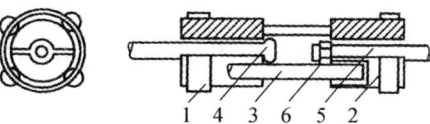

图 8-4-19　套筒式连接器

1—钢圈;2—半圆形套筒;3—连接钢筋;
4—钢丝;5—螺杆;6—螺母

(3) 预应力筋的张拉

预应力筋的张拉应根据设计要求采用合适的张拉方法、张拉顺序及张拉程序进行，并应有可靠的质量保证措施和安全技术措施。

① 张拉控制应力。张拉时的控制应力应符合设计规定。控制应力的数值大小影响预应力的效果。控制应力高，建立的预应力值则大，但控制应力过高，预应力筋处于高应力状态，不论对施工还是结构使用均不利。此外，施工中为减少由于松弛等原因造成的预应力损失，一般要进行超张拉，如果原定的控制应力过高，再加上超张拉就可能使钢筋的应力超过允许张拉控制应力。因此，预应力筋的张拉控制应力不宜超过表8-4-1的数值。同时，为了充分发挥预应力筋的作用，克服预应力损失，预应力筋的最低张拉控制应力不应小于 $0.4f_{ptk}$。

表8-4-1 张拉控制应力限值

钢筋种类	张拉方法	
	先张法	后张法
消除应力钢丝，钢绞线	$0.75f_{ptk}$	$0.75f_{ptk}$
热处理钢丝	$0.70f_{ptk}$	$0.65f_{ptk}$

注：f_{ptk} 为预应力筋极限抗拉强度标准值。在下列情况下，表中数值允许提高 $0.05f_{ptk}$：
　① 为了提高构件制作、运输及吊装阶段的抗裂度而设置在使用阶段受压区的预应力钢筋；
　② 为了部分抵消由于应力松弛、摩擦、钢筋分批张拉以及预应力钢筋与张拉台座之间的温差因素产生的预应力损失。

预应力钢绞线的张拉力一般采用伸长值校核。张拉时预应力筋的理论伸长值与实际伸长值的允许偏差为 ±6%。预应力钢丝张拉时，伸长值不做校核，而是锚固后，采用内力测定仪检查钢丝的预应力值。其偏差不得大于或小于设计规定相应阶段预应力值的 5%。

② 张拉程序。张拉预应力筋可单根进行也可以多根成组同时进行。同时张拉多根预应力筋时，应预先调整各预应力筋的初应力，以保证张拉后各预应力筋的应力一致。

预应力钢筋的张拉程序一般可按下列程序之一进行（σ_{con} 为张拉控制应力）：

$$0 \rightarrow 1.05\sigma_{con}（持荷 2\ min）\rightarrow \sigma_{con}$$

或 $$0 \rightarrow 1.03\sigma_{con}$$

在第一种张拉程序中，超张拉5%并持荷2min，目的是加速应力松弛的早期发展，减少应力松弛引起的预应力损失（约减少50%）。在第二种张拉程序中，超张拉3%，目的是弥补应力松弛引起的预应力损失。

预应力钢丝宜采用一次张拉程序：

$$0 \rightarrow 1.03 \sim 1.05\sigma_{con} 锚固$$

预应力钢绞线根据具体情况可采用不同的张拉程序。

对单根张拉：$0 \rightarrow \sigma_{con}$。

对整体张拉：$0 \rightarrow 初应力调整 \rightarrow \sigma_{con}$ 锚固。

其中 σ_{con} 为预应力筋的张拉控制应力。

成组张拉时，应预先调整初应力，以保证张拉时每根钢筋（丝）的应力均匀一致，初应力值一般取 10% σ_{con}。

建立超张拉程序的目的是为了减少由于锚固、混凝土收缩徐变、预应力筋应力松弛、弹性压缩及孔道摩擦产生的损失。采用超张拉的施工方法可有效减少这些损失。

在张拉预应力筋的施工中应当注意以下事项。

a. 应首先张拉靠近台座截面重心处的预应力筋,以避免台座承受过大的偏心力。

b. 张拉机具与预应力筋应在同一条直线上,张拉时应以稳定的速率逐渐加大拉力。

c. 拉到规定应力顶紧锚塞时用力不要过猛,以防钢丝折断。

d. 拧紧螺母时应时刻观察压力表上的读数,始终保持所需要的张拉力。

e. 预应力筋张拉完毕后与设计位置的偏差不得大于 5 mm,且不得大于构件截面最短边长的 4%。

f. 同一构件中,各预应力筋的应力应均匀,其偏差的绝对值不得超过设计规定的控制应力值的 5%。

g. 台座两端应有防护设施,沿台座长度方向每隔 4~5 m 放一个防护架。张拉钢筋时两端严禁站人,也不准进入台座。

(4) 混凝土浇筑与养护

预应力筋张拉完毕后即应浇筑混凝土。混凝土的浇筑应一次完成,不允许留设施工缝。预应力混凝土构件浇筑时必须振捣密实(特别是在构件的端部),以保证预应力筋与混凝土之间的黏结力。

采用平卧叠浇法制作预应力混凝土构件时,其下层构件混凝土的强度需达到 5 MPa 后,方可浇筑上层构件混凝土并应有隔离措施。

混凝土可采用自然养护或蒸汽养护。但应注意,在台座上用蒸汽养护时,温度升高后,预应力筋膨胀而台座的长度并无变化,因此引起预应力筋膨胀松弛而应力减小,这就是温差引起的预应力损失。为了减少这种温差应力损失,应保证混凝土在达到一定的强度之前,温差不能太大(一般不超过20℃),故在台座上采用蒸汽养护时,其最高允许温度应根据设计要求的允许温差(张拉钢筋时的温度与台座温度的差)经计算确定。

振捣混凝土时应注意:振捣器不应触碰预应力筋。混凝土未达到要求强度前,不允许碰撞或踩碰外露的预应力筋。

(5) 预应力筋放张

预应力筋的放张过程是预应力的传递过程,是先张法构件能否获得良好质量的一个重要生产过程。放张应预先确定合理的放张顺序、采用适当的放张方法及相应的技术措施,以免引起构件翘曲、开裂和断筋等现象。

① 放张要求。放张预应力筋时,混凝土强度应符合设计要求后才可放张。当设计无要求时,不得低于设计的混凝土强度的75%。过早放张会引起较大的预应力损失或产生预应力筋的滑动。预应力混凝土构件在预应力筋放张前要对浇筑混凝土时留置的试块进行试压,以确定混凝土的实际强度。

② 放张顺序。预应力筋的放张顺序,应符合设计要求。当设计无规定时,应符合下列规定。

a. 对承受轴心预压力的构件(如压杆、桩等),所有预应力筋应同时放张。

b. 对承受偏心预压力的构件,应先同时放张预压力较小区域的预应力筋,再同时放张预压力较大区域的预应力筋。

c. 当不能按上述规定放张时,应分阶段、对称、相互交错地放张,以防止放张过程中构件发生翘曲、裂纹及预应力筋断裂等现象。

③ 放张方法。预应力筋的放张工作应缓慢进行,防止冲击。对于预应力钢丝混凝土构件,分两种情况放张。配筋不多的预应力钢丝放张采用剪切、割断和熔断的方法自中间向两侧逐根进行,以减少回弹量,利于脱模;配筋较多的预应力钢丝放张采用同时放张的方法,以防止最后的预应力钢丝因应力突然增大而断裂或使构件端部开裂。

对配有较多预应力钢筋的构件,所有钢筋应同时放张,放张可采用楔块或沙箱等装置进行缓慢放张。

a. 楔块放张。楔块装置放置在台座与横梁之间,如图8-4-20(a)所示。放张预应力筋时,旋转螺母使螺杆向上运动,带动楔块向上移动,钢块间距变小,横梁向台座方向移动,便可实现放张预应力筋。楔块放张,一般用于张拉力不大于300 kN的情况。

b. 沙箱放张。沙箱装置放置在台座和横梁之间,它由钢制的套筒和活塞组成,内装石英沙或铁沙,如图8-4-20(b)所示。预应力筋张拉时,沙箱中的沙被压实,承受横梁的反力。预应力筋放张时,将出沙口打开,一沙缓慢流出,从而使预应力筋缓慢地放张。沙箱装置中的沙应采用干沙并选定适宜的级配,防止出现沙被压碎引起流不出的现象或增加沙的孔隙率,使预应力筋的预应力损失增加。采用沙箱放张,能控制放张速度,工作可靠,施工方便。

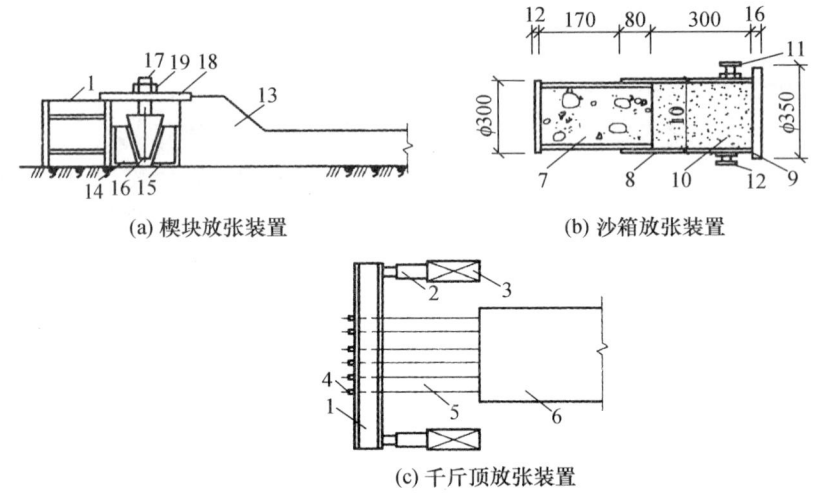

图8-4-20 预应力筋放张装置

1—横梁;2—千斤顶;3—承力架;4—夹具;5—钢丝;6—构件;7—活塞;8—套箱;9—套箱底板;10—沙;11—进沙口;12—出沙口;13—台座;14、15—固定楔块;16—滑动楔块;17—螺杆;18—承力板;19—螺母

c. 钢丝钳或氧炔焰切割放张。对于预应力筋采用钢丝或细钢筋的构件,放张时可以用钢丝钳或氧炔焰切割。对板类构件,应从外向内对称放松,避免构件扭转而端部开裂。

放张预应力筋还可采用千斤顶放张或预热熔割的方法,如图8-4-20(c)所示。

三、后张法施工

后张法施工是在浇筑混凝土构件时,在放置预应力筋的位置处预留孔道,待混凝土达到一定强度(一般不低于设计强度标准值的75%)后,将预应力筋穿入孔道中并进行张拉然后用锚具将预应力筋锚固在构件上，最后进行孔道灌浆。预应力筋承受的张拉力通过锚具传递给混凝土构件，使混凝土产生预压应力。图 8-4-21 所示为预应力混凝土构件的后张法施工示意图。图 8-4-21（a）所示为制作混凝土构件并在预应力筋的设计位置上预留孔道，待混凝土达到规定的强度后，穿入预应力筋进行张拉。图 8-4-21（b）所示为预应力筋的张拉，用张拉机械直接在构件上进行张拉，混凝土同时完成弹性压缩。图 8-4-21（c）所示为预应力筋的锚固和孔道灌浆，预应力筋的张拉力通过构件两端的锚具，传递给混凝土构件，使其产生预压应力，最后进行孔道灌浆和封锚。

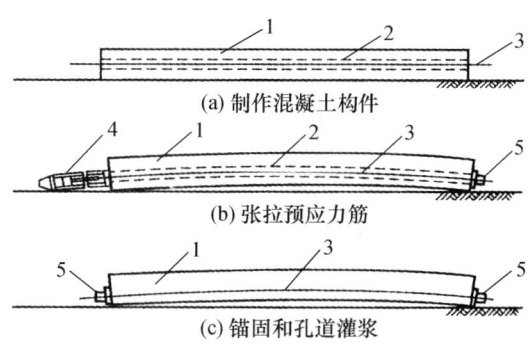

图 8-4-21　后张法施工示意图
1—混凝土构件；2—预留孔道；
3—预应力筋；4—千斤顶；5—锚具

后张法施工由于直接在混凝土构件上进行张拉，故不需要固定台座设备，不受地点限制，适用于在施工现场生产大型预应力混凝土构件，特别是大跨度构件。后张法的施工工序较多，工艺复杂，锚具作为预应力筋的组成部分，将永远留置在预应力混凝土构件上，不能重复使用，增加了用钢量和投资成本。

后张法施工常用的预应力筋有单根钢筋、钢筋束、钢绞线等。

（一）锚具和张拉机械

1. 锚具

在后张法中预应力筋的锚具与张拉机械是配套使用的，不同类型的预应力筋形式，采用不同的锚具。由于后张法构件预应力的传递靠锚具，因此，锚具必须具有可靠的锚固性能、足够的刚度和强度储备，而且要求构造简单、施工方便、预应力损失小、价格便宜。

（1）单根粗钢筋锚具

① 螺丝端杆锚杆。螺丝端杆锚杆由螺丝端杆、螺母和垫片三部分组成，用于张拉端，如图 8-4-22 所示。与之配套的张拉设备有 YL—60 型拉杆式千斤顶或 YC—60 型、YC—20 型及 YC—18 型穿心式千斤顶。

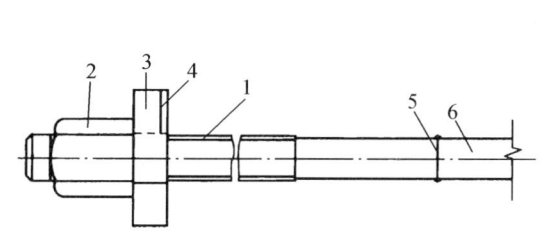

图 8-4-22　螺丝端杆锚杆
1—螺丝端杆；2—螺母；3—垫板；
4—排气槽；5—对焊接头；6—冷拉钢筋

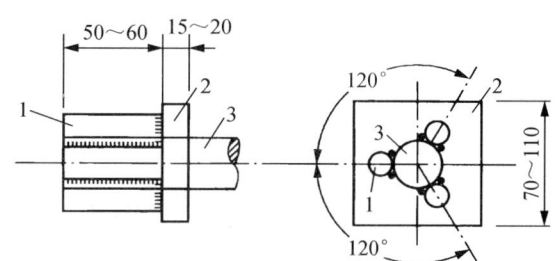

图 8-4-23　帮条锚具
1—帮条；2—衬板；3—预应力钢筋

② 帮条锚具。帮条锚具由 3 根帮条和衬板组成，用于非张拉端。帮条采用与预应力筋同级别的钢筋，衬板选用普通低合金钢的钢板。帮条锚具的 3 根帮条应成 120°均匀布置，并垂直于衬板与预应力筋焊接牢固，如图 8-4-23 所示，帮条焊接应在冷拉前完成。

③ 镦头锚具。单根粗钢筋镦头锚具通常直接在预应力筋端部热镦、冷镦或锻打成型，用于非张拉端，如图 8-4-24 所示。

（2）预应力钢筋束锚具

① JM12 型锚具。JM12 型锚具由锚环和夹片组成，JM12 型锚具是一种利用楔块原理锚固多根预应力筋的锚具，在锚固时钢筋或钢绞线束被单根夹紧，不受直径误差影响，且预应力筋是在呈直线状态下被张拉和锚固的，受力性能好。JM12 型锚具宜选用 YC—60 型穿心式千斤顶张拉。

② KT—Z 型锚具。KT—Z 型锚具是可锻铸铁锥形锚具，由锚环、锚塞组成，其构造如图 8-4-25 所示，适用于锚固 ϕ12 钢筋束和钢绞线束。KT—Z 型锚具用于螺纹钢筋束时，宜用锥锚式双作用千斤顶张拉；当用于钢绞线束时，则用 YC—60 型双作用千斤顶张拉。

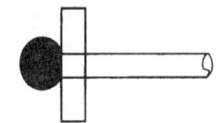

图 8-4-24　单根粗钢筋镦头锚具

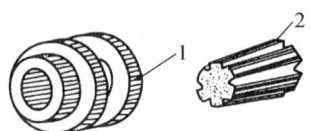

图 8-4-25　KT—Z 型锚具

1—锚环；2—锚塞

（3）钢丝束锚具

① 钢质锥形锚具。钢质锥形锚具由锚环、锚塞组成，如图 8-4-26 所示。锚环内孔的锥度与锚塞的锥度一致，锚塞上刻有细齿槽，在夹紧钢丝时可防止滑动。它适用于锚固以锥锚式双作用千斤顶张拉的钢丝束。

② 锥形螺杆锚具。锥形螺杆锚具由锥形螺杆、套筒、螺母等组成，如图 8-4-27 所示。适用于锚固 14～28 根直径为 5 mm 的钢丝束。与之配套的张拉设备为 YL—60、YL—90 拉杆式千斤顶，YC—60、YC—90 穿心式千斤顶亦可应用。

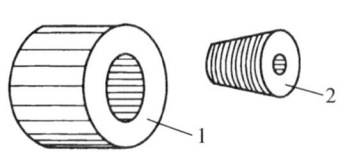

图 8-4-26　钢质锥形锚具

1—锚环；2—锚塞

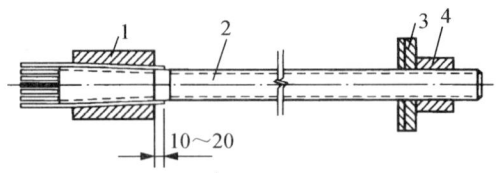

图 8-4-27　锥形螺杆锚具

1—套筒；2—锥形螺杆；3—螺母；4—钢丝束

③ 镦头锚具。镦头锚具适用于锚固任意根数 ϕ5 与 ϕ7 钢丝束。镦头锚具的形式与规格，可按照需要进行设计，常用的镦头锚具分 A 型和 B 型。A 型由锚环和螺母组成，用于张拉端；B 型为锚板，用于非张拉端。

锚环的内外壁均有丝扣，内丝扣用于连接张拉螺丝杆，外丝扣用于拧紧螺母锚固钢丝束。锚环和锚板上均钻空以固定镦头的钢丝，孔数和间距由钢丝根数而定。钢丝用 LD—10 型液压冷镦器进行镦头。钢丝束一端在制束时镦头好，另一端待穿束后镦头，所以构件孔到端部要进行适当的扩孔。在张拉时,张拉螺杆一端与锚环内丝扣连接,另一端与千斤顶的拉头连接,当张拉到控制应力时,锚环被拉出,则拧紧锚环外丝扣上的螺母加以固定。

镦头锚具用穿心式千斤顶或拉杆式千斤顶张拉。

(4) 其他锚具

① XM 型锚具。XM 型锚具由锚板与 3 片夹片组成,是一种新型的锚具,如图 8-4-28 所示。它既适用于锚固钢绞线束,又适用于锚固钢丝束;

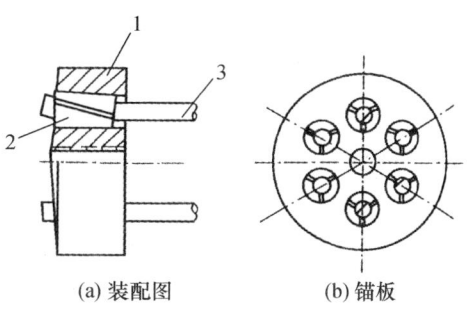

图 8-4-28　XM 型锚具
1—锚板;2—夹片;3—钢绞线

可以锚固单根预应力筋,也可以锚固多根预应力筋,适用于锚固 3~37ϕ15 钢绞线束或 3~12ϕ5 钢丝束。在使用时可单根张拉、逐根锚固,也可成组张拉、成组锚固。XM 锚具可作为工作锚具,也可作为工具锚具。其特点是每根钢绞线都是分开锚固的。

② QM 型锚具。QM 型锚具由锚板与夹片组成,如图 8-4-29 所示,适用于锚固 4~31 ϕ7 和 3~19ϕl5 钢绞线束。QM 型锚具锚固体系配有专门的工具锚,以保证每次张拉后退楔方便,减少安装工具锚所花费的时间。

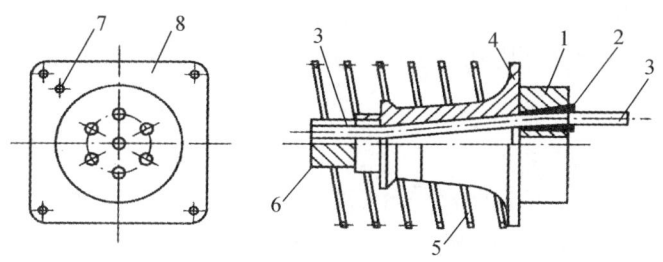

图 8-4-29　QM 型锚具及其配件
1—锚板;2—夹片;3—钢绞线;4—喇叭形铸铁垫板;5—弹簧管;
6—预留孔道用的螺旋管;7—灌浆管;8—锚垫板

③ OVM 型锚具。OVM 型锚具是在 QM 型锚具的基础上,将夹片改为两片,并在夹片背部锯有一条弹性槽,以提高锚固性能。OVM13 型锚具适用于 0.5mm 钢绞线,OVM15 型锚具使用于 0.6mm 钢绞线。

④ BS 型锚具。BS 型锚具适用于锚固 3~55 ϕ15 钢绞线束,锚具采用钢垫板、焊接喇叭管与螺旋筋。灌浆孔设置在喇叭管上,并由塑料管引出,如图 8-4-30 所示。

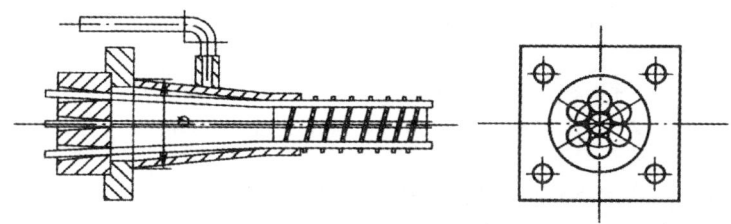

图 8-4-30　BS 锚固体系

(5) 锚具性能与要求

锚具是进行张拉预应力筋和永久固定在预应力混凝土构件上传递预应力的工具。锚具工作可靠、构造简单、施工方便、预应力损失小、成本低。它按锚固性能不同可分为两类。

Ⅰ类：适用于承受动载、静载的预应力混凝土结构。

Ⅱ类：仅适用于有黏结预应力的混凝土结构，且锚具只能处于预应力筋应力变化不大的部位。

锚具除前述要求外，尚应满足下列要求。

① 当预应力筋锚具组装件达到实测极限拉力时，除锚具设计允许的现象外，全部零件不得出现肉眼可见的裂缝或破坏。

② 除能满足分级张拉及补张拉工艺外，宜具有能放松预应力筋的性能。锚具或其附件宜设灌浆孔和排气孔。锚具具有自锁、自锚性能。

（6）锚具检查

锚具进场时，除应按出厂证明文件核对其锚固性能类别、型号、规格及数量外，还应进行下列检查。

① 外观检查：应从每批中抽取10%试件，且不少于10套，检查外观尺寸，如果有一套不合格，则双倍取样，如果仍有不合格，则应逐套检查。

② 硬度检验：每批中抽取5%试件，且不少于5套，对其中有硬度要求的零件做硬度试验，每个零件测3遍，如果有一个不合格，则双倍取样，如果仍有不合格，则逐个检查。

③ 静载锚固性能试验：经上述两项试验后，从同批中取6套组装成3个预应力筋锚具组装件进行试验，如果不合格则双倍取样，如果仍有不合格，则该批不合格。

2. 张拉机械

（1）拉杆式千斤顶

拉杆式千斤顶适用于张拉以螺丝端杆锚具为张拉锚具的粗钢筋，张拉以锥形螺杆锚杆为张拉锚具的钢丝束，张拉以DM5A型镦头锚具为张拉锚具的钢丝束。拉杆式千斤顶的构造及工作过程如图8-4-31所示。

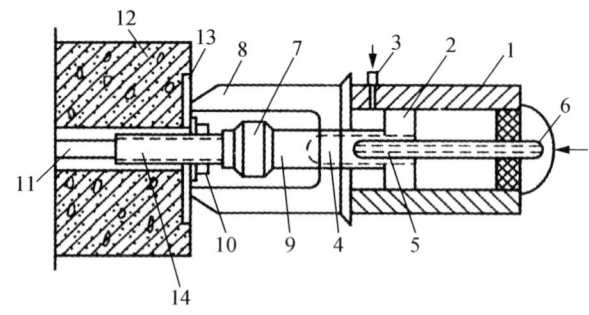

图8-4-31　拉杆式千斤顶的构造及工作过程

1—主缸；2—主缸活塞；3—主缸油嘴；4—副缸；5—副缸活塞；6—副缸油嘴；
7—连接器；8—顶杆；9—拉杆；10—螺母；11—预应力钢筋；
12—混凝土构件；13—预埋钢板；14—螺丝端杆

拉杆式千斤顶在张拉预应力筋时，首先使连接器与预应力筋的螺丝端杆相连接，顶杆支承在构件端部的预埋钢板上。当高压油进入主缸时，推动主缸活塞向左移动，并带动拉杆和连接器以及螺丝端杆同时向左移动，对预应力筋进行张拉。当达到张拉力时，拧紧预应力筋的螺帽，将预应力筋锚固在构件的端部。高压油再进入副缸，推动副缸使主缸活塞和拉杆向右移动，使其恢复初始位置。此时主缸的高压油流回高压油泵中去，完成一次张拉过程。

拉杆式千斤顶构造简单、操作方便、应用范围较广。拉杆式千斤顶的张拉力有 400 kN、600 kN 和 800 kN 共 3 级，张拉行程为 150 mm。

（2）YC—60 型穿心式千斤顶

YC—60 型穿心式千斤顶适用于张拉各种形式的预应力筋，是目前我国预应力混凝土构件施工中应用最为广泛的张拉机械。YC—60 型穿心式千斤顶加装撑脚、张拉杆和连接器后，就可以张拉以螺丝端杆锚具为张拉锚具的单根粗钢筋，张拉以锥形螺杆锚具和 DM5A 型镦头锚具为张拉锚具的钢丝束。

YC—60 型穿心式千斤顶，沿千斤顶的轴线有一直通的穿心孔道，供穿过预应力筋之用。沿千斤顶的径向，分内外两层工作油缸，外层为张拉油缸，工作时张拉预应力筋，内层为顶压油缸，工作时进行锚具的顶压锚固。YC—60 型穿心式千斤顶既能张拉预应力筋，又能顶压锚具锚固预应力筋，故又称为穿心式双作用千斤顶，如图 8-4-32 所示。

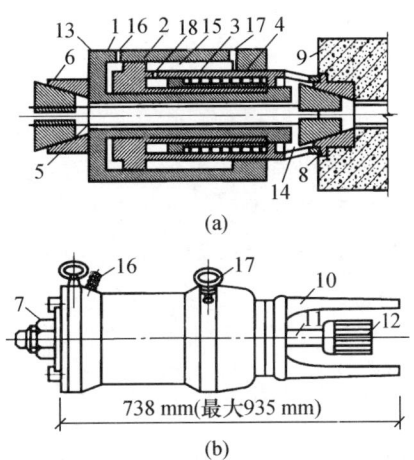

图 8-4-32　穿心式千斤顶构造及工作原理图
1—张拉油缸；2—顶压油缸（张拉活塞）；3—顶压活塞；
4—弹簧；5—预应力筋；6—工具锚；7—螺母；8—锚环；
9—构件；10—撑脚；11—张拉杆；12—连接器；
13—张拉工作油室；14—顶压工作油室；
15—张拉回程油室；16—张拉缸油嘴；
17—顶压缸油嘴；18—油孔

其张拉工作过程是：首先将安装好锚具的预应力筋穿过千斤顶的中心孔道，利用工具式锚具将预应力筋锚固在张拉油缸的端部。高压油进入张拉油室，张拉活塞顶住构件端部的垫板，使张拉油缸向左移动，从而对预应力筋进行张拉。

其顶压工作过程是：当预应力筋张拉到规定的张拉力时，关闭张拉油缸油嘴，高压油由顶压油缸油嘴经油孔进入顶压工作油室，由于张拉活塞即顶压油缸顶住构件端部的垫板，使顶压活塞向左移动，顶住锚具的夹片或锚塞端面，将其压入到锚环内锚固预应力筋。

其回程是：张拉回程在完成张拉和顶压工作后进行，开启张拉油缸油嘴，继续向顶压油缸油嘴进油，使张拉工作油室回油。由于顶压活塞仍然顶压着夹片或锚塞，顶压工作油室容积不变，这样，张拉回程油室容积逐渐增大，使张拉油缸在液压回程力的作用下，向右移动恢复到原来的初始位置。张拉回程完成后即开始顶压回程，停止高压油泵工作，开启顶压油缸油嘴，在弹簧力的作用下，使顶压活塞回程，并使顶压工作油缸回油卸荷。

YC—60 型穿心式千斤顶的张拉力为 600 kN，张拉行程为 150 mm。

（3）锥锚式双作用千斤顶

锥锚式双作用千斤顶适用于张拉以 KT—Z 型锚具为张拉锚具的钢筋束和钢绞线束，张拉以钢质锥形锚具为张拉锚具的钢丝束。

锥锚式双作用千斤顶的主缸及主缸活塞用于张拉预应力筋，主缸前端缸体上有卡环和销片，用以锚固预应力筋，主缸活塞为一中空筒状活塞，中空部分设有拉力弹簧。副缸和副缸活塞用于顶压锚塞，将预应力筋锚固在构件的端部，设有复位弹簧，如图 8-4-33 所示。

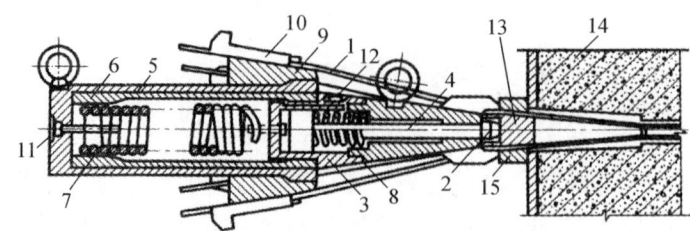

图 8-4-33　锥锚式千斤顶构造及工作原理

1—预应力筋；2—顶压头；3—副缸；4—副缸活塞；5—主缸；6—主缸活塞；7—主缸拉力弹簧；
8—副缸拉力弹簧；9—锥形卡环；10—楔块；11—主缸油嘴；12—副缸油嘴；13—锚塞；14—构件；15—锚环

其张拉工作过程是：将预应力筋用楔块锚固在锥形卡环上，使高压油经主缸油嘴进入主缸，主缸带动锚固在锥形卡环上的预应力筋向左移动，进行预应力的张拉。

其顶压工作过程是：张拉工作完成后，关闭主缸的油嘴，开启副缸油嘴使高压油进入副缸，由于主缸仍保持着一定的油压，故副缸活塞和顶压头向右移动，顶压锚塞锚固预应力筋。

其回程是：预应力筋张拉锚固后，主、副缸回油，主缸通过本身拉力弹簧的回缩，副缸通过其本身压力弹簧的伸长，将主缸和副缸恢复到原来的初始位置。放松楔块即可拆移千斤顶。

锥锚式双作用千斤顶的张拉力为 300 kN 和 600 kN，最大张拉力为 850 kN，张拉行程为 250 mm，顶压行程为 60 mm。

（二）后张法施工工艺

后张法的施工步骤是先制作构件，预留孔道；待构件混凝土达到规定强度后，再在孔道内穿放预应力筋，预应力张拉并锚固；最后孔道灌浆和封锚。图 8-4-34 所示是后张法制作的工艺流程图。

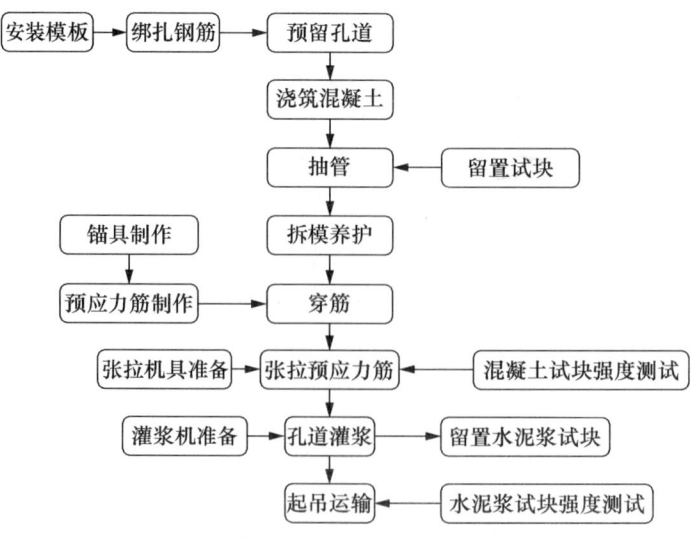

图 8-4-34　后张法施工工艺流程

下面主要介绍孔道的留设、孔道灌浆与封锚和预应力筋的制作等内容。

1. 孔道留设

孔道留设是后张法预应力混凝土构件制作中的关键工序之一。预留孔道的尺寸与位置应正确，孔道应平顺；端部的预埋垫板应垂直于孔道中心线并用螺栓或钉子固定在模板上，以防止浇筑混凝土时发生走动；孔道的直径一般应比预应力筋的外径（包括钢筋对焊接头的外径或需穿入孔道的锚具外径）大 10～15 mm，以利于预应力筋穿入。孔道留设的方法主要有钢管抽芯法、胶管抽芯法和预埋波纹管法等。

（1）钢管抽芯法

钢管抽芯法适用于留设直线孔道。钢管抽芯法是预先将钢管敷设在孔道位置上，用钢筋固定在骨架上，如图 8-4-35 所示，在混凝土浇筑后每隔一定时间慢慢转动钢管，防止它与混凝土粘住，待混凝土初凝后、终凝前抽出钢管形成孔道。选用的钢管要求平直、表面光滑，敷设位置准确；钢管用钢筋井字架固定，间距不宜大于 1.0 m。每根钢管的长度一般不超过 15 m，以便于转动和抽管。钢管两端应各伸出构件外 0.5 m 左右；对于较长的构件可采用两根钢管，中间用套管连接如图 8-4-36 所示。

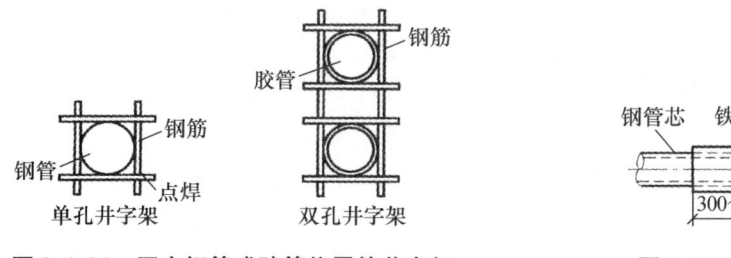

图 8-4-35　固定钢管或胶管位置的井字架　　图 8-4-36　铁皮套管

准确地掌握抽管时间很重要。抽管时间与水泥品种、气温和养护条件有关。抽管宜在混凝土初凝后、终凝以前进行，以用手指按压混凝土表面不显指纹时为宜。抽管过早，会造成塌孔事故；抽管太迟，混凝土与钢管黏结牢固，抽管困难，甚至抽不出来。常温下抽管时间在混凝土浇筑后 3～5 h。抽管顺序宜先上后下进行。抽管方法可分为人工抽管和卷扬机抽管，抽管时必须速度均匀，边抽边转并与孔道保持在一条直线上，抽管后应及时检查孔道情况，并做好孔道清理工作，以防止以后穿筋困难。

留设预留孔道的同时，还要在设计的规定位置留设灌浆孔和排气孔。一般在构件两端和中间每隔 12 m 左右留设一个直径为 20 mm 的灌浆孔，在构件两端各留一个排气孔。留设灌浆孔和排气孔的目的是方便构件孔道灌浆。留设方法是用木塞或白铁皮管。

（2）胶管抽芯法

胶管抽芯法利用的胶管有 5～7 层的夹布胶管或钢丝网胶管，应将它预先敷设在模板中的孔道位置上，胶管每间隔不大于 0.5 m 距离用钢筋井字架予以固定，如图 8-4-34 所示。当采用夹布胶管预留孔道时，混凝土浇筑前夹布胶管内充入高压空气或压力水，工作压力为 600～800 kPa，使管径增大 3 mm 左右，然后浇筑混凝土，待混凝土初凝后放出压缩空气或压力水，使管径缩小和混凝土脱离开，抽出夹布胶管。夹布胶管内充入压缩空气或压力水前，胶管两端应有密封装置，其中一端封闭（见图 8-4-37），另一端设阀门（见图 8-4-38）。当采用钢丝网胶管预留孔道时，预留孔道的方法和钢管相同。由于钢丝网胶管质地坚硬，并具有一定的弹性，抽管时在拉力作用下管径缩小和混凝土脱离开，即可将钢丝网胶管抽出。胶管抽芯法预留孔道，混凝土浇筑后不需要旋转胶管。抽管时应先上后下，先曲后直。胶管抽芯法施工省去了转管工序，又由于胶管便于弯曲，所以胶管抽芯法既适用于直线孔道留设，也适用于曲线孔道留设。

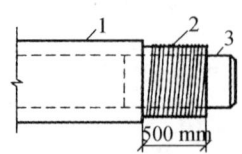

图8-4-37　胶管封端

1—胶管；2—20#扎丝；3—堵头

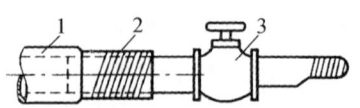

图8-4-38　胶管与阀门连接

1—胶管；2—20#扎丝；3—阀门

胶管抽芯法的灌浆孔和排气孔的留设方法同钢管抽芯法。

（3）预埋波纹管法

预埋波纹管法就是利用与孔道直径相同的金属管埋入混凝土构件中，无须抽出。一般采用铁皮管、薄钢管或铝合金波纹管。

预埋波纹管法因省去抽管工序，且孔道留设的位置、形状也易保证，故目前应用较为普遍。

对波纹管的基本要求：一是在外荷载的作用下，有抵抗变形的能力；二是在浇筑混凝土过程中，水泥浆不得渗入管内。

波纹管的连接采用大一号同型波纹管。接头管的长度为200～300 mm，用塑料热塑管或密封胶带封口。

波纹管的安装应根据预应力筋的曲线坐标在侧模或箍筋上画线，以波纹管底为准。波距为600 mm。钢筋托架应焊在箍筋上，箍筋下面要用垫块垫实。波纹管安装就位后，必须用铁丝将波纹管与钢筋托架扎牢，以防在浇筑混凝土时波纹管上浮而引起质量事故。

灌浆孔与波纹管的连接，如图8-4-39所示。其做法是在波纹管上开洞，其上覆盖海绵垫片与带嘴的塑料弧形压板，并用铁丝扎牢，再用增强塑料管插在嘴上，并将其引出梁顶面400～500 mm。灌浆孔间距不宜大于30 m，孔道的曲线波峰位置宜设置泌水管。

在混凝土浇筑过程中，为防止波纹管偶尔漏浆引起孔道堵塞，应采用通孔器通孔。通孔器由长60～80 mm的圆钢制成，其直径小于孔径10 mm，用尼龙绳牵引。

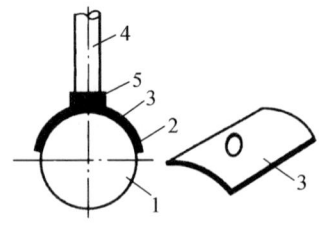

图8-4-39　灌浆孔的留设

1—波纹管；2—海绵垫片；3—塑料弧形压板；4—增强塑料管；5—铁丝绑扎

2. 预应力筋的制作

（1）单根粗钢筋

单根预应力筋可在一端张拉也可在两端张拉。通常情况下张拉端采用螺丝端杆锚具，而非张拉端采用帮条锚具或镦头锚具。

单根粗预应力筋的制作，包括下料、对焊、冷拉、时效、镦粗和轧丝等工序。预应力筋的下料长度应由计算确定，计算时要考虑锚具的种类、对焊接头或镦头的压缩量、张拉伸长值、冷拉的冷拉率和弹性回缩率、构件长度等因素。

螺丝端杆外露在构件孔道外的长度，应根据垫板厚度、螺母高度和拉伸机与螺丝端杆连接所需的长度确定，通常为 120～150 mm。

（2）预应力钢筋束或钢绞线束

预应力钢筋束或钢绞线束用 KT-2 或 JM12。

钢筋束、热处理钢筋和钢绞线是成盘状供应，长度较长，不需要对焊接长。其制作工序包括开盘、下料、编束。

下料时宜用切断机或砂轮锯切断，不得采用电弧切割，钢绞线在切割前，在切口两侧各 50 mm 左右处用铅丝绑扎，以防止钢绞线松散。编束是将钢绞线理顺后，用铅丝每隔 1 m 左右绑扎成束，转筋时要防止扭结。

预应力钢筋束和钢绞线的下料长度与张拉设备和使用的锚具有关。

（3）钢丝束

钢丝束的制作与选用的锚具关系很大，一般有下料、编束和组装锚具等工序。当采用钢质锥形锚具时，预应力钢丝束的制作和下料长度计算，与预应力钢筋束基本相同。当钢丝束选用镦头锚固体系时，如果采用锚环式镦头锚具和锚板式镦头锚具配套使用。

3. 预应力筋的张拉

预应力筋的张拉是制作预应力构件的关键，必须按规范有关规定进行施工。预应力筋张拉时，构件混凝土的强度应符合设计要求，如设计无具体要求时，则不宜低于混凝土标准强度的75%，以确保在张拉过程中，混凝土不至于受压而破坏。对于块体拼装的预应力构件，立缝处混凝土或沙浆的强度如设计无要求时，不应低于块体混凝土设计强度标准值的40%也不得低于 15 MPa，以防在张拉预应力筋时压裂混凝土块体或使混凝土产生过大的弹性压缩。安装张拉设备时，直线预应力筋应使张拉力的作用线与孔道中心线重合；曲线预应力筋应使张拉力的作用线与孔道中心线末端的切线重合。预应力筋张拉、锚固完毕，留在锚具外的预应力筋长度不得小于 30 mm。锚具应用封端混凝土保护，长期外露的锚具应采取防锈措施。

预应力张拉控制应力应符合设计要求，最大张拉控制应力不能超过规定的数值，见表 8-4-1。

（1）张拉方法。由于预应力混凝土结构特点、预应力筋形状与长度以及施工方法不同，预应力筋的张拉方法也不相同。一般有一端张拉和两端张拉两种。一端张拉是将张拉设备放置在预应力筋一端进行张拉；两端张拉是将张拉设备放置在预应力筋两端的张拉方法，当张拉设备不足或由于张拉顺序安排关系，也可先在一端张拉，再在另一端补足张拉力。为了减少预应力筋与孔道摩擦引起的损失，预应力筋张拉端的设置应符合设计要求。当设计无要求时，应符合下列规定。

① 对抽芯成型孔道，曲线预应力筋和长度大于 24 m 的直线预应力筋，应在两端张拉；长度不大于 24 m 的直线预应力筋，可在一端张拉。

② 对预埋波纹管孔道，曲线预应力筋和长度大于 30 m 的直线预应力筋，宜在两端张拉；长度不大于 30 m 的直线预应力筋，可在一端张拉。

③ 竖向预应力筋结构宜采用两端分别张拉，且以下端张拉为主。用双作用千斤顶两端同时张拉钢筋束、钢绞线束或钢丝束时，可先顶压一端的锚塞，而另一端在补足张拉力后再行顶压。

④ 同一截面中有多根一端张拉的预应力筋时，张拉端宜分别设置在结构的两端。当

两端同时张拉同一根预应力筋时，为了减少预应力损失，宜先在一端锚固，再在另一端补足张拉力后进行锚固。

（2）张拉顺序。预应力筋的张拉顺序应符合设计要求，当设计无具体要求时，可采用分批、分阶段对称张拉，以使混凝土不产生超应力、构件不扭转与侧弯、结构不变位等。因此，对称张拉是一项重要原则。同时，还要考虑尽量减少张拉机械的移动次数。

对配有多根预应力筋的预应力混凝土构件，应分批、对称地进行张拉。分批张拉时，要考虑到后批预应力筋张拉时对混凝土产生的弹性压缩而造成前批张拉并锚固好的预应力筋的预应力损失，或采用同一张拉值逐根复位补足。

对于平卧叠浇的预应力混凝土构件，上层构件重量产生的水平摩阻力会阻止下层构件在预应力筋张拉时产生的混凝土弹性压缩的自由变形，待上层构件起吊后，由于摩阻力影响消失，则混凝土弹性压缩的自由变形恢复而引起预应力损失。所以，对于平卧重叠浇筑的构件，宜先上后下逐层进行张拉。为了减少上下层之间因摩阻力引起的预应力损失，可逐层加大张拉力。但底层张拉力，当采用钢丝、钢绞线、热处理钢筋，不宜比顶层张拉力大5%；采用冷拉带肋钢筋不宜比顶层张拉力大9%。当隔层效果较好时可采用同一张拉值。

当预应力筋是逐根或逐束张拉时，应保证各阶段不出现对结构不利的应力状态；同时宜考虑后批张拉预应力紧缩产生的结构构件的弹性压缩对先批张拉预应力筋的影响，确定张拉力。

4. 孔道灌浆和封锚

预应力筋张拉后应随即进行孔道灌浆。孔道灌浆的目的是防止预应力筋锈蚀并增加结构的抗裂性和耐久性。但在采用电热法时孔道灌浆应在钢筋冷却后进行。

孔道灌浆用的水泥浆应具有较大的流动性和较小的干缩性、泌水性（搅拌后3 h的泌水率控制在2%），且强度不应低于20 MPa。灌浆用的水泥宜选用32.5级以上的普通硅酸盐水泥，水灰比控制在0.4～0.45。对于空隙大的孔道，在水泥浆中可适当掺加适量的细沙，为使孔道灌浆密实，可在灰浆中掺入0.005%～0.01%的铝粉或0.25%的木质素磺酸钙。灌浆前用压力水冲洗和湿润孔道。灌浆过程中，可用电动或手动泵进行灌浆，灰浆应缓缓注入，不得中断，灌满孔道封闭气孔后，宜继续加注至0.5～0.6 MPa，并稳定一段时间，以确保孔道灌浆的密实性。对不掺外加剂的灰浆，可采用二次灌浆法来提高灌浆的密实性。

灌浆顺序应先下后上。曲线孔道灌浆宜由最低点注入灰浆，至最高点排气孔排尽空气并溢出浓浆为止。

预应力筋锚固后的外露长度不应小于30 mm，多余部分用砂轮锯切割。锚具应采用封头混凝土保护。封头混凝土的尺寸应大于预埋件尺寸，厚度不小于100 mm。封头处原有的混凝土应凿毛，以增加新旧混凝土的黏结性，封头内应配钢筋网片，混凝土强度应不低于C30。

四、无黏结预应力混凝土施工

无黏结预应力是指在预应力构件中的预应力筋与混凝土没有黏结力，预应力筋的张拉力完全靠构件两端的锚具传递给构件。具体做法是预应力筋表面涂刷涂料并包塑料布（管）后，将其铺设在支好的构件模板内，并浇筑混凝土，待混凝土达到规定强度后进行张拉锚固。无黏结预应力混凝土施工属于后张法施工。

无黏结预应力不需要进行预留孔道、穿筋、灌浆等复杂工作，施工程序简单，加快了施工速度。同时，摩擦力小，且易弯成多跨曲线形，特别适用大跨度的单双向连续多跨曲线配筋梁板结构和屋盖。

无黏结预应力混凝土施工工艺，如图 8-4-40 所示。

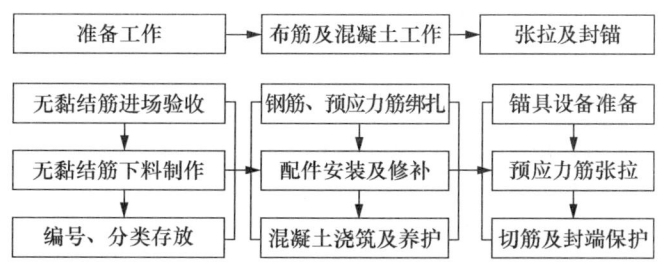

图 8-4-40 无黏结预应力混凝土施工工艺

（一）无黏结预应力筋制作

1. 无黏结预应力筋的组成及要求

无黏结预应力筋主要由预应力钢材、涂料层、外包层和锚具组成，如图 8-4-41 所示。

(a) 无黏结钢绞线束　　(b) 无黏结钢丝束　　(c) 无黏结预应力筋

图 8-4-41　无黏结预应力筋

1—钢绞线；2—沥青涂料；3—塑料布外包层；4—钢丝；5—油脂涂料；6—套管

无黏结预应力筋所用钢材主要有消除应力钢丝和钢绞线。钢丝和钢绞线不得有死弯，有死弯时必须切断，每根钢丝必须通长，严禁有接点。预应力钢筋的下料长度计算，应考虑构件长度、千斤顶长度、镦头预留量、弹性回弹值、张拉伸长值、钢材品种和施工方法等因素。具体计算方法与有黏结预应力筋计算方法基本相同。

预应力筋下料时，宜采用砂轮锯或切断机切断，不得采用电弧切割。钢丝束的钢丝下料应采用等长下料。钢绞线下料时，应在切口两侧用钢丝预先绑扎牢固，以免切割后松散。

涂料层的作用是使预应力筋与混凝土隔离，减少张拉时的摩擦损失，防止预应力筋腐蚀等。常用涂料主要有防腐沥青和防腐油脂。涂料应有较好的化学稳定性和韧性；在 $-20 \sim +70℃$ 温度范围内应不开裂、不变脆、不流淌，能较好地黏附在钢筋上；涂料层应不透水、不吸湿、润滑性好、摩阻力小。

外包层主要由塑料带或高压聚乙烯塑料管制作而成，外包层应在 $-20 \sim +70℃$ 温度范围内不变脆、化学稳定性好，抗破损性强并有足够的韧性，防水性好且对周围材料无侵蚀作用。塑料使用前必须烘干或晒干，以免在成型过程中由于气泡引起塑料表面开裂。

单根无黏结筋在制作时，宜优先选用防腐油脂作为涂料层，外包层应用塑料注塑机注塑成型。外包层与涂油预应力筋之间有一定的间隙，使预应力筋能在塑料套管中任意滑动。成束无黏结预应力筋可用防腐沥青或防腐油脂作为涂料层。当使用防腐沥青时，应用密缠塑料带作为外包层，塑料带各圈之间的搭接宽度应不小于带宽的1/2，缠绕层数不小于4层。

制作好的预应力筋可以直线或盘圆运输、堆放。存放地点应设有遮盖棚，以免日晒雨淋。装卸堆放时，应采用软钢绳绑扎并在吊点处垫上橡胶衬垫，避免塑料套管外包层遭到损坏。

2. 锚具

无黏结预应力构件中，预应力筋的张拉力主要是靠锚具传递给混凝土的，因此无黏结预应力筋的锚具不仅受力比有黏结预应力筋的锚具大，而且承受的是重复荷载。无黏结预应力筋的锚具性能应符合 I 类锚具的规定。

预应力筋为高强度钢丝时，主要是采用镦头锚具，预应力筋为钢绞线时，可采用 XM 型锚具和 QM 型锚具。XN 型锚具和 QM 型锚具可夹持多根 $\phi^s 15$ 或 $\phi^s 12$ 钢绞线，或 $7 mm \times 5 mm$、$7 mm \times 4 mm$ 平行钢丝束，以适应不同的结构要求。

3. 成型工艺

（1）涂包成型工艺。涂包成型工艺可以采用手工操作完成内涂刷防腐沥青或防腐油脂，外包塑料布，也可以在缠纸机上连续作业，完成编束、涂油、镦头、缠塑料布和切断等工序。无黏结预应力筋缠纸工艺流程如图 8-4-42 所示。

无黏结预应力筋制作时，钢丝放在放线盘上，穿过梳子板汇成钢丝束，通过油枪均匀涂油后穿入锚环，用冷镦机冷镦锚头；带有锚环的成束钢丝用牵引机向前牵引，同时开动装有塑料条的缠纸转盘，钢丝束一边前进一边进行缠绕塑料布条工作。当钢丝束达到需要长度后，进行切割，成为一段完整的无黏结预应力筋。

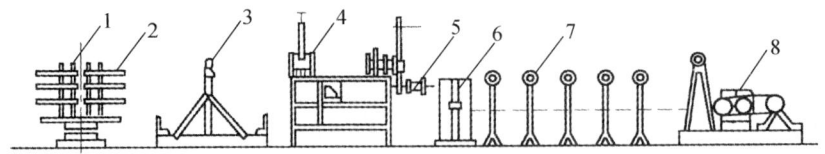

图 8-4-42　无黏结预应力筋缠纸工艺流程
1—放线盘；2—盘圆钢丝；3—梳子板；4—油枪；5—塑料布卷；
6—切断机；7—滚道台；8—牵引装置

（2）挤压涂塑工艺。挤压涂塑工艺主要是钢丝通过涂油装置涂油，涂油钢丝束通过塑料挤压机涂刷聚乙烯或聚丙烯塑料薄膜，再经冷却筒模成型塑料套管。挤压涂塑工艺涂包质量好，生产效率高，适用于大规模生产的单根钢绞线和 7 根钢丝束。挤压涂塑工艺流水线如图 8-4-43 所示。

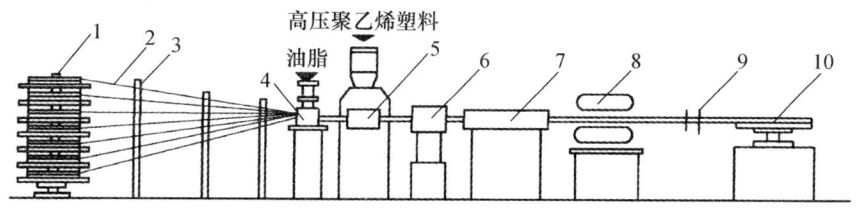

图 8-4-43 挤压涂层工艺流水线
1—放线盘；2—钢丝；3—梳子板；4—给油装置；5—塑料挤压机机头；
6—风冷装置；7—水冷装置；8—牵引机；9—定位支架；10—收线盘

（二）无黏结预应力筋铺设、张拉及锚头部处理

1. 预应力筋的铺设

无黏结预应力筋铺设前应检查外包层的完好程度，对有轻微破损的，应用塑料袋包好；对破损严重的，应予以报废。双向预应力筋铺设时，应先铺设下面的预应力筋，再铺设上面的预应力筋，以免预应力筋相互穿插。

无黏结预应力筋应严格按设计要求的曲线形状就位固定牢固。可用短钢筋或混凝土垫块等架起控制标高，再用钢丝绑扎在非预应力筋上。绑扎点的间距不大于 1 m，钢丝束的曲率控制可用铁马凳控制，马凳间距不宜大于 2 m。

2. 预应力筋的张拉

预应力筋张拉时，混凝土的强度应符合设计要求；当设计无要求时，混凝土的强度应达到设计强度的 75% 方可开始张拉。

张拉程序一般采用 0→103% σ_{con}，以减少无黏结预应力筋的松弛损失。

张拉顺序应根据预应力筋的铺设顺序进行，先铺设的先张拉，后铺设的后张拉。

当预应力筋的长度小于 25 m 时，宜采用一端张拉；当长度大于 25 m 时，宜采用两端张拉；当长度超过 50 m 时，宜采取分段张拉。

预应力平板结构中，预应力筋一般很长，如何减少摩阻损失值是一个重要的问题。影响摩阻损失值的主要因素是润滑介质、外包层和预应力筋的截面形式。其中，润滑介质和外包层的摩阻损失值对一定的预应力束而言是个定值，相对稳定；而截面形式则影响较大，不同的截面形式其离散性也不同，但如能保证截面形状在全长内一致，则其摩阻损失值就能在很小范围内波动。否则，因局部阻塞就可能导致其损失值无法测定。摩阻损失值可用标准测力计或传感器等测力装置进行测定。施工时，为降低摩阻损失值，宜采用多次重复张拉工艺。成束无黏结预应筋正式张拉前，一般先用千斤顶往复抽动 1~2 次；张拉过程中，严防钢丝被拉断，要控制同一截面的断裂根数不得大于总根数的 2%。

预应力筋的张拉长值应按设计要求进行控制。

3. 预应力筋的端部处理

（1）张拉端部处理

预应力筋的端部处理取决于无黏结筋和锚具的种类。

锚具的位置通常是混凝土的端面缩进一定的距离，前面做成一个凹槽，待预应力筋张

拉锚固后，将外伸在锚具外的钢绞线切割到规定的长度（即要求露出夹片锚具外的长度不小于30 mm）；然后在槽内壁涂以环氧树脂类胶黏剂，以加强新老材料间的粘接；再用后浇膨胀混凝土或低收缩防水沙浆或环氧沙浆密封。

在对凹槽填浇沙浆或混凝土前，应预先对无黏结筋的端部和锚具夹持部分进行防潮、防腐封闭处理。

无黏结预应力筋采用钢丝束镦头锚具时，其镦头锚固系统张拉端如图8-4-44所示，其中塑料套筒供钢丝束张拉时锚环从混凝土中拉出来用；软塑料管是用来保护无黏结钢丝末端因穿锚具而损坏的塑料管。无黏结钢丝的锚头防腐处理应特别重视，当锚环被拉出后，塑料套筒内产生空隙，必须用油枪通过锚环的注油孔向套筒内注满防腐油脂，灌油后将外露锚具封闭好，避免长期与大气接触造成锈蚀。

采用无黏结钢绞线夹片锚具时，张拉端头构造简单，无须另加设施。张拉端头钢绞线的预留长度不小于150 mm，多余的应割掉；然后在锚具及承压板表面涂以防水涂料，再进行封闭。锚固区可以用后浇筑的钢筋混凝土圈梁封闭，将锚具外伸的钢绞线散开打弯，埋在圈梁内加强锚固，如图8-4-45所示。

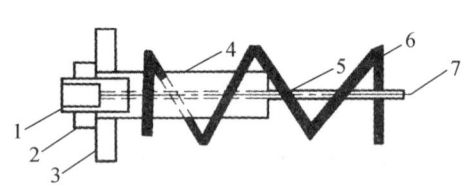

图8-4-44　镦头锚固系统张拉端
1—锚环；2—螺母；3—承压板；4—塑料套筒；
5—软塑料管；6—螺旋筋；7—无黏结预应力筋

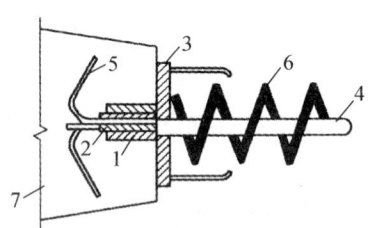

图8-4-45　夹片式锚具张拉端处理
1—锚环；2—夹片；3—承压板；
4—无黏结预应力筋；5—散开打弯钢丝；
6—螺旋筋；7—后浇筑混凝土

（2）固定端处理

无黏结筋的固定端可设置在构件内。当采用无黏结钢丝束时，固定端可采用扩大的镦头锚板，并用螺旋筋加强，如图8-4-46(a) 所示。施工中如端头无配筋时，需要配置构造钢筋，使固定端板与混凝土之间有可靠的锚固性能。当采用无黏结钢绞线时，锚固端可采用压花成型，如图8-4-46(b) 所示。埋置在设计部位，这种做法的关键是张拉前锚固端的混凝土强度等级必须达到设计强度（≥C30）才能形成可靠的黏结式锚头。

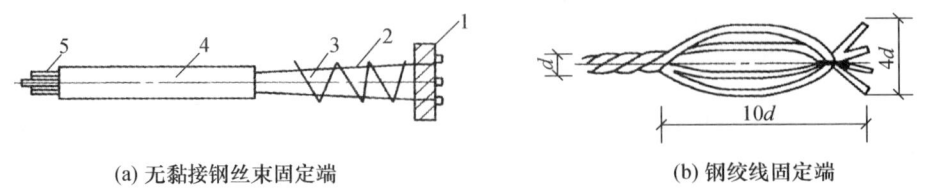

(a) 无黏接钢丝束固定端　　　　(b) 钢绞线固定端

图8-4-46　无黏结预应力筋固定端
1—锚板；2—钢丝；3—螺旋筋；4—软塑料管；5—无黏结钢丝束

课题五 钢筋混凝土结构安装工程

一、起重机具

(一) 桅杆式起重机

在建筑工程中常用的桅杆式起重机有独脚拔杆、人字拔杆、悬臂拔杆和牵缆式桅杆起重机等,见图 8-5-1。这类起重机适于在比较狭窄工地上使用,受地形限制小。桅杆式起重机具有制作简单,装拆方便,起重量大的特点,特别是大型构件吊装缺少大型起重机械时,这类起重设备更显示了它的优越性。但这类起重机需设较多的缆风绳,移动较困难,灵活性也较差。所以,桅杆式起重机一般多用于缺乏其他起重机械或安装工程量比较集中,而构件又较重的工程。一般情况下用电源作动力,无电源时,可用人工绞盘。

1. 独脚拔杆

独脚拔杆按制作的材料分类有木独脚拔杆、钢管独脚拔杆和格构式独脚拔杆。

木独脚拔杆起重高度一般为 8~15 m,起重量在 10 t(100 kN)以内;钢管独脚拔杆起重高度在 30 m 以内,起重量可达 30 t(300 kN);格构式独脚拔杆起重高度可达 70~80 m,起重量可达 100 t(1000 kN)。

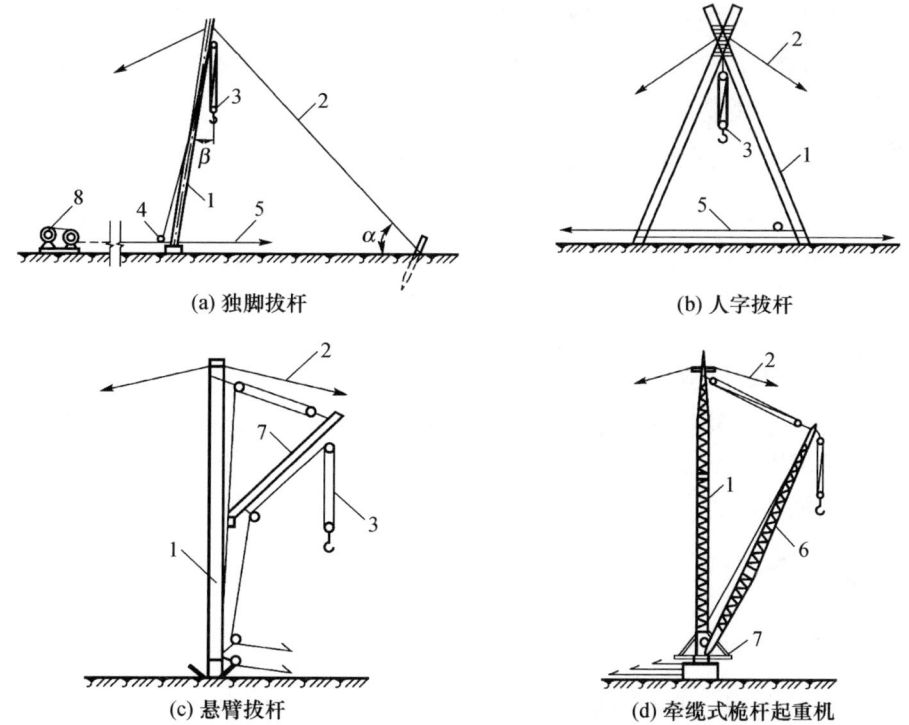

(a) 独脚拔杆　　(b) 人字拔杆

(c) 悬臂拔杆　　(d) 牵缆式桅杆起重机

图 8-5-1　桅杆式起重机构造

1—拔杆;2—缆风绳;3—滑车组;4—导向装置;5—拉绳;
6—起重臂;7—卷扬机

2. 人字拔杆

人字拔杆一般是由两根圆木或两根钢管用钢丝绳绑扎或铁件铰接而成的，两杆夹角一般为20°～30°，底部设有拉杆或拉绳，以平衡水平推力，拔杆下端两脚的距离约为高度的 1/3～1/2。

3. 悬臂拔杆

悬臂拔杆是在独脚拔杆的中部或 2/3 高度处装一根起重臂而成。其特点是起重高度和起重半径都较大，起重臂左右摆动的角度也较大，但起重量较小，多用于轻型构件的吊装。

4. 牵缆式桅杆起重机

牵缆式桅杆起重机是在独脚拔杆下端装一根起重臂而成。这种起重机的起重臂可以起伏，机身可回转 360°，可以在起重机半径范围内把构件吊到任何位置。用角钢组成的格构式截面杆件的牵缆式起重机，桅杆高度可达 80 m，起重量可达 60 t 左右。牵缆式桅杆起重机要设缆风绳，比较适用于构件多且集中的工程。

（二）自行式起重机

自行式起重机可分为履带式起重机、汽车式起重机与轮胎式起重机。下面介绍履带式起重机。

履带式起重机是一种具有履带行走装置的全回转起重机，它利用两条面积较大的履带着地行走，由行走装置、回转机构、机身及起重臂等部分组成。

1. 履带式起重机的常用型号及性能

在混凝土结构安装工程中，常用的履带式起重机有 W1-50 型、W1-100 型、W1-200 型及一些进口机型。

2. 履带式起重机的稳定性验算

履带式起重机的主要技术性能包括三个主要参数：起重量 Q、起重半径 R、起重高度 H。

履带式起重机超载吊装时或由于施工需要而接长起重臂时，为保证起重机的稳定性，保证在吊装中不发生倾覆事故需进行整个机身在作业时的稳定性验算。验算后，若不能满足要求，则应采用增加配重等措施。

汽车式起重机、轮胎式起重机和塔式起重机详见单元一的相关内容，这里不再赘述。

二、索具设备

（一）卷扬机

在建筑施工中常用的电动卷扬机有快速和慢速两种。快速电动卷扬机（JJK 型）主要用于垂直、水平运输和打桩作业，慢速电动卷扬机（JJM 型）主要用于结构吊装、钢筋冷拉和预应力钢筋张拉作业。常用的电动卷扬机的牵引能力一般为 1～10 t（10～100 kN）。卷扬机在使用时必须作可靠的锚固，以防止在工作时产生滑移或倾覆。根据牵引力的大小，卷扬机的固定方法有四种，如图 8-5-2 所示。

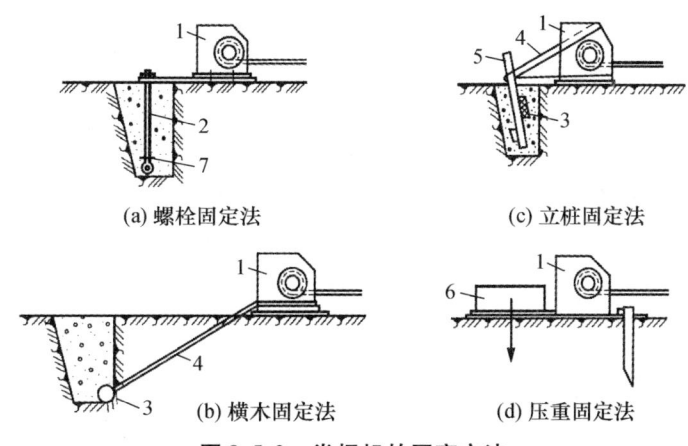

(a) 螺栓固定法　　　(c) 立桩固定法

(b) 横木固定法　　　(d) 压重固定法

图 8-5-2　卷扬机的固定方法
1—卷扬机；2—地脚螺栓；3—横木；4—拉索
5—木桩；6—压重；7—压板

卷扬机的安装与使用：

（1）卷扬机的安装位置一般应选择在地势稍高、地基坚实之处，以防积水和保持卷扬机的稳定。卷扬机与构件起吊点之间的距离应大于起吊高度，以便机械操作人员观察起吊情况。

（2）卷扬机卷筒中心应与前面第一个导向滑车中心线垂直，两者之间的距离 L 应不小于卷筒长度的 15 倍，即当绳索绕到卷筒两边时，倾斜角 α 不大于 2°。以免钢丝绳与导向滑车的滑轮槽边缘产生过分的摩擦而磨损钢丝绳。见图 8-5-3。

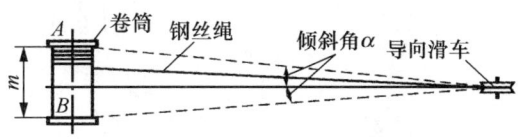

图 8-5-3　卷扬机的布置

（3）卷扬机必须加以固定，防止在使用过程中滑动或倾覆。常用的方法是用锚桩阻滑、重物压稳，见图 8-5-4。

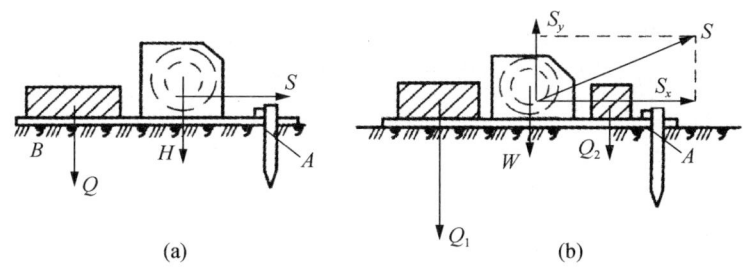

图 8-5-4　卷扬机的防滑防倾固定

（二）滑轮组

滑轮组是由一定数量的定滑轮和动滑轮及绕过它们的绳索（钢丝绳）组成的简单起重工具。它既省力又能改变力的方向。

1. 种类

滑轮组根据引出绳引出的方向不同，可分以下几种。

（1）引出绳自动滑轮引出，用力方向与重物的移动方向一致，见图8-5-5(a)。

（2）引出绳自定滑轮引出，用力方向与重物的移动方向相反，见图8-5-5(b)。

（3）双联滑轮组，多用于门数较多的滑轮，有两根引出绳。它的优点是：速度快，滑轮受力比较均匀，避免发生自锁现象，见图8-5-5(c)。

用滑轮组起吊重物时，引出绳一般是自定滑轮引出。此时，滑轮组钢丝绳固定端的位置，视滑轮组的滑轮总数而定，总数为单数时，固定在动滑轮上，总数为偶数时，固定在定滑轮上。

滑轮组的名称由组成滑轮组的定滑轮数和动滑轮数来表示的，如由四个定滑轮和四个动滑轮组成的滑轮组称为"四、四"滑轮组；由五个定滑轮和四个动滑轮组成的滑轮组称为"五、四"滑轮组，其余类推。

2. 滑轮组的计算

利用滑轮组起重，可根据穿绕动滑轮的绳子根数确定其省力情况，绳子根数越多，越省力。图8-5-6所示的滑轮组，穿绕动滑轮的绳子有四根，即重物Q由四根绳子负担，每根绳的拉力等于$Q/4$，也即是引出绳的拉力等于重物的1/4。

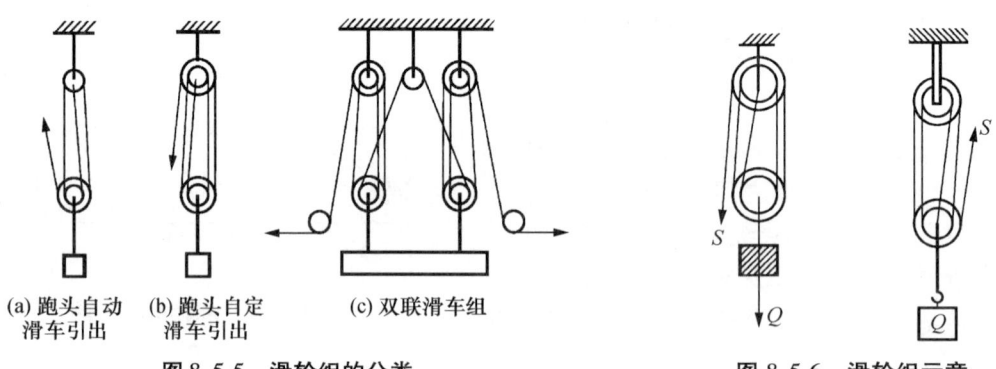

(a) 跑头自动滑车引出　　(b) 跑头自定滑车引出　　(c) 双联滑车组

图 8-5-5　滑轮组的分类　　　　图 8-5-6　滑轮组示意

（三）钢丝绳

钢丝绳是吊装工作中的常用绳索，它具有强度高、韧性好、耐磨性好等优点。同时，磨损后外表产生毛刺，容易发现，便于预防事故的发生。

1. 构造与种类

（1）钢丝绳的构造

在结构吊装中常用的钢丝绳是由六股钢丝和一股绳芯（一般为麻芯）捻成。每股又由多根直径为0.4～4.0 mm，强度由1400 MPa、1550 MPa、1700 MPa、1850 MPa、2000 MPa的高强钢丝捻成，见图8-5-7。

（2）钢丝绳的种类

钢丝绳的种类很多，按钢丝和钢丝绳股的搓捻方向分类，可分为反捻绳和顺捻绳。

① 反捻绳：每股钢丝的搓捻方向与钢丝股的搓捻方向相反。这种钢丝绳较硬，见图8-5-8(a)、(b)。强度较高，不易松散，吊重时不会扭结旋转，多用于吊装工作中。

② 顺捻绳：每股钢丝的搓捻方向与钢丝股的搓捻方向相同，见图8-5-8(c)、(d)。这种钢丝绳柔性好，表面较平整，不易磨损，但容易松散和扭结卷曲，吊重物时，易使重物旋转，一般多用于拖拉或牵引装置。

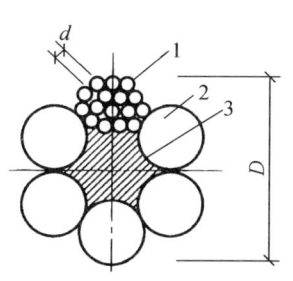
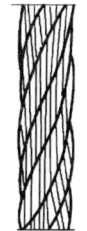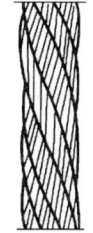

(a) 右交互捻(股向　　(b) 左交互捻(股向　　(c) 右同向捻　　　(d) 左同向捻
　　右捻，丝向左捻)　　　　左捻，丝向右捻)　　(股和丝均向右捻)　(股和丝均向左捻)

图 8-5-7　普通钢丝绳的截面
1—钢丝；2—由钢丝绕成的绳股；
　　3—绳芯

图 8-5-8　钢丝绳的捻法

钢丝绳按每股钢丝根数分类，可分为 6 股 7 丝、7 股 7 丝、6 股 19 丝、6 股 37 丝和 6 股 61 丝等几种。

2. 钢丝绳的安全检查和使用注意事项

钢丝绳使用一定时间后，就会产生断丝、腐蚀和磨损现象，其承载能力就降低了。钢丝绳经检查有下列情况之一者，应予以报废。

（1）钢丝绳磨损或锈蚀达直径的 40% 以上。

（2）钢丝绳整股破断。

（3）使用时断丝数目增加得很快。

（4）钢丝绳每一节距长度范围内，断丝根数不允许超过规定的数值，一个节距系指某一股钢丝搓绕绳一周的长度，约为钢丝绳直径的 8 倍，见图 8-5-9。

钢丝绳直径的正确量法见图 8-5-10。

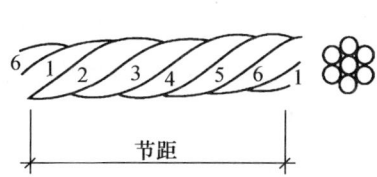

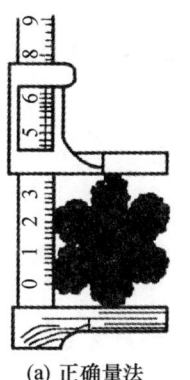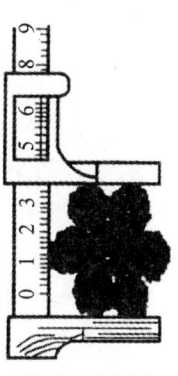

(a) 正确量法　　　　(b) 不正确量法

图 8-5-9　钢丝绳节距的量法
1~6—钢丝绳绳股的编号

图 8-5-10　钢丝绳的量法

钢丝绳的使用注意事项：

（1）使用中不准超载。当在吊重的情况下，绳股间有大量的油挤出时，说明荷载过大，必须立即检查。

（2）钢丝绳穿过滑轮时，滑轮槽的直径应比绳的直径大 1~2.5 mm。

（3）为了减少钢丝绳的腐蚀和磨损，应定期加润滑油（一般以工作时间4个月左右加一次）。存放时，应保持干燥，并成卷排列，不得堆压。

（4）使用旧钢丝绳，应事先进行检查。

（四）吊具

在构件安装过程中，常要使用一些吊装工具，如吊索、卡环、花篮螺丝、横吊梁等。

1. 吊索

主要用来绑扎构件以便起吊，可分为环状吊索（又称万能用索，见图8-5-11(a)）和开式吊索（又称轻便吊索或8股头吊索，见图8-5-11(b)）两种。

吊索是用钢丝绳制成的，因此，钢丝绳的允许拉力即为吊索的允许拉力。在吊装中，吊索的拉力不应超过其允许拉力。吊索拉力取决于所吊构件的重量及吊索的水平夹角，水平夹角应不小于30°，一般用45°～60°。两支吊索的拉力按下式计算（图8-5-12(a)）：

$$P = Q/2\sin\alpha$$

式中　P——每根吊索的拉力（kN）；
　　　Q——吊装构件的重量（kN）；
　　　α——吊索与水平线的夹角。

四支吊索的拉力按下式计算（图8-5-12(b)）：

$$P = Q/2(\sin\alpha + \sin\beta)$$

式中　P——每根吊索的拉力，kN；
　　　α、β——分别为吊索与水平线的夹角。

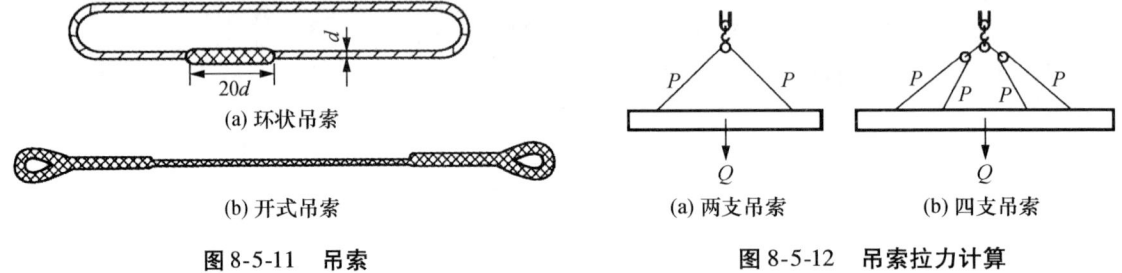

图8-5-11　吊索　　　　　　　　　　图8-5-12　吊索拉力计算

2. 卡环

用于吊索与吊索或吊索与构件吊环之间的连接。它由弯环和销子两部分组成，按销子与弯环的连接形式分为螺栓式卡环和活络式卡环，见图8-5-13(a)、(b)。活络式卡环的销子端头和弯环孔眼无螺纹，可直接抽出，常用于柱子吊装，见图8-5-13(c)。它的优点是在柱子就位后，在地面用系在销子尾部的绳子将销子拉出，解开吊索，避免了高空作业。

使用活络卡吊装柱子时应注意以下几点。

（1）绑扎时应使柱子起吊后销子尾部朝下，如图8-5-13(c)所示，以便拉出销子。同时要注意，吊索在受力后要压紧销子，销子因受力，在弯环销孔中产生摩擦力，这样销子才不会掉下来。若吊索没有压紧销子，滑到边上去，形成弯环受力，销子很可能会自动掉下来，这是很危险的。

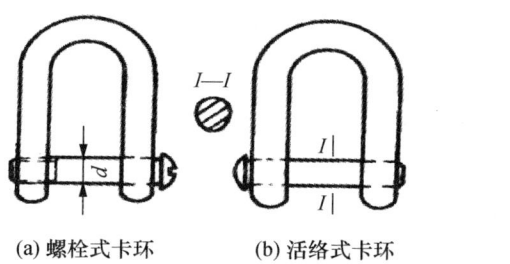

图 8-5-13　卡环及使用

1—吊索；2—活络卡环；3—销子安全绳

（2）在构件起吊前要用白棕绳（直径 10 mm）将销子与吊索的 8 股头（吊索末端的圆圈）连在一起，用铅丝将弯环与 8 股头捆在一起。

（3）拉绳人应选择适当位置和起重机落钩中的有利时机（即当吊索松弛不受力且使白棕绳与销子轴线基本成一直线时）拉出销子。

3. 钢丝绳夹头（卡扣）

轧头（卡子）是用来连接两根钢丝绳的，如图 8-5-14 所示。所以，又叫钢丝绳卡扣。

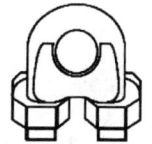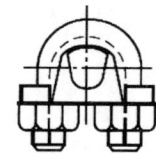

图 8-5-14　轧头（卡子）

钢丝绳卡扣连接方法和要求如下。

（1）钢丝绳卡扣连接法一般常用夹头固定法。通常用的钢丝绳夹头，有骑马式、压板式和拳握式三种，其中骑马式连接力最强；应用也最广，压板式其次，拳握式由于没有底座，容易损坏钢丝绳，连接力也差，因此，只用于次要的地方，如图 8-5-15 所示。

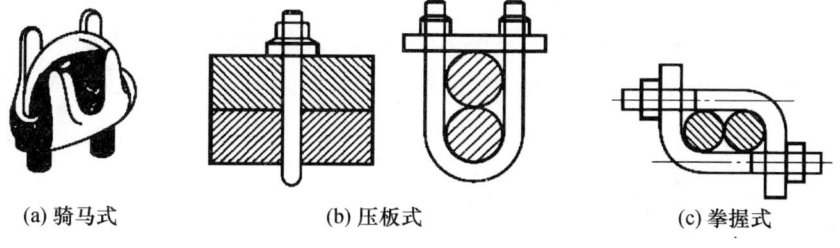

图 8-5-15　钢丝绳夹头

（2）钢丝绳夹头在使用时应注意以下几点。

① 选用夹头时，应使其 U 形环的内侧净距比钢丝绳直径大 1～3 mm，太大了卡扣连接卡不紧，容易发生事故。

② 上夹头时一定要将螺栓拧紧，直到绳被压扁 1/3～1/4 直径时为止，并在绳受力后，再将夹头螺栓拧紧一次，以保证接头牢固可靠。

③ 夹头要一顺排列，U 形部分与绳头接触，不能与主绳接触，如图 8-5-16（a）所示。如果 U 形部分与主绳接触，则主绳被压扁后，受力时容易断丝。

④ 为了便于检查接头是否可靠和发现钢丝绳是否滑动，可在最后一个夹头后面大约 500 mm 处再安一个夹头，并将绳头放出一个"安全弯"，如图 8-5-16（b）所示。这

样，当接头的钢丝绳发生滑动时，"安全弯"首先被拉直，这时就应该立即采取措施处理。

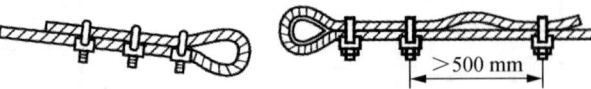

(a) 钢丝绳夹头的安装方法　　(b) 留安全弯的方法

图 8-5-16　安装钢丝绳夹头

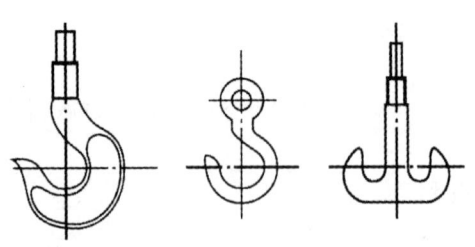

图 8-5-17　吊钩

4. 吊钩

吊钩有单钩和双钩两种，如图 8-5-17 所示。在吊装施工中常用的是单钩，双钩多用于桥式和塔式起重机上。

5. 横吊梁

前面讲过吊索与水平面的夹角越小，吊索受力越大，则其水平分力也就越大，对构件的轴向压力也就越大。当吊装水平长度大的构件时，为使构件的轴向压力不致过大，吊索与水平面的夹角应不小于45°。但是吊索要占用较大的空间高度，增加了对起重设备起重高度的要求，降低了起重设备的使用价值。为了提高机械的利用程度，必须缩小吊索与水平面的夹角，因此而加大的轴向压力，由一金属支杆来代替构件承受，这一金属支杆就是所谓的横吊梁（又称铁扁担）。

横吊梁的作用：一是减少吊索高度；二是减少吊索对构件的横向压力。

横吊梁的形式很多，可以根据构件特点和安装方法自行设计和制造，但需作强度和稳定性验算，验算的方法详见钢构件计算。

横吊梁常用形式有钢板横吊梁（图8-5-18(a)）和钢管横吊梁（图8-5-18(b)）。柱吊装采用直吊法时，用钢板横吊梁，使柱保持垂直；吊屋架时，用钢管横吊梁，可减小索具高度。

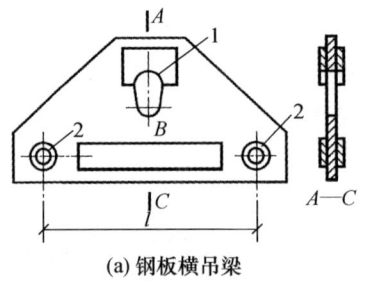

(a) 钢板横吊梁　　　　　　　　(b) 钢管横吊梁

图 8-5-18　横吊梁

三、单层工业厂房结构安装

单层工业厂房大多采用装配式钢筋混凝土结构。其主要承重构件除基础为现浇构件外，其他构件（柱、吊车梁、基础梁、屋架、天窗架、屋面板等）均为预制构件。根据构件尺寸和重量及运输构件的能力，预制构件中较大型的一般在施工现场就地制作；中小型的多集中在工厂制作，然后运送到现场安装。混凝土结构安装工程是单层工业厂房施工中的主导工种工程。

（一）构件吊装前的准备工作

1. 场地清理与铺设道路

起重机进场之前，按照现场平面布置图，标出起重机的开行路线，清理道路上的杂物，进行平整压实。回填土或松软地基上，要用枕木或厚钢板铺垫。雨季施工，要做好排水工作，准备一定数量的抽水机械，以便及时排水。

2. 构件的运输和堆放

在工厂制作或施工现场集中制作的构件，吊装前要运送到吊装地点就位。根据构件的重量、外形尺寸、运输量、运距以及现场条件等选用合适的运输方式。通常采用载重汽车和平板拖车。图 8-5-19 所示为柱、吊车梁、屋架等构件运输示意图。

构件运输过程中，必须保证构件不损坏、不变形、不倾覆，并且要为吊装工作创造有利条件。因此，要求路面平整，有足够的路面宽度和转弯半径，并根据路面情况掌握行车速度。构件运输应符合下列规定。

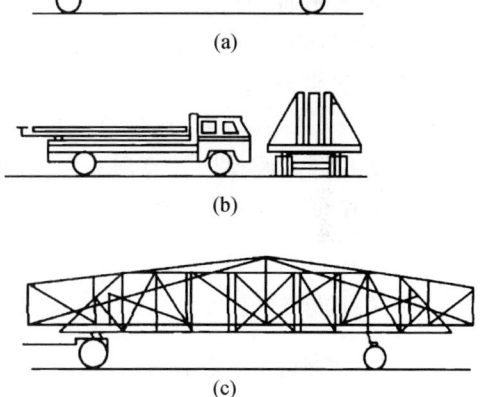

图 8-5-19　构件运输

（1）运输时的混凝土强度：为了防止构件在运输过程中，由于受振动而损坏，钢筋混凝土构件的混凝土强度等级，当设计无具体规定时，不应小于设计的混凝土强度标准值的 75%；对于屋架、薄腹梁等构件不应小于设计的混凝土强度标准值的 100%。

（2）构件支承的位置和方法，应根据其受力情况确定，不得引起混凝土的超应力或损伤构件。

（3）构件装运时应绑扎牢固，防止移动或倾倒。对构件边部或与链索接触处的混凝土，应采用衬垫加以保护。

（4）运输细长构件时，行车应平稳，并可根据需要对构件设置临时水平支撑。

（5）构件的堆放应按平面布置图所示位置堆放，避免二次搬运。

构件堆放应符合下列规定。

（1）堆放构件的场地应平整坚实，并具有排水措施，堆放构件时应使构件与地面之间有一定空隙。

（2）应根据构件的刚度及受力情况，确定构件平放或立放，并应保持其稳定。

（3）重叠堆放的构件，吊环应向上，标志应向外。其堆垛高度应根据构件与垫木的承载能力及堆垛的稳定性确定；各层垫木的位置应在一条垂直线上。

3. 构件的检查与清理

（1）检查构件的型号与数量。

（2）检查构件截面尺寸。

(3) 检查构件外观质量（变形、缺陷、损伤等）。
(4) 检查构件的混凝土强度。
(5) 检查预埋件、预留孔的位置及质量等，并作相应清理工作。

4. 构件的弹线与编号

柱子：在柱身三面弹出安装中心线（可弹两小面、一个大面），对工字形柱除在矩形截面部分弹出中心线外，为便于观察及避免视差，还需要在翼缘部分弹一条与中心线平行的线。

屋架：屋架上弦顶面上应弹出几何中心线，并将中心线延至屋架两端下部，再从跨度中央向两端分别弹出天窗架、屋面板的安装定位线。

吊车梁：在吊车梁的两端及顶面弹出安装中心线。

5. 混凝土杯形基础的准备工作

(1) 基础浇筑成型：保证定位轴线及杯口尺寸准确。
(2) 基础顶面弹线：在基础顶面弹出十字交叉的安装中心线，并画上红三角。
(3) 抄平（杯底标高的调整）：保证柱牛腿面标高一致。

调整方法：
① 测杯底原有标高；
② 测柱脚底面至牛腿面的实际长度；
③ 计算调整值。

调整值＝（牛腿面设计标高－杯底原有标高）－柱脚底面至牛腿面的实际长度

当基础标高调整值计算出来后，应在杯口内标出，然后用1:2水泥沙浆或细石混凝土将杯底找平至标志处。

6. 料具的准备

吊装前准备好各种工具

（二）构件的安装工艺

1. 柱子的安装

(1) 绑扎

绑扎柱子用的吊具，有铁扁担、吊索、卡环等。为使在高空中脱钩方便，尽量采用活络式卡环。为避免起吊时吊索磨损构件表面，要在吊索与构件之间垫以麻袋或木板。

柱子在现场预制时，一般用砖模或土模平卧（大面向上）生产。在制模、浇混凝土前，就要确定绑扎方法，在绑扎点预埋吊环、预留孔洞或底模悬空，以便绑扎时能穿钢丝绳。

柱子的绑扎点数目和位置，视柱子的外形、长度、配筋和起重机性能确定：中、小型柱子（重13 t以下），可以绑扎一点；重型柱子或配筋少而细长的柱子（如抗风柱），为防止起吊过程中柱身断裂，需绑扎两点。绑扎点位置应使两根吊索的合力作用线高于柱子中心，这样才能保证柱子起吊后自行回转直立状态。一点绑扎时，绑扎位置常选在牛腿下，工字形截面和双肢柱，绑扎点应选在实心处（工字形柱的矩形截面处和双肢柱的平腹杆处），否则，应在绑扎位置用方木垫平。

常用的绑扎方法有以下几种。

① 一点绑扎斜吊法：当柱子的宽面抗弯能力满足吊装要求时，可采用一点绑扎斜吊法。这种方法的优点是：直接把柱子在平卧的状态下，从底模上吊起，不需翻身，也不用铁扁担，其次，柱身起吊后呈倾斜状态，吊索在柱子宽面的一侧，起重钩可低于柱顶，当柱身较长，起重杆长度不足时，可用此法绑扎。但因柱身倾斜，就位时对正比较困难。见图 8-5-20。

采用斜吊绑扎法时，为简化施工操作，降低劳动强度，可用专用吊具和柱销。这种吊具的用法是：在柱上吊点处预留孔洞，洞内埋设黑铁皮管，管壁厚 2～4 mm。绑扎时，将柱销插入预留孔中，反面用一个垫圈、一个插销将柱销拴紧，即可起吊；脱销时，将吊钩放松，在地面先将插销拉脱，再利用拉绳或吊杆旋转将柱销拉出。

② 一点绑扎直吊法：图 8-5-21 为一点绑扎直吊法示意图。当柱平放起吊的抗弯强度不足时，需将柱翻身，然后起吊。采用这种方法，柱吊起后呈竖直状态。其优点是：柱翻身后刚度大，抗弯能力强；起吊后柱与基础杯底垂直，容易对位。但采用这种绑扎起吊方法，柱要预先翻身（翻身绑扎方法见图 8-5-21），直吊法一般应用横吊梁，起重机吊钩超过柱顶，需要的起重高度比斜吊法大，起重臂要比斜吊法长。

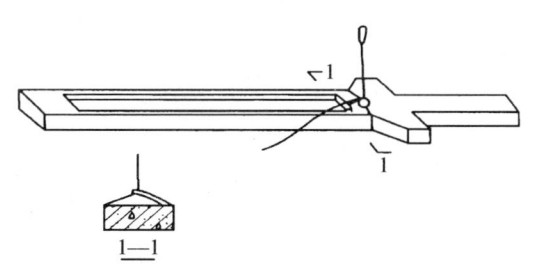

图 8-5-20　一点绑扎斜吊法

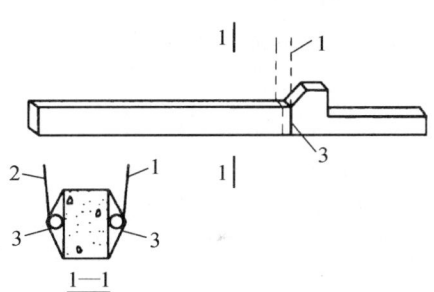

图 8-5-21　一点绑扎直吊法

1—第一支吊索；2—第二支吊索；3—活络卡环

直吊法与斜吊法相比有如下优缺点：

缺点：需将柱子翻身；起重吊钩一般需超过柱顶，因而需较长的起重杆。

优点：柱翻身后刚度大，抗弯能力强，不易产生裂纹；起吊后柱身与杯底垂直，容易对线就位。

因而，当起重机吊杆长度受到限制，而柱子不翻身起吊不会产生裂纹时，可用斜吊法，否则宜用直吊法。

（2）吊升方法

柱子的吊装方法，根据柱子重量、长度、起重机性能和现场施工条件而定。重型柱子有时可采用两台起重机抬吊。

采用单机吊装时，有单机吊装旋转法和单机吊装滑行法。

① 旋转法。起重机一边升钩，一边旋转，柱子绕柱脚旋转，而逐渐吊起的方法叫旋转法。

旋转法吊装柱时，柱的平面布置要做到：绑扎点，柱脚中心与柱基础杯口中心三点同弧，如图 8-5-22 所示。

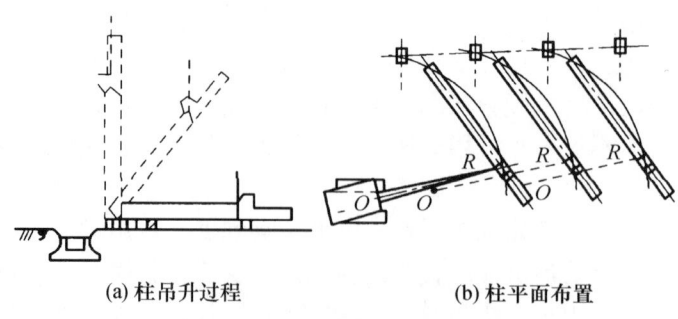

(a) 柱吊升过程　　　　　(b) 柱平面布置

图 8-5-22　单机吊装旋转法

特点：柱受振动小，生产效率高，但对起重机的机动性要求较高，柱布置时占地面积较大。

适用于中小型柱的吊装。

② 滑行法。采用滑行法吊装柱时，柱的平面布置要做到：绑扎点、基础杯口中心两点同弧，在以起重半径 R 为半径的圆弧上，绑扎点靠近基础杯口。这样，在柱起吊时，起重臂不动，起重钩上升，柱顶上升，柱脚沿地面向基础滑行，直至柱竖直。然后，起重臂旋转，将柱吊至柱基础杯口上方，插入杯口（图 8-5-23（a））。这种起吊方法，因柱脚滑行时柱受振动，起吊前应对柱脚采取保护措施。这种方法宜在不能采用旋转法时采用。

滑行法吊装柱特点：在滑行过程中，柱受振动，但对起重机的机动性要求较低（起重机只升钩，起重臂不旋转），当采用独脚拔杆、人字拔杆吊装柱时，常采用此法。为了减少滑行阻力，可在柱脚下面设置托木滚筒，如图 8-5-23(b) 所示。

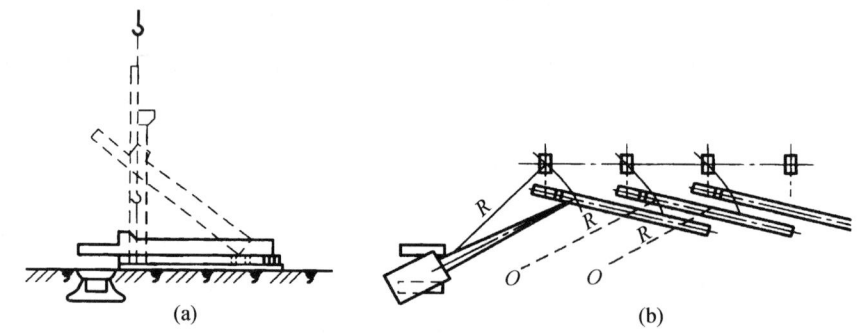

图 8-5-23　单机吊装滑行法

（3）柱的对位与临时固定

柱子插入杯口后，应使柱身大体垂直。在柱脚离杯底 30～50 mm 时，停止吊钩下降，开始对位。对位时，先在柱基础四边各放两块楔块（共八块）见图 8-5-24，并用撬棍拨动柱脚，使柱的吊装准线对准杯口顶面的吊装准线。

对位后，将 8 只楔块略加打紧，放松吊钩，让柱靠自重沉至杯底。再观察一下吊装中心线对准的情况，若已符合要求，立即用大铁锤将楔块打紧，将柱临时固定。

用缆风绳稳定的方法，是在柱顶安装一个夹箍，在柱的四边各绑一根缆风绳。缆风绳的上端系于夹箍上，下端带有一个花篮螺丝，系在地面的锚桩或其他固定物上。收紧花篮螺丝，即可将柱稳定地临时固定在基础上。

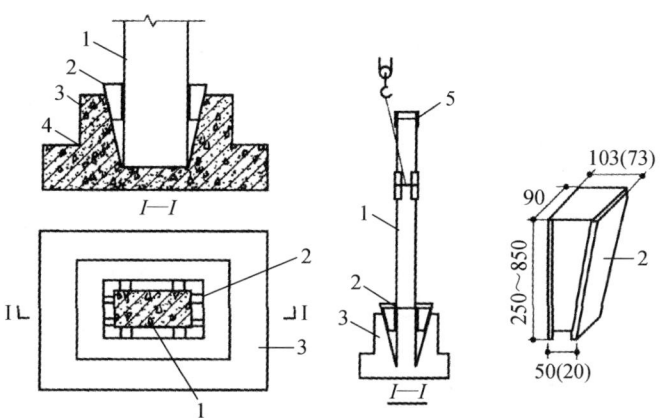

图 8-5-24　柱的对位与临时固定
1—柱子；2—楔块（括号内的数字表示另一种规格钢楔的尺寸）；
3—杯形基础；4—石子；5—安装缆风绳或挂操作台的夹箍

注意：打紧楔子时，应两人同时在柱子的两侧对打，以防柱脚移动。

（4）校正

柱吊装以后要做平面位置、标高及垂直度等三项内容的校正。但柱的平面位置在柱的对位时已校正好，而柱的标高在柱基础杯底抄平时已控制在允许范围内，故柱吊装后主要是校正垂直度。

柱的校正是一件相当重要的工作，如果柱的吊装就位不够准确，就会影响与柱相连接的吊车梁、屋架等吊装的准确性。因此，必须认真对待。

柱垂直度的检查方法是：当有经纬仪时，可用两台经纬仪从柱相邻的两边（视线基本与柱面垂直），去检查柱吊装中心线的垂直度，一台设置在横轴线上，另一台设置在与纵轴线呈不大于 15°角的位置上。竖向转动望远镜，从根部向上观察，使柱子的吊装准线，始终夹在十字丝双线中，这时柱子即为垂直，如图 8-5-25 所示。

当没有经纬仪时，也可用线锤检查。柱竖向（垂直）偏差的允许值是：当柱高为 5 m 时，为 5 mm；当柱高大于 5 m 时，为 10 mm；当柱高于 10 m 及大于 10 m 的多节柱时，为 1/1000 柱高，但不得大于 20 mm。如偏差超过上述规定，则应校正柱的垂直度。

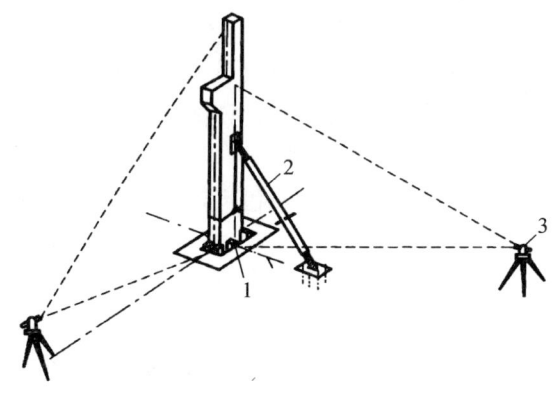

图 8-5-25　柱子垂直度的检查与校正
1—楔块；2—带有手柄的钢管斜撑；3—经纬仪

在实际施工中，无论采用哪种方法，均须注意以下几点。

① 应先校正偏差大的，后校正偏差小的。如果两个方向偏差数字相近，则先校正小面，后校正大面（校正时，不要一次将一个方向的偏差完全校好，可保留 8～10 mm，因为在校正另一方向时会影响已校正过的那个方向）。校正好一个方向后，稍打紧两面相对的四个楔子，再校正另一个方向。

② 柱子在两个方向的垂直度都校正好后，应再复查平面位置，如偏差在 5 mm 以内，则打紧 8 个楔子，并使其松紧基本一致，如两面相对的楔子松紧不一，则在风力作用下，柱子将向松的一面偏斜。80 kN（8 t）以上的柱子校正后，如用木楔固定，最好在杯口另用大石块或混凝土楔塞紧，柱底脚与杯底四周空隙较大者应垫入钢板，以防木楔被压缩，柱子偏斜。

③ 在阳光照射下校正柱子垂直度时；要考虑到温差的影响，因为柱子受太阳光照射后，阳面温度较阴面高，由于温差的原因，柱子向阴面弯曲，使柱顶有一个水平位移，水平位移的数值与温差数值、柱子长度及厚度尺寸等因素有关，一般加 8～10 mm，有些特别细长的柱子，可达 40 mm 以上。长度小于 10 m 的柱子，可以不考虑温差的影响。细长柱子可以利用早晨、阴天校正，或当日初校、次日晨复校；也可根据经验，采取预留偏差的办法解决。

(5) 柱子的最后固定

柱子采用浇灌细豆石混凝土的方法最后固定，为防止柱子在校正后被大风或木楔变形使柱子产生新偏差，灌缝工作应在校正后立即进行，灌缝时，应将柱底杂物清理干净，并要洒水湿润。在灌混凝土和振捣时不得碰撞柱子或楔子。灌混凝土之前，应先灌一层稀沙浆使其填满空隙，然后灌细豆石混凝土，但要分两次进行，第一次灌至楔子底，待混凝土强度达到 25% 后，拔去楔子，再灌满混凝土。第一次灌筑后，柱可能会出现新的偏差，其原因可能是振捣混凝土时碰动了楔块，或者两面相对的木楔因受潮程度不同，膨胀变形不一产生的，故在第二次灌筑前，必须对柱的垂直度进行复查，如超过允许偏差，应予调整。

2. 吊车梁的安装

(1) 绑扎、吊升、对位和临时固定

吊车梁绑扎时，两根吊索要等长，绑扎点对称设置，吊钩对准梁的重心，以使吊车梁起吊后能基本保持水平，如图 8-5-26 所示。

(2) 校正及最后固定

吊车梁的校正主要包括标高校正、垂直度校正（图 8-5-27）和平面位置校正等。

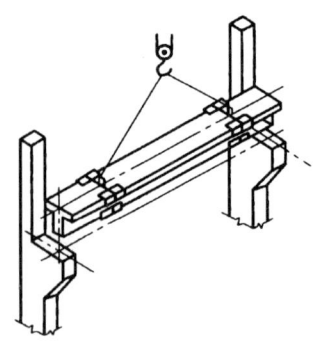

图 8-5-26 吊车梁的吊装

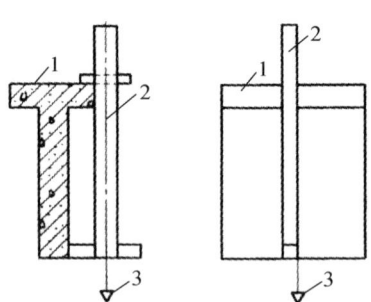

图 8-5-27 吊车梁垂直度校正
1—吊车梁；2—靠尺；3—线锤

吊车梁的标高主要取决于柱子牛腿的标高。

平面位置的校正主要包括直线度和两吊车梁之间的跨距。

吊车梁直线度的检查校正方法有通线法、平移轴线法、边吊边校法等。

通线法（拉钢丝法）如图 8-5-28 所示。根据柱的定位轴线，在车间两端地面定出吊车梁定位轴线的位置，打下木桩，并设置经纬仪。用经纬仪先将车间两端的 4 根吊车梁位置校正准确，并用钢直尺校核两列平行吊车梁之间的跨距 L_k 是否符合要求。然后，在两根吊车梁的纵轴线上各拉一根钢丝，吊车梁两端垫高约 200 mm 作为钢丝的支架，并通过两端悬挂重物拉紧钢丝。凡纵轴线与钢丝通线不重合的吊车梁均用撬杠拨正。

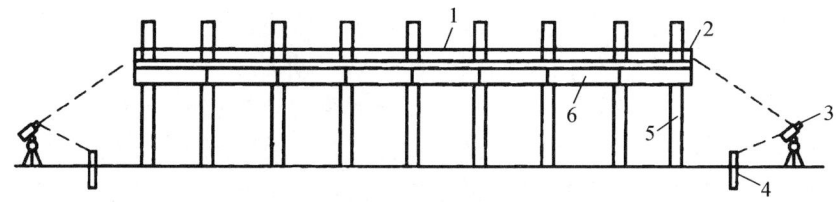

图 8-5-28　用拉钢丝法校正吊车梁
1—通线；2—支架；3—经纬仪；4—木桩；5—柱；6—吊车梁

仪器放线法（图 8-5-29），在柱列边缘设置经纬仪，逐根将杯口上柱的吊装中心线投影到柱上，并作出标志。若柱吊装中心线距定位轴线（柱列边缘）的距离为 a，柱定位轴线距吊车梁定位轴线之间的距离为 λ（一般为 750 mm），则柱吊装中心线与吊车梁定位轴线的距离为 $\lambda - a$。可根据仪器放线法来逐根拨正吊车梁的中心线，并检查两列吊车梁之间的跨距 L_k 是否符合要求。

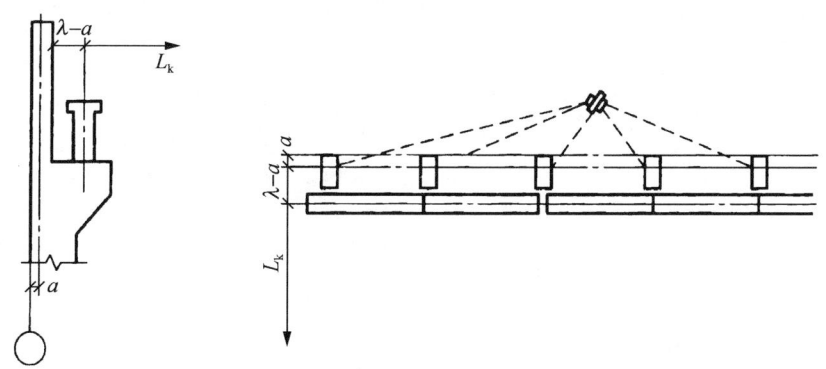

图 8-5-29　用仪器放线法校正吊车梁

边吊边校法（图 8-5-30），重型吊车梁校正时撬动困难，可在吊装吊车梁时借助于起重机，采用边吊装边校正的方法。

边吊边校法与仪器放线法较为相似。在厂房跨度一端距吊车梁纵轴线 0.4～0.6 m（能通视即可）的地面上架设经纬仪，经纬仪的视线与吊车梁的纵轴线相平行，在一根木尺上弹 A、B 两条短线，两线的间距等于视线与吊车梁纵轴的距离。吊装时，使木尺上的 A 线与吊车梁中心线相重合，再用经纬仪观测木尺上的 B 线，并指挥拨动吊车梁使木尺上的 B 线与望远镜内的纵丝也相重合。在检查及拨正吊车梁中心线的同时，用靠尺与垂球检查吊车梁的垂直度。若有偏差，可在吊车梁两端的支座面上用垫铁垫上纠正，但每端叠加的垫铁不宜超过 3 块。

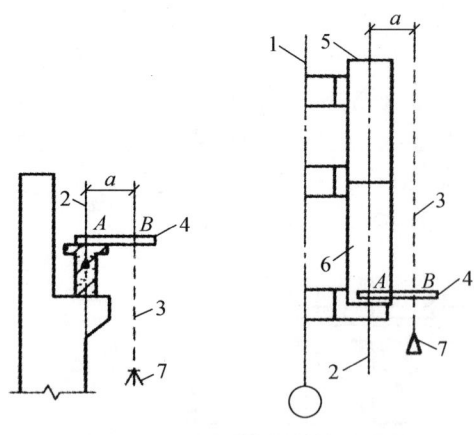

图 8-5-30　重型吊车梁的边吊边校法
1—柱轴线；2—吊车梁轴线；3—经纬仪视线；
4—木尺；5、6—已吊装校正的吊车梁；
7—经纬仪

吊车梁的最后固定，是在吊车梁校正完毕后，用连接钢板等与柱侧面、吊车梁顶端的预埋铁相焊接，并在接头处支模浇筑细石混凝土。

3. 屋架的吊装

单层工业厂房的屋架一般在施工现场预制，屋架的吊装的施工顺序为：绑扎→扶直→就位→起吊→对位与临时固定→校正与最后固定。

（1）屋架绑扎

屋架的绑扎点应选在上弦节点处，左右对称，绑扎中心（即各支吊索的合力作用点）必须高于屋架重心，使屋架起吊后基本保持水平，不晃动、不倾翻。吊索与水平线的夹角不宜小于45°，以免屋架承受过大的横向压力，必要时可采用横吊梁。屋架的绑扎如图8-5-31所示。

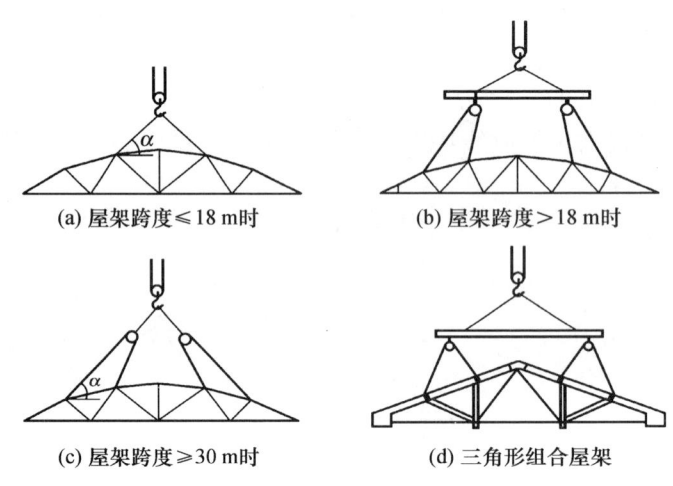

(a) 屋架跨度≤18 m时　　(b) 屋架跨度＞18 m时

(c) 屋架跨度≥30 m时　　(d) 三角形组合屋架

图 8-5-31　屋架的绑扎

（2）屋架的扶直与排放

屋架扶直时应采取必要的保护措施，必要时要进行验算。

屋架扶直有正向扶直和反向扶直两种方法，如图8-5-32所示。

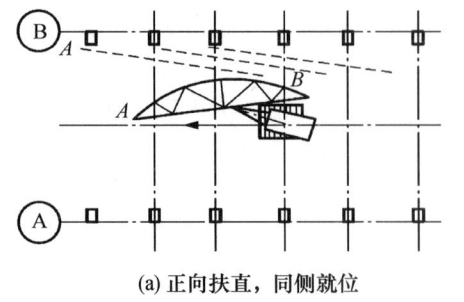
(a) 正向扶直，同侧就位

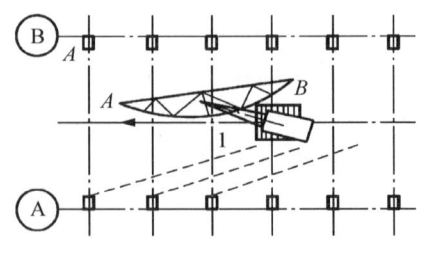
(b) 反向扶直，异侧就位

图 8-5-32　屋架的扶直

屋架扶直之后,立即排放就位,一般靠柱边斜向排放,或以3~5榀为一组平行于柱边纵向排放。

(3)屋架的吊升、对位与临时固定

屋架的吊升是将屋架吊离地面约300 mm,然后将屋架转至安装位置下方,再将屋架吊升至柱顶上方约300 mm后,缓缓放至柱顶进行对位。

屋架对位应以建筑物的定位轴线为准。

屋架对位后立即进行临时固定,然后起重机脱钩。

第一榀屋架临时固定:一般采用4根缆风绳从两边将屋架拉牢,如有防风柱可与防风柱链接。第二榀屋架及以后的屋架均用工具式支撑临时固定在前一屋架上。

工具式支撑的构造如图8-5-33所示。

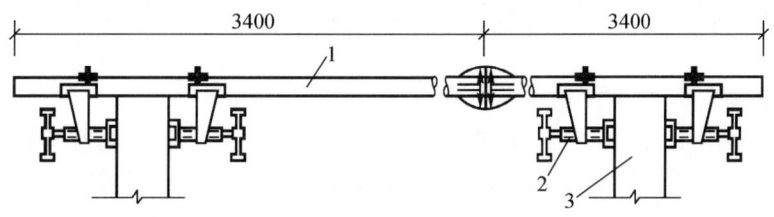

图8-5-33 工具式支撑的构造
1—钢管;2—撑脚;3—屋架上弦

(4)屋架的校正及最后固定

屋架垂直度的检查与校正方法是在屋架上弦安装三个卡尺,一个安装在屋架上弦中点附近,另两个安装在屋架两端。在卡尺上从屋架上弦几何中心线量取50 mm并做标志,然后在距屋架中心线处的地面上放置经纬仪,检查三个卡尺的标志是否在同一垂直面上,如图8-5-34所示。

屋架垂直度的校正可通过转动工具式支撑的螺栓加以纠正,并垫入斜垫铁。

屋架校正后应立即电焊固定。

4. 天窗架及屋面板的吊装

天窗架常采用单独吊装,也可与屋架拼装成整体同时吊装。

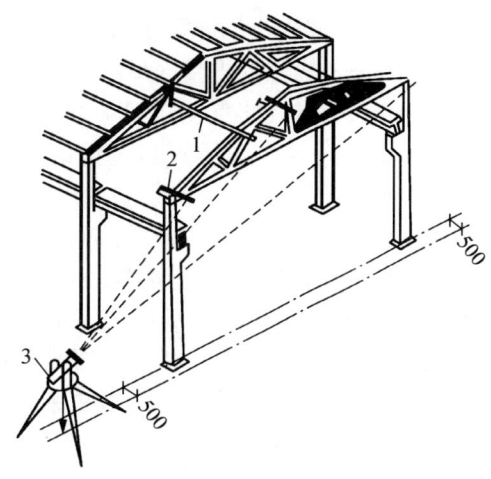

图8-5-34 屋架的临时固定与校正
1—工具式支撑;2—卡尺;3—经纬仪

天窗架单独吊装时,应待两侧屋面板安装后进行,最后固定的方法是用电焊将天窗架底脚焊牢于屋架上弦的预埋件上。

屋面板的吊装一般采用一钩多块叠吊法或平吊法。

屋面板的吊装顺序应由檐口左右对称地逐块铺向屋脊,以免屋架受力不均,屋面板就位后,应立即电焊固定。每块屋面板与屋架(天窗架)至少有三点焊牢,且必须保证焊缝质量。

(三) 结构安装方案

1. 起重机的选择

起重机的选择包括：选择起重机的类型、型号和数量。起重机的选择要根据施工现场的条件及现有起重设备条件，以及结构吊装方法确定。

(1) 起重机类型的选择

起重机的类型主要根据厂房的结构特点、跨度、构件重量、吊装高度来确定。一般中小型厂房跨度不大，构件的重量及安装高度也不大，可采用履带式起重机，轮胎式起重机或汽车式起重机，以履带式起重机应用最普遍。缺乏上述起重设备时，可采用桅杆式起重机（独脚拔杆、人字拔杆等）。重型厂房跨度大、构件重、安装高度大，根据结构特点可选用大型的履带式起重机、轮胎式起重机、重型汽车式起重机，以及重型塔式起重机、塔桅式起重机等。

(2) 起重机型号及起重臂长度的选择

起重机的类型确定之后，还需要进一步选择起重机的型号及起重臂的长度。起重机的型号应根据吊装构件的尺寸、重量及吊装位置而定。在具体选用起重机型号时，应使所选起重机的三个工作参数：起重量、起重高度、起重半径 R，均应满足结构吊装的要求。

① 起重量。选择的起重机的起重量，必须大于所安装构件的重量与索具重量之和，即

$$Q \geqslant Q_1 + Q_2$$

式中　Q——起重机的起重量（kN）；
　　　Q_1——构件的重量（kN）；
　　　Q_2——索具的重量（kN）。

② 起重高度。选择的起重机的起重高度，必须满足所吊装的构件的安装高度要求（图 8-5-35），即

$$H \geqslant h_1 + h_2 + h_3 + h_4$$

式中　H——起重机的起重高度（m），从停机面算起至吊钩中心；
　　　h_1——安装支座表面高度（m），从停机面算起；
　　　h_2——安装间隙，视具体情况而定，但不小于 0.3 m；
　　　h_3——绑扎点至起吊后构件底面的距离（m）；
　　　h_4——索具高度（m），自绑扎点至吊钩中心的距离，视具体情况而定，不小于 1 m。

③ 起重半径。起重半径的确定一般有两种情况：

起重机可以不受限制地开到吊装位置附近去吊装构件时，对起重半径 R 没有要求，根据计算的起重量 Q 及起重高度 H，来选择起重机的型号及起重臂长度 L，根据 Q、H 查得相应的起重半径 R，即为起吊该构件时的起重半径。

起重机不能开到构件吊装位置附近去吊装构件时，就要根据实际情况确定起吊时的起重半径 R，并根据此时的起重量 Q，起重高度 H 及起重半径 R 来选择起重机型号及起重臂长度。

如果起重机在吊装构件时，起重臂要跨越已吊装好的构件上空去吊装（如跨过屋架吊装屋面板），还要考虑起重臂是否会与已吊好的构件相碰。以此来选择确定起吊构件时的

最小臂长及相应的起重半径。

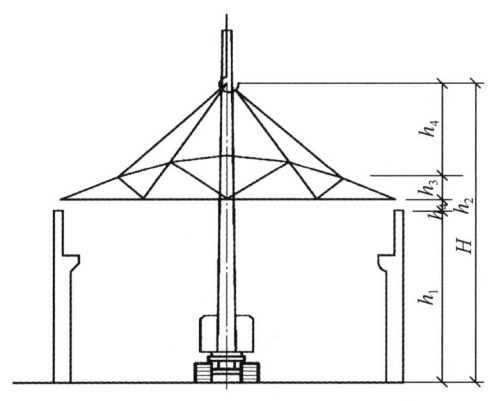

图 8-5-35　起重高度计算示意图

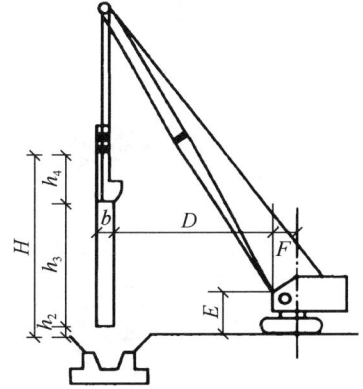

图 8-5-36　起重半径计算示意图

吊装柱时起重机的起重半径 R 计算方法（图 8-5-36）

$$R_{min} = F + D + 0.5b$$

式中　F——吊杆枢轴中心距回转中心距离（m）；

　　　D——吊杆枢轴中心距所吊构件边缘距离，可用下式计算：

$$D = g + (h_1 + h_2 + h_3 - E)\cot\alpha \quad (m)$$

　　　g——构件上口边缘与起重杆之间的水平空隙，不小于 0.5～1.0 m；

　　　E——吊杆枢轴中心距地面的高度（m）；

　　　α——起重杆的倾角；

　　　h_1——安装支座表面高度（m），从停机面算起；

　　　h_2——安装间隙，视具体情况而定，但不小于 0.3 m；

　　　h_3——所吊构件的高度（m）；

　　　b——构件的宽度（m）。

吊装屋架和屋面板时起重机的最小臂长可用数解法，也可用作图法求出。

a. 数解法。图 5-37（a）为数解法求起重机最小臂长计算方法示意图。最小臂长 L_{min} 可按下式计算

$$L_{min} \geq l_1 + l_2 = h/\sin\alpha + (a + g)/\cos\alpha$$

式中　L_{min}——起重臂最小臂长（m）；

　　　h——起重臂底铰至构件吊装支座（屋架上弦顶面）的高度（m）；

　　　a——起重钩需跨过已吊装结构的距离（m）；

　　　g——起重臂轴线与已吊装屋架轴线间的水平距离（至少取 1 m）；

　　　α——起重臂仰角，可按下式计算：

$$\alpha = \arctan\sqrt[3]{\frac{h}{f+g}}$$

b. 作图法。如图 8-5-37（b）所示，可按以下步骤求最小臂长。

第一步，按一定比例尺画出厂房一个节间的纵剖面图，并画出起重机吊装屋面板时起重钩位置处垂线 V—V；画平行于停机面的水平线 H—H，该线距停机面的距离为 E（E 为起重臂下铰点至停机面的距离）。

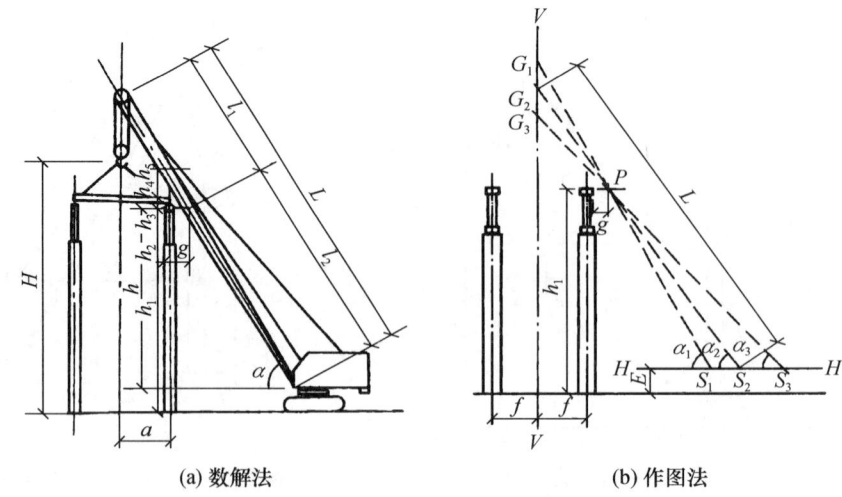

(a) 数解法　　　　　　　　　　(b) 作图法

图 8-5-37　起重机最小臂长计算示意图

第二步，在垂线 $V—V$ 上定出起重臂上定滑轮中心点 A（A 点距停机面的距离为 $H+d$，d 为吊钩至定滑轮中心的最小距离，不同型号的起重机数值不同，一般为 $2.5\sim 3.5$ m）。

第三步，自屋架顶面向起重机方向水平量出一距离 $g=1$ m，定出一点 P。

第四步，连接 AP，其延长线与 $H—H$ 相交于一点 B，AB 即为最小臂长，AB 与 $H—H$ 的夹角即为起重臂的仰角。

根据求得的最小臂长 L_{min}。（即 AB 长度），查起重机性能表（或曲线）从规定的几种臂长中选择一种臂长 $L \geq L_{min}$，即为吊装屋面板时所选的起重臂长度。

2. 结构安装方法及起重机开行路线

（1）结构安装方法

单层工业厂房的结构安装方法有分件安装法和综合安装法两种。

分件安装法（亦称大流水法）：起重机在车间内每开行一次仅安装一种或两种构件。通常分三次开行安装完所有构件。

第一次开行，吊装完全部柱子，并对柱子进行校正和最后固定。

第二次开行，吊装吊车梁、连系梁及柱间支撑等。

第三次开行，按节间吊装屋架、天窗架、屋面板及屋面支撑等。

分件吊装的优点是：构件便于校正；构件可以分批进场，供应亦较单一，吊装现场不致拥挤；吊具不需经常更换，操作程序基本相同，吊装速度快；可根据不同的构件选用不同性能的起重机，能充分发挥机械的效能。其缺点是不能为后续工作及早提供工作面，起重机的开行路线长，如图 8-5-38 所示。

综合安装法（又称节间安装）：是指起重机在车间内的一次开行中，分节间安装完所有的各种类型的构件。即先吊装 4～6 根柱子，校正固定后，随即吊装吊车梁、连系梁、屋面板等构件，待吊装完一个节间的全部构件后，起重机再移至下一节间进行安装，如图 8-5-39 所示。

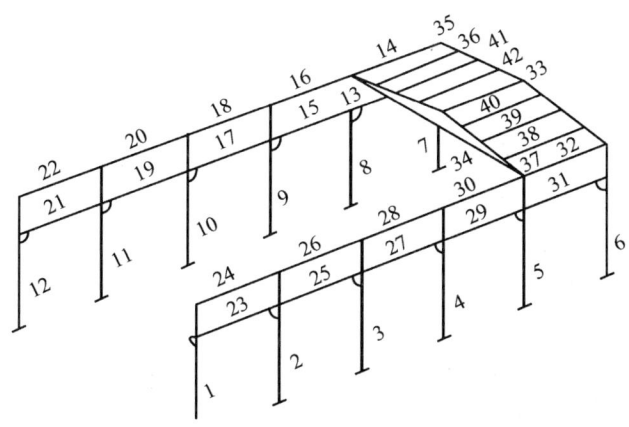

图 8-5-38 分件安装时的构件吊装顺序
1~12—柱；13~32—单数是吊车梁，双数是连系梁；
33~34—屋架；35~42—屋面板

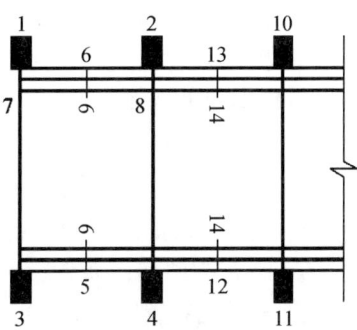

图 8-5-39 综合吊装
注：1，2，3，4~14 为吊装构件顺序

综合吊装法的优点是，起重机开行路线短，停机点位置少，可为后续工作创造工作面，有利于组织立体交叉平行流水作业，以加快工程进度。其缺点是，要同时吊装各种类型构件，不能充分发挥起重机的效能；且构件供应紧张，平面布置复杂，校正困难；必须要有严密的施工组织，否则会造成施工混乱，故此法很少采用。只有在某些结构（如门式结构）必须采用综合吊装时，或当采用桅杆式起重机进行吊装时才采用综合吊装法。

（2）起重机的开行路线及停机位置

吊装屋架、屋面板等屋面构件时，起重机宜跨中开行；吊装柱子时，则视跨度大小、构件尺寸、质量及起重机性能，可沿跨中开行或跨边开行，如图 8-5-40 所示。

当 $R \geqslant L/2$ 时，起重机可沿跨中开行，每个停机位置可吊装两根柱，如图 8-5-40(a)所示；

当 $R \geqslant \sqrt{\left(\dfrac{L}{2}\right)^2 + \left(\dfrac{h}{2}\right)^2}$，则可吊装四根柱，如图 8-5-40(b) 所示；

当 $R < L/2$ 时，起重机需沿跨边开行，每个停机位置吊装 1~2 根柱，如图 8-5-40(c)、(d) 所示。

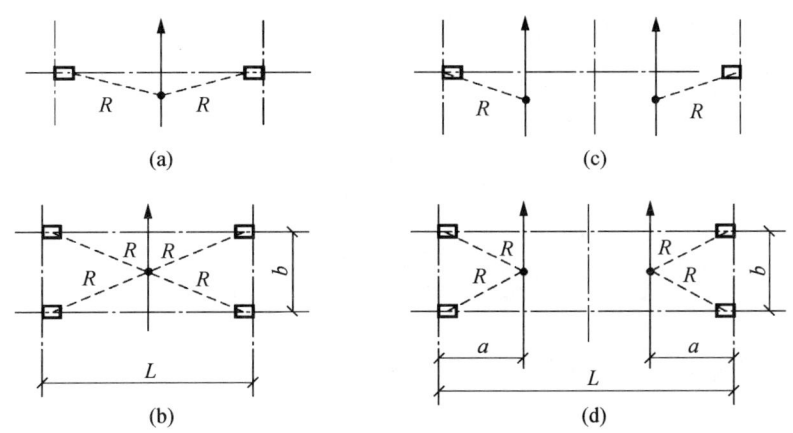

图 8-5-40 起重机吊装柱时的开行路线及停机位置

3. 构件的平面布置与运输堆放

（1）构件的平面布置原则

① 每跨构件尽可能布置在本跨内，如确有困难也可布置在跨外而便于吊装的地方。

② 构件布置方式应满足吊装工艺要求，尽可能布置在起重机的起重半径内，尽量减少起重机在吊装时的跑车、回转及起重臂的起伏次数。

③ 按"重近轻远"的原则，首先考虑重型构件的布置。

④ 构件的布置应便于支模、扎筋及混凝土的浇筑，若为预应力构件，要考虑有足够的抽管、穿筋和张拉的操作场地等。

⑤ 所有构件均应布置在坚实的地基上，以免构件变形。

⑥ 构件的布置应考虑起重机的开行与回转，保证路线畅通，起重机回转时不与构件相碰。

⑦ 构件的平面布置分预制阶段构件的平面布置和安装阶段构件的平面布置。布置时两种情况要综合加以考虑，做到相互协调，有利于吊装。

（2）预制阶段构件的平面布置

① 柱子的布置。柱的预制布置有斜向布置和纵向布置。

a. 柱子斜向布置。柱子采用旋转法起吊，可按三点共弧斜向布置，如图 8-5-41 所示。

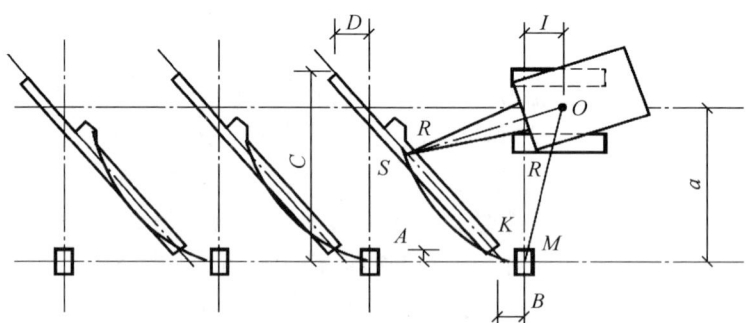

图 8-5-41　柱子斜向布置方法（一）

两点共弧的方法有两种，一种方法是杯口中心与柱脚中心两点共弧，吊点放在起重半径 R 之外，如图 8-5-42 所示。吊装时，先用较大的起重半径 R' 吊起柱子，并升起重臂，当起重半径变成 R 后，停止升臂，随之用旋转法安装柱子。另一种方法是吊点与杯口中心两点共弧，柱脚放在起重半径 R 之外，安装时可采用滑行法，如图 8-5-43 所示。

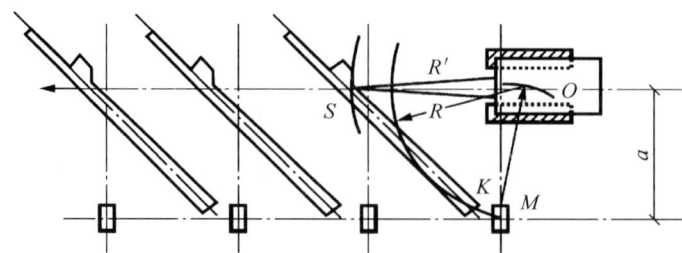

图 8-5-42　柱子斜向布置方法（二）
（柱脚与柱基两点共弧）

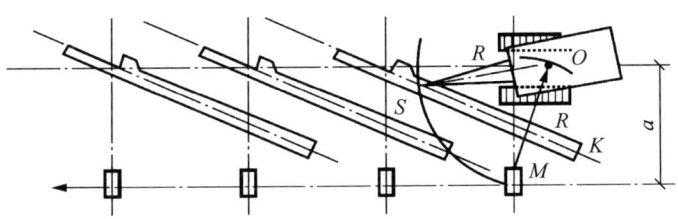

图 8-5-43　柱子斜向布置方法（三）

（吊点与柱基两点共弧）

b. 柱子纵向布置。对于一些较轻的柱子，起重机能力有富余，考虑到节约场地，方便构件制作，可顺柱列纵向布置，如图 8-5-44 所示。柱子纵向布置，绑扎点与杯口中心两点共弧。

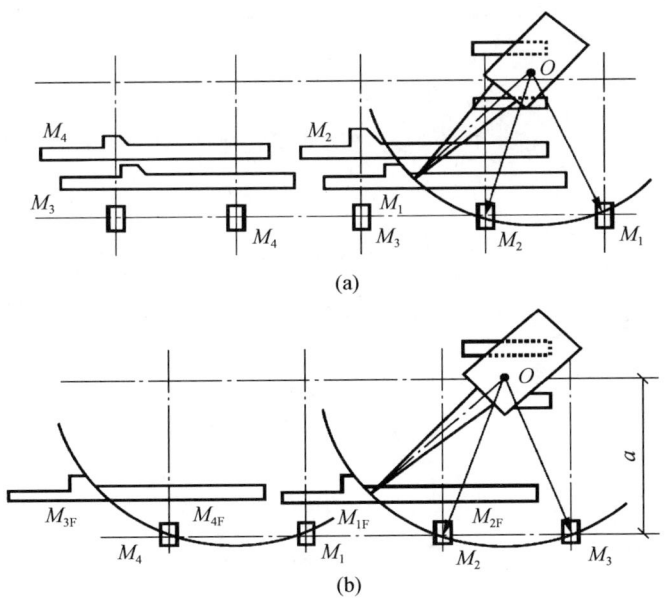

图 8-5-44　柱子纵向布置

若柱子长度大于 12 m，柱子纵向布置宜排成两行，如图 8-5-44（a）所示。

若柱子长度小于 12 m，则可叠浇排成一行，如图 8-5-44（b）所示。

② 屋架的布置。屋架宜安排在厂房跨内平卧叠浇预制，每叠 3~4 榀，布置方式有三种：斜向布置、正反斜向布置和正反纵向布置等，如图 8-5-45 所示。

③ 吊车梁的布置。当吊车梁安排在现场预制时，可靠近柱基顺纵轴线或略作倾斜布置，也可插在柱子的空当中预制，或在场外集中预制等。

（3）安装阶段构件的排放布置及运输堆放

① 屋架的扶直排放。屋架可靠柱边斜向排放或成组纵向排放。

a. 屋架的斜向排放。确定屋架斜向排放位置的方法可按下列步骤作图。

· 确定起重机安装屋架时的开行路线及停机点，如图 8-5-46 所示。

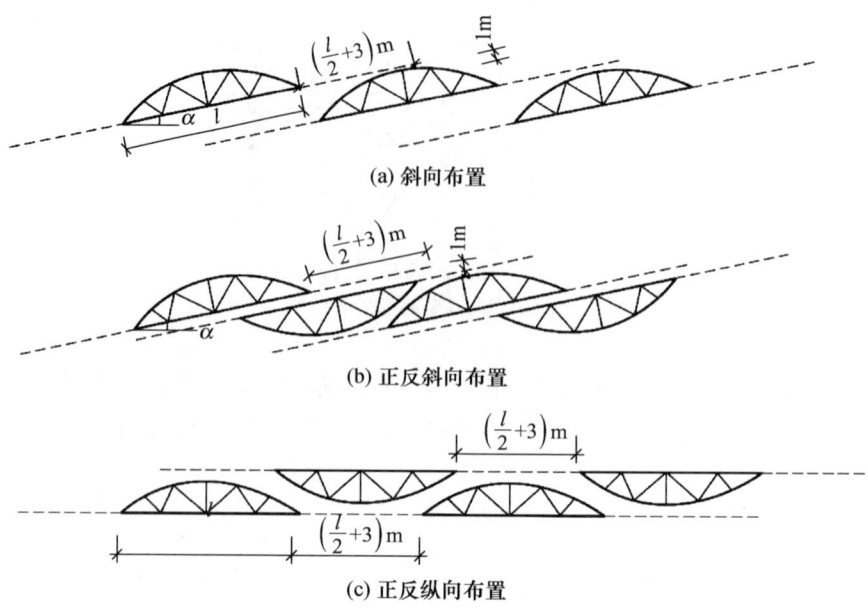

(a) 斜向布置

(b) 正反斜向布置

(c) 正反纵向布置

图 8-5-45 屋架预制时的几种布置方式

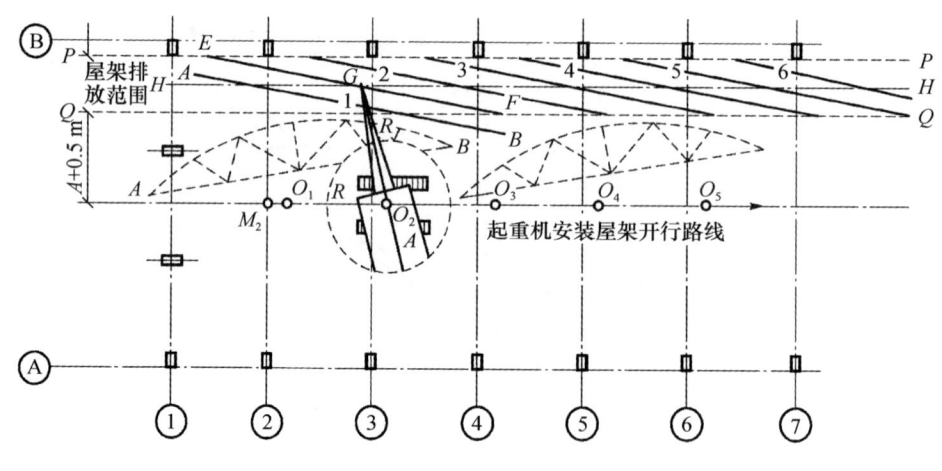

图 8-5-46 屋架的斜向排放

注：虚线表示屋架预制时的位置

- 确定屋架的排放范围。
- 确定屋架的排放位置。

b. 屋架的成组纵向排放。屋架纵向排放时，一般以4～5榀为一组靠柱边顺轴线纵向排放，如图 8-5-47 所示。

② 吊车梁、连系梁及屋面板的运输、堆放与排放。

单层工业厂房除了柱和屋架一般在施工现场制作外，其他构件（如吊车梁、连系梁、屋面板等）均可在预制厂或附近的露天预制场制作，然后运至施工现场进行安装。构件运输至现场后，应根据施工组织设计所规定的位置，按编号及构件安装顺序进行排放或集中堆放。

吊车梁、连系梁的排放位置，一般在其吊装位置的柱列附近，跨内跨外均可，有时也可不用就位，而从运输车辆上直接吊至牛腿上。

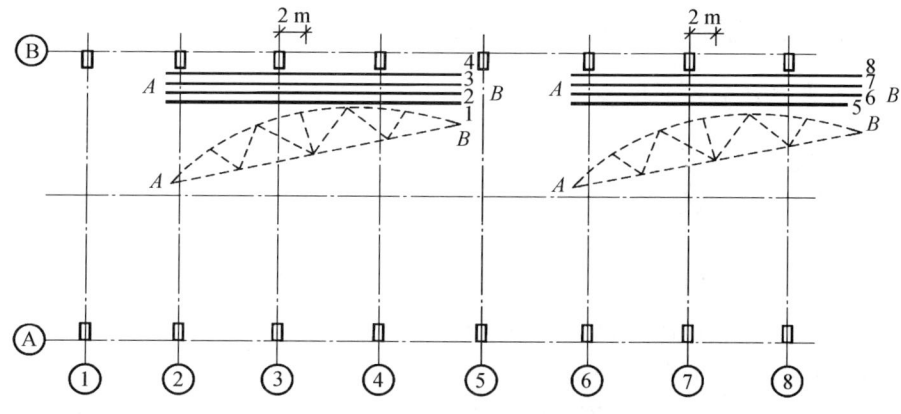

图 8-5-47　屋架的成组纵向排放
注：虚线表示屋架预制时的位置

屋面板可布置在跨内或跨外，如图 8-5-48 所示。根据起重机吊装屋面板时所需的工作幅度确定。一般情况下，当布置在跨内时，应向后退 3～4 个节间开始就位，当布置在跨外时，应向后退 1～2 个节间开始就位。以上所介绍的是单层工业厂房构件布置的原则与方法。构件的预制位置或就位位置是按作图法定出来的。掌握了这些原则之后，在实际工作中可将构件按比例用硬纸片剪成小模型，然后在同样比例的平面图上进行布置和调整。经研究确定后，绘出预制构件平面布置图。

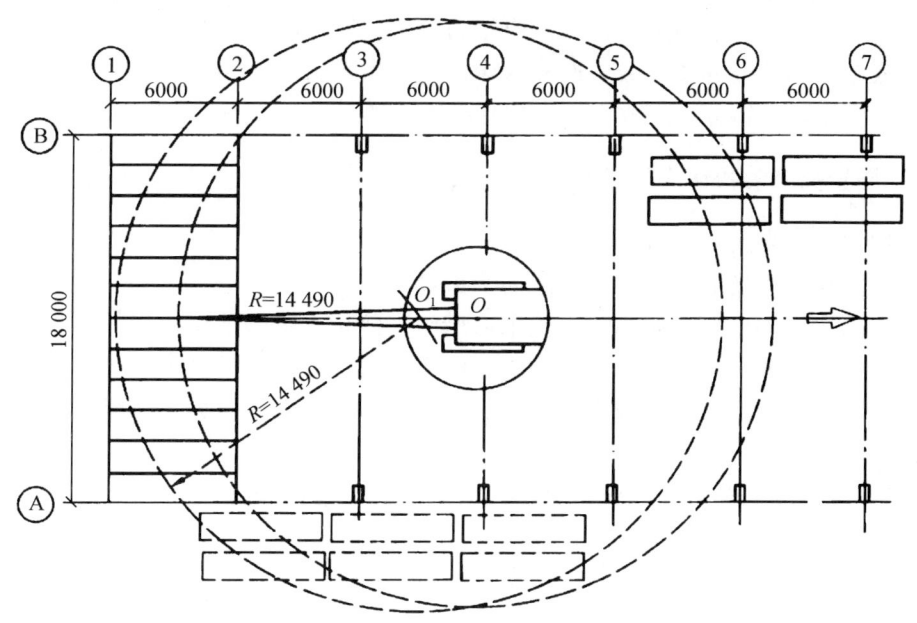

图 8-5-48　屋面板吊装工作参数计算简图及屋面板的就位布置
（虚线表示当屋面板跨外布置时的位置）

四、混凝土结构安装工程的安全技术

（一）防止起重机倾翻的措施

（1）起重机的行驶道路必须坚实，松软土层要进行处理。
（2）应尽量避免超载吊装。
（3）禁止斜吊。
（4）尽量避免满负荷行驶。
（5）双机抬吊时要合理分配负荷，密切合作。
（6）不吊重量不明的重大构件设备。
（7）禁止在六级风的情况下进行吊装作业。
（8）操作人员应使用统一操作信号。

（二）防止高空坠落的措施

（1）正确使用安全带。
（2）在高空使用撬杠时，人要立稳。
（3）工人如需在高空作业时，应尽可能搭设临时作业台。
（4）如需在悬空的屋架上行走时，应在其上设置安全栏杆。
（5）在雨季或冬季里，必须采取防滑措施。
（6）登高使用的梯子必须牢固。
（7）操作人员在脚手板上行走时，应精力集中，防止踩上挑头板。
（8）安装有预留孔的楼板或屋面板时应及时用木板盖严。
（9）操作人员不得穿硬底皮鞋上高空作业。

（三）防止高空落物伤人的措施

（1）地面操作人员必须戴安全帽。
（2）高空操作人员的工具不得随意向下丢掷。
（3）在高空气割或点焊切割时，应采取措施，防止火花落下伤人。
（4）地面操作人员尽量避免在危险地带停留或通过。
（5）构件安装后，必须检查连接质量，只有连接确保安全可靠，才能松钩或拆除临时固定工具。
（6）构件现场周围应设置临时栏杆，禁止非工作人员入内。

单元小结

本单元主要讲述了预应力混凝土施工和结构安装工程施工两部分内容。

1. 预应力混凝土施工主要介绍了预应力混凝土的基本概念、分类、特点。先张法、后张法重点介绍了张拉设备、台座、夹具和施加预应力的张拉程序、张拉控制方法等内容。介绍了无黏结预应力筋的制作和无黏结预应力施工的要点。无黏结预应力混凝土是近几年发展的新技术，并应用在高层建筑和较大跨度施工中。

2. 结构安装工程主要叙述了单层工业厂房和多层装配式房屋结构吊装中常用的起重机械设备的类型和技术性能；各种结构构件的安装工艺过程，安装方法和起重机的合理选择。通过学习，要掌握以下内容。

（1）要熟悉各种起重机械的类型、工作特点和适用范围，特别是一般常用起重机械。掌握起重卷扬机、钢丝绳、锚碇等规格和使用注意事项。

（2）要掌握单层工业厂房结构安装工作的全过程。

为保证结构吊装工作的顺利进行，在结构吊装之前需要做各类构件的弹线，构件的质量检查和强度、刚度的检查，以及对构件运输、堆放、就位等准备工作。

掌握柱、梁、板等几种基本构件的吊装工艺和结构安装方案。结构的各类构件吊装工艺一般均包括绑扎、吊升、临时固定、校正和最后固定几个步骤，但不同的构件具体的工艺不同，主要是构件的几何形状、起吊安装高度、固定方式等都有区别，因此，应熟悉不同的构件的吊装方法。对于单层工业厂房的主要构件，如柱子、吊车梁、屋架和屋面板等的安装工艺全过程要认真掌握。特别是柱子和屋架，柱子是最大最重，屋架是侧向刚度最差、吊装高度最高，这两种构件吊装难度较大，如果吊装不得法，往往会产生严重质量安全事故。

要掌握单层厂房不同的结构安装方法，然后根据不同的结构安装方法，合理选择起重机的型号来满足各类构件的安装条件。同时对各类构件现场预制阶段和安装就位阶段进行合理布置，确定合理的停机位置，使起重机在跨内外开行，进行吊装作业。最后编制安装工程施工进度计划表，保证安装工程按期完成。

（3）结构安装工程的特点：构件重，操作面小，高空作业多，机械化程度高，多工种上下交叉作业等。如果措施不当，极易发生安全事故。因此，要掌握结构安装工程的安全技术措施，在组织施工时，注意结构安装工程的特点，采取相应的安全措施。

学生通过学习，应具备装配式钢筋混凝土结构编制施工方案和从事工程施工管理的实际工作能力。

推荐阅读资料

1. 《建筑工程施工质量验收统一标准》（GB 50300）
2. 《混凝土结构工程施工质量验收规范（2011版）》（GB 50204）
3. 《建筑机械使用安全技术规程》（JGJ 33—2012）
4. 《中华人民共和国工程建设标准强制性条文（房屋建筑部分）》
5. 《建筑施工手册》（第5版）．北京：中国建筑工业出版社，2012
6. 叶雯，周晓龙．《建筑施工技术》．北京：北京大学出版社，2010

学习鉴定

[预应力混凝土部分]
一、判断题
1. 预应力混凝土是在结构受压、受拉区预先施加预压应力的混凝土。　　　（　　）
2. 工厂生产预制构件总是使用后张法进行施工。　　　　　　　　　　　　（　　）
3. 后张法预应力混凝土主要靠锚具传递预应力。　　　　　　　　　　　　（　　）
4. 先张法预应力混凝土按预应力筋黏结状态分为有黏结与无黏结预应力。　（　　）

5. 后张法预应力混凝土技术需进行孔道灌浆。（　　）
6. Ⅱ类锚具仅适用有黏结预应力混凝土构件。（　　）
7. 预应力混凝土张拉控制应力越大越好。（　　）
8. 配有多根预应力筋的构件不能同时张拉时应分批、对称进行张拉。（　　）

二、单项选择题

1. 靠预应力钢筋与混凝土之间的黏结力来传递预应力的是（　　）。
   A. 先张法　　　　B. 有黏结预应力　　C. 无黏结预应力　　D. A 和 B
2. 预应力筋为 6 根直径 12 mm 的钢筋束，张拉端锚具应选用（　　）。
   A. 螺丝端杆锚具　　B. JM12 型锚具　　C. 帮条锚具　　　　D. 镦头锚具
3. 采用钢管抽芯法进行孔道留设时，抽管时间应控制在混凝土（　　）。
   A. 初凝前　　　　B. 终凝后　　　　C. 初凝后终凝前　　D. 12 h 后
4. 预应力筋张拉时，构件混凝土强度不宜低于设计强度的（　　）。
   A. 50%　　　　　B. 70%　　　　　C. 75%　　　　　　D. 100%
5. 属于钢丝束锚具的是（　　）。
   A. 螺丝端杆锚具　　　　　　　　B. 帮条锚具
   C. 精轧螺纹钢筋锚具　　　　　　D. 镦头锚具
6. 只适用于留设直线孔道的是（　　）。
   A. 胶管抽芯法　　B. 钢管抽芯法　　C. 预埋管法　　　　D. B 和 C
7. 后张法预应力张拉程序不正确的是（　　）。
   A. $0 \rightarrow \sigma$　　　　　　　　　　　　B. $0 \rightarrow 1.03\sigma_{con}$
   C. $0 \rightarrow 1.05\sigma_{con}$（持荷 2 min）$\rightarrow \sigma_{con}$　　D. B 和 C
8. 预应力筋超张拉是为了（　　）。
   A. 减少预应力筋与孔道摩擦引起的损失
   B. 减少混凝土徐变引起的损失
   C. 减少预应力筋松弛引起的预应力损失
   D. 建立较大的预应力值
9. 有关无黏结预应力的说法，错误的是（　　）。
   A. 属于先张法　　　　　　　　　B. 不靠锚具传力
   C. 对锚具要求高　　　　　　　　D. 适用于曲线配筋的结构
10. 在各种预应力筋放张的方法中，不正确的是（　　）。
    A. 预应力筋放张均应缓慢进行，防止冲击
    B. 对配筋多的钢丝应同时放张
    C. 对张拉力大的多根冷拉钢筋应逐根放张
    D. 对配筋不多的钢丝可采用逐根剪断的方法放张
11. 下列哪种锚具既能用于张拉端又能用于固定端（　　）。
    A. 帮条锚具　　　B. 镦头锚具　　　C. 螺丝端杆锚具　　D. 锥形锚具
12. 对配有多根预应力钢筋的构件，张拉时应注意（　　）。
    A. 分批对称张拉　B. 分批不对称张拉　C. 分段张拉　　　　D. 不分批对称张拉
13. 下列哪种不属于对无黏结钢筋的保护要求（　　）。
    A. 表面涂涂料　　B. 表面除锈　　　C. 表面有外包层　　D. 塑料套筒包裹

14. 钢管抽芯法，选用的钢管要求平直、表面光滑，敷设位置准确；钢管用钢筋井字架固定，间距不宜大于（ ）。
   A．0.5 m　　　B．0.8 m　　　C．1.0 m　　　D．1.2 m
15. 预应力混凝土的强度等级一般不得低于（ ）。
   A．C20　　　　B．C25　　　　C．C30　　　　D．C40

三、问答题

1. 什么叫先张法施工？它有何特点？
2. 什么叫后张法施工？它有何特点？
3. 对配有多根预应力筋的预应力混凝土构件，预应力筋张拉时，为什么采取分批、对称张拉？
4. 后张法预应力筋张拉锚固后，为什么要及时进行孔道灌浆？
5. 什么叫无黏结预应力？它与有黏结预应力各有什么优缺点？

[结构安装部分]

一、单项选择题

1. "起重量大，服务半径小，移动困难"这是（ ）起重机的特点。
   A．桅杆式　　　B．汽车式　　　C．履带式　　　D．塔式
2. 能够载荷行驶的起重机是（ ）。
   A．牵缆式桅杆式　B．履带式　　C．汽车式　　　D．轮胎式
3. 柱子平卧抗弯承载力不足时，应采用（ ）。
   A．直吊绑扎　　B．斜吊绑扎　　C．二点绑扎　　D．一点绑扎
4. 旋转法吊升柱子时宜采用（ ）起重机。
   A．独脚拔杆　　B．自行式　　　C．塔式　　　　D．牵缆式
5. 柱子吊装后进行校正，其最主要的内容是校正（ ）。
   A．柱平面位置　B．柱标高　　　C．柱距　　　　D．柱子垂直度
6. 吊车梁应待杯口细石混凝土达到（ ）的设计强度后进行安装。
   A．25%　　　　B．50%　　　　C．75%　　　　D．100%
7. 吊屋架时，吊索与屋架水平面夹角 α 应满足（ ）。
   A．$\alpha \geq 30^\circ$　B．$\alpha \geq 45^\circ$　C．$\alpha \leq 60^\circ$　D．$\alpha \leq 45^\circ$
8. 屋架跨度为（ ）时，应采用四点绑扎。
   A．$L>15$ m　　B．$L>18$ m　　C．$L>24$ m　　D．$L>30$ m
9. 综合吊装法的特点有（ ）。
   A．生产效率高　B．平面布置较简单　C．构件校正容易　D．开行路线短
10. 下列部件中不属于吊具的是（ ）。
    A．钢丝绳　　　B．吊索　　　　C．卡环　　　　D．横吊梁

二、问答题

1. 常用的索具设备有哪些？各适用于哪些范围？
2. 试述履带式起重机回转半径、起重高度和起重量之间的关系。
3. 单层工业厂房吊装前应做哪些准备工作？
4. 柱子的起吊方法有哪几种？各有什么特点？适用于什么情况？

5. 柱子的绑扎方法有哪几种？其适用条件如何？
6. 如何校正吊车梁的安装位置？
7. 屋架的扶直就位有哪些方法？应注意哪些问题？
8. 试分析分件安装法和综合安装法的优缺点。

单元九

钢结构工程施工

教学要求

能力目标	知识要点	相关知识
能进行钢结构构件制作	钢结构构件的制作	1. 钢构件零件加工 2. 钢构件组装 3. 钢构件表面处理
能进行钢结构连接施工	钢结构连接的方式	1. 焊接连接 2. 螺栓连接
能组织单层钢结构安装	单层钢结构安装	钢柱、吊车梁、屋架等安装工艺和方法
掌握多（高）层及其他类型钢结构施工	多（高）层及其他类型钢结构施工	多（高）层及其他类型钢结构施工方法

问题引入

钢结构建筑具有自重轻、安装容易、施工周期短、抗震性能好、投资回收快、环境污染少、建筑造型美观等综合优势，被称为 21 世纪的绿色建筑工程。随着我国钢铁工业的发展，国家建筑技术政策由以往限制使用钢结构转变为积极推广合理应用钢结构，从而推动了建筑钢结构的快速发展。钢结构工程即将成为城市建筑和工业建筑的主要形式之一。

知识课堂

钢结构工程施工不同于混凝土工程，其首先是将建筑结构按一定方式离散为一系列相对独立的零部件，并在工厂进行加工制作，继而将加工合格的零部件组装为钢构件，再将钢构件于安装现场组装成整体结构。

钢结构工程一般由专业厂家或承包单位负责详图设计、构件加工制作及安装任务。其工作程序如下：

工程承包→详图设计→技术设计单位审批→材料订货→材料运输→钢结构构件加工→成品运输→现场安装→验收。

钢结构工程的施工，应遵守现行《建筑钢结构焊接技术规程》、《钢结构高强螺栓连接设计、施工及验收规程》、《钢结构工程施工规范》及其他要求；施工质量必须符合现行《钢结构工程施工质量验收规范》及其他相关规范、规程的规定。

课题一　钢结构构件的加工制作

一、准备工作

1. 图纸审查

图纸审查的目的，一方面是检查图纸设计的深度能否满足施工的要求，核对图纸上构件数量和安装尺寸，检查构件之间有无相互矛盾之处等；另一方面对图纸进行工艺审核，即审查在技术上是否合理，构造是否便于施工，图纸上的技术要求按施工单位的施工水平能否实现等。图纸审查的主要内容包括以下几个方面。

（1）设计文件是否齐全。设计文件包括设计图、施工图、图纸说明和设计变更通知单等。

（2）构件的几何尺寸是否标注齐全，相关构件的尺寸是否正确。

（3）构件连接是否合理，是否符合国家标准及有关规程。

（4）加工符号、焊接符号是否齐全。

（5）构件分段是否符合制作、运输、安装的要求。

（6）标题栏内构件的数量是否符合工程的总数量。

（7）结合施工单位的设备和技术条件考虑能否满足图纸上的技术要求。

2. 备料

根据设计图纸算出各种材质、规格的材料净用量，并根据构件的不同类型和供货条件按一定的损耗率（一般为实际所需量的10%）提出材料预算计划。

目前国际上采取根据构件规格尺寸增加加工余量的方法，不考虑损耗，国内已开始多行，由钢厂按构件表加余量直接供料。

3. 工艺装备和机具的准备

（1）根据设计图纸及国家标准制定出成品的技术要求。

（2）编制工艺流程，确定各工序的公差要求和技术标准。

（3）根据用料要求和来料尺寸统筹安排、合理配料，确定拼装顺序和位置。

（4）根据工艺和图纸要求，准备必要的工艺装备（胎、夹、模具）。

二、零件加工

1. 放样

在钢结构制作中，放样是指把零（构）件的加工边线、坡口尺寸、孔径和弯折、滚圆半径等以 1∶1 的比例从图纸上准确地放制到样板和样杆上，并注明图号、零件号和数量等。样板和样杆是下料、制弯、铣边、制孔等加工的依据。

在制作样板和样杆时，要增加零件加工时的加工余量，焊接构件要按工艺需要增加焊接收缩量。高层建筑钢结构按设计标高安装时，柱子的长度还必须考虑荷载压缩的变形量。

2. 画线

画线亦称号料，即根据放样提供的零件的材料、尺寸和数量，在钢材上画出切割、铣、刨边、弯曲、钻孔等加工位置，并标出零件的工艺编号。

画线时，要根据工艺图的要求，利用标准接头节点，使材料得到充分的利用，损耗率降到最低。

3. 切割下料

钢材切割下料的方法有气割、机械剪切和锯切等。

（1）氧气切割

氧气切割是靠氧气和燃料（常用的有乙炔气、丙烷气和液化气等）燃烧时产生的高温熔化钢材，并以氧气压力进行吹扫，造成割缝，使金属按要求的尺寸和形状被切割成零件。但熔点高于火焰温度或难于氧化的材料（如不锈钢），则不宜采用气割。另外，气割所使用的氧气纯度对氧气消耗量、气割速度和质量有决定性的影响。

（2）机械切割

① 带锯、圆盘锯切割。带锯切割适用于型钢、扁钢、圆钢和方钢，具有效率高、切割端面质量好等优点。圆盘锯锯盘有带齿的、有无齿的、有便携式的、也有台式的，可适用于不同材料的切割。

② 砂轮锯切割。砂轮锯适用于薄壁型钢的切割。具有切口光滑、毛刺较薄、容易清除等优点。当材料厚度较薄（1~3 mm）时切割效率较高。当材料厚度大于 4 mm 时，效率降低，砂轮片损耗大，经济上不合理。

③ 无齿锯切割。无齿锯锯片在高速旋转中与钢材接触，摩擦产生的高温把钢材熔化，从而形成切口，其生产效率高，切割边缘整齐且毛刺易清除，但切割时有很大噪声。由于靠摩擦产生高温切断钢材，所以在断口区会产生淬硬倾向，深度为 1.5~2.0 mm。

④ 冲剪切割下料。用剪切机和冲切机切割钢材是最方便的切割方法，可以对钢板、型钢切割下料。当钢板较厚时，冲剪困难，切割钢材不易保证平直，故应改用气割下料。

钢材的切割面或剪切面应无裂缝、夹渣、分层和大于 1 mm 的缺棱。一般通过观察（用放大镜）检查即可，但有特殊要求的，除观察外，必要时应采用渗透、磁粉或超声波探伤等手段检查。

4. 矫正和成型

由于运输和对接焊接等原因引起钢材翘曲时，在画线切割前需矫正平直。矫平可以采用冷矫和热矫的方法。

（1）冷矫

一般用辊式型钢矫正机或机械顶直矫正机直接矫正。

（2）热矫

热矫是利用局部火焰加热的方法矫正。当钢材型号超过矫正机负荷能力或不适于采用校正时，采用热矫。其原理是：钢材加热时以 $1.2 \times 10^{-5}/℃$ 的线膨胀率向各个方向伸长。由于周围物体对受热处物体的限制，受热物体受到压缩，当冷却时长度就会比原来有所减少，即收缩后的长度比未受热前有所缩短。因此，用此法矫正时，在适当位置对构件进行火焰加热，当冷却到原来温度时，除收缩到加热前的尺寸，还要按照 $1.48 \times 10^{-6}/℃$ 的收缩率进一步收缩，利用这种特性达到对钢材或钢构件进行外形矫正的目的。

碳素结构钢在环境温度低于 $-16℃$ 或低合金结构钢在环境温度低于 $-12℃$ 时，不应进行冷矫正和冷弯曲。碳素结构钢和低合金结构钢在加热矫正时，加热温度不应超过900℃，低合金结构钢在加热矫正后应自然冷却。

当零件采用热加工成型时，加热温度应控制在900～1000℃；碳素结构钢和低合金结构钢在温度下降到700～800℃之前应结束加工；低合金结构钢应自然冷却。

5. 边缘加工

钢材经剪切后，在离剪切边缘2～3mm的范围内，会产生严重的冷作硬化，使这部分钢材脆性增大，所以剪切后的钢材用于厚度较大的重要结构时，硬化部分应刨削除掉即需要进行边缘加工。有些构件如支座支撑面、焊缝坡口和尺寸要求严格的加劲板、隔板、腹板及有孔眼的节点板等，也需要进行边缘加工。为消除切割对主体钢材造成的冷作硬化和热影响，使加工边缘达到设计规范的相关要求，一般边缘加工的最小刨削量不应小于2.0mm。边缘加工分刨边、铣边和铲边三种。

6. 滚圆和煨弯

滚圆是用滚圆机把钢板或型钢制成设计要求的曲线形状或卷成螺旋管。

煨弯是钢材热加工的方式之一，即把钢材加热到900～1000℃（黄赤色），立即进行煨弯，在700～800℃（樱红色）前结束。采用热煨时一定要掌握好钢材的加热温度，加工后表面不应有裂纹、褶皱。

7. 零件的制孔

零件制孔方法有冲孔和钻孔两种。

冲孔在冲床上进行，冲孔只能冲较薄的钢板，孔径的大小一般大于钢材的厚度，冲孔周围会产生冷作硬化。冲孔生产效率较高，但质量较差，只有在不重要的部位才能使用。

钻孔在钻床上进行，可以钻任何厚度的钢材，孔的质量较好。对于重要结构的节点，先预钻小一级尺寸的孔眼，在装配完成调整好尺寸后，扩成设计孔径，铆钉孔和精制螺栓多采用这种方法。一次钻成设计孔径时，为了使孔眼位置有较高的精度，一般均先制成钻模，钻模贴在工件上调好位置，在钻模内钻孔。为提高钻孔效率，可以把零件叠起，一次钻几块钢板，或用多头钻进行钻孔。

制孔后，要求孔的偏差、孔壁表面粗糙度、孔距应满足有关规定。

三、构件组装

组装亦称装配、组拼，是把加工好的零件按照施工图的要求拼装成单个构件。钢构件的大小应根据运输道路、现场条件、运输和安装单位的机械设备能力与结构受力的允许条件等来确定。

1. 一般要求

（1）钢构件组装应在平台上进行，平台应测平。用于装配的组装架及胎模要牢固地固定在平台上。

（2）组装工作开始前要编制组装顺序表，组拼时严格按照顺序表所规定的顺序进行组拼。

（3）组装时，要根据零件加工编号，严格检验核对其材质、外形尺寸，零件的毛刺、飞边要清除干净，对称零件要注意方向，避免错装。

（4）对于尺寸较大、形状较复杂的构件，应先分装成几个简单组件，再逐渐拼成整个构件，并注意先组装内部组件，再组装外部组件。

（5）组装好的构件或结构单元，应按图纸的规定对构件进行编号，并标注构件的重量、重心位置、定位中心线和标高基准线等。构件编号位置要在明显易查处，大构件要在三个面（顶面和两个侧面）上都编号。

2. 焊接连接的构件组装

（1）根据图纸尺寸，在平台上画出构件的位置线，焊上组装架及胎模夹具。组装架离平台面不小于 50 mm，并准备好卡兰、左右螺旋丝杠或梯形螺纹，作为夹紧调整零件的工具。

（2）每个构件的主要零件位置调整好并检查合格后，再把全部零件组装上并进行点焊，使之定型。在零件定位前，要留出焊缝收缩量及变形量。高层建筑钢结构的柱子，两端除增加焊接收缩量的长度之外，还必须增加构件安装后荷载压缩变形量，并留好构件端头和支撑点铣平的加工余量。

（3）为了减少焊接变形，应该选择合理的焊接顺序。常用的焊接方法有对称法、分段逆向焊接法和跳焊法等。在保证焊缝质量的前提下，采用适量的电流，快速施焊，以减小热影响区和缩短温度差，减小焊接变形和焊接应力。

四、构件成品的表面处理

1. 高强度螺栓摩擦面的处理

采用高强度螺栓连接时，应对构件摩擦面进行加工处理。摩擦面处理后的抗滑移系数必须符合设计文件的要求。

摩擦面的处理方法一般有喷沙、酸洗、砂轮打磨等几种，其中喷沙处理过的摩擦面的抗滑移系数值较高，离散率较小。处理好的摩擦面应平整、无焊接飞溅、无毛刺、无油污。经处理后的摩擦面，应采取保护措施，防止沾染脏物和油污，在运输过程中防止摩擦面损伤。严禁在高强度螺栓连接面上做任何标记。

构件出厂前应按批做试件，用于检验抗滑移系数，试件的处理方法应与构件相同，检验的最小数值应符合设计要求，并附三组试件供安装时复验抗滑移系数。

2. 构件成品的防腐涂装

钢结构构件在加工验收合格后，应进行防腐涂料涂装。但构件焊缝连接处和高强度螺栓摩擦面处不能做防腐涂装，应在现场安装完后，再补刷防腐涂料。

五、构件成品验收

钢结构构件制作完成后，应根据《钢结构工程施工质量验收规范》（GB 50205）及其他相关规范、规程的规定进行成品验收。钢结构构件加工制作质量验收，可按相应的钢结构制作工程或钢结构安装工程检验批的划分原则划分为一个或若干个检验批进行。

构件出厂时，应提交产品质量证明（构件合格证）和下列技术文件。

（1）钢结构施工详图、设计更改文件、制作过程中的技术协商文件。
（2）钢材、焊接材料及高强度螺栓的质量证明书及必要的实验报告。
（3）钢零件及钢部件加工质量检验记录。
（4）高强度螺栓连接质量检验记录，包括构件摩擦面处抗滑移系数的实验报告。
（5）焊接质量检验记录。
（6）构件组装质量检验记录。

课题二 钢结构连接施工

钢结构的连接是采用一定方式将各个杆件连成整体。杆件间要保持正确的相对位置，以满足传力和使用要求；连接部位应具有设计规定的静力强度和疲劳强度。连接是钢结构设计和施工中的重要环节，一个好的连接应当符合安全可靠、节省钢材、构造简单和施工方便的原则。

钢结构的连接方法有焊接、铆接、普通螺栓（A级、B级和C级）连接和高强螺栓连接等，目前应用最多的是焊接和高强螺栓连接。

一、焊接施工

1. 焊接方法的选择

焊接是钢结构最主要的连接方法之一。在钢结构的制作和安装过程中，广泛使用的是电弧焊。在电弧焊中又以药皮焊条手工焊、埋弧自动焊、半自动焊与CO_2气体保护焊为主。在某些特殊场合，则必须使用电渣焊。钢结构焊接方法的选择见表9-2-1。

表9-2-1 钢结构焊接方法选择

焊接的类型			特　点	适用范围
电弧焊	手工焊	交流焊机	利用焊条与焊件之间产生的电弧热焊接，设备简单。操作灵活，可进行各种位置的焊接，是建筑工地应用最广泛的焊接方法	焊接普通钢结构
		直流焊机	焊接技术与交流焊机相同，成本比交流焊机高，但焊接时电弧稳定	焊接要求较高的钢结构

续表

焊接的类型		特 点	适用范围
电弧焊	埋弧自动焊	利用埋在焊剂层下的电弧热焊接，效率高，质量好，操作技术要求低，劳动条件好，是大型构件制作中应用最广的高效焊接方法	焊接长度较大的对接、贴角焊缝，一般是有规律的直焊缝
	半自动焊	与埋弧自动焊基本相同，操作灵活，但使用不够方便	焊接较短的或弯曲的对接、贴角焊缝
	CO_2 气体保护焊	用 CO_2 或惰性气体保护的实芯焊丝或药芯焊丝进行焊接，设备简单，操作简便，焊接效率高，质量好	用于构件长焊缝的自动焊
电渣焊		利用电流通过液态熔渣所产生的电阻热焊接，能焊大厚度焊缝	用于箱形梁及柱隔板与面板全焊透连接

2．焊接工艺总体要求

（1）焊接工艺设计：确定焊接方式、焊接参数及焊条、焊丝、焊剂的规格型号等。

（2）焊条烘焙：焊条和粉芯焊丝使用前必须按要求进行烘焙。酸性焊条的烘焙温度为 75～150℃，时间为 1～2 h。碱性低氢型焊条的烘焙温度为 350～400℃，时间为 1～2 h，烘干的焊条应放在 100～150℃保温筒（箱）内随用随取。一般低氢型焊条在常温下保存超过 4 h 应重新烘焙，重复烘焙的次数不宜超过三次。

（3）定位点焊：焊接结构在拼接、组装时，要先进行定位点焊以确定零件的准确位置。定位点焊的长度和厚度应由计算确定。电流要比正式焊接提高 10%～15%，定位点焊的位置应尽量避开构件的端部、边角等应力集中的地方。

（4）焊前预热：预热可降低热影响区的冷却速度，防止焊接延迟裂纹的产生。预热温度根据钢材的型号和厚度确定，同时也要参照焊接的热输入、环境温度以及接头形式进行适当调整。预热区在焊缝两侧，每侧宽度均应大于焊件厚度的 1.5 倍以上，且不应小于 100 mm。

（5）焊接顺序确定：一般从焊件的中心开始向四周施焊；先焊收缩量大的焊缝，后焊收缩量小的焊缝；尽量对称施焊；焊缝相交时，先焊纵向焊缝，待冷却至常温后，再焊横向焊缝；钢板较厚时分层施焊。

（6）焊后热处理：焊后热处理主要是对焊缝进行消氢处理，以防止冷裂纹的产生。焊后热处理应在焊后立即进行。消氢处理的加热温度应为 200～250℃；保温时间应根据板厚确定，按每 25 mm 板厚不小于 0.5 h，且总保温时间不得小于 1 h 确定；达到保温时间后应缓冷至常温。预热及后热均可采用散发式火焰枪进行。

3．钢结构焊接施工工艺

（1）药皮焊条手工电弧焊施工工艺

① 药皮焊条手工电弧焊原理。在涂有药皮的金属电极与焊件之间施加一定电压时，电极的强烈放电使气体电离产生焊接电弧。电弧高温足以使焊条和工件局部熔化，形成气

体、熔渣和熔池。气体和熔渣对熔池起保护作用，同时，熔渣与熔池金属起冶金反应后凝固成为焊渣，熔池凝固后成为焊缝，固态焊渣则覆盖于焊缝金属表面。药皮焊条手工电弧焊依靠人工移动焊条实现电弧前移完成连续的焊接。

② 药皮焊条手工电弧焊的电源。药皮焊条手工电弧焊的电源按电流方式可分为交流、直流以及交直流两用三种形式。交流弧焊机，又可分为动铁式、动圈式和抽头式。直流弧焊机的整流电源主要有硅整流式和逆变整流式。

药皮焊条手工电弧焊电源按其使用方式分为单站式和多站式。单站式为一机供一个操作岗位使用。多站式为一机供多个操作岗位使用。但无论是交流还是直流多站式焊机，各操作岗位均需有单独的电抗器或变阻器以供调节焊接电流。由于多站焊机电能损耗很大，运行不是很稳定，尽管有节约投资等优点，也未得到广泛应用。

③ 焊条。涂有药皮的供手工弧焊用的熔化电极称为焊条。焊条由焊芯和药皮两部分组成。

a. 焊芯。焊条中被药皮包覆的金属芯称为焊芯。焊芯的作用是传导焊接电流产生的电弧，同时焊芯熔化后形成焊缝中的填充金属。

b. 药皮。涂敷在焊芯表面上的涂料层称为焊条药皮。药皮是焊条的重要组成部分，是决定焊条质量和焊接质量的重要因素。通常焊条药皮是由矿石、铁合金或纯金属、化工物料和有机物的粉末混合均匀后粘在焊芯上的。目前以钛钙型和低氢钠型两种类型药皮的焊条用得最多。

- 钛钙型。药皮中含30%以上的氧化钛和20%以下的钙或镁碳酸盐矿石。熔渣流动性好，脱渣容易，电弧稳定，熔深适中，飞溅少，焊波整齐，适用于全位置焊接，焊接电源为交流或直流正、反接。

- 低氢钠型。药皮成分主要是碳酸盐矿石和萤石，碱度较高，熔渣流动性好。焊接工艺性能一般，焊波较粗，角焊缝略突出，熔深适中，脱渣性较好。焊接时要求焊条干燥，并采用短弧焊，可全位置焊接，焊接电源为直流反接。该类型焊条熔敷金属具有良好的抗裂性和力学性能。

④ 焊接材料选用的原则。应根据母材的化学成分、力学性能、焊接性能结合工件的结构特点和工作条件综合考虑选用焊接材料，必要时通过试验确定。

a. 等强度原则。所谓等强度，是指所选用焊条熔敷金属的抗拉强度与被焊母材金属的抗拉强度相等或相近。这是焊接结构钢常用的基本原则。

b. 等韧性原则。所谓等韧性，是指所选用焊条熔敷金属的韧性与被焊母材金属的韧性相等或相近。当焊接结构的破坏不是强度不够，而是韧性不足导致脆断，就要选用熔敷金属强度略低于母材金属、而韧性相近的焊条。这项原则往往用于高强度钢的焊接。

c. 等成分原则。所谓等成分，是指选用的焊条熔敷金属的化学成分符合或接近母材金属。

d. 工作条件相近原则。主要包括以下几个方面。

- 使用条件。使用条件是指工件承受静载荷、动载荷和冲击载荷的情况，要求焊缝应保证足够的强度。当有冲击载荷时，焊缝应有较高的冲击韧性。此时要选用具有优良韧性的焊条。

- 腐蚀条件。腐蚀条件是指外界对构件的腐蚀情况。

- 磨损条件。磨损条件是根据磨损的性质，如金属间磨损、冲击磨损、磨粒磨损等选用相应牌号的焊条。

- 工作温度。工作温度是指构件使用时的外界温度。
- 结构形状。结构形状是指工件形状复杂，板材厚度大，刚性大，由于焊接过程中冷却速度快，易产生裂纹等情况。

⑤ 焊接工艺参数。

a. 电源极性。采用交流电源时，焊条与工件的极性随电源频率而变换，电弧稳定性较差，碱性低氢型焊条药皮中需要增加低电离势的物质作为稳弧剂才能稳定施焊。采用直流电源时，工件接正极称为正极性（或正接），工件接负极称为反极性（或反接），一般药皮焊条直流反接可以获得稳定的焊接电弧，焊接时飞溅较小。

b. 弧长与焊接电压。焊接时焊条与工件的距离变化会引起焊接电压的改变。弧长增大时，电压升高，使焊缝的宽度增大，熔深减小；弧长减小，则效果相反。一般低氢型焊条要求短弧、低电压操作才能达到预期的焊缝性能要求。

c. 焊接电流。焊接电流对手工电弧焊的电弧稳定和焊缝成型有密切的影响，焊接电流大则焊缝熔深大，易得到凸起的表面堆高；反之则熔深浅。电流太小时不易起弧，焊接时电弧不稳定，易熄弧；电流太大时飞溅很大。

焊接电流的选择还应与焊条直径相配合，直径大小会影响电流密度。一般按焊条直径的4倍值选择焊接电流，但立焊、仰焊时焊接电流宜减少20%。焊条药皮的类型对选择焊接电流也有影响，主要是由于药皮的导电性不同，如铁粉型焊条药皮导电性强，使用电流较大。

d. 焊接速度。焊接速度太小时，母材易过热变脆；此外熔池凝固太慢使焊缝成型过宽；焊接速度太大时熔池长、焊缝很窄；熔池冷却太快也会造成夹渣、气孔、裂纹等缺陷。一般焊接速度的选择应与电流相配合。

e. 运条方式。手工电弧焊时的运条方式有直线形式及横向摆动式。横向摆动式还分螺旋形、月牙形、锯齿形和八字形等，均由焊工具体掌握以控制焊道的宽度。但当要求焊缝晶粒细密、冲击韧性较高时，宜采用多道、多层焊接。

f. 焊接层次。无论是角接还是坡口对接，均要根据板厚和焊道厚度及焊道宽度安排焊接层次以完成整个焊缝。多层焊时由于后焊焊道对先焊焊道（层）有回火作用，可改善接头的组织和力学性能。

⑥ 焊缝缺陷产生原因及防止措施。焊缝易产生的缺陷种类为气孔、夹渣、咬边、熔宽过大、未焊透、焊瘤、表面成型不良（如凸起太高、波纹粗）等，见表9-2-2。

（2）埋弧焊

埋弧焊与药皮焊条手工电弧焊一样是利用电弧热作为熔化金属的热源，但与药皮焊条手工电弧焊不同的是焊丝外表没有药皮，熔渣是由覆盖在焊接坡口区的焊剂形成的。当焊丝与母材之间施加电压并互相接触引燃电弧后，电弧热将焊丝端部及电弧区周围的焊剂及母材熔化，形成金属熔滴、熔池及熔渣。金属熔池受到浮于表面的熔渣和焊剂蒸气的保护，而不与空气接触，避免氮、氢、氧有害气体的侵入。随着焊丝向焊接坡口前方移动，熔池冷却凝固后形成焊缝，熔渣冷却后形成渣壳。与药皮焊条手工电弧焊一样，熔渣与熔化金属发生冶金反应，从而改善焊缝的化学成分和力学性能。

表 9-2-2　焊缝缺陷产生的原因和防止措施

缺陷类别	原　因	改进、防止措施
气孔	焊条未烘干或烘干温度、时间不足；焊口潮湿、有锈、油污等；弧长太大，电压过高	按焊条使用说明的要求烘干；用钢丝刷和布清理干净，必要时用火焰烤；减少弧长
夹渣	电流太小、熔池温度不够、渣不易浮出	加大电流
咬边	电流太大	减小电流
熔宽过大	电压过高	减小电压
未焊透	电流太小	加大电流
焊瘤	电流太小	加大电流
表面凸起太高	电流太大，焊速太慢	加快焊速
表面波纹粗	焊速太快	减慢焊速

注：酸性焊条（钛型、钛钙型、氧化铁型药皮）一般烘干温度为 100～120℃，保温时间为 30～60 min；碱性焊条（低氢型药皮）一般烘干温度为 300～400℃，保温时间为 60～120 min。如加热温度取高值，则保温时间可取低值。

二、高强度螺栓连接施工

高强度螺栓连接是目前与焊接并举的钢结构主要连接方法之一。其特点是施工方便，可拆可换，传力均匀，接头刚性好，承载能力大，抗疲劳强度高，螺母不易松动，结构安全可靠。高强度螺栓从外形上可分为大六角头高强度螺栓（即扭矩型高强度螺栓）和扭剪型高强度螺栓两种。高强度螺栓和与之配套的螺母、垫圈总称为高强度螺栓连接副。大六角头高强度螺栓连接副由一个大六角头螺栓、一个螺母和两个垫圈组成；扭剪型高强度螺栓连接副由一个螺栓、一个螺母和一个垫圈组成。

1. 一般要求

（1）高强度螺栓连接副，应由制造厂按批配套供货，并必须有出厂质量保证书。使用前，应按有关规定对高强度螺栓的各项性能进行检验。运输过程中应轻装轻卸，防止损坏。当发现包装破损、螺栓有污染等异常现象时，应用煤油清洗，并按高强度螺栓验收规程进行复验，经复验扭矩系数合格后方能使用。

（2）工地储存高强度螺栓时，应放在干燥、通风、防雨、防潮的仓库内，并不得沾染脏物，堆放不宜过高。在安装前严禁任意开箱。

（3）安装时，应按当天需用量领取，当天没有用完的螺栓，必须装回容器内，妥善保管，不得乱扔、乱放。在安装过程中，不得碰伤螺纹及沾染脏物，以防扭矩系数发生变化。

（4）高强度螺栓连接摩擦面处如采用生锈处理方法时，安装前应用细钢丝刷除去浮锈。

（5）不得用高强度螺栓兼做临时螺栓，以防损伤螺纹引起扭矩系数的变化。所采用的临时螺栓或冲钉，在布置数量上需满足有关要求。

（6）安装高强度螺栓时，严禁强行穿入螺栓（如用锤敲打）。如不能自由穿入时，可用铰刀进行修整，严禁气割扩孔。

（7）接头摩擦面上不允许有毛刺、铁屑、油污及焊接飞溅物。摩擦面应干燥，没有结露、积霜、积雪，并不得在雨天进行安装。

（8）使用定扭矩扳子紧固高强度螺栓时，每天上班前应对定扭矩扳子进行校核，合格后方能使用。

2. 摩擦面加工

摩擦面的处理一般有喷沙、喷丸、酸洗、砂轮打磨和钢丝刷清除等几种方法，可根据各自的条件选择加工方法。上述几种方法中，喷丸、喷沙处理过的摩擦面的抗滑移系数值较高，且离散率较小，故为最佳处理方法。

（1）喷沙（丸）是选用干燥的石英沙，粒径为 1.5～4.0 mm，风压为 0.4～0.6 N/mm^2，喷嘴直径为 10 mm，喷嘴距离钢材表面 100～150 mm 进行喷射。加工处理后的钢材表面呈现灰白色为最佳。但由于喷沙对空气的污染严重，在城区不允许使用。目前推广采用的磨料是钢丸。

（2）酸洗加工是利用浓度为 18%（重量比）硫酸，内加少量硫脲，温度 70～80℃，停留 30～40 min。再用石灰水中和，温度 60℃ 左右，钢材放入停留 1～2 min 提起，再重新放入 1～2 min 出槽。清洗时水温 60℃ 左右，清洗 2～3 次，用 pH 试纸检验中和及清洗程度。

酸洗处理曾得到广泛应用，效果虽然较好，但残存的酸性液体会不可避免地存在，并继续腐蚀摩擦面。因此，不提倡使用此种处理方法，条件允许时应优先采用其他处理方法。

（3）砂轮打磨是用手提式电动砂轮进行打磨，打磨范围不应小于螺栓孔径的 4 倍，打磨方向应与构件受力方向垂直。砂轮打磨时，注意不应在钢材表面磨出明显的凹坑。砂轮打磨适用于环境和施工条件受到限制时的局部摩擦面处理，其抗滑移系数基本上能满足要求，但要慎重操作。

（4）钢丝刷清除是利用钢丝刷清除浮锈或清理未经处理的干净轧制表面，仅适用于全面地覆盖着氧化膜的薄钢板或有轻微浮锈的钢材表面和抗滑移系数较低的连接面。用此方法处理喷沙后生赤锈的部位效果良好，但要遵守有关施工规程，严格掌握赤锈程度，安装前应清除浮锈。

一般情况下应按设计提出的处理方法进行施工，若设计对处理方法无具体要求，施工单位可采用适当的处理方法进行施工，以达到设计规定的抗滑移系数值为准。

3. 安装工艺

（1）一个接头上的高强度螺栓连接，应从螺栓群中部开始安装，向四周扩展，逐个拧紧。大六角头高强度螺栓要进行初拧、复拧和终拧，每完成一次应涂上相应的颜色作标记，以防漏拧。

（2）接头如有高强度螺栓连接又有焊接连接时，宜按先栓后焊的方式施工，即先终拧完高强度螺栓，再焊接焊缝。

（3）高强度螺栓应自由穿入螺栓孔内，当板层发生错孔时，允许用铰刀扩孔。扩孔时，铁屑不得掉入板层间。为防止掉入，铰孔前应将四周螺栓全部拧紧。扩孔数量不得超过一个接头螺栓数量的 1/3，扩孔后的孔径不应大于 1.2d（d 为螺栓直径）。严禁使用气割进行高强度螺栓孔的扩孔。

（4）一个接头中多个高强度螺栓穿入方向应一致。垫圈有倒角的一侧应朝向螺栓头和螺母，螺母有圆台的一面应朝向垫圈，螺母和垫圈不得装反。

（5）高强度螺栓连接副在终拧以后，螺栓丝扣外露应为2～3扣，其中允许有10%的螺栓丝扣外露1扣或4扣。

4. 紧固方法

（1）大六角头高强度螺栓连接副紧固

大六角头高强度螺栓连接副一般采用扭矩法和转角法紧固。

① 扭矩法。使用可直接显示扭矩值的专用扳手，分初拧和终拧二次拧紧。对于大型节点应分为初拧、复拧和终拧三次拧紧。初拧扭矩为施工扭矩的50%，复拧力矩等于初拧力矩。其目的是通过初拧，使接头各层钢板达到充分密贴；终拧把螺栓拧紧。每次拧紧都应在螺母上涂不同颜色作标记。

② 转角法。根据构件紧密接触后，螺母的旋转角度与螺栓的预拉力成正比的关系确定紧固的一种方法。操作时分初拧和终拧两次拧紧。初拧可用短扳手将螺母拧至使构件靠拢，并作标记。终拧用长扳手将螺母从标记位置拧至规定的终拧位置。转动角度的大小在施工前由试验确定。

（2）扭剪型高强度螺栓紧固

扭剪型高强度螺栓有一特制尾部，采用带有两个套筒的专用电动扳手紧固。紧固时用专用扳手的两个套筒分别套住螺母和螺栓尾部的梅花头，接通电源后，两个套筒按反向旋转，拧断尾部后即达相应的扭矩值。一般用定扭矩扳手初拧，用专用电动扳手终拧。

（3）防松处理

为了防止螺栓在紧固后发生松动，应对螺栓螺母的连接采取必要的防松措施。根据其结构性质选用下列方法进行防松处理。

① 垫放弹簧垫圈。垫放弹簧垫圈是在螺母下面垫一开口弹簧垫圈，螺母紧固后沿轴向产生弹性压力，可起到防松作用。为防止开口垫圈损伤构件表面，可在开口垫圈下面垫一平垫圈。

② 副螺母防松。副螺母防松是在紧固后的螺母上面增加一个较薄的副螺母，使两螺母之间产生轴向压力，并增加螺栓、螺母凸凹螺纹的咬合自锁长度，以达到相互制约而不使螺母松动。使用副螺母防松的螺栓，在安装前应计算螺栓的准确长度，待防松副螺母紧固后，螺栓伸出副螺母外的长度应不少于2扣螺纹。

③ 不可拆的永久防松。这种防松方法一般应用在不再拆除、更换零部件的永久工程上。不可拆的永久防松方法是将螺母紧固后，用电焊将螺母与螺栓的相邻位置对称点焊3～4处或将螺母与构件相点焊；另一防松做法是将螺母紧固后，用尖锤或钢冲在螺栓伸出螺母的侧面或靠近螺母上平螺纹处进行对称点铆3～4处，使螺栓上的螺纹被铆成乱丝状凹陷，破坏螺纹以阻止螺母旋转，起到防松作用。

在永久防松措施中，宜采用破坏螺纹的点铆方法，不宜采用点焊法防松，以免增加螺栓、螺母或构件表面局部硬化，加速腐蚀程度。

三、钢结构连接质量验收

钢结构连接质量，应符合《钢结构工程施工质量验收规范》的规定。其质量验收，可按相应的钢结构制作工程或钢结构安装工程检验批的划分原则划分为一个或若干个检验批进行。

1. 焊缝质量检查

钢结构焊缝质量应根据不同要求分别采用外观检查、超声波检查、射线探伤检查、浸渗探伤检查和磁粉探伤检查等。

碳素结构钢应在焊缝冷却至环境温度后进行焊缝探伤检查，低合金结构钢应在焊接完成24 h以后进行焊缝探伤检查。

2. 高强度螺栓连接副终拧检查

大六角头高强度螺栓连接副应在完成1 h后、48 h内进行终拧扭矩检查。检查数量：按节点数抽查10%，且不应少于10个；每个被抽查节点按螺栓数抽查10%，且不应少于2个。

扭剪型高强度螺栓连接副终拧检查是以拧掉梅花头为标志，未在终拧中拧掉梅花头的螺栓数不应大予该节点螺栓数的5%。检查数量：按节点数抽查10%，且不应少于10个，被抽查节点中梅花头未拧掉的扭剪型高强度螺栓连接副，全部进行终拧扭矩检查。

课题三　钢结构安装施工

建筑钢结构按结构形式和应用范围，一般可分为：
（1）单层钢结构（如单层厂房、仓库等）；
（2）多层钢结构（如多层厂房、超市、办公楼等）；
（3）高层/超高层钢结构（如写字楼、酒店等）；
（4）大跨度空间钢结构（如桁架结构、网架结构、网壳结构等）；
（5）钢与混凝土组合结构。

一、单层钢结构厂房安装

1. 材料堆放

钢结构通常在专门的钢结构加工厂制作，然后运至工地经过组装后进行吊装。为适应钢结构进场堆放、检验、涂装、组装和配套供应，对规模较大的工程需设立钢结构堆放场。

钢结构运抵堆放场，经过检验后分类、配套按堆垛堆放。堆垛高度一般不大于2 m，以保证安全。堆垛之间需要留出必要的通道，一般宽度为2 m。

柱子应放在木垫板上，分层堆放，亦用木垫板间隔，木垫板的位置和间距以保证不产生过大的变形为原则。桁架和桁架梁多斜靠立柱堆放，立柱的间距为2～3 m。

2. 吊装准备

在钢结构吊装准备阶段，须做好以下工作。
（1）编制钢结构工程施工组织设计

其内容包括：计算钢结构构件和连接件数量；选择安装机械；确定流水程序；确定质量标准、安全措施和特殊施工技术等。

选择安装机械是钢结构安装的关键。选择安装机械的前提条件是：必须满足钢构件的安装要求；机械必须确保供应；必须保证工期。

（2）基础准备和钢构件检验

基础准备包括轴线误差测量、基础支撑面的准备、支撑面和支座表面标高与水平度的检查、地脚螺栓位置和伸出支撑面长度的量测等。

柱子基础轴线和标高是否正确是确保钢结构安装质量的基础，应根据基础的验收资料复核各项数据，并标注在基础表面上。

基础支撑面的准备有两种做法：一种是基础一次浇筑到设计标高。即基础表面先浇筑到设计标高以下 20～30 mm 处，然后在设计标高处设角钢或槽钢制导架，测准其标高，再以导架为依据用水泥沙浆仔细铺筑支座表面。另一种是基础预留标高，安装时做足。即基础表面先浇筑至距设计标高 50～60 mm 处，柱子吊装时，在基础面上放钢垫板（不得多于三块）以调整标高，待柱子吊装就位后，再在钢柱脚底板下浇筑细石混凝土。

3. 结构安装

单层厂房钢结构构件，包括柱、吊车梁、桁架、天窗架、檩条、支撑及墙架等，构件的形式、尺寸、重量及安装标高都不同，因此所采用的起重设备、安装方法等亦需随之变化、与其相适应以达到经济合理。

（1）钢柱安装与校正

单层工业厂房占地面积较大，通常用自行杆式起重机或塔式起重机吊装钢柱。钢柱的吊装方法与装配式钢筋混凝土柱子相似，亦为旋转吊装法及滑行吊装法。对重型钢柱可采用双机抬吊的方法进行吊装，如图 9-3-1 所示。起吊时，双机同时将钢柱平吊起来，离地一定高度后暂停，使运输钢柱的平板车移去，然后双机同时打开回转刹车，由主机单独起吊，当钢柱吊装竖直后，拆除辅机下吊点的绑扎钢丝绳，由主机单独将钢柱插进锚固螺栓固定。

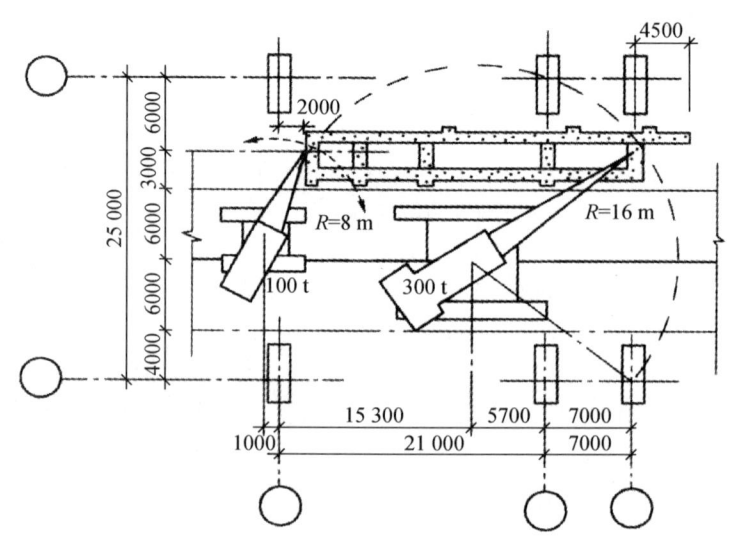

图 9-3-1　钢柱双机抬吊示意图

钢柱经过初校，待垂直度偏差控制在 20 mm 以内方可使起重机脱钩。钢柱的垂直度用经纬仪检验，如有偏差，用螺旋千斤顶或油压千斤顶进行校正，如图 9-3-2 所示。在校正过程中，随时观察柱底部和标高控制块之间是否脱空，以防校正过程中造成水平标高的误差。

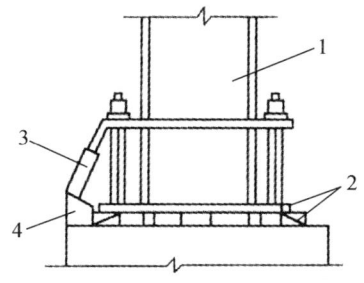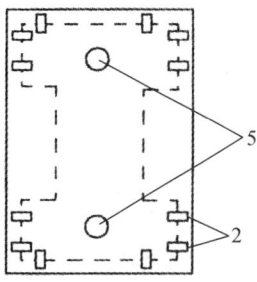

图 9-3-2　钢柱垂直度校正及承重块布置

1—钢柱；2—承重块；3—千斤顶；4—钢托座；5—标高控制块

钢柱位置的校正，对于重型钢柱可用螺旋千斤顶、链条和套环托座，沿水平方向顶校钢柱，如图 9-3-3 所示。校正后为防止钢柱位移，在柱四边用 10 mm 厚的钢板定位，并用电焊固定。钢柱复校后，再紧固锚固螺栓，并将承重块上下点焊固定，防止移动。

（2）吊车梁安装与校正

在钢柱吊装完成且经调整固定于基础上之后，即可吊装吊车梁。单层工业厂房内的吊车梁，根据起重设备的起重能力分为轻、中、重型三类。轻型者重量只有几吨，重型者有的跨度大于 30 m、重量大于 100 t。

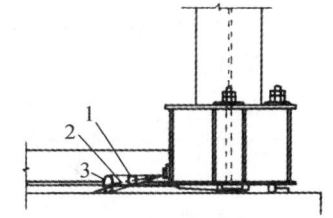

图 9-3-3　钢柱位置的校正

1—螺旋千斤顶；2—链条；3—套环托座

钢吊车梁均为简支梁形式，梁端之间留有 10 mm 左右的空隙。梁的搁置处与牛腿面之间留有空隙，设钢垫板。梁与牛腿用螺栓连接，梁与制动架之间用高强度螺栓连接。

吊车梁吊装前必须密切注意钢柱吊装后的位移和垂直度的偏差；实测吊车梁搁置处梁高制作的误差；认真做好临时标高垫块工作；严格控制定位轴线。

（3）钢桁架安装与校正

钢桁架可用自行杆式起重机（尤其是履带式起重机）、塔式起重机等进行安装。由于钢桁架的跨度、重量和安装高度不同，适合的安装机械和安装方法亦随之而异。钢桁架多用悬空吊装，为使钢桁架在吊起后不致发生摇摆和与其他构件碰撞，起吊前在支座的节点附近用麻绳系牢，随吊随放松，以此保证其正确位置。钢桁架的绑扎点要保证钢桁架的吊装稳定性，否则就需在吊装前进行临时加固。

钢桁架的侧向稳定性较差，如果吊装机械的起重重量和起重臂长度允许时，最好经扩大拼装后进行组合吊装，即在地面上将两榀桁架及其上的其他构件拼装成整体，一次进行吊装，这样不但可提高吊装效率，也有利于保证其吊装的稳定性。

钢桁架临时固定需用临时螺栓和冲钉，每个节点处应穿入的数量必须由计算确定，并应符合下列规定：不得少于安装孔总数的 1/3；至少应穿 2 个临时螺栓；冲钉穿入数量不宜多于临时螺栓的 30%；扩钻后的螺栓（A 级、B 级）孔不得使用冲钉。

钢桁架要检验校正其垂直度和弦杆的正直度。桁架的垂直度可用挂线锤球检验，而弦杆的正直度则可用拉紧的测绳进行检验。钢桁架的最后固定，用电焊或高强度螺栓连接。

二、轻钢结构安装

1. 轻钢结构的特点

轻钢结构通常是指由下列钢材所构成的结构：
（1）冷弯薄壁型钢结构；
（2）热轧轻型钢结构；
（3）焊接或高频焊接轻型钢结构；
（4）轻型钢管结构；
（5）板壁较薄的焊接组合梁及焊接组合柱而构成的结构。

其中，由薄壁型钢组成的轻钢结构近年来发展非常迅速，而且是轻钢结构发展的主要方向。薄壁轻钢结构由薄钢板或型钢焊接成主要框架的柱、梁以及薄壁冷弯屋面、墙面檩条（也有称墙梁、墙筋）等组装而成，外盖以轻质、高强、美观耐久的彩色钢板组成墙体和屋面围护结构。这类建筑的构件轻质高强，结构抗震性能好，可建造大跨度（9～50m）、大柱距（6～15m）的房屋，并且建筑美观、屋面排水流畅、防水性能好；由于构件在工厂制造，成品精确度高；构件采用高强螺栓或电焊连接在现场吊装拼接，具有施工简单方便、产品质量好、安装速度快、占地面积小和施工不受季节限制等特点。

此外，由于结构轻巧、自重轻，轻钢结构与混凝土结构建筑比较，自重减少70%～80%大大减轻了对地基的压力，减少基础造价；用钢量也仅为20～30 kg/m²，投资少，故广泛应用于建造各类轻型工业厂房、仓储、公共设施、大商场、娱乐场所和体育场所等建筑。

2. 薄壁型钢的成型

薄壁型钢材料要求：当采用普通碳素钢时应符合《普通碳素结构钢技术条件》规定的Q235钢的要求；当采用16锰钢时应符合《低合金结构钢技术条件》规定的16锰钢的要求，并应符合国家有关规定。

薄壁型钢成型：一般采用冷压成型，对于较薄的钢板（1～2mm）也可以采用冷弯成型。薄壁型钢成型过程为：钢板剪切下料→辊压整平→边缘加工→冷压（冷弯）成型。

对钢板或钢带下料、整平和边缘加工分别采用剪切机、辊压机及刨床等机械。经过冷压后可以形成不同的形状，但成型过程一般要经过一次或若干次冷压。

3. 轻型门式钢架结构工程

轻型门式钢架结构是大跨建筑常用的结构形式之一。轻型门式钢架结构是指主要承重结构采用实腹门式钢架，具有轻型屋盖和轻型外墙的单层房屋钢结构。近年来，随着彩色压型钢板、H型钢、冷弯薄壁型钢的引进和发展，我国轻型门式钢架结构发展迅速。

轻型门式钢架结构的主钢架，一般采用变截面或等截面实腹式焊接H型钢或轧制H型钢。门式钢架结构的安装宜先立柱子，然后将在地面组装好的斜梁吊起就位，并与柱连接。安装工艺流程为：钢柱安装→钢柱校正→斜梁地面拼装→斜梁安装、临时固定→钢柱重校→高强度螺栓紧固→复校→安装檩条、拉杆→钢结构验收。

轻型门式钢架结构安装顺序，如图9-3-4所示。

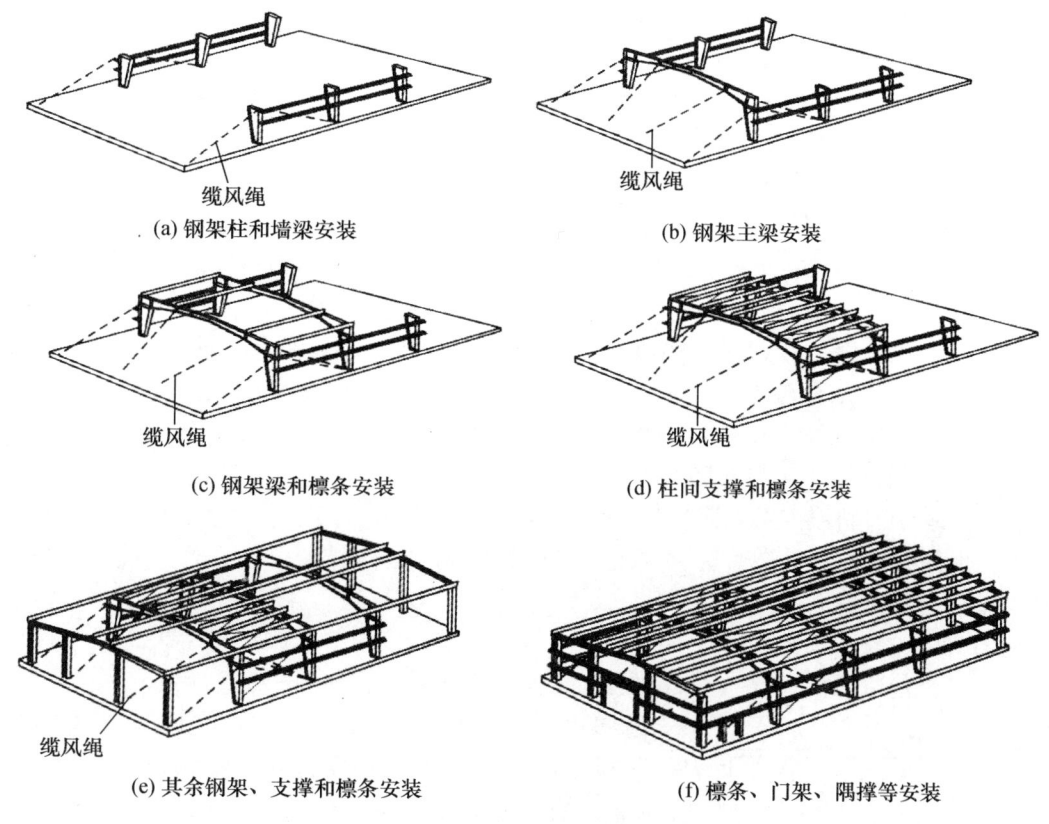

图 9-3-4 轻型门式钢架结构安装顺序

4. 轻型门式钢架结构工程施工

（1）安装施工准备

钢构件进入施工现场，须有质量保证书及详细的验收记录；应按构件的种类、型号及安装顺序在指定区域堆放。构件底层垫木要有足够的支撑面以防止支点下沉；相同型号的构件叠层时，每层构件的支点要在同一直线上；对变形的构件应及时矫正，检查合格后方可安装。

钢柱基础施工时，应做好地脚螺栓的定位和保护工作，控制基础顶面标高和地脚螺栓顶面标高。基础施工后应按以下内容进行检查验收。

① 各行列轴线位置是否正确。

② 各跨跨距是否符合设计要求。

③ 基础顶标高是否符合设计要求。

④ 地脚螺栓的位置及标高是否符合设计及规范要求。

构件在吊装前应根据《钢结构工程施工及验收规范》（GB 50205）中的有关规定进行检验构件的外形和截面几何尺寸，其偏差不允许超出规范规定值之外；构件应根据设计图纸要求进行编号，弹出安装中心标记。钢柱应弹出两个方向的中心标记和标高标记；标出绑扎位置；丈量柱长，其长度误差应详细记录；并用油笔写在柱子下部中心标记旁的平面上，以备在基础顶面标高第二次灌浆层中调整。

（2）安装机械选择

轻型门式钢架结构构件重量较轻，且一般单层建筑安装标高为 10 m 左右，所以起重机选择以大跨度斜梁起重高度（包括索具高度）为原则，可采用履带式起重机、汽车式起重机，多跨可采用轻便式小型塔式起重机。

根据现场条件和构件大小，可采用单机起吊或双机抬吊；根据工期要求也可采用多机流水作业。对有些重量比较轻的小型构件，如檩条、彩钢板等，也可直接由人力吊升安装。起重机械的数量，可根据工程规模、安装工程量大小及工期要求合理确定。

（3）钢架柱的安装

轻型门式钢架钢柱的安装顺序是：吊装单根钢柱→柱标高调整→纵横十字线位移→垂直度校正。

钢架柱一般采用一点起吊，吊耳放在柱顶处。为防止钢柱变形，也可两点或三点起吊。对于大跨轻型门式钢架变截面 H 型钢柱，由于柱根小、柱顶大，头重脚轻且重心是偏心的，因此安装固定后，为防止倾倒必要时需加临时支撑。

（4）钢架斜梁的拼接与安装

轻型门式钢架斜梁的特点是跨度大（即构件长）、侧向刚度小，为确保安装质量和安全施工，提高生产效率，减小劳动强度，应根据场地和起重设备条件，最大限度地将扩大拼装工作在地面完成。

钢架斜梁一般采用立放拼接，拼装程序是：将要拼接的单元放在拼装平台上→找平→拉通线→安装普通螺栓定位→安装高强度螺栓→复核尺寸，如图 9-3-5 所示。

斜梁的安装顺序是：先从靠近山墙的有柱间支撑的两榀钢架开始，钢架安装完毕后将其间的檩条、支撑、隅撑等全部装好，并检查其垂直度；然后以这两榀钢架为起点，向建筑物另一端顺序安装。除最初安装的两榀钢架外，所有其余钢架间的檩条、墙梁和檐檩的螺栓均应在校准后再拧紧。

斜梁的起吊应选好吊点，大跨度斜梁的吊点须经计算确定。斜梁可选用单机两点或三点、四点起吊，或用铁扁担以减小索具对斜梁产生的压力。对于侧向钢度小、腹板宽厚比大的斜梁，为防止构件扭曲和损坏，应采取多点起吊及双机抬升。

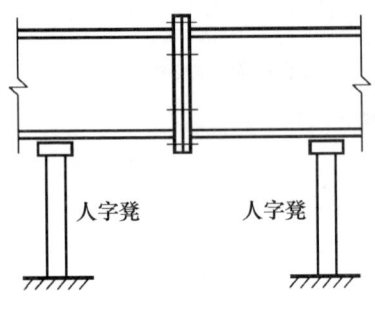

图 9-3-5　斜梁拼接

（5）檩条和墙梁的安装

轻型门式钢架结构的檩条和墙梁，一般采用卷边槽形、Z 形冷弯薄壁型钢或高频焊接轻型 H 型钢。檩条和墙梁通常与焊于钢架斜梁和柱上的角钢支托连接。檩条和墙梁端部与支托的连接螺栓不应少于两个。

（6）彩钢板的安装

彩色钢板是用高强优质薄钢卷材（热镀锌钢板、镀铝锌钢板），经连续热浸合金化镀层处理和特殊工艺的连续烘涂各彩色涂层，再经机器辊压而制成。彩钢板的长度可根据实际尺寸而定。

屋面檩条、墙梁安装完毕，就可进行屋面、墙面彩钢板的安装。一般是先安装墙面彩钢板，后安装屋面彩钢板，以便于檐口部位的连接。

彩钢板安装有隐藏式连接和自攻螺钉连接两种。隐藏式连接是将彩钢板通过支架将其固定在檩条上，彩钢板横向之间用咬口机将相邻彩钢板搭接口咬接，或用防水黏结胶黏结（这种做法仅适用于屋面）。自攻螺钉连接是将彩钢板直接通过自攻螺钉固定在屋面檩条或墙梁上,在螺钉处涂防水胶封口,这种方法可用于屋面或墙面彩钢板的连接。

彩钢板在纵向需要接长时,其搭接长度不应小于100mm,并用自攻螺钉连接、防水胶封口。

5. 质量验收

轻型门式钢架结构的安装施工应符合《钢结构工程施工质量验收规范》(GB 50205)、《门式钢架轻型房屋钢结构技术规程》(CECS 102)及其他相关规范、规程的规定。

门式钢架结构安装工程质量验收,可按变形缝或空间刚度单元等划分成一个或若干个检验批进行。压型金属板安装工程质量验收,可按变形缝、施工段或屋面、墙面等划分成一个或若干个检验批进行。

钢架柱安装的允许偏差见表9-3-1。

表9-3-1 钢架柱安装的允许偏差 (单位:mm)

项目		允许偏差	检验方法
柱脚底座中心线对定位轴线的偏移		5.0	用吊线和钢尺检查
柱基准点标高	有吊车梁的柱	+3.0 -5.0	用水准仪检查
	无吊车梁的柱	+5.0 -8.0	
弯曲矢高		$H/1200$,且不应大于15.0	用经纬仪或拉线和钢尺检查
柱轴线垂直度	单层柱 $H \leq 10\,\mathrm{m}$	$H/1000$	用经纬仪或吊线和钢尺检查
	单层柱 $H > 10\,\mathrm{m}$	$H/1000$,且不应大于25.0	
	多节柱 单节柱	$H/1000$,且不应大于10.0	
	多节柱 柱全高	35.0	

压型金属板安装的允许偏差见表9-3-2。

表9-3-2 压型金属板安装的允许偏差 (单位:mm)

项目		允许偏差	检验方法
屋面	檐口与屋脊的平行度	12.0	用拉线、吊线和钢尺检查
	压型金属板波纹线对屋脊的垂直度	$L/800$,且不应大于25.0	
	檐口相邻两块压型金属板端部错位	6.0	
	压型金属板卷边板件最大波浪高	4.0	
墙面	墙板波纹线的垂直度	$H/800$,且不应大于25.0	
	墙板包角板的垂直度	$H/800$,且不应大于25.0	
	相邻两块压型金属板的下端错位	6.0	

注:L为屋面半坡或单坡长度;H为墙面高度。

三、多层及高层钢结构安装

1. 流水段划分原则及安装顺序

多层及高层建筑钢结构的安装，必须根据建筑物的平面形状、结构形式、安装机械的数量和位置等合理划分安装施工流水区段，确定安装顺序。

（1）平面流水段的划分应考虑钢结构在安装过程中的对称性和整体稳定性。其安装顺序一般应由中央向四周扩展，以利于焊接误差的减少和消除。筒体结构的安装顺序为先内筒后外筒；对称结构采用全方位对称方案安装。

（2）立面流水段的划分以一节钢柱（各节所含层数不一）为单元。每个单元安装顺序以主梁或钢支撑、带状桁架安装成框架为原则；其次是安装次梁、楼板及非结构构件。塔式起重机的提升、顶升与锚固，均应满足组成框架的需要。

钢结构标准单元施工顺序如图 9-3-6 所示。

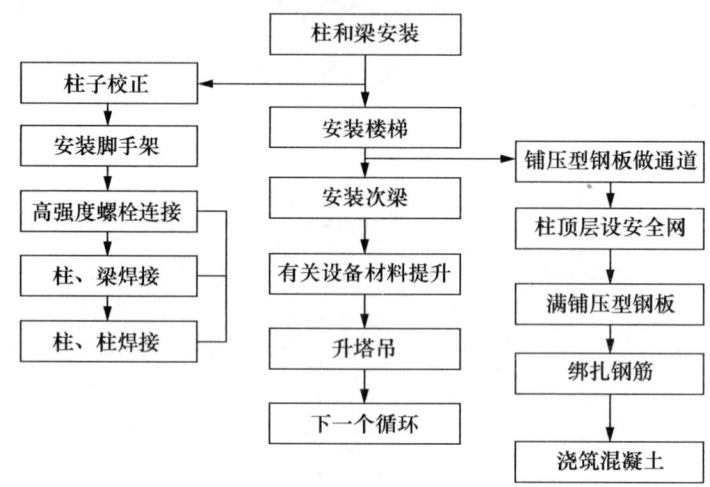

图 9-3-6　钢结构标准单元施工顺序

多层及高层建筑钢结构安装前，应根据安装流水段和构件安装顺序，编制构件安装顺序表。表中应注明每一构件的节点型号、连接件的规格和数量、高强度螺栓规格和数量、栓焊数量及焊接量、焊接形式等。构件从成品检验、运输、现场核对、安装、校正到安装后的质量检查，应统一按照该安装顺序表进行。

2. 构件吊点设置与起吊

（1）钢柱

平运时两点起吊，安装时一点立吊。立吊时，需在柱子根部垫上垫木，以回转法起吊，严禁根部拖地。吊装 H 型钢柱、箱形钢柱时，可利用其接头耳板做吊环，配以相应的吊索、吊架和销钉。钢柱起吊如图 9-3-7 所示。

（2）钢梁

距梁端 500 mm 处开孔，用特制卡具两点平吊，次梁可三层串吊，如图 9-3-8 所示。

（3）组合件

因组合件形状、尺寸不同，可计算重心确定吊点，采用两点吊、三点吊或四点吊。凡不易计算者，可加设倒链协助找重心，构件平衡后起吊。

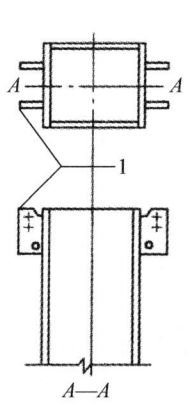
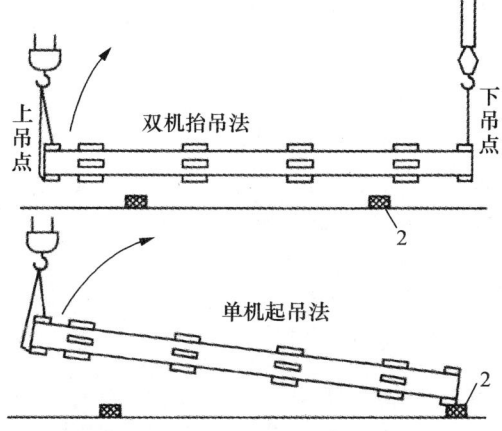

图 9-3-7 钢柱起吊
1—吊耳；2—垫木

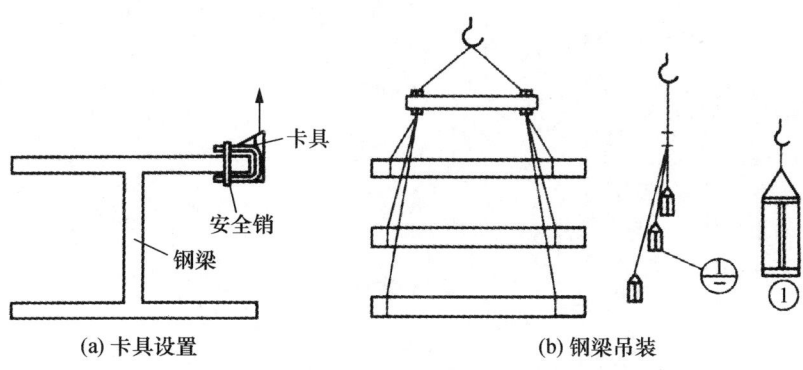

图 9-3-8 钢梁吊装

（4）零件及附件

钢构件的零件及附件应随构件一并起吊。尺寸较大、重量较重的节点板、钢柱上的爬梯、大梁上的轻便走道等，应牢固固定在构件上。

3. 构件安装与校正

（1）钢柱安装与校正

① 首节钢柱安装与校正。安装前，应对建筑物的定位轴线、首节柱的安装位置、基础的标高和基础混凝土强度进行复检，合格后才能进行安装。

a. 柱顶标高调整。根据钢柱实际长度、柱底平整度，利用柱子底板下地脚螺栓上的调整螺母调整柱底标高，以精确控制柱顶标高，如图 9-3-9 所示。

b. 纵横十字线对正。首节钢柱在起重机吊钩不脱钩的情况下，利用制作时在钢柱上划出的中心线与基础顶面十字线对正就位。

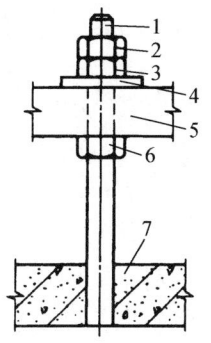

图 9-3-9 采用调整
螺母控制标高

1—地脚螺栓；2—止退螺母；
3—紧固螺母；4—螺母垫圈；
5—柱子底板；6—调整螺母；
7—钢筋混凝土基础

c. 垂直度调整。用两台呈90°的经纬仪投点，采用缆风绳法校正。在校正过程中不断调整柱底板下螺母，校毕将柱底板上面的两个螺母拧上，缆风绳松开，使柱身呈自由状态，再用经纬仪复核。如有小偏差，微调下螺母，无误后将上螺母拧紧。柱底板与基础面间预留的空隙，用无收缩沙浆以捻浆法垫实。

② 上节钢柱安装与校正。上节钢柱安装时，利用柱身中心线就位，为使上、下柱不出现错口，尽量做到上、下柱轴线重合。上节钢柱就位后，按照先调整标高，再调整位移，最后调整垂直度的顺序校正。

校正时，可采用缆风绳校正法或无缆风绳校正法。目前多采用无缆风绳校正法，如图9-3-10所示，即利用塔吊、钢楔、垫板、撬棍以及千斤顶等工具，在钢柱呈自由状态下进行校正。此法施工简单、校正速度快、易于吊装就位和确保安装精度。为适应无缆风绳校正法，应特别注意钢柱节点临时连接耳板的构造。上、下耳板的间隙宜为15～20 mm，以便于插入钢楔。

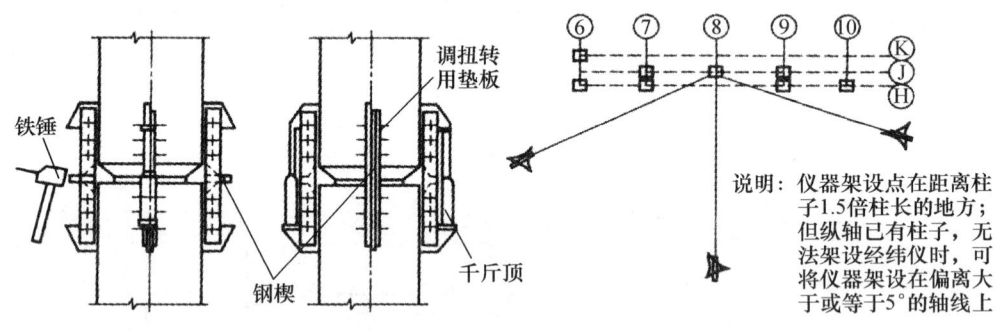

图9-3-10 无缆风绳校正法

a. 标高调整。钢柱一般采用相对标高安装，设计标高复核的方法。钢柱吊装就位后，合上连接板，穿入大六角高强度螺栓，但不夹紧，通过吊钩起落与撬棍拨动调节上、下柱之间间隙。量取上柱柱根标高线与下柱柱头标高线之间的距离，经检验符合要求后在上、下耳板间隙中打入钢楔限制钢柱下落。正常情况下，标高偏差应调整至零。若钢柱制造误差超过5 mm，应分次调整。

b. 位移调整。钢柱定位轴线应从地面控制轴线直接引上，不得从下层柱的轴线引上。钢柱轴线偏移时，可在上柱和下柱耳板的不同侧面夹入一定厚度的垫板加以调整，然后微微夹紧柱头临时接头的连接板。钢柱的位移每次只能调整3 mm，若偏差过大需分次调整。起重机至此可松吊钩。校正位移时应注意防止钢柱扭转。

c. 垂直度调整。用两台经纬仪在相互垂直的位置投点，进行垂直度观测。调整时，在钢柱偏斜方向的同侧锤击钢楔或微微顶升千斤顶，在保证单节柱垂直度符合要求的前提下，将柱顶偏轴线位移校正至零，然后拧紧上、下柱临时接头的大六角高强度螺栓至额定扭矩。

注意：为达到调整标高和垂直度的目的，临时接头上的螺栓孔应比螺栓直径大4.0 mm。由于钢柱制造允许误差一般为 $-1 \sim +5$ mm，螺栓孔扩大后能有足够的余量将钢柱校正准确。

(2) 钢梁安装与校正

① 钢梁安装时，同一列柱，应先从中间跨开始对称地向两端扩展；同一跨钢梁，应

先安装上层梁再安装中下层梁。

② 在安装和校正柱与柱之间的主梁时，可先把柱子撑开，跟踪测量、校正，预留接头焊接收缩量，这时柱产生的内力，在焊接完毕焊缝收缩后也就消失了。

③ 一节柱的各层梁安装好后，应先焊上层主梁后焊下层主梁，以使框架稳固，便于施工。一节柱（三层）的竖向焊接顺序是：上层主梁→下层主梁→中层主梁→上柱与下柱焊接。

每天安装的构件，应形成空间稳定体系，以确保安装质量和结构安全。

4. 楼层压型钢板安装

多层及高层钢结构楼板，一般多采用压型钢板与混凝土叠合层组合而成，如图 9-3-11 所示。一节柱的各层梁安装校正后，应立即安装本节柱范围内的各层楼梯，并铺好各层楼面的压型钢板，进行叠合楼板施工。

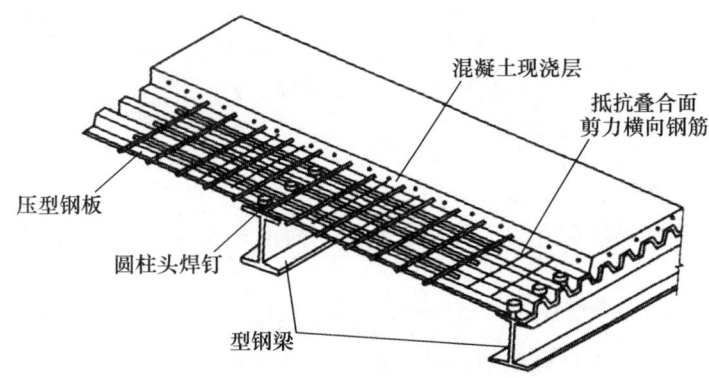

图 9-3-11　压型钢板组合楼板的构造

楼层压型钢板安装工艺流程是：弹线→清板→吊运→布板→切割→压合→侧焊→端焊→封堵→验收→栓钉焊接。

（1）压型钢板安装铺设

① 在铺板区弹出钢梁的中心线。主梁的中心线是铺设压型钢板固定位置的控制线，并决定压型钢板与钢梁熔透焊接的焊点位置；次梁的中心线决定熔透焊栓钉的焊接位置。因压型钢板铺设后难以观察次梁翼缘的具体位置，故将次梁的中心线及次梁翼缘返弹在主梁的中心线上，固定栓钉时再将其返弹在压型钢板上。

② 将压型钢板分层分区按料单清理、编号，并运至施工指定部位。

③ 用专用软吊索吊运。吊运时，应保证压型钢板板材整体不变形、局部不卷边。

④ 按设计要求铺设。压型钢板铺设应平整、顺直，波纹对正，设置位置正确；压型钢板与钢梁的锚固支撑长度应符合设计要求，且不应小于 50 mm。

⑤ 采用等离子切割机或剪板钳裁剪边角。裁减放线时，富余量应控制在 5 mm 范围内。

⑥ 压型钢板固定。压型钢板与压型钢板侧板间连接采用咬口钳压合，使单片压型钢板间连成整板，然后用点焊将整板侧边及两端头与钢梁固定，最后采用栓钉固定。为了浇筑混凝土时不漏浆，端部肋做封端处理。

（2）栓钉焊接

为使组合楼板与钢梁有效地共同工作，抵抗叠合面间的水平剪力作用，通常采用栓钉穿过压型钢板焊于钢梁上。栓钉焊接的材料与设备有栓钉、焊接瓷环和栓钉焊机。

焊接时，先将焊接用的电源及制动器接上，把栓钉插入焊枪的长口，焊钉下端置入母材上面的瓷环内。按焊枪电钮，栓钉被提升，在瓷环内产生电弧，在电弧发生后规定的时间内，用适当的速度将栓钉插入母材的融池内。焊完后，立即除去瓷环，并在焊缝的周围去掉卷边，检查焊钉焊接部位。栓钉焊接工序如图9-3-12所示。

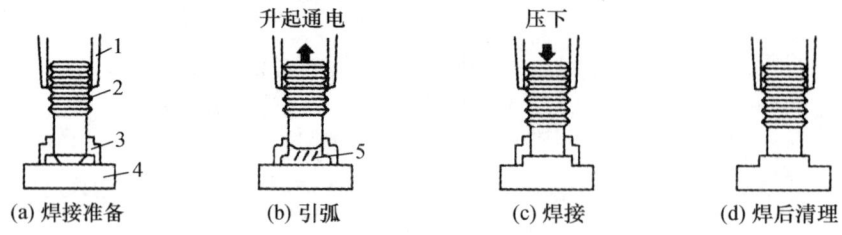

图9-3-12　栓钉焊接工序

1—焊枪；2—栓钉；3—瓷环；4—母材；5—电弧

栓钉焊接质量检查：

① 外观检查。栓钉根部焊脚应均匀，焊脚立面的局部未熔合或不足360°的焊脚应进行修补。

② 弯曲试验检查。栓钉焊接后应进行弯曲试验检查，可用锤击使栓钉从原来轴线弯曲30°或采用特制的导管将栓钉弯成30°，若焊缝及热影响区没有肉眼可见的裂纹，即为合格。压型钢板及栓钉安装完毕后，即可绑扎钢筋，浇筑混凝土。

5. 多层及高层钢结构工程质量验收

多层及高层钢结构工程施工，应符合《钢结构工程施工质量验收规范》（GB 50205）和《高层民用建筑钢结构技术规程》（JGJ 99）的规定。一般来说，钢结构作为主体结构，属于分部工程，其工程施工质量验收应在施工单位自检基础上，按照检验批、分项工程、分部工程（子分部）进行。

多层及高层钢结构安装工程，可按楼层或施工段等划分为一个或若干个检验批。每个检验批应在进场验收和焊接连接、高强度螺栓连接、制作等分项工程验收合格的基础上进行验收。

柱子安装的允许偏差应符合表9-3-3的规定，多层及高层钢结构中构件安装的允许偏差应符合表9-3-4的规定。

表9-3-3　柱子安装的允许偏差

项　目	允许偏差/mm	检验方法
底层柱柱底轴线对定位轴线偏移	3.0	用全站仪或激光经纬仪和钢尺实测
柱子定位轴线	1.0	
单节柱的垂直度	$h/1000$，且不应大于10.0	

注：h为单节柱高。

表 9-3-4　多层及高层钢结构中构件安装的允许偏差

项　目	允许偏差/mm	检验方法
上下柱连接处的错口	3.0	用钢尺检查
同一层柱的各柱顶高度差	5.0	用水准仪检查
同一根钢梁两端顶面的高差	$h/1000$，且不应大于 10.0	用水准仪检查
主梁与次梁表面的高差	±2.0	用直尺和钢尺检查
压型金属板在钢梁上相邻列的错位	15.0	用直尺和钢尺检查

注：L 为邻列两节柱的净距。

课题四　钢结构涂装施工

钢结构在常温大气环境中安装、使用，易被空气中水分、氧和其他污染物腐蚀。钢结构的腐蚀不仅造成经济损失，还直接影响到结构安全。另外，钢材由于其导热快，比热小，虽是一种不燃烧材料，但极不耐火。未加防火处理的钢结构构件在火灾温度下，温度上升很快，只需十几分钟，钢材温度就可达 540℃ 以上，此时钢材的力学性能如屈服点、抗拉强度、弹性模量及载荷能力等都将急剧下降；达到 600℃ 时，强度则几乎为零，钢构件不可避免地扭曲变形，最终导致整个结构的垮塌毁坏。

因此，根据钢结构所处的环境及工作性能采取相应的防腐与防火措施，是钢结构设计与施工的重要内容。目前国内外主要采用涂料涂装的方法进行钢结构的防腐与防火。

一、钢结构防腐涂装工程

1. 钢材表面除锈等级与除锈方法

钢结构构件制作完毕，经质量检验合格后应进行防腐涂料涂装。涂装前钢材表面应进行除锈处理，以提高底漆的附着力，保证涂层质量。除锈处理后，钢材表面不应有焊渣、焊疤、灰尘、油污、水和毛刺等。

国家标准《涂装前钢材表面锈蚀等级和除锈等级》（GB 8923）将除锈等级分成喷射或抛射除锈、手工和动力工具除锈、火焰除锈三种类型。

《钢结构工程施工质量验收规范》（GB 50205）规定，钢材表面的除锈方法和除锈等级应与设计文件采用的涂料相适应。当设计无要求时，钢材表面除锈等级应符合的规定见表 9-4-1。

表 9-4-1　各种底漆或防锈漆要求最低的除锈等级

涂料品种	除锈等级
油性酚醛、醇酸等底漆或防锈漆	Sa2
高氯化聚乙烯、氯化橡胶、氯磺化聚乙烯、环氧树脂、聚氨酯等底漆或防锈漆	Sa2
无机富锌、有机硅、过氧乙烯等底漆	$Sa2\frac{1}{2}$

目前国内各大中型钢结构加工企业一般都具备喷、抛射除锈的能力，所以应将喷、抛射除锈作为首选的除锈方法，而手工和电动工具除锈仅作为喷射除锈的补充手段。随着科学技术的不断发展，不少喷、抛射除锈设备已采用微机控制，具有较高的自动化水平，并配有效除尘器，消除粉尘污染。

2. 钢结构防腐涂料

钢结构防腐涂料是一种含油或不含油的胶体溶液，涂敷在钢材表面，结成一层薄膜，使钢材与外界腐蚀介质隔绝。涂料分底漆和面漆两种。

底漆是直接涂在钢材表面上的漆。含粉料多，基料少，成膜粗糙，与钢材表面黏结力强，与面漆结合性好。

面漆是涂在底漆上的漆。含粉料少，基料多，成膜后有光泽，主要功能是保护下层底漆。面漆对大气和湿气有高度的不渗透性，并能抵抗有腐蚀介质、阳光紫外线所引起风化分解。

钢结构的防腐涂层，可由几层不同的涂料组合而成。涂料的层数和总厚度是根据使用条件来确定的，一般室内钢结构要求涂层总厚度为 $125\mu m$，即底漆和面漆各两道。高层建筑钢结构一般处在室内环境中，而且要喷涂防火涂层，所以通常只刷两道防锈底漆。

3. 防腐涂装方法

钢结构防腐涂装常用的施工方法有刷涂法和喷涂法两种。

（1）刷涂法

应用较广泛，适宜于油性基料刷涂。因为油性基料虽干燥得慢，但渗透性大，流平性好，不论面积大小，刷起来都会平滑流畅。一些形状复杂的构件，使用刷涂法也比较方便。

（2）喷涂法

施工工效高，适合于大面积施工，对于快干和挥发性强的涂料尤为适合。喷涂的漆膜较薄，为了达到设计要求的厚度，有时需要增加喷涂的次数。喷涂施工比刷涂施工涂料损耗大，一般要增加 20% 左右。

二、钢结构防火涂装工程

钢结构防火涂料能够起到防火作用，主要有 3 个方面的原因：一是涂层对钢材起屏蔽作用，隔离了火焰，使钢构件不至于直接暴露在火焰或高温之中；二是涂层吸热后，部分物质分解出水蒸气或其他不燃气体，起到消耗热量，降低火焰温度和燃烧速度，稀释氧气的作用；三是涂层本身多孔轻质或受热膨胀后形成炭化泡沫层，热导率均在 $0.233W/(m\cdot K)$ 以下，阻止了热量迅速向钢材传递，推迟了钢材受热温升到极限温度的时间，从而提高了钢结构的耐火极限。

1. 厚涂型防火涂料涂装

（1）施工方法与机具

厚涂型防火涂料一般采用喷涂施工。机具可为压送式喷涂机或挤压泵，配置能自动调压的 $0.6\sim0.9\,m^3/min$ 的空压机，喷枪口径为 $6\sim12\,mm$，空气压力为 $0.4\sim0.6\,MPa$。局部修补可采用抹灰刀等工具手工抹涂。

(2) 涂料的搅拌与配置

① 由工厂制造好的单组分湿涂料，现场应采用便携式搅拌器搅拌均匀。

② 由工厂提供的干粉料，现场加水或用其他稀释剂调配，应按涂料说明书规定配比混合搅拌，边配边用。

③ 由工厂提供的双组分涂料，按配制涂料说明规定的配比混合搅拌，边配边用。特别是化学固化干燥的涂料，配制的涂料必须在规定的时间内用完。

④ 搅拌和调配涂料，使稠度适宜，即能在输送管道中畅通流动，喷涂后不会流淌和下坠。

(3) 施工操作

① 喷涂应分 2～5 次完成，第一次喷涂以基本盖住钢材表面即可，以后每次喷涂厚度为 5～10 mm，一般以 7 mm 左右为宜。通常情况下，每天喷涂一遍即可。

② 喷涂时，应注意移动速度，不能在同一位置久留，以免造成涂料堆积流淌；配料及往挤压泵加料应连续进行，不得停顿。

③ 施工过程中，应采用测厚针检测涂层厚度，直到符合设计规定的厚度，方可停止喷涂。

④ 喷涂后的涂层要适当维修，对明显的乳突，应采用抹灰刀等工具剔除，以确保涂层表面均匀。

2. 薄涂型防火涂料涂装

(1) 施工方法与机具

① 喷涂底层、主涂层涂料，宜采用重力（或喷斗）式喷枪，配置能自动调压的 0.6～0.9 m^3/min 的空压机，喷嘴直径为 4～6 mm，空气压力为 0.4～0.6 MPa。

② 面层装饰涂料，一般采用喷涂施工，也可以采用刷涂或滚涂的方法。喷涂时，应将喷涂底层的喷嘴直径换为 1～2 mm，空气压力调为 0.4 MPa。

③ 局部修补或小面积施工可采用抹灰刀等工具手工抹涂。

(2) 施工操作

① 底层及主涂层一般应喷 2～3 遍，每遍间隔 4～24 h，待前遍基本干燥后再喷后一遍。头遍喷涂以盖住基底面 70% 即可，二、三遍喷涂每遍厚度不超过 2.5 mm 为宜。施工工程中应采用测厚针检测涂层厚度，确保各部位涂层达到设计规定的厚度。

② 面层涂料一般涂饰 1～2 遍。若头遍从左至右喷涂，第二遍则应从右至左喷涂，以确保全部覆盖住下部主涂层。

单元小结

本单元内容包括钢结构的制作工艺、钢结构连接施工工艺、钢结构安装工艺、钢结构涂装工艺等部分。熟悉钢结构的制作及构件制作加工工艺、安装及涂装工艺，以保证钢结构施工的顺利进行。

钢结构构件由于类型多、技术复杂、制作工艺要求严格，一般均由专业工厂来加工制作。钢结构构件的加工制作，包括加工制作前的准备、零件加工、构件组装、成品表面处理等。

钢结构连接主要采用焊接和高强度螺栓连接。钢结构焊接广泛使用的是电弧焊，在电弧焊中又以药皮焊条、手工焊条、自动埋弧焊、半自动焊与自动 CO_2 气体保护焊为主；在某些特殊场合，则必须使用电渣焊。焊接工艺要点包括焊接工艺设计、焊条烘烤、定位点焊、焊前预热、焊接顺序确定、焊后热处理等。高强度螺栓分为大六角头高强度螺栓（扭矩形高强度螺栓）和扭剪型高强度螺栓两种。高强度螺栓连接包括螺栓安装和紧固两个程序。

多层及高层钢结构工程规模大、结构复杂、工期长、专业性强，其安装施工应根据建筑物的平面形状、结构形式、安装机械的数量和位置等，合理划分安装施工流水区段，确定安装顺序，编制构件安装顺序表。多层及高层钢结构施工，主要包括构件吊点设置与起吊、构件安装与校正、楼层压型钢板安装等。

轻型门式钢架结构工程包括门式钢架结构的安装和彩板围护结构安装。门式钢架结构是大跨建筑常用的结构形式之一，属平面杆系结构。门式钢架结构安装工艺流程为：钢柱安装→钢柱校正→斜梁地面拼装→斜梁安装、临对固定→钢柱重校→高强度螺栓紧固→复校→安装檩条、拉杆→钢结构验收。

彩色钢板围护结构是指将彩色有机涂层钢板按设计要求经工厂或现场加工成的屋面板或墙面板，用各种紧固件和各种泛水配件组装成的围护结构。其安装施工过程包括放线、板材安装、门窗安装、配件安装等。配件的安装时，应作二次放线。

网架结构安装施工工艺有整体安装、整体吊装法、悬吊拼装、分条（分块）吊装法。

钢结构的防腐与防火，目前主要采用涂料涂装的方法。钢结构构件防腐涂装前，钢材表面应进行除锈处理。除锈等级分为喷射或抛射除锈、手工和动力工具除锈、火焰除锈 3 种类型。钢结构防腐涂装，常用的施工方法有刷涂法和喷涂法两种。钢结构防火涂装前钢材表面应除锈，并根据设计要求涂装防腐底漆。防火涂料按涂层的厚度分为薄涂型钢结构防火涂料和厚涂型钢结构防火涂料两类。薄涂型防火涂料和厚涂型防火涂料一般均采用喷涂法施工。

了解钢管混凝土结构的施工要点。

推荐阅读资料

1. 《钢结构工程施工规范》（GB 50755—2012）
2. 《钢结构工程施工质量验收规范》（GB 50205）
3. 《建筑钢结构焊接技术规程》（JGJ 81）
4. 《建筑施工手册》（第 5 版）. 北京：中国建筑工业出版社，2012

学习鉴定

一、填空题

1. 在高强度螺栓中，目前广泛采用的基本连接形式是_____。
2. 高强度螺栓紧固顺序应从_____向_____依次进行，防止节点中螺栓预拉力损失不均，影响连接的强度。
3. 钢结构厂房吊车梁的安装顺序应从_____的跨间开始。
4. 高层建筑钢结构柱吊装就位后，先调整_____，再调整_____，最后调整_____。

二、多项选择题

1. 钢结构的焊接方法包括（　　）。
   A. 电渣压力焊　　B. 气压焊　　　　C. 电弧焊　　　　D. 埋弧焊
   E. 等离子焊
2. 多层装配式结构吊装施工中，梁与柱的接头形式有（　　）。
   A. 榫式接头　　　B. 牛腿式接头　　C 齿槽式接头　　　D. 插入式接头
   E. 整体式接头

三、问答题

1. 多层钢结构房屋结构安装如何选择起重机械？
2. 空间网架结构的吊装方法有哪些？各自适用范围是什么？
3. 简述轻型门式钢架结构的安装工艺流程？
4. 高强度螺栓连接的质量应如何保证？紧固时须注意哪些问题？

单元十

防水工程施工

教学目标

能力目标	知识要点	相关知识
具备屋面防水工程施工工艺及检查验收能力	卷材防水层施工	1. 卷材防水屋面的材料要求和施工准备工作 2. 卷材防水屋面各层的构造和施工工艺 3. 卷材防水层的质量验收和保修
	涂膜防水层施工	1. 涂膜防水屋面的材料要求 2. 涂膜防水屋面的施工工艺 3. 涂膜防水屋面的质量要求
	刚性防水层施工	1. 刚性防水屋面的材料要求和构造要求 2. 刚性防水屋面的施工工艺 3. 刚性防水屋面的质量要求
具备室内防水的施工工艺及检查验收能力	室内防水施工	1. 室内防水施工的准备工作 2. 室内防水施工的构造节点和施工工艺 3. 室内防水的质量要求、安全措施与成品保护
具备地下工程防水的施工工艺及检查验收能力	地下防水工程施工	1. 地下工程混凝土结构主体防水 2. 地下工程卷材防水层 3. 地下工程水泥沙浆防水层
具备外墙防水的施工工艺及检查验收能力	外墙防水施工	1. 外墙防水构造 2. 外墙防水施工工艺 3. 外墙防水施工技术要求与控制

问题引入

和下雨天需要穿雨衣或打雨伞，以保护我们的衣服不被淋湿一样，建筑物也需要采取措施避免雨水的侵蚀并防漏。

那么，建筑物的哪些部位需采取防水或抗渗措施呢？有哪些构造做法呢？下面就来学习建筑物的防水施工。

知识课堂

建筑防水工程有不同的分类方法。按其构造做法，可分为结构构件自身防水和采用不同材料的防水层防水；按材料的不同，分为刚性防水和柔性防水；按建筑工程不同的部位，又可分为地下防水、屋面防水、室内防水等。结构自身防水主要是依靠结构构件材料自身的密实性及其某些构造措施（坡度、埋设止水带等）使结构构件起到防排水作用。刚性防水则是在建筑构件上抹防水砂浆、浇筑防水混凝土以达到防水的目的。柔性防水则是在结构构件的迎水面或背水面以及接缝处，铺刷多层防水材料（如防水卷材、防水涂料等）做成防水层，以起到防水作用。

课题一　屋面防水工程施工

屋面防水工程作为屋面工程中最重要的一个分项工程，其施工质量的优劣，不仅关系到建筑物的使用寿命，而且直接影响到生产活动和人民生活的正常进行。

屋面工程防水设计遵循"合理设防、防排结合、因地制宜、综合治理"的原则，确定屋面防水等级和设防要求，根据设防等级和要求，综合考虑其主要物理性能是否满足工程需要来选用防水材料。

屋面防水设计的重点是"以排为主，防排结合"，屋面防水和排水是一个问题的两个方面，屋面排水可以减轻防水的压力，屋面防水又为排水提供了充裕的排除时间，排水与防水相辅相成。屋面工程是一个完整的系统，主要包括屋面结构层以上的屋面找坡层、找平层、隔气层、防水层、保温隔热层、保护层和使用面层（各种屋面的构造层次的组合不尽相同）。

一、屋面防水等级和设防要求

屋面防水工程根据建筑物的性质、重要程度、使用功能要求及防水层合理使用年限等要求将屋面防水划分为不同等级，并规定了不同等级的设防要求及防水层厚度。对防水有特殊要求的建筑屋面，应进行专项防水设计。

二、卷材防水屋面

卷材防水屋面是目前屋面防水采用的一种主要方法，是用胶黏剂粘贴卷材或采用带底面自粘胶的卷材进行热熔或冷粘贴于屋面基层进行防水的一种屋面形式，属于柔性防水层。卷材防水屋面常用的材料有高聚物改性沥青防水卷材、合成高分子防水卷材、自粘橡胶沥青防水卷材等。胶结材料的选用取决于卷材的种类，以特制的胶黏剂做结合层，一般为冷铺。

卷材防水屋面优点是：重量轻、防水性能较好、柔韧性良好、能够适应一定程度的结构变形。缺点是：造价较高、易老化、起鼓、耐久性较差、施工工序多、维修工作量大，且在发生渗漏时修补和找漏困难。

（一）材料要求

1. 卷材

（1）高聚物改性沥青卷材

高聚物改性沥青卷材是以合成高分子聚合物改性沥青为涂盖层，聚酯无纺布（PY）或玻纤毡（G）为胎体，聚乙烯膜、铝薄膜、沙粒、彩沙、页岩片等材料为覆面材料制成可卷曲的片状防水材料。我国目前使用的有弹性体改性沥青防水卷材、塑性体改性沥青防水卷材、改性沥青聚乙烯胎防水卷材、带自粘层的防水卷材、自粘聚合物改性沥青防水卷材等。

【温馨提示】 SBS 卷材为弹性体改性沥青防水卷材；APP 卷材为塑性体改性沥青防水卷材；PEE 卷材为改性沥青聚乙烯胎防水卷材

（2）合成高分子卷材

合成高分子卷材是以合成橡胶、合成树脂或两者的共混体为基料，加入适量的化学助剂和填充料等，经加工而成可卷曲的防水材料，或将上述材料与合成纤维等复合形成两层或两层以上的可卷曲的片状防水材料。目前，常用的有聚氯乙烯防水卷材、氯化聚氯乙烯防水卷材、高分子防水材料、氯化聚乙烯-橡胶共混防水卷材等。

2. 基层处理剂

基层处理剂是为了增强防水材料与基层之间的黏结力，在防水层施工前，预先涂刷在基层上的涂料。

不是所有防水材料都需要基层处理剂，基层质量达到防水材料的黏结要求的，或防水材料本身不需要基层处理剂的方式进行基层处理时，可以不用基层处理剂，如自粘防水卷材在干净的、经压光的混凝土面施工时，可以不用基层处理剂，而在基层比较粗糙、有点起沙、有少量浮尘时，就必须用基层处理剂。

不同类型的材料，必须使用与之相配套的基层处理剂，如沥青类防水卷材采用"冷底子油"，三元乙丙防水卷材、聚氨酯防水涂料等都不需要用基层处理剂。

基层处理剂的作用是不尽相同的，有的是对潮湿基层进行密封，不让潮气上来影响黏结力，例如聚脲防水涂料的基层处理剂。有的是因为基层有浮尘，通过涂刷基层处理剂减少浮尘的影响，以增加黏结力，例如 SBS 防水卷材等改性沥青卷材用的基层处理剂（冷底子油）。

3. 胶粘剂

胶粘剂是用来粘结基层和卷材，或者接头接缝之用。高聚物改性沥青卷材的胶黏剂主要有氯丁橡胶改性沥青胶黏剂、CCTP 抗腐耐水冷胶料，前者主要用于卷材基层、卷材与卷材的黏结，后者具有抗腐蚀、耐酸碱、防水和耐低温等特殊性能。合成高分子卷材的胶黏剂主要有氯丁系胶黏剂（404 胶）、丁基胶黏剂、BX-12 胶黏剂等。此类胶黏剂均由厂家配套供应。选用胶黏剂时应与所用卷材的材性相容。

屋面工程采用的防水、保温材料应有产品合格证书和性能检测报告,材料的品种、规格、性能等应符合现行国家产品标准和设计要求。严禁使用国家明令禁止及淘汰的材料。施工企业应按规范要求,对进场的防水、保温材料进行检查验收。

(二)找坡层、找平层的处理

找平层是指在结构层上或保温层上面起到找平作用的基层。找平层是防水层依附的一个层次,为了保证防水层受基层变形影响小,基层应有足够的刚度和强度,使它变形小、坚固。还要有足够的排水坡度,使雨水迅速排走。所以找坡层、找平层处理的好坏,直接影响到屋面的施工质量,要求找坡层、找平层应有足够的整体性和刚度,承受荷载时不产生显著变形。技术要求应符合表 10-1-1 的规定。

表 10-1-1　找平层厚度和技术要求

找平层分类	适用的基层	厚　度/mm	技术要求
水泥沙浆	整体现浇混凝土板	15～20	1:2.5 水泥沙浆
	整体材料保温层	20～25	
细石混凝土	装配式混凝土板	30～35	C20 混凝土,宜加钢筋网片
	板状材料保温层		C20 混凝土

找平层的排水应符合设计要求。混凝土结构层宜采用结构找坡,坡度不应小于 3%;当采用材料找坡时,宜采用质量轻、吸水率低和有一定强度的材料,坡度宜为 2%。檐沟、天沟净宽不应小于 300 mm,分水线处最小深度不应小于 100 mm,沟内纵向坡度不应小于 1%,沟底落差不得超过 200 mm,檐沟、天沟不得流经变形缝和防火墙。找坡应按屋面排水方向和设计坡度要求进行,找坡层最薄处厚度不宜小于 20 mm。找坡材料应分层铺设和适当压实,表面易平整和粗糙,并应适时浇水养护。

由于找平层的自身干缩和温度变化,保温层上的找平层容易变形和开裂,直接影响卷材或涂膜的施工质量,所以保温层上的找平层应留设分格缝,为防止由于温差及干缩造成卷材防水层开裂,找平层宜留设分格缝,使裂缝集中到分格缝中,减少找平层大面积开裂。分格缝的缝宽宜为 5～20 mm,当采用后切割时可以小点,采用预留时可适当大些,缝内可以不嵌填密封材料。由于结构层上设置的找平层与结构同步变形,故找平层可以不设分格缝。

分格缝应留设在板端缝处,其纵横缝的最大间距:采用水泥沙浆或细石混凝土找平层时,不宜大于 6 m;采用沥青沙浆找平层时,不宜大于 4 m,并单边点贴 200～300 mm 宽的盖缝油毡条。找平层的技术要求必须符合设计和规范的规定,突出屋面结构的交接处(女儿墙、山墙、变形缝、天窗壁、烟囱等)以及基层的转角处是防水层应力集中的部位应作成圆弧形。由于合成高分子防水卷材比高聚物改性沥青防水卷材的柔性好且卷材薄,因此找平层圆弧半径可以减小,当防水层为高聚物改性沥青防水卷材时 $R=50$ mm,为合成高分子防水卷材时 $R=20$ mm。内部排水的落水口周围,找平层应做成略低的凹坑。找平层应在水泥初凝前压实抹平,水泥终凝前完成收水后的二次压光,并应及时取出分格条。养护时间不得少于 7 天。另外,只有当找平层的强度达到 5 MPa 以上,才允许在其上铺贴卷材。

找坡层和找平层的施工环境温度不宜低于5℃。

（三）卷材防水层施工

卷材防水层的施工流程：清理基层→涂刷基层处理剂→细部构造处理→定位、弹线、试铺→铺贴卷材→收头处理、节点密封→热熔封边→检查修补、清理现场→有条件的蓄水试验→根据需求是否做保护层。

1. 基层处理

卷材防水层基层应坚实、干净、平整，无空隙、起沙和裂缝，存在凹凸不平、起沙、起皮、裂缝、预埋件固定不牢等缺陷，应及时进行修补。基层的干燥程度应视所用的防水材料而定。当采用机械固定法铺贴卷材时，对基层的干燥程度没有要求。干燥程度的简易检验方法为用1 m² 卷材平坦地干铺在找平层上，静置3～4 h 后掀开检查，找平层覆盖部位与卷材上未见水印即可铺设。

2. 涂刷基层处理剂

选择基层处理剂应与卷材相容，尽量选择防水卷材生产厂家配套的基层处理剂。在配置基层处理剂时，应根据所用基层处理剂的品种，按有关规定或说明书的配合比要求，准确计量，混合后应搅拌3～5 min，使其充分均匀。基层处理剂可选用喷涂或涂刷施工工艺，喷、涂基层处理剂前，应先对屋面细部进行涂刷，再大面积喷涂；在喷涂或涂刷基层处理剂时应均匀一致，不得漏涂，待基层处理剂干燥后（常温经过4 h）应及时进行卷材防水层的施工。如基层处理剂涂刷后但尚未干燥前遭受雨淋，或是干燥后长期不进行防水层施工，则在防水层施工前必须再涂刷一次基层处理剂。

3. 细部构造处理

建筑工程防水层在某些位置上由于应力集中，变形频繁，雨水冲刷严重或外力损害，会过早地出现局部损坏，导致整个防水层没到耐用年限即需返修。因此，在防水工程设计与施工中，对容易造成局部损坏的薄弱部位应设置增强层（附加层），以提高防水层的整体设防能力，延长整个防水层的使用寿命。在屋面工程中，檐口、檐沟和天沟、女儿墙和山墙、水落口、变形缝、伸出屋面的管道、屋面出入口、反梁过水孔、设施基座、屋脊、屋顶窗等部位，是最容易出现渗漏的薄弱环节。据调查表明，屋面渗漏中70%是由细部构造的防水处理不当引起的，所以细部构造是屋面防水的重点。

细部构造应做到多道设防、复合用材、连续密封、局部增强，并应满足使用功能、温差变形、施工环境条件和可操作性等要求。在大面积防水层施工前，应先对节点进行处理，这有利于大面积防水层施工质量和整体质量的提高，对提高节点处防水密封性、防水层的适应变形能力非常有利。

（1）檐口防水构造

卷材防水屋面檐口800 mm 范围内的卷材应满粘，卷材收头应用金属压条钉压，并应用密封材料封严，为防止雨水沿板底流向墙面而产生渗漏或污染墙面，檐口下端应做鹰嘴和滴水槽。滴水槽宽度和深度不宜小于10 mm。

在距檐口边缘50～100 mm 处留设凹槽，将铺贴到檐口端头的卷材裁齐后压入凹槽内，然后将凹槽用密封材料嵌填密实。如用压条（20 mm 宽薄钢板等）或用带垫片钉子固定时，钉子应敲入凹槽内，钉帽及卷材端头用密封材料封严。嵌填密封材料后不应产生阻水。具体构造做法见图 10-1-1。

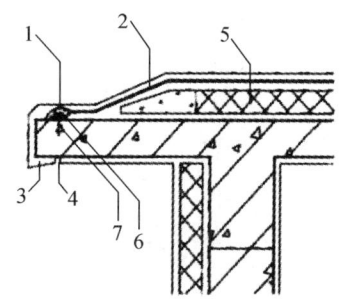

图 10-1-1　卷材防水屋面檐口
1—密封材料；2—卷材防水；3—鹰嘴；
4—滴水槽；5—保温层；6—金属压条；
7—水泥钉

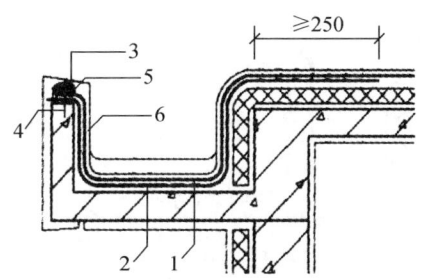

图 10-1-2　卷材防水屋面檐沟构造
1—防水层；2—附加层；3—密封材料；
4—水泥钉；5—金属压条；6—保护层

（2）檐沟、天沟防水构造

檐沟、天沟必须按设计要求找坡，转角处应抹成规定的圆角。找坡（找平层）宜用水泥沙浆抹面。厚度超过 20 mm 时，应采用细石混凝土，表面应抹平、压光。如天沟、檐口过长，则应按设计规定留好分格缝或设后浇带，分格缝需填嵌密封材料。

天沟、檐沟卷材铺贴前，应先对水落口进行密封处理。

由于天沟、檐沟部位水流量大，防水层经常受雨水冲刷或浸泡，因此在天沟或檐沟转角处应先用密封材料涂封，每边宽度不少于 30 mm，干燥后再增铺一层卷材或涂刷涂料作为附加增强层。

附加层伸入屋面的宽度不应小于 250 mm；檐沟防水层和附加层应由沟底翻上至外侧顶部，卷材收头应用金属压条钉压，并应用密封材料封严。檐沟外侧下端应做鹰嘴或滴水槽，檐沟外侧高于屋面结构板时，应设置溢水口。

卷材附加增强层应顺沟铺贴，以减少卷材在沟内的搭接缝。屋面与天沟交角和双天沟上部宜采取空铺法，沟底则采用满粘法铺贴。

天沟或檐沟铺贴卷材应从沟底开始，顺天沟从水落口向分水岭方向铺贴，边铺边用刮板从沟底中心向两侧刮压，赶出气泡，使卷材铺贴平整、粘贴密实。如沟底过宽时，会有纵向搭接缝，搭接缝处必须用密封材料封口。

具体构造做法见图 10-1-2。

（3）女儿墙防水构造

女儿墙压顶可采用混凝土或金属制品。压顶向内排水坡度不应小于 5%，压顶内侧下端应做滴水处理；女儿墙泛水处的防水层下应增设附加层，附加层在平面和立面的宽度不应小于 250 mm；低女儿墙泛水处的防水层可直接铺贴至压顶下，卷材收头，见图 10-1-3。高女儿墙泛水处的防水层泛水高度不应小于 250 mm，防水层收头应用金属压条钉压固定，并应用密封材料封严，泛水上部的墙体应做防水处理，见图 10-1-4。女儿墙泛水处的防水层表面，宜采用刷浅色涂料或浇筑细石混凝土。

（4）水落口防水构造

为防止水落口松动破坏水落口与混凝土交接处的防水设防，水落口应牢固固定在承重结构上。水落口杯必须设置在沟底最低处，埋设标高应根据附加层的厚度及排水坡度加大的尺寸确定。

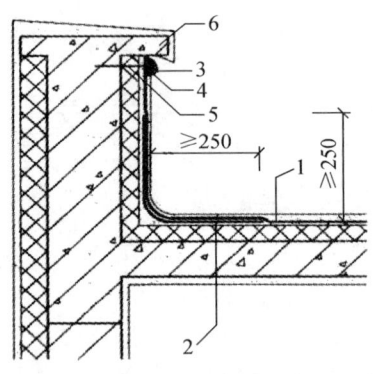

图 10-1-3　低女儿墙防水构造示意图
1—防水层；2—附加层；3—密封材料；4—金属压条；
5—水泥钉；6—压顶

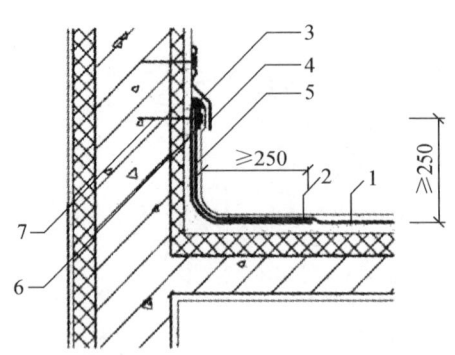

图 10-1-4　高女儿墙防水构造示意图
1—防水层；2—附加层；3—密封材料；4—金属盖板；
5—保护层；6—金属压条；7—水泥钉

对于水落口处的防水构造，采取"多道设防、柔性密封、防排结合"的原则处理。水落口采用塑料或者金属制品，水落口的金属配件均应作防锈处理；在水落口周围 500 mm 的排水坡度应不小于 5%，坡度过小，施工困难且不易找准；防水层和附加层伸入水落口杯内不应小于 50 mm，并应黏结牢固。

近年出现虹吸式排水方式，这种排水方式排水速度快、汇水面积大，水落口部位的防水构造和部件都有相应的系统要求，应按照相关的要求进行专项设计。水落口的防水构造见图 10-1-5 与图 10-1-6。

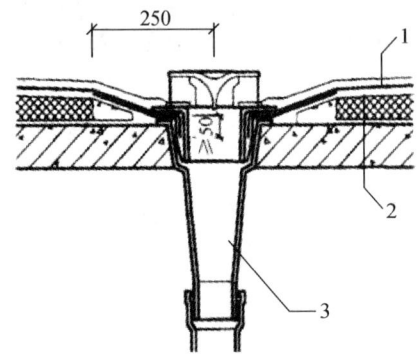

图 10-1-5　直式水落口
1—防水层；2—附加层；3—水落口

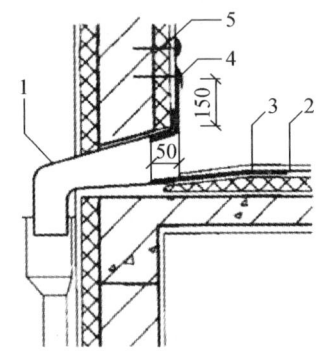

图 10-1-6　横式水落口
1—水落斗；2—防水层；3—附加层；
4—密封材料；5—水泥钉

（5）伸出屋面管道防水构造

为确保屋面工程质量，对伸出屋面的管道应做好防水处理，管道周围的找平层应抹出高度不小于 30 mm 的排水坡；泛水处的泛水高度不应小于 250 mm，泛水处的防水层下应增设附加层，附加层在平面和立面的宽度均不应小于 250 mm；卷材收头应用金属箍紧固和密封材料封严。伸出屋面管道的防水构造如图 10-1-7 所示。

4. 卷材防水层铺贴顺序和方向

(1) 铺贴方向：卷材的铺贴方向应根据屋面坡度和屋面是否有振动来确定。当屋面坡度小于3%时，卷材宜平行屋脊铺贴；屋面坡度在3%～15%时，卷材可平行或垂直于屋脊铺贴；屋面坡度大于15%或受振动时，沥青卷材应垂直于屋脊铺贴，高聚物改性沥青卷材和合成高分子卷材可根据屋面坡度、屋面是否受振动、防水层的黏结方式、黏结强度、是否机械固定等因素综合考虑采用平行或者垂直屋脊铺贴。上下卷材不得相互垂直铺贴。屋面坡度大于25%时，卷材宜垂直于屋脊方向铺贴，并应采取防止卷材下滑的固定措施，固定点应密封。

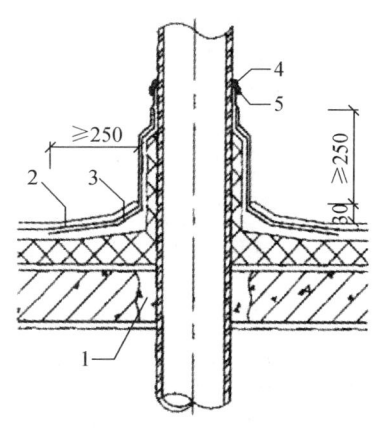

图 10-1-7　伸出屋面管道
1—细石混凝土；2—卷材防水层；
3—附加层；4—密封材料；
5—金属箍

(2) 施工顺序：由屋面最低标高处向上施工。铺贴天沟、檐沟卷材时，宜顺天沟、檐口方向，减少搭接。铺贴多跨和有高低跨的屋面时，应按先高后低、先远后近的顺序进行。大面积屋面施工时，为提高功效和加强管理，可根据面积大小、屋面形状、施工工艺顺序、人员数量等因素划分施工流水段。流水段的界线宜设在屋脊、天沟、变形缝等处。

5. 卷材搭接方法及宽度要求

铺贴卷材应采用搭接法，上下层及相邻两幅卷材的搭接缝应错开。平行于屋脊的搭接应顺流水方向搭接；垂直于屋脊的搭接缝应顺年最大频率风向（主导风向）搭接。

叠层铺设的各层卷材，在天沟与屋面的交接处应采用叉接法搭接，搭接应错开；接缝宜留在屋面或天沟侧面，不宜留在沟底。

坡度超过25%的拱形屋面和天窗下的坡面上，应尽量避免短边搭接；如必须短边搭接时，在搭接处应采取防止卷材下滑的措施；如预留凹槽，卷材嵌入凹槽并用压条固定密封。

高聚物改性沥青卷材和合成高分子卷材的搭接缝，宜用与其他材性相容的密封材料封严。上下层及相邻两幅卷材的搭接缝应错开，同一层相邻两幅卷材短边搭接缝错开应不小于500 mm，上下层卷材长边搭接缝错开应不小于幅宽1/3，各种卷材的搭接宽度应符合表10-1-2的要求。

表 10-1-2　卷材搭接宽度　　　　　　　　　　　　　　　（单位：mm）

卷材类别		搭接宽度
合成高分子防水卷材	胶黏剂	80
	胶黏带	50
	单缝焊	60，有效焊接宽度不小于25
	双缝焊	80，有效焊接宽度10×2+空腔宽
高聚物改性沥青防水卷材	胶黏剂	100
	自黏	80

6. 卷材搭接厚度

每道卷材防水层最小厚度应符合表 10-1-3 要求。

表 10-1-3　每道卷材防水层最小厚度　　　　　（单位：mm）

防水等级	合成高分子防水卷材	高聚物改性沥青防水卷材		
		聚酯胎、玻纤胎、聚乙烯胎	自黏聚酯胎	自黏无胎
Ⅰ级	1.2	3.0	2.0	1.5
Ⅱ级	1.5	4.0	3.0	2.0

7. 卷材铺贴方法

卷材铺贴方法包括：冷黏法（在常温下采用胶黏剂等材料进行卷材与基层、卷材与卷材间黏结的施工方法）、热黏法（以热熔胶黏剂将卷材与基层或卷材之间黏结的施工方法）、热熔法（采用火焰加热熔化热熔型防水卷材底层的热溶胶进行黏结的施工方法）、自黏法（采用带有自黏性胶的防水卷材进行黏结的施工方法）、热风焊接法（采用热空气焊枪进行防水卷材搭接黏合的施工方法，只适用于合成高分子卷材）和机械固定法。

其中最常用的为冷黏法（适用于所有卷材）和热熔法（只适用于高聚物改性沥青防水卷材），冷黏法按粘贴方法又分为满黏法、空铺法、条黏法和点黏法。

① 满黏法：是指卷材与基层全部黏结的施工方法，适用于屋面面积小、屋面结构变形不大且基层较干燥的情况。

② 空铺法：是指卷材与基层仅在四周一定宽度内黏结，其余部分不黏结的施工方法。

③ 条黏法：要求每幅卷材与基层的黏结面不得少于两条，每条宽度不应小于 150 mm。

④ 点黏法：要求每平方米面积内至少有 5 个黏结点，每点面积不小于 100 mm×100 mm。

卷材防水层上有重物覆盖或基层变形较大时，应优先采用空铺法、点黏法、条黏法，但距屋面周边 800 mm 内以及叠层铺贴的各层卷材之间应满黏。防水层采用满黏施工时，找平层的分格缝处宜空铺，空铺的宽度宜为 100 mm，在坡度大于 25% 的屋面上采用卷材做防水层时，应采取防止卷材下滑的固定措施。

（1）冷黏法铺贴卷材

铺贴工序：基面涂刷胶黏剂→卷材反面涂胶→卷材粘贴→滚压排汽→搭接缝粘贴压实→搭接缝密封。

施工要点包括以下几点。

① 胶黏剂的涂刷应均匀，不露底、不堆积；卷材空铺、点黏、条黏时，应按规定的位置及面积涂刷胶黏剂。

② 应根据胶黏剂的性能与施工环境、气温条件等，控制胶黏剂涂刷与卷材铺贴的间隔时间。

③ 铺贴卷材时应排除卷材下面的空气，并应辊压粘贴牢固。

④ 铺贴的卷材应平整顺直，搭接尺寸应准确，不得扭曲、皱折；搭接部位的接缝应满涂胶黏剂，辊压应粘贴牢固。

⑤ 合成高分子卷材铺好压黏后，应将搭接部位的黏合面清理干净，并应采用与卷材

配套的接缝专用胶黏剂，在搭接缝黏合面上应涂刷均匀，不得露底、堆积，应排除缝间的空气，并用辊压粘贴牢固。

⑥ 合成高分子卷材搭接部位采用胶黏带黏结时，黏合面应清理干净，必要时可涂刷与卷材及胶黏带材性相容的基层胶黏剂，撕去胶黏带隔离纸之后应及时黏合接缝部位的卷材，并应辊压粘贴牢固；低温施工时，宜采用热风机加热。

⑦ 搭接缝口应用材性相容的密封材料封严。

（2）热黏法铺贴卷材

铺贴工序：加热胶结料→基面涂刷胶结料→卷材粘贴→滚压排汽→搭接缝粘贴压实→搭接缝密封。

施工要点包括以下几点。

① 熔化热熔型改性沥青胶时，宜采用专用的导热油炉加热，加热温度不应高于200℃，使用温度不应低于180℃。

② 粘贴卷材的热熔改性沥青胶厚度宜为1～1.5 mm。

③ 铺贴卷材时，应随刮涂热熔改性沥青胶随滚铺卷材，并展平压实。

（3）热熔法铺贴卷材

铺贴工序：热源烘烤滚铺卷材→排气压实→接缝热熔焊接压实→接缝密封。

施工要点包括以下几点。

① 火焰加热器的喷嘴距卷材面的距离应适中，幅宽内加热应均匀，应以卷材表面熔融至光亮黑色为度，不得过分加热卷材；厚度小于3 mm的高聚物改性沥青防水卷材，严禁采用热熔法施工。

② 卷材表面热溶后应立即滚铺卷材，排除卷材下面的空气，并辊压黏结牢固，不得有空鼓、皱折。

③ 搭接缝部位宜以溢出热熔的改性沥青胶结料为度，溢出的改性沥青胶结料宽度宜为8 mm，并宜均匀顺直；当接缝处的卷材上有矿物粒或片料时，应用火焰烘烤及清除干净后再进行热熔和接缝处理。

④ 铺贴卷材时应平整顺直，搭接尺寸应准确，不得扭曲。

（4）自贴法铺贴卷材

铺贴工序：卷材就位并撕去隔离纸→自黏卷材铺贴→辊压黏结排气→搭接缝热压黏合→黏合密封胶条。

施工要点包括以下几点。

① 为了提高卷材与基层的黏结效果，在铺贴卷材前基层表面应均匀涂刷基层处理剂，干燥后应及时铺贴卷材。

② 铺贴卷材时，应将自黏胶底面的隔离层全部清除干净，以免影响到黏结效果。

③ 铺贴卷材时应排除卷材下面的空气，并应辊压粘贴牢固。

④ 铺贴卷材应平整顺直，搭接尺寸准确，不得扭曲、皱折；低温施工时，立面、大坡面及搭接部位宜采用热风机加热，加热后应随即粘贴牢固。

⑤ 搭接缝口应采用材性相容的密封材料封严。

（5）热风焊接法铺贴卷材

铺贴工序：搭接边清理→焊机准备调试→搭接缝焊接封口。

施工要点包括以下几点。

① 对热塑性卷材的搭接缝可采用单缝焊或双缝焊，焊接应严密。
② 焊接前，卷材应铺放平整，顺直，搭接尺寸应准确，焊接缝的结合面应清理干净。
③ 应先焊长边搭接缝，后焊短边搭接缝。
④ 应控制加热温度和时间，焊接缝不得漏焊、跳焊或焊接不牢。

（四）保护层施工

卷材在冷热交替作用下会伸长和收缩，同时在阳光、空气、水分等长期作用下，沥青胶结材料会不断老化，应采用保护层提高防水层寿命。上人屋面保护层包括块体材料、细石混凝土等材料；不上人屋面保护层有浅色涂料、铝箔、矿物粒料、水泥沙浆等材料。保护层材料的适用范围和技术要求应符合表10-1-4的规定。

表10-1-4 保护层材料的适用范围和技术要求

保护层材料	适用范围	技术要求
浅色涂料	不上人屋面	丙烯酸系反射涂料
铝箔	不上人屋面	0.05 mm 厚铝箔反射膜
矿物粒料	不上人屋面	不透明的矿物粒料
水泥沙浆	不上人屋面	20 mm 厚 1∶2.5 或 M15 水泥沙浆
块体材料	上人屋面	地砖或 30 mm 厚 C20 细石混凝土预制块
细石混凝土	上人屋面	40 mm 厚 C20 细石混凝土或 50 mm 厚 C20 细石混凝土内配 $\phi 4 \times 100$ 双向钢筋网片

施工完的防水层应进行雨后观察、淋水（持续淋水2 h）或蓄水试验（有可能做蓄水试验的屋面，其蓄水时间不宜小于24 h），在确保无渗漏和积水，排水系统通畅的情况下再进行保护层的施工。在施工前，防水层的表面应平整、干净，避免损坏防水层。保护层表面的坡度应符合设计要求，不得有积水现象。用块体材料作保护层时，宜设置分格缝，分格缝纵横间距不应大于10 m，分格缝宽度宜为20 mm；用水泥沙浆做保护层时，表面应抹平压光，并应设表面分格缝，分格面积宜为1 m²。用细石混凝土做保护层时，混凝土应振捣密实，表面应抹平压光，分格缝纵横间距不应大于6 m。分格缝的宽度宜为10～20 mm。块体材料、水泥沙浆或细石混凝土保护层与女儿墙和山墙之间，应预留宽度为30 mm 的缝隙，缝内宜填塞聚苯乙烯泡沫塑料，并应用密封材料嵌填密实。

国家规定屋面防水工程保修期为5年。在屋面竣工后，为保证其使用年限和质量，应确立管理、维修、保养制度，同时做好水落口、天沟、檐沟的疏通情况调查，确保屋面排水系统的畅通。实际屋面防水工程质量保证期的期限、效果（工程质量等事宜），双方可以通过协议确定。

三、涂膜防水屋面

涂膜防水屋面是指在屋面基层上用刷子、滚筒、刮板、喷枪等工具涂刮或喷涂防水涂料，经溶剂（水）挥发或反应固化后形成一层具有一定的厚度和弹性的整体涂膜，从而达到屋面防水抗渗功能的一种屋面形式。这种防水层具有施工操作简便、无污染、冷操作、无接缝、可适应各种复杂形状的基层、防水性能好、容易修补等特点。

(一) 材料要求

1. 防水涂料

防水涂料是指以液体高分子合成材料为主体，在常温下呈无定型状态，涂刷在结构物表面能够形成具有一定弹性的防水涂膜的材料。

防水涂料按成膜物质的属性，可分为无机防水涂料和有机防水涂料两种；按成膜物质的主要成分，可将涂料分成高聚物改性沥青防水涂料和合成高分子防水涂料。施工时根据涂料品种和屋面构造形式的需要，可在涂膜防水层中增设胎体增强材料。

防水涂料和胎体增强材料质量必须满足设计和规范要求。在检查出厂合格证、质量检验报告的基础上，进行现场抽样复验。

（1）高聚物改性沥青防水涂料，又称橡胶沥青类防水涂料，其以沥青为基料，由合成高分子聚合物进行改性，配制而成的水乳型或溶剂型防水涂料。该类涂料有水乳型和溶剂型两种。目前，我国使用较多的溶剂型橡胶沥青防水涂料有氯丁橡胶沥青防水涂料、再生橡胶沥青防水涂料、丁基橡胶沥青防水涂料等。溶剂型防水涂料具有以下特点：能在各种复杂表面形成无接缝的防水涂膜，具有较好的韧性和耐久性，成膜较快，耐水性和抗腐蚀性较好，能在常温和低温下冷施工，但价格较贵，生产成本较高。水乳型橡胶沥青防水涂料有阳离子氯丁胶乳改性沥青防水涂料、溶剂型氯丁胶改性沥青防水涂料、再生胶改性沥青防水涂料、SBS（APP）改性沥青防水涂料等。水乳型橡胶沥青防水涂料的特点主要有：能在复杂表面形成无接缝的防水膜，具有一定柔韧性和耐久性，无毒、无味、不燃，安全可靠，可在常温下冷施工，不污染环境，操作简单，维修方便，但需多次涂刷才能达到厚度要求，气温低于5℃时不宜施工。

（2）聚合物水泥防水涂料（简称 JS 防水涂料）是由合成高分子聚合物乳液（如聚丙烯酸酯、聚醋酸乙烯酯、丁苯橡胶乳液等）及各种添加剂优化组合而成的液料和配套的粉料（由特种水泥、石英粉及各种添加剂组成）复合而成的双组分防水涂料，是一种既具有合成高分子聚合物材料弹性高，又有无机材料耐久性好的防水材料。JS 防水涂料无毒、无害、无污染，是环保型防水涂料；涂层具有较好的强度、伸长率和耐候性，耐久性好；与水泥类材料的黏结力强，除了与基层具有良好的黏结力外，在防水层表面可直接采用水泥沙浆粘贴饰面材料。

JS 防水涂料为水性防水涂料，故可在潮湿的基面上施工，但要求施工部位有良好的通风环境，保证涂层能在数小时内干燥固化；该涂料与其他防水材料不会发生化学反应，可以放心地与其他防水材料复合使用；施工简单，液料与粉料的配比允许误差范围大，配比变化不会使防水涂膜的性能发生突变。如液料多，涂膜的延伸率提高，强度下降，少则反之。

（3）合成高分子防水涂料是以合成橡胶或合成树脂为主要成膜物质配制而成的防水涂料。较为常用的有聚合物水泥防水涂料、丙烯酸酯防水涂料、单组分（双组分）聚氨酯防水涂料等。聚氨酯防水涂料涂刷到基层后，可形成一层橡胶状的整体弹性涂膜，具有较好的弹性，延伸能力强，对基层的变形适应能力较强，温度适应性好，施工方便，应用广泛。丙烯酸酯防水涂料所形成的涂膜呈橡胶状，有较好的柔韧性和弹性，能够抵抗基层变形时的应力，可以在常温下冷施工（涂刷、刮涂、喷涂），该防水涂料以水为稀释剂，无污染、不燃、无毒，施工安全，还可调制成各种色彩，具有装饰效果。

防水涂料的品种选择应根据当地历年最高气温、最低气温、屋面坡度和使用条件等因素，选择耐热性和低温柔性相适应的涂料；根据地基变形程度、结构形式、当地年温差、日温差和振动等因素，选择拉伸性能相适应的涂料；根据屋面防水涂膜的暴露程度，选择耐紫外线、热老化保持率相适应的涂料，屋面排水坡度大于25%时，不宜选用干燥成膜时间过长的涂料。

2. 密封材料

（1）改性沥青密封材料：以沥青为基料，用合成高分子聚合物进行改性，加入填充料和其他化学助剂配制的膏状密封材料，主要有改性沥青基嵌缝油膏等，它适用于钢筋混凝土屋面板的板缝嵌填，具有高温不流淌，低温不脆裂，黏结力强，延伸性、耐久性、弹塑性好及常温下可冷施工等特点。

（2）合成高分子密封材料：以合成高分子材料为主体，加入适量的化学助剂、填充料、着色剂，经过特定工艺加工而成的膏状密封材料。主要有聚氯乙烯胶泥、水乳型丙烯酸酯密封膏、聚氨酯弹性密封膏等。聚氯乙烯胶泥具有良好的耐热性、黏结性、弹塑性、防水性以及良好的耐低温、耐腐蚀性和抗老化能力，它适用于各种坡度的屋面防水工程，以及有腐蚀介质的屋面工程。水乳型丙烯酸酯密封膏的特点是无污染、无毒、不燃，使用安全并具有良好的黏结性、延伸性、耐低温性、耐热性、抗老化性能，并且可以在潮湿的基层上施工，操作方便。聚氨酯弹性密封膏比其他溶剂型、水乳型密封膏的性能更加优良，具有模量低、延伸率大、弹性高、黏结性好、耐低温、耐酸碱、抗疲劳及使用年限较长等特点，应用较为广泛。

（3）胎体增强材料

在涂膜防水层中增强用的聚酯无纺布、化纤无纺布等材料，用胎体增强节点适应变形能力和涂膜防水层的抗裂性能。

（二）涂膜防水施工工艺

涂膜防水施工的一般工艺为：基层表面清理→喷涂基层处理剂（底涂料）→节点附加增强处理→涂布防水涂料（共3遍）＋铺贴胎体增强材料（第2遍时）→收头密封处理。

1. 涂刷基层处理剂

基层表面清理同卷材防水层。对于溶剂型防水涂料可用相应的溶剂稀释后使用，以利于渗透。先对屋面节点、周边、拐角等部位进行涂布，然后再大面积涂布。注意均匀涂布、厚薄一致，不得漏涂，以增强涂层与找平层间的黏结力。

2. 节点附加增强处理

天沟、檐沟、檐口、泛水等节点部位，先在基层上涂布涂料，然后铺设胎体增强材料，宽度不小于200mm，上面再涂布涂料至少两遍，分格缝、变形缝、裂缝部位空铺胎体增强材料200～300mm。水落口、管根周围与屋面交接处留凹槽做密封处理，并铺贴两层胎体增强材料附加层，涂膜伸入水落口的深度不得小于50mm。

3. 涂布防水涂料、铺贴胎体增强材料

不同的防水涂料采用的施工工艺不相同，水乳型及溶剂性防水涂料宜采用滚涂或喷涂施工；反应固化型防水涂料宜采用刮涂或喷涂施工；热熔型防水涂料宜采用刮涂施工；聚合物水泥防水涂料宜采用刮涂法施工；所有防水涂料用于细部构造时，宜选用刷涂或喷涂施工。涂膜防水施工应根据防水材料的品种分层分遍涂刷，不得一次涂成。防水涂膜在满足厚度要求的前提下,涂刷遍数越多成膜的密实度越好。无论厚质涂料还是薄质涂料均不得一次成膜,每遍涂刷厚度要均匀,不可露底、漏涂,每遍涂布量约 0.6 kg/m²,后一遍应在前一遍干后再涂,干燥时间依环境温度和厚度而定,最长间隔 24 h,热季一般 6~8 h,每遍涂布方向应相互垂直。每遍涂布量依防水层厚度而定,涂膜厚度 1 mm 需涂料约 2.0 kg/m²。

涂膜防水施工应按"先高后低、先远后近"的原则进行。高低跨屋面一般先涂刷高跨屋面,后涂刷低跨屋面。同一屋面时,要合理安排施工段,先涂布距上料点远的部位,后涂布近处;先涂刷雨水口、檐口等薄弱环节,再进行大面积涂刷。

对于涂膜防水屋面使用不同防水材料先后施工时,应考虑不同材料之间的相容性(即亲和性大小、是否会发生侵蚀、剥离);如相容则可使用,否则会造成相互结合困难或相互侵蚀,引起防水层短期失效。

需铺设胎体增强材料时,宜选用聚酯无纺布或化纤无纺布,其胎体铺贴方向随屋面的坡度不同而不同。当屋面坡度小于 15%,可平行屋脊铺贴;当屋面坡度大于 15%,应垂直于屋脊铺设,并由屋面最低处向上进行。胎体增强材料长边搭接宽度不应小于 50 mm,短边搭接宽度不应小于 70 mm;采用两层胎体增强材料时,上下层胎体增强材料的长边搭接缝应错开,且不得小于幅宽的 1/3;上下层胎体增强材料不得相互垂直铺设。

铺设胎体增强材料应在涂布第二遍涂料的同时或在第三遍涂料涂布前进行。前者为湿铺法,即边涂布防水涂料边铺展胎体增强材料边用滚刷均匀滚压,后者为干铺法,即在前一遍涂层成膜后,直接铺设胎体增强材料,并在其已展平的表面用橡胶刮板均匀满刮一遍防水涂料。胎体应铺贴平整,排除气泡,并应于涂料黏结牢固。在胎体上涂布涂料时,应使涂料浸透胎体,并应覆盖完全,不得有胎体外露现象。最上面的涂膜厚度不应小于 1.0 mm。

涂膜施工应先做好细部处理,再进行大面积涂布,屋面转角及立面的涂抹应薄涂多遍,不得流淌和堆积。

根据设计要求可按前面所叙的方法铺贴第二层或第三层胎体增强材料,最后表面加涂一遍防水涂料,胎体上每一层涂膜厚度应满足表 10-1-5 的要求。

表 10-1-5 每道涂膜防水层最小厚度

防水等级	合成高分子防水涂膜	聚合物水泥防水涂膜	高聚物改性沥青防水涂膜
Ⅰ级	1.5	1.5	2.0
Ⅱ级	2.0	2.0	3.0

涂膜防水层对施工环境有特殊要求,具体见表 10-1-6。

表 10-1-6 涂膜防水工程施工环境气温要求

项 目	施工环境气温
高聚物改性沥青防水涂料	每道涂膜防水层最小厚度 35℃;水乳型宜为 5~35℃;热熔型不低于 -10℃
合成高分子防水涂料	每道涂膜防水层最小厚度 35℃;乳胶型、反应型宜为 5~35℃
聚合物水泥防水涂料	每道涂膜防水层最小厚度 35℃

4. 收头密封处理

所有涂膜收头均应采用防水涂料多遍涂刷密实或用密封材料压边封固,压边宽度不得小于10 mm；收头处的胎体增强材料应裁剪整齐，如有凹槽应压入凹槽，不得有翘边、皱折、露白等缺陷。

四、刚性防水屋面

刚性防水屋面是指用细石混凝土等刚性材料作屋面防水层，包括普通细石混凝土防水层、补偿收缩混凝土防水层、块体刚性防水层、预应力混凝土防水层、钢纤维混凝土防水层等，前两种应用最为广泛（在新规范里面淘汰了细石混凝土防水层，但不免有些地方仍在用）。

刚性防水屋面构造层次依次为：钢筋混凝土承重层→隔离层→刚性防水层。

由于刚性防水材料的表观密度大、抗拉强度低、极限拉应变小，常因混凝土的干缩变形、温度变形及结构变形而产生裂缝。因此，对于屋面防水等级为Ⅰ级的重要建筑和高层建筑，只有在刚性与柔性防水材料结合做两道防水设防时方可使用。细石混凝土防水层所用材料易得，耐穿刺能力强，耐久性能好，维修方便，所以在Ⅱ级屋面中应用较为广泛。为了解决细石混凝土防水层裂缝问题，除采取设分格缝等构造措施外，还可加入膨胀剂拌制补偿收缩混凝土。对于混凝土防水层的基层，因松散材料保温层强度低、压缩变形大，易使混凝土防水层产生受力裂缝，故不得在松散材料保温层上做细石混凝土防水层。至于受较大振动或冲击的屋面，易使混凝土产生疲劳裂缝；当屋面坡度大于15%时，混凝土不易振捣密实，所以均不能采用细石混凝土防水层。

（一）材料要求

刚性防水屋面宜采用普通硅酸盐水泥或硅酸盐水泥，不得使用火山灰质水泥（干缩率大、易开裂），当采用矿渣硅酸盐水泥（泌水性大、抗渗性能差）时，应采用泌水性的措施。粗骨料的最大粒径不宜大于15 mm，含泥量不应大于1%；细骨料应采用粒径0.3～0.5 mm中沙或粗沙，含泥量不应大于2%；混凝土水灰比不应大于0.55；每立方米混凝土水泥用量，不得少于330 kg，水泥强度等级不低于32.5级，含沙率宜为35%～40%；灰沙比宜为1:2～1:2.5；混凝土强度等级不应低于C20。为了改善普通细石混凝土的防水性能，提倡在混凝土中加入膨胀剂、减水剂、防水剂等外加剂，外加剂的品种和用量应经试验确定。严禁使用对人体产生危害、对环境产生污染的外加剂。

细石混凝土防水层的原材料质量、各组成材料的配合比是确保混凝土抗渗性能的基本条件。应严格检查各种材料的出厂合格证、质量检验报告、计量措施和现场抽样复验报告。

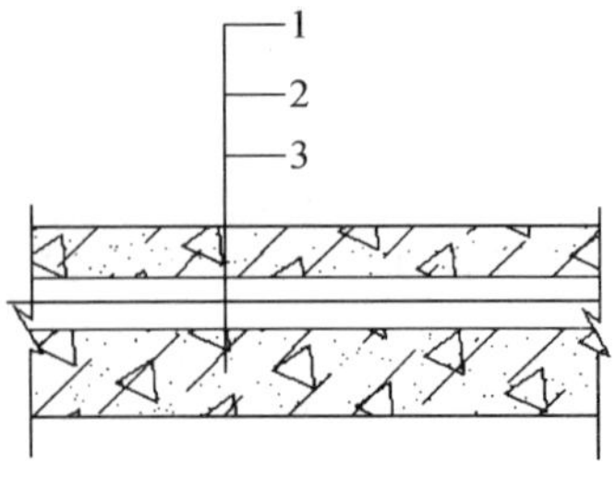

图10-1-8 细石混凝土刚性防水屋面构造

1—结构层；2—隔离层；3—细石混凝土防水层

（二）构造要求

细石混凝土刚性防水屋面，一般是在屋面板上浇筑一层厚度不小于40 mm的细石混凝土作为屋面防水层。刚性防水屋面应采用结构找坡，坡度宜为2%～3%，天沟、檐沟应用水泥沙浆找坡。刚性防水层内严禁埋设管线。在浇筑防水层细石混凝土之前，为减少结构变形对防水层的不利影响，宜在防水层与基层间设置隔离层，隔离层宜采用低强度的沙浆、卷材、纸筋灰、麻刀灰等材料，如图10-1-8所示。

刚性防水层与山墙、女儿墙、变形缝两侧墙体等突出屋面结构的交接处，应留宽度为 30 mm 的缝隙，并应用密封材料嵌填；泛水处应铺设卷材或涂抹附加层。

（三）刚性防水屋面施工工艺

刚性防水屋面以细石混凝土防水层为例，其施工工艺流程：隔离层施工→绑扎钢筋→安装分格缝板条和边模→浇筑防水层混凝土→混凝土表面压光→混凝土养护→分格缝清理→涂刷基层处理剂→嵌填密封材料→密封材料保护层施工。

1. 隔离层施工

在结构层与防水层之间宜增加一层低强度的沙浆、卷材、纸筋灰、麻刀灰等材料，起隔离作用，使结构层和防水层变形互不受约束，以减少防水混凝土产生拉应力而导致混凝土防水层开裂。

（1）黏土沙浆（或石灰沙浆）隔离层施工

预制板缝填嵌细石混凝土后，板面应清扫干净，洒水湿润，但不得积水，将按石灰膏∶沙∶黏土＝1∶2.4∶3.6（或石灰膏∶沙＝1∶4）配制的材料拌和均匀，沙浆以干稠为宜，铺抹的厚度为 10～20 mm，要求表面平整、压实、抹光，待沙浆基本干燥后，方可进行下道工序施工。

（2）卷材隔离层施工

用 1∶3 水泥沙浆将结构层找平，并压实抹光养护，再在干燥的找平层上铺一层 3～8 mm 干细沙滑动层，在其上铺一层卷材，搭接缝用热沥青胶胶结，也可以在找平层上直接铺一层塑料薄膜。

做好隔离层后继续施工时，要注意对隔离层加强保护。混凝土运输不能直接在隔离层表面进行，应采取垫板等措施；绑扎钢筋时不得扎破表面，浇捣混凝土时更不能振疏隔离层。

2. 绑扎钢筋

细石混凝土防水层厚度不应小于 40 mm，并应配置双向钢筋网片，直径 $\phi 4$～$\phi 6$，间距为 100～200 mm；在分格缝处应断开，其位置以居中偏上，保护层不应小于 10 mm。

3. 分格缝设置

为了防止大面积的细石混凝土屋面防水层由于温度变化等的影响而产生裂缝，对防水层必须设置分格缝。分格缝又称分仓缝，应按设计要求进行设置，一般应留在结构应力变化较大的部位，如设计无明确规定，分格缝的留设原则为：分格缝应设在屋面板的支承端、屋面转折处、防水层与突出层面结构的交接处，其纵横间距不宜大于 6 m，一般情况下，屋面板支承端每个开间应留设横向缝，屋脊处应留设纵向缝，分格面积不超过 20 m^2；分格缝上口宽为 30 mm，下口宽为 20 mm，并应嵌填密封材料。

4. 浇筑防水层细石混凝土

在混凝土浇捣之前，应及时清除隔离层表面浮渣和杂物，先在隔离层上刷一道水泥浆，使防水层与隔离层紧密结合，随即浇筑防水层细石混凝土。混凝土的浇捣应按先远后近、先高后低的原则进行。

浇筑前先在隔离层上确定分格缝的位置并固定分格条，一个分格缝范围内的混凝土必须一次浇筑完毕，不得留施工缝；为保证浇筑混凝土时双向钢筋网片位于防水层中上部，可在钢筋网片下放置 15～20 mm 厚的垫块。混凝土浇筑后应采用机械振捣以保证其密实度，待表面泛浆后抹平，收水后再次压光，在混凝土初凝后取出分格条，并在分格缝处嵌填密封材料，工程中通常采用油膏嵌缝的方法，上部应增设覆盖保护层予以保护。

细石混凝土防水层施工时，屋面泛水与屋面防水层应一次做成，否则会因混凝土或沙浆收缩不同和结合不良造成渗漏水，泛水高度一般不低于 120 mm，以防发生雨水倒灌引起渗漏水的问题。

细石混凝土防水层，由于其收缩弹性很小，对地基不均匀沉降、外荷载等引起的位移和变形，对温差和混凝土收缩、徐变引起的应力变形等敏感性大，容易产生开裂，因此，这种屋面常用于结构刚度好，无保温层的钢筋混凝土屋盖上。细石混凝土防水层与立墙及突出屋面结构等交接处，应留宽度为 30 mm 的缝隙，并应用密封材料嵌填；泛水处应铺设卷材或涂膜附加层。

另外，要注意混凝土防水层的施工气温宜在 5～35℃，不得在负温和烈日暴晒下施工；防水层混凝土浇筑后，应及时采取养护措施，保持湿润，补偿收缩混凝土防水层宜采用蓄水养护，养护时间不少于 14 d。

课题二　室内防水工程施工

厕浴间、厨房等室内用水频繁，是建筑物中不可忽视的防水工程部位，它施工面积小，穿墙管道多，设备多，阴阳转角复杂，房间长期处于潮湿受水状态等不利条件，防水处理不好就会出现渗漏水。通过大量的实验和实践证明，以涂膜防水代替各种卷材防水，尤其是选用高弹性的聚氨酯涂膜防水或选用弹塑性的氯丁胶乳沥青涂料防水等新材料和新工艺，可以使厕浴间的地面和墙面形成一个没有接缝、封闭严密的整体防水层，从而提高其防水工程质量。

一、基层要求

（1）厕浴间现浇混凝土楼面必须振捣密实，随抹压光，形成一道自身防水层，这是十分重要的。

（2）穿楼板的管道孔洞、套管周围缝隙用掺膨胀剂的豆石混凝土浇灌严实抹平，孔洞较大的，应吊底模浇灌。禁用碎砖、石块堵填。一般单面临墙的管道，离墙应不小于 5 cm，双面临墙的管道，一边离墙不小于 5 cm，另一边离墙不小于 8 cm。

（3）在结构层上做厚 20 mm 的 1∶2.5 或者 1∶3 水泥沙浆找平层，作为防水层基层。防水找平层施工应在找坡层施工之后进行。地面向地漏处排水坡度应不小于 1%；地漏边缘向外 50 mm 内排水坡度为 5%；大面积公共厕浴间地面应分区，每一个分区设一个地漏，区域内排水坡度应不小于 1%，坡度直线长度不大于 3 m；公共厕浴间的门厅地面可以不设坡度。

（4）基层必须平整坚实，表面平整度用 2 m 长直尺检查，基层与直尺间最大间隙不应大于 3 mm。基层有裂缝或凹坑，用 1∶3 水泥沙浆或水泥胶腻子修补平滑。基层所有转角（包括管根、墙角处）做成半径为 10 mm 均匀一致的平滑小圆角。管根与找平层之间应留出 20 mm 宽、10 mm 深凹槽。

（5）厕浴间防水找平层应向厕浴间门口外延伸 250～300 mm，防止厕浴间内水通过厕浴间外楼板渗漏。

(6) 基层含水率应符合各种防水材料对含水率的要求。

二、环境条件

(1) 防水涂料施工的环境温度一般在5℃以上较为合适。
(2) 施工现场要求通风良好,必要时强力通风。
(3) 在自然光较差的厕浴间,应有施工照明。

三、劳动组织

为保证质量,应由专业防水施工队伍施工。不具备条件的,必须由经统一培训、考核并取得合格证的人员操作。民用住宅厕浴间的防水施工,以两人小组较合适。

四、施工工艺

(一) 防水构造和节点做法

选择可靠的防水构造,认真按防水节点做法要求施工,以及做好排水坡度,这是保证厕浴间防水质量的关键。

1. 防水层高度

地面四周与墙体连接处,防水层应往墙面上返250 mm以上;有淋浴设施的厕浴间墙面,防水层高度不应小于1.8 m,并与楼地面防水层交圈。

2. 管根防水

(1) 管根孔洞在立管定位后,楼板四周缝隙用1:3水泥沙浆堵严。缝大于20 mm时,可用细石防水混凝土堵严,并做底模。

(2) 在管根与混凝土(或水泥沙浆)之间预留的凹槽内嵌填密封膏。

(3) 管根平面与管根周围立面转角处应做涂膜防水附加层。

(4) 必要时在立管外设置套管,一般套管高出铺装层地面20~50 mm,套管内径要比立管外径大2~5 mm,空隙嵌填密封膏。套管周边预留凹槽内嵌填密封膏。

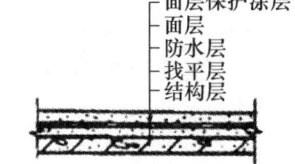

图 10-2-1　防水层基本构造

以下举一些常用例子来说明防水构造和节点做法(图10-2-1~图10-2-3)。

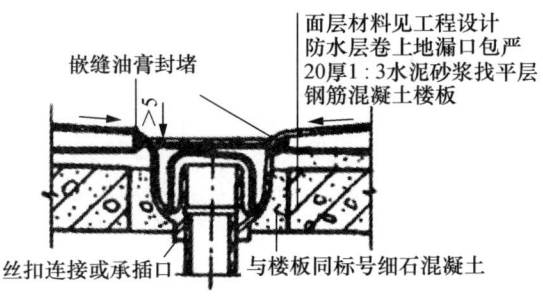

图 10-2-2　地漏口防水做法

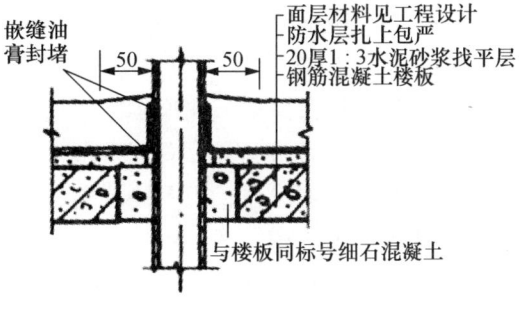

图 10-2-3　冷水管穿模板防水做法

（二）施工程序

厕浴间防水施工主要过程：混凝土楼板浇筑完毕（或吊装完毕），隔离砌筑完毕→弹出建筑标高线→管道定位安装，检查管道位置→支模浇灌堵孔豆石混凝土→墙上堵孔抹灰，做地面找平层→地面防水层施工，填写工序验收卡（1）→第一次蓄水试验，合格后填写工序验收卡（2）→抹地面底灰（保护防水层）→固定管卡和洁具卡→贴墙和地面面砖→第二次蓄水试验→安放洁具→管道试水合格。

（三）施工操作要点

1. 聚氨酯防水涂膜施工操作要点

（1）工艺流程：清理基层→涂布底胶→涂膜材料配制→细部附加层→第一道涂膜→第二道涂膜。

（2）清理基层：将基层表面突起物、沙浆等铲平并清除干净。尤应注意阴阳角、管道根部和地漏等部位的清理，连接处管件上的油污和铁锈也一并清理干净。

（3）涂布底胶：将聚氨酯甲料和底涂用的乙料按比例配合搅拌均匀，即可进行涂布底胶施工。涂刷底胶时先涂刷阴阳角、管根等部位，然后用长把刷大面积涂布。一般涂布量以 $0.15\sim0.20\,\text{kg/m}^2$ 为宜，底胶固化后才能进行下道工序施工。

（4）涂膜材料配制：根据每一种材料进场时厂方提供的配合比，用电动搅拌器强力搅拌配制。施工中应严格按配合比配制，目前常用的配合比是甲料：乙料 = 1：1.5（重量比）。

（5）细部附加层：管根、阴阳角等部位，先用一布二涂做附加层，底胶表干后，用与管根尺寸、形状相同并加宽 200 mm 的纤维布，套在管根部位，涂两遍配制好的涂膜防水材料（常温 4 h 表干后，再刷第二道防水材料）。实干后，进行大面积涂膜施工。

（6）涂膜施工：将配制好的涂膜材料，用橡胶刮板均匀涂刷在涂好底胶的基层表面上，第一道涂膜实干后涂刷第二道涂膜，涂刷方向与第一道涂膜垂直。两道涂膜间隔时间，由施工环境温度和涂膜固化程度确定。通常两道涂膜厚度以 $1.5\sim2\,\text{mm}$ 为宜，用量约 $2.5\,\text{kg/m}^2$。

为避免漏刷，第二道涂膜宜掺微量氧化铁黄，以区分层涂膜颜色。

2. 氯丁胶乳沥青防水涂料施工操作要点

（1）工艺流程：一般按一布四涂施工，加筋布可用无纺布或玻璃纤维布，其工艺流程如下：基层清理→细部做附加层→第一道涂膜（实干）→第二道涂膜，铺贴加筋布（实干）→第三道涂膜（表干）→第四道涂膜。

（2）基层清理：基层清理与聚氨酯涂膜防水材料的基层清理相同。

（3）细部做附加层：在管根、阴阳角等薄弱部位，先刮腻子找平，后做一布二涂的附加层。附加层做法同聚氨酯涂膜防水层。

（4）第一道涂膜施工：用油枪将大桶内涂料抽至小桶内，随用随抽，随将盖子拧紧。在基层上满刷一遍涂料，用毛刷或塑料用刮板蘸氯丁胶乳涂料从一端向另端涂刷，厚薄均匀地完成第一道涂层。

（5）第二道涂膜施工，同时铺贴加筋布：在实干后的第一道涂膜层上均匀地涂刷第二道涂膜，边涂刷边铺贴加筋布，紧接着用刷子蘸上涂料在已贴好的布上涂刷，使加筋布牢固铺贴在第一道涂膜上，并使全部布眼浸满涂料，上下连成一片，确保防水效果。

（6）第三、四道涂膜施工：待上层涂膜实干后，同法进行第三、四道涂膜施工。全部涂膜施工完毕，应进行检查和修补。

3. 硅橡胶防水涂料施工操作要点

（1）施工工艺：基层清理→细部附加层→第一道涂膜（表干）→第二道涂膜（实干）→第三道涂膜（表干）→第四道涂膜。

（2）基层清理和细部做附加层：基层清理同聚氨酯涂膜防水层施工。在管根、阴阳角等薄弱部位，先刷一道2号涂料作为附加层。

（3）涂膜施工，将1号涂膜在处理好的基层上均匀涂刷，涂刷方法采用涂刷法或滚涂法均可。涂刷时要均匀、平整、密实、光滑和无漏刷、无鼓泡层现象。涂料固化后，才能进行下道涂膜施工。细部附加层固化干燥后，用2号涂料做第二道涂膜层，干燥后用同样涂料做第三道涂膜层，涂刷方法同前。第三道涂膜固化干燥后，用1号涂料进行第四道涂膜施工。

4. 塑料油膏施工操作要点

（1）工艺流程：基层清理→油膏熔化→细部附加层→涂布油膏。

（2）基层清理方法同聚氨酯涂膜施工。

（3）油膏熔化：油膏第一次加入锅容量的1/2，文火逐渐加温。熔化后逐渐加入未熔油膏，温度不宜超过120℃，以防油膏焦化，锅内不得出现鼓大泡和冒黄烟。边出料边加料，使之连续使用。油膏温度不能超过140℃，若超过则老化，不能使用。当日熔化油膏当日用完。

（4）细部附加层：在管根、阴阳角等薄弱部位浇涂一层热油膏，厚度3mm，宽度超过该部位20cm。经施工检验合格后，方可大面积涂刷。

（5）涂布油膏：由低往高逆泛水方向进行，用橡皮刮板一遍成功。涂层厚3～4mm，应全部覆盖细部处理的油膏层。

（四）蓄水试验

防水层施工完毕实干后，进行蓄水试验，灌水高度应达找坡层的最高点水位2cm以上。蓄水时间不少于24h。如发现渗漏需再修补，再做蓄水试验，不渗漏方算防水层合格。

（五）防水保护层、饰面层施工

蓄水试验合格后，应立即进行防水保护层施工。保护层采用20mm厚1:3水泥沙浆，其上做地面砖等饰面层，材料由设计选定。防水层最后一遍施工时，在涂膜未完全固化时，可在其表面撒少量干净粗沙，以增强防水层与保护层之间的黏结；也可采用掺建筑胶的水泥沙浆在防水层表面进行拉毛处理，然后再做保护层。

保护层做好后进行面层施工。地面坡度2%，地漏处坡度5%。应严格按照工艺标准操作，注意保护已做好的防水层。饰面层施工完毕，再进行蓄水试验，方法同第一次。

课题三　地下防水工程施工

随着地下空间的开发和利用，地下工程的埋置深度越来越深，工程所处的水文地质条件和环境条件越来越复杂,一方面地下水对地下工程有着渗透作用,而且地下工程埋置越深,渗透水压就越大;另一方面地下水中的化学成分复杂,可能会对地下工程造成一定的腐蚀和破坏作用,所以地下工程渗漏水的情况时有发生,严重影响了地下工程的使用功能和结构耐久性。对地下工程防水的处理比屋面工程要求更高、更严,防水技术难度更大,因此要确保良好防水效果,满足使用要求。在进行地下工程防水设计和施工时,应遵循"防、排、堵、截相结合,刚柔相济,因地制宜,综合治理"的原则,并根据建筑物的使用功能及使用要求,结合地下工程的防水等级,选择合理的防水方案,严格遵守《地下工程防水技术规范》(GB 50108—2008)和《地下防水工程质量验收规范》(GB 50208—2011)。

一、地下工程防水标准等级和设防要求

由于地下工程常年受到潮湿和地下水的影响,所以,地下工程的防水等级标准按围护结构允许渗漏水量的多少划分为四级,见表10-3-1。

表 10-3-1　地下工程防水标准

防水等级	防水标准
一级	不允许渗水,结构表面无湿渍
二级	不允许渗水,结构表面可有少量湿渍; 工业与民用建筑:总湿渍面积不应大于总防水面积(包括顶板、墙面、地面)的1/1000;任意100 m² 防水面积上的湿渍不超过2处,单个湿渍的最大面积不大于0.1 m²; 其他地下工程:总湿渍面积不应大于总防水面积的2/1000;任意100 m² 防水面积上的湿渍不超过3处,单个湿渍的最大面积不大于0.2 m²;其中,隧道工程还要求平均渗水量不大于0.05 L/(m²·d),任意100 m² 防水面积上的渗水量不大于0.15 L/(m²·d)
三级	有少量漏水点,不得有线流和漏泥沙; 任意100 m² 防水面积上的漏水或湿渍点数不超过7处,单个漏水点的最大漏水量不大于2.5 L/d,单个湿渍的最大面积不大于0.3 m²
四级	有漏水点,不得有线流和漏泥沙; 整个工程平均漏水量不大于2 L/(m²·d);任意100 m² 防水面积上的平均漏水量不大于4 L/(m²·d)

根据工程的重要性和使用中对防水的要求来选择地下工程的防水等级。表10-3-2 为不同防水等级的适用范围。

表 10-3-2　不同防水等级的适用范围

防水等级	适用范围
一级	人员长期停留的场所;因为少量湿渍会使物品变质、失效的储物场所及严重影响设备正常运转和危及工程安全与运营的部位;极重要的战备工程、地铁车站
二级	人员经常活动的场所;在有少量湿渍不会使物品变质、失效的储物场所及基本不影响设备正常运转和工程安全与运营的部位;重要的战备工程
三级	人员临时活动的场所;一般的战备工程
四级	对渗漏水无严格要求的工程

二、地下工程混凝土结构主体防水

防水混凝土是依靠混凝土材料本身的密实性从而具有防水能力的整体式混凝土或钢筋混凝土。它既是承重结构、围护结构，又能满足抗渗和耐腐蚀的要求，因此，广泛用于地下工程中。

（一）防水混凝土的基本要求

1. 防水混凝土材料要求

（1）水泥品种宜采用硅酸盐水泥、普通硅酸盐水泥。采用其他品种水泥时，应通过试验确定；在受侵蚀性介质作用的条件下，应按介质的性质选用相应的水泥品种。

（2）石子宜选用坚固耐久、粒形良好的洁净石子；最大粒径不宜大于40 mm，泵送时最大粒径不应大于输送管径的1/4。当钢筋较密集或防水混凝土的厚度较薄时，应采用5~25 mm粒径的细石料。石子吸水率不应大于1.5%，含泥量不得大于1%，泥块含量不得大于0.5%。不得使用碱活性骨料。

（3）沙宜选择坚硬、抗风化性强、洁净的中粗沙，不宜选用海沙；含泥量不得大于2.0%，泥块含量不得大于1.0%。

（4）防水混凝土结构的拌制用水必须进行检测并加以控制，应符合国家现行标准《混凝土用水标准》（JGJ 63）的有关规定，不得使用含有有害物质的水来拌制防水混凝土。

2. 防水混凝土的抗渗要求

防水混凝土除了满足设计要求的强度等级外，还要满足一定的抗渗等级。

3. 防水混凝土的结构设计规定

防水混凝土的结构应满足下列规定：

（1）结构厚度不小于250 mm；

（2）裂缝宽度不得大于0.2 mm，且不能贯通；

（3）钢筋保护层厚度迎水面不应小于50 mm。

（二）防水混凝土的性能及配制

1. 普通防水混凝土

普通防水混凝土即是在普通混凝土骨料级配的基础上，通过调整和控制配合比的方法，提高自身密实度和抗渗性的一种防水混凝土。配制普通防水混凝土通常以控制水灰比、适当增加沙率和水泥用量的方法来提高混凝土的密实度和抗渗性。水灰比一般不大于0.6，每立方米混凝土的水泥用量不少于300 kg，沙率以35%~45%为宜，灰沙比为1:2.5~1:2，其坍落度以3~5 cm为宜，当采用泵送工艺时，混凝土的坍落度不受此限制。在最后确定施工配合比时既要满足地下防水工程抗渗标号等各项技术的要求，又要符合经济的原则。

混凝土的抗渗性用抗渗等级（P）来表示，按工程埋置深度确定（表10-3-3），但最低不得小于P6（抗渗压力$0.6 N/mm^2$）。

表 10-3-3　防水混凝土设计抗渗等级

工程埋置深度/m	<10	10~20	20~30	30~40
设计抗渗等级	P6	P8	P10	P12

2. 外加剂防水混凝土

外加剂防水混凝土是在混凝土中加入一定量的有机或无机物外加剂来改善混凝土的和易性，提高密实度和抗渗性，以适应工程需要的防水混凝土。外加剂防水混凝土的种类很多，在此仅对常用的减水剂防水混凝土、加气剂防水混凝土、三乙醇胺防水混凝土作简单介绍。

（1）减水剂防水混凝土。减水剂防水混凝土是在混凝土中掺入适量的减水剂配制而成的。减水剂具有强烈的分散作用，能够使水泥成为细小的单个粒子，均匀分散于水中。同时，还能使水泥微粒表面形成一层稳定的水膜，借助于水的润滑作用，水泥颗粒之间，只要有少量的水即可将其拌和均匀，使混凝土的和易性显著增加。因此，混凝土掺入减水剂后，在满足施工和易性的条件下，可大大降低拌和用水量，使混凝土硬化后的毛细孔减少，从而提高混凝土的密实度和抗渗性。在大体积防水混凝土中，减水剂可使水泥水化热峰值推迟出现，也就减少或避免了在混凝土取得一定强度前因温度应力而开裂，从而提高了混凝土的防水效果。

减水剂防水混凝土的配制除应满足普通防水混凝土的一般规定外，还应注意在选择不同品种的减水剂时，要根据工程要求、施工工艺和温度及混凝土原材料的特性等情况来选择，对选用的减水剂，必须经过试验来确定其准确的掺量。在配制减水剂防水混凝土时要根据工程需要来调整水灰比，如工程需要混凝土坍落度为 80~100 mm 时，可不减少或稍减少拌和用水量，当要求坍落度为 30~50 mm 时，可大大减少拌和用水量。另外，由于减水剂能够增大混凝土的流动性，故对掺有减水剂的防水混凝土，其最大施工坍落度可不受 50 mm 的限制，但是也不宜过大，以 50~100 mm 为宜。

（2）加气剂防水混凝土。加气剂防水混凝土是在混凝土中掺入微量的加气剂配制而成的防水混凝土。目前常用的加气剂有松香酸钠、松香热聚物，此外还有烷基磺酸钠和烷基苯磺酸钠等，以前者的采用较多。在混凝土中加入加气剂后，会产生大量微小而均匀的密闭气泡，由于大量气泡的存在，使毛细管性质改变，提高了混凝土的抗渗性和耐久性。加气剂防水混凝土的早期强度增长较慢，7 d 后强度增长比较正常，但其抗压强度随含气量的增加而降低，一般含气量增加 1%，28 d 强度约下降 3%~5%，但加气剂使混凝土的黏滞性增大，不宜松散离析，显著地改善了混凝土的和易性，在保持和易性不变的情况下，可以减少拌和用水量，从而可补偿部分的强度损失。因此，加气剂防水混凝土适用于抗渗、抗冻要求较高的防水混凝土工程，特别适用于恶劣的自然环境工程。

由于加气剂防水混凝土的质量与含气量密切相关。从改善混凝土内部结构、提高抗渗性及保持应有的混凝土强度出发，加气剂防水混凝土含气量以 3%~6% 为宜，松香酸钠掺量为水泥的 0.1%~0.3%，松香热聚物掺量为水泥量的 0.1%。加气剂防水混凝土的水灰比宜控制在 0.5~0.6 之间，每立方米混凝土的水泥用量为 250~300 kg。

加气剂防水混凝土宜采用机械搅拌。加气剂应预先和拌和水搅拌均匀后再加入到拌和料中，以免使气泡集中而影响到混凝土的质量。在振捣时应采用高频振动器，以排除大气泡，保证混凝土的抗冻性。对于防水混凝土的养护措施，应注意温度的影响，另外，在养护阶段还应注意保持湿度，以利于提高其抗渗性。

（3）三乙醇胺防水混凝土。三乙醇胺防水混凝土是在混凝土拌和物中随拌和水加入适量的三乙醇胺配制而成的混凝土。三乙醇胺加入混凝土后，能够增强水泥颗粒的吸附分散与化学分散作用，加速水泥的水化，使水化生成物增多，水泥石结晶变细，结构密实，因此提高了混凝土的抗渗性。在冬季施工时，除了掺入占水泥量 0.05% 的三乙醇胺以外，再加入 0.5% 的氯化钠及 1% 的亚硝酸钠，其防水效果会更好。当三乙醇胺防水混凝土的设计抗渗压力为 $0.8\sim1.2\ \text{N/mm}^2$ 时，水泥用量以 $300\ \text{kg/m}^3$ 为宜。

三乙醇胺防水混凝土的抗渗性好、施工简便、质量稳定，特别适用于工期紧，要求早强及抗渗的地下防水工程。

3. 补偿收缩防水混凝土

补偿收缩防水混凝土是加入膨胀水泥使混凝土适度膨胀，以补偿混凝土的收缩。补偿收缩防水混凝土可增加混凝土的密实度且具有较高的抗渗功能，其抗渗能力比同强度等级的普通混凝土提高 2~3 倍。补偿收缩混凝土可抑制混凝土裂缝的出现，因其在硬化初期产生体积膨胀，在约束条件下，它通过水泥石与钢筋的黏结，使钢筋张拉，被张拉的钢筋对混凝土产生压应力，可抵消由于混凝土干缩和徐变产生的拉应力，从而达到补偿收缩和抗裂防渗的双重效果。补偿收缩防水混凝土具有膨胀可逆性和良好的自密作用，必须加强其早期的养护，养护时间过迟会造成因强度增长较快而抑制了膨胀。一般常温条件下，补偿收缩防水混凝土浇筑 8~12 h 即应开始浇水养护，待模板拆除后则应大量浇水，且养护时间不宜低于 14 d。需要注意的是，补偿收缩防水混凝土对温度比较敏感，一般不宜在低于 5℃ 和高于 35℃ 的条件下进行施工。

（三）防水混凝土的施工

1. 施工准备

在施工前，需要编制先进、合理的"防水混凝土施工方案"，做好方案交底工作，落实施工所用机械、工具、设备。施工现场消防、环保、文明工地等准备工作已完成，临时用水、用电到位，做好基坑的降水、排水工作，使地下水位稳定保持在基底最低标高 0.5 m 以下，直至施工完毕。基坑上部采取措施，防止地面水流入基坑内。

2. 钢筋工程

钢筋应绑扎牢固，避免因碰撞、振动使绑扣松散、钢筋移位，造成漏筋。为了阻止钢筋的引水作用，迎水面防水混凝土的钢筋保护层厚度不得小于 50 mm，钢筋及绑扎钢丝均不得接触模板，底板钢筋不能接触混凝土垫层。墙体的钢筋不能用铁钉或铁丝固定在模板上，应以相同配合比的细石混凝土或水泥沙浆制成垫块，将钢筋垫起，以保证保护层厚度。

3. 模板工程

防水混凝土工程的模板应平整，拼缝严密，不得漏浆，吸水性要小并具有足够的刚度、强度，如钢模板、木模板等材料。模板构造及支撑体系应牢固、稳定，能承受混凝土的侧压力及施工荷载，并应装拆方便。固定模板防水措施使用的螺栓可采用工具式螺栓、螺栓焊止水环、预埋钢套管加焊止水环、对拉螺栓穿塑料管堵孔等方法，一般不宜用螺栓或铁丝贯穿混凝土墙固定模板，当墙高需要用螺栓贯穿混凝土墙固定模板时，应采取专用止水螺栓，阻止渗水通路。具体做法如图10-3-1与图10-3-2所示。

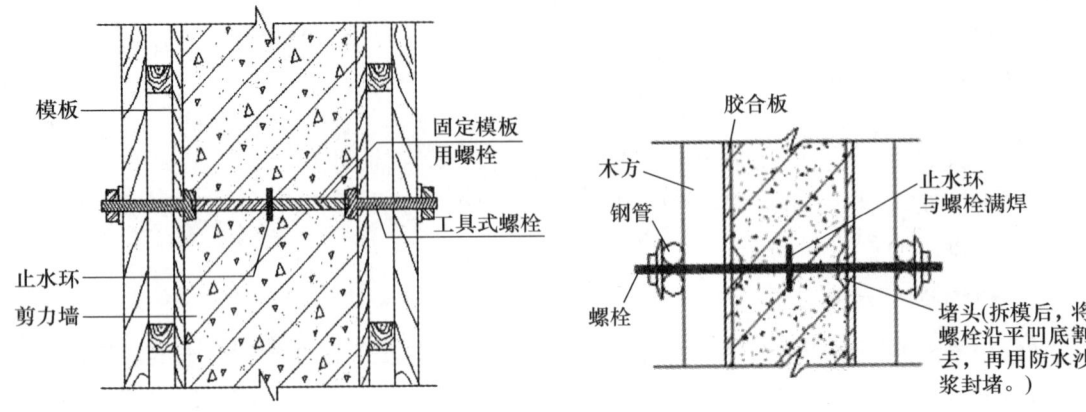

图10-3-1　工具式螺栓防水做法示意图　　图10-3-2　螺栓加焊止水环做法示意图

防水混凝土工程质量的好坏不仅取决于混凝土材料质量本身及其配合比，而且在施工过程中的搅拌、运输、浇筑、振捣以及养护等工序都对防水混凝土的质量有着很大的影响。因此，在施工中必须对以上各环节严格控制。

4. 防水混凝土的施工

（1）防水混凝土的搅拌

防水混凝土应用机械搅拌，搅拌时间要超过2 min，保证拌和均匀。掺有外加剂的防水混凝土的搅拌时间应按相应的外加剂技术要求或实验室混凝土试验确定的最佳搅拌时间来确定。

（2）防水混凝土的浇筑和养护

防水混凝土应用机械搅拌、机械振捣，浇筑时应尽量连续浇筑，少留施工缝。浇筑时应严格做到分层连续进行，每层厚度不宜超过300～400 mm。两层浇筑时间间隔不应超过2 h，夏季适当缩短。防水混凝土宜用高频插入式振捣器振捣，时间为10～30 s，以混凝土开始泛浆和不冒泡为佳。混凝土进入终凝（一般浇后4～6 h）即应覆盖并浇水养护，浇水湿润养护不少于14 d。

（3）细部构造和施工

① 施工缝。施工中应尽量不留或少留。底板的混凝土应连续浇筑，墙体不得留垂直施工缝。墙体水平施工缝不应留在剪力与弯矩最大处或底板与墙体交接处，应留在高处底板表面不小于300 mm的墙体上。拱（板）墙结合的水平施工缝，宜留在拱（板）墙接缝线以下150～300 mm处。墙体有预留孔洞时，施工缝距空洞边缘不应小于300 mm。施工缝的形式有平口缝、凸缝、高低缝、金属止水缝等，如图10-3-3所示。

在施工缝上继续浇筑混凝土前，应将施工缝处松散的混凝土凿除，清除浮料和杂物，用水清洗干净，保持润湿，铺上10～20 mm厚水泥沙浆，再浇筑上层混凝土。施工缝采用遇水膨胀橡胶止水条时，应将胶条牢固地安装在缝表面预留槽内。采用中埋式止水带时，应确保止水带位置准确、固定牢靠。

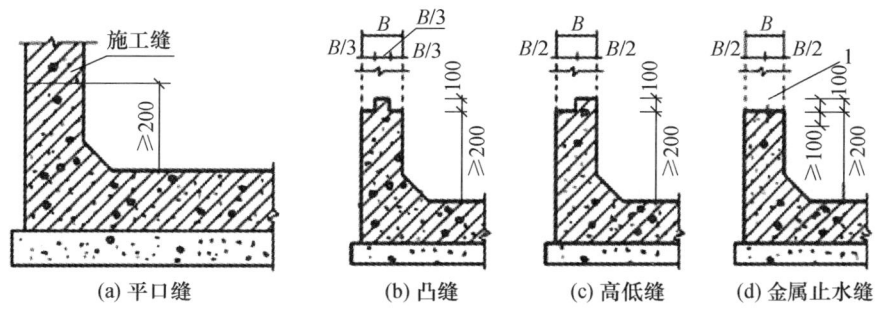

图 10-3-3 施工缝接缝形式

1—金属止水片

② 变形缝。变形缝处混凝土结构的厚度不应小于 300 mm，变形缝的宽度宜为 20~30 mm。变形缝处防水构造一般采用中埋式橡胶止水带（见图 10-3-4）或金属止水带与外贴防水层或遇水膨胀橡胶条复合使用的方式，遇水膨胀橡胶条是由高分子无机吸水膨胀材料和橡胶混炼而成的一种新型建筑防水材料，遇水后能吸水膨胀，最大膨胀率 250%~550%（可调），挤密新老混凝土之间缝隙形成不透水的可塑性胶体，规格 30 mm（宽）×5 mm（厚）×延长米。常见防水构造形式见图 10-3-5 与图 10-3-6。全埋式地下防水工程的变形缝应为环状；半地下防水工程的变形缝应为 U 字形，U 字形变形缝的设计高度应超出室外地坪 150 mm 以上。

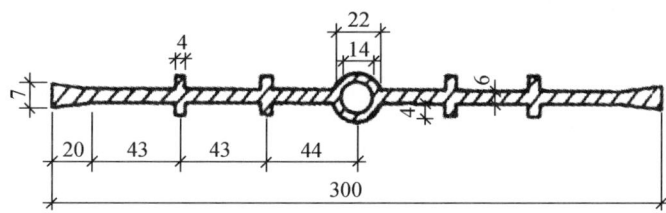

图 10-3-4 橡胶止水带断面形式

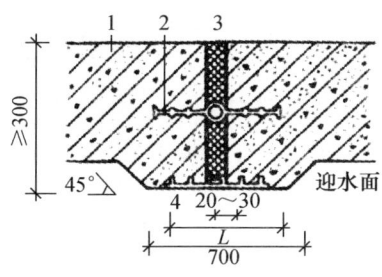

图 10-3-5 中埋式止水带与外贴防水层复合使用

1—混凝土结构；2—中埋式止水带（≥300 mm）；
3—填缝材料；4—外贴防水层（防水卷材和
防水涂层均≥400 mm）

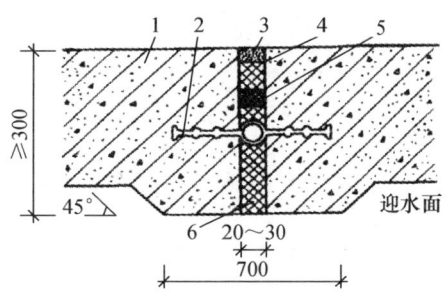

图 10-3-6 中埋式止水带与遇水膨胀橡胶条和
嵌缝材料复合使用

1—混凝土结构；2—中埋式止水带（≥300 mm）；
3—嵌缝材料；4—背衬材料；5—遇水膨胀橡胶条；
6—填缝材料

③ 穿墙管道。穿墙管道应在浇筑混凝土前预埋。结构变形或管道伸缩量较小时，穿墙管可采用主管外焊止水板或黏遇水膨胀橡胶圈直接埋入混凝土内的固定式防水法，并应预留凹槽，槽内用嵌缝材料嵌填密实，采用遇水膨胀止水圈的穿墙管，管径宜小于

50 mm，止水圈应用胶黏剂满黏固定于管上，并应涂缓胀剂，其防水构造见图10-3-7；结构变形或管道伸缩量较大或有更换要求时，应采用套管式防水法，套管应加焊止水环，金属止水环应与主管满焊密实，翼环与套管应满焊密实，并在施工前将套管内表面清理干净，见图10-3-8。穿墙管线较多时，宜相对集中，采用穿墙盒方法。穿墙盒的封口钢板应与墙上的预埋角钢焊严，并从钢板上的预留浇注孔注入改性沥青柔性密封材料或细石混凝土处理。

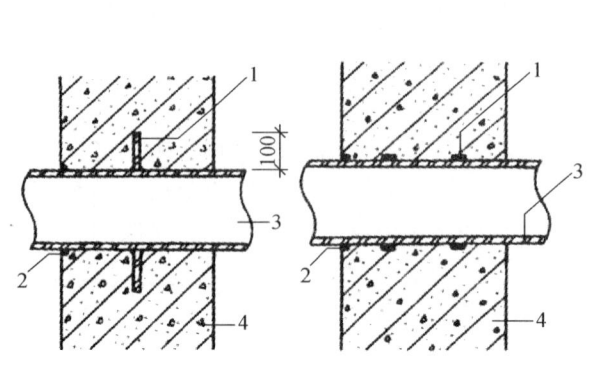

图10-3-7　固定式穿墙管防水构造
1—止水环（遇水膨胀橡胶条）；2—嵌缝材料；
3—主管；4—混凝土结构

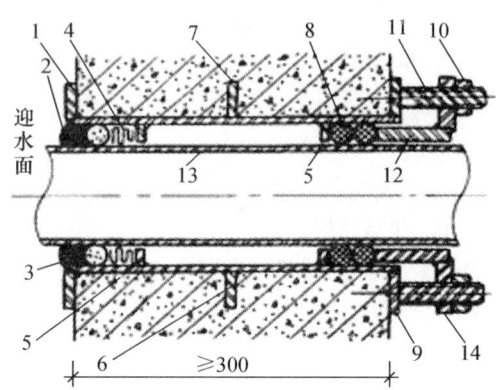

图10-3-8　套管式穿墙管防水构造
1—翼环；2—嵌缝材料；3—背衬材料；4—填缝材料；
5—挡圈；6、7—止水环；8—橡胶圈；9—翼盘；
10—螺母；11—双头螺栓；12—短管；
13—主管；14—法兰盘

④ 后浇带。后浇带一般留设平直缝（见图10-3-9）和阶梯缝（见图10-3-10）。平直缝也可在底板缝处贴宽度为300 mm的外贴式止水带。

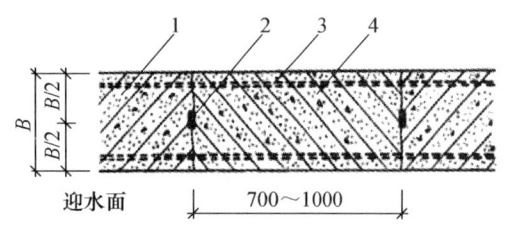

图10-3-9　平直缝防水构造示意图
1—先浇混凝土；2—遇水膨胀橡胶条；
3—结构主筋；4—后浇补偿收缩混凝土

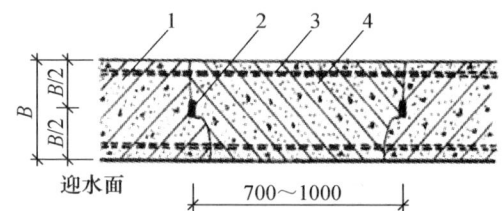

图10-3-10　阶梯缝防水构造示意图
1—先浇混凝土；2—遇水膨胀橡胶条；
3—结构主筋；4—后浇补偿收缩混凝土

⑤ 埋设件。混凝土后浇带两侧混凝土浇筑后，应用盖板封闭严密，避免落入杂物和进入雨水，污染钢筋。埋设件端部或预留孔（槽）底部的混凝土厚度不得小于250 mm；当厚度小于250 mm时，应采取局部加厚或加焊止水钢板的防水措施（见图10-3-11）。

5. 外墙抗渗混凝土与内墙非抗渗混凝土交接处构造

外墙抗渗混凝土与内墙非抗渗混凝土交接处，为防止非抗渗混凝土流入抗渗混凝土中，浇筑时先浇筑抗渗混凝土，并且抗渗混凝土往非抗渗混凝土的内墙中浇筑300 mm的距离，该处墙体部位分层浇筑时，非抗渗混凝土每层的浇筑高度稍低于抗渗混凝土的厚度。

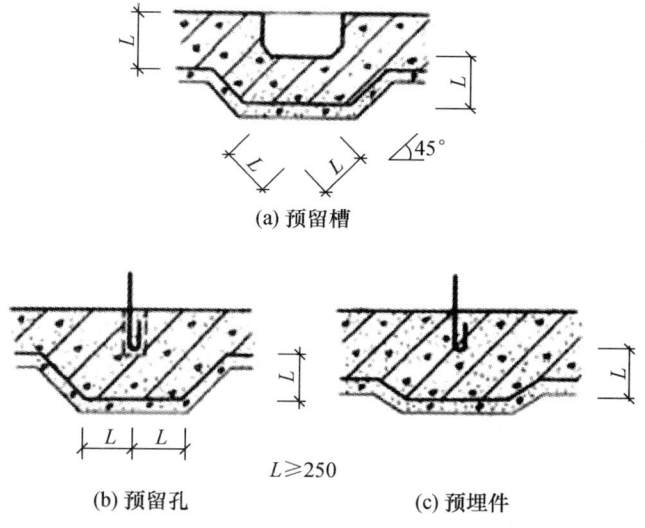

图 10-3-11 埋设件或预留孔（槽）处理示意图

三、卷材防水层

地下卷材防水层是一种柔性防水层，是用沥青胶将多层卷材粘贴在地下结构基层的表面上而形成的多层防水层，它具有较好的防水性和良好的韧性，能够适应结构振动和微小变形，并能够抵抗酸、碱、盐溶液的侵蚀，但卷材的吸水率较大，机械强度低，耐久性差，发生渗漏后难以修补。因此，卷材防水层只适应形式简单的整体钢筋混凝土结构基层和以水泥沙浆、沥青沙浆或沥青混凝土为找平层的基层。

（一）材料要求

卷材防水层应采用高聚物改性沥青防水卷材和合成高分子防水卷材。所选用的基层处理剂、胶黏剂、密封材料等配套材料，均应与铺贴的卷材材性相容。

地下防水工程使用的卷材要求机械强度高、延伸率大，具有良好的韧性和不透水性，膨胀率小且具有良好的耐腐蚀性。沥青胶结材料的软化点应比基层及防水层周围介质的可能最高温度高出 20～25℃，软化点最低不得低于 40℃。

（二）施工工艺

地下卷材防水施工一般是将卷材防水层铺贴在地下需防水结构的外表面（迎水面），称为外防水。它与卷材防水层设置在地下结构内表面的内防水相比较，具有以下优点：外防水的防水层设置在迎水面，受压力水的作用紧压在地下结构上，不宜脱落和空鼓，防水效果好；而内防水的卷材防水层在背水面，受压力水作用时，容易出现局部空鼓和脱离，从而导致渗漏水的现象。

外防水的卷材防水层铺贴方式，按其与防水结构施工的先后顺序，可分为外防外贴法和外防内贴法两种。由于外防外贴法的防水效果优于外防内贴法，所以在施工场地和条件不受限制时，一般均采用外防外贴法。

1. 外防外贴法

外防外贴法（简称外贴法）是先在垫层上铺贴底层卷材，四周留出接头，待底板混凝土和立面混凝土浇筑完毕，将立面卷材防水层直接铺设在防水结构的外墙外表面，见图10-3-12。其优点是结构及防水层质量易检查，可靠性强，宜优先采用。但需要支护结构与混凝土墙之间有较大的工作面。具体施工顺序如下。

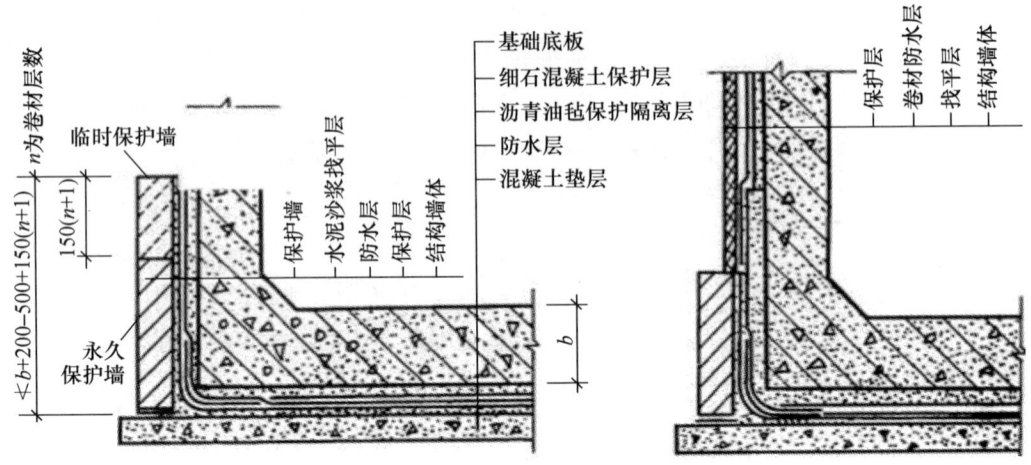

图 10-3-12　外防外贴法卷材防水构造（单位：mm）

（1）浇筑防水结构底板混凝土垫层，在垫层上抹 1∶3 水泥沙浆找平层，抹平压光。

（2）然后在底板垫层上砌永久性保护墙，保护墙的高度为 B（200～500 mm）（B 为底板厚度），墙下平铺油毡条一层。

（3）在永久性保护墙上砌临时性保护墙，保护墙的高度为 150×（油毡层数+1）。临时性保护墙应用石灰沙浆砌筑。

（4）在永久性保护墙上和垫层上抹 1∶3 水泥沙浆找平层，转角要抹成圆弧形。在临时性保护墙上抹石灰沙浆做找平层，并刷石灰浆。若用模板代替临时性保护墙，应在其上涂刷隔离剂。

（5）保护墙找平层基本干燥后，满涂冷底子油一道，但临时性保护墙不涂冷底子油。

（6）在垫层及永久性保护墙上铺贴卷材防水层，转角处加贴卷材附加层，铺贴时应先底面、后立面，四周接头甩槎部位应交叉搭接（错开长度 150 mm），并贴于保护墙上，从垫层折向立面的卷材永久性保护墙的接触部位，应用胶结材料紧密贴严，与临时性保护墙（或围护结构模板接触部位）应分层临时固定在该墙（或模板）上。

（7）油毡铺贴完毕，在底板垫层和永久性保护墙卷材面上抹热沥青或玛碲脂，并趁热撒上干净的热沙，冷却后在垫层，永久性保护墙和临时性保护墙上抹 1∶3 水泥沙浆，作为卷材防水层的保护层。

（8）浇筑防水结构的混凝土底板和墙身混凝土时，保护墙作为墙体外侧的模板。

（9）防水结构混凝土浇筑完工并检查验收后，拆除临时保护墙，清理出甩槎接头的卷材，如有破损应进行修补后，再依次分层铺贴防水结构外表面的防水卷材。此处卷材可错槎接缝，上层卷材盖过下层卷材不应小于 150 mm，接缝处加盖条。

（10）卷材防水层铺贴完毕，立即进行渗漏检验，有渗漏立即修补，无渗漏时砌永久性保护墙，永久性保护墙每隔 5～6 m 及转角处应留缝，缝宽不小于 20 mm，缝内用油毡或沥青麻丝填塞。保护墙与卷材防水层之间缝隙，随砌砖随用 1∶3 水泥沙浆填满。保护墙施工完毕，随即回填土。

2. 外防内贴法

外防内贴法（简称内贴法）是在底板垫层上先将永久性保护墙全部砌完，再将卷材铺贴在永久性保护墙和底板垫层上，待防水层全部做完，最后浇筑围护结构混凝土。见图 10-3-13。其缺点是可靠性差，防水层破坏不便检查。用于工作面小，无法采用外贴法的情况下。具体施工顺序如下。

（1）做混凝土垫层，如保护墙较高，可采取加大永久性保护墙下垫层厚度的做法，必要时可配置加强钢筋。

（2）在混凝土垫层上砌永久性保护墙，保护墙厚度采用一砖墙，其下干铺油毡一层。

（3）保护墙砌好后，在垫层和保护墙表面抹 1∶3 水泥沙浆找平层，阴阳角处应抹成钝角或圆角。

（4）找平层干燥后，刷冷底子油 1～2 遍，冷底子油干燥后，将卷材防水层直接铺贴在保护墙和垫层上，铺贴卷材防水层时应先铺立面，后铺平面。铺贴立面时，应先转角，后大面。

（5）卷材防水层铺贴完毕，及时做好保护层，平面上可浇一层 30～50 mm 的细石混凝土或抹一层 1∶3 水泥沙浆，立面保护层可在卷材表面刷一道沥青胶结料，趁热撒一层热沙，冷却后再在其表面抹一层 1∶3 水泥沙浆保护层，并搓成麻面，以利于与混凝土墙体的黏结。

（6）浇筑防水结构的底板和墙体混凝土，回填土。

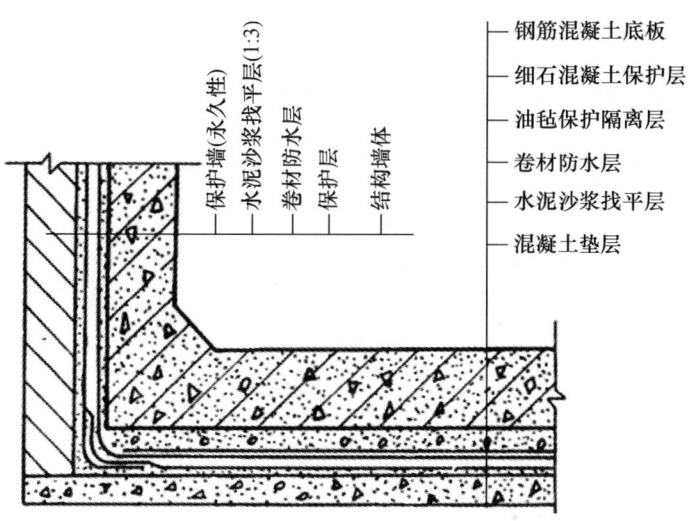

图 10-3-13　外防内贴法卷材防水构造

内贴法与外贴法相比较，采用外防外贴法时，铺贴卷材应先铺设平面，后铺立面，再由平面转折为立面的卷材与永久性保护墙的接触部位，应采用空铺法施工。采用外防内贴法时，铺贴卷材应沿着永久性保护墙内侧先铺设立面，后铺平面。由此可看出外防内贴法的优点是：卷材防水层施工较简便，底板与墙体防水层可一次铺贴完毕，不必留接槎，施工占地面积较小。但也存在着受结构不均匀沉降的影响较大，易出现渗漏水现象，竣工后出现渗漏水问题，修补较为困难等缺点。目前在实际工程施工的应用中，只有在施工条件受到限制时，才会考虑采取内贴法施工。

3. 卷材防水层的施工

铺贴卷材的基层必须牢固，无松动现象，基层表面应平整干净，阴阳角处做成圆弧形或钝角。卷材铺贴前，宜先刷冷底子油，墙面铺贴时由下而上进行。长边搭接100 mm，短边搭接150 mm。上、下层和相邻两幅卷材错开1/3幅宽，不得相互垂直铺贴。在所有转角处应铺贴附加层。待全面铺贴完毕后，在卷材表面涂刷一层1～1.5 mm厚的热沥青胶保护层。

单元小结

本单元对屋面工程、地下工程、卫生间等分部工程防水施工做了较详细的阐述，包括施工条件、施工操作工艺要点。

屋面防水工程包括卷材防水屋面、涂膜防水屋面和刚性防水屋面。其中，卷材防水屋面主要是高聚物改性沥青防水卷材施工及合成高分子防水卷材施工；涂膜防水屋面主要是高聚物改性沥青防水涂料施工及合成高分子防水涂料施工；刚性防水屋面主要是细石混凝土防水。

地下防水工程防水的主要形式有防水混凝土结构自防水、刚性防水、卷材防水和涂膜防水等。

卫生间防水工程多采用涂膜防水，使用较多的是聚氨酯涂膜防水。

推荐阅读资料

1. 《建筑工程施工质量验收统一标准》（GB 50300）
2. 《屋面工程技术规范》（GB 50345—2012）
3. 《聚氨酯防水涂料》（GB/T 19250）
4. 《屋面工程质量验收规范》（GB 50207—2012）
5. 《地下防水工程质量验收规范》（GB 50208—2011）
6. 《混凝土矿物掺合料应用技术规程》（DBJ/T 01—64）
7. 《地下工程防水技术规范》（GB 50108）
8. 《建筑施工手册》（第5版）. 北京：中国建筑工业出版社，2012

学习鉴定

一、单项选择题

1. 当屋面坡度大于（   ）时，应采取防止沥青卷材下滑的固定措施。
   A. 3%   B. 10%   C. 15%   D. 25%
2. 粘贴高聚物改性沥青防水卷材使用最多的是（   ）。
   A. 热黏结剂法   B. 热熔法   C. 冷黏法   D. 自黏法
3. 地下工程的防水卷材的设置与施工宜采用（   ）法。
   A. 外防外贴   B. 外防内贴   C. 内防外贴   D. 内防内贴

4. 防水混凝土应自然养护，其养护时间不应少于（　　）。
   A. 7天　　　　　B. 10天　　　　　C. 14天　　　　　D. 21天
5. 刚性多层抹面水泥沙浆防水层中起防水作用的主要是（　　）。
   A. 结构层　　　B. 素灰层　　　　C. 水泥沙浆　　　D. 水泥浆
6. 地下防水混凝土结构墙上有孔洞时，混凝土施工缝距孔洞边缘不宜少于（　　）。
   A. 300 mm　　　B. 500 mm　　　　C. 800 mm　　　　D. 1.2 m
7. 为减少开裂，水泥沙浆找平层应设分格缝，纵横缝的最大间距不宜大于（　　）。
   A. 4 m　　　　　B. 6 m　　　　　C. 8 m　　　　　D. 10 m
8. 下列选项不是止水带的构造形式的是（　　）。
   A. 埋入式　　　B. 可卸式　　　　C. 涂膜式　　　　D. 粘贴式
9. 防水涂膜可在（　　）进行施工。
   A. 气温为20℃的雨天　　　　　　　B. 气温为-5℃的雪天
   C. 气温为38℃的无风晴天　　　　　D. 气温为25℃且有三级风的晴天
10. 卷材防水施工时，在天沟与屋面的连接处采用交叉法搭接且接缝错开，其接缝不宜留设在（　　）。
    A. 天沟底面　　B. 天沟侧面　　　C. 天沟外侧　　　D. 屋面
11. 高分子卷材正确的铺贴施工工序是（　　）。
    A. 底胶→卷材上胶→滚铺→上胶→覆层卷材→着色剂
    B. 底胶→滚铺→卷材上胶→上胶→覆层卷材→着色剂
    C. 底胶→卷材上胶→滚铺→覆层卷材→上胶→着色剂
    D. 底胶→卷材上胶→上胶→滚铺→覆层卷材→着色剂
12. 卷材防水屋面不具有的特点是（　　）。
    A. 自重轻　　　B. 防水性能好　　C. 柔韧性好　　　D. 刚度好
13. 当防水卷材平行屋脊铺贴时，短边搭接处不小于150 mm，长边搭接不小于（　　）。
    A. 50 mm　　　B. 70 mm　　　　C. 100 mm　　　　D. 150 mm
14. 平行于屋脊铺贴沥青卷材时，每层卷材应（　　）。
    A. 由檐口铺向屋脊　　　　　　　B. 由屋脊铺向檐口
    C. 由中间铺向两边　　　　　　　D. 都可以
15. 当屋面坡度大于15%或受振动时，防水卷材的铺贴要求为（　　）。
    A. 平行屋脊
    B. 垂直屋脊
    C. 中间平行屋脊，靠墙处垂直屋脊
    D. 靠墙处平行屋脊，中间垂直屋脊

二、多项选择题
1. 为提高防水混凝土的密实和抗渗性，常用的外加剂有（　　）。
   A. 防冻剂　　　B. 减水剂　　　　C. 引气剂　　　　D. 膨胀剂
   E. 防水剂
2. 高聚物改性沥青防水卷材的施工方法有（　　）。
   A. 热溶法　　　B. 热黏结剂法　　C. 冷黏法　　　　D. 自黏法
   E. 热风焊接法

3. 屋面防水等级为一级的建筑物是（　　）。
   A. 高层建筑
   B. 一般工业与民用建筑
   C. 特别重要的民用建筑
   D. 重要的工业与民用建筑
   E. 对防水有特殊要求的工业建筑

单元十一

建筑装饰装修工程施工

教学目标

能力目标	知识要点	相关知识
具备抹灰工程的施工工艺和检查验收的能力	普通抹灰施工 装饰抹灰施工	1. 抹灰沙浆的种类、组成及其作用 2. 一般抹灰施工的操作要点 3. 装饰抹灰施工的操作要点
具备饰面工程的施工工艺和检查验收的能力	饰面板安装施工 饰面砖施工	1. 饰面砖粘贴施工工艺及操作要点 2. 石饰面板安装工艺 3. 金属饰面板安装工艺
具备地面工程施工工艺和检查验收的能力	整体面层施工 板块面层施工 木、竹面层施工	1. 基层施工要点 2. 整体面层施工工艺及施工要点 3. 板块面层施工工艺及施工要点 4. 木、竹面层施工工艺及施工要点
具备吊顶工程的施工工艺和检查验收的能力	吊顶施工	1. 吊顶的分类与组成 2. 吊顶工程施工工艺及施工要点 3. 吊顶工程的质量标准
具备门窗工程的施工工艺和检查验收的能力	门窗工程	1. 门窗工程施工基本要求 2. 门窗安装工艺（钢门窗、木门窗、塑料门窗、铝合金门窗等）及施工要点
具备涂饰工程的施工工艺和检查验收的能力	涂饰工程	1. 涂料的组成、分类和施涂方法 2. 涂饰工程施工工艺及操作要点 3. 涂饰工程质量验收要点

能力目标	知识要点	相关知识
具备裱糊工程的施工工艺和检查验收的能力	裱糊工程	1. 裱糊、软包工程和硬包工程的常用材料、构造 2. 裱糊、软包工程和硬包工程施工工艺 3. 裱糊、软包与硬包工程质量控制与检验
具备玻璃幕墙安装的施工工艺和检查验收的能力	幕墙工程	1. 玻璃幕墙的分类与构造要求 2. 玻璃幕墙的材料要求 3. 玻璃幕墙的施工工艺及质量要求
具备隔墙工程的施工工艺和检查验收的能力	隔墙工程	1. 轻钢龙骨纸面石膏板隔墙施工 2. 木龙骨轻质罩面板隔墙施工 3. 钢网泡沫塑料夹心板墙隔墙施工

问题引入

常说人是"三分长像七分打扮",针对建筑物而言,也是如此。如何把一座座由钢筋混凝土等建筑材料构成的物体装扮得既美观大方,又温馨自然、舒适实用,形成人与居所和谐、协调的统一体呢?这就是装饰工程所追求的境界。那么,装饰工程包括哪些分部工程?各分部工程又包括哪些分项工程?各分项工程如何进行安装施工呢?下面就来学习装饰工程施工技术。

知识课堂

课题一 抹灰工程施工

抹灰工程是指将抹面沙浆抹在基底材料的表面,兼有保护基层和增加美观作用及为建筑物提供特殊功能的施工过程。

抹灰工程主要有两大功能,一是防护功能,保护墙体不受风、雨、雪的侵蚀,增加墙面防潮、防风化、隔热的能力,提高墙身的耐久性能、热工性能;二是美化功能,改善室内卫生条件、净化空气、美化环境,提高居住舒适度。

一、抹灰工程的分类

抹灰工程通常分一般抹灰和装饰抹灰两大类,见表11-1-1。

表 11-1-1　抹灰工程的分类

分　类	名　称
一般抹灰	普通抹灰
	高级抹灰
装饰抹灰	水刷石
	斩假石
	干黏石
	假面砖

二、一般抹灰工程施工

1. 一般抹灰工程的组成及做法

一般抹灰工程施工时是分层进行的，抹灰一般由底层、中层和面层组成，见图 11-1-1。分层抹灰有利于抹灰牢固、抹面平整和保证质量。如果一次抹的太厚，由于内外收水快慢不同，容易出现干裂、起鼓和脱落现象。抹灰分层控制和做法参考表 11-1-2，不同基层的抹灰厚度参考表 11-1-3，每层灰控制厚度参考表 11-1-4。

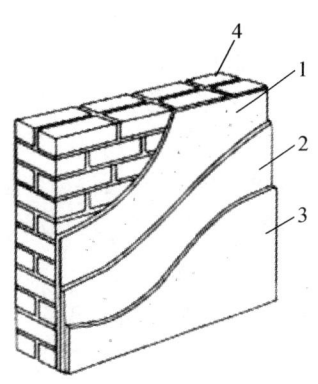

图 11-1-1　抹灰层的组成
1—底层；2—中层；3—面层；4—基层

表 11-1-2　抹灰分层控制和做法参考

灰层	作用	基层材料	一般做法
底层灰	主要起与基层黏结作用，兼初步找平作用	砖墙基层	1. 内墙一般采用石灰沙浆、水泥石灰沙浆 2. 外墙、勒脚、屋檐以及室外有防水防潮要求，采用水泥沙浆打底
		混凝土和加气混凝土基层	1. 采用水泥沙浆或混合沙浆打底，打底前先刷界面剂 2. 混凝土板顶棚，宜用粉刷石膏或聚合物水泥沙浆打底，也可直接批刮腻子
中层灰	主要起找平作用		1. 所用材料基本与底层相同 2. 根据施工质量要求，可以一次抹成，亦可分遍进行
面层灰	主要起装饰作用		1. 一般抹灰中层灰、面层灰可一次成型 2. 装饰抹灰按工艺施工

表 11-1-3　不同基体的抹灰厚度　　　　　　　　　（单位：mm）

项目	内墙面		外墙		顶棚		蒸压加气混凝土砌块	聚合物沙浆、石膏沙浆
	普通抹灰	高级抹灰	墙面	勒脚	现浇混凝土板	预制混凝土板		
厚度	≤18	≤25	≤20	≤25	≤5	≤10	≤15	≤10

表 11-1-4　每层灰控制厚度

抹灰材料	水泥沙浆	水泥石灰沙浆
每层灰厚度/mm	5～7	7～9

2. 一般抹灰工程施工

（1）施工准备

为确保抹灰工程的施工质量，在正式施工之前，必须满足作业条件和做好基层处理等准备工作。

作业条件：

① 主体结构已经检验合格。

② 屋面防水或上层楼面面层已经完成，不渗不漏。

③ 门窗框安装位置正确，与墙体连接牢固，连接处缝隙填嵌密实。连接处缝隙可用 1∶3 水泥沙浆或 1∶1∶6 水泥混合沙浆分层嵌塞密实。缝隙较大时，可在沙浆中掺入少量麻刀嵌塞，或用豆石混凝土将其填塞密实，并用塑料贴膜或铁皮将门窗框加以保护。

④ 接线盒、配电箱、管线、管道套管等安装完毕，并检查验收合格。管道穿越的墙洞和楼板洞已填嵌密实。

⑤ 将混凝土蜂窝、麻面、露筋、疏松部分剔到实处，并刷胶黏性素水泥浆或界面剂，然后用 1∶3 的水泥沙浆分层抹平。脚手架和废弃的孔洞应堵严，外露的钢筋头。铅丝头及木头等要剔除，窗台砖补齐，墙与楼板、梁底等交接处应用斜砖砌严补齐。

⑥ 冬季施工环境温度不宜低于 5℃。

（2）抹灰施工工艺及操作要点

抹灰工程的施工顺序：先室外后室内，先上面后下面，先地面后顶棚。完成室外抹灰，拆除脚手架，堵上脚手眼再进行室内抹灰；屋面工程完工后，内外抹灰最好从上往下进行，保护已完成墙面的抹灰；室内一般先完成地面抹灰后，再开始顶棚和墙面抹灰。

① 内墙面抹灰。

内墙面一般抹灰的工艺流程：基层清理→浇水湿润→吊垂直、套方、找规矩、抹灰饼→抹水泥踢脚或墙裙→做护角、抹水泥窗台→墙面充筋→抹底层和中层灰→修补预留孔洞、电箱槽、盒等→抹面层灰

操作工艺：

a. 基层清理。抹灰工程施工前，必须对基层表面作适当的处理，使其坚实粗糙，以增强抹灰层的黏结。基层处理包括以下内容。

• 基层表面的灰尘、污垢、沙浆、油渍和碱膜等应清除干净，并洒水湿润（提前 1～2 天浇水 1～2 遍，渗水深度 8～10 mm）。

• 检查基层表面平整度，对凹凸明显的部位，应事先剔平或用 1∶3 水泥沙浆补平。

• 平整光滑的混凝土表面要进行毛化处理，一般采用凿毛或用铁抹子满刮 $W/C = 0.37～0.4$（内掺水重的 3%～5% 的 108 胶）水泥浆一遍，亦可用 YJ-302 混凝土界面处理剂处理。

• 不同基层材料（如砖石与混凝土）相接处应铺钉金属网并绷紧牢固，金属网与各结构的搭接宽度从相接处起每边不小于 100 mm，见图 11-1-2。抹灰前加钉镀锌钢丝网部位，应涂刷一层胶黏性素水泥浆或界面剂。

b. 浇水湿润。一般在抹灰前一天，用水管或喷壶顺墙自上而下浇水湿润。不同的墙体，不同的环境，需要不同的浇水量。浇水要分次进行，最终以墙体既湿润又不泌水为宜。

【温馨提示】 烧结砖砌体、蒸压灰沙砖、蒸压粉煤灰砖：每天浇水两次，将基体均匀润透，水应渗入墙内 10～20 mm。混凝土墙要求抹灰时墙面不得有明水。加气混凝土砌块基体（轻质砌体、隔墙）喷水湿润，水应渗入墙内 10～20 mm，墙面不得有明水。混凝土小型空心砌块砌体（混凝土多孔砖砌体），不得浇水。涂抹聚合物沙浆时，不需浇水湿润。

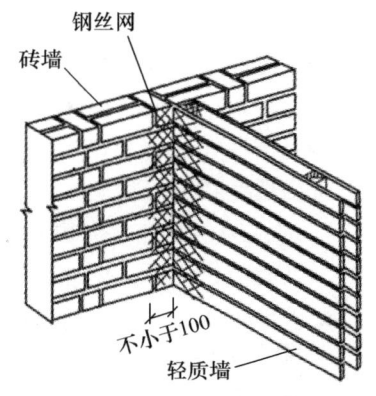

图 11-1-2 不同基层接缝处理

c. 吊垂直、套方、找规矩、抹灰饼。其作用是为后续抹灰提供参照，以控制抹灰层的平整度、垂直度和厚度。根据设计图纸要求的抹灰质量等级，根据基层表面平整垂直情况，用一面墙做基准，吊垂直、套方、找规矩，确定抹灰厚度，抹灰厚度不应小于 7 mm。当墙面凹度较大时应分层衬平。每层厚度不大于 7～9 mm。操作时应先抹上灰饼（距顶棚 150～200 mm，水平方向距阴角 100～200 mm，间距 1.2～1.5 m），再抹下灰饼（距地面 150～200 mm）。抹灰饼时应根据室内抹灰要求，确定灰饼的正确位置，再用靠尺板找好垂直与平整。灰饼宜用 M15 水泥沙浆抹成 50 mm 见方形状，抹灰层总厚度不宜大于 20 mm。

房间面积较大时应先在地上弹出十字中心线，然后按基层面平整度弹出墙角线，随后在距墙阴角 100 mm 处吊垂线并弹出铅垂线，再按地上弹出的墙角线往墙上翻引弹出阴角两面墙上的墙面抹灰层厚度控制线，以此做灰饼。然后根据灰饼充筋（宽度为 10 cm 左右，呈梯形，厚度与灰饼相平），可充横筋也可充立筋，根据施工操作习惯而定，见图 11-1-3。

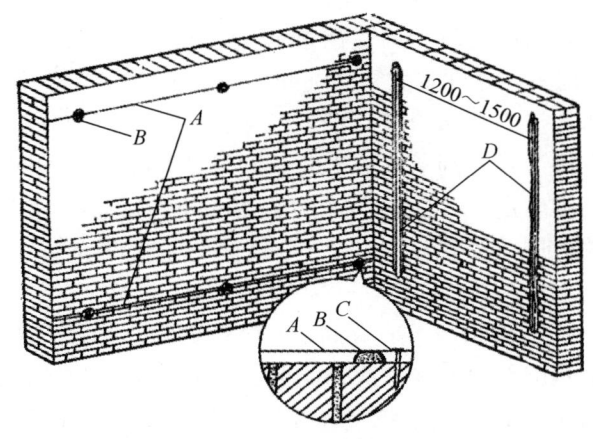

图 11-1-3 灰饼充筋示意图
A—引线；B—灰饼；C—钉子；D—充筋

d. 抹水泥踢脚或墙裙。根据已抹好的灰饼充筋（此筋可以冲的宽一些，80～100 mm 为宜，此筋即为抹踢脚或墙裙的依据，同时也可作为墙面抹灰的依据）。水泥踢脚、墙裙、梁、柱、楼梯等处应用 M20 水泥沙浆分层抹灰，抹好后用大杠刮平，木抹搓平，常温第二天用水泥沙浆抹面层并压光，抹踢脚或墙裙厚度应符合设计要求，无设计要求时突出墙面 5～7 mm 为宜。凡凸出抹灰墙面的踢脚或墙裙上口必须保证光洁、顺直，踢脚或墙面抹好将靠尺贴在大面与上口平，然后用小抹子将上口抹平压光，凸出墙面的棱角要做成钝角，不得出现毛茬或飞棱。

e. 做护角、抹水泥窗台。室内墙面、柱面和门窗洞口的阳角抹灰要求线条清晰、挺直，且能防止破坏。因此这些部位的阳角处，都必须做护角。同时护角亦起到标筋的作用。护角应采用 M20 以上的水泥沙浆，一般高度自地面以上不低于 2 m，护角每侧宽度不小于 50 mm。

做护角时，以墙面灰饼为依据，先将墙面阳角用方尺规方，靠门框一边，以门框离墙面的空隙为准，另一边以灰饼厚度为准。将靠尺在墙角的一面墙上用线锤找直，然后在靠尺板的另一边墙角面分层抹 1∶2 水泥沙浆，护角线的外角与靠尺板外口平齐；一边抹好后，再把靠尺板移到已抹好护角的一边，用钢筋卡子稳住，用线锤吊直靠尺板，把护角的另一面分层抹好。再轻轻地将靠尺板拿下，待护角的棱角稍干时，用阳角抹子和水泥浆捋出小圆角。最后在墙面用靠尺板按要求尺寸沿角留出 50 mm，将多余沙浆以 40°斜面切掉，以便于墙面抹灰与护角的接槎，见图 11-1-4。

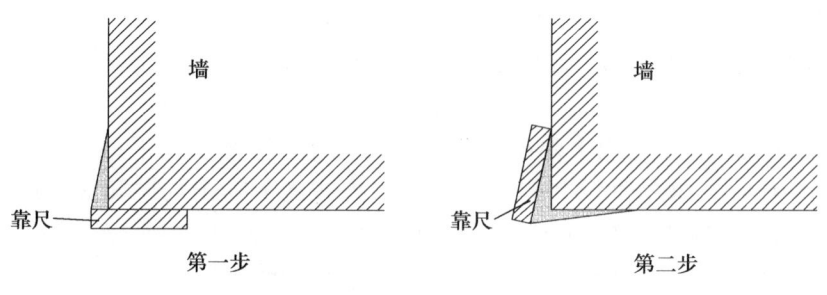

图 11-1-4　水泥护角做法示意图

抹水泥窗台时，应将基层清理干净，清理砖缝，松动的砖要重新补砌好，用水浇透，用 1∶2∶3 豆石混凝土铺实，厚度宜大于 25 mm，一般 1 d 后抹 1∶2.5 水泥沙浆面层，待表面达到初凝后，浇水养护 2～3 d，窗台板下口抹灰要平直，没有毛刺。

f. 墙面充筋。当灰饼沙浆达到七八成干时，即可用与抹灰层相同沙浆充筋，充筋根数应根据房间的宽度和高度确定，一般标筋宽度为 50 mm，两筋间距不大于 1.5 m。当墙面高度小于 3.5 m 时宜做立筋。大于 3.5 m 时宜用横筋，做横向充筋时做灰饼的间距不宜大于 2 m。

g. 抹底层和中层灰。一般情况下充完筋 2 h 左右就可以进行。抹底层灰时，可用托灰板盛沙浆，在两标筋之间用力将沙浆推抹到墙上，一般从上向下进行，再用木抹子压实搓毛。待底层灰达到六七成干后（用手指按压不软，但有指印和潮湿感），即可抹中层灰，抹灰厚度以垫平标筋为准，操作时先应稍高于标筋，然后用木杠按标筋刮平，不平处补抹沙浆，再刮至平直为止，紧接着用木抹子搓压，使表面平整密实。并用托线板检查墙面的垂直与平整情况。抹灰后应及时将散落的沙浆清理干净。

墙面阴角处，先用方尺上下核对方正（水平标筋则免去此道工艺），然后用阴角器上下抽动搓平，使室内四角方正。

h. 抹面层灰。面层抹灰俗称罩面。它应在底灰稍干后进行，底灰太湿会影响抹灰面平整度，还可能"咬色"；底灰太干，容易使面层灰脱水太快而影响其黏结，造成面层空鼓。

纸筋石灰、麻刀石灰沙浆面层：在中层灰达到六七成干后进行，罩面灰应两遍成活（二遍互相垂直），厚度约 2 mm，最好两人同时操作，一人先薄薄刮一遍，另一人随即抹平。按先上后下顺序进行，再赶光压实，然后用铁抹子压一遍，最后用塑料抹子压光，随后用毛刷蘸水将罩面灰污染处清刷干净。

石灰沙浆面层：在中层灰达到五六成干后进行，厚度 6 mm 左右，操作时先用铁抹子抹灰，再用刮尺由下向上刮平，然后用抹子搓平，最后用铁抹子压光成活，压光不少于两遍。

② 外墙抹灰。

外墙一般抹灰施工工艺流程：浇水湿润基层→找规矩、做灰饼、抹标筋→抹底层、中层灰→弹分格线、嵌分格条→抹面层灰→拆除分格条，勾缝→做滴水线→养护。

外墙抹灰应注意涂抹顺序，一般先上部后下部，先檐口再墙面（包括门窗周围、窗台、阳台、雨篷等）。大面积外墙可分片、分段施工，一次抹不完可在阴阳角交接处或分格线处留设施工缝。

外墙抹灰一般饰面较大、施工质量要求高，因此外墙抹灰必须找规矩，做灰饼，抹标筋，其方法与内墙抹灰相同。此外，外墙抹灰中的底层、中层、面层抹灰与内墙抹灰基本相同，只是在选择沙浆时，应选用水泥沙浆或专用的干混沙浆。

a. 弹分格线、嵌分格条。外墙抹灰时，为避免罩面沙浆收缩后产生裂缝，防止面层沙浆大面积膨胀而空鼓脱落，应待中层灰达到六七成干后，按设计要求弹分格线，并嵌分格条。

分格线用墨斗或粉线包弹出，竖向分格线可用线锤或经纬仪矫正其垂直度，横向分格线以水平线检验。

木质分格条在使用前应用水泡透，其作用是便于粘贴，防止分格条在使用时变形，本身水分蒸发后产生收缩而易于起出，且使分格条两侧灰口整齐。粘分格条时，用铁抹子将素水泥浆抹在分格条的背面，将水平分格条粘在水平分格线的下口，垂直分格条粘在垂直分格线的左侧，以便于观察。每粘贴好一条竖向（横向）分格条，应用直尺校正使其平整，并将分格条两侧用水泥浆抹成八字形斜角（水平分格条应先抹下口）。当天就抹面的分格条，两侧"八"字形斜角可抹成 45°，如图 11-1-5（a）所示；当天不抹面的"隔夜条"，两侧"八"字形斜角应摸得陡一些，可抹成 60°，如图 11-1-5（b）所示。分格条要求横平竖直、接头平整、无错缝或扭曲现象，其宽度和厚度应均匀一致。

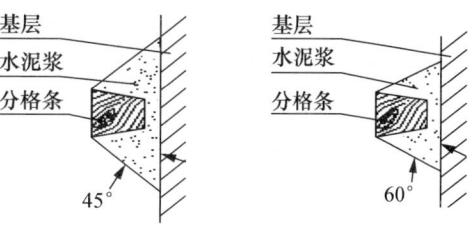

(a) 当日起条者做45°角　　(b) "隔夜条"做60°角

图 11-1-5　分格条两侧斜角示意图

除木质分格条外，亦可采用 PVC 槽板作分格条，将其钉在墙上即可，面层灰抹完后，亦不用将其拆除。

b. 拆除分格条，勾缝。分格条粘好，面层灰抹完后，应拆除分格条，并用素水泥浆将分格缝勾平整。

当天粘的分格条在面层抹完后即可拆除。操作时一般从分格线的端头开始，用抹子轻轻敲动，分格条即自动弹出。若拆除困难，可在分格条端头钉一小钉，轻轻将其向外拉出。采用"隔夜条"的抹灰面层不宜当时拆除，必须待面层沙浆达到强度后方可。

c. 做滴水线。毗邻外墙面的窗台、雨篷、压顶、檐口等部位的抹灰，应先抹立面，后抹顶面，再抹底面。顶面应抹出流水坡度，一般以10%为宜，底面外沿边应做滴水槽，滴水槽宽度和深度均不应小于10 mm。窗台抹灰层应伸入窗框下坎的裁口内，堵塞密实。

d. 养护。水泥沙浆抹灰常温24 h后，应喷水养护，时间不少于7 d。

③ 顶棚抹灰。

顶棚抹灰的施工工艺流程为：基层处理→弹水平线→抹底层灰、中层灰→抹面层灰。

顶棚抹灰的顺序应从房间里面开始，向门口进行，最后从门口退出。其底层灰、中层灰和面层灰的涂抹方法与墙面抹灰基本相同。抹灰前在四周墙上弹出控制水平线，先抹顶棚四周，圈边找平、横竖均匀、平顺，操作时用力使沙浆压实，使其与基体黏牢，最后压实压光。

【温馨提示】 顶棚抹灰不用做灰饼和标筋，只需按抹灰层厚度用墨线在四周墙面上弹出水平线，作为控制抹灰层厚度的基准线。此水平线应从室内50 cm水平线，从下向上量出，不可从顶棚底向下量。

三、装饰抹灰工程施工

装饰抹灰除具有与一般抹灰相同的功能外，主要是装饰艺术效果更加鲜明。装饰抹灰的底层和中层的做法与一般抹灰基本相同，只是面层的材料和做法有所不同。

1. 聚合物水泥沙浆的喷涂、滚涂与弹涂施工

聚合物水泥沙浆是在水泥沙浆中加入一定的聚乙烯醇缩甲醛胶（或108胶）、颜料和石膏等材料形成混合物。

（1）喷涂饰面

喷涂饰面是用空气压缩机、沙浆泵或喷枪将聚合物水泥沙浆喷涂在墙面底子灰上形成装饰抹灰。由于沙浆中掺入聚合物乳液，而具有良好的和易性及抗冻性，能提高装饰面层的表面强度与黏结强度。通过调整沙浆的稠度和喷射压力的大小，可喷成沙浆饱满、波纹起伏的"波面"，或表面不出浆而满布细碎颗粒的"粒状"，也可在表面涂层上再喷，以不同色调的沙浆点，形成"花点套色"。

材料要求：浅色面层用白水泥，深色面层用普通水泥；细骨料用中沙或浅色石屑，含泥量不大于3%，过3 mm孔筛。

聚合物沙浆应用沙浆搅拌机进行拌和。先将水泥、颜料、细骨料干拌均匀，再边搅拌边顺序加入木质素磺酸钠（先溶于少量水中）、108胶和水，直至全部拌匀为止。水泥石灰沙浆，应先将石灰膏用少量水调稀，再加入水泥与细骨料的干拌料中。拌和好的聚合物沙浆，宜在2 h内用完。

喷涂聚合物沙浆的主要机具设备有空气压缩机（0.6 m³/min）、加压罐、灰浆泵、振动筛（5 mm筛孔）、喷枪、喷斗、胶管（25 mm）和输气胶管等。

波面喷涂使用喷枪如图11-1-6所示。第一遍喷到底层灰变色即可；第二遍喷至出浆不

流为度；第三遍喷至全部出浆，表面均匀呈波状，不挂流，颜色一致。喷涂时枪头应垂直于墙面，相距 30～50 cm，其工作压力，在用挤压式灰浆泵时为 0.1～0.15 MPa，空压机压力为 0.4～0.6 MPa。喷涂必须连续进行，不宜接槎。

粒状喷涂使用喷斗如图 11-1-7 所示，第一遍满喷盖住底层，收水后开足气门喷布碎点，快速移动喷斗，勿使出浆，第二、第三遍应有适当间隔，以表面布满细碎颗粒、颜色均匀不出浆为原则。喷斗应与墙面垂直，相距为 30～50 cm。

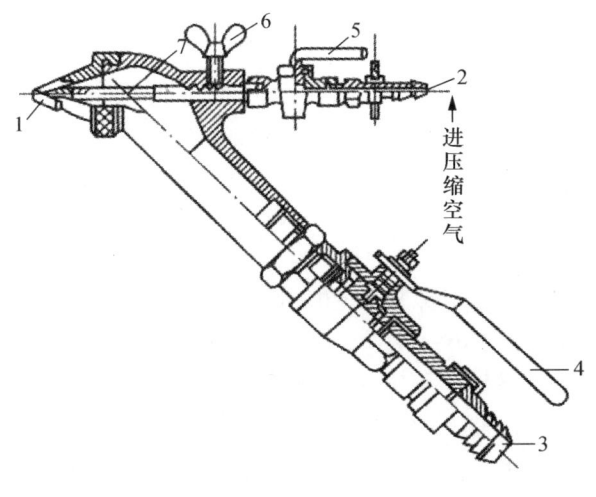

图 11-1-6　喷枪
1—喷嘴；2—压缩空气接头；3—沙浆皮管接头；
4—沙浆控制阀；5—压缩空气控制阀；
6—顶丝；7—喷气管

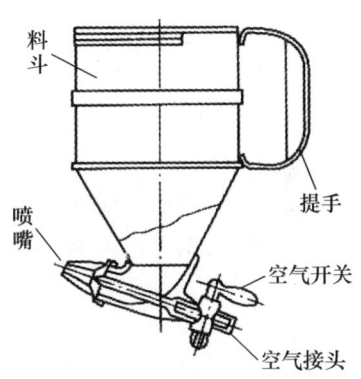

图 11-1-7　喷斗

大面积喷涂，宜在墙面上预先粘贴分格条，分格区内喷涂应连续进行。面层结硬后取出分格条，用水泥沙浆勾缝。

喷涂面层的厚度宜控制在 3～4 mm。面层干燥后，应涂甲基硅醇钠憎水剂一遍。

（2）滚涂饰面

滚涂饰面是将 2～3 mm 厚带色的聚合物沙浆均匀涂抹在底层上，随即用平面或带有拉毛、刻有花纹的橡胶、泡沫塑料滚子，在罩面层上直上直下施滚涂拉，并一次成活滚出所需花纹。

滚涂饰面的底、中层抹灰与一般抹灰相同。具体做法为：10～13 mm 厚水泥沙浆打底，木抹搓平；粘贴分格条（施工前在分格处先刮一层聚合物水泥浆，滚涂前将涂有聚合物胶水溶液的电工胶布贴上，等饰面沙浆收水后揭下胶布）；3 mm 厚色浆罩面，随抹随用辊子滚出各种花纹；待面层干燥后，喷涂有机硅水溶液。

（3）弹涂饰面

弹涂饰面是在墙体表面刷一道聚合物水泥色浆后，用弹涂器分几遍将不同色彩的聚合物水泥色浆弹在已涂刷的涂层上，形成 3～5 mm 大小的扁圆形花点，再喷甲基硅醇钠憎水剂形成的饰面层。

弹涂常用的机具有电动弹涂机和摇手柄驱动弹涂器，如图 11-1-8 和图 11-1-9 所示。

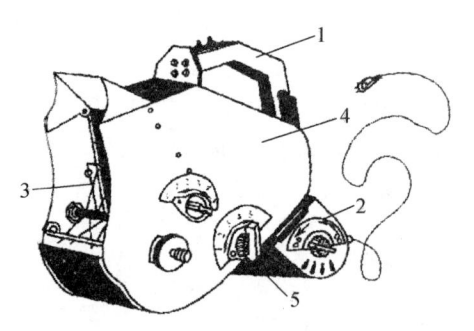
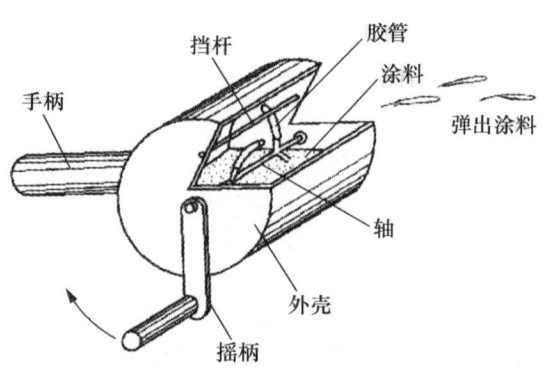

图 11-1-8　8021 型电动彩色弹涂机
1—手柄；2—微电动机；3—弹棒；
4—料斗壳体；5—流量开关

图 11-1-9　摇手柄驱动弹涂器

施工顺序为：基层找平修正或做沙浆底灰→调配色浆刷底色→弹力器做头道色点→弹力器做二道色点→弹力器局部找均匀→树脂罩面防护层。

施工要点为：一般混凝土等表面较为平整的基体，可直接刷底色浆后弹涂（砖墙基体应先用 1∶3 水泥沙浆抹找平层并搓平），基体应干燥、平整、棱角规矩。

弹涂时，先将基层湿润刷（喷）底色浆，然后用弹涂器将色浆弹到墙面上，形成直径为 1～3 mm 大小的图形花点，弹涂面层厚为 2～3 mm，一般 2～3 遍成活，每遍色浆不宜太厚，不得流坠，第一遍应覆盖 60%～80%，最后罩一遍甲基硅醇钠憎水剂。

弹涂应自上而下，从左向右进行。先弹深色浆，后弹浅色浆。

喷涂、滚涂、弹涂饰面层，要求颜色一致，花纹大小均匀，不显接槎。

2. 水刷石

水刷石饰面，是待中层沙浆初凝后，随即抹面层石子浆。石子浆面层稍收水后，用铁抹子拍平压实。待面层石子浆刚开始初凝时（手指按上去不显指痕，用刷子刷表面而石粒不掉时）进行冲刷，用软毛刷蘸水刷掉面层水泥浆，露出石粒。紧跟着用喷雾器由上至下向四周相邻部位喷水。把表面水泥浆冲掉，石子外露约为 1/2 粒径，使石子清晰可见，均匀密布。

3. 干黏石

干黏石又称甩石子，是在水泥沙浆黏结层上，手工或机喷方法把石碴、彩色石子等粘在其上，再拍平压实而成的饰面。干粘石的施工方法有手工干粘石和机喷干粘石两种。要求石子粘牢，石粒的 2/3 应压入黏结层内，不掉粒并且不露浆。底层同水刷石做法。装饰效果与水刷石差不多，但湿作业少，节约原材料（节约水泥 30%～40%、石子 50%），提高工效 30% 左右，但日久经风吹雨打易产生脱粒现象，现已较少采用。

课题二　饰面工程施工

饰面工程是指将块料面层镶贴或安装在墙、柱表面的装饰工程。块料面层的种类分为饰面砖和饰面板两类。

饰面板工程采用的石材有花岗石、大理石、青石板和人造石材；采用的瓷板有抛光和磨边板两种，面积不大于 $1.2\,m^2$，不小于 $0.5\,m^2$；金属饰面板有钢板、铝板等品种；木材饰面板主要用于内墙裙。

陶瓷面砖主要包括釉面瓷砖、外墙面砖、陶瓷锦砖、陶瓷壁画、劈裂砖等；玻璃面砖主要包括玻璃锦砖、彩色玻璃面砖、釉面玻璃等。

一、饰面砖粘贴施工工艺

饰面砖粘贴的构造组成为基层、找平层、结合层和面砖。由于找平层做法亦是一般抹灰沙浆，因此饰面砖的作业条件、基层处理、浇水湿润等施工准备工作与一般抹灰工程基本相同。其找平层做法，仍是找规矩、做灰饼、抹标筋、抹底层灰和中层灰。

1. 内墙饰面砖镶贴施工工艺要点

（1）施工工艺流程

内墙饰面砖一般采用釉面砖，其施工工艺流程为：找平层验收合格→弹线分格→选砖、浸砖→做标准点→预排面砖→垫木托板→铺贴面砖→嵌缝、擦洗。

（2）施工操作要点

① 弹线分格。弹线分格是在找平层上用粉线弹出饰面砖的水平和垂直分格线。弹线前可根据镶贴墙面的长度和高度，以纵、横面砖的皮数划出皮数杆，以此为标准弹线。

弹水平线时，对要求面砖贴到顶棚的墙面，应先弹出顶棚边标高线；对吊顶天棚应弹出其龙骨下边的标高线，按饰面砖上口伸入吊顶线内 25 mm 计算，确定面砖铺贴的上口线。然后按整块饰面砖的尺寸由上向下进行分划。当最下一块面砖的高度小于半块砖时，应重新分划，使最下面一块面砖高度大于半块砖，重新排饰面砖出现的超出尺寸，应伸入到吊顶内。

弹竖向线时，应从墙面阳角或墙面显眼的一侧端部开始，以将不足整块砖模数的面砖贴于阴角或墙面不显眼处。弹线分格示意，如图 11-2-1 所示。

② 选砖、浸砖。为保证镶贴效果，必须在面砖镶贴前按颜色的深浅不同进行挑选，然后按其标准几何尺寸进行分选，分别选出符合标准尺寸、大于或小于标准尺寸三种规格的饰面砖。同一类尺寸的面砖应用于同一层或同一面墙上，以做到接缝均匀一致。分选面砖的同时，亦应挑选阴角条、阳角条、压顶条等配砖。

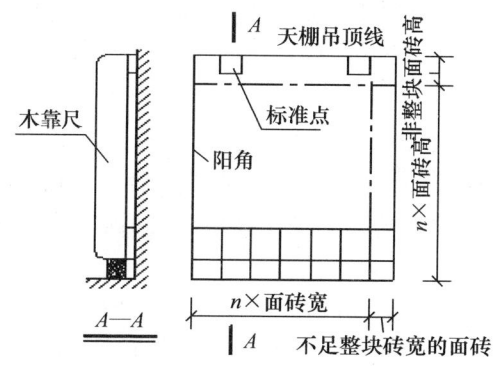

图 11-2-1 饰面砖弹线分格示意图

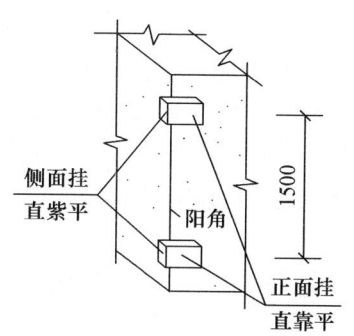

图 11-2-2 标准点双面吊直示意图

釉面砖镶贴前应清扫干净，然后置于清水中充分浸泡，以防干砖镶贴后，吸收沙浆中的水分，致使沙浆结晶硬化不全，造成面砖粘贴不牢或面砖浮滑。一般浸水时间为2～3小时，以水中不冒气泡为止；取出后应阴干6小时左右，以釉面砖表面有潮湿感，手按无水迹为准。

③ 做标准点。为控制整个镶贴釉面砖的平整度，在正式镶贴前应在找平层上做标准点。标准点用废面砖按铺贴厚度，在墙面上、下、左、右用沙浆粘贴，上、下用靠尺吊直，横向用细线拉平，标准点间的间距一般为1500 mm。阳角处正面的标准点，应伸出阳角线之外，并进行双面吊直，如图11-2-2所示。

④ 预排面砖。釉面砖镶贴前应进行预排。预排时以整砖为主，为保证面砖横竖线条的对齐，排砖时可调整砖缝的宽度（1～1.5 mm），且同一墙面上面砖的横竖排列，均不得有一行以上的非整砖。非整砖应排在阴角处或最不显眼的部位。

釉面砖的排列方法有对缝排列和错缝排列两种，如图11-2-3所示。矩形釉面砖宜采用对缝排列；方形釉面砖，可采用错缝排列，采用对缝排列则应调整缝宽。

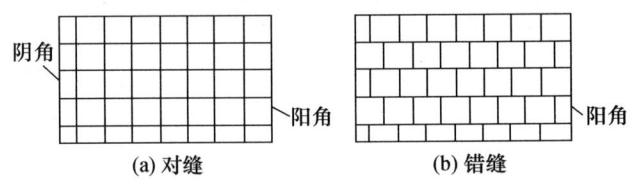

图 11-2-3　内墙面砖排砖示意图

⑤ 垫木托板。以找平层上弹出的最下一皮砖的下口标高线为依据，垫放好木托板以支撑釉面砖，防止釉面砖因自重下滑。木托板上皮应比装饰完的地面低10 mm左右，以便地面压过墙面砖。木托板应安放水平，其下垫点间距应在400 mm以内，以保证木托板稳固。

⑥ 铺贴面砖。面砖结合层沙浆通常有两种：一是水泥沙浆。其体积比为1∶2，另掺水泥重量3%～4%的108胶水。二是素水泥浆。其质量比为：水泥∶108胶水∶水＝100∶5∶26。

面砖铺贴的顺序是：由下向上，从阳角开始沿水平方向逐一铺贴，第一排饰面砖的下口紧靠木托板。镶贴时，先在墙面两端最下皮控制瓷砖上口外表挂线，然后，将结合层水泥沙浆或素水泥浆用铲子满刮在釉面砖背面，四周刮成斜面，结合层厚度为水泥沙浆4～8 mm，素水泥浆3～4 mm。满刮结合层材料的釉面砖按线就位后，用手轻压，然后用橡皮锤或铁铲木柄轻轻敲击，使瓷砖面对其拉线，镶贴牢固。

在镶贴中，应随贴、随敲击、随用靠尺检查面砖的平整度和垂直度。若高出标准砖面，应立即敲砖挤浆；如已形成凹陷（亏灰），必须揭下重新抹灰再贴，严禁从砖边塞沙浆，以免造成空鼓。若饰面砖几何尺寸相差较大，铺贴中应注意调缝，以保证缝隙宽窄一致。

⑦ 嵌缝、擦洗。饰面砖铺贴完毕后，应用棉纱头（不锈钢清洁球）蘸水将面砖擦拭干净。然后用瓷砖填缝剂嵌缝。亦可用与饰面砖同色水泥（彩色面砖应加同色矿物颜料）嵌缝，但效果比填缝剂差。

2. 外墙面砖镶贴施工工艺要点

（1）施工工艺流程

外墙面砖镶贴施工工艺流程为：找平层验收合格→弹线分格→选砖、浸砖→做标准点→预排面砖→铺贴面砖→嵌缝、擦洗。

（2）施工操作要点

外墙面砖镶贴施工中，除预排面砖和弹线分格的方法不同外，其他工艺操作均同内墙面砖。

① 预排面砖。外墙面砖排列方法有错缝、通缝、竖通缝（横密缝）、横通缝（竖密缝）等多种，如图11-2-4所示。密缝缝宽1～3 mm，通缝缝宽4～20 mm。

预排时，应从上向下依层（或1 m）分段；凡阳角部位必须为整砖，且阳角处正立面砖应盖住侧立面砖的厚度，仅柱面阳角处可留成方口；阴角处应使面砖接缝正对阴角线；墙面以整砖为主，除不规则部位外，其他不得裁砖。

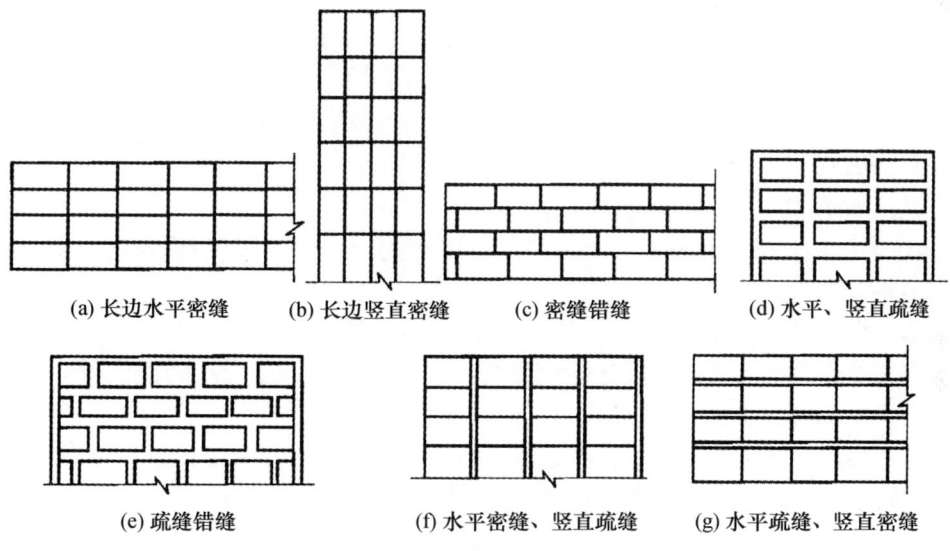

图11-2-4 外墙面砖排砖示意图

② 弹线分格。弹线时，先在外墙阳角处吊钢丝线锤，用经纬仪校核钢丝的垂直度，再用螺栓将钢丝固定在墙上，上下绷紧，作为弹线的基准。以此基准线为度，在整个墙面两端各弹一条垂直线，墙较长时可在墙面中间部位再增设几条垂直线，垂直线间的距离应为面砖宽度的整数倍（包括面砖缝宽），墙面两端的垂直线应距墙阳角（或阴角）为一块面砖宽度。

弹水平线时，应在各分段分界处各弹一条，各水平线间的距离应为面砖高度（包括面砖缝高）的整数倍。

二、石饰面板安装工艺

小规格的饰面板（一般指边长不大于400 mm，安装高度不超过3 m时）通常采用与釉面砖相同的粘贴方法安装。而大规格饰面板则通过采用联结件的固定方式来安装，其安装方法有传统的湿作业法、改进的湿作业法、干挂法和胶黏结法四种。

1. 施工准备

饰面板安装前的施工准备工作,包括放施工大样图、选板与预拼、基层处理。其中,基层处理的方法与一般抹灰相同。

(1) 放施工大样图

饰面板安装前,应根据设计图纸,在实测墙、柱等构件实际尺寸的基础上,按饰面板规格(包括缝宽)确定板块的排列方式,绘出大样详图,作为安装的依据。

(2) 选板与预拼

绘好施工大样详图后,应依其检查饰面板几何尺寸,按饰面板尺寸偏差、纹理、色泽和品种的不同,对板材进行选择和归类。再在地上试拼,校正尺寸且四角套方,以符合大样图要求。

预拼好的板块应编号,一般由下向上进行编排,然后分类立码备用。对有缺陷的板材可采用剔除、改成小规格料、用在阴角、靠近地面不显眼处等方法处理。

2. 湿作业法施工工艺要点

湿作业法亦称为挂贴法,系一种传统的铺贴工艺,适用于厚度为 20～30 mm 的板材。

(1) 施工工艺流程

湿作业法施工工艺流程为:绑扎钢筋网→打眼、开槽、挂丝→安装饰面板→板材临时固定→灌浆→嵌缝与清洁→抛光。

(2) 施工操作要点

① 绑扎钢筋网。绑扎钢筋网是按施工大样图要求的板块横竖距离弹线,再焊接或绑扎安装用的钢筋骨架。

先剔凿出墙、柱内施工时预埋的钢筋,使其裸露于墙、柱外,然后焊接或绑扎 $\phi 6 \sim \phi 8$ mm 竖向钢筋(间距可按饰面石材板宽设置),再电焊或绑扎 $\phi 6$ 的横向钢筋(间距为板高减 80～100 mm),如图 11-2-5 所示。

基层内未预埋钢筋时,绑扎钢筋网之前可在墙面植入 M10～M16 的膨胀螺栓为预埋件,膨胀螺栓的间距为板面宽度;亦可用冲击电钻在基层(砖或混凝土)钻出 $\phi 6 \sim \phi 8$ mm、深度大于 60 mm 的孔,再向孔内打入 $\phi 6 \sim \phi 8$ mm 的短钢筋,短钢筋应外露基层 50 mm 以上并做弯钩,短筋间距为板面宽度。上、下两排膨胀螺栓或短钢筋距离为饰面板高度减去 80～100 mm。再在同一标高的膨胀螺栓或短钢筋上焊接或绑扎水平钢筋,如图 11-2-6 所示。

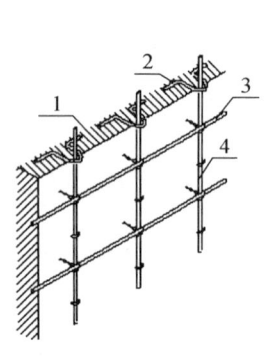

图 11-2-5 墙、柱面绑扎钢筋图
1—墙(柱)基层;2—预埋钢筋;
3—横向钢筋;4—竖向钢筋

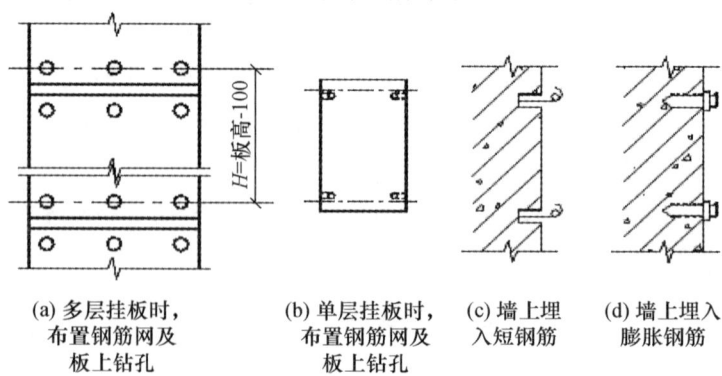

(a) 多层挂板时,布置钢筋网及板上钻孔　(b) 单层挂板时,布置钢筋网及板上钻孔　(c) 墙上埋入短钢筋　(d) 墙上埋入膨胀钢筋

图 11-2-6 绑扎钢筋网构造

② 打眼、开槽、挂丝。安装饰面板前，应于板材上钻孔，常用方法有以下两种。

传统的方法是：将饰面板固定在木支架上，用手电钻在板材侧面上钻孔打眼，孔径 5 mm 左右，孔深 15～20 mm，孔位一般距板材两端 1/4～1/3，且应在位于板厚度中线上垂直钻孔。然后在板背面垂直孔位置，距板边 8～10 mm 钻一水平孔，使水平、垂直孔连通成"牛轭孔"。为便于挂丝，使石材拼缝严密，钻孔后用合金钢錾子在板材侧面垂直孔所在位置剔出 4 mm 小槽，如图 11-2-7 所示。

另一种方法是功效较高的开槽扎丝法。用手把式石材切割机在板材侧面上距离板背面 10～12 mm 位置开 10～15 mm 深度的槽，再在槽两端、板背面位置斜着开两个槽，其间距为 30～40 mm，如图 11-2-8 所示。槽开好后，把铜丝或不锈钢丝（18#或 20#）剪成 300 mm 长，并弯成 U 形，将其套入板背面的横槽内，钢丝或铜丝的两端从两条斜槽穿出并在板背面拧紧扎牢。

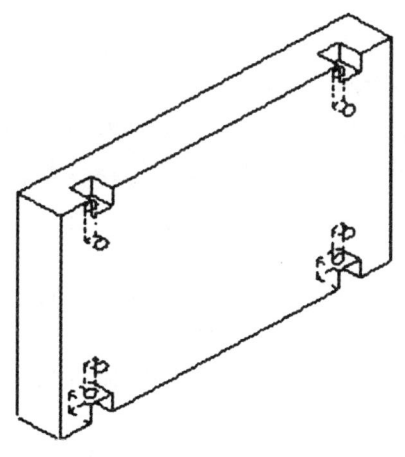

图 11-2-7　板材钻"牛轭孔"示意图

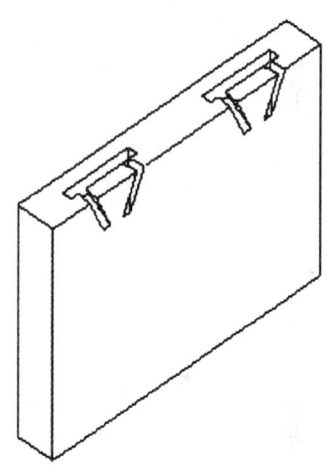

图 11-2-8　饰面板开槽示意图

③ 安装饰面板。饰面板安装顺序一般自下向上进行，墙面每层板块从中间或一边开始，柱面则先从正面开始顺时针进行。

首先弹出第一层板块的安装基线。方法是根据板材排版施工大样图，在考虑板厚、灌浆层厚度和钢筋网绑扎（焊接）所占空间的前提下，用吊线锤的方法将石材板面垂直投影到地面上，作为石材板安装的外轮廓尺寸线。然后弹出第一层板块下沿标高线，如有踢脚板，则应弹好踢脚板上沿线。

安装石材板时，应根据施工大样图的预排编号依次进行。先将最下层板块，按地面轮廓线、墙面标高线就位，若地面未完工，则需用垫块将板垫高至墙面标高线位置。然后使板块上口外仰，把下口用绑丝绑牢于水平钢筋上，再绑扎板块上口绑丝，绑好后用木楔垫稳，随后用靠尺板检查调正后，最后系紧铜丝或不锈钢丝，如图 11-2-9 所示。

最下层板完全就位后，再拉出垂直线和水平线

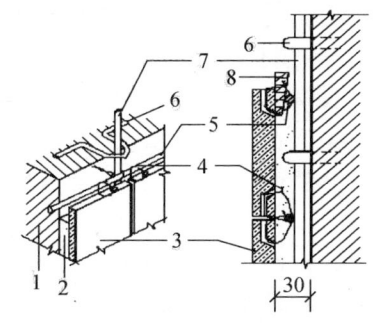

图 11-2-9　饰面板钢筋网片固定及安装方法

1—基体；2—水泥沙浆；3—饰面板；4—铜（钢）丝；5—横向钢筋；6—预埋铁环；7—竖向钢筋；8—定位木楔

来控制安装质量。上口水平线应待以后灌浆完成方可拆除。

④ 板材临时固定。为避免灌浆时板块移位，石板材安装好后，应用石膏对其进行临时固定。

先在石膏中掺入20%的水泥，混合后将其调成浓糊状，在石板材安装好一层后，将其贴于板间缝隙处，石膏固化成一饼后，成为一个个支撑点，就即起到临时固定的作用。糊状石膏浆还应同时将板间缝隙堵严，以防止以后灌浆时板缝漏浆。

板材临时固定后，应用直角尺随时检查其平整度，重点保证板与板的交接处四直角平整，发现问题立即纠偏。

⑤ 灌浆。板材经校正垂直、平整、方正，且临时固定后，即可灌浆。

灌浆一般采用1:3水泥沙浆，稠度80～150 mm，将盛沙浆的小桶提起，然后向板材背面与基体间的缝隙中徐徐注入。注意灌注时不要碰动板块，同时要检查板块是否因漏浆而外移，一旦发现外移应拆下板块重新安装。

因此，灌浆时应均匀地从几处分层灌入，每次灌注高度一般不超过150 mm，最多不超过200 mm。常用规格的板材灌浆一般分三次进行，每次灌浆离板上口50～80 mm处为止（最上一层除外），其余留待上一层板材灌浆时来完成，以使上、下板材连成整体。为防止空鼓，灌浆时可轻轻地钎插捣固沙浆。每层灌注时间要间隔1～2 h，即待下层沙浆初凝后才可灌上一层沙浆。

安装白色或浅色板块，灌浆应用白水泥和白石屑，以防透底而影响美观。

第三次灌浆完毕，沙浆初凝后，应及时清理板块上口余浆，并用棉纱擦净。隔一天再清除上口的木楔和有碍上一层板材安装的石膏，并加强养护和成品保护。

⑥ 嵌缝与清洁。全部板材安装完毕后，应将其表面清理干净，然后按板材颜色调制水泥色浆嵌缝，边嵌边擦干净，使缝隙密实干净，颜色一致。

⑦ 抛光。安装固定后的板材，如面层光泽受到影响需要重新上蜡抛光。方法是擦拭或用高速旋转的帆布擦磨。

3. 改进的湿作业法施工工艺要点

改进的湿作业法是将固定板材的钢丝直接楔紧在墙、柱基层上，所以亦称为楔固定安装法。因其省去了绑扎钢筋网工艺，操作过程亦较为简单，因此应用较广。与传统的湿作业安装法相比，其不同的施工操作要点如下。

（1）板材钻孔

将石材饰面板直立固定于木架上，用手电钻在距板两端1/4处，位于板厚度的中心钻孔，孔径为6 mm，孔深为35～40 mm。

钻孔数量于板材宽度相关。板宽小于500 mm钻垂直孔两个，板宽大于500 mm钻垂直孔三个，板宽大于800 mm钻垂直孔四个。

其后将板材旋转90°固定于木架上，于板材两侧边分别各钻一水平孔，孔位距板下端100 mm，孔径6 mm，孔深35～40 mm。再在板材背面上下孔处剔出7 mm深小槽，以便安装钢丝，如图11-2-10所示。

（2）基层钻斜孔

用冲击钻按板材分块弹线位置，对应于板材上孔及下侧孔位置钻出与板材平面成45°的斜孔，孔径6 mm，孔深40～50 mm。

(3) 板材安装与固定

基层钻孔后，将饰面板安放就位，按板材与基体相距的孔距，用加工好的直径为 5 mm 不锈钢"U"形钉，将其一端勾进石板材直孔内，另一端勾进基体斜孔内，并随即用硬木小楔楔紧，用拉线或靠尺板及水平尺校正板上下口及板面垂直度和平整度，以及与相邻板材接合是否严密，随后将基体斜孔内 U 形钉楔紧。接着将大木楔楔入板材与基体之间，以紧固 U 形钉，如图 11-2-11 所示。最后分层灌浆，清理表面和擦缝等，其方法与传统的湿作业法相同。

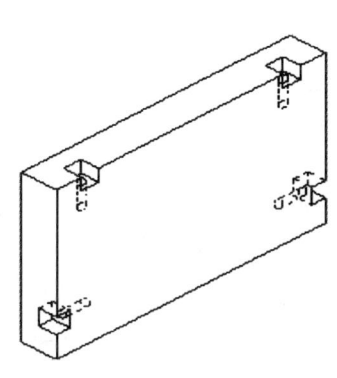

图 11-2-10　改进湿作业法饰面板钻孔示意图

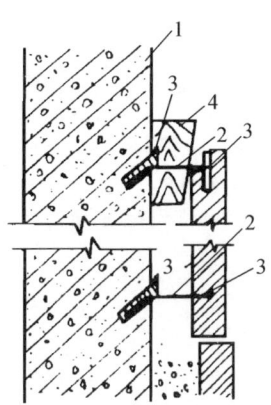

图 11-2-11　石板材用 U 形钉就位固定示意图
1—混凝土墙；2—U 形钉；
3—硬木小楔；4—大木楔块

4. 干作业法施工工艺要点

干作业法亦称为干挂法，系利用高强、耐腐蚀的连接固定件把饰面板挂在建筑物结构的外表面上，中间留出 40～100 mm 空隙。其具有安装精度高、墙面平整、取消沙浆黏结层、减轻建筑的自重、提高施工效率等优点。

干挂法分为有骨架干挂法和无骨架干挂法两种，无骨架干挂法是利用不锈钢连接件将石板材直接固定在结构表面上，如图 11-2-12 所示，此法施工简单，但抗震性能差。有骨架干挂法是先在结构表面安装竖向和横向型钢龙骨，要求横向龙骨安装要水平，然后利用不锈钢连接件将石板材固定在横向龙骨上，如图 11-2-13 所示。

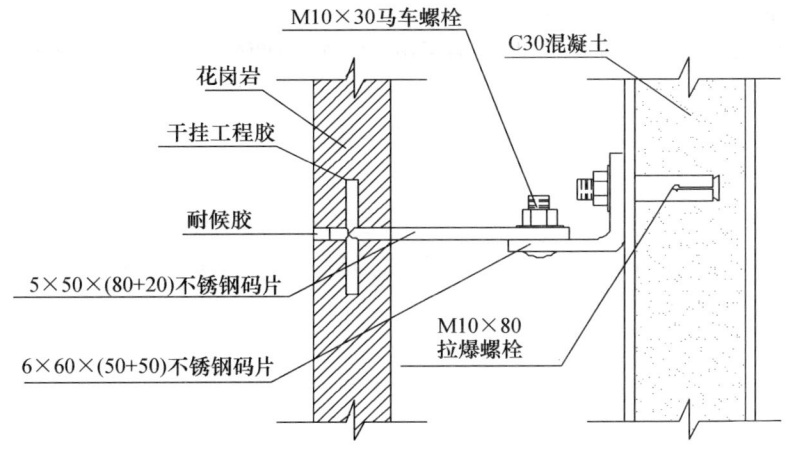

图 11-2-12　无骨架干挂法

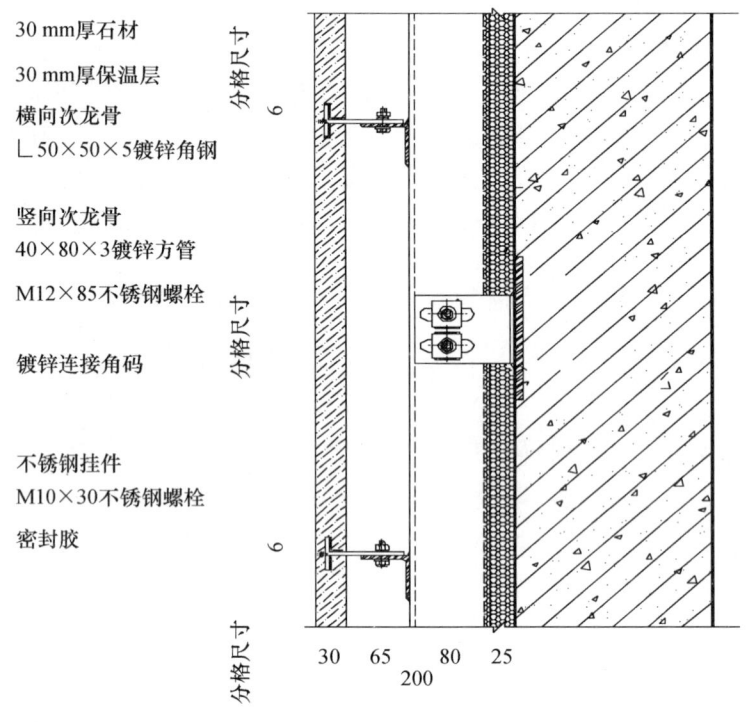

图 11-2-13 有骨架干挂法

此处以无骨架干挂法为例说明其施工工艺要点。

(1) 施工工艺流程

其施工工艺流程为：基层处理→墙面分格弹线→板材钻孔开槽、固定锚固件→安装固定板材→嵌缝。

(2) 施工操作要点

① 墙面分格弹线

墙面分格弹线应根据排板设计要求执行，板与板之间可考虑 1～2 mm 缝隙。弹线时先于基层上引出楼面标高和轴线位置，再由墙中心向两边在墙面上弹出安装板材的水平线和垂直线。

② 板材钻孔开槽、固定锚固件

先在板材的上下端钻孔开槽，孔位距板侧面 80～100 mm，孔深 20～25 mm（一般由厂家加工好）。再在相对于板材的基层墙面上的相应位置钻 $\phi 8\sim 10$ mm 的孔，将不锈钢螺栓一端插入孔中固定好，另一端挂上 L 形连接件（锚固件），如图 11-2-13 所示。

③ 安装固定板材

将饰面板材就位、对正、找平，确定无误后，把连接件上的不锈钢针插入到板材的预留连接孔中，调整连接件和钢针位置，当确定板材位置正确无误即可固紧 L 形连接件。然后用环氧树脂或水泥麻丝纤维浆填塞连接插孔或其周边。

④ 嵌缝

干挂法工艺由于取消了灌浆，因此为避免板缝渗水，板缝间应采用密封胶嵌缝。嵌缝时先在缝内塞入泡沫塑料圆条，然后填嵌密封胶。嵌缝前，饰面板周边应粘贴防污条，防止嵌缝时污染饰面板；密封胶嵌填要饱满密实，光滑平顺，其颜色应与石材颜色一致。

5. 胶黏结法施工工艺要点

小规格石材板安装，石材板与木结构基层的安装，亦可采用环氧树脂胶黏结的方法进行。环氧树脂黏结剂的配合比如表 11-2-1 所示。

表 11-2-1 环氧树脂黏结剂配合比

黏结剂名称	质量配合比/（%）	黏结剂名称	质量配合比/（%）
环氧树脂	100	邻苯二甲酸二丁酯	20
乙二胺	6~8	颜料	适量

（1）施工工艺流程

胶黏结法施工工艺流程为：基层处理→弹线、分格→选板、预排→黏结→清洁。

（2）施工操作要点

板材胶黏结法中的弹线、分格，选板、预排等工艺同湿作业法。

① 基层处理要求。黏结法施工中，基层处理的主要要求是基层的平整度。基层应平整但不应压光，其平整控制标准为：表面平整偏差、阴阳角垂直偏差及立面垂直偏差均为 ±2 mm。

② 黏结。先将黏结剂分别刷抹在墙、柱面和板块背面上，刷胶应均匀、饱满，黏结剂用量以粘牢为原则，再准确地将板块粘贴于基层上。随即挤紧、找平、找正，并进行顶、卡固定。对于挤出缝外的黏胶应随时清除。对板块安装后的不平、不直现象，可用扁而薄的木楔作调整，木楔应涂胶后再插入。

③ 清洁。一般粘贴 2 天后，可拆除顶、卡支撑，同时检查接缝处黏结情况，必要时进行勾缝处理，多余的黏胶应清除干净，并用棉纱将板面擦净。

三、金属饰面板安装工艺

金属饰面板一般采用铝合金板、彩色压型钢板和不锈钢钢板。用于内、外墙面、屋面、顶棚等。亦可与玻璃幕墙或大玻璃窗配套应用，以及在建筑物四周的转角部位、玻璃幕墙的伸缩缝、水平部位的压顶等配套应用。

目前生产金属饰面板的厂家较多，各厂的节点构造及安装方法存在一定差异，安装时应仔细了解。本节仅以彩色压型钢板施工介绍其中一种做法。

彩色压型钢板复合墙板，系以波形彩色压型钢板为面板，以聚苯乙烯泡沫板、聚氨酯泡沫塑料、玻璃棉板、岩棉板等轻质保温材料为芯层，经复合而成的轻质保温板材，适用于建筑物外墙装饰。

彩色压型钢板复合墙板施工工艺及操作要点如下。

（1）施工工艺流程

彩色压型钢板复合墙板的施工工艺流程为：预埋连接件→立墙筋→安装墙板→板缝处理。

（2）施工操作要点

① 预埋连接件。在砖墙中可预埋带有螺栓的预制混凝土块或木砖。在混凝土墙中可预埋 $\phi 8~10$ mm 的钢筋套扣螺栓，亦可埋入带锚筋的铁板。所有预埋件的间距应与墙筋间距一致。

② 立墙筋。在待立墙筋表面上拉水平线、垂直线，确定预埋件的位置。墙筋材料可

采用等边角钢∟30 mm×3 mm、槽钢［25 mm×12 mm×14 mm、木条30 mm×50 mm。竖向墙筋间距为900 mm，横向墙筋间距为500 mm。竖向布板时，可不设竖向墙筋；横向布板时，可不设横向墙筋，而将墙筋间距缩小到500 mm。施工时，要保证墙筋与预埋件连接牢固，连接方法可采用铁钉钉结、螺栓固定和焊接等。在墙角、窗口等部位，必须设墙筋，以免端部板悬空。墙筋、预埋件应进行防腐、防火和防锈处理，以增加其耐久性。

墙筋布设完后，应在墙筋骨架上根据墙板生产厂家提供的安装节点设置连接件或吊挂件。

③ 安装墙板。安装墙板应根据设计节点详图进行，安装前，要检查墙筋位置，计算板材及缝隙宽度，进行排板、画线定位。

要特别注意异形板的使用。门窗洞口、管道穿墙及墙面端头处，墙板均为异形板；压型板墙转角处，均用槽形转角板进行外包角和内包角，转角板用螺栓固定；女儿墙顶部、门窗周围均设防雨防水板，防水板与墙板的接缝处，应用防水油膏嵌缝。使用异形板可以简化施工，改善防水效果。

墙板与墙筋用铁钉、螺钉和木卡条连接。复合板安装是用吊挂件把板材挂在墙身骨架上，在把吊挂件与骨架焊牢，小型板材亦可用钩形螺栓固定。安装板的顺序是按节点连接做法，沿一个方向进行。

④ 板缝处理。通常彩色压型钢板在加工时其形状已考虑了防水要求，但若遇材料弯曲、接缝处高低不平，其防水性能可能丧失。因此，应在板缝中填塞防水材料，亦可用超细玻璃棉塞缝，再用自攻螺钉钉牢，钉距为200 mm。

课题三　门窗工程施工

一、铝合金门窗安装

（一）工艺流程

铝合金门窗安装工艺流程为：弹线找规矩→门窗洞口处理→防腐处理及埋设连接铁件→铝合金门窗拆包、检查→就位和临时固定→门窗固定→铝合金门窗扇安装→门窗口四周堵缝、密封嵌缝→清理→安装五金配件→安装门窗纱扇密封条。

（二）安装要点

先安装铝合金门、窗框，后安装门窗扇，用后塞口方法安装。其安装要点如下：

1. 弹线找规矩

在最顶层找出外门窗口边线，用大线锤将门窗边线下引，并在每层门窗1∶1处画线标记，对个别不直的口边应处理。高层建筑宜用经纬仪找垂直线。水平位置应以+50 cm水平线为准，往上反，量出窗下皮标高，弹线找直，每层窗下皮（若标高相同）则应在同一水平线上。

2. 门窗洞口处理

根据对墙大样图集窗台板的宽度，确定铝合金门窗在墙厚方向的安装位置，如外墙厚度有偏差时。原则上应以同一房间窗台板外露尺寸一致为准。窗台板应深入铝合金窗下5 mm为宜。

3. 防腐处理及埋设连接铁件

门窗框两侧的防腐处理应按设计要求进行，如设计无要求时，可涂刷防腐材料。如橡胶型防腐涂料或聚丙烯树脂保护装饰膜，也可粘贴塑料膜进行保护，避免填缝水泥沙浆直接与铝合金门窗表面接触，铝合金门窗安装时若采用连接铁件固定，铁件应进行防腐处理，连接件最好选用不锈钢。

4. 就位和临时固定

根据位置线安装，并将其吊直找正后用木楔临时固定。固定有两种方法，一种用 $\phi 6$ 钢筋打入钻好的孔中，另一种是与预埋件连接固定方式焊接。预埋件常用的连接固定方式有预留洞燕尾铁脚连接、射钉连接、预埋木砖连续、膨胀螺钉连接、预埋铁件焊接连接等，如图11-3-1所示。

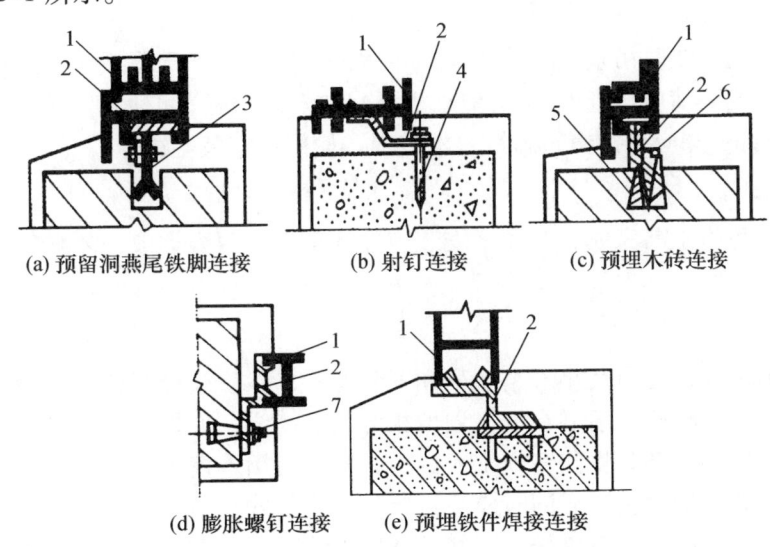

图 11-3-1　铝合金门窗框与墙体连接方式

1—门窗框；2—连接铁件；3—燕尾铁脚；4—射（钢）钉；5—木砖；6—木螺钉；7—膨胀螺钉

5. 缝隙处理

门窗框与洞口间填缝，门窗框安装固定后，应按设计要求及时处理门窗框与墙体之间的缝隙。若设计为规定具体堵塞材料时，应用矿棉或玻璃棉毡分层填塞缝隙，外表面留 5～8 mm 深槽口，槽内填嵌油膏或在门窗两侧作防腐处理后填 1∶2 水泥沙浆，如图 11-3-2 所示。

6. 门窗扇安装

门窗扇的安装，应在土建施工基本完成后进行。要求框扇的立面应在同一平面内，窗扇就位准确，启闭灵活。

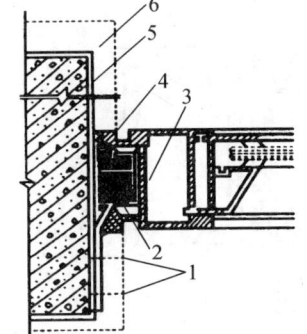

图 11-3-2　门窗框与洞口间填缝

1—膨胀螺栓；2—软质填充料；3—自攻螺钉；4—密封膏；5—第一遍抹灰；6—最后一遍抹灰

7. 清理

铝合金门、窗交工前，应将型材表面的保护胶纸撕掉，如有胶迹，可用香蕉水清理干净，擦净玻璃。

二、木门窗安装

木门窗的安装一般有立框安装和塞框安装两种方法。下面介绍塞框安装工艺。

（一）工艺流程

木门窗安装工艺流程为：找规矩弹线，找出门窗框安装位置→立门窗框→门窗扇安装。

（二）安装要点

1. 找规矩弹线

从顶层开始用大线坠吊垂直，检查窗口位置的准确度，弹出墨线，结构凸出窗框线时进行剔凿处理。安装前应核查安装的高度，门框应按图纸位置和标高安装，每块木砖应钉2个10 cm长的钉子并应将钉帽砸扁钉入木砖内，使门窗安装牢固。

2. 立门窗框

应在地面工程施工前完成，门窗框安装应保证牢固，门窗框应与木砖钉牢，一般每边不少于2点固定，间距不大于1.2 m。

3. 门窗扇的安装

先确定门窗的开启方向及小五金型号和安装位置，然后检查门窗口是否尺寸正确、边角方正，有无窜角。将门窗扇靠在框上划出相应的尺寸线，如果扇大，则应根据框的尺寸将其刨去，扇小应绑木条。将门窗扇塞入口内，塞好后用木楔顶住临时固定。然后划第二次修刨线，标上合页槽的位置。同时应注意口与扇安装的平整。第二次修好后即可安装合页。按要求剔出合页槽，然后先拧一个螺丝，检查缝隙是否合适，口与扇是否平整，无问题后方可将螺丝全部拧上拧紧。如安装对开扇，应将门窗扇的宽度用尺量好再确定中间对口缝的裁口深度。五金安装应按设计图纸要求，不得遗漏。

4. 玻璃安装

清理门窗裁口，沿裁口均匀涂抹1～3 mm的底灰，用手轻压玻璃使油灰部分挤出，待油灰初凝后，刮平底灰用小圆钉固定玻璃，钉距200 mm，最后，抹表面油灰。

（三）塑料门窗的安装

塑料门窗及其附件应符合国家标准，不得有开焊、断裂等损坏现象，应远离热源。

塑料门窗框子连接时，先把连接件与框子成45°放入框子背面燕尾槽口内，然后顺时针方向把连接件扳成直角，最后旋进 $\phi 4 \times 15$ 自攻螺钉固定，如图11-3-3所示，严禁锤击框子。

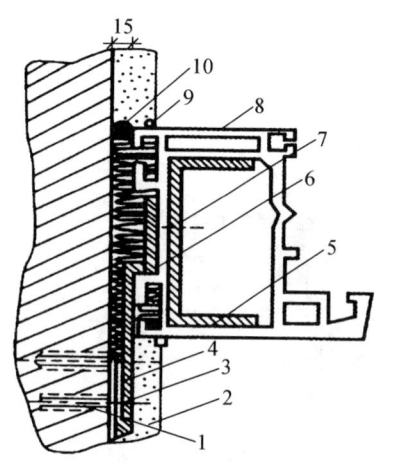

图 11-3-3 塑料门窗框装连接件
1—膨胀螺栓；2—抹灰层；3—螺丝钉；
4—密封胶；5—加强筋；6—连接件；
7—自攻螺钉；8—硬PVC窗框；
9—密封膏；10—保温气密材料

门窗框和墙体连接采用膨胀螺栓固定连接件，一只连接件不少于2只螺钉。

塑料门窗安装应采用后塞口施工，不得先立口后搞结构施工。

塑料门窗安装施工要点如下。

（1）按图纸尺寸放线。

（2）安装塑料门窗框上铁脚。

（3）安装塑料门窗框，用木楔临时固定，检查校正后，用膨胀螺栓将铁脚与结构固定好。

（4）嵌缝：用沥青麻丝或泡沫塑料填实后再用密封胶封闭。

（5）门窗扇、附件安装：安装时应先用电钻钻孔，再用自攻螺钉拧入。

课题四 楼地面工程施工

建筑楼地面是建筑物底层地面（地面）和楼层地面（楼面）的总称。它主要由基层、找平层、填充层、隔离层面层等构造层次组成。根据生产、工作、生活特点和不同的使用要求做成整体面层、板块面层和竹木面层等。

一、整体面层施工

（一）水泥沙浆地面施工

1. 施工工艺流程

基层处理→找标高、弹线→洒水湿润→抹灰饼和标筋→刷水泥浆结合层→铺水泥沙浆面层→木抹子搓平→铁抹子压第一遍→第二遍压光→第三遍压光→养护。

2. 施工要点

（1）基层处理：先将基层上的灰尘扫掉，用钢丝刷和錾子刷净、剔掉灰浆皮和灰渣层，用10%的火碱水溶液刷掉基层上的油污，并用清水及时将碱液冲净。

（2）找标高弹线：根据墙上的+50 cm水平线，往下量测出面层标高，并弹在墙上。

（3）洒水湿润：用喷壶将地面基层均匀洒水一遍。

（4）抹灰饼和标筋（或称冲筋）：根据房间内四周墙上弹的面层标高水平线，确定面层抹灰厚度（不应小于20 mm），然后拉水平线开始抹灰饼（5 cm×5 cm），横竖间距为1.5~2.0 m，灰饼上平面即为地面面层标高。

如果房间较大，为保证整体面层平整度，还须抹标筋（或称冲筋），将水泥沙浆铺在灰饼之间，宽度与灰饼宽相同，用木抹子拍抹成与灰饼上表面相平一致。

铺抹灰饼和标筋的沙浆材料配合比均与抹地面的沙浆相同。

（5）刷水泥浆结合层：在铺设水泥沙浆之前，应涂刷水泥浆一层，其水灰比为0.4~0.5（涂刷之前要将抹灰饼的余灰清扫干净；再洒水湿润），不要涂刷面积过大，随刷随铺面层沙浆。

（6）铺水泥沙浆面层：涂刷水泥浆之后紧跟着铺水泥沙浆，在灰饼之间（或标筋之间）将沙浆铺均匀，然后用木刮杠按灰饼（或标筋）高度刮平。铺沙浆时如果灰饼（或标筋）已硬化，木刮杠刮平后，同时将利用过的灰饼（或标筋）敲掉，并用沙浆填平。

（7）木抹子搓平：木刮杠刮平后，立即用木抹子搓平，从内向外退着操作，并随时用

2 m 靠尺检查其平整度。

（8）铁抹子压第一遍：木抹子抹平后，立即用铁抹子压第一遍，直到出浆为止，如果沙浆过稀表面有泌水现象时，可均匀撒一遍干水泥和沙（1∶1）的拌和料（沙子要过 3 mm 筛），再用木抹子用力抹压，使干拌料与沙浆紧密结合为一体，吸水后用铁抹子压平。上述操作均在水泥沙浆初凝之前完成。

（9）第二遍压光：面层沙浆初凝后，人踩上去，有脚印但不下陷时，用铁抹子压第二遍，边抹压边把坑凹处填平，要求不漏压，表面压平、压光。

（10）第三遍压光：在水泥沙浆终凝前进行第三遍压光（人踩上去稍有脚印），铁抹子抹上去不再有抹纹时，用铁抹子把第二遍抹压时留下的全部抹纹压平、压实、压光（必须在终凝前完成）。

（11）养护：地面压光完工后 24 h，铺锯末或其他材料覆盖洒水养护，保持湿润，养护时间不少于 7 d，当抗压强度达 5 MPa 才能上人。

（12）抹踢脚板：根据设计图纸规定墙基体有抹灰时，踢脚板的底层沙浆和面层沙浆分两次抹成。墙基体不抹灰时，踢脚板只抹面层沙浆。

① 踢脚板抹底层水泥沙浆：清洗基层，洒水湿润后，按 50 cm 标高线向下量测踢脚板上口标高，吊垂直线确定踢脚板抹灰厚度，然后拉通线、套方、贴灰饼、抹 1∶3 水泥沙浆，用刮尺刮平、搓平整，扫毛浇水养护。

② 抹面层沙浆：底层沙浆抹好，硬化后，上口拉线贴紧靠尺，抹 1∶2 水泥沙浆，用灰板托灰，木抹子往上抹灰，再用刮尺板紧贴靠尺垂直地面刮平，用铁抹子压光，阴阳角、踢脚板上口用角抹子溜直压光。

（二）细石混凝土楼地面施工

细石混凝土面层其工艺流程基本同水泥沙浆面层，不同点在于面层细石混凝土铺设：将搅拌好的细石混凝土铺抹到地面基层上（水泥浆结合层要随刷随铺），紧接着用 2 m 长刮杠顺着标筋刮平，然后用滚筒（常用的为直径 20 cm，长度 60 cm 的混凝土或铁制滚筒，厚度较厚时应用平板振动器）往返、纵横滚压，如有凹处用同配合比混凝土填平，直到面层出现泌水现象，撒一层干拌水泥沙（1∶1＝水泥∶沙）拌和料，要撒匀（沙要过 3 mm 筛），再用 2 m 长刮杠刮平（操作时均要从房间内往外退着走）。当面层灰面吸水后，用木抹子用力搓打、抹平，将干水泥沙拌和料与细石混凝土的浆混合，使面层达到结合紧密，随后按水泥沙浆面层要求进行三遍压光。

（三）水磨石地面施工

1. 工艺流程

水磨石地面施工工艺流程为：基层处理→找标高→弹水平线→铺抹找平层沙浆→养护→弹分格线→镶分格条→拌制水磨石拌和料→涂刷水泥浆结合层→铺水磨石拌和料→滚压、抹平→试磨→粗磨→细磨→磨光→草酸清洗→打蜡上光。

2. 施工要点

（1）基层处理、找标高弹水平线：与水泥沙浆地面同。

（2）抹找平层沙浆：根据墙上弹出的水平线，留出面层厚度（约 10～15 mm 厚），抹

1∶3水泥沙浆找平层,其方法同水泥沙浆地面。用2 m长刮杠以标筋为标准进行刮平,再用木抹子搓平。

(3) 养护:抹好找平层沙浆后养护24 h,待抗压强度达到1.2 MPa,方可进行下道工序施工。

(4) 弹分格线:根据设计要求的分格尺寸,一般采用1 m×1 m。在房间中部弹十字线,计算好周边的镶边宽度后,以十字线为准可弹分格线。如果设计有图案要求时,应按设计要求弹出清晰的线条。

(5) 镶分格条:用小铁抹子抹稠水泥浆将分格条固定住(分格条安在分格线上),抹成30°八字形,高度应低于分格条条顶3 mm,分格条应平直、牢固、接头严密,不得有缝隙,作为铺设面层的标志。另外在粘贴分格条时,在分格条十字交叉接头处,为了使拌和料填塞饱满,在距交点40~50 mm内不抹水泥浆。采用铜条时,应预先在两端头下部1/3处打眼,穿入22号铁丝,锚固于下口八字角水泥浆内。镶条后12 h后开始浇水养护,最少2 d,一般洒水养护3~4 d,在此期间房间应封闭,禁止各工序进行。

(6) 拌制水磨石拌和料(或称石碴浆)。

① 拌和料的体积比宜采用1∶1.5~1∶2.5(水泥∶石粒),要求配合比准确,拌和均匀。

② 使用彩色水磨石拌和料,除彩色石粒外,还可加入耐光耐碱的矿物颜料,其掺入量为水泥重量的3%~6%,普通水泥与颜料配合比、彩色石子与普通石子配合比,在施工前都须经试验室试验后确定。同一彩色水磨石面层应使用同厂、同批颜料。在拌制前应根据整个地面所需的用量,将水泥和所需颜料一次统一配好、配足。配料时不仅用铁铲拌和,还要用筛子筛匀后,用包装袋装起来存放在干燥的室内,避免受潮。彩色石粒与普通石粒拌和均匀后,集中储存待用。

③ 各种拌和料在使用前加水拌和均匀,稠度约6 cm。

(7) 涂刷水泥浆结合层:先用清水将找平层洒水湿润,涂刷与面层颜色相同的水泥浆结合层,其水灰比宜为0.4~0.5,要刷均匀,亦可在水泥浆内掺加胶黏剂,要随刷随铺拌和料,不得刷的面积过大,防止浆层风干导致面层空鼓。

(8) 铺设水磨石拌和料。

① 水磨石拌和料的面层厚度,除有特殊要求的以外,宜为12~18 mm,并应按石料粒径确定。铺设时将搅拌均匀的拌和料先铺抹分格条边,后铺入分格条方框中间,用铁抹子由中间向边角推进,在分格条两边及交角处特别注意压实抹平,随抹随用直尺进行平度检查。如局部地面铺设过高时,应用铁抹子将其挖去一部分,再将周围的水泥石子浆拍挤抹平(不得用刮杠刮平)。

② 几种颜色的水磨石拌和料不可同时铺抹,要先铺抹深色的,后铺抹浅色的,待前一种凝固后,再铺后一种(因为深颜色的掺矿物颜料多,强度增长慢,影响机磨效果)。

(9) 滚压、抹平:用滚筒液压前,先用铁抹子或木抹子在分格条两边宽约10 cm范围内轻轻拍实(避免将分格条挤移位)。滚压时用力要均匀(要随时清掉黏在滚筒上的石碴),应从横竖两个方向轮换进行,达到表面平整密实、出浆石粒均匀为止。待石粒浆稍收水后,再用铁抹子将浆抹平、压实,如发现石粒不均匀之处,应补石粒浆再用铁抹子拍平、压实。24 h后浇水养护。

(10) 试磨:一般根据气温情况确定养护天数,温度在20~30℃时2~3 d即可开始机磨,过早开磨石粒易松动;过迟造成磨光困难。所以需进行试磨,以面层不掉石粒为准。

(11) 粗磨:第一遍用60～90号粗金刚石磨,使磨石机机头在地面上走横"8"字形,边磨边加水(如磨石面层养护时间太长,可加细沙,加快机磨速度),随时清扫水泥浆,并用靠尺检查平整度,直至表面磨平、磨匀,分格条和石粒全部露出(边角处用人工磨成同样效果),用水清洗晾干,然后用较浓的水泥浆(如掺有颜料的面层,应用同样掺有颜料配合比的水泥浆)擦一遍,特别是面层的洞眼小孔隙要填实抹平,脱落的石粒应补齐。浇水养护2～3 d。

(12) 细磨:第二遍用90～120号金刚石磨,要求磨至表面光滑为止。然后用清水冲净,满擦第二遍水泥浆,仍注意小孔隙要细致擦严密,然后养护2～3 d。

(13) 磨光:第三遍用200号细金刚石磨,磨至表面石子显露均匀,无缺石粒现象,平整、光滑、无孔隙为度。

普通水磨石面层磨光遍数不应少于三遍,高级水磨石面层的厚度和磨光遍数及油石规格应根据设计确定。

(14) 草酸擦洗:为了取得打蜡后显著的效果,在打蜡前磨石面层要进行一次适量限度的酸洗,一般均用草酸进行擦洗,使用时,先用水加草酸混合成约10%浓度的溶液,用扫帚蘸后洒在地面上,再用油石轻轻磨一遍;磨出水泥及石粒本色,再用水冲洗软布擦干。此道操作必须在各工种完工后才能进行,经酸洗后的面层不得再受污染。

(15) 打蜡上光:将蜡包在薄布内,在面层上薄薄涂一层,待干后用钉有帆布或麻布的木块代替油石,装在磨石机上研磨,用同样方法再打第二遍蜡,直到光滑洁亮为止。

二、板块面层施工

(一) 大理石、花岗石地面施工

1. 工艺流程

大理石、花岗石地面施工工艺流程为:弹中心线→试拼试排→刮素水泥浆→铺放标准板块→铺沙浆→铺饰面板材→灌浆、擦缝→养生保护打蜡。

2. 施工要点

(1) 弹中心线:在房间四周墙上排尺取中,然后依据中点在地面垫层上弹出十字中心线,用以检查和控制饰面板材的位置,并将底线引至墙面根部。

(2) 试拼试排:按设计要求有彩色图案的地面,铺前应进行试拼,调整颜色、花纹、使之协调美观。试拼后,逐块编号,然后按顺序堆放整齐。依设计或现场所定留缝方案,在地面的纵横方向,将饰面板材各铺一条,以便检查板块之间的缝隙,并核定对板块与墙面、柱根、洞口等的相对位置,找出二次加工尺寸和部位,以便画线加工。

(3) 刮素水泥浆:镶铺前必须将混凝土垫层清扫干净,再洒水湿润(不留明水),均匀地刮素水泥浆一道。素水泥浆水灰比为0.4～0.5,掺4%～5% 108胶。

(4) 铺放标准板块:安放标准板块是控制整个房间水平标高的标准和横缝的依据,在十字线交叉点处最中间安放,如十字中心线为中缝,可在十字线交叉点对角线安放2块标准块,也有的在房间四角各放一块标准块的做法,以利拉通线控制地面标高,标准块应用水平尺和角尺校正,并拉通纵横地面标高线铺贴。

(5) 铺沙浆:根据标准块定出的地面结合层厚度,拉通线铺结合层沙浆,每铺一片板材抹一块干硬性水泥沙浆，一般为体积比1∶3，稠度以手攥成团不松散为宜。用靠尺以水平线为准刮平后再用木抹子拍实搓平即可铺板材。

（6）铺饰面板材：一般先由房间中部往两侧退步法铺贴。凡有柱子的大厅，宜先铺柱与柱中间部分，然后向两边展开。也可先在沿墙处两侧按弹线和地面标高线先铺一行饰面板材，以此板作为标筋两侧挂线，中间铺设则以此线为准。

安放饰面板材时，应将板的四角同时往下落，用橡皮锤或木锤轻轻敲击（用木锤不得直接敲击大理石板），用水平尺与邻接板找平。如发现空膨现象，应将大理石板用小铁铲撬开掀起，用胶浆补实再行镶铺。

对饰面板有光滑的背面，镶铺前应将板块背面预先湿润，控制无明水，在干硬性水泥沙浆结合层上试铺合适后，再翻开饰面板，均匀抹上一层2～3 mm厚加胶水泥浆（水灰比为0.45，掺加水重10%的108胶），刮平，随后按前述铺法正式镶铺。

当遇有与其他地面材料或有管沟、检查井、洞、变形缝等处相接时，其相接有镶边设置，应按设计要求执行。如设计无要求时，应采用下列方法。

① 在有强烈机械作用下的混凝土、水泥沙浆、水磨石、钢屑水泥面层与其他类型的面层相邻处，应设置镶边角钢。

② 对有木板、拼花木板、塑料板和硬质纤维板面层，应用同类材料镶边。

③ 当与管沟、孔洞、检查井、变形缝等邻接处，应设置镶边。镶边的构件，应在铺设面层前装设。

（7）灌浆、擦缝：镶铺后1～2昼夜进行灌浆和擦缝。根据饰面板的不同颜色，将配制好的1∶1彩色水泥胶浆，用浆壶徐徐压入缝内（也可先灌板缝高的2/3水泥沙浆再灌表面色浆）。灌浆1～2天后，用破布或纱团蘸厚浆擦缝，使之与地面一平，并将地面上的残留水泥浆擦净，也可用干锯末擦净擦亮。

（8）养生保护打蜡：当沙浆强度达到强度后（抗压强度达到1.2 MPa时），再清洗打蜡，使面层达到光滑洁亮。已铺好的地面应用胶合板或塑料薄膜保护，2天内不得上人或堆置物件。

（二）陶瓷地面砖施工

1. 施工工艺流程

陶瓷地面砖施工工艺流程为：基层处理→做冲筋→抹找平层→规方、弹线、拉线→铺贴地砖→拨缝、调整→勾缝→养护。

2. 施工要点

做冲筋前面部分工序与水泥沙浆地面同。

（1）抹找平层：用1∶3或1∶4的水泥沙浆，根据冲筋的标高填沙浆至比标筋稍高一些，然后拍实，再用小刮尺刮平，使展平的沙浆与冲筋找齐，用大木杠横竖检查其平整度，并检查标高及泛水是否符合要求，然后用木抹子搓毛，并画出均匀的一道道梳子式痕迹，以便确保与黏结层的牢固结合。24 h后浇水养护找平层。

（2）规方、弹线、拉线：在房间纵横两个方向排好尺寸，将缝宽按设计要求计算在内，如缝宽设计无要求，一般为2 mm。当尺寸不足整砖的倍数时，可用切砖机切割成半块用于边角处；尺寸相差较小时，可用调整砖缝方法来解决。根据确定后的砖数和缝宽，先在房间中部弹十字线，然后弹纵横控制线，每隔2～4块砖弹一根控制线或在房间四周贴标砖，以便拉线控制方正和平整度。

（3）铺贴地砖：先在找平层浇水泥素浆，并扫平，面积应控制在边铺砖、边浇灰、分块进行。砖背面抹满、抹匀1∶2.5或1∶2的黏结沙浆，厚度为10～15 mm。按照纵横控制线将抹好沙浆的地砖，准确地铺贴在浇好水泥素浆的找平层上，砖的上棱要跟线找平，随时注意横平竖直。用木拍板或木锤（橡皮锤）敲实，找平，要经常用八字尺侧口检查砖面平整度，贴得不实或低于水平控制线高度的要抠出，补浆重贴，再压平敲实。

（4）勾缝：在地砖铺贴1～2 d后，先清除砖缝灰土，按设计要求配制1∶1水泥沙浆或纯水泥浆勾缝或擦缝，沙子要过筛。勾缝要密实，缝内要平整光滑。如设计不留缝隙，接缝也要纵横平直，在拍平修理好的砖面上，撒干水泥面，用水壶浇水，用扫帚将水泥扫入缝内灌满，并及时用木拍板拍振，将水泥浆灌实挤平，最后用干锯末扫净，在水泥沙浆凝固后用抹布、棉纱或擦锅球（金属丝绒）彻底擦净水泥痕迹，清洁瓷砖地面。

（5）养护：地砖铺完后，应在常温下48 h盖锯末浇水养护3～4 d。养护期间不得上人，直至达到强度后，以免影响铺贴质量。

三、木（竹）面层施工

木（竹）面层包括实木地板面层、实木复合地板面层、中密度（强化）复合地板面层、竹地板面层等（包括免刨免漆类）等。

（一）实木地板施工

实木地板一般包括素板和漆板，实木地板的铺设可做成单层或双层。

单层铺设木地板方式主要适用于中、长地板。地板平铺固定在木搁栅上，使用带螺旋状的专用地板钉，同时每块地板之间的企口必须拼紧不留缝隙，但也必须注意铺装时环境的湿度，环境的湿度大时，打钉铺板时手感要轻些，环境的湿度小时，即反之。铺装时切忌在每块地板的企口之间涂胶后再拼紧，这样会破坏地板的自然应力，而使地板裂缝。另外，地板铺至房间的周边应自然地留下10 mm左右的伸缩缝，以适应地板热胀冷缩之变化。

双层铺设木地板方式适用于各种地板的铺设。在木框架或木搁栅上铺一层毛地板，毛地板用杉木、松木制作，在毛板下铺油毡或油纸一层，最后上面再铺钉企口地板或拼花地板。

1. 施工工艺流程

施工工艺流程为：基层清理→弹线、找平→安装木框架或木搁栅（刷防潮剂）→钉毛地板→找平（刨平）→弹线→铺钉企口或拼花地板→刨光→打磨→钉踢脚板→油漆→打蜡。

2. 施工要点

（1）基层清理：清理地板基面上的杂物、沙浆，地坪必须干燥无杂物，住宅底层的水泥地坪应做好防潮处理。

（2）弹线、找平：按水平标高线弹设地板面设计标高。根据地板的长度规格和铺设地板面层的图案确定地板木搁栅的间距（一般在250～300 mm之间），然后在已做好防潮处理的水泥基面上放线确定地板木搁栅的位置。如设计无规定时长条地板应按光线和行走方向定位。

（3）防腐处理：选择和加工木搁栅并做防腐处理。木搁栅和垫木的树种应采用握钉力较强的落叶松，或花旗松、马尾松等，切忌选用握钉力较差的白松、杉木等，规格一般为 30 mm×50 mm，木搁栅含水率不应高于 14%，在已加工好的木搁栅四面刷防腐剂（刷沥青油）。

（4）木搁栅的固定和安装：木搁栅应与墙面留出 10～20 mm 空隙，固定连接件的间距一般不得超过 40 cm，木搁栅之间空腔内应填充干焦渣、蛭石、矿棉毡、石灰炉碴等轻质材料，可保温隔声，填充材料不得高出木搁栅上皮。

（5）木搁栅的调平与调整：根据设计要求依水平标高线调整标高位置，在按平整度的要求调整每根木搁栅的平整度，然后用小钉固定木搁栅下的木垫（木垫不能用斜坡木楔代替）。固定木搁栅的木螺丝，长度应为木搁栅高度的 2～2.5 倍。木搁栅不应有松动，不需要水泥沙浆护封。

（6）隐蔽工程的验收：对于已安装好的木搁栅，必须进行隐蔽验收合格后方可进行铺设面层。同时必须检查周围环境是否已满足铺设面层的要求（如墙面、顶面、水电、暖气、门窗和玻璃及局部油漆是否已完成）。

（7）双层地板：毛地板应防腐处理，材质一般取杉木或白松较多，一般宽度为 80～100 mm，厚度为 15～20 mm。铺设毛地板时，毛地板铺设在木搁栅的上面与木搁珊呈 30°～45°夹角。地板钉应钉在毛地板凸榫处斜向与水平呈 45°～60°钉入。如面板为人字形或斜方块时，毛地板与木搁栅相垂直铺钉。铺钉时接头应设在木搁栅上，铺缝相接，每块地板的接头处和地板接缝处留 2～3 mm 缝隙，与墙面留出 10～20 mm 的间隙。在铺钉过程中应随时检查牢固程度，以脚踏不松动，无响声为好。钉完后用直尺检查表面同一处平整度和水平度应达到标准，如不平用刨刨平或磨平直至达到规定标准（注意毛地板不能用细木工板代替）。

（8）实木地板面板铺设：实木地板面板铺设，根据地板花纹的不同，板材的不同，其方法也不同。木地板铺设前，必须对地板和木搁栅进行含水率检测，检测合格后方可铺设。

① 铺钉企口地板

a. 顺地板方向在房间中间弹一条控制线，以控制线为依据从一侧墙边开始铺钉，面板与墙四周留缝 8～15 mm。

b. 面板的固定应从板企口的凸槽处斜向 45°左右，通过毛地板钉入木搁栅，钉面板时必须用钻头钻小孔，钻与钉的直径应相同，以防开裂。单层地板直接钉入木搁栅上（钉应用专用地板钉）。

c. 面板条接头应在木搁栅中心线上，接头应相互错开，不允许两块板接头在同一位置上。

d. 地面铺完应测水平度和平整度，如有局部少量不平整可以刨平或磨平以达到质量要求为止，应按顺纹方向刨光或磨光。

e. 漆面板的水平度和平整度必须控制在基层木搁栅和毛地板上。

② 黏结式地板的铺设

黏结式地板是用胶黏剂直接黏在毛地板上或水泥基层上。

a. 根据黏结拼花地板的图案，按房间的净尺寸弹出十字中心线，并计算图案的定位中心线，根据图案计算的结果，弹出分档施工控制线及围边线，围边一般不大于300mm。未严格按施工控制线施工和面板几何尺寸不准确会造成拼花图案不规矩和拼花之间线条弯曲。

b. 铺设地板应从房间中央依据控制线向四周展开黏铺，黏铺接缝应严密，不宜大于0.3mm，高低差应不大于1mm，随铺随检，对溢出的胶黏剂应随手清理干净。粘贴基层潮湿，基层面未清理干净；边面有杂质、油污、灰尘，基层面起沙，强度不足等缺陷容易造成面层空鼓。

c. 对于不同胶黏剂有不同的使用方法，胶黏剂质量差或胶黏剂过期变质，操作人员技术不熟练，时间没有掌握好，胶黏剂硬化，面板含水率过大，铺贴后干缩变形大，可能造成面层脱落，施工人员应严格按照胶黏剂的要求和说明使用。如有毛地板的黏结地板，可以加钉，但不能加在上面，应在企口凸榫上，方法与条形地板相同。

d. 粘铺完工后，待胶黏剂强度达到规定强度，检查是否有脱胶或者黏结不牢固现象。如没有上述问题，即可进行刨光或磨光。

（9）刨光、打磨：木地板面层表面应刨光、磨光。打扫后的地板面应嵌与地板同色的腻子，干后用细砂纸磨光，抹擦干净后施涂地板漆。粗刨、细刨：粗刨工序宜用转速较快（应达到5000 r/min以上）的电刨地板机进行，由于电刨速度较快，刨时不宜走得太快，电刨停机时，应先将电刨提起，再关电闸，防止刨刀撕裂木纤维，破坏地面。粗刨以后用手推刨，修整局部高低不平之处，使地板光滑平整。手推刨一般以细刨为主净面，并且要边刨边用直尺检测平整度。打磨：用地板磨光机打磨地板，先用粗沙布打磨，后用细砂布磨光。磨光机磨不到的边角处，可用木块包砂布进行手工磨平，或用角向手提磨光机进行打磨。磨光后，最好用吸尘器把木灰、粉尘吸干净。

（10）钉踢脚板

① 木踢脚板的制作：一般木踢脚板的宽度为150mm左右，厚度为20mm左右，应与门套线的厚度一致。板面刨光后上口应做线脚，背面开出两条宽度为25mm左右，深度为3～5mm凹槽。并每隔1m钻$\phi 6$mm的小孔作为通风孔，背面刷防腐剂，所用木材应同木地板颜色相近，含水率符合要求（12%左右）。

② 木踢脚板的安装工艺：沿墙面在木地板往上一块踢脚板宽度之内埋设木砖并做好防腐处理或用冲击钻钻孔打木楔，间距约400mm，木楔位置应在踢脚板宽度内布置上下两排，梅花形分布。如墙面不平时应用木垫垫平、垫直。将加工后的踢脚板用明钉钉在木砖上或木楔上，钉帽应打扁冲入板内，踢脚板板面应与墙面平行，垂直地面，上口应水平，与地板交接处应严密，阴阳角应用45°角斜接，踢脚板接长应用45°坡面对接，接头必须在木砖或木楔上。

③ 质量要求：竖向与墙面平行，垂直于地面。凸出墙面厚度应一致，横向平直，阴阳角方正，安装牢固，上口水平，下口严密，接头平整流畅。

（11）油漆、打蜡：地板上先擦水老粉（或腻子），再刷底漆，然后涂面漆。面漆有环氧树脂漆、聚氨酯树脂漆、聚酯漆等。为了更好地保护地板，可以在油漆干固后再擦上一层地板蜡，也可以在地板磨光后直接打蜡。

（二）强化复合地板的铺设工艺

强化复合地板是我国近年来开发的一种新型木地板，它既有原木地板的天然木质感，又有地砖大理石的坚硬，它强度大、耐磨、防潮、防火、防虫蛀、抗静电，在铺设时不用上漆、打蜡，而且是无污染的绿色建材。

强化复合木地板安装不用木搁栅，采用悬浮法安装。当地面为水泥沙浆、混凝土、地砖等硬基层时，要铺设一层松软材料，如聚乙烯泡沫薄膜、波纹纸等，起防潮、减振、隔声作用，并改善脚感。

1. 施工工艺流程

铺设施工工艺流程为：基层处理→铺塑料薄膜垫层→刮胶黏剂→拼接铺设→铺踢脚板（配套踢脚板）→整理完工。

2. 施工要点

（1）基层处理

地面必须干净、干燥、稳定、平整，达不到要求应在安装前修补好。复合木地板一般采取长条铺设，在铺设前应将地面四周弹出垂直线，作为铺板的基准线，基准线距墙边 8~10 mm。泡沫底垫是复合木地板的配套材料，按铺设长度裁切成块，比地面略短 1~2 cm，留作伸缩缝。底垫平铺在地面上，不与地面黏结，铺设宽度应与面板相配合。底垫拼缝采用对接（不能搭接），留出 2 mm 伸缩缝。

（2）复合木地板安装

为了达到更好的效果，一般将地板条铺成与窗外光线平行的方向，在走廊或较小的房间，应将地板块与较长的墙壁平行铺设。先试铺三排不要涂胶。排与排之间的长边接缝必须保持一条直线，所以第一排一定要对准墙边弹好的垂直基准线。相邻条板端头应错开不小于 300 mm 距离，第一排最后一块板裁下的部分（小于 30 cm 的不能用）作为第二排的第一块板使用，这样铺好的地板会更强劲、稳定，有更好的整体效果，并减少浪费。复合木地板不与地面基层及泡沫底垫黏，只是地板块之间用胶黏结成整体。所以第一排地板只需在短头结尾处的凸榫上部涂足量的胶，轻轻使地板块榫槽到位，结合严密即可，第二排地板块需在短边和长边的凹榫内涂胶，与第一排地板块的凸榫槽黏结，用小锤隔着垫木向里轻轻敲打，使二块板结合严密、平整，不留缝隙。板面余胶，用湿布及时清擦干净，保证板面没有胶痕。每铺完一排板，应拉线和用方尺进行检查，以保证铺板平直。地板与墙面相接处，留出 8~10 mm 缝隙，用木楔子背紧，地板块黏结后，24 小时内不要上人，待胶干透后把木楔子取出。

（3）安装踢脚板

安装前，先在墙面上弹出踢脚板上口水平线，在地板上弹出踢脚板厚度的铺钉边线。在墙内安装 60 mm×120 mm×120 mm 防腐木砖，间距 750 mm，在防腐木砖外面钉防腐木块，再把踢脚板用圆钉钉牢在防腐木块上。圆钉长度为板厚的 2.5 倍，钉帽砸扁冲入木板内。踢脚板的阴阳角交角处应切割成 45°拼装。踢脚板板面要垂直，上口呈水平线，在木踢脚板与地板交角处，可钉三角木条，以盖住缝隙。配套的踢脚板贴盖装饰，也是目前复合木地板安装中常用的，通常流行的踢脚板的尺寸有 60 mm 的高腰型与 40 mm 的低腰。

课题五　吊顶工程施工

吊顶又称顶棚、天棚、天花板，吊顶工程是采用悬吊方式将装饰顶棚支承于屋顶或楼板下面。换句话说，就是在建筑结构层下部悬吊由骨架及饰面板组成的装饰构造层。吊顶工程不仅能美化室内环境，还能营造出丰富多彩的室内空间艺术形象。

一、吊顶的构造组成

吊顶主要由悬挂系统、龙骨架、饰面层及其相配套的连接件和配件组成，其构造如图 11-5-1 所示。

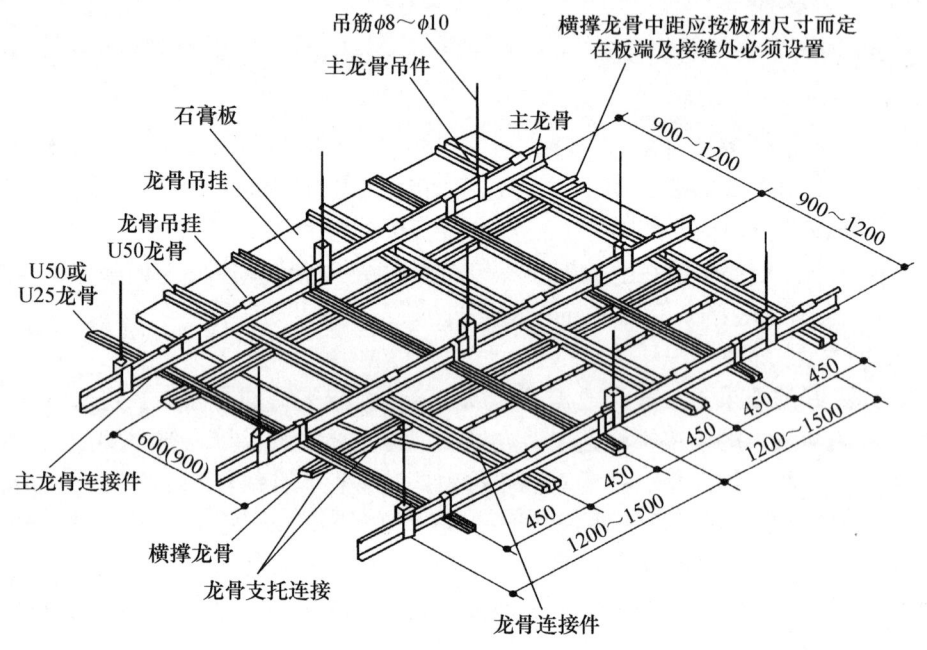

图 11-5-1　吊顶装配示意图

1. 悬挂系统

吊顶悬挂系统包括吊杆（吊筋）、龙骨吊挂件。其作用是承受吊顶自重，并将荷载传递给建筑结构层。

吊顶悬挂系统的形式较多，应视吊顶荷载大小及龙骨种类来选择。

2. 龙骨架

吊顶龙骨架由主龙骨、覆面次龙骨、横撑龙骨及相关组合件、固结材料等连接而成。主龙骨是起主干作用的龙骨，是吊顶龙骨体系中主要的受力构件。次龙骨的主要作用是固定饰面板，为龙骨体系中的构造龙骨。一般吊顶造型骨架组合方式通常有双层龙骨构造和单层龙骨构造两种。

常用的吊顶龙骨分为木龙骨和轻金属龙骨两大类。

（1）木龙骨

吊顶木龙骨架是由木制大、小龙骨拼装而成的吊顶造型骨架。当吊顶为单层龙骨时不设大龙骨，而用小龙骨组成方格骨架，用吊挂杆直接吊在结构层下部。

（2）轻金属龙骨

吊顶轻金属龙骨，是以镀锌钢带、铝带、铝合金型材、薄壁冷轧退火卷带为原料，经冷弯或冲压工艺加工而成的顶棚吊顶的骨架支承材料。其具有自重轻、刚度大、耐火性能好的优点。

吊顶轻金属龙骨通常分为轻钢龙骨和铝合金龙骨两类。

① 钢龙骨。轻钢龙骨由大龙骨（主龙骨、承载龙骨）、覆面次龙骨（中龙骨）、横撑龙骨及其相应的连接件组装而成。龙骨断面形状有 U 形、C 形、Y 形、L 形等，常用型号有 U60、U50、U38 等系列，施工中轻钢龙骨应做防锈处理。

② 铝合金龙骨。铝合金龙骨的断面形状多为 T 形、L 形，分别作为覆面龙骨、边龙骨配套使用。

由 L 形、T 形铝合金龙骨组装的轻型吊顶龙骨架，承载力有限，不能作为上人吊顶使用，其构造组成如图 11-5-2 所示。

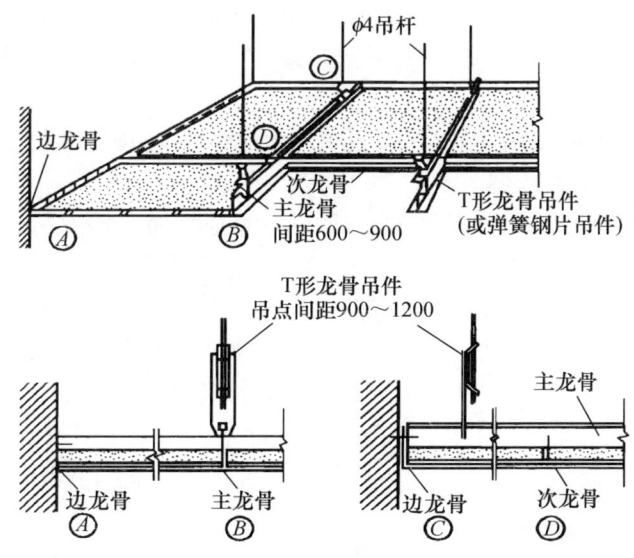

图 11-5-2 L、T 形装配式铝合金龙骨吊顶组成示意图

若采用 U 形轻钢龙骨做主龙骨（承载龙骨）与 L、T 形铝合金龙骨组装的形式，则可承受附加荷载，作为上人吊顶使用。

3. 饰面层

吊顶饰面层系指固定于吊顶龙骨架下部的罩面板材层。

罩面板材品种很多，常用的有胶合板、纸面石膏板、装饰石膏板、钙塑饰面板、金属装饰面板（铝合金板、不锈钢板、彩色镀锌钢板等）、玻璃及 PVC 饰面板等。饰面板与龙骨架底部可采用钉接或胶黏、搁置、扣挂等方式连接。

二、吊顶工程施工

1. 木龙骨吊顶工程施工工艺

（1）施工工艺流程

木龙骨吊顶工程施工工艺流程为：弹线→木龙骨处理→龙骨架拼接→安装吊点紧固件→龙骨架吊装→龙骨架整体调平→罩面板安装→压条安装→板缝处理。

（2）施工操作要点

① 弹线。弹线包括弹吊顶标高线、吊顶造型位置线、吊挂点定位线、大中型灯具吊点定位线。

a. 弹吊顶标高线。首先在室内墙上弹出楼面+500 mm水平线，以此为起点，借助灌满水的透明塑料软管定出顶棚标高，用墨斗于墙面四周弹出一道水平墨线，即为吊顶标高线。弹线应清晰、位置应准确，其偏差应控制在±5 mm内。

b. 确定吊顶造型线。一般采用找点法进行。即根据施工图纸，在墙面和顶棚基层间进行实测，找出吊顶造型边框的有关基本点，将各点相连于墙上弹出吊顶造型线。

c. 确定吊挂点位置线。平顶天棚，吊点分布的密度为1个/m^2，且均排布；叠级造型天棚，分层交界处宜布置吊点，相邻吊点间的间距宜为0.8～1.2 m。

d. 确定大中型灯具吊点位置线。大中型灯具宜安排单独的吊点进行吊挂。

② 木龙骨处理。

a. 防腐处理。建筑装饰工程中所用木质龙骨材料，应按规定选材，实施在构造上的防潮处理，同时亦应涂刷防虫药剂。

b. 防火处理。工程中木构件的防火处理，一般是将防火涂料涂刷或喷于木材表面，亦可把木材置于防火涂料槽内浸渍。防火涂料按其胶结性质不同，可分为油质防火涂料（内掺防火剂）、聚乙烯防火涂料、可赛银防火涂料、硅酸盐防火涂料等类型。

③ 龙骨架的分片拼接。为便于安装，木龙骨吊装前一般先在地面进行分片拼接。

a. 确定吊顶骨架需要分片或可以分片安装的位置和尺寸，根据分片的平面尺寸选取龙骨尺寸。

b. 先拼接组合大片的龙骨骨架，再拼接小片的局部骨架。

c. 骨架的拼接按凹槽对凹槽的方法咬口拼接，拼口处涂胶并用圆钉固定，如图11-5-3所示。

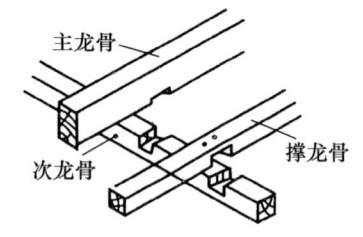

图11-5-3 木龙骨利用槽口拼接图

④ 安装吊点紧固件及固定边龙骨。

a. 安装吊点紧固件：吊顶吊点的紧固方式较多，预埋钢筋、钢板等预埋件者，吊杆与预埋件连接；无预埋件者，可用射钉或膨胀螺栓将角钢块固定于结构底面，再将吊杆与角钢连接；亦可采用一端带有膨胀螺栓的吊筋，如图11-5-4所示。

b. 固定沿墙边龙骨：沿吊顶标高线固定边龙骨的方法，通常有以下两种。

方法一：沿吊顶标高线以上10 mm处，在墙面钻孔，孔距0.5～0.8 m，孔内打入木楔，再将沿墙边布置的木龙骨钉固于墙上的木楔内。

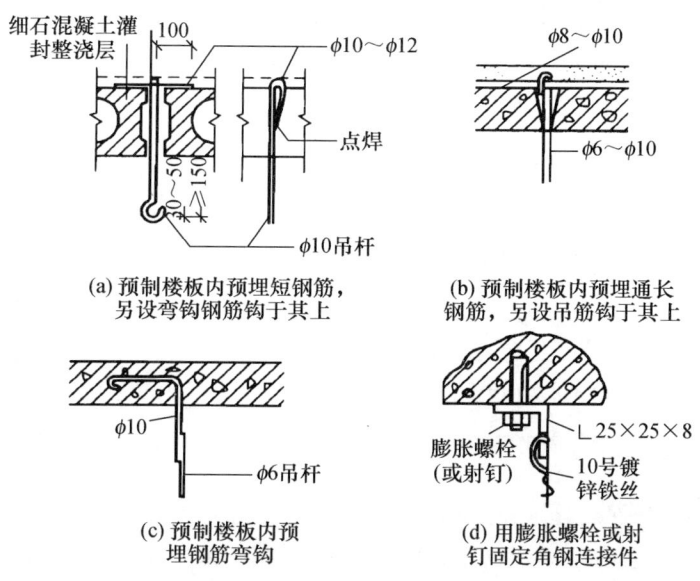

图 11-5-4 木龙骨吊顶的吊点紧固件安装

方法二：先在沿墙边布置的木龙骨上打小孔，再将水泥钉通过小孔将龙骨钉固于混凝土墙面，此法不适宜于砖墙面。

木龙骨钉固后，其底面必须与吊顶标高线保持齐平，龙骨应牢固可靠。

⑤ 龙骨架吊装。

a. 分片吊装：将拼接组合好的木龙骨架托起至吊顶标高位置，先做临时固定。安装高度在 3 m 以内时，可用高度定位杆作支撑，临时固定木龙骨架；安装高度超过 3 m 时，可用铁丝绑在吊点上临时固定木龙骨架。再根据吊顶标高线拉出纵横水平基准线，进行整片龙骨架调平，然后就将其靠墙部分与沿墙边龙骨钉接。

b. 龙骨架与吊点固定：木骨架吊顶的吊杆，常采用的有木吊杆、角钢吊杆和扁铁吊杆，如图 11-5-5 所示。

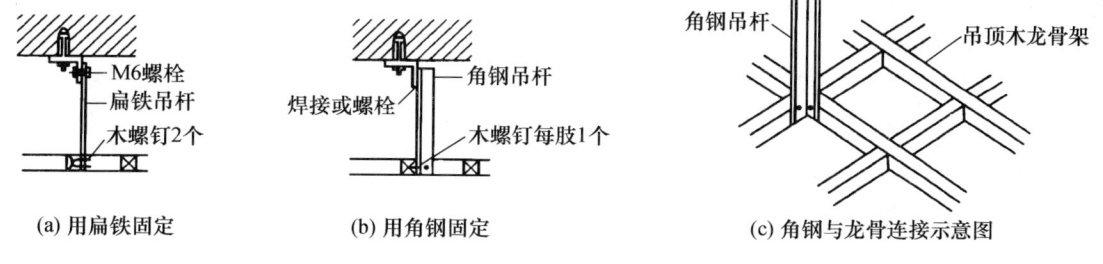

图 11-5-5 木骨架吊顶常用吊杆类型

采用木吊杆时，为便于调整高度，木枋吊杆的长度应比实际需要的长度长 100 mm。采用角钢吊杆和扁铁吊杆时，应在其端头钻 2～3 个孔以便调节高度。吊杆与龙骨架连接完毕后，应截去伸出木龙骨底面的长度，使其与底面齐平。

c. 龙骨架分片间的连接。分片龙骨架在同一平面对接时，应将其端头对正，然后用短木枋钉于对接处的侧面或顶面进行加固，如图 11-5-6 所示。荷载较大部位的骨架分片间的连接，应选用铁件进行加固。

d. 叠级吊顶上、下层龙骨架的连接。叠级吊顶，一般是自高而下开始吊装，吊装与调平的方法同前。其高低面间的衔接，可先用一根斜向木枋将上、下龙骨定位，再通过垂直方向的木枋把上、下两平面的龙骨架固定连接，如图 11-5-7 所示。

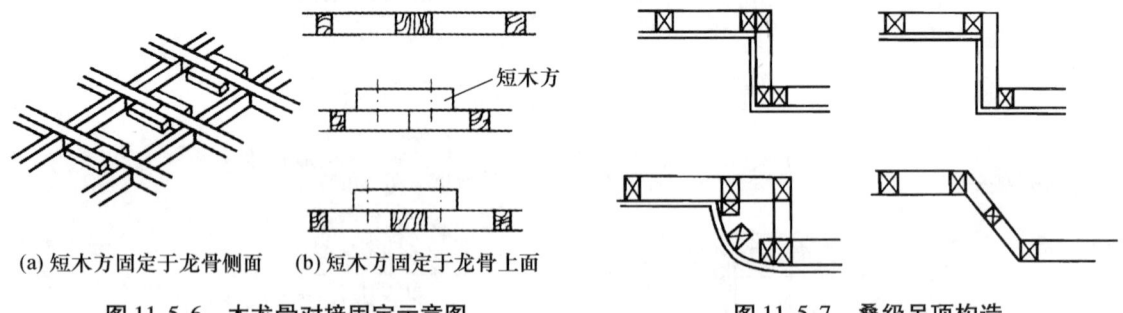

图 11-5-6　木龙骨对接固定示意图　　　　图 11-5-7　叠级吊顶构造

(a) 短木方固定于龙骨侧面　(b) 短木方固定于龙骨上面

⑥ 龙骨架整体调平。当各分片吊顶龙骨架安装就位后，对于吊顶面需要设置的送风口、检修孔、内嵌式吸顶灯盘及窗帘盒等装置，需在其预留位置处加设骨架，进行必要的加固处理。然后在整个吊顶面下拉设十字交叉标高线，以检查吊顶面的平整度。为平衡饰面板重量，减少吊顶视觉上的下坠感，吊顶还应按其跨度的 1/200 起拱。

⑦ 罩面板安装。木龙骨吊顶的罩面板一般选用加厚的三夹板或五夹板。安装前，应对板材进行弹线、切割、修边和防火等处理。弹面板装饰线时，应按照吊顶龙骨的分格情况，依骨架中心线尺寸，在挑选好的胶合板正面画出装订线。若需将板材分格分块装订，则应按画线切割面板，在板材要求钻孔并形成图案时，需先做好样板。修边倒角即是在胶合板正面四周，刨出 45°斜角，以使板缝严密。罩面板的防火处理，是在面板的反面涂刷或喷涂三遍防火涂料。

安装罩面板时，可使用圆钉将面板与龙骨架底部连接，圆钉钉帽应打扁，且冲入板面 0.5~1 mm，亦可采用射钉枪进行钉固。安装顺序宜由顶棚中间向两边对称排列进行，整幅板材宜安排在重要的大面，裁割板材应安排在不显眼的次要部位。

⑧ 压条安装与板缝处理。顶棚四周应钉固压条，以防龙骨架收缩使顶棚与墙面之间出现离缝。板材拼接处的板缝一般处理成立槽缝或斜槽缝，亦可不留缝槽，而用纱布、棉纱等材料粘贴缝痕。

2. 轻钢龙骨吊顶工程施工工艺

（1）施工工艺流程

轻钢龙骨吊顶工程施工工艺流程为：弹线→吊筋的制作安装→主龙骨安装→次龙骨安装→灯具安装→罩面板安装→压条安装→板缝处理。

（2）施工操作要点

① 弹线。弹线包括弹顶棚标高线、造型位置线、吊挂点位置、大中型灯位线等。方法与木龙骨吊顶工程相同。

② 吊筋的制作与安装。吊筋宜用 $\phi 6 \sim \phi 10$ 的钢筋制作，吊点间距一般上人吊顶为 0.9~1.2 m，不上人吊顶为 1.2~1.5 m。

吊筋与结构层的固定可采用预埋件、射钉或膨胀螺栓固定的方法。现浇砼楼板或预制空心板宜采用预埋件或膨胀螺栓固定方式；预制大楼板可采用射钉枪将吊点铁固定。吊筋下端应套螺纹，并配好螺母，螺纹外露长度不小于 3 mm。

③ 主龙骨安装与调平。

a. 主龙骨安装：将主龙骨与吊杆通过垂直吊挂件连接，使其按弹线位置就位。

b. 主龙骨架的调平：主龙骨安装就位后应进行调平，龙骨中间部位应起拱，起拱高度不小于房间短向跨度的 1/200。

④ 安装次龙骨、横撑龙骨。

a. 安装次龙骨：在次龙骨与主龙骨的交叉布置点，使用其配套的龙骨挂件将二者连接固定。次龙骨的间距由罩面板尺寸确定，当间距大于 800 mm 时，次龙骨间应增加小龙骨，小龙骨与次龙骨平行，与主龙骨垂直，用小吊挂件固定。

b. 安装横撑龙骨：横撑龙骨与次龙骨、小龙骨垂直，装在罩面板的拼接处，横撑龙骨与次龙骨、小龙骨的连接采用中、小接插体进行。

横撑龙骨可用次龙骨、小龙骨截取，对装在罩面板内部或作边龙骨时，宜用小龙骨截取。安装时横撑龙骨与次龙骨、小龙骨的底面应平齐，以便安装罩面板。

c. 固定边龙骨：即将边龙骨沿墙面或柱面标高线钉牢。固定时可用水泥钉、膨胀螺栓等材料进行。边龙骨一般不承重，只起封口作用。

⑤ 罩面板安装。罩面板安装前应对已安装完的龙骨架和待安装的罩面板板材进行检查，符合要求后方可进行罩面板安装。

罩面板安装常有明装、暗装、半隐装三种方式。明装是指罩面板直接搁置在 T 形龙骨两翼上，纵横 T 形龙骨架均外露。暗装是指罩面板安装后骨架不外露。半隐装是指罩面板安装后外露部分骨架。

a. 纸面石膏板安装。纸面石膏板是轻钢龙骨吊顶常用的罩面板材，其与次龙骨的连接方式有挂接式、卡接式和钉结式三种。

挂接式是将石膏板周边加工成企口缝，然后挂在倒 T 形或工字形次龙骨上，系暗装方式。

卡接式是将石膏板放在次龙骨翼缘上，再用弹簧卡子卡紧，由于次龙骨露于吊顶面外，则属于明装方式。

钉结式是将石膏板用镀锌自攻螺钉钉结在次龙骨上的安装方式，安装时要求石膏板长边与主龙骨平行，从顶棚的一端向另一端错缝固定，螺钉应嵌入石膏板内为 0.5～1 mm。

整个吊顶面的纸面石膏板铺钉完成后，应进行检查，并将所有的自攻螺钉的钉头做防锈处理，然后用石膏腻子嵌平。

b. 钙塑装饰板安装。钙塑装饰板与次龙骨的安装一般采用黏结法进行。先应按板材尺寸和接缝宽度在小龙骨上弹出分块线。再将钙塑板材套在一个自制的木模框内，用刀将其裁成尺寸一致、边棱整齐的板块。粘贴板块时，应先将龙骨的粘贴面清扫干净，将胶黏剂均匀涂刷在龙骨面和钙塑板面，静置 3～4 min 后，将板块对准控制线沿周边均匀托压一遍，再用小木条托压，使其粘贴紧密，被挤出的胶液应及时擦净。

钙塑板粘贴完之后，应用胶黏剂拌和石膏粉调成腻子，用油灰刀将板缝和坑洼、麻点等处刮平补实。板面污迹应用肥皂水擦净，再用清水抹净。

c. 金属板材安装。金属装饰板吊顶是用 L、T 形轻钢龙骨或金属嵌龙骨、条板卡式龙骨作龙骨架，用 0.5～1.0 mm 厚的压型薄钢板或铝合金板材作罩面材料的吊顶体系。金属装饰板吊顶的形式有方板吊顶和条板吊顶两大类。

金属方板的安装有搁置式和卡入式两种。搁置式是将金属方板直接搁置在次龙骨上，搁置安装后的吊顶面形成格子式离缝效果；卡入式是将金属方板卡入带卡簧的次龙骨上，如图 11-5-8 所示。

安装金属条板时，一般无须各种连接件，只需将条形板卡扣在特制的条龙骨内，即可完成安装。

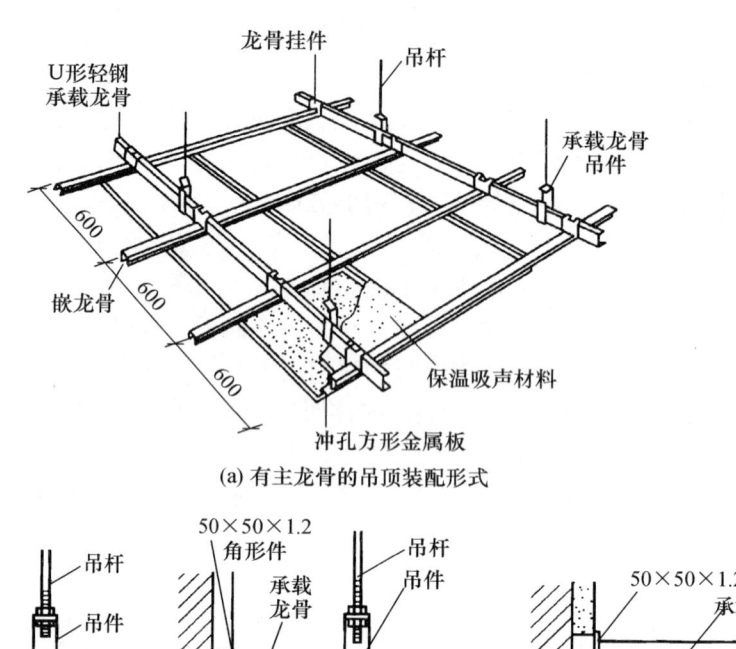

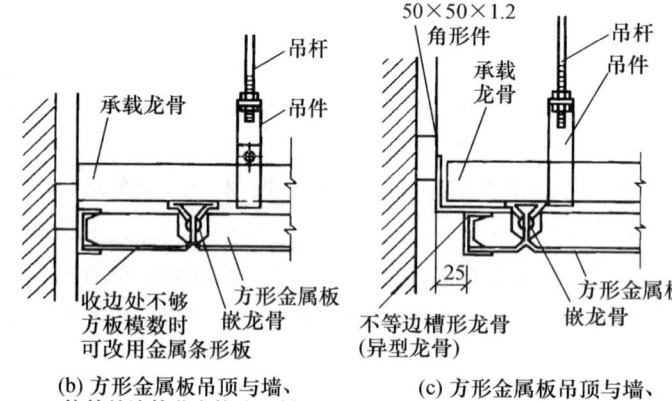

图 11-5-8　方形金属吊顶板卡入式安装示意图

3. 铝合金龙骨吊顶工程施工工艺

（1）施工工艺流程

铝合金龙骨吊顶工程施工工艺流程为：弹线→吊筋的制作安装→主龙骨安装→次龙骨安装→检查调整龙骨系统→罩面板安装。

（2）施工操作要点

铝合金龙骨吊顶工程的施工工艺与轻钢龙骨吊顶工程基本相同，不同点在于龙骨架的安装。

铝合金龙骨多为中龙骨，其断面为 T 形（安装时倒置），断面高度有 32mm 和 35mm 两种，吊顶边上的中龙骨为 L 形。小龙骨（横撑龙骨）的断面为 T 形（安装时倒置），断面高度有 23mm 和 32mm 两种。

安装主龙骨时，先沿墙面的标高线固定边龙骨，墙上钻孔钉入木楔后，将边龙骨钻孔，用木螺钉将边龙骨固定于木楔上，边龙骨底面应与标高线齐平。然后通过吊挂件安装其他主龙骨。主龙骨安装完毕后，应调平、调直方格尺寸。

安装次龙骨时，宜先安装小龙骨，再安装中龙骨，安装方法与轻钢龙骨吊顶工程基本相似。

龙骨架安装完毕后，应检查、调直、起拱，最后安装罩面板。

课题六　隔墙工程施工

一、轻钢龙骨纸面石膏板隔墙施工

轻钢龙骨纸面石膏板墙体具有施工速度快、成本低、劳动强度小、装饰美观及防火和隔声性能好等特点，因此应用广泛，具有代表性。

用于隔墙的轻钢龙骨有C50、C75和C100三种系列，各系列轻钢龙骨由沿顶龙骨、沿地龙骨、竖向龙骨、加强龙骨和横撑龙骨以及配件组成如图11-6-1所示。

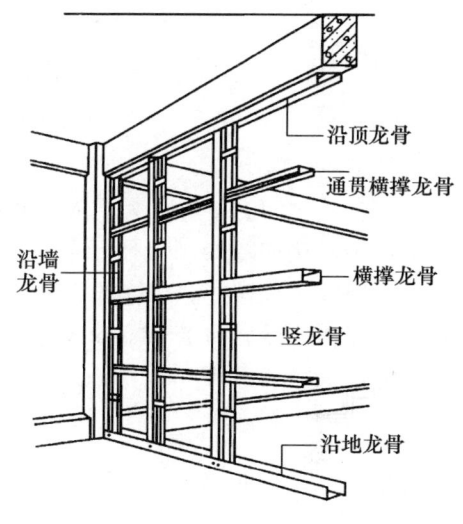

图11-6-1　轻钢龙骨隔墙骨架构造

轻钢龙骨墙体的施工操作工序有：弹线→固定沿地、沿顶和沿墙龙骨→龙骨架装配及校正→石膏板固定→饰面处理。

（1）弹线

根据设计要求确定隔墙的位置、隔墙门窗的位置，包括地面位置、墙面位置、高度位置以及隔墙的宽度。并在地面和墙面上弹出隔墙的宽度线和中心线，按所需龙骨的长度尺寸，对龙骨进行画线配料。先配长料，后配短料。量好尺寸后，用粉饼或记号笔在龙骨上画出切截位置线。

（2）固定沿地、沿顶龙骨

沿地沿顶龙骨固定前，将固定点与竖向龙骨位置错开，用膨胀螺栓和打木楔钉、铁钉与结构固定，或直接与结构预埋件连接。

（3）骨架连接

按设计要求和石膏板尺寸，进行骨架分格设置，然后将预选切裁好的竖向龙骨装入沿地、沿顶龙骨内，校正其垂直度后，将竖向龙骨与沿地、沿顶龙骨固定起来，固定方法用点焊将两者焊牢，或者用连接件与自攻螺钉固定。

（4）石膏板固定

固定石膏板用平头自攻螺钉直接钉在金属龙骨上，其规格通常为 M4×25 或 M5×25 两种，螺钉间距200 mm左右。有单层板隔墙和双层板隔墙两种。采用双层纸面石膏板时，两层板的接缝一定要错开，竖向龙骨中间通常还需设置横向龙骨，一般距地1.2 m左右如图11-6-2所示。

安装时，将石膏板竖向放置，贴在龙骨上用电钻同时把板材与龙骨一起打孔，再拧上自攻螺钉。螺钉要沉入板材平面2~3 mm。

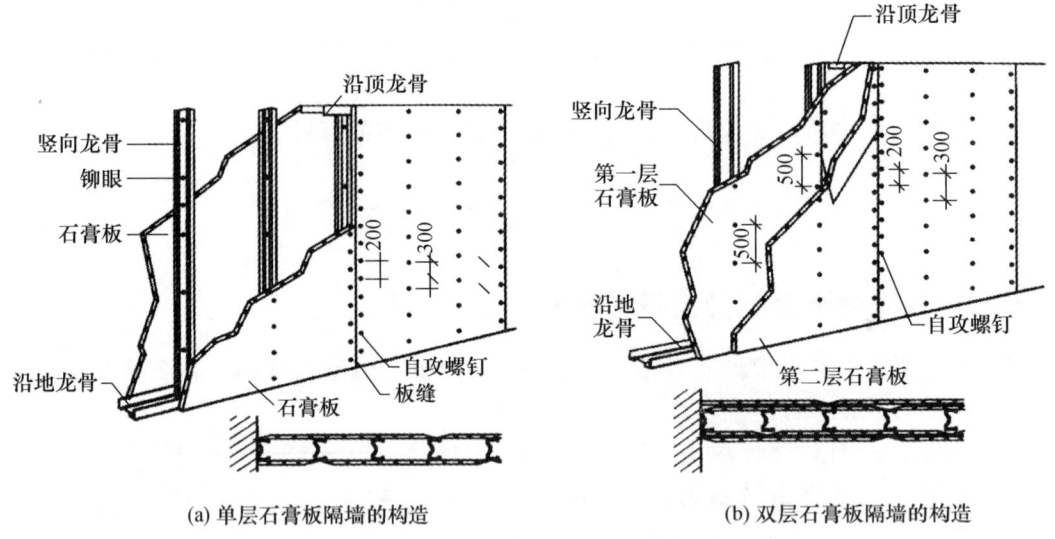

(a) 单层石膏板隔墙的构造　　(b) 双层石膏板隔墙的构造

图 11-6-2　纸面石膏板墙的安装

石膏板之间的接缝分为明缝和暗缝。

两种做法如图 11-6-3 所示。明缝是用专门工具和沙浆胶合剂勾成立缝。明缝如果加嵌压条，装饰效果较好。暗缝的做法首先要求石膏板有斜角，在两块石膏板拼缝处用嵌缝石膏腻子嵌平，然后贴上 50 mm 的穿孔纸带，再用腻子补一道，与墙面刮平。

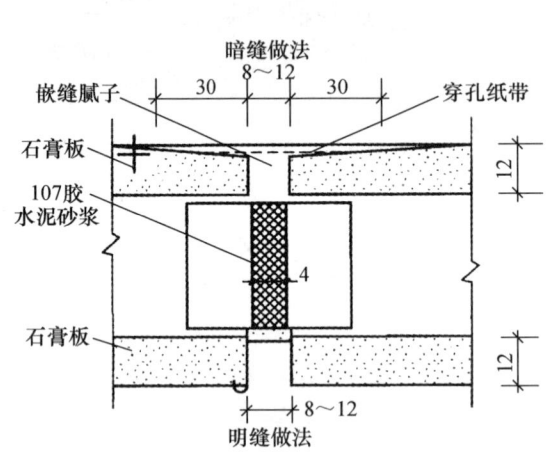

图 11-6-3　板缝节点做法

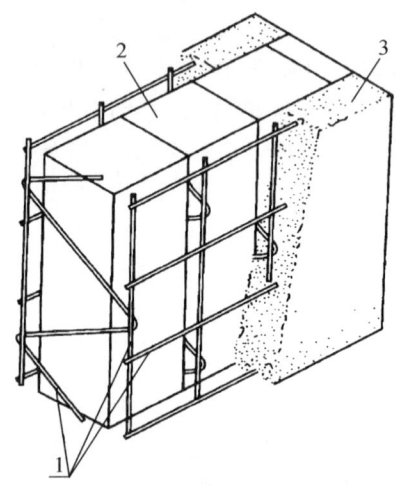

图 11-6-4　钢丝网架夹心板
1—钢丝骨架；2—保温心材；3—抹面沙浆

（5）饰面处理

待嵌缝腻子完全干燥后，即可在石膏板隔墙表面裱糊墙纸、织物或进行涂料施工。

二、木龙骨轻质罩面板隔墙施工

木龙骨隔墙的优点是：质轻、壁薄、便于拆卸。缺点是：耐火、耐水和隔声性能差，共耗用较多木材。

隔墙是由上、下槛，立柱和斜撑组成的龙骨，然后在立柱两侧铺板条，抹麻刀灰，一印木板条隔断。为了防水、防潮，可先在隔墙下部砌3～9皮黏土砖。也可在立柱两侧钉胶合板或纤维板，即木龙骨罩面板隔断。另外，在木框架上部分或全部安装大面玻璃，即玻璃隔断。

三、钢网泡沫塑料夹心板墙隔墙施工

钢丝网架水泥夹心隔墙所用主要材料为钢丝网架夹心板（GJ板），该板用低碳钢丝，中间夹聚苯乙烯泡沫塑料。安装后板的两边抹水泥沙浆。具有安装简便等优点，其保温、隔热、隔声和防潮性能较好，因此应用较广，但是湿作业问题没有得到解决。

钢丝网架水泥夹心隔墙所用钢丝网架夹心板、EC沙浆防裂剂、EC-1表面防裂剂应符合设计要求和有关标准的规定；连接应牢固；无脱层、空鼓和裂缝等缺陷；墙面应平整、垂直，表面光滑、洁净，颜色均匀，无抹纹，线角和灰线平直方正、清晰美观；孔洞、槽盒尺寸正确，边缘整齐、光滑；门窗框与墙体缝隙填塞密实，表面平整，如图11-6-4所示。

课题七　涂饰工程施工

涂饰工程系指将建筑涂料涂刷于建筑物表面并与基体材料很好地黏结，干结成膜后，达到装饰和保护被涂覆物的作用，防止来自外界物质的侵蚀和损伤，提高被涂覆物的使用寿命；并可以改变其颜色、花纹、光泽、质感等，提高被涂覆物的美观效果。

涂料由胶黏剂、颜料、溶剂和辅助材料等组成。

建筑装饰涂料的产品种类繁多，按使用部位可分为外墙涂料、内墙涂料、顶棚涂料、地面涂料、门窗涂料、屋面涂料等。按涂料成膜物质的组成不同，其可分为油性涂料（也称油漆）、有机高分子涂料、无机高分子涂料、有机无机复合涂料。按涂料分散介质（稀释剂）的不同可分为溶剂型涂料、水性涂料、乳液涂料（乳胶漆）。

一、基层处理

1. 混凝土抹灰表面

基层应牢固、不开裂、不掉粉、不起沙、不空鼓、无剥离、无石灰爆裂点和无附着力不良的旧涂层等；基层应表面平整，立面垂直、阴阳角垂直、方正和无缺棱掉角，分格缝深浅一致且横平竖直；基层应清洁，表面无灰尘、无浮浆、无油迹、无盐类析出物和无青苔等杂物；对泛碱、析盐的基层应先用3%的草酸溶液清洗，旧墙面基层应涂刷界面处理剂，新建筑物的混凝土或抹灰基层表面应涂刷抗碱封闭底漆。基层应干燥，混凝土和抹灰表面施涂溶剂型涂料时，含水率不得大于8%；施涂水性和乳液性涂料时，含水率不得大于10%。

2. 木材基层表面

基层应清洁，表面无灰尘、无浮浆、无油迹，并将木材表面的缝隙、毛刺等用腻子填补磨光，木料制品含水率不得大于12%。

3. 金属基层表面

将灰尘、油迹、锈斑、焊渣和毛刺等清除干净，金属表面不可有湿气。

涂饰前应对基层进行验收；合格后方可进行涂饰施工。

二、施涂方法

涂料施工主要操作方法有刷涂、滚涂、喷涂、刮涂、弹涂和抹涂等。

（1）刷涂。刷涂系人工用刷子蘸上涂料直接涂刷于被饰涂面的施工方法。涂刷要求为不流、不挂、不漏、不漏刷痕。刷涂一般不得少于两道，应在前一道涂料表面干后再涂刷下一道。两道施涂间隔时间一般为 2～4 h。

（2）滚涂。滚涂是利用涂料辊子蘸上少量涂料，在被饰涂面上、下垂直来回滚动施涂的施工方法。阴角及上下口处一般需先用排笔、鬃刷刷涂。

（3）喷涂。喷涂是一种利用空压机将涂料制成雾状喷出，涂于被饰涂面的机械施工方法。空压机的施工压力一般为 0.4～0.8 MPa。喷涂时，涂料出口应与被涂饰面保持垂直，喷枪移动时应与喷涂面保持平行。喷枪运行速度应适宜保持一致，一般 40～60 mm/min；喷嘴与被涂面的距离一般应控制在 500 mm 左右；喷涂行走路线应呈 U 形，喷枪移动的范围不能太大，一般直线喷涂 70～80 cm 后，拐 180°弯向后喷涂下一行，也可根据施工条件选择横向式竖向往返喷涂；喷涂面的搭接宽度，即第一行与第二行喷涂面的重叠宽度，一般应控制在喷涂宽度的 1/2～1/3，以便使涂层厚度比较均匀，色调基本一致。涂层一般要求两遍成活，横向喷涂一遍，竖向再喷涂一遍，两遍喷涂的间隔时间由涂料品种及喷涂厚度而定。

（4）刮涂。刮涂是利用刮板，将涂料厚浆均匀地批刮与涂面上，形成厚度为 1～2 mm 的厚涂层的施工方法。该法常用于地面等较厚层涂料的施涂。刮涂施工中，腻子一次刮涂厚度一般不超过 0.5 mm，待干透后再进行打磨。刮涂时应用力按刀，使刮刀与饰面成 50°～60° 角刮涂，且只能来回刮 1～2 次，不能往返多次刮涂。遇圆形、棱形物面应用橡皮刮刀进行刮涂。

（5）弹涂。弹涂是先在基层涂刷 1～2 道底涂层，待其干燥后，借助弹涂器将色浆均匀地溅在墙面上，形成 1～3 mm 的圆形色点的施工方法。弹涂时，弹涂器的喷出口应垂直正对被饰面，距离 300～500 mm，按一定速度均匀地自上而下，从左向右施涂。

（6）抹涂。抹涂是先在基层涂刷 1～2 道底涂层，待其干燥后，使用不锈钢抹子将饰面涂料涂抹在底层涂料上的施工方法。一般抹 1～2 遍，间隔 1 h 后再用不锈钢抹子压平。涂抹厚度内墙为 1.5～2 mm，外墙为 2～3 mm。

在工厂制作组装的钢木制品和金属构件，其涂料宜在生产制作阶段施工，最后一遍安装后在现场施涂。现场制作的构件，组装前应先施涂一道底子油（干油性且防锈的涂料），安装后再施涂。

三、涂饰工程施工工艺

涂饰工程应按"底涂层、中间涂层、面涂层"的要求进行施工，后一遍涂饰材料的施工必须在前一遍涂饰材料表面干燥后进行；涂饰溶剂型涂料时，后一遍涂料必须在前一遍涂料实干后进行。每一遍涂饰材料应涂饰均匀，各层涂饰材料必须结合牢固，对有特殊要求的工程可增加面涂层次数。

（1）木材油漆施工工艺流程

清漆施工工艺为：清理木器表面→磨砂纸打光→上润泊粉→打磨砂纸→满刮第一遍腻

子，砂纸磨光→满刮第二遍腻子，细砂纸磨光→涂刷油色→刷第一遍清漆→拼找颜色，复补腻子，细砂纸磨光→刷第二遍清漆，细砂纸磨光→刷第三遍清漆、磨光→水砂纸打磨退光，打蜡，擦亮。

混色油漆施工工艺为：清扫基层表面的灰尘，修补基层→用磨砂纸打平→节疤处打漆片→打底刮腻子→涂干性油→第一遍满刮腻子→磨光→涂刷底层涂料→底层涂料干硬→涂刷面层→复补腻子进行修补→磨光擦净第三遍面漆涂刷第二遍涂料→磨光→第三遍面漆→抛光打蜡。

(2) 乳胶漆工艺流程

清扫基层→填补腻子，局部刮腻子，磨平→第一遍满刮腻子，磨平→第二遍满刮腻子，磨平→涂刷封固底漆→涂刷第一遍涂料→复补腻子，磨平→涂刷第二遍涂料→磨光交活。

四、乳胶漆涂料施工

1. 乳胶漆种类及特点

乳胶漆由合成树脂乳液加入颜料、填料以及保护胶体、增塑剂、润湿剂、防冻剂、消泡剂、防霉剂等辅助材料，经过研磨或分散处理后制成，也称为乳液涂料，是墙面漆的一种。按使用部位分，乳胶漆主要有两类：外墙漆和内墙漆。按光泽可分为低光、半光、高光等几个品种。其中，内墙乳胶漆的成膜物不溶于水，涂膜的耐水性高，湿擦洗后不留痕迹。而外墙乳胶漆的基本性能与内墙乳胶漆差不多，但漆膜较硬，抗水能力更强，因此，外墙乳胶漆可作为内墙装饰使用。也可以用于洗手间等高潮湿的地方。常用涂刷工具如图 11-7-1 所示。

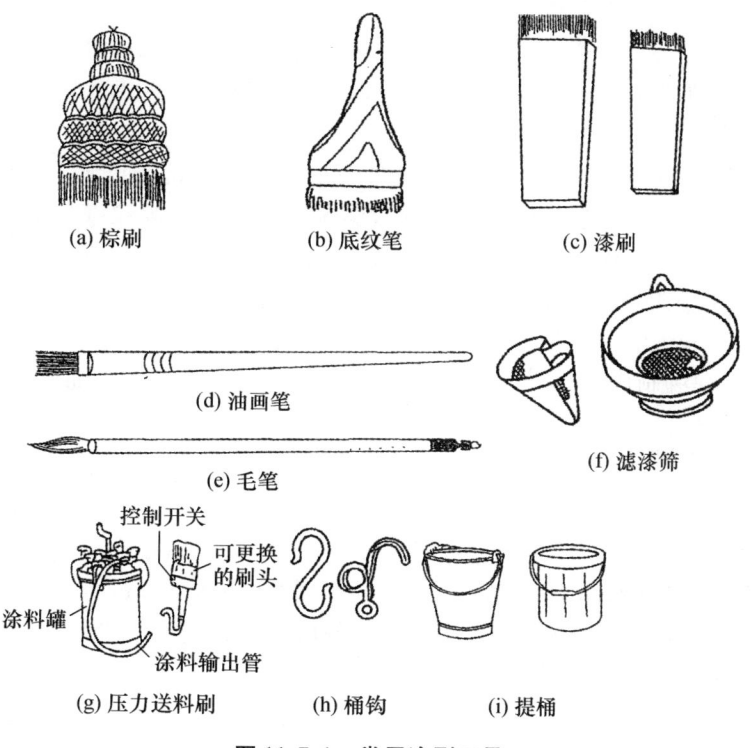

图 11-7-1 常用涂刷工具

乳胶漆通常以合成树脂乳液来命名，如丁苯乳胶漆、醋酸乙烯乳胶漆、丙烯酸醋乳胶漆、苯—丙乳胶漆、乙—丙乳胶漆和聚氨醋乳胶漆等。

乳胶漆具有以下特点。

（1）乳胶漆以水作为分散介质，随着水分的蒸发而干燥成膜，施工时无有机溶剂逸出，因而安全无毒，可避免施工时发生火灾危险。

（2）涂膜透气性好，因而可以避免因涂膜内外湿度差而鼓泡，可以在较潮湿的基面上涂刷。用于内墙装饰，无结露现象。

（3）施工方便，可以采用刷涂、滚涂和喷涂等施工方法。

（4）涂膜耐水、耐碱和耐候等良好性能。

2. 乳胶漆施工注意事项

涂料施工主要操作方法有刷涂、滚涂、喷涂、刮涂、弹涂和抹涂等（如前所述）。根据现场实际情况选择合适的施工方法。具体施工时应注意以下几个问题。

（1）乳胶漆和乳液厚涂料的涂膜，有一定的透气性和耐碱性，可以在基层抹灰未干透的情况下进行施工。一般抹灰基层龄期应不少于7 d，混凝土墙体的龄期不少于1个月，否则会由于基层碱性和湿度过大使涂料与基层黏结不好，颜色不匀，甚至引起剥落。墙面必须平整，最少应满刮两遍腻子，至满足标准要求。

（2）涂刷乳胶漆时应均匀，连续迅速操作，一次刷完，不能有漏刷、流附等现象。涂刷一遍，打磨一遍。一般应两遍以上。施工后立即清洗工具。

（3）腻子应与涂料性能配套，坚实牢固，不得粉化、起皮、裂纹。卫生间等潮湿处使用耐水腻子。外墙用腻子，须用108胶、白乳胶、水泥配制腻子或配套腻子漆，也可采用其他同等的腻子。工程实践表明，大白纤维素腻子强度低，与湿膨胀的材料配用会引起涂层连同腻子大片地卷落下来。

（4）涂液要充分搅匀，黏度太大可适当加水，黏度小可加增稠剂。基层沙浆如需掺入促凝剂、抗冻剂等外加剂时，必须注意选择在水中溶解度高、析出物质少的适当品种，以免析出物过多，破坏涂膜引起剥落。

（5）为了保证各种乳液在一定的温度条件下形成连续的膜，必须严格掌握各种乳液涂料的最低施工温度。低于该温度时，涂料成膜情况不好，会引起涂膜龟裂、粉化，影响其耐久性。例如乙—丙乳胶漆必须在不小于15℃的条件下施工，而乙—丙乳液厚涂料则应在不小于12℃的条件下施工。乳胶漆和乳液厚涂料的存放必须在0℃以上，用时必须充分搅拌均匀，并在产品规定的存放期内用完，如发现已结块变质应立即废弃不用。室内不能有大量灰尘，最好避开雨天。

五、多彩喷涂施工

多彩喷涂具有色彩丰富、技术性能好、施工方便、维修简单、防火性能好和使用寿命长等特点，因此运用广泛。

多彩喷涂的工艺可按底涂、中涂、面涂或底涂和面涂的顺序进行。

底涂：底层涂料的主要作用是封闭基层，提高涂膜的耐久性和装饰效果。底层涂料为剂性涂料，可用刷涂、滚涂或喷涂的方法进行操作。

中涂：中层为水性涂料，涂刷1～2遍，可用刷涂、滚涂及喷涂施工。

面涂（多彩）喷涂：中层涂料干燥4～8 h后开始施工。操作时可采用专用的内压式喷枪,喷涂压力 0.15～0.25 MPa,喷嘴距墙 300～400 mm,一般一遍成活,如涂层不均匀,应在 4 h 内进行局部补喷。

单元小结

本单元对抹灰工程施工、饰面工程施工、门窗工程施工、楼地面工程施工、吊顶工程施工、隔墙工程施工、涂饰工程施工做了较详细的阐述。

抹灰工程施工部分包括抹灰沙浆的种类、组成及其作用,一般抹灰施工的操作要点,装饰抹灰施工的操作要点等内容。

饰面工程施工部分包括饰面砖粘贴施工工艺及操作要点,石饰面板安装工艺,金属饰面板安装工艺等内容。

门窗工程施工部分包括门窗工程施工基本要求、门窗安装工艺(钢门窗、木门窗、塑料门窗、铝合金门窗等)及施工要点等内容。

楼地面工程施工部分包括整体面层施工工艺及施工要点,板块面层施工施工工艺及施工要点,木、竹面层施工工艺及施工要点等内容。

吊顶工程施工部分包括吊顶的分类与组成,吊顶工程施工工艺及施工要点,吊顶工程的质量标准等内容。

隔墙工程施工部分包括轻钢龙骨纸面石膏板隔墙施工,木龙骨轻质罩面板隔墙施工,钢网泡沫塑料夹心板墙隔墙施工等内容。

涂饰工程施工部分包括涂料的组成、分类和施涂方法,涂饰工程施工工艺及操作要点,涂饰工程质量验收要点等内容。

推荐阅读资料

1. 《建筑工程施工质量验收统一标准》(GB 50300)
2. 《建筑装饰装修工程质量验收规范》(GB 50210)
3. 《住宅装饰装修工程施工规范》(GB 50327)
4. 《建筑内部装修设计防火规范》(GB 50222)
5. 《建筑施工高处作业安全技术规范》(JGJ 80)
6. 《建筑地面工程施工质量验收规范》(GB 50209)
7. 《建筑施工安全检查标准》(JGJ 59)
8. 《中华人民共和国工程建设标准强制性条文(房屋建筑部分)》
9. 《建筑装饰装修工程施工质量验收规范》(GB 50210)
10. 《建筑工程施工质量验收统一标准》(GB 50300)
11. 《建筑内部装修设计防火规范》(GB 50222)
12. 《建筑施工手册》(第5版). 北京:中国建筑工业出版社,2012

学习鉴定

一、单项选择题

1. 抹灰工程应遵循的施工顺序是( )。
    A. 先室内后室外　　B. 先室外后室内　　C. 先下面后上面　　D. 先复杂后简单

2. 外墙抹灰的总厚度一般不大于（　　）。
   A. 15 mm　　　B. 20 mm　　　C. 25 mm　　　D. 30 mm
3. 大块花岗石或大理石施工时的施工顺序为（　　）。
   A. 临时固定→灌细石混凝土→板面平整
   B. 灌细石混凝土→临时固定→板面平整
   C. 临时固定→板面平整→灌细石混凝土
   D. 板面平整→灌细石混凝土→临时固定
4. 玻璃幕墙可分为明框玻璃幕墙、隐框玻璃幕墙、（　　）等几类。
   A. 半隐框玻璃幕墙　B. 竖框横隐幕墙　C. 铝合金幕墙　D. 钢板幕墙
5. 玻璃幕墙的结构构造主要由骨架、（　　）组成。
   A. 连接件　　　B. 立柱　　　C. 玻璃　　　D. 主筋
6. 为了安装方便，门窗洞口尺寸比门窗框尺寸大（　　）。
   A. 1～3 cm　　　B. 1～2 cm　　　C. 2 cm　　　D. 2～3 cm

二、多项选择题

1. 玻璃安装与骨架结构常用（　　）方法。
   A. 玻璃安到铝合金框内，把铝合金框与幕墙骨架相连接
   B. 玻璃直接安装到型钢骨架上
   C. 玻璃镶在木框架中，将木框架与骨架相连
   D. 先固定好铝合金骨架，再将玻璃安到骨架上
   E. 用高强度黏接材料把玻璃黏到骨架上
2. 抹灰类墙体饰面构造一般由（　　）等组成。
   A. 基层　　B. 底层　　C. 填充层　　D. 中间层　　E. 饰面层
3. 块材式楼地面基本构造要点有基层处理、（　　）、细部处理。
   A. 找平　　　B. 面砖铺贴　　　C. 抹灰
   D. 摊铺水泥沙浆结合层　　　E. 预留沉降缝
4. 裱糊前基层处理质量应达到下列要求（　　）。
   A. 混凝土基层含水率不得大于8%　　　B. 木材基层含水率不得大于8%
   C. 基层颜色应一致，裱糊前应用封闭底胶涂刷基层

三、问答题

1. 简述常用一般抹灰沙浆的种类、构成和常用部位。
2. 为保证实木地板的质量，施工中需要注意什么？
3. 为避免一般抹灰各抹灰层间产生开裂、空鼓或脱皮，施工中应注意什么问题？
4. 饰面板（砖）为保证其工程质量，应控制的允许偏差指标有哪些？各用何种方法来检查？
5. 目前施工现场对建筑涂料常用的施工方法有哪几种？各有什么优缺点？
6. 安装玻璃幕墙的玻璃时应注意什么问题？
7. 一般抹灰层的组成、作用与要求是什么？
8. 抹灰工程的施工顺序是什么？
9. 简述水磨石地面的构造做法。
10. 裱糊饰面工程的施工工艺。

参 考 文 献

[1] 本书编写组. 建筑施工手册（第5版）. 北京：中国建筑工业出版社，2012.
[2] 混凝土结构工程施工规范（GB 50666—2011）. 北京：中国建筑工业出版社，2012.
[3] 大体积混凝土施工规范（GB 50496—2009）. 北京：中国建筑工业出版社，2009.
[4] 钢结构工程施工规范（GB 50755—2012）. 北京：中国建筑工业出版社，2012.
[5] 叶雯，周晓龙. 建筑施工技术. 北京：北京大学出版社，2010.
[6] 钱大行. 建筑施工技术（第2版）. 大连：大连理工大学出版社，2012.
[7] 魏应乐，徐猛勇. 建筑施工技术. 北京：中国水利水电出版社，2009.
[8] 钟汉华，李念国，吕秀娟. 建筑工程施工技术（第2版）. 北京：北京大学出版社，2013.
[9] 李源清，刘小丽，周著芹. 建筑施工工艺. 北京：北京大学出版社，2014.